宇称时间对称

[美]卡尔·本德(Carl M. Bender)　著
崔战友　译

清華大学出版社
北　京

北京市版权局著作权合同登记号　图字：01-2023-0867
Carl M. Bender
PT Symmetry: in Quantum and Classical Physics
EISBN：9781786346681

图书在版编目(CIP)数据

宇称时间对称 / (美) 卡尔・本德 (Carl M. Bender)著；崔战友译. —北京：清华大学出版社，2023.2（2023. 11重印）
书名原文：PT Symmetry: in Quantum and Classical Physics
ISBN 978-7-302-62480-6

I. ①宇…　II. ①卡…　②崔…　III. ①哈密顿量　IV. ①O413.3

中国国家版本馆 CIP 数据核字(2023)第 017033 号

责任编辑：王　军
封面设计：孔祥峰
版式设计：思创景点
责任校对：成凤进
责任印制：刘海龙

出版发行：清华大学出版社
网　址：https://www.tup.com.cn，https://www.wqxuetang.com
地　址：北京清华大学学研大厦 A 座　　邮　编：100084
社 总 机：010-83470000　　邮　购：010-62786544
投稿与读者服务：010-62776969，c-service@tup.tsinghua.edu.cn
质 量 反 馈：010-62772015，zhiliang@tup.tsinghua.edu.cn
印 装 者：三河市铭诚印务有限公司
经　销：全国新华书店
开　本：170mm×240mm　　印　张：21　　字　数：484 千字
版　次：2023 年 3 月第 1 版　　印　次：2023 年 11 月第 2 次印刷
定　价：256.00 元

产品编号：097317-01

致　谢

知识的目的是认识存在的事物及其对认识事物的作用。

——PlaTo

非常感谢许多同事为促进$\mathcal{PT}$对称领域发展所做的贡献，感谢朋友和合作者就本书的编写提出的意见与建议。

特别感谢我们的同事，他们辛勤而慷慨地组织了许多关于$\mathcal{PT}$对称的会议和专题讨论会。这些会议有助于吸引广大科学界人士的注意力，并激励他们在这一物理学新领域进行研究。特别感谢 M. Znojil，他是第一个在$\mathcal{PT}$对称研究刚刚起步时组织会议的人。

特别感谢 Jessie 不知疲倦、坚持不懈和认真的编辑工作。

本书也是为了纪念 Boris Samsonov 所著，他是该领域早期的贡献者之一。

作 者 简 介

Carl M. Bender 是圣路易斯华盛顿大学的 Konneker 杰出物理学教授，也是 2017 年由美国物理学会和美国物理联合会颁发的 Dannie Heineman 数学物理学奖的获得者。他是 Sloan、Guggenheim、Fulbright、Lady Davis、Rockefeller、Leverhulme 和 Ulam 的研究员，也是美国物理学会和伦敦国王学院的研究员。他与 S. Orszag 合著的 Advanced Mathematical Methods for Scientists and Engineers (斯普林格出版)成为科学家和工程师的实用工具。他获得哈佛大学博士学位。

贡献者简介

Patrick E. Dorey 在英国剑桥和达勒姆学习。在巴黎和 CERN 获博士学位后，回到达勒姆担任讲师，此后(除了偶尔的休假)一直在那儿。他的主要研究是 1+1 维的完全可解(可积)量子场理论，ODE/IM 相关研究激起了他对$\mathcal{PT}$对称的兴趣。他在本书的第 6 章中进行了阐述。

Clare Dunning 是肯特大学应用数学专业的 Reader，本科毕业于 CERN，在杜伦大学获得数学物理学博士学位。数学作为她在巴斯大学攻读学士学位期间学习的部分内容，激发了她对研究的兴趣。在来肯特大学之前，她曾在约克大学和昆士兰大学学习。

Andreas Fring 在慕尼黑工业大学和伦敦大学学习物理学，并于 1992 年在伦敦帝国理工学院获得理论物理学博士学位。他于 2004 年加入伦敦城市大学数学系，2005 年晋升为 Reader，2008 年晋升为数学物理学教授。在加入伦敦城市大学之前，他在圣保罗大学和威尔士大学做博士后。1994—2004 年，他在柏林自由大学物理系做研究员。

Daniel W. Hook 是 Digital Science 的首席执行官，Digital Science 公司主要投资支持研究的软件。他于 2007 年在伦敦帝国理工学院师从 Dorje C. Brody，获得量子统计物理学博士学位。自 2005 年以来，他与 Carl M. Bender 合作研究$\mathcal{PT}$对称性和经典力学系统的复扩展。

Hugh F. Jones 已从伦敦帝国理工学院物理系退休，获“杰出研究员”的荣誉。他在粒子物理学和量子场论方面发表了一百多篇论文，是群论教材、重构学和物理学(泰勒和弗朗西斯)领域著名的学者。近年来，他积极参与了$\mathcal{PT}$对称性理论的研究，特别是在经典光学中的应用。

Sergii Kuzhel，博士，波兰克拉科夫 AGH 科技大学应用数学系教授。他在乌克兰 NAS 数学研究所获得数学博士后(资格)，并在那里工作了很多年。他的研究兴趣包括克林空间理论、$\mathcal{PT}$对称量子力学和散射理论(Lax-Phillips 方法)的数学基础。

Géza Lévai 拥有德布勒森大学(匈牙利)的博士学位，并在同一城市的核研究所(Atomki)任职。他凭借索罗斯奖学金成为牛津大学的访问学者，并且是耶鲁大学的富布赖特研究员。他专注于量子力学和核结构理论中基于对称的模型，特别关注完全可解决的问题。作为科学顾问，他目前是 Atomki 的副主任。

Roberto Tateo 是意大利都灵大学的物理学教授。他主要研究可积模型及其在 AdS/CFT 对偶中的应用。他于 1994 年在 F. Gliozzi 教授的指导下获得物理学博士学位。他曾在阿姆斯特丹大学、达勒姆大学做博士后，并在巴黎萨克雷大学理论物理系法国国家原子能研究所(CEA)工作。

前　言

质疑是知识的必要工具。

——Paul Tillich

哈密顿量$\mathcal{PT}$对称的条件是因为其厄米性。$\mathcal{PT}$对称而非厄米的哈密顿量可以描述真实物理系统，这些$\mathcal{PT}$对称系统显示出丰富的奇异特征和表征，并且此类系统通常不需要丰富、复杂的知识即可理解。它们提供了在理论和实验层面研究与探索新奇、有趣的物理理论的机会。自1998年以来，对非厄米$\mathcal{PT}$对称系统的研究急剧增加。在撰写本书时，已发表3500多篇关于$\mathcal{PT}$对称性的论文，并且$\mathcal{PT}$论文已提交给arXiv(原创收录网站)的20多个类别，已经召开了40多个专门讨论$\mathcal{PT}$对称性的国际会议和专题讨论会。

$\mathcal{PT}$对称性指的是时空反射对称性。该术语首次出现在文献[78]中，但文献[222]的早期研究中预测了$\mathcal{PT}$背后的一些思想[167-169, 176, 284-285]。

1992年夏天，我在萨克雷第一次接触$\mathcal{PT}$对称哈密顿量。在一次非正式讨论中，D. Bessis告诉我，他和Zinn-Justin讨论了与Yang-Lee边缘奇点相关的共形场论的量子力学模拟。该量子力学理论由特殊的非厄米哈密顿量$\hat{H} = \hat{p}^2 + \mathrm{i}\hat{x}^3$定义。令我惊讶的是，在数值工作的基础上，他们相信$\hat{H}$的某些(甚至全部)特征值可能是实数[154]。有趣的是，我们不知道$\hat{H}$的特征值的实数性质，而该结论早在12年前就已经在Reggeon场论的量子力学类似研究中被发现[284]。与此同时，Caliceit研究了与三次哈密顿量相关的微扰展开的数学性质[169]。

如果不是之前我对两个主题的研究，我永远不会研究$\mathcal{PT}$对称性。首先，我与Wu、Banks、Turbiner等人合作，研究了特征值问题的解析延拓，即作为复耦合常数函数的特征值。这项工作解释了扰动扩展的发散性，并提出了对发散级数求和的方法。其次，与Jones、Moshe及其他人合作时，我提出了delta展开，这是一种解决非线性问题的微扰方法，其中研究了实微扰参数衡量问题的非线性程度，而不是比耦合强度。例如，使用delta展开来求解Thomas-Fermi方程$y''(x) = [y(x)]^{3/2} / \sqrt{x}$，考虑问题$y''(x) = y(x)[y(x)/ x]^{\delta}$，为了求解四次标量量子场论，视作$\phi^2(\phi^2)^{\delta}$场论①，然后寻找$\delta$幂的扰动序列。这种非常规扰动过程很容易求解，并且能够保证数值精度[139]。

1997年，我意识到哈密顿量$H = p^2 + \mathrm{i}x^3$不是厄米的，但它是$\mathcal{PT}$不变的。也就是说，它在$x \to -x$和$\mathrm{i} \to -\mathrm{i}$时保持不变。传统微扰展开式的一个缺点是，它可能违反哈密顿量的不变性(如

---

① 在这项研究中，ϕ^2和非ϕ被增加为δ的幂，以避免场ϕ为负时出现复数。令人惊讶的是，正如本书所解释的，最好的方法是将$\mathrm{i}\phi$提升为δ的幂。

规范不变性)。然而，通过遵循 delta 展开，并考虑哈密顿量$\hat{H} = \hat{p}^2 + \hat{x}^2(\mathrm{i}\hat{x})^\varepsilon$，其中$\varepsilon$是实数，对于所有$\varepsilon$，哈密顿量$\hat{H}$的$\mathcal{PT}$不变性被保留了①。令我惊讶的是，Boettcher 和我发现，随着幂的逐级增加，这个哈密顿量的特征值仍然是实数。从此，我开始正式研究$\mathcal{PT}$对称性。

对$\mathcal{PT}$对称系统的最初研究是在数学领域。这项研究利用了复变量理论、微分方程和渐近法。然而，自 2009 年以来，光学领域出现了大量的研究，也有少部分研究出现在其他领域。一些开创性的光学研究在 *Nature Photonics* 的特刊中进行了介绍[225, 237, 449, 382, 295, 238]。还对以下方面进行了深入研究：$\mathcal{PT}$对称光子晶格和石墨烯[509, 456, 538, 529, 328, 181, 537]，$\mathcal{PT}$对称激光器、相干完美吸收器和单向不可见性[187, 59, 296, 534, 308]，$\mathcal{PT}$对称超材料[455, 27, 26, 529]，$\mathcal{PT}$对称声学[193]，$\mathcal{PT}$对称拓扑绝缘体[243]，$\mathcal{PT}$对称量子临界现象[43]，以及$\mathcal{PT}$对称激子和极化子[257]。

这项实验工作使与$\mathcal{PT}$对称性相关的理论概念更加清晰和易于解释。此外，它还引发了对具有显著实际应用价值的新型超材料和设备的开发研究，例如增强传感[185]和无线能量传输[44]。

为了发现$\mathcal{PT}$对称性和厄米性之间的区别，我们观察到，除了传统厄米量子理论的一个公理外，所有公理都可以用物理学语言表达(因果关系、局域性、洛伦兹不变性、真空态稳定性等)。然而，一个公理与其他公理的显著区别在于，它是用数学语言表达的。这要求哈密顿量是厄米的。用基本的术语来解释，这个公理指出哈密顿矩阵$\hat{H}$在厄米共轭时间$\dagger$下保持不变，$\hat{H} = \hat{H}^\dagger$，其中$\dagger$表示组合矩阵转置和复共轭。

虽然厄米共轭听起来更像是数学要求而不是物理要求，但厄米性公理具有重要的物理结果。它保证哈密顿量的特征值都是实数，这很重要，因为对物理系统能量的测量将返回描述该系统的哈密顿量的特征值之一，而这样的测量必须有一个实结果。为了证明厄米哈密顿量的特征值是实数，我们取特征值方程$\hat{H}|E\rangle = E|E\rangle$，$\langle E|\hat{H}^\dagger = \langle E|E^*$的厄米共轭，并将右边的方程乘以$|\mathrm{E}\rangle$。结果如下：

$$E\langle E|E\rangle = E^*\langle E|E\rangle$$

这意味着特征值$E = E^*$是实数。此外，厄米哈密顿量产生幺正时间演化，这意味着量子概率在时间上是恒定的。在封闭系统中，对于随时间变化状态的规范(量子概率)，在物理上是不可接受的。为了在由厄米哈密顿量描述的系统中看到t状态的范数$|t\rangle$在时间上是守恒的，我们规定$|t\rangle = \mathrm{e}^{-\mathrm{i}\hat{H}t}|0\rangle$。因此，

$$\langle t|t\rangle = \langle 0|\mathrm{e}^{\mathrm{i}\hat{H}t}\mathrm{e}^{-\mathrm{i}\hat{H}t}|0\rangle = \langle 0|0\rangle$$

厄米性条件足以保证能谱的实性和概率守恒，但不是必需的。在本书中，我们用一个更弱、更物理的条件来代替厄米性的要求，即$\mathcal{PT}$对称性(组合时空反射对称性)。因此，$\mathcal{PT}$对称性是，如果空间被反射并且时间被反转，则物理系统保持不变。与厄米共轭不同，空间反射$\mathcal{P}$和时间反转$\mathcal{T}$是物理概念。事实上，$\mathcal{P}$和$\mathcal{T}$是洛伦兹群的元素。我们将看到$\mathcal{PT}$对称哈密顿量具有特别简单的物理解释，它代表了一个与环境相关的非孤立物理系统，这种方式使对环境的损失和从环境中获得的增益保持平衡。

时空反射对称性的要求弱于厄米性条件，但本书中表明，$\mathcal{PT}$对称哈密顿量仍然可以具有

---

① 三次哈密顿量$\hat{H} = \hat{p}^2 + \mathrm{i}\hat{x}^3$是$\varepsilon = 1$时的哈密顿量特例。

实数的、正的特征值，并且即使它们不是厄米性，也可以产生幺正时间演化。因此，人们可以将新型的哈密顿量视为对物理系统的描述。这些新的哈密顿量中的某些是复的，可以将这些$\mathcal{PT}$对称系统视为厄米哈密顿量的复变形或拓展。

本书不是评论或专著，而是介绍性著作，目的是让新研究人员熟悉$\mathcal{PT}$对称性的基本思想和概念。本书分为两部分，第Ⅰ部分对$\mathcal{PT}$对称性的基本原理进行了广泛而基本的阐述；第Ⅱ部分由该领域的专家对5个选定领域进行了更深入的介绍。

Carl M. Bender

美国圣路易斯，2018

目　录

第Ⅰ部分　$\mathcal{PT}$对称介绍

第Ⅱ部分 $\mathcal{PT}$对称性中的高级主题

第 I 部分

$\mathcal{PT}$对称介绍[①]

数字手把手引领人类走上理性的道路。

——毕达哥拉斯

---

① 本部分由 Carl M. Bender 和 Daniel W. Hook 撰写。

第 1 章　$\mathcal{PT}$对称性基础

我们认为，用最简单的假设来解释现象是一个很好的原则。

——PTolemy

本章主要介绍$\mathcal{PT}$对称系统的基本思想，首先简要讨论封闭(孤立)和开放(非孤立)系统，并解释$\mathcal{PT}$对称系统的物理状态，可以将其视为介于开放和封闭系统之间的物理状态；然后介绍量子力学和经典$\mathcal{PT}$对称系统的基本例子，表明描述$\mathcal{PT}$对称系统的哈密顿量是常规实哈密顿量的复扩展(变形)；最后表明不稳定的实系统可能在更一般的复环境中变得稳定。因此，通过将实系统变形到复域中，可以克服或消除不稳定性。

1.1　开、闭合$\mathcal{PT}$对称系统

无论是经典领域还是量子力学领域，控制物理系统时间演化方程，都可以从物理系统的哈密顿量导出。然而，要获得系统的完整物理描述，还必须施加适当的边界条件。根据边界条件的选择，物理系统通常分为封闭的和开放的系统，即孤立的和非孤立的系统。

一个封闭的或孤立的系统是一个与其环境不相关的系统。在传统的量子力学中，这样的系统根据厄米哈密顿量进行演化。使用厄米哈密顿量(Hermitian Hamiltonian)表示时，如果哈密顿量 H 为矩阵形式[①]，则在矩阵转置和复共轭的组合操作下，H 保持不变。使用符号†来表示这些组合操作，并表示哈密顿量是厄米的，写为$H = H^{\dagger}$。厄米哈密顿量的特征值总是实数。此外，厄米哈密顿量概率守恒(状态的范数)。当概率在时间上恒定时，时间演化被称为归一的。

封闭系统可被认为是理想化的，因为它的时间演化不受外部环境的影响。人们无法在实验室中观察封闭系统，因为进行测量需要系统与外部世界接触。现实物理系统，例如散射实验，是开放系统。开放系统会受到外部物理因素影响，因为有来自外部世界的能量和(或)概率通量流入和(或)流出这样的系统。

为了验证开放系统和封闭系统之间的差异，考虑了一个通用的非相对论量子力学哈密顿量：

---

① 译者注：鉴于量子力学的交叉学科性质，原著中的矩阵和向量均使用白斜体表示，本书中的矩阵和向量也使用白斜体表示，特此说明。

$$H = \frac{1}{2m}p^2 + V(x)$$

它描述了一个质量为m的粒子在空间的某个区域R中受到势$V(x)$的影响。函数$V(x)$被假定为实数。与这个哈密顿量相关的时变薛定谔方程如下：

$$\mathrm{i}\psi_t(x,t) = -\frac{1}{2}\nabla^2\psi(x,t) + V(x)\psi(x,t) \tag{1.1}$$

其中，$\hbar = 1$和$m = 1$。如果将式(1.1)乘以ψ^*，式(1.1)的复共轭乘以ψ，然后将这两个方程相减，得到常用的局部概率守恒量子力学表达式：

$$\rho_t(x,t) + \nabla \cdot J(x,t) = 0 \tag{1.2}$$

其中，$\rho = \psi^*\psi$是概率密度，$J = \frac{\mathrm{i}}{2}(\psi\nabla\psi^* - \psi^*\nabla\psi)$是概率流量。在区域 R上积分式(1.2)并应用散度定理①，得到方程：

$$P'(t) = F(t) \tag{1.3}$$

其中，$P = \int_R \mathrm{d}x\rho$是区域$R$内的总概率，而表面积分$F = \int_S \mathrm{d}s\, n \cdot J$ 代表通过区域R中表面S的概率净通量(符号n表示垂直于S的单位向量)。从式(1.3)可以看出，如果系统是孤立的(没有概率通量流过R表面的任何点)，那么 $F = 0$，所以总概率P是守恒的(时间常数)。但是，如果系统是开放的(有概率通量通过R的表面使得$F \neq 0$，见图 1.1)，那么里面的总概率P不是常数。这样的系统不可能处于平衡状态。

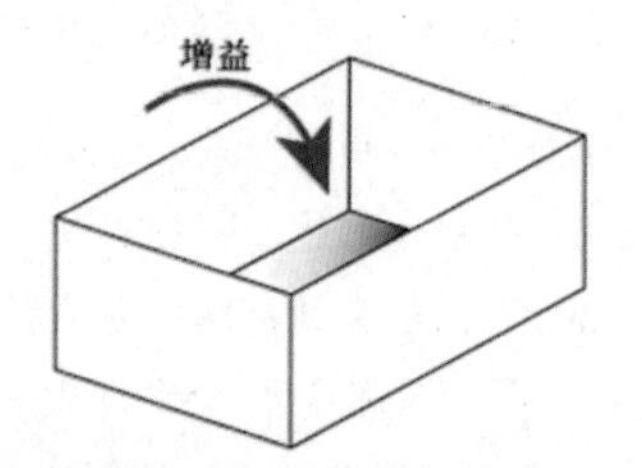

图 1.1 一个有概率净流入的系统，这样的系统不处于平衡状态

可以构建一个物理环境，其中实验者进行实验室测量，但没有概率流入或流出系统，只是将实验和实验者都包括为物理系统的组成部分。然而，因为有很多自由度，整个系统的哈密顿量变得难以进行数学处理。

在本书中，提出了一种构建没有净概率通量($F = 0$)非孤立系统的新方法：简单地添加与原始非孤立系统相同的副本，但具有相反的净概率通量(添加的副本是原始系统的时间反演)。因此，新的总物理系统由两个子系统组成：①原始非孤立物理系统，具有跨边界的非零净概率通量；②时间反演系统，具有与原始系统相反的概率通量。合起来，两个子系统没有净概率通量，因为如果原始系统有增益(或损耗)，那么时间反演系统具有相等但相反的损耗(或增益)。

① 散度定理指出，在 D维空间，如果 R是体积，S是 R的表面，$\mathrm{d}s$是表面积的一个元素，n是垂直于 S的向外指向的单位向量，F是一个向量场，则$\int_R \mathrm{d}^D x\, \nabla \cdot F = \int_S \mathrm{d}s\, n \cdot F$。

因此，复合系统没有净增益或损耗(见图 1.2)。

复合损耗-增益系统即称$\mathcal{PT}$对称系统。符号$\mathcal{T}$代表时间反演操作，具有将增益系统变成损耗系统(反之亦然)的作用。符号$\mathcal{P}$是一个通用的奇偶校验(空间反射)运算符。图 1.2 中，$\mathcal{P}$调节了整个系统的增益和损耗分量。

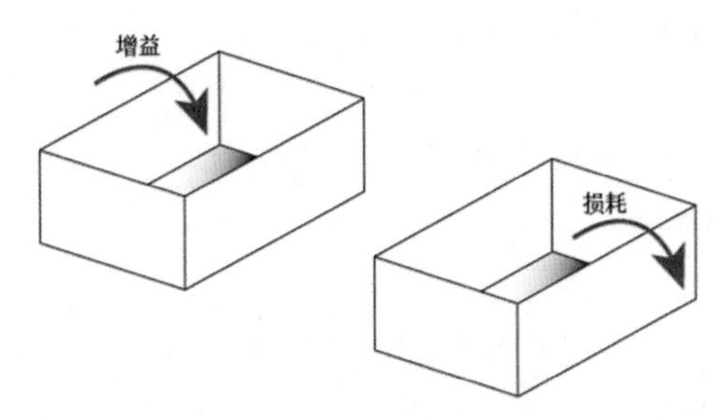

图 1.2　两个子系统，都与外部环境接触，一个子系统有增益，另一个子系统有损耗。一个子系统与另一个子系统时间反演

综上所述，复合系统没有净概率通量。虽然复合系统与环境接触，但它类似于一个孤立的系统，因为进出系统的概率净通量消失了。这个组合系统是$\mathcal{PT}$对称的，因为在时间反转下损失变成增益并且增益变成损失，并且在奇偶$\mathcal{P}$下两个子系统互换。

尽管图 1.2 中的复合系统没有净概率通量，但它与封闭系统的不同之处在于复合系统处于不平衡状态。这是因为一个子系统的总概率随时间增加，而另一个子系统的总概率随时间减小。然而，如果将$\mathcal{PT}$对称系统的两个组件耦合起来，使增益子系统中的概率可以很容易地降低到损耗子系统中(见图 1.3)，则复合系统可能处于动态平衡状态。如果该系统处于动态平衡状态，则称其处于非破缺$\mathcal{PT}$对称相；如果它不处于动态平衡状态，则称其处于破缺$\mathcal{PT}$对称相。

一个非破缺$\mathcal{PT}$对称系统类似于一个封闭系统，因为它处于平衡状态。然而，它并未闭合，因为它与外部环境接触，如图 1.3 所示。类似地，破缺$\mathcal{PT}$对称系统类似于开放系统，因为它处于不平衡状态，但与大多数开放系统不同，其净概率通量消失并且系统具有$\mathcal{PT}$对称性。因此，可以将$\mathcal{PT}$对称系统视为介于开放系统和封闭系统之间的物理系统。

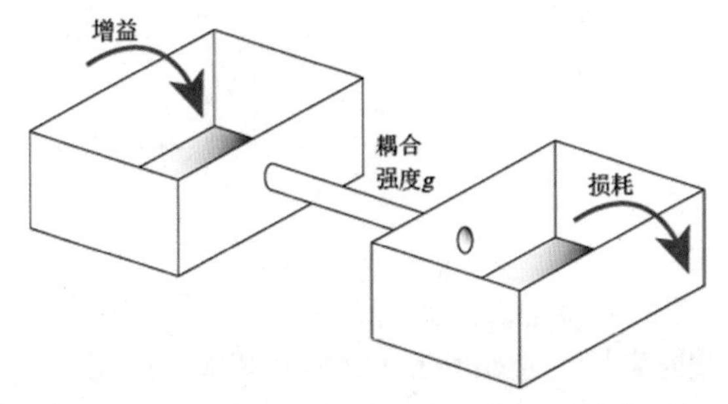

图 1.3　两个耦合子系统，每个子系统都与环境接触，一个子系统具有增益，另一个子系统具有损耗。如果这两个系统耦合在一起，使得具有增益的子系统中的概率密度能够足够快地流入具有损耗的子系统，那么复合系统就可以处于动态平衡状态

通常，在耦合强度的临界值处会突然发生向动态平衡的过渡。从非平衡态(破缺$\mathcal{PT}$对称性)到平衡态(非破缺$\mathcal{PT}$对称性)的转变称为$\mathcal{PT}$相变。1.2 节中将使用 2×2 矩阵哈密顿量说明这种$\mathcal{PT}$转换的基本示例。

1.2　简单$\mathcal{PT}$对称矩阵哈密顿量

本节通过使用一些基本矩阵哈密顿量来说明 1.1 节中的定性讨论。首先考虑由 1×1 矩阵哈密顿量描述的量子力学系统：

$$H = [a + \mathrm{i}b] \tag{1.4}$$

其中，a和b是实数。这个哈密顿量所描述的物理系统没有空间依赖性，也不会移动。可以认为系统被限制在空间的一个区域，甚至只是空间的一个点。

与哈密顿量(1.4)相关的薛定谔方程$\mathrm{i}\psi_t = (a + \mathrm{i}b)\psi$ 的解是$\psi(t) = C\mathrm{e}^{(-a\mathrm{i}+b)t}$，其中$C$是常数。如果$b$非零，则哈密顿量是复数且非厄米。因此，对于 $b \neq 0$，系统处于不平衡状态。并且，概率P通常由下式给出：

$$P = \psi^*\psi = |C|^2\mathrm{e}^{2bt}$$

当b为正时，P随时间呈指数增长；当b为负时，P随时间呈指数衰减。因此，在式(1.4)中由 H描述的系统是图 1.1 中描绘的系统的一个特例，当$b > 0$时，该系统不是$\mathcal{PT}$对称系统。

如 1.1 节所述，$\mathcal{PT}$对称哈密顿量可以通过将H与时间反转H组合来构造。为此，回顾一下时间反转算子$\mathcal{T}$的属性。20 世纪 30 年代，Wigner 表明量子力学时间反转算子$\mathcal{T}$涉及复合共轭，因此他将 i 替换为−i。为什么$\mathcal{T}$会改变 i 的符号？在瞬态薛定谔方程 $\mathrm{i}\hbar\frac{\partial}{\partial t}\psi = H\psi$中，时间$t$与i相关。因此，要反转$t$的符号，时间反转算子必须改变 i的符号。

为了理解$\mathcal{T}$的这种性质，需引入海森堡代数$[\hat{x}, \hat{p}] = \mathrm{i}\hbar$，它表达了量子力学的基本算子含义。位置算子在时间反转下不改变符号，$\mathcal{T}\hat{x}\mathcal{T}^{-1} = \hat{x}$，但动量算子在时间反转下改变符号，$\mathcal{T}\hat{p}\mathcal{T}^{-1} = -\hat{p}$。因此，为了在时间反转下保持海森堡代数，$\mathcal{T}$必须改变 i 的符号：$\mathcal{T}\mathrm{i}\mathcal{T}^{-1} = -\mathrm{i}$ (Wigner 强调，因为$\mathcal{T}$ 改变了i 的符号，$\mathcal{T}$ 不是线性算子；相反，它是一个反线性算子)。因此，式(1.4)中H的时间反转表达式如下：

$$H_{\text{time-reversed}} = \mathcal{T}H\mathcal{T}^{-1} = [a - \mathrm{i}b]$$

$H_{\text{time-reversed}}$薛定谔方程的解与预期的一样，它的形式为$\psi(t) = D\mathrm{e}^{(-a\mathrm{i}-b)t}$，其中 D 是一个常数。因此，量子力学概率P由下式给出：

$$P = \psi^*\psi = |D|^2\mathrm{e}^{-2bt}$$

当b为正时随时间衰减，当 b为负时随时间增长。将H所描述的子系统与$H_{\text{time-reversed}}$所描述的子系统相结合得到的量子力学系统用 2×2 矩阵哈密顿量来描述：

$$H_{\text{combined}} = \begin{bmatrix} a + \mathrm{i}b & 0 \\ 0 & a - \mathrm{i}b \end{bmatrix}$$

该矩阵是对角矩阵，两个子系统并列但不相互作用，一个有增益，另一个有损耗，如图 1.2 所示。

交换两个子系统的奇偶算子$\mathcal{P}$，由线性矩阵算子给出：

$$\mathcal{P} = \begin{bmatrix} 0 & 1 \\ 1 & 0 \end{bmatrix}$$

表明$\mathcal{P}$是一个反射算子，因为它的平方是归一的，$\mathcal{P}^2 = 1$，因此两次应用奇偶算子会使系统保持不变。另外，$\mathcal{P} = \mathcal{P}^{-1}$。与奇偶算子不同，时间反转算子是反线性的(即复共轭)，因此它没有矩阵表示。然而，$\mathcal{T}$类似于反射算子，因为 $\mathcal{T}^2 = 1$。奇偶校验和时间反转的操作彼此独立，因此操作符$\mathcal{P}$和$\mathcal{T}$满足互换：$[\mathcal{P},\mathcal{T}] = 0$。

需要注意，虽然哈密顿量H_{combined}非厄米，即$H_{\text{combined}}^{\dagger} \neq H_{\text{combined}}$，但它$\mathcal{PT}$对称：

$$\mathcal{PT}H_{\text{combined}}(\mathcal{PT})^{-1} = H_{\text{combined}}$$

哈密顿量H_{combined}描述的物理系统处于不平衡状态，因为一个子系统中的ψ时间增长，而另一个子系统中的ψ随时间衰减。然而，可以通过耦合两个子系统来实现平衡(见图 1.3)。为了实现这种耦合，在哈密顿量的非对角元素中插入一个耦合参数g：

$$H_{\text{coupled}} = \begin{bmatrix} a + \mathrm{i}b & g \\ g & a - \mathrm{i}b \end{bmatrix} \tag{1.5}$$

现在，具有损耗和增益的子系统是耦合的。对称矩阵哈密顿量H_{coupled}非厄米，但是$\mathcal{PT}$对称。

即使H_{coupled}非厄米，如果g变得足够大，H_{coupled}的特征值变为实数，这表明系统处于平衡状态。特征值E是特征多项式的根：

$$\det(H_{\text{coupled}} - IE) = E^2 - 2aE + a^2 + b^2 - g^2 \tag{1.6}$$

其中，I是单位矩阵。这个特征多项式是实数的。

求解式(1.6)中特征多项式的根如下：

$$E_{\pm} = a \pm \sqrt{g^2 - b^2} \tag{1.7}$$

因此，如果子系统是弱耦合的($g^2 < b^2$)，则特征值是复数，系统不处于平衡状态：一种本征态随时间增长，另一种随时间衰减。这是破缺$\mathcal{PT}$对称性的区域。然而，如果子系统是强耦合的($g^2 > b^2$)，则式(1.7)中的特征值变为实数，整个系统处于平衡状态；本征态振荡并且不会增长或衰减。两者构成完整的$\mathcal{PT}$对称区域。

特征值$E_{\pm}$绘制在图 1.4 中。在$\mathcal{PT}$相变点$g = \pm b$处，实特征值合并且变为复数。在厄米哈密顿量描述的系统中，这种特征值的合并永远不会发生。这是因为哈密顿系统的厄米微扰导致特征值排斥；也就是说，相邻特征值之间的距离增加。然而，正如在式(1.7)中看到的，平方根中有一个负号。因此，特征值E_+和E_-之间的距离随着$|g|$接近 b 而减小。这种特征值的合并只能发生在由非厄米哈密顿量描述的系统中。

在$\mathcal{PT}$相变点合并特征值具有显著的实验结果。假设正在尝试确定$g^2 - b^2$的值，并且这个值非常小。人们可能会认为这样确定会很困难，因为它需要高度敏感和精细的实验。但是，要确定的值在平方根内，很小数的平方根也不是那么小。因此，通过测量能量差$E_+ - E_-$来确定$g^2 - b^2$的值实际上并不需要高灵敏度的实验；$\mathcal{PT}$相变的存在大大提高了实验灵敏度。这种基本观察使实验者能够对距离[385]、角旋转[457]和温度[291]进行极其准确的测量。

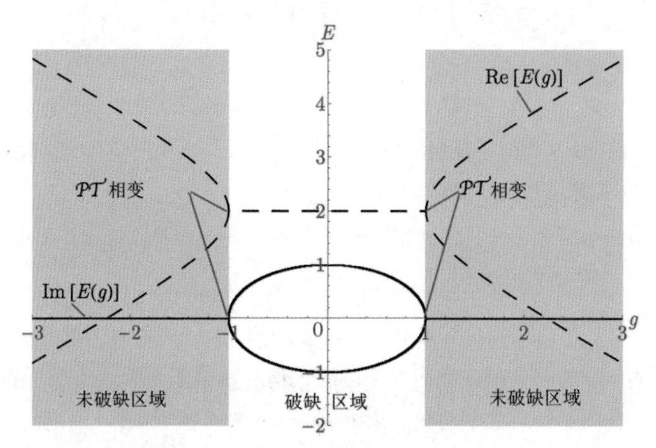

图 1.4 $\mathcal{PT}$对称哈密顿量H_{coupled}耦合的特征值。对于参数选择$a = 2$和$b = 1$，特征值被绘制为耦合g的函数。能量的实部显示为虚线，而能量的虚部显示为实线。$|g|$超过 1 时能量变为实数；$|g|<1$ 是破缺$\mathcal{PT}$对称性的区域，$|g|>1$ 是未破缺$\mathcal{PT}$对称性的区域。$\mathcal{PT}$相变发生在$g = \pm 1$处。在该相变附近，能量的虚部和实部都分为上下叉，因此$\mathcal{PT}$转变有时称为二分叉转变

1.3 $\mathcal{PT}$对称哈密顿量的实特征方程

哈密顿量 H的特征值 E是特征多项式$f(E) = \det(H - IE)$的根。已经证明哈密顿量式(1.5)有一个实特征多项式(见式(1.6))，即$f^*(E^*) = f(E)$。如果矩阵哈密顿是厄米的，则特征多项式及其所有根都是实数；如果哈密顿量非厄米，则其特征多项式及其特征值可能是复数。然而，如果非厄米哈密顿量是$\mathcal{PT}$对称的，则特征多项式总是实数。因此，$\mathcal{PT}$对称哈密顿量的一些特征值(特征多项式的根)可能是实数，而其余的特征值必须为复共轭对。因此，$\mathcal{PT}$对称条件比厄米条件更弱且限制更少[134]。

为了证明一个$\mathcal{PT}$对称哈密顿量的特征多项式是实数，回想一下两个矩阵A和B的乘积的行列式与乘法顺序无关：$\det(AB) = \det(BA)$。因此，

$$\det(H - EI) = \det(\mathcal{PT}H\mathcal{T}^{-1}\mathcal{P}^{-1} - \mathcal{P}EI)\mathcal{P}^{-1} = \det(\mathcal{T}H\mathcal{T}^{-1} - EI)$$

时间反转算子是某个矩阵L乘以复共轭算子 K 的积，所以$\mathcal{T} = LK$和$\mathcal{T}^{-1} = KL^{-1}$，得到$\det(H - EI) = \det(H^* - EI)$。由此得出结论，$H$和$H^*$具有一组相同的特征值，并且$H$有一个实特征方程(这个结论适用于任何矩阵$\mathcal{P}$和$L$)。因此，可以在广义上解释$\mathcal{PT}$对称条件，其中$\mathcal{P}$是任何矩阵，$\mathcal{T}$反线性。泛化的$\mathcal{P}$和$\mathcal{T}$算子甚至不需要相互交换。

有一个更简洁的关于特征多项式是实数的证明。注意到特征多项式$f(E)$有这样的形式

$\sum_n a_n E^n = 0$，并且哈密顿量矩阵本身求解了方程$f(H) = 0$：$\sum_n a_n H^n = 0$。由于哈密顿量与反线性算子$\mathcal{PT}$交换，H也满足$\sum_n a_n^* H^n = 0$。因此，特征方程是实数。从而证明特征多项式是实数，不需要$(\mathcal{PT})^2=1$。

1.4 经典$\mathcal{PT}$对称耦合振荡器

$\mathcal{PT}$相变可以发生在经典系统和量子力学系统中。本节讨论一个经典的$\mathcal{PT}$对称模型，即一对耦合的振荡器。这个简单的物理系统展示了$\mathcal{PT}$对称系统的特征，如 1.1 节和 1.2 节所述。这个系统特别有趣，因为有两次$\mathcal{PT}$转换。当g很小时，从破缺的$\mathcal{PT}$对称性过渡到未破缺的$\mathcal{PT}$对称性；第二次过渡是当g很大时，从未破缺的$\mathcal{PT}$对称性过渡到破缺的$\mathcal{PT}$对称性。

首先考虑自然频率为ω的经典谐振子，其γ强度与速度有关：

$$\ddot{x} + \omega^2 x + \gamma \dot{x} = 0 \tag{1.8}$$

当$\gamma>0$ 时，振荡幅度呈指数衰减；当$\gamma < 0$时，振荡幅度随时间呈指数增长。因此，正值对应于阻尼效果，负值对应于反阻尼①。当参数γ非零时，公式$\frac{1}{2}\dot{x}^2 + \frac{1}{2}\omega^2 x^2$的值为时间不守恒(将其称为“能量”，只是因为它看起来像动能和势能的总和)：

$$\frac{\mathrm{d}}{\mathrm{d}t}\left(\frac{1}{2}\dot{x}^2 + \frac{1}{2}\omega^2 x^2\right) < 0(\gamma > 0), \qquad \frac{\mathrm{d}}{\mathrm{d}t}\left(\frac{1}{2}\dot{x}^2 + \frac{1}{2}\omega^2 x^2\right) > 0(\gamma < 0)$$

式(1.8)中的振荡器不是孤立系统，因为“能量”流出或流入系统(取决于γ的符号)。$\gamma < 0$的情况是图 1.1 所示通用系统的一个示例，为“能量”流入振荡器②。

接下来，引入类似式(1.8)的第二个振荡器，但符号相反：

$$\ddot{y} + \omega^2 y - \gamma \dot{y} = 0 \tag{1.9}$$

两个振荡器，式(1.8)和式(1.9)相互独立，假设$\gamma > 0$，x振荡器有损耗，y振荡器有相应增益。x和y振荡器一起构成一个经典系统，该系统是$\mathcal{PT}$对称的，因为时间反转$\mathcal{T}$使替换$t \to -t$，在这种情况下，将奇偶校验操作$\mathcal{P}$定义为动态变量x和y的交换。x和y振荡器一起构成通用$\mathcal{PT}$对称系统的一个实例，如图 1.2 所示。该振荡器系统不处于平衡状态，因为一个振荡器的振幅随t呈指数增长，而另一个振荡器的振幅随t呈指数衰减。

现在通过将耦合参数g引入运动方程来耦合两个振荡器式(1.8)和式(1.9)：

$$\ddot{x} + \omega^2 x + \gamma \dot{x} = gy, \quad \ddot{y} + \omega^2 y - \gamma \dot{y} = gx \tag{1.10}$$

---

① 阻尼是一种摩擦力，其方向与粒子的速度相反，其大小与粒子的速度成正比。反阻尼力指向粒子速度的方向，因此它倾向于加速粒子。这种力很难想象，但人们可以想象一个动力割草机或一艘带有真空吸尘器驱动的宇宙飞船，由风洞提供动力。

② 可能会认为经典的运动方程(1.8)无法推导出哈密顿量，因为“能量”不守恒。事实上，系统(1.8)的确能量守恒(这是一个相当复杂的表达式)且是一个经典的运动方程，确实可以从一个与时间无关的哈密顿量推导出来[183,111]。

这个耦合系统现在是图 1.3 中所示的通用平衡损耗、增益系统的一个实例。这个系统不仅仅是$\mathcal{PT}$对称的，它也是一个哈密顿系统，式(1.10)可以从与时间无关的二次哈密顿量导出[63, 110]。

$$H = pq + \frac{1}{2}\gamma(yq - xp) + \left(\omega^2 - \frac{1}{4}\gamma^2\right)xy - \frac{1}{2}g(x^2 + y^2) \tag{1.11}$$

为了从 H 推导出式(1.10)，应用标准规则来获得哈密顿方程：

$$\dot{x} = \frac{\partial H}{\partial p} = q - \frac{1}{2}\gamma x \tag{1.12}$$

$$\dot{y} = \frac{\partial H}{\partial q} = p + \frac{1}{2}\gamma y \tag{1.13}$$

$$\dot{p} = -\frac{\partial H}{\partial x} = \frac{1}{2}\gamma p - \left(\omega^2 - \frac{1}{4}\gamma^2\right)y - gx \tag{1.14}$$

$$\dot{q} = -\frac{\partial H}{\partial y} = -\frac{1}{2}\gamma q - \left(\omega^2 - \frac{1}{4}\gamma^2\right)x + gy \tag{1.15}$$

为了获得式(1.10)中的第一个方程，将式(1.12)对 t 进行微分，使用式(1.15)消除 q，并使用式(1.12)消除 q。类似地，为了获得式(1.10)中的第二个方程，将式(1.13)对 t 进行微分，使用式(1.14)消除 p，并使用式(1.13)消除 p。

式(1.11)中，哈密顿量是$\mathcal{PT}$对称的，因为在奇偶反射$\mathcal{P}$的作用下，损耗和增益振荡器互换：

$$x \to y, y \to x, p \to q, q \to p$$

在时间反转$\mathcal{T}$作用下，动量的符号反转：

$$x \to x, y \to y, p \to -p, q \to -q$$

值得注意的是，虽然式(1.11)中的哈密顿量 H 是$\mathcal{PT}$对称的，但它在$\mathcal{P}$或时间反转$\mathcal{T}$下都是变化的。因为平衡的损益系统由与时间无关的哈密顿量描述，能量(即 H 的值)是守恒的。然而，总能量在式(1.11)中具有复杂的形式，并且不是动能和势能的常规总和(通常具有诸如 $\frac{1}{2}p^2 + \frac{1}{2}q^2 + \frac{1}{2}x^2 + \frac{1}{2}y^2$的形式)。如果式(1.10)中的增益和损失项不完全平衡(即它们不是完全相等而是具有相反的符号)，则系统不能用二次哈密顿量来描述[110]。

接下来求解振荡器方程(1.10)。寻求$x(t) = A\mathrm{e}^{\mathrm{i}\lambda t}$和$y(t) = B\mathrm{e}^{\mathrm{i}\lambda t}$形式的解，其中 A 和 B 是常数。将这些表达式代入式(1.10)，得到方程：

$$-\lambda^2 + \omega^2 + \mathrm{i}\gamma\lambda = Bg/A, \quad -\lambda^2 + \omega^2 - \mathrm{i}\gamma\lambda = Ag/B \tag{1.16}$$

将式(1.16)中的两个方程相乘，得到 λ 的方程：

$$(\lambda^2 - \omega^2)^2 + \gamma^2\lambda^2 = g^2$$

因此，频率 λ 满足四次多项式方程：

$$P(\lambda) = \lambda^4 + \lambda^2(\gamma^2 - 2\omega^2) + \omega^{4s} - g^2 = 0 \tag{1.17}$$

这个多项式方程就像二次特征方程(1.6)一样，是实数，因为振荡器系统(1.10)是$\mathcal{PT}$对称的。

根据 $P(\lambda)$穿过 λ 轴的次数，多项式可能有四个、两个或没有实数根。复根意味着解$e^{i\lambda t}$随 t 呈指数增长或衰减，实根意味着解只是随时间振荡而不增长或衰减。为了确定式(1.17)的根是实数还是复数，将 $P(\lambda)$中的 λ 进行微分，并使多项式稳定，得到：

$$P'(\lambda) = 4\lambda^3 + 2\lambda(\gamma^2 - 2\omega^2) = 0 \tag{1.18}$$

因此，驻点位于$\lambda = 0$ 和 $\lambda^2 = \omega^2 - \gamma^2/2$。

做一些符号上的简化：首先，重新调整时间变量 t，以便在不失一般性的情况下能够假设 $\omega = 1$。其次，取阻尼参数$\gamma > 0$很小，使得$\omega^2 - \gamma^2/2$为正，一个简单的选择是$\gamma=1/10$。通过选择参数，驻点位于 0 和$\pm\sqrt{199/200}$处，并且在这些点，多项式 $P(\lambda)$具有最大值$1 - g^2$和最小值$399/40000 - g^2$。因此，根据多项式是否与横轴相交，g^2存在三个区域：零次、四次或两次。

在弱耦合区域，$0 \leqslant g^2 < 399/40000$没有实根，这是一个破缺$\mathcal{PT}$对称性的区域。在这个区域，解$x(t)$和$y(t)$呈指数增长，因此振荡器系统不处于平衡状态。在中间耦合区域，$399/40000 < g^2 < 1$有四个实根，这是一个完整的$\mathcal{PT}$对称区域。在该区域中，所有解$x(t)$和$y(t)$都振荡并且不会呈指数增长或衰减，因此物理系统处于平衡状态。最后，在强耦合区域，$g > 1$，有两个实根和两个复根。重复出现了相同的状态，这是一个破缺$\mathcal{PT}$对称性的区域。这三个区域被$g = 399/40000$和$g = 1$处的两个$\mathcal{PT}$相变分开。

对于ω和λ的典型值，图 1.5 反映了式(1.17)中多项式$P(\lambda)$和λ的变化关系。三条曲线表明了$P(\lambda)$弱耦合、中间耦合和强耦合状态下的表现。

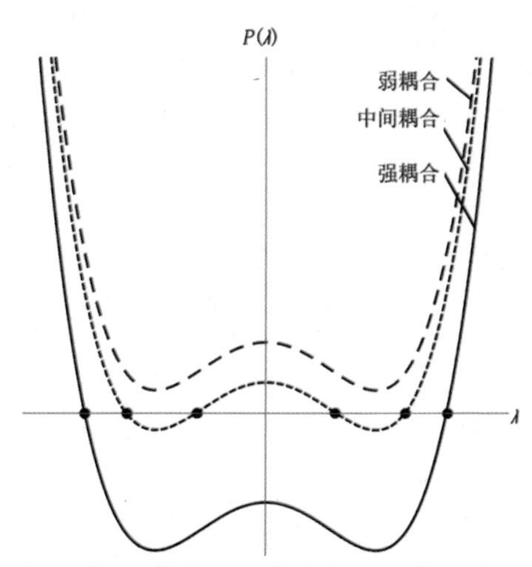

图 1.5　式(1.8)中固定ω、γ以及 3 个不同耦合强度g的多项式$P(\lambda)$的典型图。对于弱耦合状态下的g，没有实根，这是一个破缺$\mathcal{PT}$对称性区域。对于中间耦合状态下的g，有 4 个实根，用点表示，这是完整的$\mathcal{PT}$对称区域。对于强耦合状态下的g，有两个实根，这是另一个破缺$\mathcal{PT}$对称性的区域

在图 1.6 中，绘制了耦合振荡器方程(1.12)～(1.15)的解$x(t)$和$y(t)$与t的函数关系。请注意，这些解在弱耦合、中间耦合和强耦合状态下具有不同的特性，并且存在两个$\mathcal{PT}$转换。在弱耦

合状态下，解会随着时间的推移呈指数振荡和增长。在中间耦合(不破缺$\mathcal{PT}$)状态下，解的振荡与破缺系统完全不同，并保持有界。

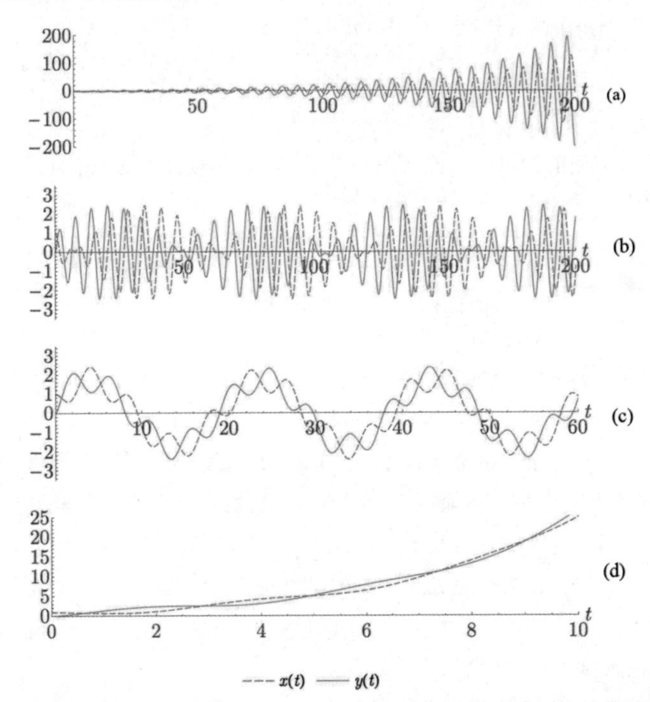

图 1.6 耦合振荡器方程(1.12)～(1.15)的解$x(t)$和$y(t)$与t的函数关系。初始值为$x(0) = 1.0, p(0) = 1.0, y(0) = 0, q(0) = 0$。对于所有绘图，参数值$\omega = 1.0$和$\gamma = 0.1$已被使用。图中显示了耦合强度$g$的 4 个不同值：(a)$g = 0.09$(在破缺$\mathcal{PT}$对称性的弱耦合区域中)；(b)$g = 0.15$(在破缺$\mathcal{PT}$对称性中间耦合区域的较低范围内)；(c)$g = 0.9$(在中间耦合区域的较高范围内)；(d)$g = 1.1$(在破缺$\mathcal{PT}$对称性的强耦合区域)。破缺$\mathcal{PT}$对称性两个区域的行为在性质上是不同的。在弱耦合破缺$\mathcal{PT}$对称区域中，$x(t)$和$y(t)$都振荡并呈指数增长。然而，在强耦合状态下，解增长得如此之快以至于它们不会围绕水平轴振荡。在不间断状态下，解的包络表现出长时间的振荡(拉比振荡)。拉比振荡在完整区域的上端附近变得更难看到。在所有图中，式(1.11)的 H值保持不变并且与时间无关

这种情况下，$x(t)$和$y(t)$解的包络周期性地增长和衰减，最大值之间存在滞后时间。这些长时间的振动称为拉比振荡。强耦合(破缺$\mathcal{PT}$)状态下的行为与弱耦合(破缺$\mathcal{PT}$)状态下的行为不同。这两种情况下，解都呈指数增长，但在强耦合状态下，解会迅速增长并导致它们不会围绕水平轴振荡。

在许多实验中都可以看到图 1.6 所示的显著表现，如耦合电子振荡器[465]、机械振荡器[76]，以及最近的光学回音壁腔谐振器[448]、声学观察系统[48]、光机械系统[393, 377]。

1.5　实物理理论的复变形

$\mathcal{PT}$对称性的研究与复变量理论有着深厚关联，本节将探讨这些关联。$\mathcal{PT}$对称量子力学哈密顿量的一个共同特征，例如式(1.5)中的H_{coupled}，具有违反厄米特条件的复杂矩阵元素。因此，$\mathcal{PT}$对称哈密顿量是传统厄米哈密顿量到复域的变形、扩展或推广。例如，当$b=0$时，哈密顿量H_{coupled}是厄米的，但是如果允许参数b取非零实值，就会将该哈密顿量变形到复域中，则哈密顿量不再是厄米的，但它仍然是$\mathcal{PT}$对称的。

复数作为实数的推广这一发现，在数学中具有极其重要的意义。它使得人们可以解一些实方程，例如$x^4+1=0$，这些方程一开始被认为根本没有解(这个方程有 4 个复解$x=\mathrm{e}^{\pm \mathrm{i}\pi/4}$，$\mathrm{e}^{\pm 3\mathrm{i}\pi/4}$)。复变理论有助于解释实函数的性质。例如，它解释了为什么函数$f(x)=1/(1+x^4)$对于所有实数x(见图 1.7)是平滑且无限可微的，具有泰勒展开式，该展开式仅收敛于有限实数区间。$f(x)$的泰勒级数如下：

$$f(x)=\frac{1}{1+x^4}=\sum_{n=0}^{\infty}(-1)^n x^{4n} \tag{1.19}$$

该函数仅在$-1<x<1$时收敛，因为分母x^4+1的复零点会在复数x平面中产生奇点。

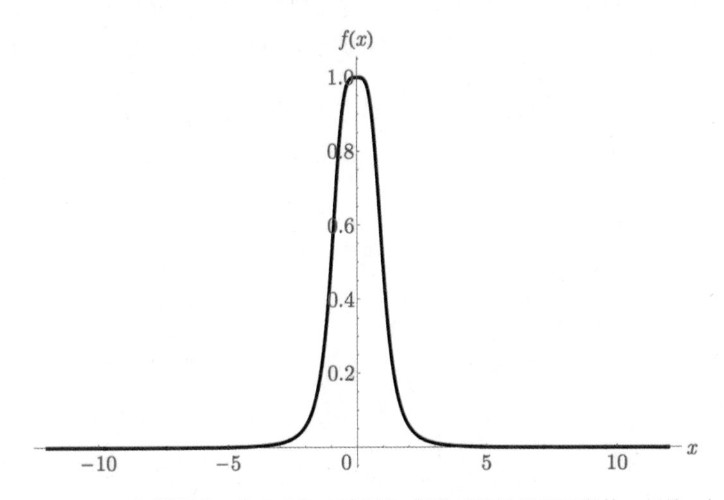

图 1.7　函数$f(x)=1/(1+x^4)$的图形。这个函数对于所有x都是平滑且无限可微的，但是，如果$|x|<1$，$f(x)$的泰勒级数式(1.19)收敛，复变量理论解释了为什么会在这样的条件下才收敛

复变分析也使人们能够理解多值函数，这种函数的最简单例子是平方根函数$\sqrt{x}$。当对一个正实数取平方根时，得到两个可能的答案，一个答案的符号是正号，另一个答案的符号是负号。这似乎与平方根函数这个术语相矛盾，因为一个函数在其范围内必须有一个唯一的点对应其域中的每个点。为了解决这个问题，必须将平方根函数的定义从正实轴扩展到复数的两层黎曼曲面。对于这个复域上的每个点，复数平方根函数都有一个唯一的值。

复变分析具有洞察力的显著例子由积分提供：

$$I(x)=\int_{-\infty}^{\infty}\mathrm{d}t\cos(\pi xt)\,\mathrm{e}^{-x\left(\cosh t+\frac{t^2}{2}\right)} \tag{1.20}$$

这个积分是x的实函数，积分路径是实x轴。然而，为了确定渐近行为，必须使用复变的方法。几乎不可能在不使用复变和解析的情况下推导出无限大x条件下$I(x)$的变化，并且不使用复变量甚至可能导致错误的结果。事实上，人们很容易争辩说：当x很大时，因为函数$\exp[-x(\cosh t+t^2/2)]$在$t=0$处急剧局部化，可以通过其泰勒级数中的前两项$1+t^2$来近似$\cosh t+t^2/2$，并估计$I(x)$的高斯积分。然而，如果这样做，会得到错误的渐近行为。这是因为当x很大且为正时，对积分的贡献不集中在$t=0$处的实数t轴上。因此，被积函数的这种局部近似是无效的。

为了找到式(1.20)的正确渐近行为，将位于实轴上的原始积分轮廓变形到复平面。合适的复数轮廓由最速下降法[142]确定，因为只有在最速下降轮廓上才能对大的正x进行被积函数的局部逼近。将$I(x)$改写为

$$I(x)=\mathrm{Re}\int_{-\infty}^{\infty}\mathrm{d}t\mathrm{e}^{x\phi(t)}$$

其中，$\phi(t)=\mathrm{i}t+\cosh t+t^2/2$。条件$\phi'(t)=0$表明在$t=\mathrm{i}\pi$处有一个鞍点。通过该鞍点的最陡下降路径遵循公式$\mathrm{Im}\phi(t)=0$，如图 1.8 所示。使用这种最速下降轮廓的优点是，对于较大的正x，对积分的贡献位于$t=\mathrm{i}\pi$，然后很简单地证明$I(x)$的渐近行为有简单的形式[142]：

$$I(x)\sim\frac{1}{2}\left(\frac{6}{x}\right)^{\frac{1}{4}}\Gamma\left(\frac{1}{4}\right)\mathrm{e}^{x\left(1-\frac{\pi^2}{2}\right)}\qquad(x\to\infty)$$

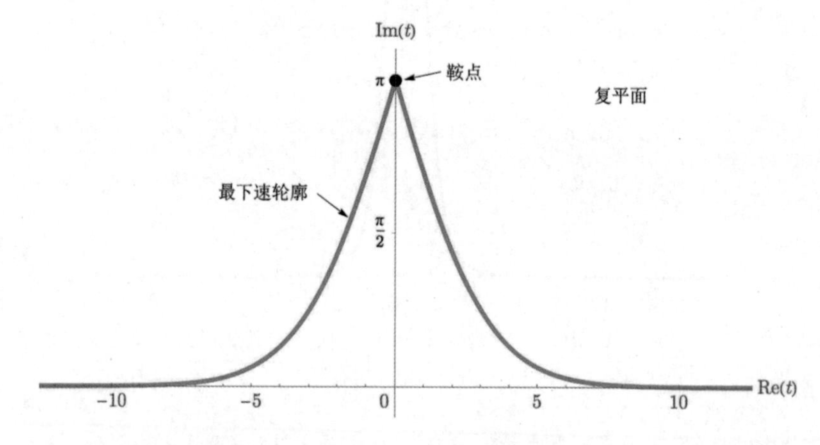

图 1.8　式(1.20)中积分$I(x)$的最速下降等值线图。这条路径通过鞍点，虽然$I(x)$是一个实积分，但必须将积分路径变形到复平面中才能找到较大的实x的$I(x)$渐近变化

复变理论也被用来解释一个不正确的实积分，其积分区域包含一个简单的极点。为了解释这样的积分，引入了柯西定理的概念。它依赖于对称截断积分范围，例如，如果被积函数在$x=0$处有一个简单的极点，对函数$1/x$进行等价变换：

$$\lim_{\epsilon\to 0}\frac{1}{x\pm \mathrm{i}\epsilon}\equiv P\frac{1}{x}\pm \mathrm{i}\pi\delta(x)$$

有关此公式的讨论参见文献[463]。请注意，上述恒等式在奇偶反射$x\to -x$时不是不变的。然而，它在$\mathcal{PT}$反射$(x\to -x,\mathrm{i}\to -\mathrm{i})$时是不变的。

复变理论强大的一个较显著的例子是它在求和理论中的应用，求和理论是一种将唯一且有意义的总和分配给发散序列的方法。发散级数的两个基本例子如下：

$$1-1+1-1+1-1+\cdots \text{和}\ 1+2+4+8+16+32+\cdots$$

比较容易证明第一个序列的唯一和为-1[142]，获得这个结果只需要使用实变量理论。然而，一些更复杂的发散系列，如

$$1+1+1+1+1+\cdots \text{和}\ 1+2+3+4+5+\cdots$$

实变量方法不足以对这类多项式求和，但复变量方法可求解第一个序列的总和为$-1/2$，第二个序列的总和为$-1/12$。要获得这些结果，必须将系列定义为 zeta 函数$\zeta(x)$，才能继续解析为x的负值，zeta 函数在$\mathrm{Re}\,x>1$时为$\sum_{n=1}^{\infty}n^{-x}$。当人们对本征模式进行求和时，例如在计算一对不带电的导电平行板之间的量子 Casimir 力[406]时，物理学中就会出现这样的发散级数。可以通过实验测量 Casimir 力的强度，来确定使用复变量方法对发散级数求和的有效性。

复变量理论还增强了对研究实物理理论传统工具的理解，例如，如果对量子非谐振荡器哈密顿量的特征值进行微扰计算会发生什么。该谐振器为$\hat{H}=\hat{p}^2+\hat{x}^2+\hat{x}^4$，插入一个扰动参数$\varepsilon$，并展开薛定谔特征值问题的特征值和特征函数：

$$-\psi''(x)+x^2\psi(x)+\varepsilon x^4\psi(x)=E\psi(x),\quad \psi(\pm\infty)=0 \tag{1.21}$$

正如ε加权的标准序列：

$$E=\sum_{n=0}^{\infty}a_n\varepsilon^n,\quad \psi(x)=\sum_{n=0}^{\infty}\psi_n(x)\varepsilon^n \tag{1.22}$$

令人惊讶的是，$E(\varepsilon)$的扰动级数在所有$\varepsilon\neq 0$的情况下发散，因为当$n>>1$，扰动级数中的第n个系数大约像$n!$一样增长[150]。

解释这种微扰展开散度的一种快速而简单的方法是观察第n个微扰系数a_n，其为具有n个顶点费曼图的总和。这种图的数量像$n!$一样增长，并且这些图都在相位中相加[149]，这意味着扰动系数像$n!$一样增长。这一观察虽然在方法上是正确的，但并没有为扰动扩展的发散提供基本解释。

为了理解扰动系数的快速增长，转而研究复分析方法。将薛定谔特征值和特征函数式(1.21)扩展到复域，并检验其变化是否复变。发现函数$E(\varepsilon)$在任意靠近原点$\varepsilon=0$的复平面上有奇点[148-149]。因此，$E(\varepsilon)$的微扰级数具有消失的收敛半径，并且对于任何非零都会发散。

典型的微扰扩展通常具有零收敛半径，这可能令人沮丧，因为它表明微扰理论对于计算哈密顿量的特征值是无效的。然而，复变理论改变了这一切。复变分析的一个强有力的结果是，如果将特征值$E(\varepsilon)$的扰动级数式(1.22)转换为对角 Padé 近似值的序列[142]，即使扰动序列发散，对于ε的所有正实数值，Padé 序列都收敛到所有的精确特征值[486]。

为了研究复值函数$E(\varepsilon)$的性质，必须将实微分特征值问题式(1.21)变形到ε复域中。为了完

成这种变形，必须应用渐近近似 WKB 理论和斯托克斯扇区的根本思想。第 2 章将对这些方法进行详细讨论。本章的目标是说明复特征值问题解的性质。

考虑简单的二维矩阵特征值问题，其中H是 2×2 矩阵：

$$H = \begin{bmatrix} a & g \\ g & b \end{bmatrix} \tag{1.23}$$

该哈密顿量与式(1.5)中的结构相似，描述了耦合的两态厄米系统，当耦合常数g为零时，其能量特征值为a和b。耦合系统的特征值E是二次特征方程的零点：

$$0 = \det(H - IE) = \det\begin{bmatrix} a-E & g \\ g & b-E \end{bmatrix} = E^2 - (a+b)E + ab - g^2$$

这个方程的解为

$$E_{\pm}(g) = \frac{1}{2}a + \frac{1}{2}b \pm \frac{1}{2}\sqrt{(a-b)^2 + g^2} \tag{1.24}$$

如果设置$g = 0$，特征值$E_{\pm}$减小到b和a。请注意，如果进行了$E_{\pm}(g)$的微扰计算，微扰级数只会在$|g| < |a-b|$时收敛。这是因为复数b平面中有两个平方根奇点。

这些平方根奇点具有非凡的物理解释。为简化讨论，选择$a = 1$和$b = 2$，使得：

$$E_{\pm}(g) = \frac{3}{2} \pm \frac{1}{2}\sqrt{1 + g^2} \tag{1.25}$$

现在，当$g = \mathrm{i}$和$g = -\mathrm{i}$，式(1.25)中的特征值$E_{\pm}(g)$具有平方根分支点奇点。这些奇点到复g平面的原点距离为 1。如果将特征值计算为g的幂的扰动级数，则扰动级数的收敛半径为 1。这些平方根奇点通常称为异常点。通常，特征值在异常点交叉(即它们变得退化)。当两个特征值在异常点相交时，该异常点被称为二阶①。异常点也标志着$\mathcal{PT}$对称性间断和未断间的边界。例如，图 1.4 显示在$\mathcal{PT}$相变过渡点$g = \pm 1$处存在异常点。

量子力学问题中一个能级的微扰级数收敛半径由异常点的位置决定。在量子非谐振荡器式(1.21)的情况下，复平面中有无数个异常点，都是二阶的。要找到这些异常点的位置，必须首先计算特征方程。

对于特征值，$S(E,g) = \det(H - IE) = 0$(量子非谐振荡器可以近似完成)，然后通过求解以下问题来确定存在双重简并的奇点联合方程组：

$$S(E,\varepsilon) = 0,\quad \frac{\partial}{\partial E}S(E,\varepsilon) = 0 \tag{1.26}$$

当这样做时，发现存在任意靠近原点的奇点。这就是式(1.22)中扰动级数发散的根本原因。

通过将量子力学特征值问题变形到复域并定位奇点，可以确定扰动级数的收敛半径。事实上，这样做还可以使复变形提供对量化本质的深刻理解。量子力学的传统描述是，能级是实耦

---

① n>2 个特征值在异常点退化的情况不常见，但可能会发生。当这种情况发生时，异常点被称为n阶异常点[81]。

合常数的离散和量子化函数。然而，从耦合常数变为复数的更通用的复变量角度来看，可以看到式(1.23)中的能级实际上是复数耦合常数g的连续函数。实际上，函数$E(g)=\frac{3}{2}+\frac{1}{2}\sqrt{1+g^2}$是双层黎曼曲面上复$g$的连续函数，如图 1.9 所示。

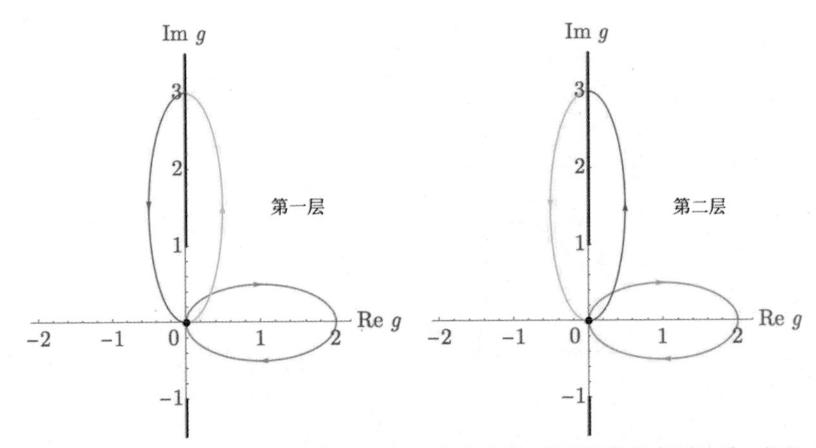

图 1.9　$a=1$和$b=2$的二态系统(1.23)的能级(1.25)与复变量g的两层黎曼表面关系，能级对应函数$E(g)=\frac{3}{2}+\frac{1}{2}\sqrt{1+g^2}$的两个分支。黎曼曲面的两层通过平方根分支交叉连接，选择沿着$\mathrm{Im}(g)$轴从i到+i∞和从−i到−i∞运行。这些切口由垂直轴上的粗实线表示。在第一层上$E(0)=1$，在第二层上$E(0)=2$，如果沿着一条闭合的椭圆路径(橙色)开始和结束于第二层上的$g=0$，则能量$E_+(g)$沿着一条闭合曲线(也是橙色)开始和结束，在复E平面中$E=2$，如图 1.10 所示。类似地，如果遵循第一张图上的等效路径(蓝色)，则$E_-(g)$遵循图 1.10 中的闭合路径(也是蓝色)，该路径以$E=1$开始和结束。另外，如果遵循一条连续的椭圆路径(绿色)，从第一层的$g=0$开始，绕分支点奇点(异常点)缠绕，并在第二层的$g=0$处终止，能级不断变形并交换它们的身份，如图 1.11 中的绿色曲线所示。类似地，如果沿着一条路径(紫色)从第二层上的$g=0$到第一层上的$g=0$，则$E=2$能级变形为$E=1$能级，如图 1.11 中的紫色曲线所示

$E(g)$的这种变化表明量化具有拓扑解释。请注意，有两个特征值$E_\pm(g)$仅仅是因为黎曼曲面中有两层。图 1.9 表明，如果在复g平面中遵循一条不绕奇点缠绕的闭合连续路径，则能级本身将遵循复能平面中的闭合路径(见图 1.10)。然而，在环绕奇点的连续路径上，能级交换它们的特征，因为它们是彼此的解析延续(见图 1.11)。这种交换现象称为层级交叉，这不仅仅是一个数学概念，在$\mathcal{PT}$对称微波腔[157]和最近的涉及光波导的完美实验[535]中，已经观察到了能级解析连续和交叉[204]。

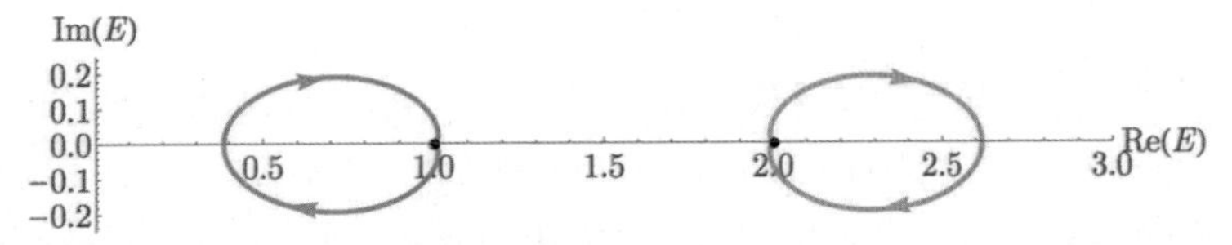

图 1.10　复能量$E(g)$平面中的闭环，这些路径的图像是在黎曼表面的上层(橙色)和下层(蓝色)中，以$g=0$开始和结束的闭合椭圆路径的图像见图 1.9

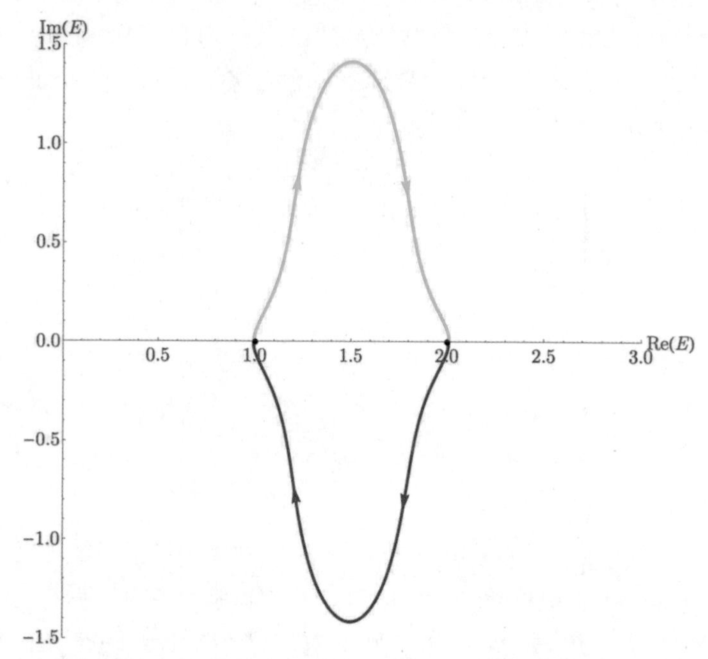

图 1.11　图 1.9 中黎曼曲面上奇点周围的水平交叉。闭合路径(绿色和紫色)是图 1.9 中绿色和紫色路径的复平面中的图像

一般来说，当将哈密顿量的参数(耦合常数)扩展到复域时，发现能量特征值都是多值函数的分支，它们是解析的延续黎曼曲面，并且可以通过改变参数连续变形为另一个。因此，复分析提供了一个显著的量化拓扑图，能级与黎曼曲面层一一对应。从实变量的狭隘角度看，这种量化的解释是不可见的。如果坚持耦合常数g必须保持为实数才能使哈密顿量式(1.23)成为厄米量，将永远不会发现量化本质的美丽图景。

1.6　复域中的经典力学

1.5 节说明了将量子力学理论扩展到复域会产生关于量化数学结构的新观点，本节将说明将经典力学扩展到复域也能产生有价值的观点。

为了说明这一点，考虑经典谐振子的基本问题，它由哈密顿量描述：

$$H=\frac{1}{2m}p^2+\frac{k}{2}x^2 \tag{1.27}$$

其中，m是受弹簧力作用的粒子的质量，k是弹性常量。请注意，如果改变x和p的符号实现宇称不对称，改变p的符号实现时间不对称，则该哈密顿量是$\mathcal{PT}$对称的。

式(1.27)中，哈密顿量产生了坐标变量$x(t)$和动量变量$p(t)$的两个耦合运动方程：

$$\dot{x} = \frac{\partial H}{\partial p} = \frac{p}{m} \tag{1.28}$$

$$\dot{p} = -\frac{\partial H}{\partial x} = -kx \tag{1.29}$$

结合这两个方程，得到谐振子运动方程$m\ddot{x} + kx = 0$。这个微分方程的通解为

$$x(t) = A\sin(\omega t) + B\cos(\omega t) \tag{1.30}$$

其中，A和B是任意常数，频率为$\omega = \sqrt{k/m}$。

解释谐振子的常规方法如下：kx乘以式(1.28)，p/m乘以式(1.29)，然后将得到的方程相加。这验证了哈密顿量式(1.27)是时间无关的，即$\frac{\mathrm{d}}{\mathrm{d}t}H = 0$。接下来，使用式(1.28)，从 H中消去p得到运动常数：

$$E \equiv \frac{1}{2}m\dot{x}^2 + \frac{1}{2}kx^2 \tag{1.31}$$

观察到 E是两项的和，它们可被理解为：①质量为m粒子的动能$m\dot{x}^2/2$；②二次势阱中粒子的势能$kx^2/2$。势的负导数是作用在粒子上的力$-kx$，该力与粒子到其平衡(静止)位置(在$x = 0$处)的位移成正比。这种称为胡克定律的力将粒子恢复到平衡位置。当粒子远离$x = 0$时，它的动能会减少，而其势能会增加。当$x = \pm\sqrt{2E/k}$时，势能达到最大值E，粒子的动能消失。在这些被称为转折点的点上，粒子停止前进并返回其平衡位置。粒子在二次势阱中的这种来回运动称为简谐运动。该运动在式(1.30)中有明确描述。

人们可能认为这就是关于谐振子的全部内容。然而，如果将谐振子扩展到复域(即$x(t)$的复数值)，会发现更精细和复杂的行为。首先，如果选择能量为E粒子的初始位置$x(0)$在由$\pm\sqrt{2E/k}$处的转折点界定的实际区间之外，会发生什么？也就是说，如果$x(0) > \sqrt{2E/k}$会发生什么？这个问题的传统答案是，这种初始条件在经典理论上是不可能的，因为这意味着势能超过总能量，即$k[x(0)]^2/2 > E$，此时动能将为负。有人会认为，因为动能$m\dot{x}^2/2$是一个平方数，所以它不可能是负数。因此，满足$|x| > \sqrt{2E/k}$时，x的实际值通常被指定为经典限定区域，并且通常认为该区域仅在量子水平上是存在的。粒子只能通过量子力学隧穿进入经典禁区。

当然，虚数的平方是负数。因此，虽然式(1.31)中的总能量E仍然是实数和正数，但如果动量是虚数，则动能可能是负数。允许哈密顿方程式(1.28)和式(1.29)存在复数解，就从真正的经典力学推广到复数的经典力学。事实上，如果经典粒子最初$t = 0$时处于经典限定区，并且粒子的总能量为实数且为正值，可以证明粒子的经典轨迹是复平面中的椭圆。

计算如下：让粒子的能量E为实数，在$\sqrt{2E/k}$处，让粒子的初始位置$x(0)$位于转折点的右侧。然后，从式(1.31)得到粒子位置的一阶微分方程：

$$\dot{x} = \pm\sqrt{\frac{2E - kx^2}{m}} \tag{1.32}$$

该方程是可分离的，因此代入$x(t)=z(t)\sqrt{\frac{2E}{k}}$，并将微分方程以分离形式写为$\frac{\mathrm{d}z}{\sqrt{1-z^2}}=\pm\mathrm{d}t\sqrt{\frac{k}{m}}$。这个方程的一般解是$z=\cos\left(t\sqrt{\frac{k}{m}}+C\right)$，其中$C$是任意常数。因此，

$$x(t)=\sqrt{\frac{2E}{k}}\cos\left(t\sqrt{\frac{k}{m}}+C\right)$$

为了确定 C，结合初始条件：

$$x(0)=\sqrt{\frac{2E}{k}}\cos C=\sqrt{\frac{2E}{k}}\cos(\mathrm{i}\beta)=\sqrt{\frac{2E}{k}}\cosh\beta$$

并获得时间 t 函数的粒子复经典路径方程：

$$x(t)=\sqrt{\frac{2E}{k}}\left(\cos\frac{tk}{m}\cosh\beta-\mathrm{i}\sin\frac{tk}{m}\sinh\beta\right) \tag{1.33}$$

为了看到这条路径是复x平面中的椭圆，注意到$R=\mathrm{Re}\,x(t)$和$I=\mathrm{Im}\,x(t)$满足方程：

$$\frac{R^2}{\cosh^2\beta}+\frac{I^2}{\sinh^2\beta}=\frac{2E}{k} \tag{1.34}$$

因此，椭圆的长半轴是$\sqrt{\frac{2E}{k}}\cosh\beta$，椭圆的半短轴是$\sqrt{\frac{2E}{k}}\sinh\beta$(一些椭圆经典路径如图 1.12 所示)。有趣的是，椭圆的焦点位于实轴上的$\pm\sqrt{\frac{2E}{k}}$处，这正是经典转折点的位置。请注意，传统的往返谐波运动只是椭圆的极限退化形式，其中半短轴消失(因为$\beta=0$)。

图 1.12 所示的椭圆经典路径是左右对称的。这是式(1.27)中谐波振荡器哈密顿量$\mathcal{PT}$对称的结果。即使x是复数，在奇偶反对称$x\to-x$，时间反对称$x\to x^*$的条件下，当这些转换组合在一起时，最终结果只是通过垂直(虚)轴的反射。

图 1.12 中椭圆经典路径最明显的特点是，当经典粒子通过经典限定区到左侧拐点的左侧和右侧拐点的右侧时，粒子在垂直方向运动。一般来说，经典粒子永远不能在经典限定区中平行于实轴运动，因为动能是负的。

对于涉及完全内反射现象的这种行为，有一个简单的光学类比。图 1.13 显示了玻璃板中的光线。该光线从玻璃-空气界面反射，因此没有光线穿过两种介质的边界。然而，界面右侧有一个电磁场，该场的大小与边界右侧的距离呈指数衰减[307]，在稳态条件下，水平方向没有能量流向空气区域的方向。如果计算坡印廷矢量，就会发现玻璃-空气界面右侧的能量流是完全垂直的，类似于图 1.12 中的经典轨道。

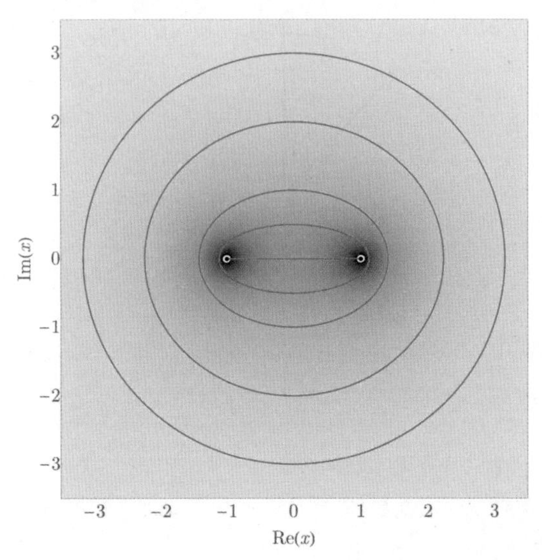

图 1.12　服从复谐波振荡器方程(1.33)的经典粒子的 5 条复轨道。图中，$m=1/2$，$k=2$，粒子的能量为 $E=1$。对于 4 个初始条件$x(0)=\mathrm{i}/2,\mathrm{i},2\mathrm{i},3\mathrm{i}$中的每一个值，粒子的轨道都是一个椭圆，其焦点位于拐点±1 处。当粒子从原点开始时$x=0$，它的轨道是一个退化椭圆，在±1 的转折点之间做实简谐波运动。注意背景阴影：浅色阴影表示粒子快速移动，深色阴影表示粒子移动缓慢。粒子在接近转折点时速度慢，远离转折点时速度快

虽然图 1.12 中显示的经典轨道是椭圆，但不是开普勒轨道。在开普勒动力学中，距离较远的行星绕太阳转的时间比内行星要长(冥王星的年比地球年长得多)。相反，根据柯西积分定理，所有复谐波振荡器轨道能量 E 的周期完全相同。为了解释为什么会这样，采用经典轨道作为路径积分，并使用链式法则计算周期 T:

$$T=\oint \mathrm{d}t=\oint \mathrm{d}x\frac{\mathrm{d}t}{\mathrm{d}x} \tag{1.35}$$

接下来，把式(1.32)作为$\dfrac{\mathrm{d}t}{\mathrm{d}x}$代入上式:

$$T=\oint \frac{\mathrm{d}t}{\sqrt{\dfrac{2E-kx^2}{m}}}=\sqrt{\frac{m}{k}}\oint\frac{\mathrm{d}s}{\sqrt{1-s^2}}=2\pi\sqrt{\frac{m}{k}} \tag{1.36}$$

等号右边的积分包含从左侧拐点到右侧拐点的分支切割。由于没有其他奇点，根据路径独立性，轨道周期T对于任何轨道都是相同的。

在复域的经典力学中，轨道周期T仅由能量决定，与初始条件无关。这就解释了为什么图 1.12 中较大椭圆中的粒子速度如此之大。外椭圆中的粒子必须移动得更快，才能使轨道周期保持恒定。

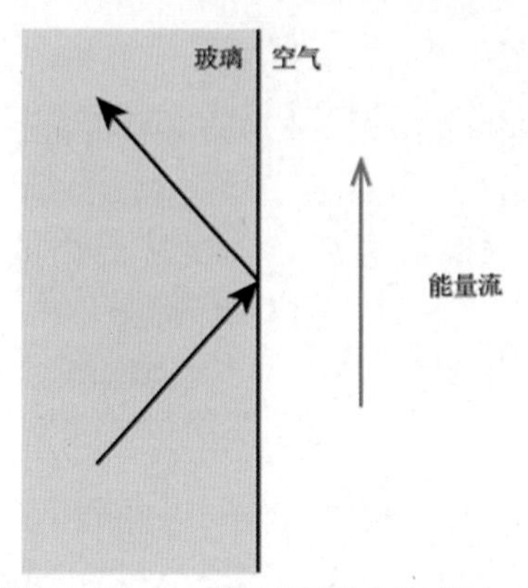

图 1.13 一种光学模拟的全内反射，与图 1.12 所示的复经典粒子的运动类似。玻璃板中的光线在玻璃-空气界面全反射。在稳态条件下，没有电磁能在水平方向的空气区域流动。该区域的能量流是完全垂直的，就像经典粒子在经典禁区中穿过实轴时的运动是垂直的一样

1.7 复变形经典谐波振荡器

变形的一个重要模型是复变形谐振子。该振荡器模型的哈密顿量如下：

$$H = p^2 + x^2(\mathrm{i}x)^\varepsilon，\ \varepsilon为实数 \tag{1.37}$$

这个模型在历史上很重要，因为这个哈密顿量的量化开始了被称为$\mathcal{PT}$对称量子力学领域的发展[77]。在量子层面，当$\varepsilon \neq 0$时，这个哈密顿算子是复数而不是厄米算子，但它对于所有实数ε仍然是$\mathcal{PT}$不变的，因为组合$\mathrm{i}\hat{x}$是$\mathcal{PT}$对称的。第 1 章介绍了如何计算这个哈密顿量的量化特征值，第 2 章在数学上严格求导了它的频谱。第 6 章将介绍$\varepsilon \geqslant 0$ 时的未破缺$\mathcal{PT}$对称区域(其中特征值都是实数、正数和离散值)和$\varepsilon < 0$时的破缺$\mathcal{PT}$对称区域(其中有限数量的特征值是实数，其余特征值形成复共轭对)。

本节将集中研究经典H(第 4 章将深入研究这个经典哈密顿量)。当$\varepsilon = 0$时，式(1.37)中的H简化为谐振子哈密顿量，但当ε假定为非实数时，H平滑地变形到复域。将看到由H描述的粒子，其经典轨道在$\varepsilon = 0$处经历了戏剧性的拓扑转变。当$\varepsilon \geqslant 0$ 时，经典轨道是闭合轨道，而当$\varepsilon < 0$时，经典轨道变为开放轨道。经典轨道特征的这种转变是量子$\mathcal{PT}$相变的根本原因。

从寻找经典转折点的位置开始计算。经典粒子处于转折点时没有动能，即$p^2 = 0$。因此，如果粒子的总能量为E，则转折点服从方程：

$$x^2(\mathrm{i}x)^\varepsilon = E \tag{1.38}$$

它有许多复域解。然而，假设能量E是实数，并研究当$\varepsilon = 0$(谐振子情况下)时和当ε远离 0 时，位于实轴上$\pm\sqrt{E}$处的两个拐点会发生什么变化。以极坐标的形式求方程(1.38)的解，发现左右转折点位于复平面中：

$$x_{\mathrm{left}} = E^{\frac{1}{2+\varepsilon}}\mathrm{e}^{\mathrm{i}\theta_{\mathrm{left}}}，\ x_{\mathrm{right}} = E^{\frac{1}{2+\varepsilon}}\mathrm{e}^{\mathrm{i}\theta_{\mathrm{right}}} \tag{1.39}$$

$$\theta_{\text{left}} = -\frac{4+\varepsilon}{4+2\varepsilon}\pi,\ \theta_{\text{right}} = -\frac{\varepsilon}{4+2\varepsilon}\pi \tag{1.40}$$

因此，经典谐振子的两个转折点随着ε从 0 开始增加，接着向下移动到复平面，并且当$\varepsilon \longrightarrow +\infty$时到达负虚轴，随着$\varepsilon$从 0 开始减小而向上移动。请注意，对于所有$\varepsilon$，这些转折点的位置点关于虚轴反对称。这是哈密顿量$\mathcal{PT}$对称性的结果。

通过设置$\varepsilon = 1$，获得三次$\mathcal{PT}$对称振荡器。该振荡器的哈密顿量如下：

$$H = p^2 + \mathrm{i}x^3 \tag{1.41}$$

复平面共有三个转折点，包括式(1.39)和式(1.40)中给出的两个转折点，以及一个附加的位于正虚轴上的转折点。复立方振荡器的 8 条经典轨道如图 1.14 所示。可以在图 1.14 中看到，图 1.12 中的复椭圆现在变形了，但经典轨道仍然是闭合的并且左右对称。

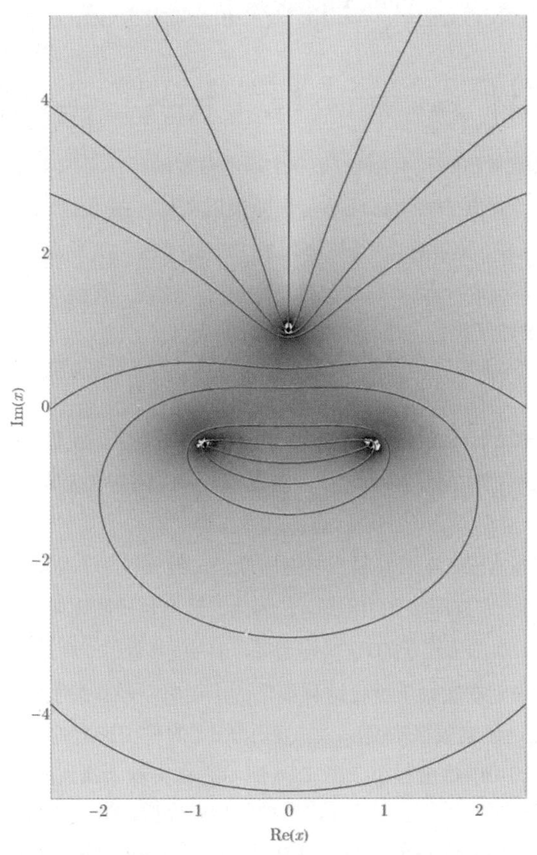

图 1.14　对于能量$E = 1$的经典粒子，式(1.41)中立方谐振子的 9 个经典轨道。这些轨道都是$\mathcal{PT}$对称的(左右对称)。有一条特殊的轨道在下半复平面的左右转折点之间振荡，从$x = -\mathrm{i}$开始。7 条经典轨道始于$x = -\mathrm{i}/4, \mathrm{i}/4, \mathrm{i}/2, 9\mathrm{i}/10, 95\mathrm{i}/100, 99\mathrm{i}/100, -73\mathrm{i}/100$。最后，有一条特殊的奇异轨道在上转折点和$i\infty$之间振荡。像在图 1.12 所示的轨道之间振荡一样，经典粒子在较亮的区域移动得很快，在较暗的区域移动得较慢

接下来，通过在式(1.37)中设置$\varepsilon=2$获得四次$\mathcal{PT}$对称振荡器。由此产生的势能$V(x)=-x^4$是倒置的，且由其描述的经典系统在实轴上显然是不稳定的。传统的观点是，人们应该拒绝基于不稳定势的理论，例如$-x^4$，因为受这种势影响的实轴上的经典粒子将缩小到$\pm\infty$ (除非它在$x=0$静止时不稳定地平衡)。然而，这个结论过于简单，因为能量$E>0$的粒子会在有限时间内达到无穷大。因此必须回答这个问题，粒子下一步去往哪里？实分析并没有提供这个问题的答案。复变量理论能够回答这个问题，而且答案更引人注目[325]。

计算一个能量$E>0$的经典粒子从原点达到无穷远的时间。采用哈密顿量$H=p^2-x^4$来描述粒子从原始状态达到无穷大的变化时间 T是有限的：

$$T=\int_{t=0}^{T}\mathrm{d}t=\int_{x=0}^{\infty}\frac{\mathrm{d}x}{\dot{x}}=\frac{1}{2}\int_{x=0}^{\infty}\frac{\mathrm{d}x}{\sqrt{E+x^4}}$$

这里使用了汉密尔顿方程$\dot{x}=\dfrac{\partial H}{\partial p}=2p$。这个积分可以用 beta 函数$B$[6]来计算：

$$T=\frac{1}{8}E^{-\frac{1}{4}}\int_{u=0}^{\infty}\mathrm{d}u\,u^{-\frac{3}{4}}(1+u)^{-\frac{1}{2}}=\frac{1}{8}E^{-\frac{1}{4}}B\left(\frac{1}{4},\frac{1}{4}\right)=\frac{1}{8\sqrt{\pi}}E^{-\frac{1}{4}}\left[\Gamma\left(\frac{1}{4}\right)\right]^2 \tag{1.42}$$

因此，对于经典能量E的任何正值，时间T都是有限的。

为了找出粒子下一步要去哪里，应从复平面接近实轴。图 1.15 显示了$E=1$的复平面x中的 8 条经典轨道，其有 4 个转折点。一条轨道代表一个粒子在上层平面上一对转折点之间振荡，另一条轨道代表一个粒子在下层平面上一对转折点之间振荡。其他 6 条经典轨道都是封闭周期轨道。能量为$E=1$的粒子绕行一个闭合轨道的时间为

$$2T=\frac{1}{4\sqrt{\pi}}\left[\Gamma\left(\frac{1}{4}\right)\right]^2$$

无论沿着哪条路径，当轨道接近实轴时，粒子移动得更快，在极限情况下可以看到，从原点开始的粒子在有限时间T内到达$+\infty$，又立即达到$-\infty$，因为它无限快地运动，然后在T时刻回到原点。

粒子继续沿着这条有限的闭合路径反复返回原点。经典粒子不是简单地消失在$x=\pm\infty$处，而是当粒子达到$\pm\infty$时，它立即重新出现$\mp\infty$。因此，经典粒子能完成从$\pm\infty$到$\mp\infty$的周期转变。这种周期性运动等效于实轴上粒子的$\mathcal{PT}$对称通量，其中$\pm\infty$处的平衡依赖$\mp\infty$处的沉降。

现在可能会问，当它在实轴上进行这种周期性运动时，经典粒子的位置最有可能在哪里？要回答这个问题，假定经典概率密度$P_{\text{classical}}(x)$与x点的粒子速度的倒数成正比，粒子移动得越快，它出现在那里的可能性就越小。图 1.16 所示为在实轴上找到能量$E=1$的粒子的归一化经典概率密度①。该图的主要特征是原点处的高度达到峰值，这表明粒子最有可能被发现在原点附近，因为它大部分时间都在那里运动。因此，可以将$-x^4$处的势能解释为动态稳定而非不稳定，因为这种势将经典粒子限制在原点附近。更准确地说，虽然这种势能将经典粒子推向无穷大，但在那里找到粒子的机会为零！

① 经典概率密度$P_{\text{classical}}(x)$除以$\int_{-\infty}^{\infty}\mathrm{d}x P_{\text{classical}}(x)$进行归一化。当然，这个积分收敛是必不可少的；否则，归一化的经典概率密度将消失。

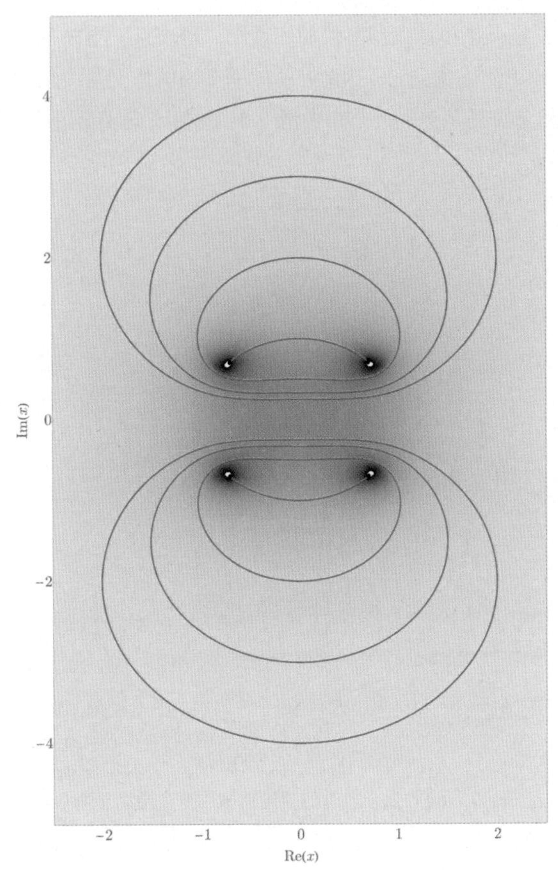

图 1.15　在复x平面中的 8 条闭合周期轨道，其中$H = p^2 - x^4$，能量为$E = 1$。转折点位于$x = \mathrm{e}^{\pm\frac{\mathrm{i}\pi}{4}}$和$x = \mathrm{e}^{\pm\frac{3\mathrm{i}\pi}{4}}$。初始条件是$x_0 = \pm\mathrm{i}, \pm\mathrm{i}/2, \pm\mathrm{i}/4, \pm\mathrm{i}/8$。$\mathcal{PT}$对称系统的一个关键特征是，虽然经典轨道从实轴的狭窄角度看可能是开放的，但在复平面中是封闭的

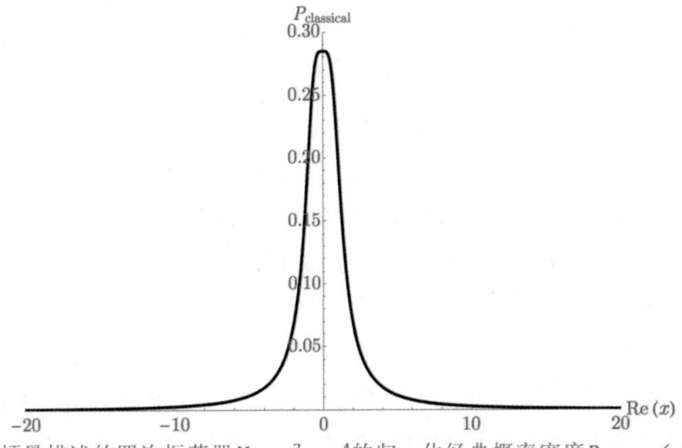

图 1.16　由哈密顿量描述的四次振荡器$H = p^2 - x^4$的归一化经典概率密度$P_{\mathrm{classical}}(x)$，经典粒子的能量$E = 1$。该图显示，虽然经典粒子反复放大到无穷远，但它几乎所有时间(并且最有可能被发现)都在原点$x = 0$附近。因此，虽然$x = 0$是一个静态不稳定点，但粒子运动是动态稳定的

图 1.17 所示为复经典概率密度绝对值的三维图。请注意，当粒子在复平面中沿闭合轨道运动时，最有可能在原点附近找到它。因此，从时间平均的意义角度来讲，可以将经典粒子视为与原点绑定。经典粒子总是从势能的小山上滑下来，然后飞向无穷远，但在任何给定的时刻，它最可能非常接近原点。

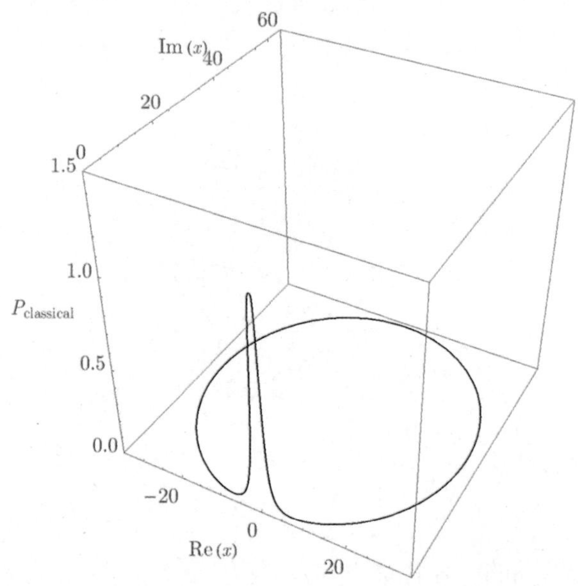

图 1.17 在复平面，开始于$x_0 = \mathrm{i}/64$的闭合轨道的复经典概率密度绝对值$1/|\dot{x}|$的三维图。经典能量为$E = 1$。经典粒子在复平面中执行快速循环，但在原点附近运行非常缓慢

得出的结论是，人们可能认为纯实数不稳定势在复数中可能不再不稳定。这样做的根本原因是，当将实数系统扩展到复数系统时，失去了排序的性质；也就是说，如果a和b是实数，则可以说$a > b$，但如果它们是复数，则不能这样认为。在物理学中，通常说一个势如果向下是无界的，则它是不稳定的。然而，如果它是复数，那么向下的势$V(x)$无界的结论就变得毫无意义。因此，复域通过使静态不稳定性变为动态稳定来提供用于解决物理不稳定性的条件。

在第 2 章中，将粒子受约束的起源概念从经典力学扩展到量子力学，并给出了一个简单而严格的证明，即受排斥势$-x^4$影响的量子粒子也处于束缚态并局限于原点附近。本节的经典研究对于为什么量化哈密顿量$H = \hat{p}^2 - \hat{x}^4$能级都是实数和正数给出了一种启发式的解释。可以通过对所有可能的经典路径求和来获得量子力学的相关概念[241]。如果将此路径积分扩展为包括所有复数经典路径的总和，而不仅仅是实数路径，那么总和中的所有经典路径都是稳定的闭合轨道，并且实x轴上看似不稳定的运动变得非常罕见(测量概率为零)。

并非所有复势都是稳定的。$\mathcal{PT}$对称势$x^2(\mathrm{i}x)^\varepsilon$在$\varepsilon \geqslant 0$ 时具有稳定的闭合轨道，但当$\varepsilon < 0$时变得不稳定。当ε为负值时，经典轨道是$\mathcal{PT}$对称的(左右对称)，但轨道不再闭合，并且在无限(非有限)时间内，在势能影响下，经典粒子漂移到无穷大。随着ε减小到 0 以下，位于图 1.12 中实轴上的式(1.37)和式(1.38)中的转折点移动到上半复平面中。经典轨道环绕这些转折点，最

终转向无穷大。因为这种情况下的轨迹是开放和非周期性的，系统不再处于平衡状态，即$\mathcal{PT}$对称性被破缺。图 1.18 显示，随着ε从下方接近 0，轨迹在转向无穷大之前越来越弯曲。图 1.18 显示了三个不同ε负值的轨迹。

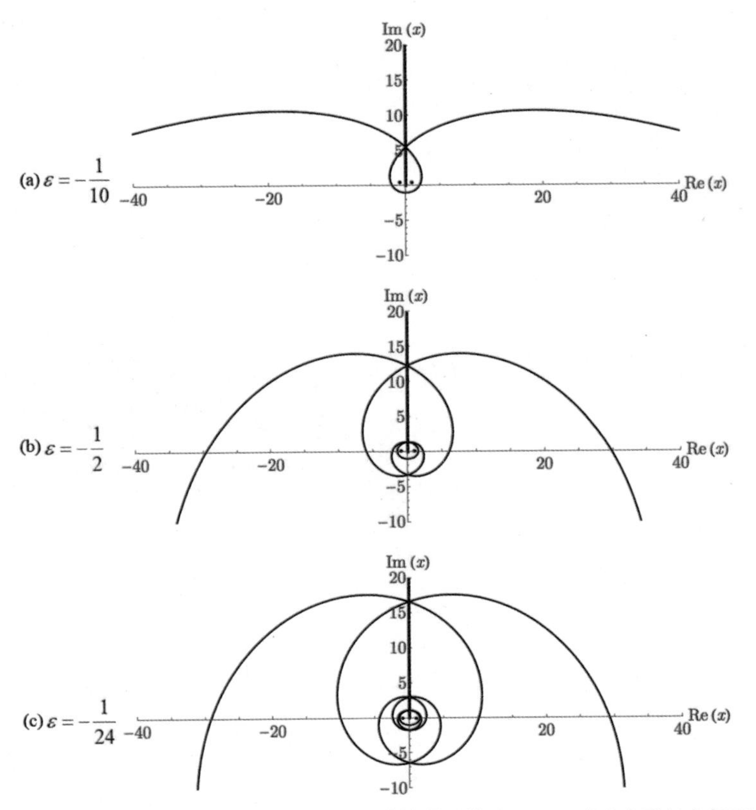

图 1.18　三个不同ε负值的经典轨道，$E=1$。经典轨道开始于$x=-\mathrm{i}$，当它们看起来交叉时，却不能交叉。相反，轨道位于无限层黎曼曲面上，因为势函数$x^2(\mathrm{i}x)^\varepsilon$在$x=0$ 处具有对数分支点奇点。黎曼层由分支交叉(由实线表示)连接，认为它位于正虚轴上。主层上的转折点用圆点表示。显示的轨道代表了一个经典粒子在时间上向前和向后的路径。这些轨道是$\mathcal{PT}$对称的(左右对称)。曲线绕原点缠绕并最终接近无穷大 $\varepsilon=-\frac{1}{24}$

第 2 章表明，封闭和开放经典轨道之间的差异对于该理论的量化至关重要。如果经典轨道是闭合的，可以使用 Bohr-Sommerfeld 量化公式：

$$\oint_C \mathrm{d}x\sqrt{E-V(x)}\sim\left(n+\frac{1}{2}\right)\pi \tag{1.43}$$

其中，C是封闭的经典轨道，可以获得量化能级E_n的近似公式。人们可能会认为封闭的经典轨道代表复域的经典原子。Bohr-Sommerfeld 量化公式的半经典解释是，在量子力学中，将粒子视为波。如果一个粒子在一个封闭的轨道上，并且该轨道由整数n个波长组成，那么波会与自身相干涉。这正是式(1.43)的含义，它是一个能级的近似条件。因此，所获能量是一种共振效应，就像回声室或回音壁[496]。

作为$\mathcal{PT}$对称性的结果，这个近似量化公式给出了能量E_n[114]的实数值。然而，如果经典轨道是开放的，则量化积分式(1.43)不能使用，因为正如符号$\oint$所表示的，积分轮廓必须是闭合的。事实上，当经典轨道打开时，$\mathcal{PT}$对称性被破缺，量子哈密顿量的特征值变成复数。对于势$x^2(\mathrm{i}x)^\varepsilon$，当$\varepsilon < 0$时，轨道是开放的，因为轨道周期是无限的。如果波没有足够的时间与自身进行行波干涉，回声室就无法共振。

第2章　$\mathcal{PT}$对称特征值问题

与所有工作一样，困难在于找到一种对至少两个人来说既简洁又易懂的符号，
其中一个人可能是作者。
——P. T. Matthews

也许$\mathcal{PT}$对称量子力学哈密顿量最显著的特征是，即使哈密顿量不是厄米的，它的特征值也可以都是实数。本章的目的是阐述定义和解决与$\mathcal{PT}$对称哈密顿量相关的特征值问题所需的数学理论问题(复杂渐近方法、WKB 近似、斯托克斯扇区)，并将这些方法应用于各种示例，这些示例证实了微分方程特征值问题的参数变形(解析延拓)。

人们应该记住，本章的主要目的是证明一个非厄米$\mathcal{PT}$对称哈密顿量具有完全实谱，尽管乍一看似乎谱的实数特性是$\mathcal{PT}$不变性的基本结果。如果表示不变性的算子与哈密顿量交换，则哈密顿量具有不变性。例如，如果哈密顿量是宇称不变的，则$\mathcal{P}$与哈密顿量交换，因此，哈密顿量的本征态也是$\mathcal{P}$的本征态。如果哈密顿量是$\mathcal{PT}$对称的($\mathcal{PT}$不变的)，那么$\mathcal{PT}$算子与哈密顿量互换。然而，$\mathcal{PT}$对称性比奇偶对称性更微妙，因为$\mathcal{PT}$算子不是线性的。由于这种非线性特性，哈密顿量的本征态可能是，也可能不是$\mathcal{PT}$的本征态。

可以看到，如果(错误地)假设$\mathcal{PT}$不变哈密顿量$\hat{H}$的给定本征态ψ一定是$\mathcal{PT}$算子的本征态，将得到错误的结果。用λ表示$\mathcal{PT}$算子的特征值，特征值方程记作：

$$\mathcal{PT}\psi = \lambda\psi$$

将这个方程左边的式子乘以$\mathcal{PT}$，并代入$(\mathcal{PT})^2=1$：

$$\psi = (\mathcal{PT})\lambda(\mathcal{PT})^2\psi$$

由于$\mathcal{T}$是非线性的，得到：

$$\psi = \lambda^*\lambda\psi = |\lambda|^2\psi$$

由于$|\lambda|^2 = 1$，所以$\mathcal{PT}$算子的特征值λ是一个纯相位：

$$\lambda = \mathrm{e}^{\mathrm{i}\alpha}$$

这个结果肯定是有效的，$\mathcal{PT}$算子的特征值λ总是具有形式$\mathrm{e}^{\mathrm{i}\alpha}$。

接下来，乘以特征值方程：

$$\hat{H}\psi = E\psi$$

在式子左侧，再次使用$(\mathcal{PT})^2=1$的性质：

$$(\mathcal{PT})\hat{H}\psi = (\mathcal{PT})E(\mathcal{PT})^2\psi$$

使用特征值方程$\mathcal{PT}\psi = \lambda\psi$，并重新交换$\mathcal{PT}$与$\hat{H}$，得到：

$$\hat{H}\lambda\psi = (\mathcal{PT})E(\mathcal{PT})\lambda\psi$$

最后，再次利用$\mathcal{T}$是非线性的性质得到：

$$E\lambda\psi = E^*\lambda\psi$$

由于λ是纯相，它是非零的，因此将这个方程除以λ并得出特征值E为实数的结论：$E = E^*$。但是这个结论是错误的，因为正如在第 1 章中看到的那样，$\mathcal{PT}$不变哈密顿量的特征值很可能为复数。

上述推理是无效的，因为在开始时假设哈密顿量$\mathcal{PT}$不变性，意味着$\hat{H}$的本征态ψ也是$\mathcal{PT}$的本征态是不正确的。然而，发现了一些有用的东西：如果$\mathcal{PT}$对称哈密顿量的特征函数也是$\mathcal{PT}$的特征函数，则关联能量的特征值是实数。因此，如果$\mathcal{PT}$对称哈密顿量的每个特征函数也是$\mathcal{PT}$算子的特征函数，则$\hat{H}$的谱为完全实数。使用第 1 章中介绍的术语，如果哈密顿量的每个本征函数也是$\mathcal{PT}$算子的本征态，则$\mathcal{PT}$对称性哈密顿量$\hat{H}$是完整的；如果$\mathcal{PT}$对称哈密顿量的某些特征函数不是$\mathcal{PT}$算子的特征函数，则$\hat{H}$的$\mathcal{PT}$对称性被破缺。

证明$\mathcal{PT}$对称哈密顿量的谱是实数并不容易。在发现$\mathcal{PT}$对称哈密顿量$\hat{H} = \hat{p}^2 + \hat{x}^2(\mathrm{i}\hat{x})^\varepsilon$ ($\varepsilon \geqslant 0$)数年之后，终于发表了证明$\hat{H}$的特征值是实数的严格证明[209, 211]①。许多人为$\mathcal{PT}$对称理论的早期严格数学发展做出了贡献，包括文献[90, 200-202, 413-415, 453, 468-469, 478-483, 525-528]的作者。

2.1 $\mathcal{PT}$变形特征值问题的例子

通常，通过引入一个连续参数(一般用ε表示)用厄米哈密顿量构造一个$\mathcal{PT}$对称哈密顿量，该参数将厄米哈密顿量变形(解析连续)到复(非厄米)域中。例如，对于式(1.5)中耦合的哈密顿量，这个参数是b；对于式(1.37)中哈密顿量H的量化，这个参数是ε②。仅在特殊情况下$b = 0$和$\varepsilon = 0$，这些$\mathcal{PT}$对称哈密顿量是厄米的。当$b \neq 0$和$\varepsilon \neq 0$时，它们变成非厄米。对于具有传统量子力学背景的人来说，令人惊讶的是，实际上存在b和ε的参数区域，其特征值甚至都是实数，尽管这些哈密顿量不是厄米的。

复$\mathcal{PT}$对称哈密顿量的基本类如下：

$$\hat{H} = \hat{p}^2 + \hat{x}^2 + \mathrm{i}\varepsilon\hat{x} \tag{2.1}$$

该哈密顿量是厄米谐波振荡器哈密顿量$\hat{p}^2 + \hat{x}^2$的复变形。如果将变形参数ε设为实数，则哈

---

① Dorey 等人的证明。该证明借鉴了理论数学和物理的许多领域，并使用了谱行列式、Betheansatz、Baxter TQ 关系、单向群以及共形量子场论中使用的一系列技术。这个证明是绝妙的，可参考第 6 章的内容。证明建立了常微分方程和可积模型之间的对应关系，称为 ODE/IM 对应关系[211, 205]。

② 第 9 章研究了可积经典系统的复形变。

密顿量$\hat{H}$对于所有ε都是$\mathcal{PT}$对称的，因为$\mathrm{i}\hat{x}$在$\mathcal{PT}$反射下是不变的，这和在第 3 章中看到的一样。

为了推导与式(2.1)中$\hat{H}$相关的坐标空间薛定谔方程，进行一般转换：

$$\hat{x} \to x,\ \hat{p} \to -\mathrm{i}\frac{\mathrm{d}}{\mathrm{d}x} \tag{2.2}$$

薛定谔特征值方程$\hat{H}\psi = E\psi$则采用微分方程的形式：

$$-\psi''(x) + x^2\psi(x) + \mathrm{i}\varepsilon x\psi(x) = E\psi(x) \tag{2.3}$$

相应的边界条件是随着x在实x轴上接近$\pm\infty$，$\psi(x)$消失：

$$\psi(\pm\infty) = 0 \tag{2.4}$$

$\mathcal{PT}$对称量子力学的新颖之处在于将薛定谔特征值问题中的坐标变量x视为复数。这不会影响式(2.2)的转换，因为即使x是复数，海森堡代数$[\hat{x},\hat{p}] = \mathrm{i}$也会继续有效。

为了解析地求解特征值问题式(2.3)，改变自变量$x \to x - \mathrm{i}\varepsilon/2$，这将使特征值方程(2.3)简化为量子谐振子的特征值方程：

$$-\psi''(x) + x^2\psi(x) = (E - \varepsilon^2/4)\psi(x) \tag{2.5}$$

这个例子是初级的，因为变量的变化不会影响特征函数的边界条件：边界条件式(2.4)对于任何ε值都保持不变。由于$\hat{p}^2 + \hat{x}^2$的特征值是$E_n = 2n + 1(n = 0,1,2,3,\cdots)$，则式(2.1)中$H$的特征值如下：

$$E_n = 2n + 1 + \varepsilon^2/4 \qquad (n = 0,1,2,3,\cdots) \tag{2.6}$$

总之，虽然$\hat{H}$仅在$\varepsilon = 0$时是厄米的，但它的特征值对于ε的所有实值仍然是实数。在ε范围内的完整和破缺$\mathcal{PT}$对称间没有$\mathcal{PT}$跃迁。

谐波振荡器哈密顿量$\hat{p}^2 + \hat{x}^2$的更高级变形如下：

$$\hat{H} = \hat{p}^2 + \hat{x}^2(\mathrm{i}\hat{x})^\varepsilon \tag{2.7}$$

其中，变形参数ε仍是实数。与这个哈密顿量相关的特征值微分方程如下：

$$-\psi''(x) + x^2(\mathrm{i}x)^\varepsilon\psi(x) = E\psi(x) \tag{2.8}$$

与式(2.4)中的边界条件不同，该微分方程的边界条件取决于变形参数ε。因此，它对于理解如何将特征值问题继续解析到复域是至关重要的。这是本章的主要目标。

需要强调的是，虽然经典动力系统是局部的，但微分方程特征值问题本质上是非局部的。一旦指定了初始条件，就可以确定动态系统微分方程的解，尽管这些初始条件是局部的(这些条件在一个点上给出，比如在$t = 0$处)。然而，微分方程的特征值是由广泛分离的边界条件决定的，正是由于这种非局域性，量子力学系统才成立。尤其是复数条件的，必须非常小心地处理。

如果无法精确求解微分方程(2.8)，也就无法解析计算哈密顿量式(2.7)的特征值，除非$\varepsilon = 0$①。然而，数值计算(见 2.6 节)表明在$\varepsilon = 0$处存在$\mathcal{PT}$跃迁，如图 2.1 所示。对于式(1.5)

① 极限$\varepsilon \to \infty$也给出了一个可解势，并且这个势为方阱势的复类比，见参考文献[80]。

中的哈密顿量,这种转换类似于图 1.4 中的$\mathcal{PT}$转换,但图 2.1 中所示的转换更精细:当$\varepsilon < 0$时,合并的特征值不仅是一对,而是有无数个合并对(回顾第 1 章,一对特征值合并的点称为奇点)。特殊序列ε的实值,在该值对特征值合并时,单调向上收敛到$\varepsilon = 0$。

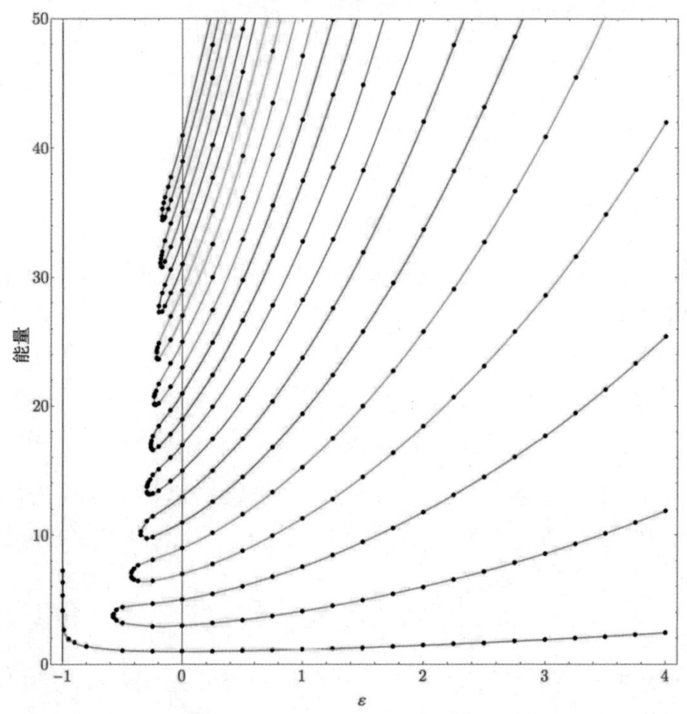

图 2.1 $\hat{H} = \hat{p}^2 + \hat{x}^2(\mathrm{i}\hat{x})^\varepsilon$的特征值绘制为实数$\varepsilon$的函数。该哈密顿量是谐波振荡器哈密顿量的复数$\mathcal{PT}$对称变形。当$\varepsilon \geqslant 0$ 时,特征值都是实数。这是完整的$\mathcal{PT}$对称区域。在过渡点$\varepsilon = 0$处,特征值(1,3,5,7, ⋯)是谐振子的特征值。当ε变为负时,特征值对合并且退化,如图 1.4 中的特征值,它们作为复共轭对转向复平面(该图中未显示复特征值)。特征值的合并对是彩色绘制的。随着能量的增加,合并对变成黄色,然后是绿色、红色、紫色、棕色等。随着ε变得越来越小,最终只剩下实特征值(蓝色),并且当ε接近-1时,该特征值变得无穷大。在$\varepsilon = -1$时,频谱为零(根本没有实特征值或复特征值)。特征值的消失在 2.7 节中解释。$\varepsilon = 0$,$1/2$,1,$3/2$,2,$5/2$,3,$7/2$,4的前 5 个特征值的数值见表 2.1

$\varepsilon = 0$处的$\mathcal{PT}$跃迁具有潜在的经典对应关系。在图 1.7 中看到,当$\varepsilon > 0$时,与经典哈密顿量相关的经典轨道是闭合的,并且经典轨道的周期是有限的。因为这些轨道是封闭的,所以 Bohr-Sommerfeld 量化公式(1.43)适用于这种半经典近似预测特征值是实数和正数的情况,如 2.6 节所示。然而,当$\varepsilon < 0$时,经典轨道是开放的,经典粒子漂移到无穷大,如图 1.18 所示(经典轨道$x(t)$在无限时间内达到无穷大,所以它们不能闭合)。进一步,当$\varepsilon < 0$时,Bobr-Sommerfeld 公式不适用,所以特征值变成复数也就不足为奇了。

表 2.1　前 5 个特征值E_0，E_1，E_2，E_3，E_4的数值对应不同ε的$\hat{H}=\hat{p}^2+\hat{x}^2(\mathrm{i}\hat{x})^\varepsilon$

ε	E_0	E_1	E_2	E_3	E_4
0	1	2	5	7	9
1/2	1.048956	3.434539	6.051737	8.791012	11.620695
1	1.156267	4.109229	7.562274	11.314422	15.291554
3/2	1.301514	4.969791	9.480030	14.530476	19.997745
2	1.477150	6.003386	11.802434	18.458819	25.791792
5/2	1.679907	7.208428	14.540831	23.134243	32.741996
3	1.908265	8.587221	17.710809	28.595103	40.918891
7/2	2.161511	10.143518	21.328941	34.879469	50.390825
4	2.439346	11.881565	25.411553	42.023722	61.222419

令人惊讶的是，当$\varepsilon\geqslant 0$时，式(2.7)中$\hat{H}$的特征值都是实数，这与直觉不符。正如在图 2.1 中看到的那样，当$\varepsilon=2$时，特征值都是实数。这是因为对于$\varepsilon=2$，由此产生的哈密顿量$\hat{H}=\hat{p}^2-\hat{x}^4$是一个倒置的势能。如 1.7 节所述，在实轴上不稳定的经典势在复域中实际上可能会变得稳定；实轴上的不稳定性可以在复域中被解决。2.4 节将证明这种稳定效应在量子力学水平和经典水平上都存在。当然，令人吃惊的是，颠倒的势能具有局部束缚态和离散的正特征值，因为这似乎与常规解释相冲突，即$-x^4$处的势能具有向下无界的连续能级。

这种差异取决于边界条件的选择，一个哈密顿量可能有几个完全不同的谱。为了确定$-x^4$势的合适边界条件，必须首先了解如何通过变形参数来解决特征值问题。

可以通过使用两种不同的变形过程，采用两种完全不同的方式获得哈密顿量$\hat{H}=\hat{p}^2-\hat{x}^4$的特征值问题。首先，可以从四次量子非谐振荡器的常规厄米特征值问题开始：

$$-\psi''(x)+\varepsilon x^4\psi(x)=E\psi(x),\qquad \psi(\pm\infty)=0 \tag{2.9}$$

其中，$\varepsilon>0$。通过允许ε在复平面中沿着单位半圆的路径从1变化到-1来变形这个问题。也就是说，取$\varepsilon=\mathrm{e}^{\mathrm{i}\theta}$并让$\theta:0\to\pi$。其次，可以从量子谐振子方程的常规厄米特征值问题开始，然后通过ε变换解决这个问题：

$$-\psi''(x)+x^2(\mathrm{i}x)^\varepsilon\psi(x)=E\psi(x),\qquad \psi(\pm\infty)=0 \tag{2.10}$$

将实数值从 0 连续增加到 2。在这两种情况下，人们都会得到与颠倒势能相关的相同特征值微分方程：

$$-\psi''(x)-x^4\psi(x)=E\psi(x) \tag{2.11}$$

然而，在第一种情况下，特征值谱最终是复数，而在第二种情况下，谱最终是离散的、实数的和正的，如图 2.1 所示。两种谱之间存在差异是因为从两种不同的变形过程中获得的边界条件不同，这些边界条件取决于变形过程的选择。

为了说明特征值问题变形中涉及的微妙问题，考虑文献[145]首次讨论的两个矛盾例子。

例 2-1：变形的谐振子

考虑量子谐振子的特征值问题，其中变形参数ε出现在x^2势的系数中：

$$-\psi''(x)+\varepsilon^2x^2\psi(x)=E\psi(x),\quad \psi(\pm\infty)=0 \tag{2.12}$$

首先取ε为正实参数。众所周知，特征值是ε的线性函数：

$$E_n=(2n+1)\varepsilon\quad(n=0,1,2,3,\cdots) \tag{2.13}$$

如果通过沿着复ε平面中的单位半圆从$\varepsilon=1$继续解析到$\varepsilon=-1$，来使这个特征值问题变形，会发生什么？准确地说，如果令$\varepsilon=\mathrm{e}^{\mathrm{i}\theta}$，并且让$\theta$在0到π之间平滑变化会发生什么。当然，在变形过程结束时，微分方程(2.12)再次保持不变。然而，特征值(2.13)在这个解析延拓下变成负数。量子谐波振荡器哈密顿量的特征值真的可以为负吗？

例 2-2：变形的六次非谐振荡器

考虑六次量子非谐振荡器的特征值问题：

$$-\psi''(x)+\varepsilon^2x^6\psi(x)-3\varepsilon x^2\psi(x)=E\psi(x),\quad \psi(\pm\infty)=0 \tag{2.14}$$

假设ε最初是一个正数，即$\varepsilon>0$，所以在实数x轴上，势$\varepsilon^2x^6-3\varepsilon x^2$有一个双阱。无法解析地计算出这个势能的所有特征值，但是对于基态能量，有一个非常简单的精确公式：$E_0(\varepsilon)=0$。如果沿着复ε平面上的单位半圆，将这个问题从正ε变为负ε，会发生什么？即假设$\varepsilon=\mathrm{e}^{\mathrm{i}\theta}$，并允许 θ 从 0 到π平滑变化。当$\varepsilon<0$且变形完成时，势有一个实x函数的单阱，且实轴上势的最小值为 0。然而，在这种解析延拓下，基态能量保持不变，即$E_0(\varepsilon)=0$。这是否与量子力学中的标准结果相矛盾，即由于零点能量波动，势阱中的最低能级必须高于势的最小值？

要解决这两个示例中突出的矛盾问题，需要了解当特征值问题变形(或继续解析)时边界条件会发生什么。这反过来又要求引入斯托克斯扇区的概念。下一节将解释这些想法。

2.2 变形特征值问题和斯托克斯扇区

本节的目的是解释如何为变形的哈密顿量(如式(2.7))推导薛定谔微分方程特征值问题。(详细讨论可以在文献[145, 148-149]中找到)。这里的目标是确定坐标空间特征函数的边界条件会发生什么，因为特征值问题是解析变形的。下面以例 2-1 和例 2-2 中提出的悖论来开始讨论。

2.2.1 2.1 节示例问题的解决

因为可以准确地解决特征值问题式(2.12)和式(2.14)，并且可以找到特征函数的闭合表达式。当对这些特征值问题进行变形时，不难解释在例 2-1 和例 2-2 中发现的矛盾结果。首先检查量子谐波振荡器微分方程(2.12)。当ε为实数且为正数时，第n个特征函数$\psi_n(x)$具有高斯函数$\mathrm{e}^{-\varepsilon x^2/2}$乘以第$n$个厄米多项式的形式。在$x$实轴上，当$x\to\infty$和$x\to-\infty$时，这些特征函数呈指数消失。无论是数值上还是解析上，找到这些特征函数的常用方法，都是对x从正无穷大到负无穷大的直线轮廓进行微分方程积分(见图 2.2(a))，并要求解在这个轮廓的两端为零。

接下来，观察到这些特征函数不仅仅在实轴上消失，当$|x| \to \infty$时，它们以指数方式消失在包含实轴的两个角扇区中的复x平面中：

$$-\frac{1}{4}\pi < \arg x < \frac{1}{4}\pi, \quad \frac{3}{4}\pi < \arg x < \frac{5}{4}\pi$$

这些角扇区称为斯托克斯扇区或斯托克斯楔形[142]，如图 2.2(a)所示。为了找到特征函数，不需要将积分限制为沿实轴的轮廓。的确，由于特征值微分方程在有限复平面中没有奇异点[142]，它的解是完整的(即在有限复平面中解析)。因此，可以变形原始积分轮廓，该轮廓位于实x轴上并进入复x平面的任何轮廓，只要该轮廓在左右斯托克斯扇区内终止即可。这样的路径如图 2.2(b)所示。因为特征函数(微分方程的解)是x的解析函数，所以特征值与轮廓的选择无关。

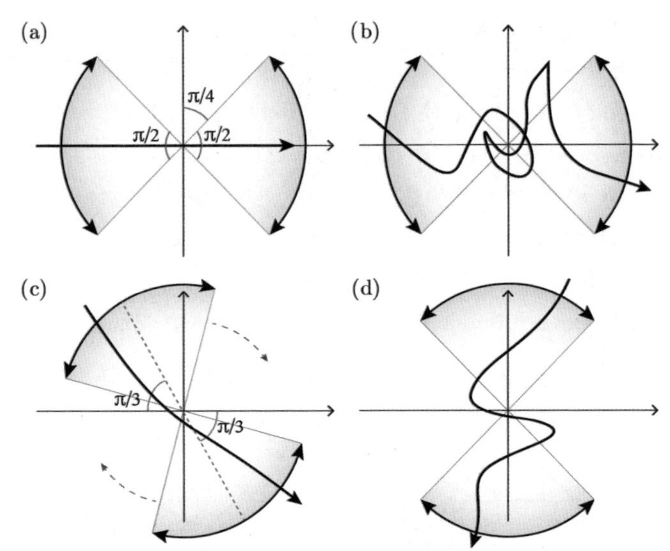

图 2.2　变形量子谐波振荡器特征值式(2.12)的斯托克斯扇区，其中$\varepsilon = \mathrm{e}^{-\mathrm{i}\theta}$。斯托克斯扇区中的阴影表明关键特征是扇区在复无穷远处的角开口，施加了边界条件；斯托克斯扇区在有限补偿平面中不起作用。$\theta = 0$未变形问题的斯托克斯扇区的设置显示在图(a)中。这些斯托克斯扇区的开口角为$\pi/2$，并以正实轴和负实轴为中心。图(a)中的积分轮廓沿着实轴从$-\infty$到$+\infty$。然而，只要轮廓的端点保留在斯托克斯扇区中，积分轮廓可以变形为复x平面，如图(b)所示。变形的轮廓必须是连续的，但不必平滑，甚至可以自相交叉，如图(b)所示。随着θ增加，斯托克斯扇区顺时针旋转。图(c)显示$\theta = 2\pi/3$的扇区，图(d)显示$\theta = \pi$的扇区。这些图中，积分轮廓在实轴上不终止

当将参数$\varepsilon = \mathrm{e}^{\mathrm{i}\theta}$旋转到复平面时，特征函数以指数方式消失的两个斯托克斯扇区方向会发生什么变化？随着 θ 增加，斯托克斯扇区的角开口保持不变且等于$\pi/2$，但扇区顺时针旋转。$\theta > 0$的斯托克斯扇区的中心位于$-\theta/2$和$\pi - \theta/2$(图 2.2(c)显示了$\theta = 2\pi/3$时扇区的方向)。因此，当 θ 达到π时，斯托克斯扇区以虚数x轴为中心而不是实数x轴。当$\theta = \pi$，在$\theta = 0$处的原始微分方程再次出现，但这种变形产生了一个新的特征值问题，其中特征函数沿虚轴而不是沿

实轴呈指数消失(见图 2.2(d))，这是因为该新的非常规特征值问题是负的：

$$E_n = -(2n+1) \quad (n = 0，1，2，3，\cdots) \tag{2.15}$$

并且，从$\varepsilon = 1$到$\varepsilon = -1$的谐振子(式(2.12))的特征值，可以获取其直接解析解。值得注意的是，即使替换$\varepsilon \to -\varepsilon$使哈密顿量$\hat{H} = \hat{p}^2 + \varepsilon^2\hat{x}^2$不变，特征值也改变了符号。这表明哈密顿量的本征谱主要取决于施加在本征函数上的边界条件。

结论很简单：对于每对斯托克斯扇区，可以提出空间坐标特征值问题，其边界条件是特征函数在两个斯托克斯扇区中呈指数消失。然而，在两个独立且不相邻的斯托克斯扇区中提出特征值问题是至关重要的。如果扇区相邻，可以将整个积分轮廓变形到无穷大，根本就不存在特征值问题！为了防止积分轮廓变形到无穷远处，轮廓的端点必须固定在不相邻的斯托克斯扇区中的无穷远处。

对于谐波振荡器哈密顿量$\hat{H} = \hat{p}^2 + \hat{x}^2$，有四个斯托克斯扇区，每个扇区的张角为$\pi/2$，但只有两个不同的、不相邻的斯托克斯扇区对。因此，对于这个哈密顿量，有两个不同的特征值问题，一个具有常规的正谱，另一个具有负谱。这解释了与式(2.12)变形相关的悖论。

接下来，探讨式(2.14)中的六次振荡器特征值问题。对于$\varepsilon > 0$，势能具有双阱。准确的基态特征函数为$\psi_0(x) = \mathrm{e}^{-\varepsilon x^4/4}$，准确的基态能量为$E_0 = 0$。当以正实轴和负实轴为中心，张角为$\pi/4$的两个斯托克斯扇区(见图 2.3(a))在$|x| \to \pm\infty$时，该特征函数以指数形式消失。如果让$\varepsilon = \mathrm{e}^{\mathrm{i}\theta}$，并允许 θ 从 0 开始增加，这些扇区顺时针旋转，其中心位于$-\theta/4$和$\pi - \theta/4$。因此，当$\theta = \pi$时，这两个扇区位于正实轴下方$22\frac{1}{2}°$处和负实轴上方$22\frac{1}{2}°$处(见图 2.3(b))。

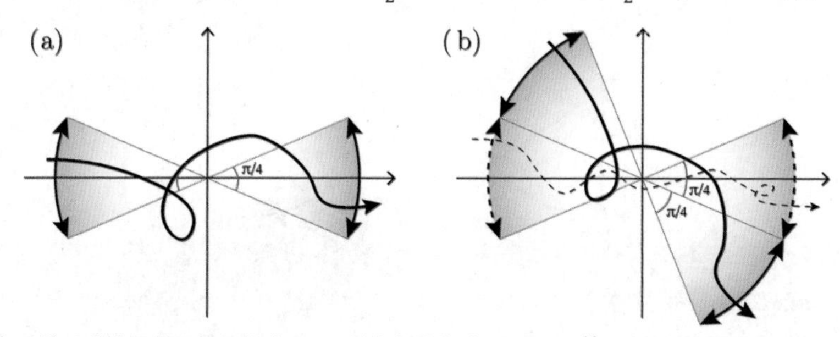

图 2.3　变形量子谐波振荡器特征值式(2.14)的斯托克斯扇区，$\varepsilon = \mathrm{e}^{\mathrm{i}\theta}$。未变形问题$\theta = 0$的斯托克斯扇区显示在图(a)中。这些斯托克斯扇区具有角开口$\pi/4$，并以正实轴和负实轴为中心。积分轮廓可以沿x实轴从$-\infty$到$+\infty$，然后只要轮廓的端点保持在斯托克斯扇区中，这个轮廓就可以变形为复x平面。(粗线)显示这样的轮廓。随着 θ 增加，斯托克斯扇区顺时针旋转。图(b)显示了$\theta = \pi$的旋转扇区，原始斯托克斯扇区顺时针旋转了 45°。因此这些扇区的积分轮廓(实线)不再终止于实轴。然而，如图(b)所示，可以用一组新的边界条件来制定一个全新的、不同的特征值问题。新问题的积分轮廓(虚线)终止于以正实轴和负实轴为中心的角开口$\pi/4$的斯托克斯扇区

就像变形谐振子的情况一样，这里的关键点是，通过这种变形，当$\theta = \pi$时，微分方程再次为实数，即使已经获得了具有单阱实轴的势。然而，施加边界条件的斯托克斯扇区已经旋转到复平面中，边界条件不能再强加在实x轴上(如果沿图 2.3(b)中的虚线轮廓求解微分方程，在

实x轴上施加指数消失的边界条件，当然会发现基态能量(零点能量)大于 0)。然而，在旋转问题中，具有形式$\psi_0(x)=\mathrm{e}^{x^4/4}$的特征函数仍然具有特征值 0。请注意，该特征函数在变形问题的旋转斯托克斯扇区中消失，但在实轴上$|x|\to\infty$，其以指数形式增长。这解决了关于式(2.14)特征值问题的难题。

2.2.2　特征值问题的解析变形

幸运的是，要准确确定一般特征值问题的斯托克斯扇区的位置，不需要求解微分方程(这是个好消息，因为试图精确求解特征值微分方程(2.8)是没有希望的)。要了解变形特征值问题的边界条件会发生什么，只需要确定无限大$|x|$特征值的可能渐近值，其中x为复数。为此，可以使用 WKB 近似[142]。

将 WKB 分析应用于一般薛定谔微分方程：

$$y''(x)=Q(x)y(x) \tag{2.16}$$

只需要假设在复x平面中，当$|x|\to\infty$时，$|Q(x)|\to\infty$。对于 2.1 节中考虑的所有变形哈密顿量，这个假设是有效的。对于大$|x|$，$y(x)$的前导 WKB 近似为

$$y(x)\sim Q(x)^{-1/4}\exp\left[\pm\int^x \mathrm{d}s\sqrt{Q(s)}\right] \tag{2.17}$$

这种近似称为物理光学近似，实际上，为了研究特征值问题的变形，对于大$|x|$，只需要 WKB 近似的指数分量至$y(x)$：

$$\exp\left[\pm\int^x \mathrm{d}s\sqrt{Q(s)}\right] \tag{2.18}$$

这称为$y(x)$的几何光学近似。

特征值微分方程(2.8)具有一般形式，即式(2.16)。为了确定施加在$\psi(x)$上的适当边界条件，首先考虑未变形问题，即$\varepsilon=0$的厄米谐波振荡器问题。由式(2.18)能立即看到$\psi(x)$可能的几何光学近似解是$\exp(\pm x^2/2)$。特征函数在实x轴上可平方积的要求意味着必须在指数中选择负号。因此，对于大的$\pm x$，特征函数$\psi(x)$是类高斯的。这种高斯行为在解析上从实x轴延续到复x平面，如图 2.2 所示。因为对于大的$\pm x$，本征函数在实x轴上呈指数消失。它们也在复x平面中的两个张角为$\pi/2$的斯托克斯扇区中呈指数消失，一个是以正实轴为中心的右扇区，另一个是以负实轴为中心的左扇区。这些斯托克斯扇区中的本征函数在扇区的中心：在扇区的边缘，本征函数只是振荡，不再以指数方式消失。

当ε从 0 增加时，这些扇区会发生什么变化？一旦$\varepsilon>0$，一个对数分支点奇点出现在原点$x=0$。必须引入一个分支交叉。可以自由选择分支交叉来沿从$x=0$到$x=\mathrm{i}\infty$的正虚轴运行。在这个剖切面上，微分方程(2.8)的解是解析的和单值的。从 WKB 几何光学公式(2.18)看到对于大$|x|$，式(2.8)解的可能指数变化如下：

$$\exp\left[\pm\frac{2}{4+\varepsilon}\mathrm{i}^{\varepsilon/2}x^{2+\varepsilon/2}\right]$$

如果让$x=r\mathrm{e}^{\mathrm{i}\theta}$，可以用 θ来表示复x平面中斯托克斯扇区的角方向。例如，对于衰减解，右扇区中心的位置由相位条件$\theta(2+\varepsilon/2)+\pi\varepsilon/4=0$确定。因此：

$$\theta_{\text{center, right}}=-\frac{\pi\varepsilon}{8+2\varepsilon} \tag{2.19}$$

左扇区的中心是关于虚轴的反射，因此：

$$\theta_{\text{center, left}}=-\pi+\frac{\pi\varepsilon}{8+2\varepsilon} \tag{2.20}$$

这种左右反射的对称性是$\mathcal{PT}$对称性的空间坐标体现。注意，如果选择复x平面中的任意点x并进行奇偶反射，那么$x\to-x$，时间反转将i替换为$-\mathrm{i}$，看到$\mathcal{T}$将$-x$替换为其复共轭$-x^*$。在坐标系中，表明$\mathcal{PT}$对称只是左右对称(1.6 节已经介绍了这种左右对称，在那里研究了经典的$\mathcal{PT}$对称轨迹)。

右斯托克斯扇区的上边缘由相位条件$\theta(2+\varepsilon/2)+\pi\varepsilon/4=\pi/2$ 决定，因此：

$$\theta_{\text{upper, right}}=\frac{\pi(2-\varepsilon)}{8+2\varepsilon} \tag{2.21}$$

并且通过左右反射，左扇区的上边缘位于：

$$\theta_{\text{upper, left}}=-\pi-\frac{\pi(2-\varepsilon)}{8+2\varepsilon} \tag{2.22}$$

右斯托克斯扇区的下边缘由相位条件$\theta(2+\varepsilon/2)+\pi\varepsilon/4=-\pi/2$ 决定。因此：

$$\theta_{\text{lower, right}}=-\frac{\pi(2+\varepsilon)}{8+2\varepsilon} \tag{2.23}$$

$$\theta_{\text{lower, left}}=-\pi+\frac{\pi(2+\varepsilon)}{8+2\varepsilon} \tag{2.24}$$

左右斯托克斯扇区的张角Δ由下式给出：

$$\Delta=\theta_{\text{upper, right}}-\theta_{\text{lower, right}}=\frac{2\pi}{4+\varepsilon} \tag{2.25}$$

总而言之，当$|x|\to\infty$时，$\psi(x)\to 0$的两个斯托克斯扇区向下旋转到复x平面，扇区的张角随着ε的增加而减小(扇区变薄)。随着ε接近∞，扇形中心接近$-\pi/2$且张角接近 0(某些ε为正值的斯托克斯扇形如图 2.4 所示)。另外，如果ε减小到 0 以下，扇区向上旋转并变得更宽。ε的这个区域特别有趣，因为一旦ε变为负值，$\mathcal{PT}$对称性就被破缺，本征谱不再完全实数。这种行为将在 2.7 节进行详细讨论，这里描述了破缺$\mathcal{PT}$对称区域中特征值的行为。

一般而言，如果特征值微分方程的参数平滑变化，则该变形问题的斯托克斯扇区在复x平面内连续旋转。事实上，可以由式(2.19)～(2.25)看出，图 2.4 中斯托克斯扇区的张角和方向是ε的平滑函数，然而，该图中显示的斯托克斯扇区并不是与微分方程(2.8)相关的唯一斯托克斯

扇区。事实上，当$|x| \to \infty$时，$\psi(x) \to 0$有许多可能的扇区对，人们可以求解它。因此，存在许多与微分方程(2.8)相关的不同特征值问题。然而，在式(2.19)～(2.25)中，特别选择寻找与$\mathcal{PT}$对称扇区对相关联的特征值，这些扇区在$\varepsilon = 0$处平滑地远离谐波振荡器扇区旋转。

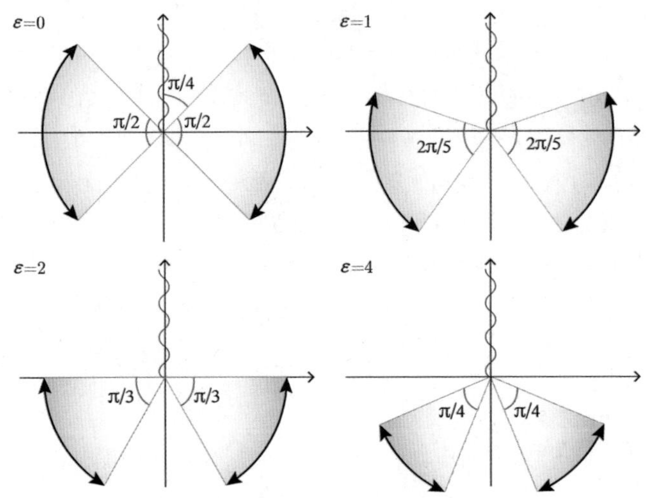

图 2.4　变形特征值式(2.8)的斯托克斯扇区，其中$\varepsilon = 0,1,2,4$(图 2.2 中已经检查了未变形厄米量子谐波振荡器问题($\varepsilon = 0$)的斯托克斯扇区)。这些斯托克斯扇区的张角为$\pi/2$，并以正实轴和负实轴为中心。当$\varepsilon = 1$时，斯托克斯扇区的张角缩小到 $2\pi/5$，扇区向下旋转。当$\varepsilon = 2$时，扇形的张角进一步缩小到 $\pi/3$，实轴不再在扇形内部，它位于每个扇区的上边缘。在$\varepsilon = 4$时，扇区的张角为 $\pi/4$。对于所有ε值的斯托克斯扇区是通过虚轴彼此的镜像。在虚轴上切割的对数分支由一条摆动线表示

为了强调这一点，注意到图 2.1 中显示的$\varepsilon = 4$的特征值与哈密顿量$\hat{H} = \hat{p}^2 + \hat{x}^6$相关，并且这个$\varepsilon$值的边界条件与图 2.4 中显示的斯托克斯扇区相关联。然而，虽然这些特征值是离散实数和正值，它们在数值上不同于传统的厄米六次谐波-非谐振荡器特征值问题的特征值：

$$-\psi''(x) + x^6\psi(x) = E\psi(x), \quad \psi(\pm\infty) = 0 \tag{2.26}$$

式(2.26)的前 5 个特征值为$E_0 = 1.144802$，$E_1 = 4.338599$，$E_2 = 9.073085$，$E_3 = 14.935170$和$E_4 = 21.714165$。当$\varepsilon = 0$时，这些特征值如图 2.8 所示，这些数字不同于式(2.7)中$\varepsilon = 4$时$\hat{H}$的特征值(见表 2.1)。这是因为$\psi(x)$满足的边界条件强加在不同的斯托克斯扇区对中。

图 2.4 中，与斯托克斯扇区相关联的六次振荡器的特征值问题，与以正实轴和负实轴为中心的张角为$\pi/4$的斯托克斯扇区常规特征值问题之间的一个关键区别是，在常规情况下，特征函数是确定奇偶的状态，而在前一种情况下，本征函数是$\mathcal{PT}$对称的，但不是确定奇偶的状态。要看到这一点，请观察图 2.4 中的本征函数在东南方向以指数方式快速消失。如果本征函数是奇偶状态，它们也会在西北方向消失，但是这些本征函数在这个方向以指数方式炸裂！相反，本征函数在西南方向消失。

2.3　$-x^4$势能的实谱证明

现在可以根据对斯托克斯扇区的了解来证明错误符号的四次哈密顿量：

$$\hat{H} = \hat{p}^2 - g\hat{x}^4 \tag{2.27}$$

该哈密顿量有一个实数的正离散谱。对于所有$\varepsilon \geqslant 0$，很难证明图 2.1 中绘制的特征值都是实数的(有关证明的详细讨论，请参见第 6 章)。但是，有一个简单明了的证明，在$\hat{H} = \hat{p}^2 + g\hat{x}^2(\mathrm{i}\hat{x})^\varepsilon$中设置$\varepsilon = 2$，式(2.27)中的四次哈密顿量$\hat{H}$的特征值都是正的和离散的。

证明不需要计算特征值，四次哈密顿量的特征值问题的精确解从未找到过。然而，很容易证明这个四次$\mathcal{PT}$对称哈密顿量的特征值与常规厄米四次哈密顿量的特征值相同：

$$\hat{h} = \hat{p}^2 + 4g\hat{x}^4 - 2\hbar\sqrt{g}\hat{x} \tag{2.28}$$

遵循文献[88]中描述的过程，并使用简单的变量变换来确定两个哈密顿量$\hat{H}$和$\hat{h}$是等谱的，即它们具有相同的特征值。

考虑一维薛定谔特征值问题：

$$-\hbar^2\psi''(x) - gx^4\psi(x) = E\psi(x) \tag{2.29}$$

对于式(2.27)的非厄米哈密顿量，引入了一个包含$\hbar$因子的转换，$\hat{p} \to -\mathrm{i}\hbar\frac{\mathrm{d}}{\mathrm{d}x}$，因为包含$\hbar$的项出现在式(2.28)的等效哈密顿量$\hat{h}$中。这样的项被称为量子反常，因为该理论的经典版中没有相应的线性项(见 4.2.4 节)。

正如 2.2 节所介绍的，当两个斯托克斯扇区中的边界条件为$|x| \to \infty$时，$\psi(x) \to 0$，则式(2.29)中$\psi(x)$的边界条件为

$$-\pi/3 < \arg x < 0, \qquad -\pi < \arg x < -2/3\pi$$

这些斯托克斯扇区与实 x 轴相邻但不包括实轴。微分方程(2.29)必须沿着一个轮廓求解，轮廓的端点位于复 x 平面中的这些斯托克斯扇区(见图 2.5)。此处采用 Jones 和 Mateo 所使用的特殊复轮廓，该轮廓在他们对哈密顿量(2.27)[316]的算子分析中使用过：

$$x = -2\mathrm{i}\sqrt{1 + \mathrm{i}t} \tag{2.30}$$

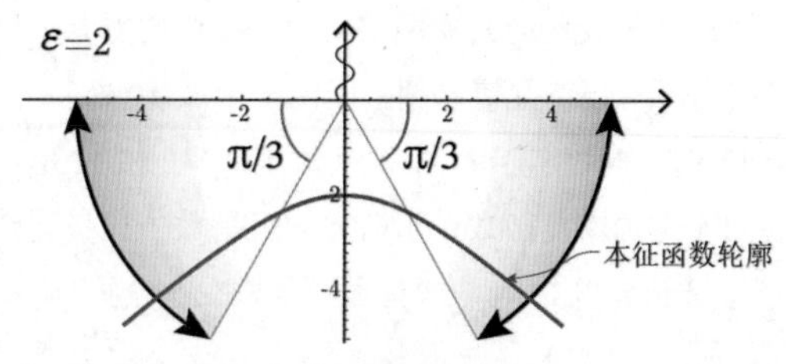

图 2.5　薛定谔方程(2.29)表示的下半复平面中的斯托克斯扇区，由式(2.27)中的四次哈密顿量$\hat{H}$产生。在这些扇区内，当$|x| \to \infty$，H的本征函数呈指数衰减。式(2.30)中的积分轮廓显示为实线

虽然x是复数，但t是从$-\infty$到$+\infty$的实参。这样的轮廓是可以接受的，因为随着$t\to\pm\infty$，$\arg x$接近$-45°$和$-135°$，所以轮廓位于斯托克斯扇区内。当根据式(2.30)将式(2.29)中的自变量从x变为t时，薛定谔方程(2.29)变为

$$-\hbar^2(1+\mathrm{i}t)\phi''(t)-\frac{1}{2}\mathrm{i}\hbar^2\phi'(t)-16g(1+\mathrm{i}t)^2\phi(t)=E\phi(t) \tag{2.31}$$

接下来，执行式(2.31)的傅里叶变换。定义下式：

$$\tilde{f}(p)\equiv\int_{-\infty}^{\infty}\mathrm{d}t\mathrm{e}^{-\mathrm{i}tp/\hbar}f(t) \tag{2.32}$$

所以$f'(t)$的傅里叶变换为$\mathrm{i}p\tilde{f}(p)/\hbar$，$tf(t)$的傅里叶变换为$\mathrm{i}\hbar\tilde{f}'(p)$。则薛定谔方程的傅里叶变换如下：

$$\left(1-\hbar\frac{\mathrm{d}}{\mathrm{d}p}\right)p^2\tilde{\phi}(p)+\frac{\hbar}{2}p\tilde{\phi}(p)-16g\left(1-\hbar\frac{\mathrm{d}}{\mathrm{d}p}\right)^2\tilde{\phi}(p)=E\tilde{\phi}(p) \tag{2.33}$$

扩展和简化这个方程，得到：

$$-16g\hbar^2\tilde{\phi}''(p)-\hbar(p^2-32g)\tilde{\phi}'(p)+\left(p^2-\frac{3}{2}p\hbar-16g\right)\tilde{\phi}(p)=E\tilde{\phi}(p) \tag{2.34}$$

注意，这里使用的变量p与式(2.27)中使用的变量p不同，这里作为算子，p代表$-\mathrm{i}\hbar\frac{\mathrm{d}}{\mathrm{d}t}$，而式(2.27)中$p$代表$-\mathrm{i}\hbar\frac{\mathrm{d}}{\mathrm{d}x}$。

方程(2.34)不是薛定谔方程，因为它有一个导数项。然而，可以通过执行简单的转换来消除该项：

$$\tilde{\phi}(p)=\mathrm{e}^{Q(p)/2}\Phi(p) \tag{2.35}$$

$Q(p)$满足的方程没有一个导数项的$\Phi(p)$上的条件是一阶微分方程，其解为

$$Q(p)=\frac{2}{\hbar}p-\frac{1}{48g\hbar}p^3 \tag{2.36}$$

有趣的是，$\mathrm{e}^{Q(p)}$正是在参考文献[316]中找到的算子①，用$\Phi(p)$表达式代替Q给出满足以下条件的薛定谔方程：

$$-16g\hbar^2\Phi''(p)+\left(-\frac{1}{2}p\hbar+\frac{p^4}{64g}\right)\Phi(p)=E\Phi(p) \tag{2.37}$$

最后，进行缩放替换：

$$p=z\sqrt{16g} \tag{2.38}$$

用z替换具有动量单位的p变量，z是具有长度单位的坐标变量。在实z轴上得到的特征值方程如下：

$$-\hbar^2\Phi''(z)+(-2\hbar\sqrt{g}z+4gz^4)\Phi(z)=E\Phi(z) \tag{2.39}$$

---

① $\mathrm{e}^{Q(p)}$不是$\mathcal{CP}$算子，这将在第 3 章中讨论，并且至少原则上可以用于相似变换以从非厄米$\mathcal{PT}$对称哈密顿量式(2.27)产生厄米哈密顿量。如果$\hat{H}$首先被写成实变量，则只能使用$\mathrm{e}^{Q(p)}$将非厄米哈密顿量$\hat{H}$转换为厄米形式。

需要强调的是，z不是常规坐标变量，因为它在时间反转的离散变换下是奇数。

观察式(2.39)的特征值问题，在结构上与式(2.29)相似。式(2.39)并非对偶到式(2.29)，因为它仍然是弱耦合的。然而，势能已经获得了一个线性项，并且由于该线性项与$\hbar$成正比，因此将此项视为量子反常。线性项没有经典的类似项，因为经典的运动方程是奇偶对称的。奇偶对称性的破缺发生在x的大值处，其中施加了波函数$\psi(x)$的边界条件。因为已经进行了傅里叶变换来获得薛定谔方程(2.39)，很小的z值处，这个奇偶异常会自我修正。

式(2.39)中特征值问题的哈密顿量$\hat{H}$如下：

$$\hat{h} = \hat{p}^2 - 2\hbar\sqrt{g}\hat{z} + 4g\hat{z}^4 \tag{2.40}$$

这个哈密顿量是狄拉克意义上的厄米量，并且在实 z 轴上有界。此外，它也是$\mathcal{PT}$对称的。这是因为在上述变换序列中的每个阶段，$\mathcal{PT}$对称性都被精确地保留了下来。然而，虽然 z 和$\hat{p}$是满足$[z,\tilde{p}] = \mathrm{i}$的规范共轭算子，但新变量 z 表现得像一个动量而不是坐标变量，因为 z 在时间反转时改变符号。

由于式(2.40)中的哈密顿量$\hat{h}$具有正离散谱，且$\hat{h}$与式(2.27)中的哈密顿量$\hat{H}$等谱，因此$\mathcal{PT}$对称倒置四次势的特征值是正的和离散的。文献[19]给出了对$\hat{H}$正特征值的简单物理解释。如果将图 2.5 中左右斯托克斯扇区中的特征函数轮廓向上朝向实x轴旋转，式(2.29)中特征函数$\psi(x)$的渐近行为在两个扇区都变得纯振荡，而不是呈指数衰减。在负实x轴和正实x轴上，$\psi(x)$代表向右行波。

在$x = -\infty$，$\psi(x)$代表入射波；在$x = +\infty$，$\psi(x)$代表辐射波。因此，在$\hat{H}$的特征值E_n处，倒置的$-x^4$势变得无反射，即$\psi(x)$表示一个稳态散射过程，波从$-\infty$传输到$+\infty$并且没有反射波。在其他能量中，入射波被部分反射。

如果推广式(2.27)的哈密顿量，使势能中包含一个二次项：

$$\hat{H} = \hat{p}^2 + \mu^2\hat{x}^2 - g\hat{x}^4 \tag{2.41}$$

那么，使用相同微分方程分析会直接产生等效的等谱厄米哈密顿量：

$$\hat{h} = \hat{p}^2 - 2\hbar\sqrt{g}\hat{z} + 4g\left(\hat{z}^2 - \frac{\mu^2}{4g}\right)^2 \tag{2.42}$$

文献[38, 168, 316]发现了这个结果。对于更一般的哈密顿量，线性反常项的形式与式(2.39)中的形式保持相同。

有人可能想知道是否可以使用本小节中解释的转换程序，来建立其他$\mathcal{PT}$对称哈密顿量对之间的等谱等价关系，一个具有类似于式(2.27)的形式，另一个具有包含类似于式(2.28)中的反常形式。答案是哈密顿量对存在无穷迭代。这个问题非常复杂[115]。第n个$\mathcal{PT}$对称哈密顿量具有一般形式：

$$\hat{H}_n = \hat{p}^n - g(\mathrm{i}\hat{x})n^2 \quad (n=2，3，4，\cdots)$$

其中，式(2.27)对应$n = 2$的情况。随着n的增加，等效的厄米哈密顿量$\hat{h}_n$变得更加复杂，并且它们包含 $\hbar$ 的$n - 4$次幂。例如，对于$n = 3$，$\hat{H}_3 = \hat{p}^3 - \mathrm{i}g\hat{x}^9$和等效的哈密顿量：

$$\hat{h}_3 = \mathrm{i}\hat{x}^3 + \mathrm{i}\left(-27g^{\frac{1}{3}}\hbar\hat{p}^2 + 243g^{\frac{2}{3}}\hat{p}^6\right)\hat{x} + (972g^{\frac{2}{3}}\hbar\hat{p}^5 - 6g^{1/3}\hbar^2\hat{p} + 1458g\hat{p}^9)$$

包含二次反常项。对于$n=4$，$\hat{H}_4=\hat{p}^4-g\hat{x}^{16}$和等效的哈密顿量：

$$\hat{h}_4=-\hat{x}^4+4^{12}3g\hat{p}^{16}+4^9g^{\frac{3}{4}}(8\mathrm{i}\hat{p}^{12}\hat{x}+54\hbar\hat{p}^{11})+4^5\sqrt{g}(-24\hat{p}^8\hat{x}^2+240\hbar\mathrm{i}\hat{p}^7\hat{x}+483\hbar^2\hat{p}^6)-8g^{\frac{1}{4}}(48\hbar\hat{p}^3\hat{x}^2-6\mathrm{i}\hbar^2\hat{p}^2\hat{x}+87\hbar^3\hat{p})$$

与$\hbar^3$成反比。

2.4 附加的$\mathcal{PT}$变形特征值问题

本节将介绍厄米特征值问题的其他示例，其中，非厄米$\mathcal{PT}$对称变形后特征值仍然为实数。首先要考虑的问题是，如果不进行量子谐振子的$\mathcal{PT}$对称变形，而是进行四次量子非谐振荡器$\hat{H}=\hat{p}^2+\hat{x}^4$的$\mathcal{PT}$对称变形，会发生什么？变形哈密顿量如下：

$$\hat{H}=\hat{p}^2+\hat{x}^4(\mathrm{i}\hat{x})^{\varepsilon} \tag{2.43}$$

这个哈密顿量的特征值与实数ε的函数关系绘制如图 2.6 所示。

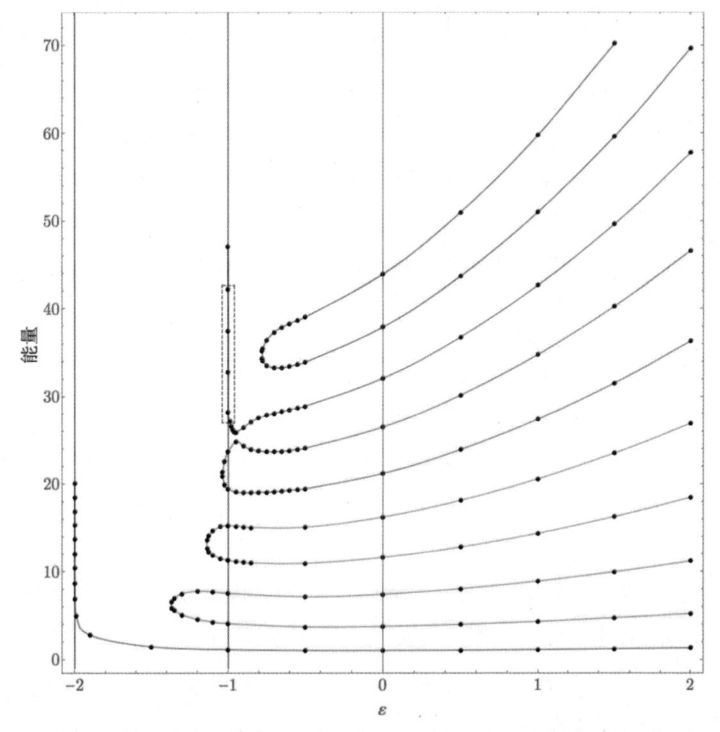

图 2.6　ε函数的$\mathcal{PT}$对称非厄米哈密顿量$\hat{H}=\hat{p}^2+\hat{x}^4(\mathrm{i}\hat{x})^{\varepsilon}$的特征值。特征值的变化与图 2.1 中的特征值相似，并采用彩色线条绘制。对于$\varepsilon\geqslant 0$，它们都是实数、正数和离散的。在$\varepsilon=0$过渡点之下，实数特征值在合并成为复共轭对时消失，有趣的是，当 ε 恰好为-1时，特征值又都是实数了。虚线内的区域在图 2.7 中被放大，详细说明了这些复特征值从复平面重新出现并变为实数的过程。在$\varepsilon=-2$处，无论是实数还是复数，均没有任何特征值

对于式(2.7)中的哈密顿量，这些特征值的行为类似于图 2.1 中的特征值。非厄米变形哈密顿量式(2.43)有一个完整的$\mathcal{PT}$对称区域($\varepsilon \geqslant 0$)，其中特征值都是实数；还有一个区域，其中特征值几乎都是复数的$\mathcal{PT}$对称($\varepsilon < 0$)。然而，有一个显著的新特征——破缺$\mathcal{PT}$对称区域的一个孤立点$\varepsilon = -1$处，特征值都是实数(见图 2.7)。在这一点附近，所有复数特征值都通过奇点成为实数对。在$\varepsilon = -2$处，频谱为零，根本没有特征值。

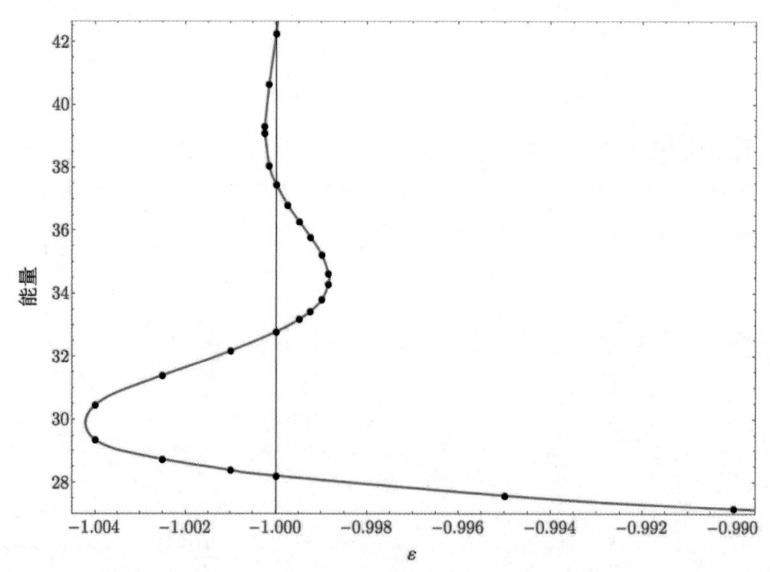

图 2.7 图 2.6 的放大图表明，在$\varepsilon = -1$附近，$\mathcal{PT}$对称非厄米哈密顿量$\hat{H} = \hat{p}^2 + \hat{x}^4(\mathrm{i}\hat{x})^\varepsilon$的特征值的细致变化。在 ε 的复共轭特征值对的该值附近，从复平面合并转变为实值

接下来，进行六次量子非谐振荡器$\hat{p}^2 + \hat{x}^6$的$\mathcal{PT}$对称变形：

$$\hat{H} = \hat{p}^2 + \hat{x}^6(\mathrm{i}\hat{x})^\varepsilon \qquad (\varepsilon\text{为实数}) \tag{2.44}$$

这个哈密顿量的特征值绘制在图 2.8 中。与式(2.7)和式(2.43)中的非厄米$\mathcal{PT}$对称哈密顿量一样，当$\varepsilon \geqslant 0$，该非厄米变形哈密顿量有未破缺$\mathcal{PT}$对称区域，$\varepsilon < 0$时，有破缺$\mathcal{PT}$对称区域。特征值在孤立值$\varepsilon = -1$和$\varepsilon = -2$处都是实数(参见文献[82]的图 20)。当$\varepsilon = -3$时根本没有特征值。

由图 2.1、图 2.6 和图 2.8 可以看到一个模式出现。根据这些图，期望当$\varepsilon \geqslant 0$ 时，在$\varepsilon = 0$处有一个$\mathcal{PT}$跃迁，第N阶$\mathcal{PT}$对称哈密顿量的特征值都是实数、正数和离散的：

$$\hat{H} = \hat{p}^2 + \hat{x}^{2N}(\mathrm{i}\hat{x})^\varepsilon \qquad (N = 1,2,3,\cdots) \tag{2.45}$$

$\varepsilon < 0$时，在破缺$\mathcal{PT}$对称性区域，特征值几乎都是复数。然而，在破缺$\mathcal{PT}$对称性的区域中，存在孤立点$\varepsilon = -1,\ -2,\ \cdots,\ -N + 1$，在这些孤立点处特征值都是实数。当$\varepsilon = -N$时根本没有特征值。

对于式(2.45)中的第N阶哈密顿量，特征值微分方程为

$$-\psi''(x) + x^{2N}(\mathrm{i}x)^\varepsilon\psi(x) = E\psi(x) \tag{2.46}$$

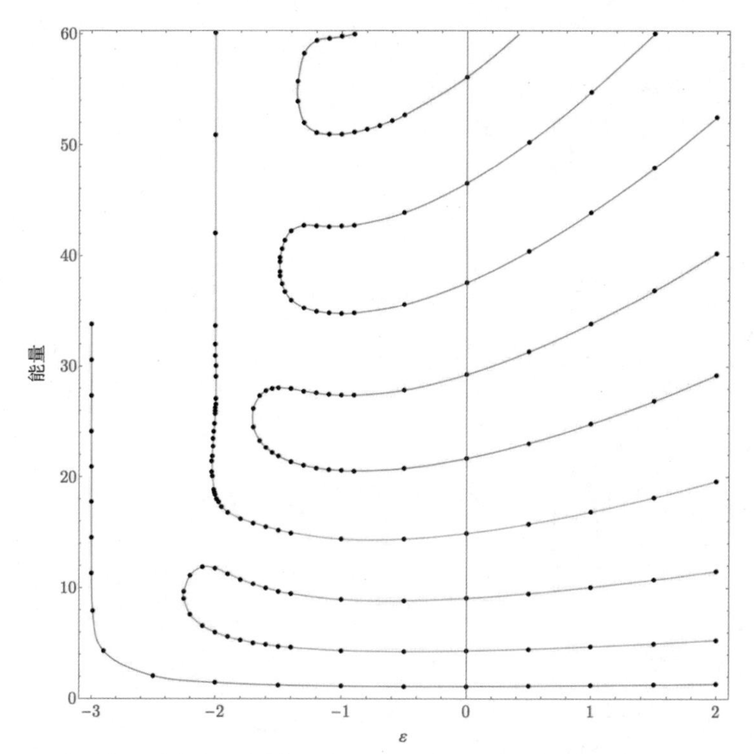

图 2.8　式(2.44)非厄米$\mathcal{PT}$对称哈密顿量$\hat{H}=\hat{p}^2+\hat{x}^6(\mathrm{i}\hat{x})^\varepsilon$的特征值。特征值的颜色编码与图 2.1 和图 2.6 中的一样。在$\varepsilon=0$处存在$\mathcal{PT}$跃迁，所有特征值在$\varepsilon=-1$和$\varepsilon=-2$时为实数

使用 WKB 理论，发现$\psi(x)$的几何光学近似值是$\exp(\pm\mathrm{i}^{\varepsilon/2}\int^x \mathrm{d}t\, t^{N+\varepsilon/2})$。因此，如果使$x=r\mathrm{e}^{\mathrm{i}\theta}$，在右楔形的中心，会发现$\theta(N+1+\varepsilon/2)+\pi\varepsilon/4=0$，该位置 WKB 近似值的相位消失了。在右楔形的上边缘，$\theta(N+1+\varepsilon/2)+\pi\varepsilon/4=\pi/2$；在右楔形的下边缘，$\theta(N+1+\varepsilon/2)+\pi\varepsilon/4=-\pi/2$。因此，左右扇区的中心为

$$\theta_{\text{center，right}}=-\frac{\pi\varepsilon}{4N+4+2\varepsilon},\qquad \theta_{\text{center，left}}=-\pi+\frac{\pi\varepsilon}{4N+4+2\varepsilon}\tag{2.47}$$

扇区的上边缘位于：

$$\theta_{\text{upper，right}}=\frac{\pi(2-\varepsilon)}{4N+4+2\varepsilon},\qquad \theta_{\text{upper，left}}=-\pi-\frac{\pi(2-\varepsilon)}{4N+4+2\varepsilon}\tag{2.48}$$

并且扇区的下边缘位于：

$$\theta_{\text{lower，right}}=-\frac{\pi(2+\varepsilon)}{4N+4+2\varepsilon},\qquad \theta_{\text{lower，left}}=-\pi+\frac{\pi(2+\varepsilon)}{4N+4+2\varepsilon}\tag{2.49}$$

此外，每个扇区的张角Δ为

$$\Delta=\theta_{\text{upper}}-\theta_{\text{lower}}=\frac{4\pi}{4N+4+2\varepsilon}\tag{2.50}$$

当$N=1$,假设$\varepsilon\to\infty$时,每个扇区的中心接近$-\pi/2$,每个扇区的张角趋于0。此外,当$\varepsilon=-N$时,每个楔形的上边缘接近$\pi/2$。如2.7节中所述,当$\varepsilon=-N$时,这些斯托克扇区不再分离,因此特征值问题不再是稳定的,无特征谱。很明显,在图2.1、图2.6和图2.8中,特征值消失。

还可以绘制更高$\hat{p}$幂的厄米哈密顿量变形。例如,图2.9和图2.10绘制了变形哈密顿量的特征值[116]。

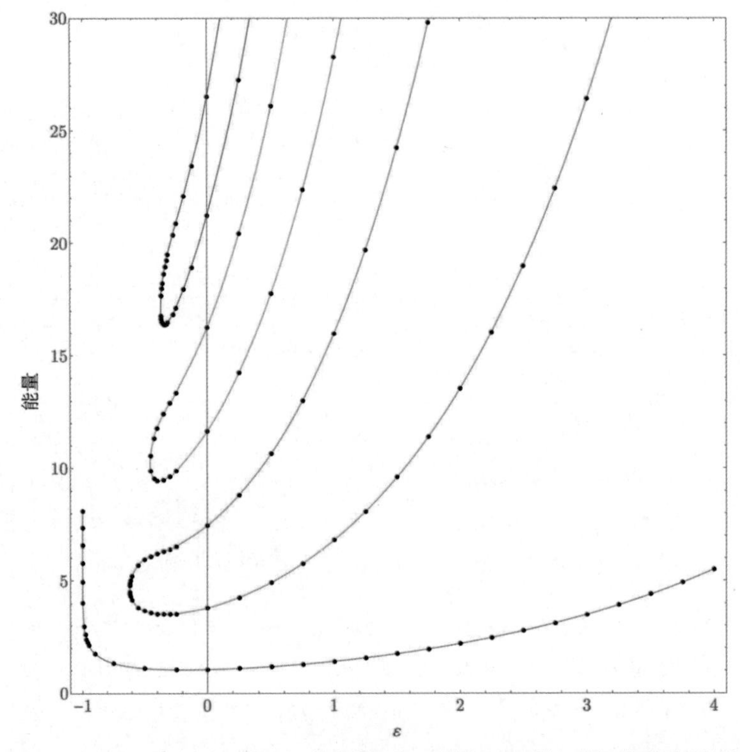

图2.9 式(2.51) $\hat{H}=\hat{p}^4+\hat{x}^2(\mathrm{i}\hat{x})^\varepsilon$的实特征值。和图2.1一样,特征值采用彩线绘制

$$\hat{H}=\hat{p}^4+\hat{x}^2(\mathrm{i}\hat{x})^\varepsilon \quad (\varepsilon\text{为实数}) \tag{2.51}$$

$$\hat{H}=\hat{p}^6+\hat{x}^2(\mathrm{i}\hat{x})^\varepsilon \quad (\varepsilon\text{为实数}) \tag{2.52}$$

同样,可以在图2.1、图2.6和图2.8中看到非常相似的一个特征值变化。

接着考虑一类更精细的$\mathcal{PT}$对称变形哈密顿量。例如,对数$\mathcal{PT}$对称哈密顿量类的特征值[121]:

$$\hat{H}=\hat{p}^2+\hat{x}^2(\mathrm{i}\hat{x})^\varepsilon\log(\mathrm{i}\hat{x}) \quad (\varepsilon\text{为实数}) \tag{2.53}$$

其变化与式(2.7)中的哈密顿量非常相似(见图2.11)。有趣的是,可以使非厄米$\mathcal{PT}$对称哈密顿量$\hat{H}=\hat{p}^2+\hat{x}^2\log(\mathrm{i}\hat{x})$在$\varepsilon$范围内仍然能获得破缺和非破缺$\mathcal{PT}$对称区域的哈密顿量。尽管没有现实证据,但在$\mathcal{PT}$对称性不间断区域$\varepsilon\geqslant0$中,量子哈密顿量式(2.53)的特征值似乎是实数。相应地,在该区域,基础经典理论表明其具有闭合轨迹(见图2.12)。

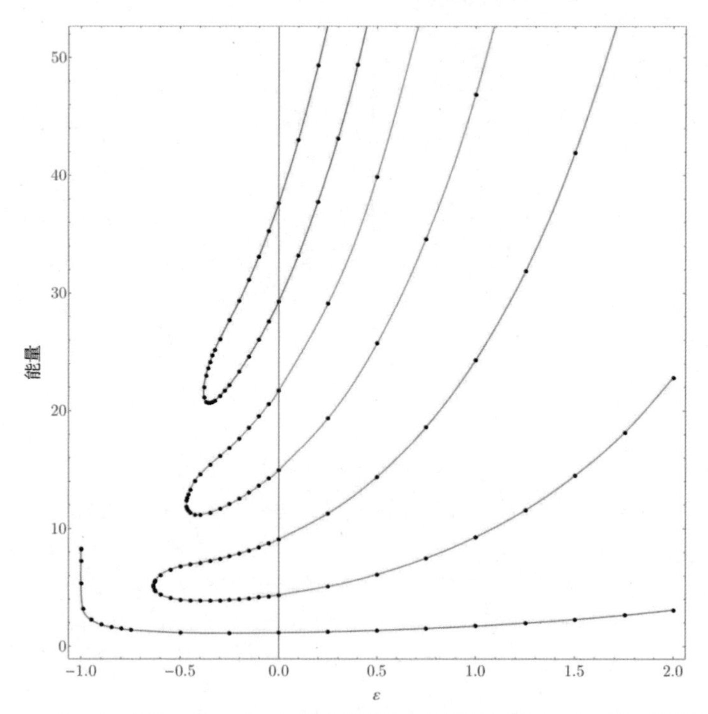

图 2.10　式(2.52)中$\widehat{H}=\hat{p}^6+\hat{x}^2(\mathrm{i}\hat{x})^{\varepsilon}$的实特征值，特征值与图 2.1 中一样，用彩线绘制

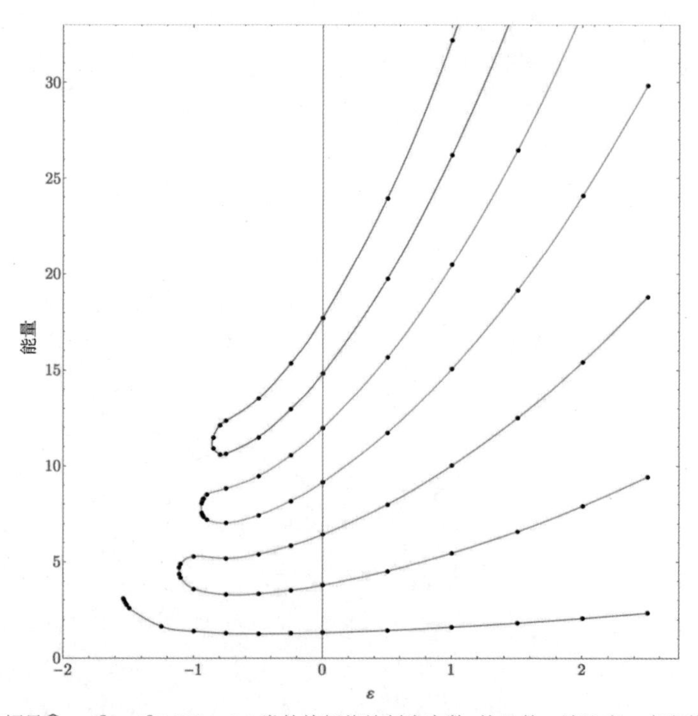

图 2.11　哈密顿量$\widehat{H}=\hat{p}^2+\hat{x}^2(\mathrm{i}\hat{x})^{\varepsilon}\log(\mathrm{i}\hat{x})$类的特征值绘制为实数$\varepsilon$的函数。请注意，在完整区域$\varepsilon\geqslant0$ 中，这些相当复杂的$\mathcal{PT}$对称哈密顿量的特征值似乎是实数

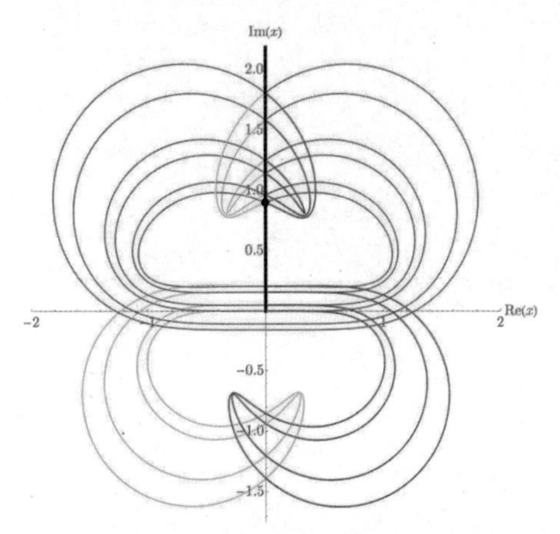

图 2.12 $\varepsilon = 2$时，属于式(2.53)中对数哈密顿量类闭合经典轨迹。此图的经典能量为$E = 2.07734$。轨迹进入三层复x黎曼曲面。粗实黑线表示分隔层分支切口的位置。在主层(第 0 层)($-3/2\pi < \arg x \leqslant 1/2\pi$)上，经典轨迹以红色显示。在第 1 层($1/2\pi < \arg x \leqslant 5/2\pi$)上，轨迹以绿色表示，在第−1层($-7/2\pi < \arg x \leqslant -3\pi/2$)上，以蓝色表示。轨迹在黑点处开始(并结束)，该点位于第 0 层上的0.9i位置。然后继续沿东北偏东方向向下弯曲，穿过分支切口，进入第−1层，并将其颜色更改为绿色(这种颜色变化很难看到，因为轨迹的另一部分非常靠近这条线)。注意，轨迹永远不会与自身相交；在明显的交叉点，曲线位于不同的黎曼层上

非厄米哈密顿量的所有$\mathcal{PT}$对称变形都具有完整的$\mathcal{PT}$对称区域。例如，当厄米哈密顿量$\hat{H} = \hat{p}^2 + \hat{x}^2\log(x^2)$具有实特征值，可以从图 2.13 中看出变形的$\mathcal{PT}$对称哈密顿量类：

$$\hat{H} = \hat{p}^2 + \hat{x}^2(\mathrm{i}\hat{x})^{\varepsilon}\log(\hat{x}^2) \quad (\varepsilon\text{为实数}) \tag{2.54}$$

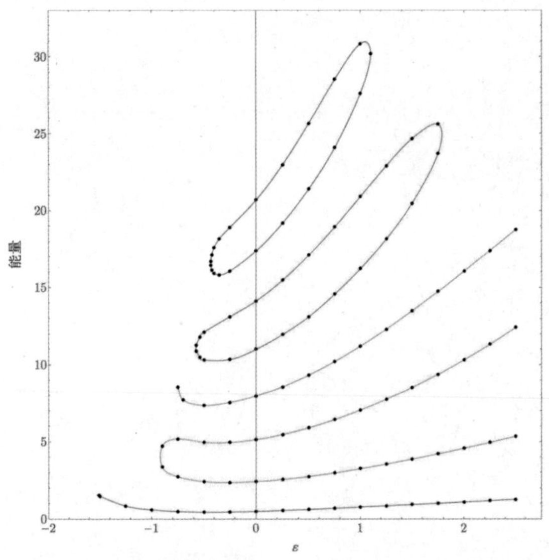

图 2.13 $\hat{H} = \hat{p}^2 + \hat{x}^2(\mathrm{i}\hat{x})^{\varepsilon}\log(\hat{x}^2)$的特征值。注意，当$\varepsilon \neq 0$时，只有少数特征值是实数，其余是复数。除了点$\varepsilon = 0$，这类$\mathcal{PT}$对称哈密顿量没有一个完整的$\mathcal{PT}$对称区域

如果$\varepsilon \neq 0$,则该哈密顿量具有复特征值。特征值的非实性与经典轨迹不闭合的特性相关(见图 2.14)。

式(2.54)中哈密顿量表明，可能很容易找到不具有特征值全为实数的$\mathcal{PT}$对称哈密顿量类，事实的确如此。例如，考虑一类$\mathcal{PT}$对称哈密顿量：

$$\hat{H} = \hat{p}^2 + |\hat{x}|^b(\mathrm{i}\hat{x})^\varepsilon \qquad (b,\varepsilon\text{是正实数}) \tag{2.55}$$

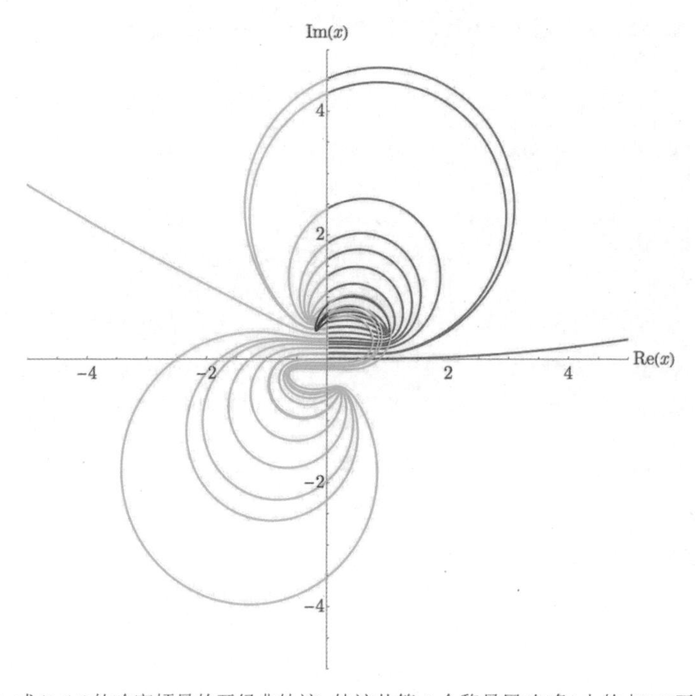

图 2.14　$\varepsilon = 2$时，式(2.54)的哈密顿量的开经典轨迹。轨迹从第 0 个黎曼层(红色)上的点0.9i开始，随着t从$t = 0$运行到$t = 30$，轨迹重复进入第一层(绿色)和第二层(蓝色)。经典能量为$E = 1.10543$。轨迹永远不会自相交，也永远不会闭合。非闭合的经典轨迹与非完整的$\mathcal{PT}$对称区域相关，在该区域中哈密顿量的所有特征值都是实数

对此类中的哈密顿量的验证表明，除非b是正偶数，否则永远不会存在完整的$\mathcal{PT}$对称区域[122]。通过设置$b = 1$和$\varepsilon = 1$，来验证获得特殊完全可解的情况：

$$\hat{H} = \hat{p}^2 + \mathrm{i}|\hat{x}|\hat{x} \tag{2.56}$$

与此哈密顿量相关的薛定谔特征值微分方程为

$$-\psi''(x) + \mathrm{i}|x|x\psi(x) = E\psi(x) \tag{2.57}$$

式中，x是实数，并且当$x \to \pm\infty$时，本征函数$\psi(x)$需要遵守边界条件$\psi \to 0$。

为了获得特征值，在两个区域$x > 0$和$x < 0$求解这个微分方程，然后将两个解合并。在区域$x > 0$中，其精确解如下：

$$\psi(x)=c_1D_v\left(x\mathrm{e}^{\frac{\mathrm{i}\pi}{8}}\sqrt{2}\right)+c_2D_v\left(-x\mathrm{e}^{\frac{\mathrm{i}\pi}{8}}\sqrt{2}\right)$$

式中，D_v是指$v=\frac{1}{2}E\mathrm{e}^{-\mathrm{i}\pi/4}-\frac{1}{2}$的抛物柱面函数，$c_1$和$c_2$是任意常数。边界条件$\lim\limits_{x\to+\infty}\psi(x)=0$意味着$c_2=0$。因此，对于$x>0$，发现：

$$\psi(x)=c_1D_v\left(x\mathrm{e}^{\frac{\mathrm{i}\pi}{8}}\sqrt{2}\right) \tag{2.58}$$

但是，如果$x<0$，则微分方程(2.57)的精确解为

$$\psi(x)=d_1D_\mu\left(x\mathrm{e}^{-\frac{\mathrm{i}\pi}{8}}\sqrt{2}\right)+d_2D_\mu\left(-x\mathrm{e}^{\frac{-\mathrm{i}\pi}{8}}\sqrt{2}\right)$$

式中，$\mu=\frac{1}{2}E\mathrm{e}^{\mathrm{i}\pi/4}-\frac{1}{2}$，$d_1$和$d_2$是任意常数。边界条件$\lim\limits_{x\to-\infty}\psi(x)=0$意味着$d_1$=0。因此，对于$x<0$，得到：

$$\psi(x)=d_2D_\mu\left(-x\mathrm{e}^{\frac{-\mathrm{i}\pi}{8}}\sqrt{2}\right) \tag{2.59}$$

在原点$x=0$处将两个解(2.58)和(2.59)合并在一起。$\psi(x)$在$x=0$处的连续性意味着$c_1D_v(0)=d_2D_\mu(0)$，并且$\psi'(x)$在$x=0$处的连续性意味着$c_1\mathrm{e}^{\mathrm{i}\pi/8}D'_v(0)=-d_2\mathrm{e}^{-\mathrm{i}\pi/8}D'_\mu(0)$。然后结合这两个方程并消除常数$c_1$和$d_2$，从而获得特征值的精确方程：

$$\frac{\mathrm{e}^{\frac{\mathrm{i}\pi}{8}}D'_v(0)}{D_v(0)}=-\frac{\mathrm{e}^{-\frac{\mathrm{i}\pi}{8}}D'_\mu(0)}{D_\mu(0)} \tag{2.60}$$

式(2.60)可以简单地改写为伽马函数：

$$\mathrm{e}^{\frac{\mathrm{i}\pi}{8}}\frac{\Gamma\left(\frac{3}{4}-\frac{1}{4}E\mathrm{e}^{\frac{-\mathrm{i}\pi}{4}}\right)}{\Gamma\left(\frac{1}{4}-\frac{1}{4}E\mathrm{e}^{\frac{-\mathrm{i}\pi}{4}}\right)}+\mathrm{e}^{-\frac{\mathrm{i}\pi}{8}}\frac{\Gamma\left(\frac{3}{4}-\frac{1}{4}E\mathrm{e}^{\frac{\mathrm{i}\pi}{4}}\right)}{\Gamma\left(\frac{1}{4}-\frac{1}{4}E\mathrm{e}^{\frac{\mathrm{i}\pi}{4}}\right)}=0 \tag{2.61}$$

根据$\mathcal{PT}$对称性的要求，特征方程(2.61)是E的实函数(通过复共轭两项之和来验证这一点)。

可以通过代入$E=\mathrm{Re}E+\mathrm{iIm}E$获得方程的实部和虚部，利用式(2.61)对$E$进行数值求解。然后在图2.15中绘制了复$E$平面中的曲线，注意式(2.61)的实部消失(实线)和式(2.61)的虚部消失(虚线)。请注意，$\mathcal{PT}$对称的条件要求虚线沿着实E轴。但是，实数E轴并不是虚部沿式(2.61)消失的唯一曲线。

图2.15中实线和虚线的交点是式(2.56)哈密顿量的特征值。显然，该哈密顿量只有一个实特征值，且所有其他交点都出现在复共轭对中。这个实特征值的数值是1.258092⋯，对于这个实能量，对应的特征函数是$\mathcal{PT}$对称的。这个特点通过验证式(2.58)和式(2.59)中的特征函数得出。如果反转x的符号并同时取复共轭，可以看到其特征函数保持不变。

Bender的文献[122]中对b和ε值范围内，式(2.55)的$\hat{H}$特征值进行了数值研究，并且这些结果显示在表2.2和表2.3中。当b是偶数时，式(2.55)的$\hat{H}$简约为哈密顿量类，其特征值绘制见图2.1、图2.6和图2.8，其频谱是完全实数的。然而，对于b取其他值和$\varepsilon\neq0$，该哈密顿量只有有限数量的实特征值。实特征值的数量似乎随着ε的增加而减少，并随着b的增加而增加。还

验证了$b = 1/2$时，其他ε的情形。当ε取小值时，这种变化是否继续保持，在表中并不明显。因此，验证ε的一些其他值。发现当$\varepsilon = 1/4$时，其有一个实特征值；当$\varepsilon = 1/8$时，在 1.06407 和 2.05827 处有两个实特征值；当$\varepsilon = 1/16$时，在 1.0582、2.3488 和 3.4132 处有三个实特征值。随着ε进一步减小，实特征值的数量一直增加，当$\varepsilon = 0$时，有无穷多个实特征值。

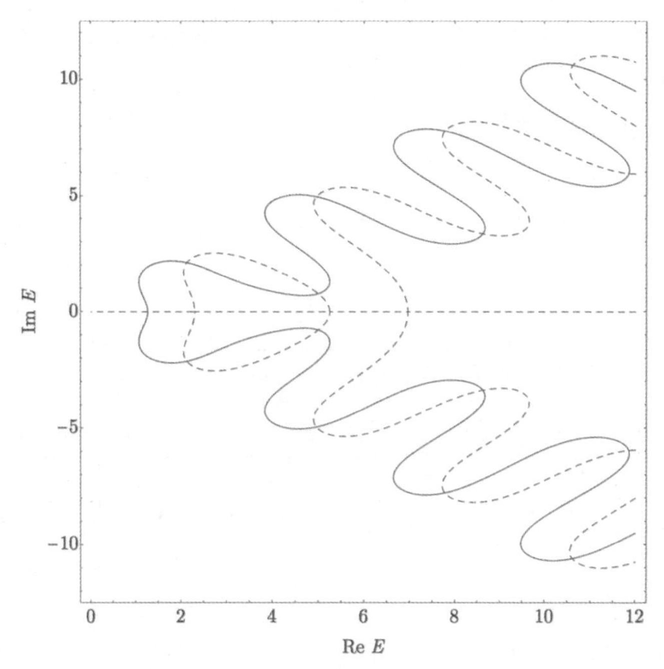

图 2.15　哈密顿量$\hat{H} = \hat{p}^2 + \mathrm{i}|\hat{x}|\hat{x}$特征值对应特征方程(2.61)的数值解关系。特征方程的实部在复E平面的实线上消失，特征方程的虚部在虚线上消失。特征值位于实线和虚线的交点处。只有一个实特征值，它位于E=1.258092。所有其他特征值都是复数并且以复共轭对的形式出现

表 2.2　哈密顿量$\hat{H} = \hat{p}^2 + |\hat{x}|^b(\mathrm{i}\hat{x})^\varepsilon$在$\varepsilon = 1/2$时的实特征值

	$b = 1/2$	$b = 1$	$b = 3/2$	$b = 2$	$b = 5/2$	$b = 3$
$\varepsilon = 1/2$	<u>1.180777</u>	1.08693	1.05583	1.04896	1.05404	1.06568
		3.19578	3.27843	3.43454	3.59460	3.74791
		<u>4.4220</u>	5.36421	6.05174	6.64515	7.17496
			7.67568	8.79101	9.91884	10.9735
			<u>9.53919</u>	11.6207	13.4256	15.1112
				14.5219	17.0514	19.4889
				17.4829	20.8691	24.1139
				20.4952		
				23.5529	24.7239	28.9111
				26.6504	28.8137	33.9218

(续表)

	$b=1/2$	$b=1$	$b=3/2$	$b=2$	$b=5/2$	$b=3$
$\varepsilon=1/2$				29.7848	32.7868	39.0482
				32.9526	37.2141	44.3936
				36.1511	41.0803	49.7770
				39.3784	46.2256	55.4476
				42.6321		60.9963
				45.9112		67.0561
				…		72.5848
						79.2958
						84.3126
						92.7345

注：带下画线的特征值是所有实特征值中最大的。符号…表示频谱是完全实数的和无限的。

表 2.3　哈密顿量$\hat{H}=\hat{p}^2+|\hat{x}|^b(\mathrm{i}\hat{x})^\varepsilon$在$\varepsilon=1$和$\varepsilon=3/2$时的实特征值

	$b=1/2$	$b=1$	$b=3/2$	$b=2$	$b=5/2$	$b=3$
$\varepsilon=1$	1.446448	1.25809	1.18627	1.15627	1.14615	1.14685
			4.21683	4.10923	4.13051	4.19436
			6.93323	7.56227	7.95153	8.30206
				11.3144	12.0844	12.9101
				15.2916	16.8072	18.1062
				19.4515	21.3065	23.5322
				23.76667	27.4779	29.6147
				28.2175	30.3268	35.3873
				32.7891		42.9034
				37.4698		47.4048
				42.2504		
				…		
$\varepsilon=3/2$	1.791941	1.48873	1.36338	1.30151	1.26993	1.2550
			5.52801	4.96979	4.80096	4.7494
			8.50818	9.48003	9.60759	9.7042
				14.5305	14.6672	15.2406
				19.9977	21.7069	21.891
				25.8103	24.9567	28.1147
				31.9205		

(续表)

	$b=1/2$	$b=1$	$b=3/2$	$b=2$	$b=5/2$	$b=3$
$\varepsilon=3/2$				38.2938 44.904 …		

注：带下画线的特征值是所有实特征值中最大的。符号…表示频谱是完全实数的和无限的。

文献[122]中，由于函数$|x|$变形到复域导致的非解析性，推测式(2.55)中哈密顿量不存在完整的$\mathcal{PT}$对称区域。确实，函数$|x|$在复平面上任意处无解析。可以用函数$\log(2\cosh x)$替换式(2.55)中的这个函数。对于大实数$|x|$，它的变化类似于$|x|$在区域$|\mathrm{Im}x|<\pi/2$中解析，其中包括实轴。这样做会产生更多的实特征值。当式(2.56)哈密顿量只有一个实特征值，变形的哈密顿量为

$$\hat{H}=\hat{p}^2+\mathrm{i}\log(2\cosh x)x$$

该哈密顿量有 5 个实特征值，分别位于 1.46908、4.23578、6.97342、10.1872 和 11.8161 处。但是，其余的特征值都显示为复共轭对。原因可能是图 2.1、图 2.6 和图 2.8 中绘制的谱完全为实数，因为x^2,x^4,x^6变形到复平面的函数是完整的(没有奇点)。

2.5　特征值的数值计算

本节将解释一些可用于计算$\mathcal{PT}$变形哈密顿量的特征值，并生成图 2.1 所示特征值图的数值方法。文献[78]中提到了用于计算特征值的一些原始方法。2.7 节将介绍一种更强大的数值方法，称为 Arnoldi 算法，可用于计算$\varepsilon<0$时破缺$\mathcal{PT}$对称区域的复特征值，以及$\varepsilon\geqslant 0$ 时，完整$\mathcal{PT}$对称区域中的实特征值。

2.5.1　打靶算法

求解像式(2.8)这样与不含时薛定谔特征值方程的最简单和最直接的数值方法是，使用 Runge-Kutta 积分包直接对微分方程进行积分。为此，更改变量，使其能够沿斯托克斯扇区的中心沿径向向下积分。例如，对于右斯托克斯扇区，进行$x=r\mathrm{e}^{\mathrm{i}\theta_{\text{right}}}$替换，其中在式(2.19)中设定$\theta_{\text{right}}=-\pi\varepsilon/(8+2\varepsilon)$。得到微分方程：

$$-\psi''_{\text{right}}(r)+r^{2+\varepsilon}\psi_{\text{right}}(r)=\mathrm{e}^{-\mathrm{i}\pi\varepsilon/(4+\varepsilon)}E\psi_{\text{right}}(r) \tag{2.62}$$

类似地，对于左斯托克斯扇区，参考式(2.20)并替换$x=r\mathrm{e}^{\mathrm{i}\theta}$，其中$\theta=-\pi+\pi\varepsilon/(8+2\varepsilon)$：

$$-\psi''_{\text{left}}(r)+r^{2+\varepsilon}\psi_{\text{left}}(r)=\mathrm{e}^{\mathrm{i}\pi\varepsilon/(4+\varepsilon)}E\psi_{\text{left}}(r) \tag{2.63}$$

当$r\longrightarrow\infty$时，寻找式(2.62)和式(2.63)消失的解。为了找到这些解，取一个大值的r，比如$r_0=10$或$r_0=20$，并使用 WKB 理论来确定初始条件。为简单起见，选择$\psi_{\text{right}}(r_0)=1$。然后，对式(2.17)中的 WKB 近似进行微分，发现对于衰减解，必须选择：

$$\psi'_{\mathrm{right}}(r_0) = -\sqrt{Q(r_0)}，且Q(r) = r^{2+\varepsilon} + E\mathrm{e}^{2\mathrm{i}\theta_{right}}$$

然后，用 Runge-Kutta 方法从 r 积分到 0。沿斯托克斯扇区中心积分的优点是当接近原点时，寻求的解增长最快，而不需要的解(指数增长的解)在$r \to \infty$最受抑制。将左解和右解积分到$r = 0$后，获得ψ_{right}和ψ_{left}的值，以及它们在$r = 0$处的导数。

最后，通过要求这两个解和其一阶导数的连续性，将这两个在$r = 0$处的解结合在一起。结合条件是类 Wronskian 量必须消失[116]。

$$W \equiv \psi_{\mathrm{right}}(0)\psi'_{\mathrm{left}}(0)\mathrm{e}^{\mathrm{i}\theta_{\mathrm{right}}} - \psi_{\mathrm{left}}(0)\psi'_{\mathrm{right}}(0)\mathrm{e}^{\mathrm{i}\theta_{\mathrm{left}}}$$

通过迭代和调整E来迫使$|W|$尽可能小。如果E为实数，则此过程会给出E的准确结果。

这个过程的缺点是，它在破缺$\mathcal{PT}$对称性的区域无效，在这个区域E是复数。这是因为对最优复值E的二维搜索使$|W|$最小化，比对实值E的一维搜索要困难得多。无论它们是实数还是复数，一种更广泛适用计算特征值的数值方法是 Arnoldi 方法。这种奇特的离散化方法将在 2.7 节介绍。

2.5.2　变分方法

一种完全不同的计算特征值的方法是使用变分方法。为此，必须引入一组完整的基函数(如谐波振荡器本征函数)，并将式(2.7)中的哈密顿量$\hat{H}$表示为无限维数值矩阵。然后将这个矩阵截断为一个有限维的$N \times N$矩阵，并数值求解这个矩阵的特征值。当$N \to \infty$时，希望$N \times N$矩阵的特征值接近$\hat{H}$的特征值。

该数值方案的缺点是它适用于小ε(当$\varepsilon = 1$时非常有效[82])，随着ε的增加，它很快变得不准确。这是因为谐波振荡器基函数的渐近行为不再与$\hat{H}$的本征函数的渐近行为匹配。如图 2.4 所示，当ε增加时，与$\hat{H}$的本征函数相关的斯托克斯扇区向下旋转并停止与$\varepsilon = 0$的扇区重叠。

该方案的另一个缺点是因为$\hat{H}$不是厄米的，$N \times N$矩阵的特征值不会单调地接近$\hat{H}$的特征值。相反，$N \times N$矩阵的特征值以不规则方式收敛，并且$N \times N$矩阵的某些特征值甚至是复数[82]。

另一种变分方法是确定泛函的驻点：

$$\langle H \rangle(a,b,c) \equiv \frac{\int_C \mathrm{d}x\psi(x)H\psi(x)}{\int_C \mathrm{d}x\psi^2(x)} \tag{2.64}$$

其中，试波函数是$\mathcal{PT}$不变试波函数的三参数类[100]，见下式：

$$\psi(x) = (\mathrm{i}x)^C \exp[a(\mathrm{i}x)^b] \tag{2.65}$$

用于定义$< H > (a,b,c)$的积分轮廓 C 必须位于复x平面中的斯托克斯扇区内，其中波函数$\psi(x)$在无穷远处呈指数衰减。而且因为$\hat{H}$不是厄米的，式(2.64)的期望值没有局部最小值；相反，这个泛函数在(a,b,c)空间中有一个鞍点。在这个鞍点的位置，基态能量的数值预测在很大的ε范围内是准确的。该方法还确定了$\hat{H}$激发态的近似本征函数和本征值。

还有一种变分方法是求解耦合力矩问题[283]。这种方法可以产生准确的特征值，并且是通过连续截断来求解量子场论中 Dyson-Schwinger 方程的量子力学模拟(参见第 5 章)。

2.6　特征值的近似解析计算

解析求解封闭条件下式(2.8)微分方程的特征值问题是不可能的。除了两种特殊情况，即对于$\varepsilon = 0$(谐波振荡器)和对于$\varepsilon \to \infty$。后者是二次阱势的$\mathcal{PT}$对称，解法可参考 Bender 的文献[80]。然而，在非破缺$\mathcal{PT}$对称区域$\varepsilon \geqslant 0$ 中，WKB 理论提供了一种准确的分析方法来计算式(2.7)中哈密顿量$\hat{H}$的实特征值。

WKB 计算很有趣，因为它必须在复平面上而不是在实x轴上进行。随着ε从 0 增加，并且远离实轴，转折点$x_{\pm}$是$E = x^2(\mathrm{i}x)^{\varepsilon}$的根。这些转折点如下：

$$x_{-} = E^{\frac{1}{2+\varepsilon}}\mathrm{e}^{\mathrm{i}\pi\left(\frac{3}{2}-\frac{1}{2+\varepsilon}\right)},\quad x_{+} = E^{\frac{1}{2+\varepsilon}}\mathrm{e}^{-\mathrm{i}\pi\left(\frac{1}{2}-\frac{1}{2+\varepsilon}\right)} \tag{2.66}$$

当$\varepsilon > 0$时，如图 2.4 所示，路径位于x的下半平面，当$\varepsilon < 0$时，路径位于x的上半平面。

前导 WKB 相位积分量化条件为

$$\left(n+\frac{1}{2}\right)\pi = \int_{x_{-}}^{x_{+}} \mathrm{d}x\sqrt{E - x^2(\mathrm{i}x)^{\varepsilon}} \tag{2.67}$$

当$\varepsilon > 0$时，路径完全位于x的下半平面；当$\varepsilon = 0$时(谐振子情况)，路径位于实轴。当$\varepsilon < 0$时，路径位于x的上半平面，并与正虚x轴上的切口相交。在这种情况下，没有连接转折点的连续路径。因此，当$\varepsilon < 0$时，WKB 方法无效。

当$\varepsilon \geqslant 0$ 时，使其按照从x_{-}到 0 和从 0 到x_{+}的射线时，相位积分轮廓变形：

$$\left(n+\frac{1}{2}\right)\pi = 2\sin\left(\frac{\pi}{\varepsilon+2}\right)E^{(\varepsilon+4)/(2\varepsilon+4)}\int_{0}^{1}\mathrm{d}s\sqrt{1-s^{\varepsilon+2}} \tag{2.68}$$

然后求解E_n：

$$E_n \sim \left[\frac{\Gamma\left(\frac{3}{2}+\frac{1}{\varepsilon+2}\right)\sqrt{\pi}\left(n+\frac{1}{2}\right)}{\sin\left(\frac{\pi}{\varepsilon+2}\right)\Gamma\left(1+\frac{1}{\varepsilon+2}\right)}\right]^{\frac{2\varepsilon+4}{\varepsilon+4}} \quad (n \to \infty) \tag{2.69}$$

这个公式给出了与图 2.1 绘制的特征值非常准确的近似值。这表明，至少 WKB 近似方法中，式(2.7)中$\hat{H}$的特征值是实数和正数(见表 2.4)。此外，可以通过用环绕连接转折点路径的闭合轮廓替换相位积分来进行高阶 WKB 计算[82, 142]。

表 2.4　精确特征值(Runge-Kutta 方法)与式(2.69)中 WKB 结果的比较

ε	n	E_{exact}	E_{WKB}	ε	n	E_{exact}	E_{WKB}
	0	1:156 267 072	1.0943		5	19:451 529 125	19.4444
	1	4:109 228 752	4.0895		6	23:766 740 439	23.7606
1	2	7:562 273 854	7.5489	1	7	28:217 524 934	28.2120
	3	11:314 421 818	11.3043		8	32:789 082 922	32.7841
	4	15:291 553 748	15.2832		9	37:469 824 697	37.4653

(续表)

ε	n	E_{exact}	E_{WKB}	ε	n	E_{exact}	E_{WKB}
2	0	1:477 149 753	1.3765	2	5	33:694 279 298	33.6746
	1	6:003 386 082	5.9558		6	42:093 814 569	42.0761
	2	11:802 433 593	11.7690		7	50:937 278 826	50.9214
	3	18:458 818 694	18.4321		8	60:185 767 651	60.1696
	4	25:791 792 423	25.7692		9	69:795 703 031	69.7884

2.7 破缺$\mathcal{PT}$对称区域的特征值

当$\varepsilon < 0$时，在破缺$\mathcal{PT}$对称性的区域，特征值开始形成复共轭对，如图 2.1 所示。本节将介绍如何计算该区域的特征值，在ε取 0～−2 时，详细描述它们的变化。

当$\varepsilon < 0$时，式(2.19)～(2.25)仍然有效，可以用来继续描述斯托克斯扇区的旋转和张角。四个ε值的斯托克斯扇区如图 2.16 所示。注意，在$\varepsilon = -1$处，左右斯托克斯扇区的上边缘位于角度$\pi/2$。当$\varepsilon = -1$时，扇区接触并融合，因此特征值问题的积分轮廓可以变形为无穷大。在这个ε值下，不再有特征值。这解释了为什么图 2.1 中的特征值在$\varepsilon = -1$时消失。有关特征值方程$-y''(x) + \mathrm{i}xy(x) = Ey(x)$没有能谱的证明，请参见文献[287]。

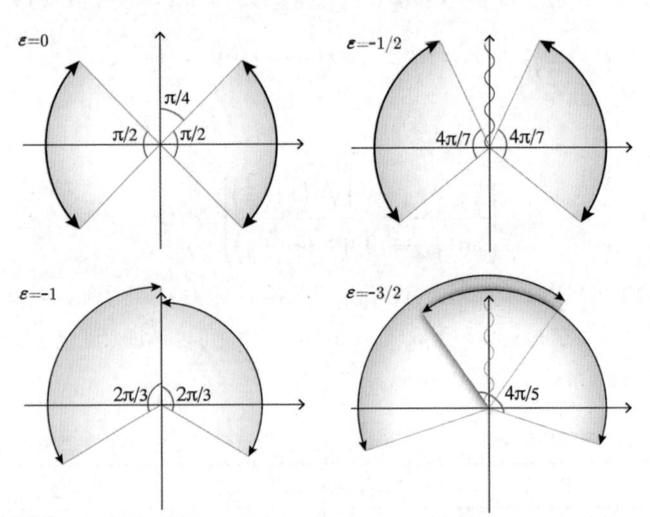

图 2.16 式(2.8)对应四个ε值变形的量子谐波振荡器特征值问题的斯托克斯扇区。该图从$\varepsilon = 0$开始，斯托克斯扇区的张角为$\pi/2$。随着ε减小，斯托克斯扇区向上旋转并变得更宽。当$\varepsilon = -1$时，分支切割消失，扇区接触并融合。在$\varepsilon = -1$以下，扇区穿过正虚轴上的分支切割进入黎曼曲面的不同层

那么，如何计算破缺$\mathcal{PT}$对称性区域的特征值？只要路径的末端在左扇区内和右扇区内接近复无穷大，特征值微分方程(2.8)可以沿复x平面中的任何路径进行积分。当ε <0 时，用于计

算破缺$\mathcal{PT}$对称区域中特征值的一种特别有效的数值方法，始于对积分路径进行参数化，因此特征值问题是在有限实数区间重新表述的。变量的适当转换如下：

$$x(t) = -\mathrm{i}\frac{1}{1-t^2}\exp\frac{2\pi\mathrm{i}t}{4+\varepsilon} \tag{2.70}$$

变量的这种转换条件是，参数t在实t轴上的范围为从-1到$+1$。因此，沿着复x平面中无限长曲线路径的复特征值问题简化为实数t轴上有限区间的特征值问题。

具体来说，当 t 从-1 到 0 变化时，复x平面中路径$x(t)$来自左斯托克斯扇区中心的无穷远处(见式(2.20))，避开了(环绕)在原点处的对数分支点奇点，并在t达到 0 时，到达点$x = -\mathrm{i}$。然后，t从 0 到+1 变化，$x(t)$遵循从$t = -1$到$t = 0$路径的$\mathcal{PT}$反射；也就是说，$x(t)$从$-\mathrm{i}$开始，然后在右斯托克斯扇区的中心返回无穷大。图 2.17 显示了复x平面中三个ε值的$x(t)$曲线。这些曲线都起源和终止于斯托克斯扇区的中心，并对应相应的ε和穿越点$-\mathrm{i}$。所有曲线都左右对称($\mathcal{PT}$对称)。

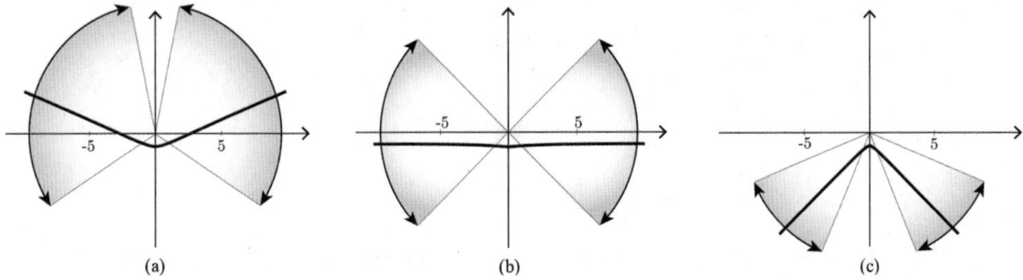

图 2.17　复x平面中式(2.70)中的$x(t)$曲线，分别对应三个ε值：$\varepsilon = -0.8$(见图(a))、$\varepsilon = 0$(见图(b))和$\varepsilon = 4.0$(见图(c))。通过构造，当$t = -1$和$t = 1$时，曲线终止于左右斯托克斯扇区的中心。当$t = 0$时，曲线穿过$x = -\mathrm{i}$

代入变量t，特征方程(2.8)转化为

$$-\frac{1}{[x'(t)]^2}\psi''(t) + \frac{x''(t)}{[x'(t)]^3}\psi'(t) + [x(t)]^2[\mathrm{i}x(t)]^\varepsilon\psi(t) = E\psi(t) \tag{2.71}$$

其中，$\psi(t)$满足边界条件$\psi(-1) = \psi(1) = 0$。接下来，应用 Arnoldi 算法，该算法使用有限元的方法对 t 区间进行离散化，从而将求特征值的问题简化为对角化有限矩阵的问题。有效的矩阵对角化确定了低势特征值。无论特征值是否为实数，该方法都是准确的。Arnoldi 算法可用 Mathematica 进行求解[533, 515]。

由于微分方程(2.71)在$t = \pm 1$处是奇异的，将 Arnoldi 算法用于求解服从齐次狄利克雷边界条件的式(2.71)，即$\psi(-1+\eta) = \psi(1-\eta) = 0$，且 η 趋近于 0^+。当$\eta \to 0$时，特征值迅速接近极限值。这种方法对于寻找破缺$\mathcal{PT}$对称区域$\varepsilon < 0$ 中的复能量特别有效。$-1.1 < \varepsilon < 0$ 时，式(2.8)的实数和复数特征值见图 2.18。Arnoldi 算法使这些特征值的精度比 10^{10} 还高。

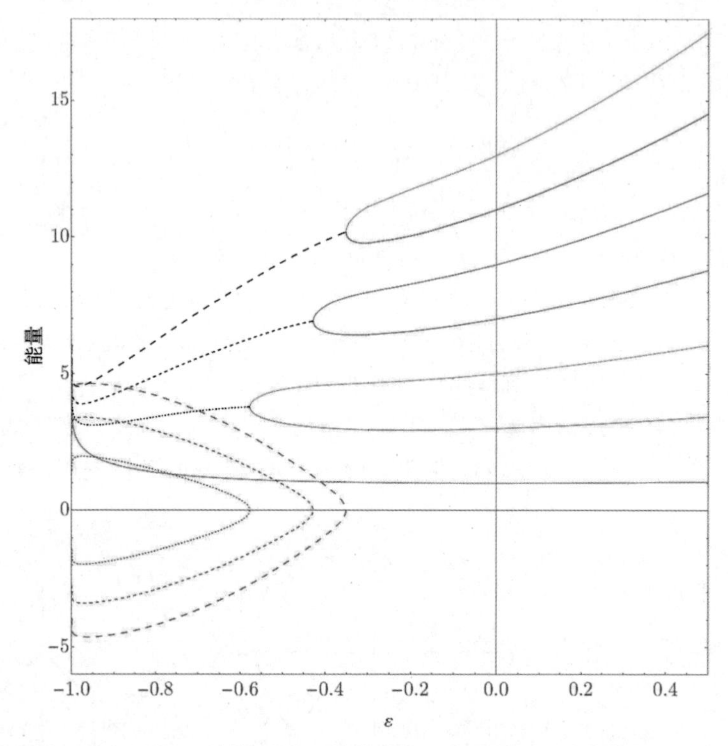

图 2.18 哈密顿量$H = p^2 + x^2(\mathrm{i}x)^\varepsilon$的特征值与 ε 的关系图，$-1.0<\varepsilon<0.5$。该图是图 2.1 的延续。随着ε减小到 0 以下，进入破缺$\mathcal{PT}$对称性的区域，如图 2.1 所示，实特征值变为成对退化(除了最低的特征值，它仍然是一条蓝色的实线)，然后分成复共轭对。这些特征值对(黑线)的实部，开始时随着ε的减小而略微减小，但随着ε接近-1时突然增大。特征值对(红线)的虚部保持有限值，并在ε接近-1时突然下降到 0。图 2.20 给出了$\varepsilon = -1$附近区域的放大图，这表明当ε通过-1时，特征值的实部从 0 开始下降，而特征值的虚部从 0 回升。

Arnoldi 算法还提供了高度准确的特征函数图。图 2.19 给出了前两个特征函数的图。请注意，图中没有显示节点。这是因为在复x平面中，特征函数沿曲线$x(t)$的任何位置都没有零点。当$\varepsilon = 0$(量子谐振子)时，本征函数的零点位于实z轴上。而$\varepsilon \neq 0$时，情况比较复杂。

例如，当$\varepsilon = 1$时，每个特征函数在正虚数x轴上有无限个零点，在下半x平面上产生有限个零点。下半平面中的零点表现出复杂的交错模式[83]。

在文献[120]中，分析了当$\varepsilon \to -1$时，确定特征值的渐近变化。结果表明，如果$\varepsilon = -1 + \delta$很小，那么$\delta$很小，则当$\delta \to 0$，特征值的实部是对数发散的，且特征值的虚部很小：

$$\mathrm{Re}E \sim \left(-\frac{3}{4}\ln|\delta|\right)^{2/3}, \quad \mathrm{Im}E \sim \frac{n\pi}{2}\left(-\frac{3}{4}\ln|\delta|\right)^{-1/3} \tag{2.72}$$

式中，当$\delta > 0$，n是偶数；当$\delta < 0$，$\delta < 0$是奇数。当ε穿过-1时，特征值的虚部变化很快，因为在$\varepsilon = -1$处存在对数奇点。$-1.01 \leqslant \varepsilon \leqslant -0.99$区域的详细描述如图 2.20 所示。

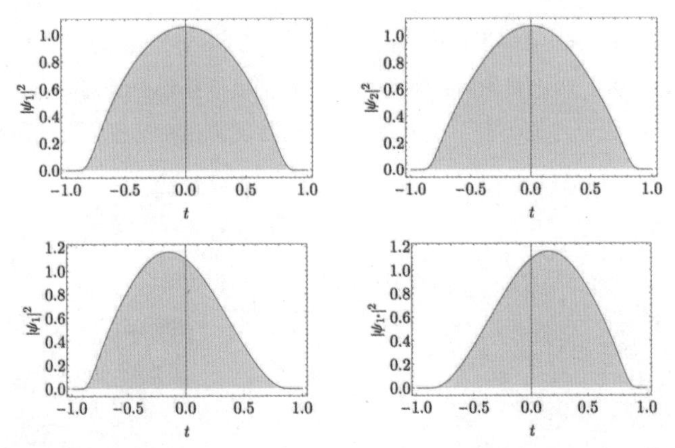

图 2.19　与图 2.18 中特征值相关的两个特征函数的绝对平方图，两个ε值为实数t的函数($-1\leqslant t\leqslant 1$)。第一行是在$\varepsilon=-0.4$时，第一和第二激发态的本征函数，即$\psi_1(t)$能量为$E=3.01916$，$\psi_2(t)$能量为$E=4.58511$。注意，因为能量是实数，这些图是左右对称的($\mathcal{PT}$对称)。第二行是第一行从$\varepsilon=-0.4$到$\varepsilon=-0.8$特征函数的解析延拓。在这个ε值下，能量是彼此复共轭：$E=3.4218\pm 1.4709\mathrm{i}$。这些图不再是左右对称，但左图是右图的镜像($\mathcal{PT}$反射)

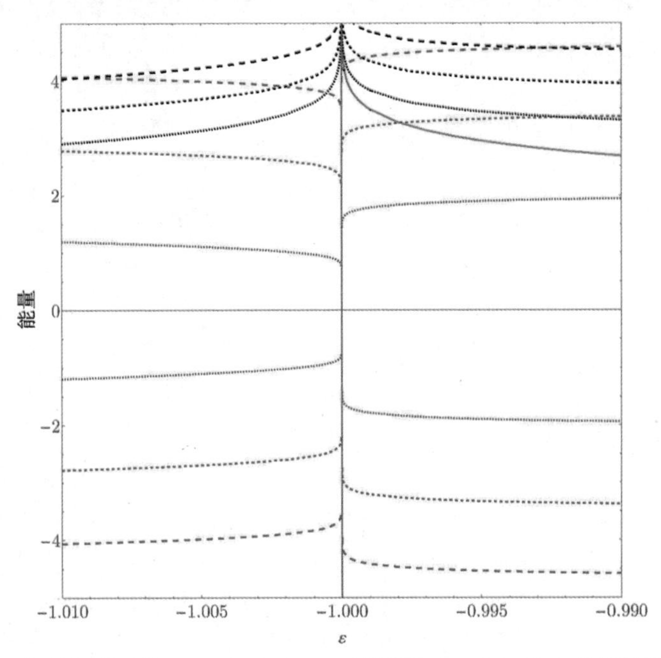

图 2.20　图 2.18 的详图，显示了$-1.01\leqslant\varepsilon\leqslant-0.99$，哈密顿量$H=p^2+x^2(\mathrm{i}x)^\varepsilon$的特征值和参数 ε 的函数关系。当$\varepsilon>-1$有一个实特征值(实心蓝线)。复特征值的实部(黑线)以及实特征值在$\varepsilon=-1$发散。复特征值出现在复共轭对中，$-1<\varepsilon<0$时，特征值虚部(红线)从突然下降到 0，然后当 ε 低于-1时，虚部开始反弹。$\varepsilon=-1$附近的特征值行为在式(2.72)中有定量表示。注意，当$\varepsilon>0$时，第 0 个特征值是实数，特征值 1-2、3-4、5-6 等形成复共轭对。但是，当 $\varepsilon<0$时，配对被转换，变成了 0-1、2-1、4-1 等

为了更清楚地了解$\varepsilon=-1$附近特征值的变化，图 2.21 中绘制了复ε平面中特征值的虚部和实部。结果表明，因为$\varepsilon=-1$处有环绕对数奇点，特征值的虚部位于螺旋上，特征值的实部位于双螺旋上。这个对数奇点是一个无限阶的奇点，这种现象在特征值问题的解析结构研究中很少发现。

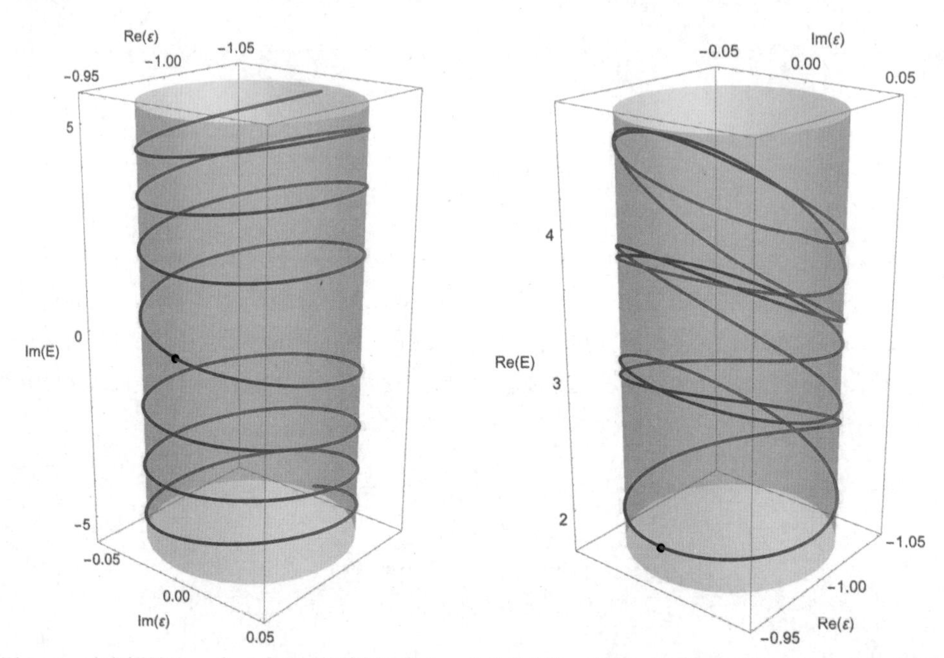

图 2.21　哈密顿量$H=p^2+x^2(\mathrm{i}x)^\varepsilon$的特征值变化，条件是参数 ε 在复 ε 平面中的半径为 0.05 的圆中环绕$\varepsilon=-1$处的奇点。这个奇点是一个无限阶的奇点，当环绕这个奇点时，所有复特征值在解析上相互连续。当$\mathrm{Re}\varepsilon>0$时，线条为蓝色阴影，当$\mathrm{Im}\varepsilon<0$时，线条为红色，特征值虚部的变化(左图)更容易观察，因为它们表现出简单的对数螺线。图中黑点表示，当$\mathrm{Re}\varepsilon>0$时，特征值的虚部(图 2.18 和图 2.20 中以黑色显示的特征值)消失(特征值为实数)。当向一个方向缠绕时，特征值的虚部以螺旋方式增加，当沿相反方向缠绕时，特征值的虚部以螺旋方式减少。当通过实数ε轴时，采集这些值绘制了红色虚线，见图 2.18 和图 2.20。绘制了一个带阴影的圆柱体来帮助观察这个螺旋线。特征值实部的变化(右图)很复杂，因为曲线形成双螺旋。每次环绕$\varepsilon=-1$处的奇点时，两条螺旋线相交四次，相交间隔为 90°。如果从$\varepsilon=-1$点开始，会看到特征值的实部随着在任一方向上围绕$\varepsilon=-1$的旋转而增加。每次ε穿过复ε平面中的实轴时，曲线都会穿过图 2.20 左右边缘所示的值

图 2.22 所示为$-2\leqslant\varepsilon\leqslant-1.1$范围内，特征值的前三个复共轭对。注意，当$\varepsilon$接近$-2$时，特征值$E_k$合并为值$-1$，随着$\varepsilon$向$-2$减小。随着$k$的增加，$\mathrm{Re}E_k$沿复数变化越来越小，并且频谱反转。例如，当$\varepsilon$接近$-1.7$时，特征值的较大实部随着$\varepsilon$减小而减小，当$\varepsilon\approx-1.3$ 时，它们相交。

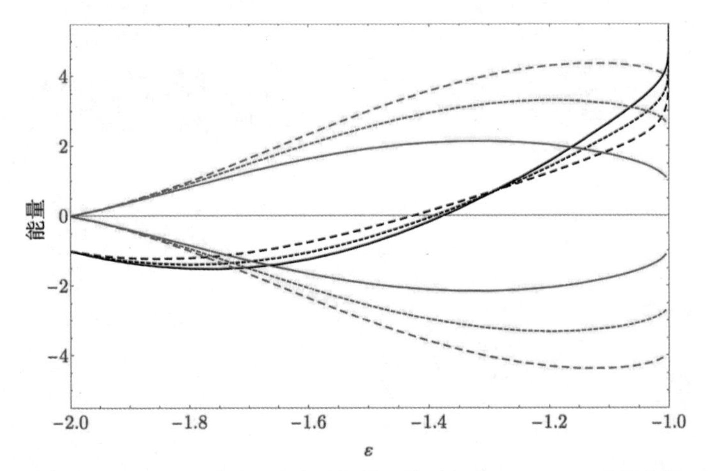

图 2.22　哈密顿量$H = p^2 + x^2(\mathrm{i}x)^\varepsilon$的前三个复共轭特征值对在$-2 \leqslant \varepsilon \leqslant -1.1$范围内的函数。该图是图 2.20 的延续。请注意，当 ε 接近-2时，特征值的实部合并为-1，而虚部合并为 0。这些特征值在$\varepsilon = -2$附近的 WKB 计算结果参见文献[120]。特征值的实部在$\varepsilon = -1.3$附近相交，但它们并非都在同一点相交

第 3 章　$\mathcal{PT}$对称量子力学

如你所知，这只是行为艺术。修辞学，比如$\mathcal{PT}$，在古代就教授过。

——汤姆·斯托帕德，阿卡迪亚

第 2 章表明，即使哈密顿量非厄米，一个$\mathcal{PT}$对称哈密顿量可以有一个完整的$\mathcal{PT}$对称区域，而且它的特征值都是实数和正数。这引出了一个明显的问题：像式(2.7)中$\hat{H}$这样的非厄米哈密顿量能否定义一个实际的量子力学物理理论，或者其特征谱的实数特性和正性只是一种数学好奇心而没有重要的物理后果？首先，定义物理量子理论的哈密顿量必须具有实能谱，因为能量测量必须返回实数(能量谱也必须有下界，因为物理理论必须具有稳定的基态)。其次，该理论必须具有状态向量的希尔伯特空间，该空间被赋予具有正范数的内积：这是因为一个状态被解释为一个概率，一个概率应该是一个正数。最后，理论的哈密顿量必须产生幺正时间演化，因为概率必须及时保存。

保证量子理论满足这三个要求的哈密顿量$\hat{H}$需要满足一个简单条件，即$\hat{H}$是实数和对称的。然而，这个条件太严苛了：$\hat{H}$可能是复数，只要它满足更复杂的对称性，即它是狄克拉哈密顿量：$\hat{H}^{\dagger}=\hat{H}$。本章解释了为什么可以用较少的限制条件来代替厄米性条件，即$\hat{H}$具有完整的$\mathcal{PT}$对称性，但仍然满足物理量子理论的上述要求①。

本章首先回顾如何在给定(厄米)哈密顿量的情况下构建传统的量子理论，然后解释非厄米$\mathcal{PT}$对称哈密顿量情形的相应过程。与$\mathcal{PT}$对称哈密顿量相关的主要新颖之处在于，必须计算一个新的线性算子，称为$\mathcal{C}$算子，使用这个算子来对$\mathcal{PT}$对称量子理论进行概率解释。$\mathcal{C}$的构造非常重要，并且介绍了几种计算$\mathcal{C}$的方法。

3.1　厄米量子力学

出于比较的目的，本节回顾了由厄米量子力学哈密顿量$\hat{H}$定义的理论所遵循的传统教科书的教授步骤。为简单起见，假设$\hat{H}$描述一维限制势中的粒子(当$|x|\to\infty$，势能增加)，因此能级是离散的。以本节中的讨论作为指导，将在下一节解释非厄米$\mathcal{PT}$对称哈密顿量的相应步骤。

---

① 本章中考虑的大多数$\mathcal{PT}$对称哈密顿量都是对称的。在矩阵转置下，这种矩阵对称条件不是必需的，但具有简化的优点，即不需要引入双正交基态集。可以考虑在矩阵转置下不对称的$\mathcal{PT}$对称哈密顿量，但前提是引入双正交基[163, 194, 525]。

(1) H的特征函数和特征值。给定哈密顿量$\hat{H}$，至少原则上可以构造和求解不含时薛定谔微分方程$\hat{H}\psi = E\psi$，并获得特征值E_n和特征函数$\psi_n(x)$。这种计算通常很难通过分析来进行，但可以通过使用数值方法完成很高精度的求解。这些计算将主要在空间坐标中进行。在空间坐标中，厄米哈密顿量本征函数的零点表现出显著的交错现象，这意味着$\psi_n(x)$恰好有n个零值，并且在$\psi_n(x)$的每对连续零值之间恰好是$\psi_{n-1}(x)$的一个零值。

(2) 本征函数的正交性。因为$\hat{H}$是厄米的，所以它的特征函数必须与标准厄米空间坐标内积正交：

$$(\psi, \phi) \equiv \int \mathrm{d}x[\psi(x)]^* \phi(x) \tag{3.1}$$

正交性意味着，与特征值$E_m \neq E_n$相关联的特征函数$\psi_m(x)$和$\psi_n(x)$的内积消失为$(\psi_m, \phi_n) = 0$[①]。

(3) 特征函数的正交性。因为哈密顿量$\hat{H}$是厄米的，所以任何向量的范数都是正的。因此，可以对$\hat{H}$的特征函数进行归一化，使得每个特征函数的范数是统一的：

$$(\psi_n, \psi_n) = 1 \tag{3.2}$$

在空间坐标中，正交条件为

$$\int \mathrm{d}x\psi^*{}_m(x)\psi_n(x) = \delta_{m,n} \tag{3.3}$$

其中，δ_m、δ_n为 Kroneker delta 函数。

(4) 本征函数的完备性。希尔伯特空间上线性算符理论的一个本质是厄米哈密顿量的本征函数是完备的。这意味着希尔伯特空间中给定的(有限范数)向量 χ 可以通过$\hat{H}$: $\chi = \lim_{m\to\infty} \sum_{n=0}^{m} a_n^m \psi_n$的特征函数的线性组合来近似表示。在形式上，完整性通过将单位算子(delta 函数)表示为对本征函数求和：$\sum_{n=0}^{\infty}[\psi_n(x)]^* \psi_n(y) = \delta(x-y)$。这个结果可以使用狄拉克符号(即 bra-ket 符号)重新表述为$\sum_n |n\rangle\langle n| = \mathbb{1}$。

(5) 哈密顿量的空间坐标重建。哈密顿量$\hat{H}$可以表示为空间坐标中的矩阵$H(x, y)$，采用特征函数的形式和：

$$\sum_{n=0}^{\infty} [\psi_n(x)]^* \psi_n(y) E_n = H(x, y) \tag{3.4}$$

就这种空间坐标矩阵表示而言，采用积分的形式来表示矩阵的积。因此，表示特征值方程$\hat{H}\psi_n = E_n\psi_n$的积分形式为$\int \mathrm{d}y H(x, y)\psi_n(y) = E_n\psi_n(y)$，其中使用了正交条件式(3.3)(这里假设求和与积分的互换操作是有效的)。

(6) 格林函数的空间坐标表示。格林函数$G(x, y)$是哈密顿量的逆矩阵：$\int \mathrm{d}y H(x, y) G(y, z) = \delta(x - z)$。就矩阵形式而言，格林函数是所有特征函数的和：

$$\sum_{n=0}^{\infty} [\psi_n(x)]^* \psi_n(y) E_n^{-1} = G(x, y) \tag{3.5}$$

式(3.4)和式(3.5)可以使用狄拉克符号重写为

---

① 如果频谱包含退化特征值，则不在这里讨论方法。

$$\sum_n |n\rangle E_n \langle n| = H, \quad \sum_n |n\rangle E_n^{-1} \langle n| = G$$

式(3.5)中，格林函数的公式允许计算能量特征值的倒数之和：设置式(3.5)中$x = y$，对x进行积分(假设这个积分存在)。然后使用归一化条件式(3.2)得到：

$$\int dx\, G(x,x) = \sum_{n=0}^{\infty} E_n^{-1} \tag{3.6}$$

式(3.6)右边的和称为谱zeta函数。如果$\alpha > 1$，能级E_n像n^α一样增长，则该和收敛。谐振子的 zeta 谱函数发散，但式(2.64)的 WKB 近似值表明，如果$\varepsilon > 0$①，则$\mathcal{PT}$对称势$x^2(\mathrm{i}x)^\varepsilon$存在和。

(7) 时间演化和单一性。对于厄米哈密顿量，时间演化算子$\mathrm{e}^{-\mathrm{i}\hat{H}t}$是幺正的，它保留了内积：

$$\langle \chi(t)|\chi(t)\rangle = \langle \chi(0)\mathrm{e}^{\mathrm{i}\hat{H}t}|\mathrm{e}^{-\mathrm{i}\hat{H}t}\chi(t)\rangle = \langle \chi(0)|\chi(0)\rangle$$

(8) 可观察性。可观察量可以表示为线性厄米算子 O。O 的测量结果是该算子的实特征值之一($\mathcal{PT}$对称量子力学中的观测值将在 3.4 节中讨论)。

(9) 附加性。量子力学课程涉及许多课题，例如量子理论的经典和半经典极限、概率密度和能流、微扰和非微扰计算等。对于$\mathcal{PT}$对称哈密顿量，其中一些主题在第 2 章和第 4 章中讨论。

3.2 $\mathcal{PT}$对称量子力学

将 3.1 节中的设置应用于具有非破缺$\mathcal{PT}$对称性的非厄米$\mathcal{PT}$对称哈密顿量。与传统量子力学不同的新颖之处在于，此处并不先验地知道内积的定义，而会在分析的过程中找到合适的内积，并且知道这个内积是由哈密顿量决定的。因此，不同于传统的量子力学，$\mathcal{PT}$对称量子力学是一种自举理论，因为哈密顿算子$\hat{H}$选择了更合适的希尔伯特空间(和相关的内积)。

(1) $\hat{H}$的特征函数和特征值。第 2 章讨论了可用于寻找非厄米哈密顿量的特征值和相应空间坐标特征函数的数值和解析方法。因此，假设已经通过这些方法找到了特征值 E_n，且这些特征值都是实数；也就是说，假设存在一个完整的$\mathcal{PT}$对称区域，这个假设是至关重要的，正如在第 2 章开头所展示的，这相当于假设所有的本征函数$\hat{H}$的$\psi_n(x)$也是$\mathcal{PT}$的本征函数，且非厄米$\mathcal{PT}$对称哈密顿量的零点不交错。然而，$\mathcal{PT}$对称哈密顿量的本征函数表现出缠绕现象，这是厄米交错的非厄米模拟和推广[83, 233, 289, 466]。

(2) 本征函数的正交性。为了验证特征函数的正交性，必须指定一个内积(一对向量可以关于一个内积正交，而关于另一个不正交)。在不知道合适内积的条件下，简单地预测一个内积。以此类推，人们可能会认为，由于式(3.1)中的内积适用于厄米哈密顿量($\hat{H} = \hat{H}^\dagger$)，与$\mathcal{PT}$对称哈密顿量($\hat{H} = \hat{H}^{\mathcal{PT}}$)相关联内积的选择可能为

① 式(2.7)中的$\mathcal{PT}$对称哈密顿量$\hat{H}$的谱 zeta 函数的精确闭合表达式在式(3.13)中给出。

$$(\psi,\phi) \equiv \int_C \mathrm{d}x[\psi(\mathrm{x})]^{\mathcal{PT}}\phi(x) = \int_C \mathrm{d}x[\psi(-x)]^*\phi(x)$$

其中，C是终止于斯托克斯扇区的轮廓线，在该扇区中对哈密顿量相关的特征值方程施加边界条件。有了这个内积定义，可以使用分部积分来证明与不同特征值相关$\hat{H}$的特征函数对是正交的。可以建立正交性是好事，但不幸的是，这种对内积的猜测，对于构建物理量子理论是不可接受的，因为状态的范数不一定是正的①。

(3) $\mathcal{CPT}$内积。对于具有完备$\mathcal{PT}$对称性的复非厄米哈密顿量，可以构造具有正范数的内积。为此，发明了一个新的线性算子$\mathcal{C}$，它可以与$\hat{\mathrm{H}}$和$\mathcal{PT}$交换。存在这种与哈密顿量交换的算子$\mathcal{C}$表明，哈密顿量具有完全出乎意料的对称性。这种对称性验证了上述假设，即哈密顿量的$\mathcal{PT}$对称性是非破缺的，且哈密顿量的所有本征态也是$\mathcal{PT}$的本征态[91]。

使用算子$\mathcal{C}$来表示这种新的对称性是因为$\mathcal{C}$的性质在数学上类似于粒子物理学上的电荷共轭算子性质。因此，关于$\mathcal{CPT}$共轭的内积定义为

$$\langle\psi|\chi\rangle^{\mathcal{CPT}} \equiv \int \mathrm{d}x\psi^{\mathcal{CPT}}(x)\chi(x) \tag{3.7}$$

其中，$\psi^{\mathcal{CPT}}(x) = \int \mathrm{d}y\mathcal{C}(x,y)\psi^*(-y)$。很快就会看到这个内积满足由$\hat{H}$定义的量子理论的要求，即具有正范数的希尔伯特空间并且是量子力学的幺正理论，将介绍如何将$\mathcal{C}$算子表示为对$\hat{H}$的本征函数求和(就像在式(3.4)中表示的哈密顿函数和在式(3.5)中表示的格林函数一样)。但在此之前，必须首先介绍如何归一化$\mathcal{PT}$对称哈密顿量的本征函数。

(4) 本征函数的$\mathcal{PT}$对称归一化和完整性。回想一下第 2 章的开头，证明了$\hat{H}$的特征函数$\psi_n(x)$也是具有特征值$\lambda = \mathrm{e}^{\mathrm{i}\alpha}$的$\mathcal{PT}$算子的特征函数，其中 λ 和 α 依赖于n。因此，选择定义$\mathcal{PT}$归一化的特征函数如下：

$$\phi_n(x) \equiv \mathrm{e}^{-\mathrm{i}\alpha/2}\psi_n(x) \tag{3.8}$$

请注意，$\phi_n(x)$是$\hat{H}$的一个特征函数，但它也是具有特征值为 1 的$\mathcal{PT}$特征函数。可以从数值上和解析上证明式(2.7)的$\hat{H}$，式(3.7)中$\phi_n(x)$的$\mathcal{PT}$范数代数符号都是$(-1)^n$，适用于所有n且$\varepsilon > 0$的条件[91,93]。因此，定义了特征函数，使得它们的$\mathcal{PT}$范数正好是$(-1)^n$：

$$\int_C \mathrm{d}x[\phi_n(x)]^{\mathcal{PT}}\phi_n(x) = \int_C \mathrm{d}x[\phi_n(-x)]^*\phi_n(x) = (-1)^n \tag{3.9}$$

其中，轮廓线C位于图 2.4 所示的斯托克斯扇区中。就这些$\mathcal{PT}$归一化特征函数而言，有一个简单但不寻常的(因为和中含有$(-1)^n$因子)完整性公式：

$$\sum_{n=0}^{\infty}(-1)^n\phi_n(x)\phi_n(y) = \delta(x-y) \tag{3.10}$$

对于所有$\varepsilon > 0$[401,146,525]，使用式(3.9)可以确定式(3.10)的左边满足 delta 函数的积分规则：$\int \mathrm{d}y\delta(x-y)\delta(y-z) = \delta(x-z)$。

① 非正内积及其在 Kerin 空间中的使用将在第 8 章中讨论。

例 3-1：谐波振荡器特征函数的$\mathcal{PT}$对称归一化

对于哈密顿量$\hat{H} = \hat{p}^2 + \hat{x}^2$，特征函数是高斯乘以厄米多项式：

$$\psi_0(x) = \exp\left(-\frac{1}{2}x^2\right)$$

$$\psi_1(x) = x\exp\left(-\frac{1}{2}x^2\right)$$

$$\psi_2(x) = (2x^2 - 1)\exp\left(-\frac{1}{2}x^2\right)$$

$$\psi_3(x) = (2x^3 - 3x)\exp\left(-\frac{1}{2}x^2\right)$$

选择合适的相位，可以归一化特征函数，因此，特征值为 1 的$\mathcal{PT}$特征函数如下：

$$\phi_0(x) = a_0\exp\left(-\frac{1}{2}x^2\right)$$

$$\phi_1(x) = a_1\mathrm{i}x\exp\left(-\frac{1}{2}x^2\right)$$

$$\phi_2(x) = a_2(2x^2 - 1)\exp\left(-\frac{1}{2}x^2\right)$$

$$\phi_3(x) = a_3\mathrm{i}(2x^3 - 3x)\exp\left(-\frac{1}{2}x^2\right)$$

其中，实数a_n使得式(3.9)中的积分对于所有n的计算结果为$(-1)^n$。如果将本征函数$\phi_n(x)$代入式(3.10)并求和，则得到式(3.10)右侧的狄拉克 delta 函数。

(5) $\hat{H}$和$\hat{G}$的空间坐标表示其谱 zeta 函数。根据式(3.10)中的完备性表示，可以构造线性算子的空间坐标表达式。例如，在空间坐标中，奇偶算子是$P(x,y) = \delta(x+y)$，所以：

$$P(x,y) = \sum_{n=0}^{\infty}(-1)^n\phi_n(x)\phi_n(-y) \tag{3.11}$$

哈密顿量和格林函数的空间坐标表达式如下：

$$H(x,y) = \sum_{n=0}^{\infty}(-1)^n E_n\phi_n(x)\phi_n(y)$$

$$G(x,y) = \sum_{n=0}^{\infty}(-1)^n E_n^{-1}\phi_n(x)\phi_n(y)$$

通过式(3.9)可以证明$\hat{G}$是 H的逆函数：

$$\int \mathrm{d}yH(x,y)G(y,z) = \delta(x-\mathrm{z})$$

对于式(2.7)的$\mathcal{PT}$对称哈密顿量，该方程是空间坐标中满足$G(x,y)$的微分方程：

$$-G_{xx}(x,y) + x^2(\mathrm{i}x)^\varepsilon G(x,y) = \delta(x-y) \tag{3.12}$$

首先，在两个区域$x > y$和$x < y$中，根据关联贝塞尔函数求解式(3.12)。然后在$x = y$处，将解结合在一起获得$G(x,y)$的闭合表达式[401, 146]。最后，使用式(3.6)获得所有$\varepsilon > 0$时，谱 zeta 函数的精确公式：

$$\sum_n \frac{1}{E_n} = \left[1 + \frac{\cos\left(\frac{3\varepsilon\pi}{2\varepsilon+8}\right)\sin\left(\frac{\pi}{\varepsilon+4}\right)}{\cos\left(\frac{\varepsilon\pi}{2\varepsilon+4}\right)\sin\left(\frac{3\pi}{\varepsilon+4}\right)}\right] \times \frac{\Gamma\left(\frac{1}{\varepsilon+4}\right)\Gamma\left(\frac{2}{\varepsilon+4}\right)\Gamma\left(\frac{\varepsilon}{\varepsilon+4}\right)}{(4+\varepsilon)^{\frac{4+2\varepsilon}{\varepsilon+4}}\Gamma\left(\frac{1+\varepsilon}{\varepsilon+4}\right)\Gamma\left(\frac{2+\varepsilon}{\varepsilon+4}\right)} \tag{3.13}$$

(6) $\mathcal{C}$算子的构造。注意，$\hat{H}$的一半能量本征态具有正$\mathcal{PT}$范数，另一半具有负$\mathcal{PT}$范数(见式(3.9))。这种情况类似于狄拉克遇到相对论量子理论中的自旋波动方程时的问题[203]。为了解决这个问题，狄拉克寻求用反粒子对负范数状态进行物理解释。

对于该问题，观察到任何具有完整$\mathcal{PT}$对称性的哈密顿量$\hat{H}$都有一个额外的$\hat{H}$对称性，其由线性算子$\mathcal{C}$表示，这个算子的出现是因为有相等数量的正范数和负范数状态，这些状态都具有实能量特征值。在空间坐标中，体现这种对称性算子$\mathcal{C}$的是$\mathcal{PT}$对称哈密顿量$\mathcal{PT}$归一化特征函数的和：

$$\mathcal{C}(x,y) = \sum_{n=0}^{\infty} \phi_n(x)\phi_n(y) \tag{3.14}$$

该等式与式(3.10)中的完备性表达相同，只是不存在$(-1)^n$因子。使用式(3.9)和式(3.10)看到$\mathcal{C}$单位化($\mathcal{C}^2 = 1$)：$\int \mathrm{d}y\mathcal{C}(x,y)\mathcal{C}(y,z) = \delta(x-\mathrm{z})$。观察到，$\mathcal{C}$的特征值是$\pm 1$，因此将$\mathcal{C}$解释为反射算子。此外，可以验证$\mathcal{C}$与$\hat{H}$可交换。由于$\mathcal{C}$是线性的，因此$\hat{H}$的本征态具有确定的$\mathcal{C}$；也就是说，$\hat{H}$的每个状态都有一个确定的$\mathcal{C}$奇偶对：

$$\mathcal{C}\phi_n(x) = \int \mathrm{d}y\mathcal{C}(x,y)\phi_n(y) = \sum_{m=0}^{\infty} \phi_m(x)\int \mathrm{d}y\phi_m(y)\phi_n(y) = (-1)^n\phi_n(x)$$

$\mathcal{C}$算子类似于量子场论中的电荷共轭算子。然而，这里$\mathcal{C}$代表式(3.9)$\mathcal{PT}$范数的符号的测量。算子$\mathcal{P}$和$\mathcal{C}$是单位算子$\delta(x-y)$的平方根，即$\mathcal{P}^2 = \mathcal{C}^2 = 1$，但是$\mathcal{P} \neq \mathcal{C}$。事实上，$\mathcal{P}$是实数，而$\mathcal{C}$是复数。空间坐标中的奇偶算子是实数$\mathcal{P}(x,y) = \delta(x+y)$，但是空间坐标中的$\mathcal{C}(x,y)$算子是复数，因为它是复函数的乘积之和。两个算子$\mathcal{P}$和$\mathcal{C}$不能互换，但$\mathcal{C}$与$\mathcal{PT}$可以互换。

(7) $\mathcal{PT}$对称量子力学中的正范数和幺正性。构造了$\mathcal{C}$算子之后，使用在式(3.8)中定义的$\mathcal{CPT}$内积。与$\mathcal{PT}$内积一样，这个新的内积与相位无关。而且，因为时间演化算符(像在普通量子力学中的一样)是$\mathrm{e}^{-\mathrm{i}Ht}$，并且因为$H$与$\mathcal{PT}$和 $\mathcal{CPT}$互换，随着状态的演变，$\mathcal{PT}$内积和 $\mathcal{CPT}$内积都保持与时间无关。然而，与$\mathcal{PT}$内积不同，$\mathcal{CPT}$内积是正定的，因为当$\mathcal{C}$作用于具有负$\mathcal{PT}$范数的状态时，$\mathcal{C}$贡献了-1的因子。就$\mathcal{CPT}$共轭而言，完整性条件为

$$\sum\nolimits_{n=0}^{\infty} \phi_n(x)[\mathcal{CPT}\phi_n(y)] = \delta(x-y)$$

3.3 厄米和$\mathcal{PT}$对称理论的比较

3.1 节和 3.2 节介绍了如何构建基于厄米和非厄米哈密顿量的量子理论。对于由厄米哈密顿量定义的传统量子理论，物理状态的希尔伯特空间甚至在知道哈密顿量之前就已指定。该向量空间中的内积式(3.1)是根据狄拉克厄米共轭(组合复共轭和矩阵转置)定义的，然后选择哈密顿量并确定哈密顿量的特征向量和特征值。相反，由非厄米$\mathcal{PT}$对称哈密顿量定义的量子理论的内积取决于哈密顿量本身，因此它是动态确定的。在知道希尔伯特空间和理论的相关内积之前，必须求解$\hat{H}$的特征值和特征状态并验证特征值是实数的(并且有一个完整的$\mathcal{PT}$对称区域)。这是因为$\mathcal{C}$算子是根据哈密顿量定义和构造的。希尔伯特空间由$\hat{H}$的本征态的所有复线性组合组成，$\mathcal{CPT}$内积由这些本征态决定。

$\mathcal{C}$算子在传统的厄米量子力学中并不作为一个独特的实体存在。例如，如果让式(2.7)中的参数ε趋于 0，则这个约束使得$\mathcal{C}$算子变得与$\mathcal{P}$相同，且$\mathcal{CPT}$算子变为$\mathcal{T}$，为复共轭。因此，关于$\mathcal{CPT}$共轭定义的内积简化为常规量子力学的内积，并且当$\varepsilon \to 0$时，式(3.10)简化为完整性表达：$\sum_n \phi_n(x)\phi_n^*(y) = \delta(x - y)$。

只要特征值问题有合适的边界条件，C在斯托克斯扇区内终止，$\mathcal{CPT}$内积与积分轮廓 C的选择无关。相反，在普通量子力学中，正定内积具有形式$\int \mathrm{d}x f^*(x)g(x)$，积分沿实数轴进行，积分路径不能变形到复平面，因为被积函数不是解析的。$\mathcal{PT}$内积具有解析性和路径独立性的优点，但$\mathcal{PT}$内积有非负性。令人惊讶的是，可以通过使用$\mathcal{CPT}$共轭构造一个正定度量，而不会干扰内积积分的路径独立性。

时间演化由算子$\mathrm{e}^{-\mathrm{i}\hat{H}t}$表示，不管该理论是由$\mathcal{PT}$对称哈密顿量还是常规厄米哈密顿量确定。为了验证时间演化是单一的，随着状态向量的演化，其范数不会随时间变化。如果在能量本征态跨越的希尔伯特空间给定$\psi_0(x)$初始向量，那么它在时间 t 演化为$\psi_t(x)$，符合$\psi_t(x) = \mathrm{e}^{-\mathrm{i}\hat{H}t}\psi_0(x)$。就$\mathcal{CPT}$内积而言，范数$\psi_t(x)$的内积不随时间变化，因为$\mathrm{i}\hat{H}$与$\mathcal{CPT}$互换。

3.4 可观察对象

在传统的量子力学中，线性算子 A 可观测的条件为它是厄米的：$A = A^\dagger$。这个条件保证了 A 在一个特征态中的期望值是实数。海森堡图中的算子根据$A(t) = \mathrm{e}^{\mathrm{i}\hat{H}t}A(0)\mathrm{e}^{-\mathrm{i}\hat{H}t}$随时间演化，因此该厄米条件被及时保留。在$\mathcal{PT}$对称量子力学中，等价条件是，在时间$t = 0$时，算子 A 必须遵守条件$A^\mathrm{T} = \mathcal{CPT}A\mathcal{CPT}$，其中$A^\mathrm{T}$是 A 的转置[91, 93]。如果这个条件在$t = 0$时成立，那么它会在以后的时间继续成立，因为假设$\hat{H}$是对称的，即$\hat{H} = \hat{H}^T$。这个条件也保证了 A 在任何状态下的期望值都是实数①。

① A 是可观测量通常要求矩阵转置。这个条件比必要的限制灵活，因为这里假设哈密顿量是对称的。非对称哈密顿量可在文献[425, 420, 311]中查阅。

算子$\mathcal{C}$本身是可观测的，因为它满足这个要求。哈密顿量也是一个可观测的量。但是，$\hat{x}$和$\hat{p}$算子是不可观测的。实际上，对于式(2.7)中由$\hat{H}$定义的理论，基态$\hat{x}$的期望值为负虚数[137]。因此，$\mathcal{PT}$对称量子力学中没有位置算子①。

在这个意义上，$\mathcal{PT}$对称量子力学类似于费米子量子场论。在这些理论中，费米子场对应$\hat{x}$算子。费米子场是复数的，没有经典极限。所以，不能测量电子的位置，只能测量电荷或电子能量的位置。

在相对论量子场论中，根本没有位置算子。这是因为如果可以非常准确地测量粒子的位置，例如，将其限制在一个小盒子中，那么动量的不确定性就会很大。因此，盒子内部的能量将是巨大的。结果，粒子物质将会产生，并且由此产生的微粒将不再被限制在盒子中！因此，位置算子的概念适用性有限，仅适用于相对论量子理论的非相对论极限。

接下来需要研究，为什么$\mathcal{PT}$对称量子力学中$\hat{x}$算子的期望值为负虚数。本书研究了一个经典的轨迹，如图 1. 14 所示。注意，经典轨迹具有左右($\mathcal{PT}$)对称性，但没有上下对称性。经典路径位于(需要更多时间)下半部复x平面。因此，平均经典位置是负虚数也就不足为奇了。正如经典粒子在复平面中运动一样，量子概率流也在复平面中流动。$\mathcal{PT}$对称量子力学的一个合理解释是，它描述的是扩展的，而不是点状的物体，这些物体在虚方向和实方向上都延伸。

3.5 伪厄米性和准厄米性

$\mathcal{PT}$对称性的基本思想(即用$\mathcal{PT}$对称性的更多物理条件代替厄米的数学条件)可以适用于更一般的称为伪厄米性的数学条件中。

如果存在厄米算子 η，则线性算子 A 是伪厄米的，使得：

$$A^{\dagger}=\eta A\eta \tag{3.15}$$

该算子称为缠结算子。当 A 恒等于 1 时，条件(3.15)简化为普通厄米性，当$\eta=P$时，它简化为$\mathcal{PT}$对称性。伪厄米性的概念由狄拉克和 Pauli 在 20 世纪 40 年代引入，后来由 LeeWick 和 Sudarshan 继续讨论研究，他们对解决量化电动力学和其他出现负范数状态的量子场论中出现重规范化结果的问题很感兴趣[445, 280-281,159, 498, 349]。Lee 的模型清楚地说明了这些问题，5.6 节将讨论该模型。

文献[467]中讨论了准厄米性的相关概念。这篇具有深度的论文与$\mathcal{PT}$对称性有关，因为它是第一个展示如何构造将厄米算子映射到相应准厄米算子上的相似变换，也是第一个考虑无限维希尔伯特空间内积的相应转换。

Mostafazadeh 首先指出，由于奇偶算子p是厄米的，因此它可以用作缠结算子。式(2.7)中的哈密顿量$\hat{H}$类是伪厄米的，因为奇偶算子p改变了$\hat{x}$的符号，而狄拉克厄米共轭改变了i的符

---

① 尽管如此，还是有可能对复平面中量子力学粒子的概率和概率流进行有意义的描述。4.3 节将讨论这个想法。

号[412-417, 419, 420]：$\hat{H}^\dagger=\mathcal{P}\hat{H}\mathcal{P}$。进一步将$\mathcal{PT}$对称性推广到伪厄米的研究可参考文献[54, 11, 309, 12, 14, 23, 22, 13, 15, 158, 55-56]①。

3.6 模型$2\times2\mathcal{PT}$对称矩阵哈密顿量

3.2 节证明了式(1.5)中完全可解的$\mathcal{PT}$对称矩阵模型哈密顿量，以极坐标形式将其重写如下[92]：

$$\hat{H}=\begin{pmatrix} re^{i\theta} & s \\ s & re^{-i\theta}\end{pmatrix} \tag{3.16}$$

三个参数r、s和θ是实数。当然，式(3.16)的哈密顿量不是厄米的，但是如果将奇偶算子$\mathcal{PT}$定义如下：

$$\mathcal{P}=\begin{pmatrix} 0 & 1 \\ 1 & 0\end{pmatrix} \tag{3.17}$$

则定义了算子$\mathcal{T}$来进行复共轭。

拓展由式(3.16)哈密顿量定义的量子力学理论的第一步是计算两个特征值：

$$E_\pm=r\cos\theta\pm(s^2-r^2\sin^2\theta)^{1/2} \tag{3.18}$$

正如 1.2 节中解释的那样，有两个参数区域，式(3.18)中的一个平方根是实数，另一个是虚数。当$s^2<r^2\sin^2\theta$时，能量特征值形成复共轭对。这是破缺$\mathcal{PT}$对称性的区域。然而，当$s^2\geqslant r^2\sin^2\theta$时，特征值$E_\pm=r\cos\theta\pm(s^2-r^2\sin^2\theta)^{1/2}$是实数。这是完整的$\mathcal{PT}$对称区域。在完整区域中，算子$\hat{H}$和$\mathcal{PT}$的一致本征态为

$$|E_+\rangle=\frac{1}{\sqrt{2\cos\alpha}}\begin{pmatrix} e^{i\alpha/2} \\ e^{-i\alpha/2}\end{pmatrix}，|E_-\rangle=\frac{i}{\sqrt{2\cos\alpha}}\begin{pmatrix} e^{-i\alpha/2} \\ -e^{i\alpha/2}\end{pmatrix} \tag{3.19}$$

其中，$\sin\alpha=\frac{r}{s}\sin\theta$。$\mathcal{PT}$内积如下：

$$(E_\pm,E_\pm)=\pm1，(E_\pm,E_\mp)=0 \tag{3.20}$$

其中，$(u,v)=(\mathcal{PT}u)\cdot v$。正如在 3.2 节中预测的那样，关于$\mathcal{PT}$内积，由能量本征态跨越的向量空间具有度量标志$(+,-)$。如果违反了非破缺$\mathcal{PT}$对称性条件$s^2>r^2\sin^2\theta$，因为 α 变为虚数，则式(3.19)的特征态不再是$\mathcal{PT}$的本征态。当$\mathcal{PT}$对称性被破缺时，能量本征态的$\mathcal{PT}$范数消失。

按照式(3.14)中的方法，构造$\mathcal{C}$算子：

$$\mathcal{C}=\frac{1}{\cos\alpha}\begin{pmatrix} i\sin\alpha & 1 \\ 1 & -i\sin\alpha\end{pmatrix} \tag{3.21}$$

---

① “伪厄米”一词首次出现在文献[490-491]中。

一个简单的计算表明，正如预测的那样，$\mathcal{C}$算子与H互换并满足$\mathcal{C}^2 = 1$。此外，正如预期的那样，$\hat{H}$的特征向量也是$\mathcal{C}$的特征向量，此时其特征值为+1和−1：$\mathcal{C}|E_+\rangle = \pm|E_\pm\rangle$。因此，$\mathcal{C}$的特征值正是相应特征态的$\mathcal{PT}$范数的符号。

接下来，使用算子$\mathcal{C}$构造新的$\mathcal{CPT}$内积$\langle u|v\rangle = (\mathcal{CPT}u)\cdot v$。这个内积是正定的，因为$\langle E_\pm|E_\pm\rangle = 1$。通过内积$|E_\pm\rangle$跨越二维希尔伯特空间，而且内积$\langle\cdot|\cdot\rangle$具有符号$(+,+)$。

最后，证明了任何非零向量的$\mathcal{CPT}$范数都是正的。对于向量$\psi = \binom{a}{b}$，其中a和b是任意复数，计算下式：

$$\mathcal{T}\psi = \begin{pmatrix} a^* \\ b^* \end{pmatrix}，\mathcal{PT}\psi = \begin{pmatrix} b^* \\ a^* \end{pmatrix}，\mathcal{CPT}\psi = \frac{1}{\cos\alpha}\begin{pmatrix} a^* & +\mathrm{i}b^*\sin\alpha \\ b^* & -\mathrm{i}a^*\sin\alpha \end{pmatrix}$$

因此，$\langle\psi|\psi\rangle = (\mathcal{CPT}\psi)\cdot\psi = [a^*a + b^*b + \mathrm{i}(b^*b - a^*a)\sin\alpha]/\cos\alpha$。如果使$a = x + \mathrm{i}y$，$b = u + \mathrm{i}v$，其中$x$，$y$，$u$，$v$均为实数，那么：

$$\langle\psi|\psi\rangle = \frac{1}{\cos\alpha}(x^2 + v^2 + 2xv\sin\alpha + y^2 + u^2 - 2yu\sin\alpha)$$

该内积为正，仅当$x = y = u = v = 0$时才消失。

表示$|u\rangle$的$\mathcal{CPT}$共轭为$\langle u|$，则完备性条件为

$$|E_+\rangle\langle E_+| + |E_-\rangle\langle E_-| = \begin{pmatrix} 1 & 0 \\ 0 & 1 \end{pmatrix}$$

此外，使用$\mathcal{CPT}$共轭$\langle E_\pm|$，可以将$\mathcal{C}$算子表示为$\mathcal{C} = |E_+\rangle\langle E_+| - |E_-\rangle\langle E_-|$。在$\theta$接近0的极限条件下，式(3.16)的哈密顿算子变为厄米算子，$\mathcal{C}$算子简化为奇偶算子$\mathcal{P}$。因此，$\mathcal{CPT}$不变性简化为对称矩阵厄米性的常规条件：$\hat{H} = \hat{H}^*$。

还有另一个完全可解的$\mathcal{PT}$对称哈密顿量，它已被用于研究和说明$\mathcal{PT}$对称量子理论的性质。这个完美的哈密顿量被称为斯旺森(Swanson)哈密顿量，在许多关于$\mathcal{PT}$对称性的论文中得到了广泛的研究[505, 272]。斯旺森哈密顿量是完全可解的，因为它关于$\hat{x}$和$\hat{p}$是二次的。

3.7　计算$\mathcal{C}$算子

$\mathcal{PT}$对称量子力学的显著特征是$\mathcal{C}$算子。厄米量子力学中没有这样的算子。只有非厄米$\mathcal{PT}$对称哈密顿量拥有这样一个$\mathcal{C}$算子，它不同于奇偶算子$\mathcal{P}$。如果将式(3.14)中的级数与厄米$\mathcal{PT}$对称哈密顿算子相加，将获得$\mathcal{P}$算子对，其是在空间坐标中的简化$\delta(x + y)$，见式(3.11)。

$\mathcal{C}$算子在式(3.14)中被表示为一个范式的无穷级数，但直接计算这个级数的和并不容易。试图通过对式(3.14)直接强行求值来获得$\mathcal{C}$是困难的，因为它需要找到$\hat{H}$的所有本征函数的解析表达式。更糟糕的是，这样的过程在量子场论中是不可能的，因为不存在薛定谔特征值方程的简单模拟。

早期尝试计算$\mathcal{C}$时提出了一种微扰方法，参见文献[136]，该文献考虑了$\mathcal{PT}$对称哈密顿量：

$$\hat{H} = \frac{1}{2}\hat{p}^2 + \frac{1}{2}\hat{x}^2 + \mathrm{i}\varepsilon\hat{x}^3 \tag{3.22}$$

并将ε视为一个小实数。当$\varepsilon = 0$时，哈密顿量$\hat{H}$简化为量子谐振子，其所有本征函数都可以精确计算。因此，可以将式(3.22)中$\hat{H}$的每个本征函数表示为ε幂的扰动级数。本节计算了这些扰动级数的前几项。将扰动级数代入式(3.14)，并对ε的前几个幂进行第n个特征函数的求和。结果是$\mathcal{C}$算子在ε幂的范式微扰展开。

这个计算复杂而困难，最终的结果相当混乱。然而，该计算很有趣，因为仔细检查$\mathcal{C}$的级数表明，在空间坐标中，如果将$\mathcal{C}$算子写成导数算子Q乘以奇偶算子$\mathcal{P}$的指数，结果会明显简化：

$$\mathcal{C}(x,y) = \exp[Q(x,-\mathrm{i}d/\mathrm{d}x)]\delta(x+y) \tag{3.23}$$

因此，当$\mathcal{C}$的微扰表达式是ε的所有正整数次幂的级数，但当$\mathcal{C}$写成$\mathcal{C} = \mathrm{e}^Q\mathcal{P}$的形式时，$Q$变为仅是$\varepsilon$奇次幂的级数。此外，由于$Q$是$\varepsilon$奇次幂级数，当达到$\varepsilon \to 0$极限值时，函数$Q$消失了。因此，在该极限值，$\mathrm{e}^Q$趋于 1，并且$\mathcal{C}$算子塌缩为奇偶算子$\mathcal{P}$。

实际上，式(3.23)中的表达式不必局限于空间坐标。$\mathcal{C}$算子的一种完全通用的表示方法是将其表示为基本量子力学算子$\hat{x}$和$\hat{p}$：

$$\mathcal{C} = \mathrm{e}^{Q(\hat{x},\ \hat{p})}\mathcal{P} \tag{3.24}$$

因此，找到算子$\mathcal{C}$的问题简化为找到算子 Q作为两个基本共轭动力学变量$\hat{x}$和$\hat{p}$的实函数的问题。

给定式(3.24)中$\mathcal{C}$的表达式表明，可以设计强大的分析工具来计算它。然而，在此之前，先用两个基本的哈密顿量来证明这个表达式。

首先，考虑偏移的谐振子$\hat{H} = \frac{1}{2}\hat{p}^2 + \frac{1}{2}\hat{x}^2 + \mathrm{i}\varepsilon\hat{x}$。这个哈密顿量对于所有实数 ε都具有完整的$\mathcal{PT}$对称性，其能量为$E_n = n + \frac{1}{2} + \frac{1}{2}\varepsilon^2$，并且它的特征值都是实数。该理论中$\mathcal{C}$的确切公式是$\mathcal{C} = \mathrm{e}^Q\mathcal{P}$，其中$Q = -\varepsilon\hat{p}$。因此，在极限$\varepsilon \to 0$时，哈密顿量$\hat{H}$变为厄米，$\mathcal{C}$衰减为$\mathcal{P}$。

然后，考虑式(3.16)的非厄米 2×2 矩阵哈密顿量。与这个哈密顿量相关联的式(3.21)中的$\mathcal{C}$算子可以写成形式$\mathcal{C} = \mathrm{e}^Q\mathcal{P}$，其中：

$$Q = \frac{1}{2}\sigma_2\log\left(\frac{1-\sin\alpha}{1+\sin\alpha}\right) \tag{3.25}$$

其中，σ_2是泡利矩阵。

$$\sigma_2 = \begin{pmatrix} 0 & -\mathrm{i} \\ \mathrm{i} & 0 \end{pmatrix} \tag{3.26}$$

又一次看到，在哈密顿算子变为厄米算子的极限中，$\mathcal{C}$算子简化为奇偶算子$\mathcal{P}$。

3.8 满足$\mathcal{C}$的代数方程

有一个简单的代数步骤来计算$\mathcal{C}$算子，这个步骤避免了计算式(3.14)中求和的难题。该方法也很容易从量子力学推广到量子场论(见 5.3 节)。在本节中，通过计算式(3.22)中$\mathcal{PT}$对称三次哈密顿量的$\mathcal{C}$来介绍这种方法。在 ε 幂的扰动序列下，将计算$\mathcal{C}$的高阶。注意，其他类型的交互计算$\mathcal{C}$可能仍然很困难，并且可能需要复杂的方法，例如半经典近似法[125]。

为了计算$\mathcal{C}$，调用了它的三个基本代数性质。

第一，通常$\mathcal{C}$不与$\mathcal{P}$或$\mathcal{T}$互换，但它与时空反射算子互换：

$$[\mathcal{C},\mathcal{PT}]=0 \tag{3.27}$$

第二，$\mathcal{C}$是反射算子；也就是说，$\mathcal{C}$的平方是恒等式：

$$\mathcal{C}^2=\mathbf{1} \tag{3.28}$$

第三，$\mathcal{C}$与哈密顿量$\hat{H}$交换：

$$[\mathcal{C},\hat{H}]=0 \tag{3.29}$$

因此$\mathcal{C}$是时间无关的。简而言之，$\mathcal{C}$是一个与时间无关的$\mathcal{PT}$对称反射算子①。

首先将式(3.24)中的算子表达式代入三个代数方程(3.27)～(3.29)，然后求解Q的方程。将式(3.24)代入式(3.27)，得到：

$$\mathrm{e}^{Q(\hat{x},\ \hat{p})}=\mathcal{PT}\mathrm{e}^{Q(\hat{x},\ \hat{p})}\mathcal{PT}=\mathrm{e}^{Q(-\hat{x},\ \hat{p})}$$

从中得出结论，$Q(\hat{x},\ \hat{p})$是$\hat{x}$的偶函数。

接下来，将式(3.24)代入式(3.28)并发现：

$$\mathrm{e}^{Q(\hat{x},\ \hat{p})}\mathcal{P}\mathrm{e}^{Q(\hat{x},\ \hat{p})}\mathcal{P}=\mathrm{e}^{Q(\hat{x},\ \hat{p})}\mathrm{e}^{Q(-\hat{x},\ -\hat{p})}=1$$

这个方程意味着$Q(\hat{x},\hat{p})=-Q(-\hat{x},-\hat{p})$，而且由于$Q(\hat{x},\ \hat{p})$是$\hat{x}$的偶函数，可以得出结论，它是$\hat{p}$的奇函数。

第三个条件式(3.29)是算子$\mathcal{C}$与$\hat{H}$互换。前两个条件是Q的运动学条件，对于任何哈密顿量都成立。条件式(3.29)等价于强加由定义量子理论的特定哈密顿量指定的动力学条件。接下来，将$\mathcal{C}=\mathrm{e}^{Q(\hat{x},\ \hat{p})}\mathcal{P}$代入式(3.29)，得到：

$$\mathrm{e}^{Q(\hat{x},\ \hat{p})}\left[\mathcal{P},\hat{H}\right]+\left[\mathrm{e}^{Q(\hat{x},\ \hat{p})},H\right]\mathcal{P}=0 \tag{3.30}$$

这个方程一般很难求解，所以最好使用微扰方法，将在下一小节中详细解释。

3.8.1　$\mathcal{C}$的微扰计算

为了用式(3.22)的哈密顿量求解式(3.30)，采用以下形式表达哈密顿量：$\hat{H}=\hat{H}_0+\varepsilon\hat{H}_1$，其中$\hat{H}_0=\frac{1}{2}\hat{p}^2+\frac{1}{2}\hat{x}^2$是谐波振荡器哈密顿量，它与奇偶算子$\mathcal{P}$互换。算子$\hat{H}_1=\mathrm{i}\hat{x}^3$与$\mathcal{P}$反互换。因此，条件(3.30)变为

$$2\varepsilon\mathrm{e}^{Q(\hat{x},\ \hat{p})}\hat{H}_1=\left[\mathrm{e}^{Q(\hat{x},\ \hat{p})},\hat{H}\right]$$

① 尽管$\mathcal{C}$算子满足这三个方程，但不幸的是，这不是这些方程的唯一解，另一个解就是$\mathbf{1}$。寻求的解$\mathcal{C}$具有$\mathcal{CP}=\mathrm{e}^{Q}$正算子性质。

接下来，将$Q(\hat{x},\ \hat{p})$扩展为ε奇次幂的扰动序列：

$$Q(\hat{x},\ \hat{p}) = \varepsilon Q_1(\hat{x},\ \hat{p}) + \varepsilon^3 Q_3(\hat{x},\ \hat{p}) + \varepsilon^5 Q_5(\hat{x},\ \hat{p}) + \cdots \tag{3.31}$$

并将这个扩展代入指数$e^{Q(\hat{x},\ \hat{p})}$。经过一些代数计算后，得到了一系列方程，可以系统地求解满足以下条件算子的函数$Q_n(\hat{x},\ \hat{p})(n = 1,\ 3,\ 5,\ \cdots)$，这些条件确保式(3.27)和式(3.28)的对称约束。

一系列方程中的前三个方程如下：

$$[\hat{H}_0, Q_1] = -2\hat{H}_1$$

$$[\hat{H}_0, Q_3] = -\frac{1}{6}[Q_1,[Q_1,\hat{H}_1]]$$

$$[\hat{H}_0, Q_5] = \frac{1}{360}[Q_1,[Q_1,[Q_1,[Q_1,\hat{H}_1]]]] - \frac{1}{6}[Q_1,[Q_3,\hat{H}_1]] + \frac{1}{6}[Q_3,[Q_1,\hat{H}_1]] \tag{3.32}$$

求解式(3.22)中关于哈密顿量$\hat{H}$的这些方程，其中$\hat{H}_0 = \frac{1}{2}\hat{p}^2 + \frac{1}{2}\hat{x}^2$和$\hat{H}_1 = \mathrm{i}\hat{x}^3$。该过程是通用的：使用任意系数替换$Q_n$的一般多项式形式，然后求解这些系数。例如，为了求解式(3.32)中的第一个方程，$[\hat{H}_0, Q_1] = -2\mathrm{i}\hat{x}^3$，假设最一般的厄米三次多项式作为$Q_1$，该多项式在$\hat{x}$上为偶数，在$\hat{p}$上为奇数：

$$Q_1(\hat{x},\ \hat{p}) = M\hat{p}^3 + N\hat{x}\hat{p}\hat{x} \tag{3.33}$$

式中，M和N是待确定的数值系数。如果$M = -4/3$且$N = -2$，则显然满足Q_1的算子方程。

这个过程虽然乏味但直接有效。为了表示$Q_n(\hat{x},\ \hat{p})(n > 1)$的解，引入以下方便的符号，让$S_{m,n}$表示所有项的完全对称和，这些项均包含$\hat{p}$的$m$因子和$\hat{x}$的$n$因子。例如：

$$S_{0,0} = 1,\ S_{0,3} = \hat{x}^3,\ S_{1,1} = \frac{1}{2}(\hat{x}\hat{p} + \hat{p}\hat{x}),\ S_{1,2} = \frac{1}{3}(\hat{x}^2\hat{p} + \hat{x}\hat{p}\hat{x} + \hat{p}\hat{x}^2)$$

文献[102-103]中总结了算子$S_{m,n}$的属性。

用对称算子$S_{m,n}$表示的方法，给出了Q_{2n+1}的前三个函数：

$$Q_1 = -\frac{4}{3}\hat{p}^3 - 2S_{1,2}$$

$$Q_3 = \frac{128}{15}\hat{p}^5 + \frac{40}{3}S_{3,2} + 8S_{1,4} - 12\hat{p}$$

$$Q_5 = \frac{24\,736}{45}\hat{p}^3 - \frac{320}{3}\hat{p}^7 - \frac{544}{3}S_{5,2} - \frac{512}{3}S_{3,4} - 64S_{1,6} + \frac{6\,368}{15}S_{1,2} \tag{3.34}$$

式(3.24)、式(3.31)和式(3.34)包括$\mathcal{C}$关于$\hat{x}$和$\hat{p}$上的微扰展开。这种展开精确到ε^6阶。

综上所述，可以使用假设式(3.24)来计算微扰理论中的高阶。这种微扰过程避免了计算$\mathcal{PT}$归一化特征函数$\phi_n(x)$的必要性。5.3 节将对三次量子场理论哈密顿量使用这种方法求解。

3.8.2 其他哈密顿量$\mathcal{C}$的计算

前面已经针对各种量子力学模型对$\mathcal{C}$算子进行了微扰计算。例如，考虑哈密顿量的情形：

$$\hat{H}=\frac{1}{2}(\hat{p}^2+\hat{q}^2)+\frac{1}{2}(\hat{x}^2+\hat{y}^2)+\mathrm{i}\varepsilon\hat{x}^2\hat{y} \tag{3.35}$$

它有两个自由度。参考文献[107]中研究了这种复 Henon-Heiles 理论的能量。文献[86, 94-95]中给出了这个哈密顿量的$\mathcal{C}$算子的微扰计算。序列中的系数是$Q=Q_1\varepsilon+Q_3\varepsilon^3+\cdots$。

$$\begin{aligned}
Q_1(\hat{x},\hat{y},\hat{p},\hat{q})&=-\frac{4}{3}\hat{p}^2\hat{q}-\frac{1}{3}S_{1,1}y-\frac{2}{3}\hat{x}^2\hat{q}\\
Q_3(\hat{x},\hat{y},\hat{p},\hat{q})&=\frac{512}{405}\hat{p}^2\hat{q}^3+\frac{512}{405}\hat{p}^4\hat{q}+\frac{1088}{405}S_{1,1}T_{2,1}-\\
&\quad\frac{256}{405}\hat{p}^2T_{1,2}+\frac{512}{405}S_{3,1}\hat{y}+\frac{288}{405}S_{2,2}\hat{q}-\\
&\quad\frac{32}{405}\hat{x}^2\hat{q}^3+\frac{736}{405}\hat{x}^2T_{1,2}-\frac{256}{405}S_{1,1}\hat{y}^3+\\
&\quad\frac{608}{405}S_{1,3}\hat{y}-\frac{128}{405}\hat{x}^4\hat{q}-\frac{8}{9}q
\end{aligned} \tag{3.36}$$

$T_{m,n}$是$\hat{q}$的m因子和$\hat{y}$的n因子的完全对称积。

接下来考虑哈密顿量：

$$\hat{H}=\frac{1}{2}(\hat{p}^2+\hat{q}^2+\hat{r}^2)+\frac{1}{2}(\hat{x}^2+\hat{y}^2+\hat{z}^2)+\mathrm{i}\varepsilon\hat{x}\hat{y}\hat{z} \tag{3.37}$$

它具有三个自由度。对于这个哈密顿量，得到[86, 94-95]：

$$\begin{aligned}
Q_1(\hat{x},\hat{y},\hat{z},\hat{p},\hat{q},\hat{r})&=-\frac{2}{3}(\hat{y}\hat{z}\hat{p}+\hat{x}\hat{z}\hat{q}+\hat{x}\hat{y}\hat{r})-\frac{4}{3}\hat{p}\hat{q}\hat{r}\\
Q_3(\hat{x},\hat{y},\hat{z},\hat{p},\hat{q},\hat{r})&=\frac{128}{405}(\hat{p}^3\hat{q}\hat{r}+\hat{p}\hat{q}^3\hat{r}+\hat{p}\hat{q}\hat{r}^3)+\\
&\quad\frac{136}{405}[\hat{p}\hat{x}\hat{p}(\hat{y}\hat{r}+\hat{z}\hat{q})+\hat{q}\hat{y}\hat{q}(\hat{x}\hat{r}+\hat{z}\hat{p})+\hat{r}\hat{z}\hat{r}(\hat{x}\hat{q}+\hat{y}\hat{p})]-\\
&\quad\frac{64}{405}(\hat{x}\hat{p}\hat{x}\hat{q}\hat{r}+\hat{y}\hat{q}\hat{y}\hat{p}\hat{r}+\hat{z}\hat{r}\hat{z}\hat{p}\hat{q})+\frac{184}{405}(\hat{x}\hat{p}\hat{x}\hat{y}\hat{z}+\hat{y}\hat{q}\hat{y}\hat{x}\hat{z}+\hat{z}\hat{r}\hat{z}\hat{x}\hat{y})-\\
&\quad\frac{32}{405}[\hat{x}^3(\hat{y}\hat{r}+\hat{z}\hat{q})+\hat{y}^3(\hat{x}\hat{r}+\hat{z}\hat{p})+\hat{z}^3(\hat{x}\hat{q}+\hat{y}\hat{p})]-\\
&\quad\frac{8}{405}(\hat{p}^3\hat{y}\hat{z}+\hat{q}^3\hat{x}\hat{z}+\hat{r}^3\hat{x}\hat{y})
\end{aligned} \tag{3.38}$$

到目前为止讨论的例子中，$\mathcal{C}$算子的空间坐标表达式由$\hat{x}$的整数幂和乘以奇偶算子$\mathcal{P}$整数次导数的组合而成。因此，式(3.24)中的 Q 算子是算子$\hat{x}$中的多项式，$\hat{p}=\mathrm{i}\frac{\mathrm{d}}{\mathrm{d}x}$。然而，对于下面讨论的看似简单的$\mathcal{PT}$对称方阱哈密顿量，$\mathcal{C}$包含$\mathcal{P}$的积分。由于 Q 算子不仅仅是$\hat{x}$和$\hat{p}$的多项式，因此无法通过上面使用的代数微扰方法找到$\mathcal{C}$。

在空间坐标中，$\mathcal{PT}$对称方阱哈密顿量定义在域$0<x<\pi$上，由下式给出：

$$\hat{H}=\hat{p}^2+V(\hat{x}) \tag{3.39}$$

其中，当$x<0$和$x>\pi$，$V(x)=\infty$，其他区间的值如下：

$$V(x)=\begin{cases}\mathrm{i}\varepsilon, & \frac{\pi}{2}<x<\pi\\ -\mathrm{i}\varepsilon, & 0<x<\frac{\pi}{2}\end{cases}$$

引入了$\mathcal{PT}$对称方阱哈密顿量[543]，许多研究人员对它进行了大量研究，参见文献[52, 425, 545, 548]。该哈密顿量是常规厄米方阱哈密顿量的复形变，当变形参数ε趋于 0 时，它简化为常规方阱哈密顿量。对于式(3.39)中的$\hat{H}$，奇偶算子$\mathcal{P}$在$x=\pi/2$处进行了反射，而不$x=0$；也就是说，$\mathcal{P}:\hat{x}\to\pi-\hat{x}$。

在文献[144]中，通过使用强制方法计算式(3.39)中$\hat{H}$的$\mathcal{PT}$归一化特征函数$\phi_n(x)$，并根据式(3.14)对这些特征函数求和，获得了该方阱哈密顿量的$\mathcal{C}$算子。在该文献中，本征函数$\phi_n(x)$是利用ε次幂的二阶微扰级数获得的。然后根据式(3.9)对本征函数进行归一化并代入求和公式(3.14)。最后直接计算总和以获得精确到ε^2阶的$\mathcal{C}$算子。使用域$0<x<\pi$而不是域$-\pi/2<x<\pi/2$的优点是，该总和可以简化为一组以封闭形式计算的傅里叶正弦和余弦级数。计算总和后，可以将$\mathcal{C}$的表达式转换为对称区域$-\pi/2<x<\pi/2$。回想一下，在对称域上，空间坐标中的奇偶算子是$\mathcal{P}(x,y)=\delta(x+y)$。

最后一步是证明ε^2阶$\mathcal{C}$算子具有形式$\mathrm{e}^{Q}\mathcal{P}$，然后计算$\varepsilon^2$阶函数$Q$。在对称域上，$Q(x,y)$算子具有相对简单的结构：

$$Q(x,y)=\frac{1}{4}\mathrm{i}\varepsilon[x-y+\Theta(x-y)(|x+y|-\pi)]+\mathcal{O}(\varepsilon^3)\tag{3.40}$$

其中，$\Theta(x)$定义为阶跃函数：

$$\Theta(x)=\begin{cases}1, & x>0\\ 0, & x=0\\ -1, & x<0\end{cases}\tag{3.41}$$

式(3.40)中，$Q(x,y)$的公式具有相对简单的结构，这似乎令人惊讶，但是与$\mathcal{C}$算子的幂级数表达式相比，这种结构确实简单。$\mathcal{C}$算子的幂级数表达式为$\mathcal{C}(x,y)=\mathcal{C}^{(0)}+\varepsilon\mathcal{C}^{(1)}+\varepsilon^2\mathcal{C}^{(2)}+\mathcal{O}(\varepsilon^3)$。

$$\begin{aligned}
&\mathcal{C}^{(0)}(x,y)=\delta(x,y)\\
&\mathcal{C}^{(1)}(x,y)=\frac{1}{4}\mathrm{i}[x+y+\Theta(x+y)(|x-y|-\pi)]\\
&\mathcal{C}^{(2)}(x,y)=\frac{1}{96}\pi^3-\frac{1}{24}(x^3+y^3)\Theta(x+y)-\frac{1}{24}(y^3-x^3)\Theta(y-x)+\\
&\qquad\frac{1}{8}xy\pi-\frac{1}{16}\pi^2(x+y)\Theta(x+y)+\frac{1}{8}\pi(x|x|+y|y|)\Theta(x+y)-\\
&\qquad\frac{1}{4}xy\{|x|[\theta(x-y)\theta(-x-y)+\theta(y-x)\theta(x+y)]+\\
&\qquad|y|[\theta(y-x)\theta(-x-y)+\theta(x-y)\theta(x+y)]\}
\end{aligned}\tag{3.42}$$

式中，$\theta(x)=\frac{1}{2}[1+\Theta(x)]$是半阶函数。

图 3.1 中绘制了$\mathcal{C}^{(1)}(x,y)$的虚部，图 3.2 中绘制了$\mathcal{C}^{(2)}(x,y)$的虚部。这些三维图显示了对称域 $-\pi/2<(x,y)<\pi/2$ 上的 $\mathcal{C}^{(1)}(x,y)$和 $\mathcal{C}^{(2)}(x,y)$。

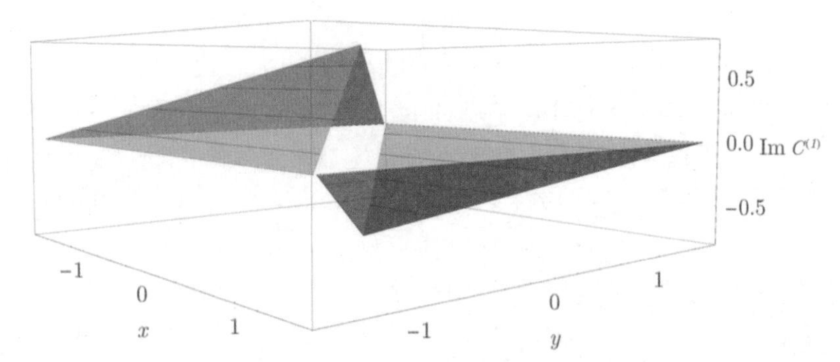

图 3.1　$\mathcal{C}^{(1)}(x,y)$虚部的三维图，式(3.42)中的一阶微扰贡献和空间坐标中的$\mathcal{C}$算子。该图位于对称方形域上$-\pi/2<(x,y)<\pi/2$。注意，$\mathcal{C}^{(1)}(x,y)$在此方形域的边界上消失，因为本征函数$\phi_n(x)$需要在$x=0$和$x=\pi$处消失

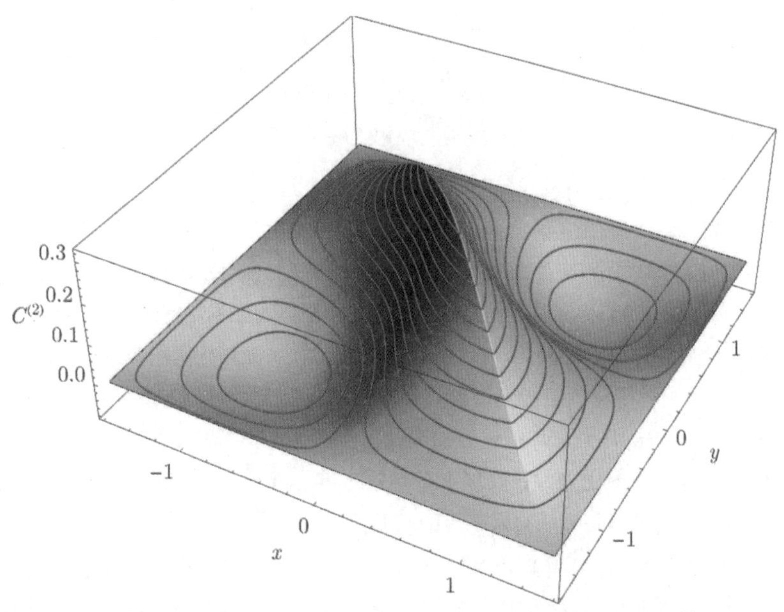

图 3.2　式(3.42)中的$\mathcal{C}^{(2)}(x,y)$在对称方形域$-\pi/2<(x,y)<\pi/2$上的三维图。函数$\mathcal{C}^{(2)}(x,y)$在这个方形域的边界上消失，因为它的构造本征函数$\phi_n(x)$消失在方阱的边界上

值得注意的方阱模型中$\mathcal{C}$算子性质是，其关联的算子 Q 是一个非多项式函数，这种结构在以前对$\mathcal{C}$的研究中并没有发现。最初是这样认为的，对于一个简单的$\mathcal{PT}$对称哈密顿量，有可能以闭合形式计算$\mathcal{C}$算子。令人惊讶的是，即使对于这个基本模型，$\mathcal{C}$算子也如此复杂。

3.9 将$\mathcal{PT}$对称映射到厄米哈密顿量

正算子e^{Q}的平方根可用于构造从非厄米$\mathcal{PT}$对称哈密顿量$\hat{H}$到等效厄米哈密顿量$\hat{h}$的相似变换[413, 418]：

$$\hat{h} = \mathrm{e}^{-Q/2}\hat{H}\mathrm{e}^{Q/2} \tag{3.43}$$

哈密顿量$\hat{h}$等价于$\hat{H}$，因为它与$\hat{H}$具有相同的特征值，且$\hat{h}$和$\hat{H}$是等谱的。

为了解释相似变换式(3.43)，从式(3.24)中看到，$\mathcal{C}$算子具有一般形式$\mathcal{C} = \mathrm{e}^{Q}\mathcal{P}$，其中$Q = Q(\hat{x}, \hat{p})$是量子理论的基本动力学算子变量$\hat{x}$和$\hat{p}$的实函数。然后将右边的$\mathcal{C}$乘以$\mathcal{P}$以获得$\mathrm{e}^{Q}$的表达式：

$$\mathrm{e}^{Q} = \mathcal{CP} \tag{3.44}$$

这个公式表明$\mathcal{CP}$是一个正的可逆算子。

为了验证式(3.43)中的$\hat{h}$是厄米的，采用式(3.43)的厄米共轭形式：$\hat{h}^{\dagger} = \mathrm{e}^{Q/2}\hat{H}^{\dagger}\mathrm{e}^{-Q/2}$，将其重写为$\hat{h}^{\dagger} = \mathrm{e}^{-Q/2}\mathrm{e}^{Q}\hat{H}^{\dagger}\mathrm{e}^{-Q}\mathrm{e}^{Q/2}$。然后将式(3.44)做替换，用$\mathcal{CP}$代替$\mathrm{e}^{Q}$，用$\mathcal{PC}$代替$\mathrm{e}^{-Q}$，结果如下：

$$\hat{h}^{\dagger} = \mathrm{e}^{-Q/2}\mathcal{CP}\hat{H}^{\dagger}\mathcal{PC}\mathrm{e}^{Q/2} \tag{3.45}$$

回想一下式(3.16)，$\hat{H}$可以用$\mathcal{P}\hat{H}\mathcal{P}$代替。给出如下形式：

$$\hat{h}^{\dagger} = \mathrm{e}^{-Q/2}\mathcal{CPP}\hat{H}\mathcal{PPC}\mathrm{e}^{Q/2} = \mathrm{e}^{-Q/2}\mathcal{C}\hat{H}\mathcal{C}\mathrm{e}^{Q/2}$$

最后，记得$\mathcal{C}$与$\hat{H}$可以互换[见式(3.29)]，并且$\mathcal{C}$的平方是单位 1[见式(3.28)]，以便将式(3.45)的右侧简化为式(3.43)的右侧。因此，$\hat{h}$是狄拉克意义上的厄米。

该计算表明，对于每个$\mathcal{PT}$对称性不破缺的非厄米$\mathcal{PT}$对称哈密顿量$\hat{H}$，这方法是可行的。至少原则上，通过式(3.43)构造具有与$\hat{H}$完全相同的特征值的厄米哈密顿量$\hat{h}$是可行的。$\hat{H}$具有完整$\mathcal{PT}$对称性的假设是至关重要的，因为这允许构造$\mathcal{C}$，并允许构造相似性算子$\mathrm{e}^{Q/2}$。

这种构造提出了一个深刻但尚未得到解答的问题：$\mathcal{PT}$对称哈密顿量是物理上新的且与普通厄米哈密顿量不同的，还是它们描述的物理过程与普通厄米哈密顿量描述的物理过程完全相同？也就是说，$\mathcal{PT}$对称量子力学在物理上是崭新的和不同的，而且是来自传统的厄米量子力学或者$\mathcal{PT}$对称哈密顿量只是传统哈密顿量的复变换。

这个问题有两个答案，第一个是技术性和实践性的，第二个是原则上的。首先，虽然形式上存在$\mathcal{PT}$对称哈密顿量$\hat{H}$到厄米哈密顿量$\hat{h}$相似变换映射，且其频谱与$\hat{H}$的频谱相同。但是，除非在微扰级别，否则会因为转换非常复杂而无法完成(例如，参见 3.8.2 节中对方阱的讨论)。其次，虽然相互作用项是局部的，$\mathcal{PT}$对称哈密顿量$\hat{H}$结构简单且易于计算，而文献[98]表明，$\hat{h}$通常是非局部的；也就是说，它的交互项具有关于变量$\hat{x}$和$\hat{p}$任意高的幂。因此，使用$\hat{h}$不仅难以计算，而且这实际上是不可能的，因为处理交互项的常规方法是完全不够的。

除了有限维矩阵系统[164]，只有一个已知的不同寻常的例子，其可持续作为$\hat{H}$和$\hat{h}$的闭合表达式，这是 2.3 节中讨论的式(2.27)中四次哈密顿量的情况。然而，即使在这种情况下，也无法获得闭合形式的$\mathcal{C}$，因为该算子是非局部的(它包含傅里叶变换)，并且它在复平面中进行变换。这是唯一一个可以同时使用$\hat{H}$和$\hat{h}$进行计算的简单示例。因此，虽然$\hat{H}$和$\hat{h}$的映射具有理论意义，但通常没有任何实际价值。

第二个答案的意义更大，因为它具有重要的物理意义，第 8 章提供了讨论这个问题的基础。关键是，式(3.43)中$\hat{H}$和$\hat{h}$之间的映射是相似变换而不是幺正变换。幺正变换是有界的，但相似变换算子e^{Q}通常是无界的。因此，虽然哈密顿量$\hat{H}$和$\hat{h}$在形式上是等谱的，但这两个哈密顿量之间的映射意义是有问题的，因为它没有将与$\hat{h}$相关的希尔伯特空间中的所有向量映射到与$\hat{H}$相关的希尔伯特空间中的所有向量上。这些希尔伯特空间之间的映射不是 1 到 1 那么简单，因为在相似映射下，一些向量可能被映射到无穷大。当然，对于式(3.16)中的有限维矩阵哈密顿量，算子e^{Q}是有界的。然而，对于像式(2.7)中的无限维哈密顿量，映射e^{Q}是无界的。因此，$\hat{H}$和$\hat{h}$之间可能存在可通过实验测量的物理差异，这可能是一种 Bohm-Aharanov 效应。这是一个具有重要意义的问题，值得在未来进行大量研究，因为它解决了$\mathcal{PT}$对称量子力学在基本层面上是否与普通量子力学不同的问题。

$\mathcal{PT}$对称系统的量子力学研究及相关研究已经展开，并且应该进一步进行研究。相关研究包括$\mathcal{PT}$对称波包、密度矩阵和相干态[165-166, 274-275]，$\mathcal{PT}$对称 Bose-Einstein 凝聚体系[270]，$\mathcal{PT}$对称量子噪声[470]，$\mathcal{PT}$对称随机矩阵[24, 273, 494]，$\mathcal{PT}$对称非线性特征值问题[109, 129-130]和$\mathcal{PT}$对称奇异点[265]。

第 4 章　$\mathcal{PT}$对称经典力学

伟大的抱负应该是超越所有其他从事相同职业的人。

——P. T. 巴南

物理系统是$\mathcal{PT}$对称(即在组合空间和时间反射下不变)的要求可以强加给经典系统和量子系统。第 1 章使用了经典$\mathcal{PT}$对称系统的基本例子，例如具有平衡增益和损耗的耦合线性振荡器，用来说明$\mathcal{PT}$对称性的基本概念。经典$\mathcal{PT}$对称哈密顿量在极限条件下($\hbar \to 0$)，产生了量子力学$\mathcal{PT}$对称哈密顿量。在第 1 章中看到，研究此类经典系统是有用的，因为闭合经典轨迹(见图 1.14、图 1.15 和图 2.12)表明，相应的量子系统具有完整的$\mathcal{PT}$对称性(具有实谱)；开放经典轨迹(见图 1.18 和图 2.14)表明，相应的量子系统具有破缺$\mathcal{PT}$对称性(具有部分或完全复数谱)。

本章将详细讨论一些典型的$\mathcal{PT}$对称经典系统的性质。有趣的是，许多非线性经典系统，例如简单的钟摆、Lotka-Volterra 方程(描述竞争的生物种群)和欧拉方程(描述旋转刚体)是$\mathcal{PT}$对称的。此外，还有许多经典的非线性波动方程，如 Korteweg-de Vries 和广义 Korteweg-de Vries 方程、Camassa-Holm 方程、Sine-Gordon 方程，而且 Boussinesq 方程也是$\mathcal{PT}$对称的[114]。

本章首先研究由$\mathcal{PT}$对称哈密顿量$H = p^2 + x^2(\mathrm{i}x)^\varepsilon$(这个经典的哈密顿量在 1.7 节中讨论过，但只针对 ε 的整数值)。然后验证一些动力学系统，其运动方程是$\mathcal{PT}$对称的。接下来，构建了一个$\mathcal{PT}$对称经典随机游走情况，并对复物理系统进行概率解释的问题进行了讨论。最后，把关于$\mathcal{PT}$对称非线性波动方程的简要总结作为本章结束(第 9 章将讨论非线性波动方程的$\mathcal{PT}$对称变形)。

4.1　非整数 ε 的经典轨迹

本节介绍以量子力学理论为基础定义的式(2.7)哈密顿量的$\mathcal{PT}$对称经典力学理论的性质，即$\hat{H} = \hat{p}^2 + \hat{x}^2(\mathrm{i}\hat{x})^\varepsilon$。讨论受到复杂力驱动下粒子的运动和在复平面中的运动。关于这个课题发表了许多早期论文，如文献[82, 430-431, 97, 113, 101, 236]，这些论文提出了一些非凡的发现。

第 1 章验证了整数ε的哈密顿量$\hat{H}$的复经典轨迹ε：$\varepsilon = 0,1,2$(参见文献[82])。然而，当ε是非整数时，经典轨迹表现出新奇的和令人惊讶的运动：轨迹可以达黎曼曲面的许多层。此外，文献[97, 101]的研究表明，经典轨迹可以表现出破缺和非破缺的$\mathcal{PT}$对称性，甚至可以产生奇怪的分形结构。

为了不失一般性，可以取一个经典粒子的能量E为 1，其运动由哈密顿量$p^2 + x^2(\mathrm{i}x)^\varepsilon$确定。

随着ε从 0 开始增加，在$x = 1(x = -1)$处的拐点向下旋转，并且顺时针(逆时针)进入复x平面，这些拐点是下面方程的解：

$$1 + (\mathrm{i}x)^{2+\varepsilon} = 0$$

当ε为非整数时，在单位圆上，该方程有许多解，形式如下：

$$x = \exp\left(\mathrm{i}\pi\frac{4N - \varepsilon}{4 + 2\varepsilon}\right) \quad (N\text{为整数}) \tag{4.1}$$

拐点出现在$\mathcal{PT}$对称对(通过负虚轴反射时的对称对)，其对应 N 值对为$(N = -1, N = 0)(N = -2, N = 1)(N = -3, N = 2)(N = -4, N = 3)$等。用整数$K(K = 0,1,2,3,\cdots)$标记这些对，即第$K$对为$N = -K - 1$，$N = K$。当$\varepsilon > 0$时，实$x$轴上$\varepsilon = 0$的一对拐点连续变形为$K = 0$的拐点对。显然，如果$\varepsilon$是有理数，则复$x$的代数黎曼曲面上的拐点数量是有限的，但如果 ε为无理数，则复x的对数黎曼曲面上的拐点数量是无限的。

在黎曼曲面的每一层上，进行分支切割使粒子沿着正虚轴从$x = 0$运行到$x = \mathrm{i}\infty$。主要工作层被标记为工作层 0。在主要工作层上，$\arg x$的范围从 $-3\pi/2$最多到$\pi/2$。1 层和-1层是彼此的$\mathcal{PT}$对称反射。1 层上，$\pi/2 < \arg x < 5\pi/2$；-1层上，$-7\pi/2 < \arg x\mathrm{i} < -3\pi/2$；2 层上为$-2$、3和$-3$；等等。所有层都出现$\mathcal{PT}$对称对。

选择$\varepsilon = \sqrt{2}$，继续进行验证。0、±1 和±2 层黎曼曲面的拐点如图 4.1 所示。总共显示了 9 对拐点，其中 2 对在 0 层上，3 对在±1 层上，4 对在±2 层上。

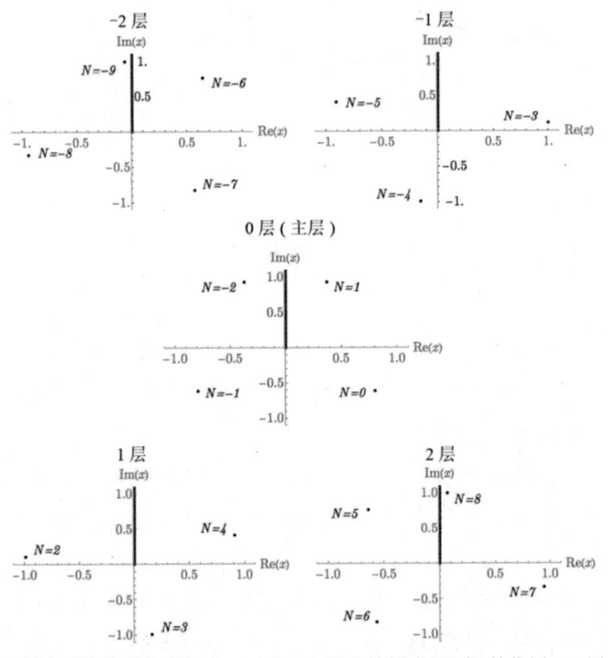

图 4.1　$\varepsilon = \sqrt{2}$时，复数x对数黎曼曲面的 0、±1 和±2 层上的拐点(黑点)的位置。0 层上有 2 对$\mathcal{PT}$对称拐点，±1 层上有 3 对$\mathcal{PT}$对称拐点，±2 层上有 4 对$\mathcal{PT}$对称拐点。在每层上，一个分支切割(粗线)沿着正虚轴从原点到$\mathrm{i}\infty$

随着ε从 0 开始增加，图 1.12 所示谐振子的椭圆复轨迹开始变形。然而，这些变形的经典轨迹$x(t)$保持闭合并继续左右对称。其中三个轨迹如图 4.2 所示。每个轨迹都从负虚轴上的一个点开始。第一个这样的轨迹开始于$x(0) = -0.873\mathrm{i}$，并在$N = -1$和$N = 0$的拐点之间振荡。第二个和第三个轨迹在$x(0) = -2.000\mathrm{i}$和$x(0) = -3.378\mathrm{i}$从虚轴开始向下。注意，随着轨迹的起点向下移动至负虚轴，轨迹变大并持续嵌套。

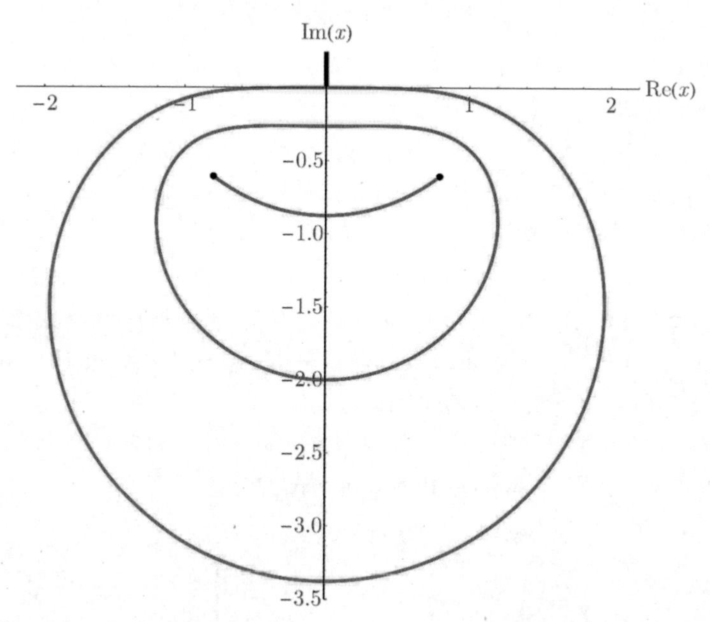

图 4.2　$\varepsilon = \sqrt{2}$时，哈密顿量$\hat{H} = \hat{p}^2 + \hat{x}^2(\mathrm{i}\hat{x})^\varepsilon$的三个经典轨迹$x(t)$。轨迹的起点在$x(0) = -0.873\mathrm{i}$、$-2.000\mathrm{i}$和$-3.378\mathrm{i}$。所有三个轨迹都是闭合的且$\mathcal{PT}$对称，并且完全位于黎曼曲面的主层(0 层)上。第一条轨迹在$N = 0$和$N = -1$转折点之间振荡。随着起点沿虚轴向下移动，产生的轨迹变得更大并持续嵌套。第三条轨迹非常接近临界点：这条轨迹的顶部刚好擦过原点。对于低于此临界点的起点，轨迹穿过分支点并进入黎曼曲面的±1 层(见图 4.3)

图 4.2 显示，当起点沿虚轴向下移动时，每个轨迹的顶部更靠近正虚轴上的分支切口。当起点通过$x(0) = -3.378\mathrm{i}$附近的临界值时，轨迹顶部穿过分支切口，进入± 1层，且轨迹的拓扑形成突变。然而，轨迹保持闭合且左右对称。如图 4.3 所示，还有这样一个轨迹，从$x(0) = -4.000\mathrm{i}$开始。注意，经典路径不能与自身相交，明显的自相交是位于黎曼曲面不同层上的路径。

为了证明图 4.3 中显示的轨迹不会与自身相交，图 4.4 中绘制了经典粒子的角旋转与时间的函数关系。颜色使用与图 4.3 相同。

图 4.5 以三维透视图的方式重新绘制了图 4.4。它不是将$x(t)$的旋转绘制为时间 t 的函数，而是绘制经典粒子复位置 $x(t)$与旋转角的函数。该图显示了黎曼曲面的拓扑结构，并表明了经典轨迹如何避免穿越自己。

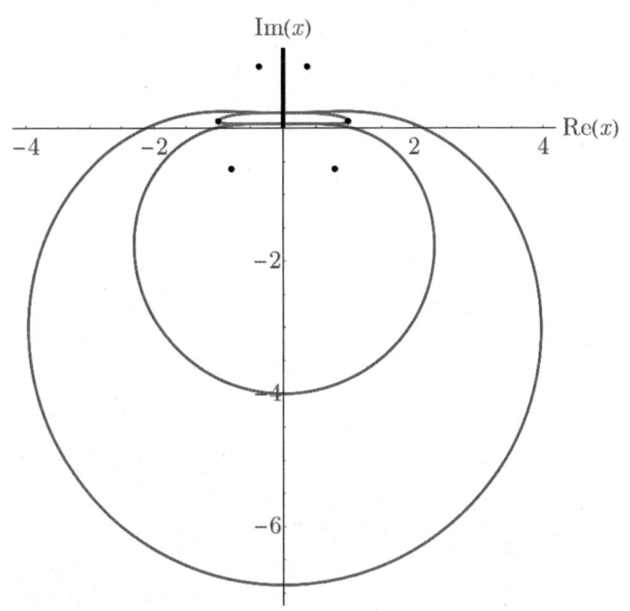

图 4.3　三个黎曼曲面的闭合经典轨迹。轨迹$x(t)$起源于$x(0) = -4.000\mathrm{i}$，虽然它主要位于黎曼曲面的主层上(紫色)，但它穿过分支切割并短暂地进入了黎曼曲面的± 1层。在 1 层上，轨迹为红色；在-1层上，轨迹为蓝色。注意，轨迹不会与自身相交。相反，该图是三层轨迹在主层上的投影。圆点表示拐点的位置：下对($N = -1$和$N = 0$)和上对($N = -2$和$N = 1$)转折点位于 0 层上，而中间对($N = -3$和$N = 2$)位于-1层和 1 层上

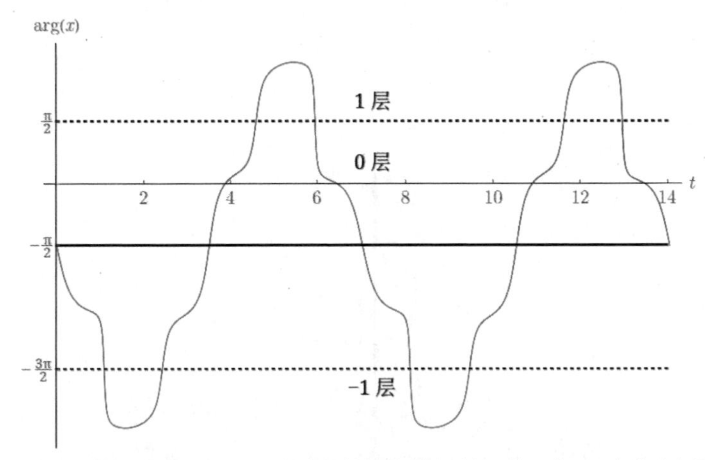

图 4.4　图 4.3 所示经典轨迹的角演化。$x(t)$的角旋转被绘制为时间 t 的函数。配色方案与图 4.3 相同。轨迹从主层(0 层)上的角度$-\pi/2$开始，然后它短暂进入-1 层并返回 0 层，最后短暂进入 1 层并再次返回层 0。图中显示了两个周期轨迹

正如在图 4.3～图 4.5 中所看到的，复经典轨迹进入± 1层，但不会穿过这些层上正虚轴上的分支切口。然而，当轨迹$x(0)$的起点继续沿 0 层上的负虚轴向下移动，它会遇到第二个临界点。

如果轨迹从该临界点以下开始，则轨迹不仅进入±1 层，而且穿过这些层上的分支切口进入±2 层。这种五层轨迹的一个例子，如图 4.6 所示。该轨迹从$x(0) = -12.000\mathrm{i}$开始。

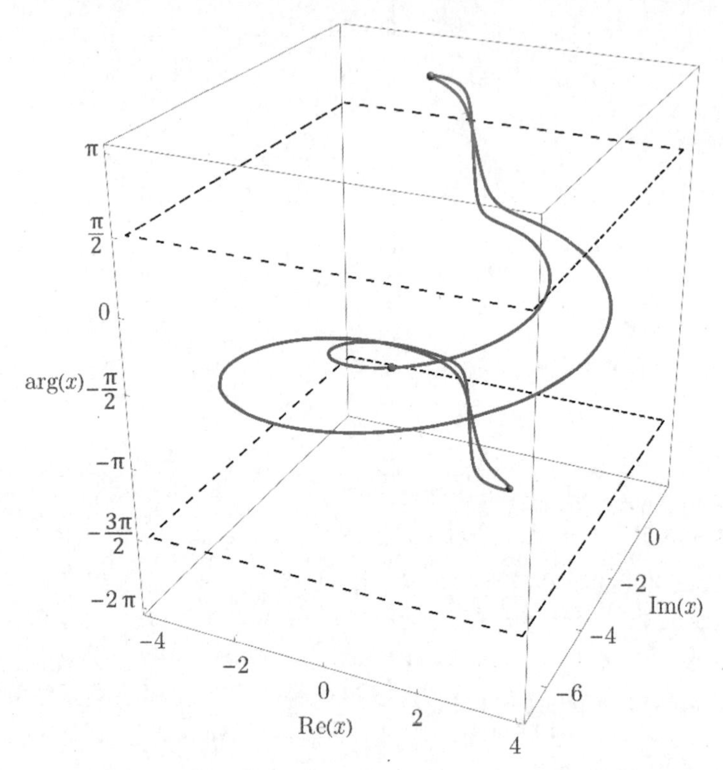

图 4.5 复轨迹$x(t)$随角旋转变化的三维图。配色方案与图 4.3 相同。该图显示了为什么图 4.3 中的复经典轨迹不与自身相交

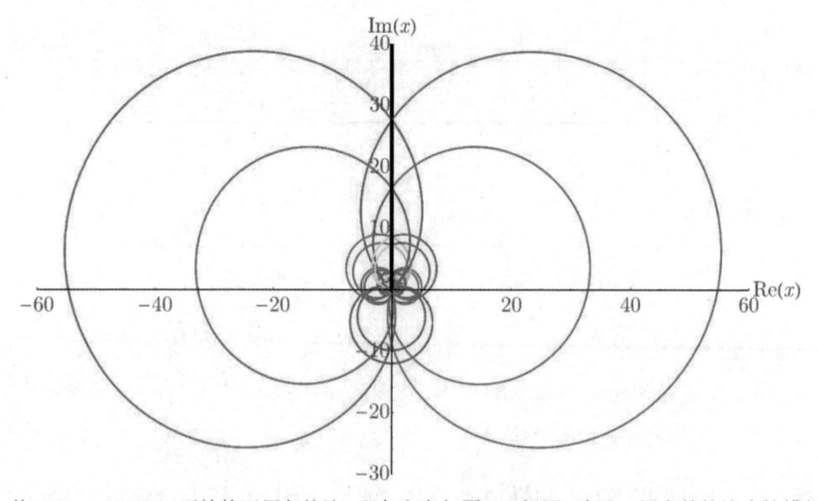

图 4.6 从$x(0) = -12.000\mathrm{i}$开始的五层复轨迹。配色方案与图 4.3 相同，除了 2 层上的轨迹为柠檬绿色，−2 层上的轨迹为绿松石色。正如图 4.7 和图 4.8 所示，轨迹是$\mathcal{PT}$对称的，不与自身交叉

图 4.7 和图 4.8 与图 4.5 和图 4.6 类似：第一个是$x(t)$的复旋转角度与时间 t 的函数图，第二个是$x(t)$的复值与旋转角度的三维函数图。结果表明，轨迹短暂地下降到± 2 层，但没有穿过这些层上的分支切口。

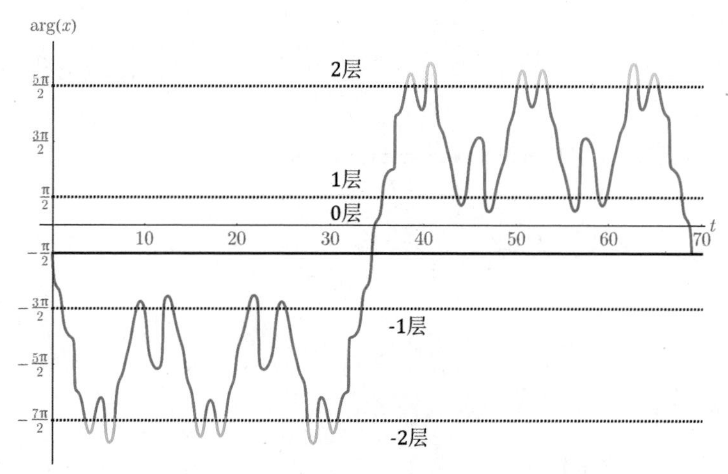

图 4.7　图 4.6 中$x(t)$的复旋转角与时间的函数关系。轨迹的起点是$x(0) = -12.000\mathrm{i}$。结果表明，每周期六次分别进入± 2 层中。但是，它不会跨越任一主层的分支切割。该图是图 4.4 的五层模拟图。配色方案与图 4.6 相同

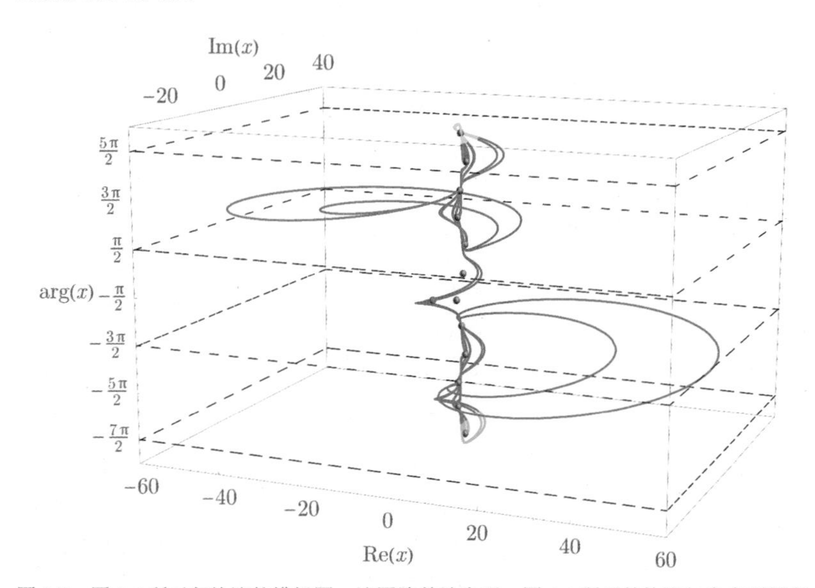

图 4.8　图 4.6 所示复轨迹的模拟图。该图清楚地表明，图 4.6 所示的轨迹与自身不相交

$\varepsilon = \sqrt{2}$时，哈密顿量$H = p^2 + x^2(\mathrm{i}x)^\varepsilon$，图 4.1～图 4.8 中的轨迹是闭合且$\mathcal{PT}$对称的。通常，当$\varepsilon > 0$时，除了特殊的、孤立的轨迹会运行到复无穷大，其他复轨迹都是封闭的和周期性的(图 1.14 中，这样一个奇特轨迹始于转折点，沿着正虚轴运行到∞，该轨迹只发生在整数ε

时)。最初认为，所有闭合周期轨迹都是$\mathcal{PT}$(左右)对称的，然而，事实并非如此。文献[97, 101]发现了闭合周期性非$\mathcal{PT}$对称轨迹的存在，但该轨迹仅适用于有理值$\varepsilon = a/b$，其中b是奇数，a是可以被 4 整除的偶数。对于这样的ε，试图找到形成一个$\mathcal{PT}$对称图形的轨迹是不可能的。但恰好在轨迹的一半，经典粒子撞到复平面中的一个转折点，并被反射回它的起点。这些令人惊讶的轨迹不是左右对称的，而是上下对称的，这是因为非$\mathcal{PT}$对称轨迹必须连接或环绕一对复共轭转折点。

如果稍微改变ε的值，$\mathcal{PT}$对称性就会恢复，所有的轨迹都是左右对称的。

4.2 一些$\mathcal{PT}$对称经典动力系统

本节介绍一些众所周知的、动力学系统里漂亮的复轨迹，其运动方程是$\mathcal{PT}$对称的。

4.2.1 捕猎模型的 Lotka-Volterra 方程

Lotka-Volterra 方程如下：

$$\dot{x} = x - xy, \quad \dot{y} = -y + xy \tag{4.2}$$

这是一对非线性方程，其正实解描述了两个竞争物种的生态系统。其中$x(t)$代表猎物种群，$y(t)$代表捕食者种群。例如，可以将$x(t)$设为兔子的数量，将$y(t)$设为狐狸的数量。由式(4.2)可以看出，如果最初没有狐狸，即$y(0) = 0$，那么兔子的数量随着时间 t 呈指数增长；如果最初没有兔子，即$x(0) = 0$，则狐狸的数量呈指数衰减。

但是，如果$x(0)$和$y(0)$都非零，则兔子和狐狸的种群会随时间振荡。图 4.9 说明了这种振荡。

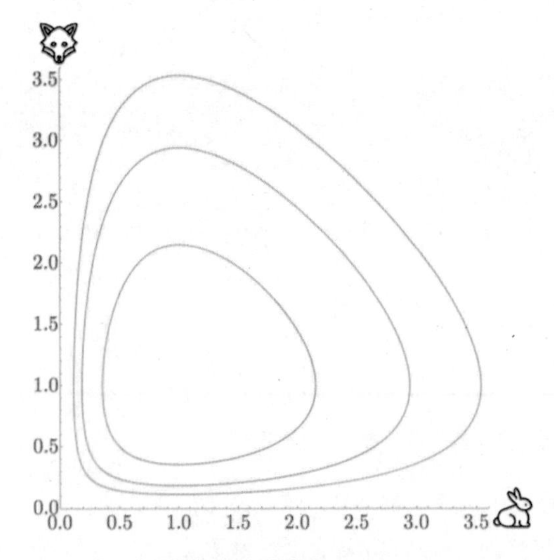

图 4.9 式(4.2)中 Lotka-Volterra 的三个周期轨迹。初始值为$x(0) = 1/4, y(0) = 1/4$；$x(0) = 1/3, y(0) = 1/3$和$x(0) = 1/2, y(0) = 1/2$。轨迹都是周期性和$\mathcal{PT}$对称的，即它们在$x \leftrightarrow y, t \to -t$下是不变的

Lotka-Volterra 方程为非线性$\mathcal{PT}$对称动力系统提供了一个很好的二维例子，该系统的复解通常是非周期性的，但其$\mathcal{PT}$对称复解是周期性的[114]。要看到这些方程是$\mathcal{PT}$对称的，必须稍微概括一下$\mathcal{P}$反射的定义，$\mathcal{P}$表示x和y的角色互换：

$$\mathcal{P}: (x, y) \to (y, x)$$

这与用于耦合线性振荡器系统式(1.10)的$\mathcal{P}$定义相同。

Lotka-Volterra 方程有一个运动常数：

$$x + y - \log(xy) = C \tag{4.3}$$

如果定义时间反转算子$\mathcal{T}$来反转 t的符号并取复共轭(因为时间反转对量子力学系统有这种影响)，那么对于$\mathcal{PT}$对称的复数解C必须是实数。注意，始终将时间 t视为实参数，本书不考虑复时间的可能性。

比较实数C和复数C的复数轨迹。首先选择初始条件$x(0) = 1 + \mathrm{i}$和$y(0) = 0.0765 + 0.0181\mathrm{i}$，其中$C = 3.273$为实数(这与在实际初始条件下获得的$C$值相同，$x(0) = 1/4$，$y(0) = 1/4$)。所产生的复轨迹是闭合的和周期性的(见图 4.10)。接下来，选择复数初始条件$x(0) = 1 + \mathrm{i}$和$y(0) = 0.380 - 0.022\mathrm{i}$，其中守恒量$C = 2 + \mathrm{i}/4$是复数。这些初始条件给出了一个非周期性的经典轨迹(见图 4.11)。

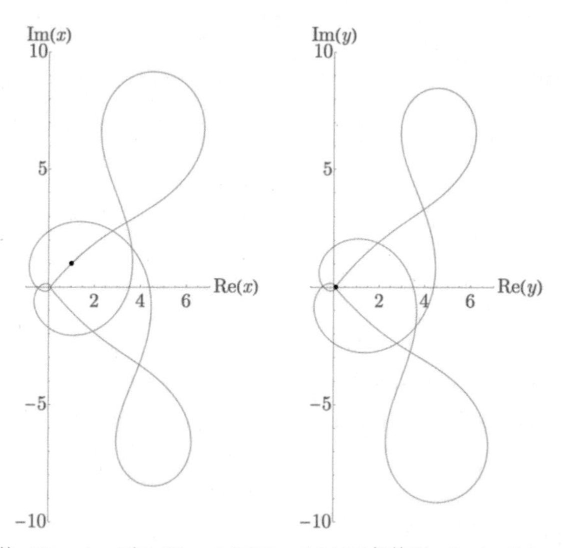

图 4.10　复值初始条件$x(0) = 1 + \mathrm{i}$和$y(0) = 0.0765 + 0.0181\mathrm{i}$条件下，Lotka-Volterra 方程的经典轨迹。这给出了一个实数守恒量$C = 3.273$。经典轨迹是闭合的和$\mathcal{PT}$对称的，即它们在$x \leftrightarrow y$和复共轭组合条件下是不变的

Lotka-Volterra 方程有许多可能的$\mathcal{PT}$对称推广，这些方程描述了具有多个物种的，更复杂的捕猎系统。这样一个系统被用来解释免疫反应的生物学模型[119]。

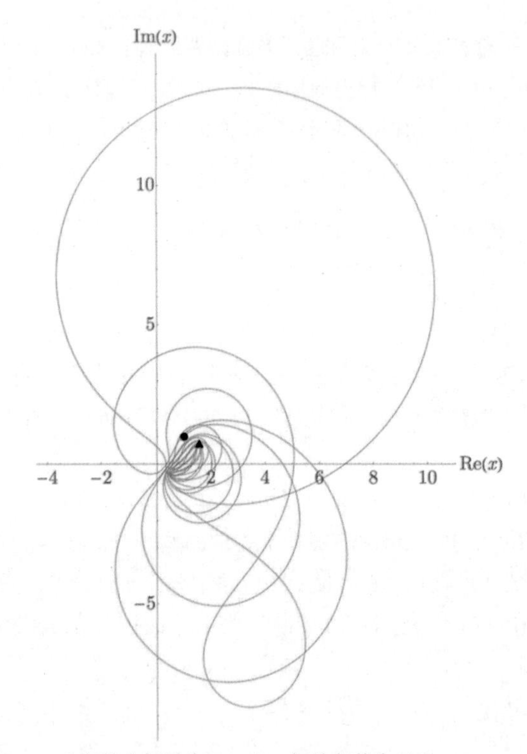

图 4.11 图中 Lotka-Volterra 方程的守恒量为$2+\mathrm{i}/4$，初始条件为$x(0)=1+\mathrm{i}$，$y(0)=0.380-0.022\mathrm{i}$。轨迹从图中的黑点位置开始，最终绘制的点位于三角形处。结果表明，轨迹不是$\mathcal{PT}$对称的，也没有闭合

4.2.2 旋转刚体的欧拉方程

欧拉微分方程控制刚体绕其质心的自由三维旋转。在无量纲形式中，这些方程可以非常简单地写成

$$\dot{x}=yz,\quad \dot{y}=-2xz,\quad \dot{z}=xy \tag{4.4}$$

这个方程组是$\mathcal{PT}$对称的，其中，奇偶反射改变x，y，z的符号：

$$\mathcal{P}: x\to -x,\quad y\to -y,\quad z\to -z$$

时间反转$\mathcal{T}$的作用是改变 t 的符号：$t\to -t$。还假设$\mathcal{T}$进行复共轭。

欧拉方程有两个守恒量：

$$R^2=x^2+y^2+z^2,\quad B^2=z^2-x^2$$

因此，欧拉方程的实解是限制在半径为R的球体表面轨迹，每个轨迹都是该球体与绕y轴旋转的双曲面的交点。图 4.12 显示了$R=1$情况下，7 个这样的轨迹。

$\mathcal{PT}$对称的条件将限制守恒量 R 和 B 为实数。正如为 Lotka-Volterra 所做的那样，考虑两种可能性：守恒量的实值和非实值。首先，取初始条件$x(0)=0.75, y(0)=-\sqrt{3/8}, z(0)=-0.25$，

对于这些初始条件，$R=1$和$B=-0.5$。由此产生的轨迹是周期性的和$\mathcal{PT}$对称的(见图 4.13)。

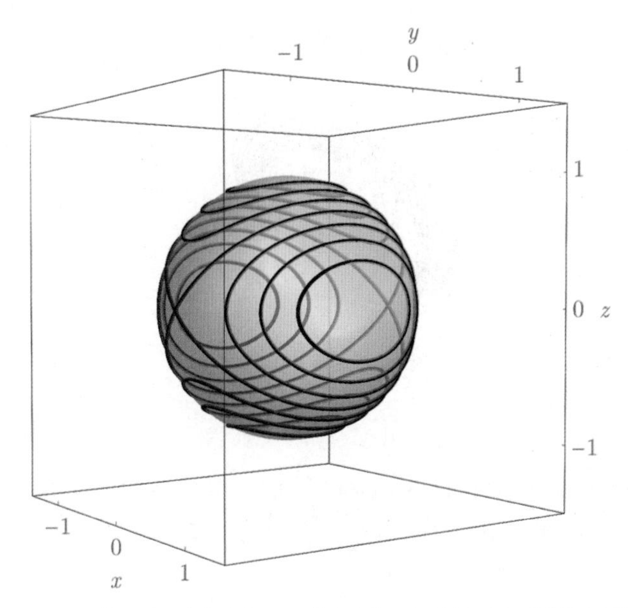

图 4.12　$R=1$情况下，欧拉方程(4.4)的解曲线。每个解对应不同的守恒量 B 值

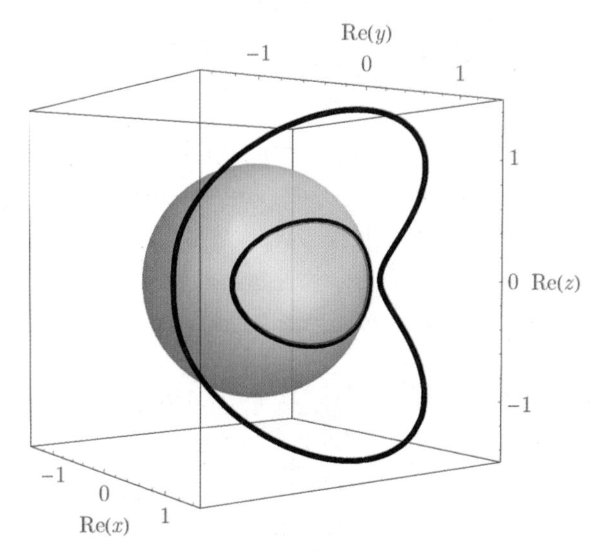

图 4.13　欧拉方程(4.4)的复$\mathcal{PT}$对称轨迹。初始条件是$x(0)=1.5, y(0)=-\mathrm{i}\sqrt{3}, z(0)=-\sqrt{7/4}$，结果是$R=1$和$B=-0.5$。由此产生的蝴蝶形轨迹是封闭的且$\mathcal{PT}$对称的。为了提供参考，图 4.12 中的球包含在此图中，并显示了初始条件$x(0)=0.75$，$y(0)=-\sqrt{3/8}, z(0)=-0.25$的轨迹。该轨迹具有相同的值：$R=1$和$B=-0.5$

其次，取$x(0)=1.5$，$y(0)=-0.00721682+1.73207\mathrm{i}$，$z(0)=-\sqrt{7/4}$作为初始条件，这个复初始条件使$B=-1/2$。但由此产生的复轨迹不是$\mathcal{PT}$对称的，因为 R 的值是复数：

$R = \sqrt{1 - \mathrm{i}/40}$。因此，它们的轨迹不是闭合的(见图 4.14)。文献[114]研究了欧拉方程的复数解。

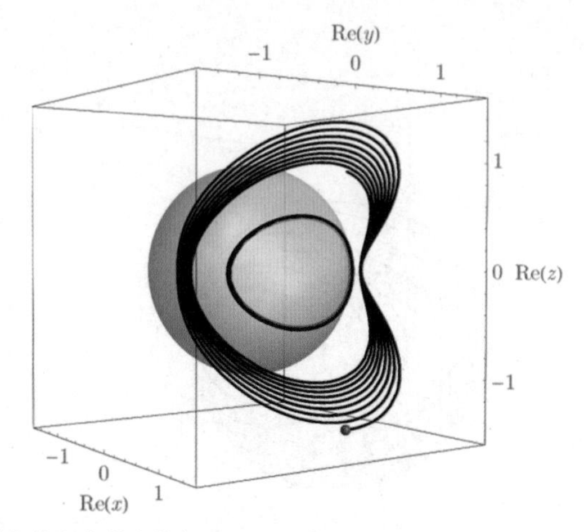

图 4.14　欧拉方程(4.4)的复轨迹。初始条件为$x(0) = 1.5, y(0) = -0.00721682 + 1.73207\mathrm{i}$，$z(0) = -\sqrt{7/4}$。对于这个初始条件，$R = \sqrt{1 - \mathrm{i}/40}$，$B = -1/2$。由于守恒量不是实数，轨迹不闭合且$\mathcal{PT}$不对称

4.2.3　单摆

单摆是一个特别基本的动力系统，其经典哈密顿量如下：

$$H = \frac{1}{2}p^2 - \cos x \tag{4.5}$$

这个系统是$\mathcal{PT}$对称的①。事实上，这个哈密顿量是独立的$\mathcal{P}$对称和$\mathcal{T}$对称。文献[113]研究了这个经典系统的复轨迹，并在文献[106]中分析了相应的量化系统。

验证式(4.5)哈密顿量的一些经典轨迹。为简单起见，取经典能量为 0。其拐点位于$\pm\pi/2$，$\pm 3\pi/2$，$\pm 5\pi/2$，以此类推。实经典轨迹连接相邻拐点对，如图 4.15 所示。然而，图 4.15 还表明，存在包含在这些实轨迹中的复轨迹的嵌套族。每个这样的轨迹都被限制在复x平面中，宽度为2π的垂直条带上。

结果表明，没有从一个条带到另一个条带的轨迹，这是因为由周期性势阱组成的余弦势被势垒隔开。即使经典粒子穿过复平面，能量小于 1 的经典粒子也不可能跳过分隔条带的障碍。然而，如果允许能量是复数，经典粒子的复数路径就不再是封闭的。粒子不再执行周期性运动，而是遵循开放的不相交轨迹，该轨迹是确定性随机游走，其中粒子重复循迹所有不同的条带(见图4.16)。这种经典行为可能被视为一种隧穿过程，类似于周期势中量子粒子从一个势阱跳到另一个势阱。然而，经典粒子并没有真正穿过分隔势阱的障碍，而是沿着绕过障碍的复路径运动[89, 41, 117, 36]。

① 注意：如果用$\sin x$替换$\cos x$，得到的哈密顿量仍然是$\mathcal{PT}$对称的。但是现在必须定义$\mathcal{P}$来进行点$x = \pi/2$的反射。

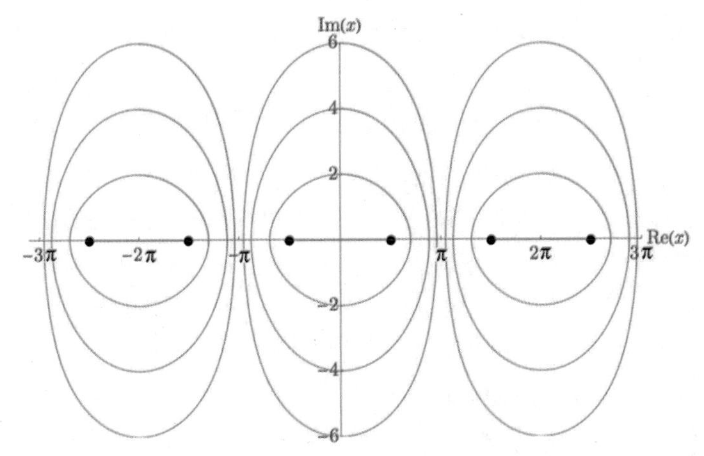

图 4.15　单摆哈密顿量$H = p^2/2 - \cos x$的 12 条闭合轨迹。所有轨迹的能量为 0。复x平面被分解为宽度为2π的垂直条带，图中显示了 3 个这样的条带。在每个条带中，实轴上有两个拐点(由黑点表示)。每条经典路径都限于给定的条带，没有显示从一个条带到另一个条带的路径。每个条带中的轨迹在拓扑上等同于(并且只是压缩型)图 1.12 中的轨迹

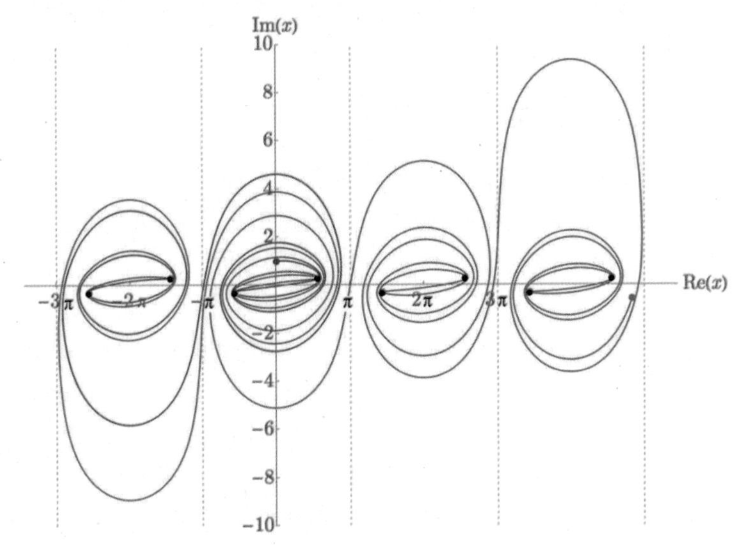

图 4.16　势为$\cos x$的经典粒子路径。如图 4.15 所示，其能量不是实数，能量$E = 1/5 + \mathrm{i}/3$是复数。因此，粒子不再局限在一个条带，而是以一种确定性的方式进入不同的条带。轨迹$x(t)$从$x(0) = i$处的蓝点开始，并沿着蓝色路径移动到左侧的下一个条带。然后粒子沿着红色路径向右移动，重新进入它开始的条带，并进入右侧的另外两个条带。该图在红点处停止，但轨迹继续其随机变化同时又具有确定性的运动，接着进入两个条带向左，然后两个条带向右，以此类推，最终遍及所有条带。这种复杂的经典行为类似于量子粒子在晶体中从一个位置到另一个位置的随机跳跃

接下来看看如果通过将引力场设为虚数值会发生什么，修改式(4.5)中的经典摆哈密顿量：

$$H = p^2 + \mathrm{i}\sin x \tag{4.6}$$

这个哈密顿量仍然是$\mathcal{PT}$对称的。然而，经典轨迹不再局限于复平面中的垂直条带。相反，在正虚方向和负虚方向，有些经典轨迹从拐点垂直运行到无穷大，还有些从负实无穷大到正实无穷大的波浪水平轨迹(见图 4.17)。

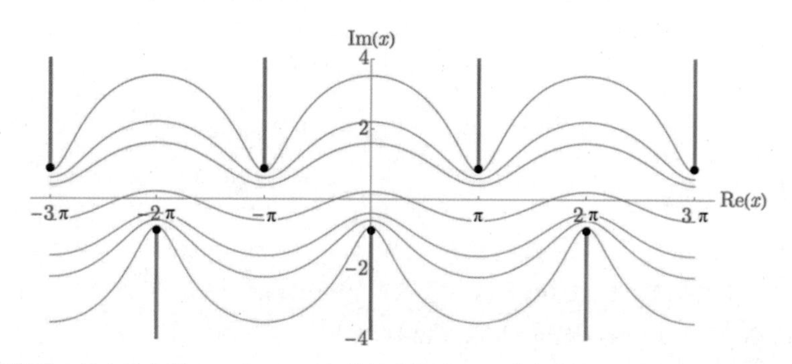

图 4.17 假想引力场中经典摆$H = p^2 + \mathrm{i}\sin x$，其经典能量$E = 1$的复轨迹。7 条轨迹以波浪状穿过晶体，另外 7 条轨迹从拐点向上和向下达虚无穷

4.2.4 等谱哈密顿量的经典轨迹

在 2.3 节中，证明了$\mathcal{PT}$对称量子力学哈密顿量式(2.27)，即$\hat{H} = \hat{p}^2 - g\hat{x}^4$具有正实数谱，方法是确定其特征值与式(2.28)的量子力学四次哈密顿量$\hat{h} = \hat{p}^2 + 4g\hat{x}^4 \pm 2\hbar\sqrt{g}\hat{x}$的特征值相同。2.3 节在论证了$\hat{h}$中的线性项产生了一个量子异常，是因为$\hat{H}$上的边界条件(强加在斯托克斯扇区中)违反了奇偶不变性。

这两个量子力学哈密顿量的等谱性如何在经典水平上反映出来？为了回答这个有趣的问题，首先取$g = 1$，对于经典能量$E = 1$时，绘制$\mathcal{PT}$对称经典哈密顿量$H = p^2 - x^4$的轨迹，如图 1.15 所示。轨迹的经典周期为$T = 1.854$。接下来，绘制了对应$E = 1$时的谱等效哈密顿量$h = p^2 + 4x^4$的经典轨迹(这里重要的是放弃包含的异常项，因为在经典极限中$\hbar = 0$)。这个哈密顿量的花生型经典轨迹如图 4.18(a)所示。该轨迹的周期也恰好是$T = 1.854$。因此，两个哈密顿量是经典等价的。

但是，如果不丢弃异常项，经典轨迹的周期变为$T = 1.669$。图 4.18(b)中绘制了$E = 1$时的哈密顿量$h = p^2 + 4x^4 + 2x$的经典轨迹。发现了令人惊讶的结果，尽管两个哈密顿量在量子力学水平上的谱等效，但同样的能量经典周期是不同的。

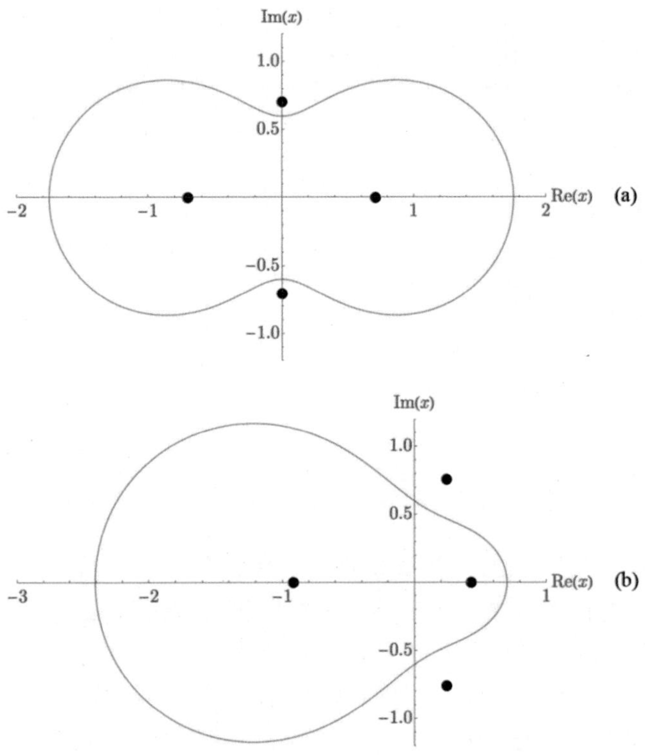

图 4.18　具有量子异常的哈密顿量$h = p^2 + 4x^4 + 2\hbar x$的经典闭合轨迹。$h$的等谱模型是$\mathcal{PT}$对称哈密顿量$H = p^2 - x^4$(见 2.3 节)。在图(a)中，采用经典极限$\hbar = 0$来消除量子异常，并为$E = 1$的情况绘制了经典轨迹。有两个实数和两个复数拐点。这个花生形轨迹的周期为$T = 1.854$，与哈密顿量 H 对应$E = 1$轨迹的经典周期完全一致(见图 1.15)。在图(b)中，没有消除量子异常项，绘制了哈密顿量$h = p^2 + 4x^4 + 2x$的轨迹。在这种情况下，发现$E = 1$时，轨迹的经典周期变为$T = 1.669$

4.2.5　更复杂的振荡系统

在 Liouville 量子场论[118]背景下，会出现相当复杂的$\mathcal{PT}$对称哈密顿量：

$$H = \frac{1}{2}p^2 - x\mathrm{e}^{\mathrm{i}x} \tag{4.7}$$

这个哈密顿量的经典轨迹是不同寻常的，因为它们根据闭合环绕之前拐点对的数量分裂为无限数量的不同类轨迹。3 类轨迹如图 4.19 所示。两条轨迹围绕一对拐点，一条轨迹围绕两对拐点，一条轨迹围绕三对拐点。不同类别的轨迹由分路径隔开。分路径不闭合，而是接近负虚无穷大。

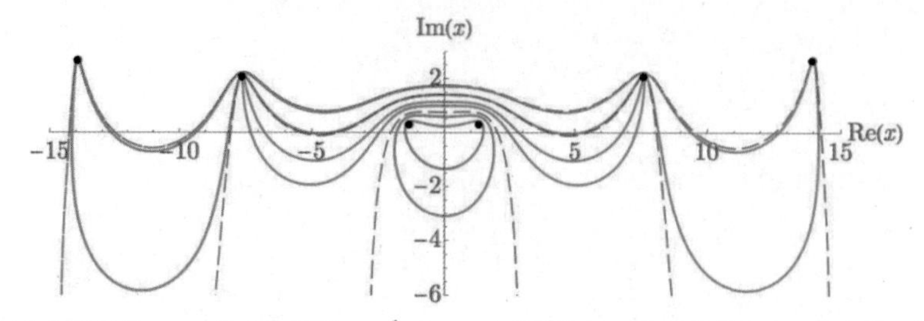

图 4.19 具有经典能量 E=-1 的哈密顿量$H=\frac{1}{2}p^2-\mathrm{i}x\mathrm{e}^{\mathrm{i}x}$的复轨迹。有无数类轨迹，其中第$n$类包含$n$对拐点的轨迹。图中绘制了 4 条这样的轨迹(蓝色)，两条在$n=1$类中，一条在$n=2$类中，一条在$n=3$类中。第n类与$n=2$类通过分隔线(红色虚线)分开，这些不会闭合，而是继续向下朝向负虚无穷大。图中绘制了 3 条这样的分界线曲线

4.3 复概率

到目前为止，本章的重点是具有$\mathcal{PT}$对称性的复变形经典力学系统的轨迹。本节首先考虑另一种经典系统，即概率随机游走系统。结果表明，可以将随机游走过程变形为复域，以保持$\mathcal{PT}$对称性。这个复系统仍然可以有一个有意义的概率解释。

为了构建随机游走过程的$\mathcal{PT}$对称变形，从传统的一维经典随机游走系统开始，并通过给它一个虚构的偏差来引导随机游走概率，对于传统的一维随机游走系统，步行者到达的站点在实数x轴上，可以找到步行者到达任意站点的概率密度。

但是，对于$\mathcal{PT}$对称随机游走系统，可以将随机游走器视为在复数$z=x+\mathrm{i}y$平面沿轮廓移动。这个基本问题将在 4.3.1 节介绍，轮廓只是一条平行于实x轴的直线。在这个轮廓上，可以构建一个局部正概率密度。

量子力学是一种基本的概率理论。本章讨论了经典粒子在复平面中的概率运动，接下来考虑构建描述复平面中量子粒子运动的复量子力学概率密度的可能性。

4.3.1 $\mathcal{PT}$对称经典随机游走

在通常的一维随机游走问题的表述中，随机游走器访问x轴上的格点$x_n=n\delta$，$n=0,\pm1,\pm2,\pm3,\cdots$。这些位置由特征长度$\delta$隔开。在每个时间步，步行者扔一个公平的硬币(硬币正面或反面的概率为 1/2)。如果结果是正面，则步行者向右移动一步；如果结果是反面，则步行者向左移动一步。为了描述这样的随机游走，引入了概率分布$P(n，k)$。它表示在时间$t_k=k\tau$处找到位置x_n随机游走的概率，其中$k=0,1,2,3,\cdots$。这些时间步长之间的间隔就是特征时间τ。概率分布$P(n，k)$满足著名的偏差分方程：

$$P_{(n,\ k)}=\frac{1}{2}P_{(n+1,\ k-1)}+\frac{1}{2}P_{(n-1,\ k-1)} \tag{4.8}$$

通过引入硬币将这个随机游走问题变形为复域是不公平的。假设硬币有一个虚构的偏差。

因此，假设在每一步，随机步行者向右移动的所谓“概率”如下：

$$\alpha = \frac{1}{2} + \mathrm{i}\beta\delta \tag{4.9}$$

并且向左移动的“概率”如下：

$$1 - \alpha = \frac{1}{2} - \mathrm{i}\beta\delta = a^* \tag{4.10}$$

参数 β 是硬币虚构误差的度量。当然，一个转换概率必须是 0 到 1 范围内的正数，这就是术语“概率”使用引号的原因。

注意，$a + a^* = 1$，因此移动的总“概率”仍然是 1。因此，式(4.8)归纳如下：

$$P(n,\ k) = \alpha P(n-1,\ k-1) + a^* P(n+1,\ k-1) \tag{4.11}$$

想将$P(n,\ k)$解释为概率密度，但问题是$P(n,\ k)$服从复数方程式(4.11)，因此是复值。然而，尽管这个方程是复数，但它是$\mathcal{PT}$对称的，因为它在奇偶校验和时间反转的组合操作下是不变的。在奇偶反射下，交换向右和向左步骤的“概率”式(4.9)和式(4.10)具有交换式(4.11)中指数$n+1$和$n-1$的效果。时间反转通过复共轭来实现。

选择简单的初始条件，即随机步行者在时间$k = 0{:}\,P(0{,}0) = 1$处站在原点$n = 0$。对于这个初始条件，式(4.11)的精确解如下：

$$P(n,k) = \frac{k!\,\alpha^{\frac{k+n}{2}}(\alpha^*)^{\frac{k-n}{2}}}{\left(\frac{k+n}{2}\right)!\left(\frac{k-n}{2}\right)!} = \frac{k!\,\alpha^{\frac{k+n}{2}}(1-\alpha)^{\frac{k-n}{2}}}{\left(\frac{k+n}{2}\right)!\left(\frac{k-n}{2}\right)!}$$

该解显然是$\mathcal{PT}$对称的，因为它在组合空间反射$n \to -n$和时间反转(复共轭)的条件下是不变的。

找出这个复随机游走系统的连续极限。为此，引入了连续变量t和x：

$$t \equiv k\tau,\ x \equiv n\delta$$

满足给定值$\sigma \equiv \delta^2/\tau$的扩散常数 σ 要求，其值固定。然后令$\delta \to 0$，并将$\rho(x,t)$定义为概率密度：

$$\rho(x,t) \equiv \lim_{\delta\to 0}\frac{P(n,k)}{\delta} = \frac{1}{\sqrt{2\pi\sigma t}}\mathrm{e}^{-\frac{(x-2\mathrm{i}\sigma\beta)^2}{2\sigma t}} \tag{4.12}$$

函数$\rho(x,t)$用来求解复$\mathcal{PT}$对称扩散方程。

$$\rho_t(x,t) = \sigma\rho_{xx}(x,t) - 2\mathrm{i}\sigma\beta\rho_x(x,t) \tag{4.13}$$

上式满足 delta 函数的初始条件：$\lim\limits_{t\to 0}\rho(x,t) = \delta(x)$，其中$x$为实数。

有趣的是，在复x平面中有一个轮廓，其上的概率密度$\rho(x,t)$是实数。对于这个简单的问题，轮廓仅是水平直线$\mathrm{Im}\,x = 2\sigma\beta\mathrm{t}$。$t = 0$时，这条线位于实轴上，但随着时间的推移，这条线以恒定速度$2\sigma\beta$垂直移动。因此，尽管概率密度是x和t的复函数，但已经确定了复合x平面中的轮廓，其概率为实数且为正数，因此可以将其解释为常规概率密度。

4.3.2 $\mathcal{PT}$量子力学的概率密度

在$\mathcal{PT}$对称经典动力系统中，经典粒子的典型轨迹为复平面。当量化这样一个系统时，面临的难题是构建此类量子粒子运动的局部概率，即构建粒子的局部概率能流和概率密度。上文已经表明，虽然这不是一个简单的问题，但是对于一个复随机游走过程，它有一个概率解释；也就是说，在复平面中找到了一条与时间相关的路径，该路径上存在正概率密度，而且这条路径只是一条直线。

复量子力学的情况并不那么简单，因为如果复平面上有一条路径，可以在其上定义概率密度，那么路径就不应该仅仅是一条直线。虽然还有更多的工作要做，但是已经发表的两篇论文[123-124]首次尝试了在复平面中找到这样的路径。以下是这项工作的主要内容。

瞬态薛定谔方程$\mathrm{i}\psi_t = \hat{H}\psi$复空间坐标($z$空间)中的表达式为

$$\mathrm{i}\psi_t(z,t) = -\psi_{zz}(z,t) + V(z)\psi(z,t) \tag{4.14}$$

坐标 z 是复数，所以式(4.14)的复共轭是

$$-\mathrm{i}\psi^*{}_t(z^*,t) = -\psi^*{}_{z^*z^*}(z^*,t) + V^*(z^*)\psi^*(z^*,t) \tag{4.15}$$

在式(4.15)中用$-z$代替z^*，得到：

$$-\mathrm{i}\psi^*{}_t(-z,t) = -\psi^*{}_{zz}(-z,t) + V(z)\psi^*(-z,t) \tag{4.16}$$

其中，根据$\mathcal{PT}$对称条件$V^*(-\hat{x}) = V(\hat{x})$，把$V^*(-z)$替换为$V(z)$。为了推导出局部守恒定律，首先将式(4.14)乘以$\psi^*(-z,t)$，得到：

$$\mathrm{i}\psi^*(-z,t)\psi_t(z,t) = -\psi^*(-z,t)\psi_{zz}(z,t) + V(z)\psi^*(-z,t)\psi(z,t) \tag{4.17}$$

接下来，将式(4.16)乘以$-\psi(z,t)$，获得：

$$\mathrm{i}\psi(z,t)\psi^*{}_t(-z,t) = \psi(z,t)\psi^*{}_{zz}(-z,t) - V(z)\psi(z,t)\psi^*(-z,t) \tag{4.18}$$

然后将式(4.17)添加到式(4.18)，得到：

$$\frac{\partial}{\partial t}[\psi(z,t)\psi^*(-z,t)] + \frac{\partial}{\partial z}\left[\mathrm{i}\psi(z,t)\psi^*{}_z(-z,t) - \mathrm{i}\psi^*(-z,t)\psi_z(-z,t)\right] = 0$$

该方程具有局部连续性方程的一般形式：

$$\rho_t(z,t) + j_z(z,t) = 0 \tag{4.19}$$

其局部密度为

$$\rho(z,t) \equiv \psi^*(-z,t)\psi(z,t) \tag{4.20}$$

局部能流为

$$j(z,t) \equiv \mathrm{i}\psi^*{}_z(-z,t)\psi(z,t) - \mathrm{i}\psi^*(-z,t)\psi_z(z,t) \tag{4.21}$$

注意，式(4.20)中的局部密度$\rho(z,t)$不是$\psi(z,t)$的绝对平方。相反，因为$\mathcal{PT}$对称性是不破缺的，$\psi^*(-z,t) = \psi_z(z,t)$和$\rho(z,t) = [\psi(z,t)]^2$。因此，这允许将密度作为解析函数扩展到复$z$平面。

虽然式(4.19)具有局部守恒定律的形式，但式(4.20)中的局部密度$\rho(z,t)$是一个复值函数。

因此，不清楚$\rho(z,t)$是否可以作为概率密度，因为对于局部守恒概率密度，它必须是实数和正数，并且其空间积分必须归一化为 1。考虑到这一点，尝试在复z平面中找出轮廓C，在该平面上$\rho(z,t)$可以被解释为概率密度。认为，在这样的轮廓上，$\rho(z,t)$必须满足三个条件：

条件 1：
$$\mathrm{Im}[\rho(z)\mathrm{d}z]=0 \tag{4.22}$$

条件 2：
$$\mathrm{Re}[\rho(z)\mathrm{d}z]>0 \tag{4.23}$$

条件 3：
$$\int_C \rho(z)\mathrm{d}z=1 \tag{4.24}$$

注意，在这样的轮廓上，t时刻在复 z 平面中找到粒子的概率密度$\rho(z,t)$通常不是实数的。相反，乘积$\rho\,\mathrm{d}z$(代表对总概率的局部贡献)应该是实的和正的。对于复随机游走问题，轮廓恰好是一条水平线，因此无穷小的线段$\mathrm{d}x$和概率密度 ρ 分别为实数和正数。

满足上述三个条件的复轮廓C取决于波函数$\psi(z,t)$，因此它是时间相关的。然而，为简单起见，将限制波函数$\psi(z,t)=\mathrm{e}^{\mathrm{i}E_n t}\psi_n(z)$，其中$E_n$是哈密顿量的特征值，并且$\psi_n(z)$是与时间无关的薛定谔方程的对应特征函数。对于$\psi(z,t)$的这个选择，局部能流 $j(z,t)$消失，并且$\rho(z)$和定义它的轮廓C都是和时间无关的。

条件 1 能够构造一个定义轮廓C的微分方程，但这个方程很难求解。已经证明了谐波振荡器哈密顿量，其特征函数只是高斯函数乘以厄米多项式，$\psi_n(z)=\mathrm{e}^{-z^2/2}He_n(z)$，为了找到复$z$平面中的概率密度，根据式(4.20)构造 $\rho(z)$，然后把上述三个条件代入式(4.22)～(4.24)中，则函数$\rho(z)$具有一般形式：

$$\rho(z,t)=\mathrm{e}^{-x^2+y^2-2\mathrm{i}xy}[S(x,y)+\mathrm{i}T(x,y)]$$

其中，$z=x+\mathrm{i}y$、$S(x,y)$和$T(x,y)$是x和y的多项式：

$$S(x,y)=\mathrm{Re}([He_n(z)]^2)，T(x,y)=\mathrm{Im}([He_n(z)]^2)$$

因此，$\rho\,\mathrm{d}z$具有下面的形式：

$$\rho\mathrm{d}z=\mathrm{e}^{-x^2+y^2}[\cos(2xy)-\mathrm{i}\sin(2xy)][S(x,y)+\mathrm{i}T(x,y)](\mathrm{d}x+\mathrm{i}\mathrm{d}y) \tag{4.25}$$

对式(4.22)施加条件 1，得到$z=x+\mathrm{i}y$平面中轮廓$y(x)$的非线性微分方程，$\rho\mathrm{d}z$的虚部在该平面上消失：

$$\frac{\mathrm{d}y}{\mathrm{d}x}=\frac{S(x,y)\sin(2xy)-T(x,y)\cos(2xy)}{S(x,y)\cos(2xy)+T(x,y)\sin(2xy)} \tag{4.26}$$

这是一个非凡的微分方程，甚至是特殊情况$n=0$的微分方程：

$$\frac{\mathrm{d}y}{\mathrm{d}x}=\tan(2xy)$$

该方程不能在闭合形式下解析求解。不过，原则上可以进行。在由式(4.26)定义的这个轮廓上，对式(4.23)和式(4.24)施加条件 2 和条件 3，然后计算$\rho\mathrm{d}z$的实部：

$$\mathrm{Re}(\rho\mathrm{d}z)=\mathrm{e}^{-x^2+y^2}\{[S(x,y)\cos(2xy)+T(x,y)\sin(2xy)]\mathrm{d}x+[S(x,y)\sin(2xy)-T(x,y)\cos(2xy)]\mathrm{d}y\}$$

因此，由式(4.26)得到：

$$\mathrm{Re}(\rho\mathrm{d}z)=\mathrm{e}^{-x^2+y^2}\frac{[S(x,y)]^2+[T(x,y)]^2}{S(x,y)\cos(2xy)+T(x,y)\sin(2xy)}\mathrm{d}x \tag{4.27}$$

或者

$$\mathrm{Re}(\rho\mathrm{d}z)=\mathrm{e}^{-x^2+y^2}\frac{[S(x,y)]^2+[T(x,y)]^2}{S(x,y)\sin(2xy)-T(x,y)\cos(2xy)}\mathrm{d}y \tag{4.28}$$

方程(4.27)和(4.28)表明，在复平面中建立轮廓线$y(x)$可能存在一些问题，在该复平面上ρ被解释为概率密度。首先，如果轮廓$y(x)$应该穿过式(4.26)右边的分子或分母造成的零点，那么Re(ρdz)的符号会发生变化，这将违反式(4.23)中的正性要求。然而，对这些方程的详细分析[124]表明，Re(ρdz)的符号实际上没有改变。其次，如果轮廓线$y(z)$穿过式(4.26)右边的分子或分母造成的零点，在这一点上，可能期望ρ是奇异的。事实上，它就是奇异的。但是，又可能会担心式(4.24)中的积分会发散，从而违反条件3，即总概率归一化为1。然而，文献[124]中的研究中表明，ρ中的奇点是可积奇点，因此概率是可归一化的。

当然，这项初步工作几乎没有解决$\mathcal{PT}$对称量子理论中构建局部概率密度的难题。这仍然是未来研究的热点领域。

4.4 $\mathcal{PT}$对称经典场论

构造非厄米$\mathcal{PT}$对称哈密顿量的标准步骤是，从一个既是厄米又是$\mathcal{PT}$对称的哈密顿量开始，然后引入一个参数ε，该参数使哈密顿量变形到复域，同时保持其$\mathcal{PT}$对称性。这就是式(2.7)中构造哈密顿量类的方式。对经典非线性波动方程的分析遵循相同的步骤，因为这些波动方程中有许多是$\mathcal{PT}$对称的。

例如，考虑 Korteweg-de Vries(KdV)方程：

$$u_t+uu_x+u_{xxx}=0 \tag{4.29}$$

它描述了表面一维水波。为了证明这个方程是$\mathcal{PT}$对称的，定义一个经典的奇偶反射因子$\mathcal{P}$，用于替换$x\to -x$，并将$u=u(x,t)$视为速度，u的符号也在$\mathcal{P}: u\to -u$。然后定义一个经典的时间反转因子$\mathcal{T}$用于替换$t\to -t$，又因为u是速度，u的符号也在$\mathcal{T}: u\to -u$下发生变化。注意，虽然 KdV 方程在组合$\mathcal{PT}$反射下是对称的，但在$\mathcal{P}$或$\mathcal{T}$下都是不对称。KdV方程是 Camassa-Holm 方程[173]的一个特例，它也是$\mathcal{PT}$对称的。其他非线性波动方程如广义KdV方程$u_t+u^k u_x+u_{xxx}=0$、Sine-Gordon 方程$u_{tt}-u_{xx}+g\sin u=0$和 Boussinesq 方程也是$\mathcal{PT}$对称的。

许多具有$\mathcal{PT}$对称性的非线性波动方程表明，可以通过遵循$\mathcal{PT}$量子力学中使用的相同步骤生成丰富而有趣的、新的、复数非线性$\mathcal{PT}$对称波动方程族，并且可以尝试发现原始波动方程的哪些性质(守恒定律、孤子、可积性、随机行为)被保留，哪些性质在进行复变形时丢失。如果遵循量子力学形式，并要求$\mathrm{i}\to-\mathrm{i}$在时间反转下，立即看到从KdV方程生成新的$\mathcal{PT}$对称非线性波动方程的一种可能方法是引入实参ε如下：

$$u_t - \mathrm{i}u(\mathrm{i}u_x)^{\varepsilon} + u_{xxx} = 0 \tag{4.30}$$

文献[87]研究了这个方程组的各种元素。当然，还有其他方法可以在保持$\mathcal{PT}$对称性的同时将 KdV 方程变形到复域，第 9 章将介绍更多详情。

第 5 章　$\mathcal{PT}$对称量子场理论

大多数人会放弃……但$\mathcal{PT}$-109 的船员不会。

——电影《$\mathcal{PT}$-109》

20 世纪早期的两项重大进展将经典物理学转变为今天所认为的现代物理学：第一项重大进展是量子力学的发现，这是一种描述物质特性的理论；第二项重大进展是相对论的发现，这是一种描述空间和时间几何的理论。当这两种理论结合起来时，产生的相对论量子理论称为量子场论。量子场论描述了基本粒子的特性和相互作用，基本粒子是自然界的基本组成部分。

描述受势影响的非相对论粒子的量子力学理论只有有限数量的自由度。本书中讨论的大多数$\mathcal{PT}$对称量子力学模型只有一个自由度，这些理论的哈密顿量是由一对动力变量$\hat{x}$和$\hat{p}$构成的，这些动力变量服从等时对易关系：

$$[\hat{x}(t),\hat{p}(t)]=\mathrm{i} \tag{5.1}$$

该式被称为海森堡代数。

量子场论比量子力学复杂得多。对于$D+1$维时空中的量子场论，算子$\hat{x}(t)$和$\hat{p}(t)$被推广到量子场$\varphi(x,t)$和$\pi(x,t)$，它们表示连续无限多个自由度，一个空间变量为x的每个值。这些量子场服从D维等时对易关系：

$$[\varphi(x,t),\pi(y,t)]=\mathrm{i}\delta^{(D)}(x-y) \tag{5.2}$$

该式是式(5.1)的D维推广。

第 1 章的结果表明，复数数学为实数数学提供了深刻的洞察力。这表明将传统的量子力学变形到复域可能是有用的，在这样做的过程中，发现了与量子力学基本原理一致的、新的、非厄米$\mathcal{PT}$对称量子理论。本章讨论通过常规厄米量子场论的$\mathcal{PT}$对称变形获得量子场论的性质。

5.1　$\mathcal{PT}$对称量子场论介绍

复数是量子力学的核心，但通常认为时空仅限于实域。时空中的一个点由实数四维向量(x,y,z,t)表示。齐次洛伦兹群被定义为所有实数4×4矩阵的六参数群，这些矩阵对时空向量(x,y,z,t)进行旋转和自举，但是洛伦兹标量的数值$x^2+y^2+z^2-t^2$保持不变。共有三种空间旋转，分别是绕x、y和 z 轴旋转。在空间旋转的重复实验中会产生相同的结果。还可以通过三种可能的方式，沿x、y或z轴提高速度。同样，相对于原始实验室，以恒定速度移动的实验室中，重复实验也会产生相同的结果。

多年来，人们认为洛伦兹群(加上空间和时间的平移)构成了宇宙的完整几何对称群。然而，随着连续变换(旋转和自举)，齐次洛伦兹群的上述定义还允许两个离散变换，现在知道这不是自然的基本对称性。第一个称为奇偶校验$\mathcal{P}$，四向量空间分量的反转符号，即$\mathcal{P}: (x,y,z,t) \to (-x,-y,-z,t)$(注意，$\mathcal{P}$将一个人的右手变成了一个人的左手，这样的转换不能通过旋转来实现)。第二个称为时间反转$\mathcal{T}$，四向量时间分量的反转符号，即$\mathcal{T}: (x,y,z,t) \to (x,y,z,-t)$。

1957 年，Lee 和 Yang 获得了诺贝尔奖，因为他们证明了宇称不是自然对称性。1980 年，Cronin 和 Fitch 证明了时间反转也不是自然对称性(左手实验室和右手实验室可以得到不同的实验结果，时间前进与倒退实验室也可以得到不同的结果)。

获得这些成果之后，人们接受了正确的自然几何对称群，必须排除$\mathcal{P}$和$\mathcal{T}$。如果从齐次洛伦兹群中去除这些对称，将得到一个新的、更小的连续对称群，称为正时洛伦兹群组(POLG)。

齐次洛伦兹群由四个不相连的部分组成：①POLG，它是齐次洛伦兹群的子群；②POLG 的所有元素乘以奇偶校验$\mathcal{P}$；③POLG 的所有元素乘以时间反转$\mathcal{T}$；④POLG 的所有元素乘以时空反射$\mathcal{PT}$。然而，如果通过包括所有保持洛伦兹标量$x^2+y^2+z^2-t^2$不变的复数4×4矩阵，将齐次洛伦兹群扩展到复洛伦兹群，会发现群只有两个不相连的部分：POLG 合并到 POLG×$\mathcal{PT}$，POLG×$\mathcal{P}$合并到 POLG×$\mathcal{T}$。

因此，当将实几何扩展到复几何时，一种新的离散对称，即$\mathcal{PT}$对称就自然而然地出现了。$\mathcal{PT}$对称意味着$\mathcal{P}$和$\mathcal{T}$的组合；$\mathcal{PT}$反射改变了时空向量$\mathcal{PT}$的所有四个分量的符号：$(x,y,z,t) \to (-x,-y,-z,-t)$。对于本身就是反粒子的不带电粒子来说，本质上，这种离散对称性是正确的自然对称性①。

量子场论比量子力学理论复杂得多，但形式上构造非厄米和$\mathcal{PT}$不变的量子场论并不困难。事实上，三次和四次量子场理论的哈密顿密度，类似于$\mathcal{PT}$对称量子力学哈密顿量$\hat{H}=\frac{1}{2}\hat{p}^2+\frac{1}{2}\mu^2\hat{x}^2+\frac{1}{3}\mathrm{i}\hat{x}^3$和$\hat{H}=\frac{1}{2}\hat{p}^2+\frac{1}{2}\mu^2\hat{x}^2-\frac{1}{4}\hat{x}^4$，其形式如下：

$$\mathcal{H}=\frac{1}{2}\pi^2(x,t)+\frac{1}{2}[\nabla_x\varphi(x,t)]^2+\frac{1}{2}\mu^2\varphi^2(x,t)+\frac{1}{3}\mathrm{i}g\varphi^3(x,t) \tag{5.3}$$

以及

$$\mathcal{H}=\frac{1}{2}\pi^2(x,t)+\frac{1}{2}[\nabla_x\varphi(x,t)]^2+\frac{1}{2}\mu^2\varphi^2(x,t)-\frac{1}{4}g\varphi^4(x,t) \tag{5.4}$$

就像在量子力学中一样，其中算子$\hat{x}$和$\hat{p}$在奇偶校验$\mathcal{P}$作用下改变符号。在这里假设这些哈密顿量中的场是伪标量，所以它们也会在奇偶反射下改变符号：

$$\mathcal{P}\varphi(x,t)\mathcal{P}=-\varphi(-x,t)，\mathcal{P}\pi(x,t)\mathcal{P}=-\pi(-x,t) \tag{5.5}$$

非厄米$\mathcal{PT}$对称量子场论，如式(5.3)和式(5.4)，会表现出丰富多样的行为。像式(5.3)中的

① 对于费米子和带电粒子，$\mathcal{PT}$对称性通过称为变化共轭 $\mathcal{C}$的附加对称算子得到增强，它将粒子变成反粒子。这就是粒子物理学中$\mathcal{CPT}$定理起源[495]。粒子物理学中的电荷共轭算子 $\mathcal{C}$具有类似的数学性质，但与第 3 章$\mathcal{PT}$对称量子力学中介绍的$\mathcal{C}$算子不同。

三次场理论模型，很有趣，因为它们出现在 Yang-Lee 边缘奇点的研究中[242, 174-175]以及 Reggeon 场论中[167, 284]。在这些论文中，假设场论中的时间演化是非单一的。然而，5.4 节将讨论构造$\mathcal{C}$算子，关于$\mathcal{CPT}$共轭的量子场论实际上是单一的。5.6 节的研究表明，$\mathcal{PT}$对称性消除了 Lee 模型(另一种三次量子场论)中的阴影。由式(5.4)描述的场论是惊人的，因为它是渐近自由的，与 5.7 节所述的相同。在该部分中，还研究了量子电动力学的$\mathcal{PT}$对称版本，以及$\mathcal{PT}$对称 Thirring 和 SineGordon 模型，并简要提及了引力和宇宙学理论、Higgs 模型和双标度极限。

5.2 微扰和非微扰行为

在量子场论课程中，φ^3和φ^4场论被用作教学模型来解释费曼图和微扰重整化，即使三次模型在物理上不现实，因为能量密度向下是无界的(该理论没有稳定的基态)，以及四次模型在四维时空中不是渐近自由的。本节解释了式(5.3)中三次模型中的虚耦合如何修复了传统理论φ^3中，能量密度不受下界约束的问题，以及为什么四次模型式(5.4)中的负耦合不会产生向下无界的频谱。

5.2.1 三次$\mathcal{PT}$对称量子场论

式(5.3)中量子场论$g\varphi^3$的费曼规则分别是$-6g$(适用于三顶点振幅)和$1/(p^2+m^2)$(动量空间中的线振幅)。为了计算真空态能量密度，必须评估所有连接真空图的总和。g^2阶和g^4阶的真空图如图 5.1 所示。

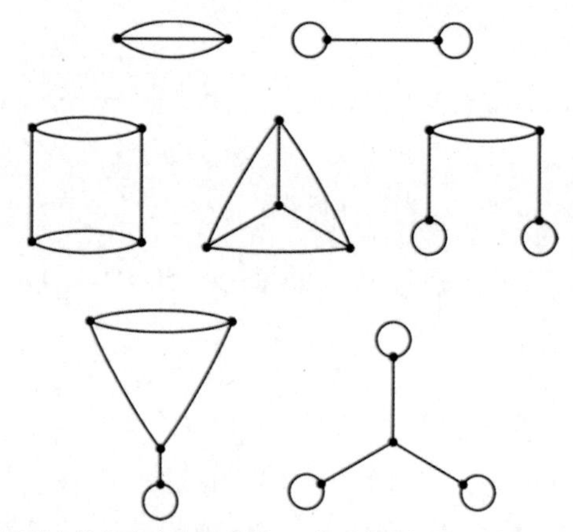

图 5.1 在量子场论$g\varphi^3$中对真空能量密度有贡献的g^2阶(两幅图)和g^4阶(五幅图)的连通真空图。注意，对于三次理论，真空图都有偶数个顶点，并且任何图的振幅都与g^2的幂成正比。因此，如果g是实数，图都同相相加，费曼微扰级数式(5.6)中的系数a_n都具有相同正负号。因此，这个扰动级数不是 Borel 可求和的。这种不可求和性是传统理论φ^3中真空状态不稳定的信号。然而，如果g是纯虚数，则式(5.6)的级数是交替的，并且可 Borel 求和。因此，基态能量密度是实数的，真空态是稳定的

由此产生的扰动展开式只包含g的偶次幂：

$$\sum_{n=0}^{\infty} a_n g^{2n} \tag{5.6}$$

这个扰动序列形式揭示了一个基本问题。因为真空图的数量随着顶点的数量呈阶乘增长[150]，所以该 Feynman 微扰级数是发散的[105, 147]①。通常，发散的扰动级数不是一个严重的障碍，因为该级数是渐近的，可以使用求和过程来获得级数的和[142]，例如 Padé 或 Borel 求和。然而，在传统场论$g\varphi^3$的情况下，耦合常数g为实数，所有对扰动级数有贡献的图都具有相同的符号。因为只有g的偶次幂出现在级数中，所以式(5.6)中的级数不是交替级数。因此，发散级数不是可 Borel 求和的，并且在常耦合平面中有一个分支切割。尽管系数a_n全是实数，但此切割的不连续性导致级数总和成为复数值。

真空能量密度的这种复结果并不令人意外。它只是证实了三次势向下没有界限，所以当$g \neq 0$时，真空状态变得不稳定。真空能量密度的虚部可以用真空态的寿命值来表示。

式(5.3)中，$\mathcal{PT}$对称哈密顿量的优点是耦合项为纯虚数，因此耦合常数的平方为负。进而，式(5.6)的发散级数在符号上交替。交替级数的 Borel 和是实数，这意味着真空态是稳定的。当然，式(5.3)的三次哈密顿量不是厄米的。5.4 节将介绍，如何计算耦合常数g中一阶理论$\mathcal{C}$算子。计算很困难，但如果这个计算可以扩展到耦合常数幂的更高阶，那么这将证明$\mathcal{C}$算子存在。$\mathcal{C}$算子的存在意味着哈密顿量对于$\mathcal{CPT}$共轭是自伴随的，这又意味着式(5.3)中哈密顿量密度定义了一个幺正理论。

5.2.2　四次$\mathcal{PT}$对称量子场论

人们可能会认为，将 5.2.1 节中的图形分析从式(5.3)的三次哈密顿量扩展到式(5.4)四次哈密顿量会得出结论：负耦合常数会导致该理论的真空态变得不稳定。然而，2.3 节已经证明了倒置的四次量子力学势具有稳定的基态。在这里，将该论证扩展到量子场论，并表明即使式(5.4)中的耦合常数为负，真空态也是稳定的。

式(5.4)中量子场论的费曼规则分别是$-6g$(适用于三顶点振幅)和$1/(p^2+m^2)$(动量空间中的线振幅)。g阶和g^2阶的连通真空图如图 5.2 所示。图形扰动展开形式如下：

$$\sum_{n=0}^{\infty} b_n g^{n} \tag{5.7}$$

耦合常数g的所有整数次幂都出现在这个展开式中，而不仅仅是式(5.6)中的偶次幂。

由于式(5.7)中g的所有整数次幂都出现了，在传统理论$g\varphi^4$中，这个图形扰动序列的符号将发生交替，因此可 Borel 求和。由于 Borel 和是实数，因此真空态的能量是实数。而且，传统理论$g\varphi^4$的真空态(具有正面朝上的势)是稳定的。然而，$\mathcal{PT}$对称理论$-g\varphi^4$系数b_n的符

① 这种偏离不能通过重整化来修复，重整化只能用于处理费曼积分发散的单个图。在这里，无论扰动系数a_n是否有限，序列本身都会发散[132]。

号不交替。因此，与常规三次量子场论的真空能量密度的微扰级数一样，该级数的 Borel 和是复数。复g平面上有一个切口，并且由于切口的不连续性是复数的，因此该序列的 Borel 和是复数。

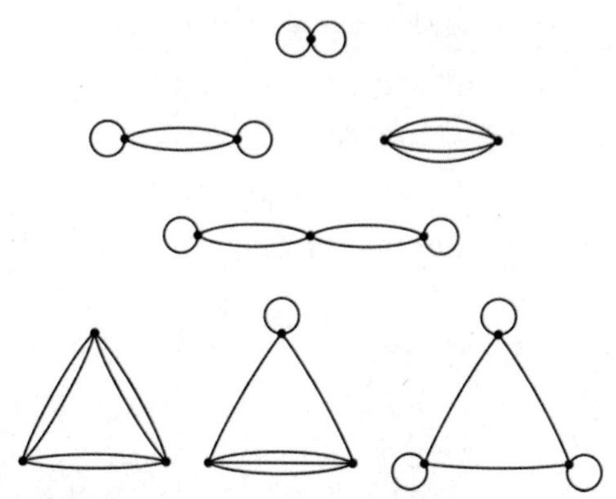

图 5.2 对四次量子场论的真空能量密度有贡献的g阶(两幅图)和g^2阶(四幅图)的连通真空图。对于$g\varphi^4$理论，具有g的所有整数幂的真空图出现在式(5.7)的扰动级数中。与三次量子场论的情况一样，如果g是实数，则所有图都同相相加，因此系数b_n对于常规理论$g\varphi^4$在符号上交替，但对于$\mathcal{PT}$对称$-g\varphi^4$理论在符号上不交替。因此，一个$-g\varphi^4$理论的图形扰动级数不是 Borel 可求和的，且$-g\varphi^4$理论真空态的能量是复数的。然而，当包含真空能量的非微扰(非图形)贡献时，真空能量就变成实数。就像常规理论$g\varphi^4$的真空状态一样，$-g\varphi^4$理论的真空状态是稳定的

值得注意的是，尽管有这个结果，$-g\varphi^4$理论真空态的能量仍然是真实的！这是因为，除了对真空能量的微扰(图形)贡献外，$\mathcal{PT}$对称φ^4理论还具有非微扰贡献。Borel 和的切割不连续性和这些非微扰贡献都是纯虚数且指数级减小。四次$\mathcal{PT}$对称量子场论的惊人特征是，这两个虚贡献恰好抵消。因此，倒四次场理论的真空能量是实数的，而且该理论具有稳定的基态。下面将介绍零维量子理论的简单情况下非微扰项的产生。

5.2.3 零维$\mathcal{PT}$对称场论

为了解释$\mathcal{PT}$对称四次量子场论中非微扰贡献的起源，考虑零维时空量子场论的简单情况。这种理论的偏分函数 Z只是形式上的一维积分$Z=\int \mathrm{d}\varphi \mathrm{e}^{-H}$，其中 H是经典哈密顿量。首先验证常规四次场论$H=\frac{1}{2}\varphi^2+\frac{1}{4}g\varphi^4$，其偏分函数由下式给出：

$$Z=\int_{-\infty}^{\infty}\mathrm{d}\varphi\,\exp\left(-\frac{1}{2}\varphi^2-\frac{1}{4}g\varphi^4\right)$$

其中，积分路径是实轴。为了找到Z的小g扰动展开式，将$\exp\left(-\frac{1}{4}g\varphi^4\right)$展开为$g$的幂的泰勒级数，然后逐项积分。结果是一个发散的交替级数，其 Borel 和是实数。这种展开式的系数也可以通过计算图 5.2 中的真空图来获得。

获得弱耦合展开的一种更好的方法是，通过缩放变换将$\varphi=t/\sqrt{g}$变换为拉普拉斯积分形式[142]。偏分函数的积分表达式如下：

$$Z = \frac{1}{\sqrt{g}} \int_{t=-\infty}^{\infty} \mathrm{d}t \exp\left[-\frac{1}{g} f(t)\right] \tag{5.8}$$

其中，$f(t) = \frac{1}{2}t^2 + \frac{1}{4}t^4$。然后通过使用最速下降的方法来近似这个积分[142]。首先定位鞍点，它们具有零值的表达式如下：

$$f'(t) = t^3 + t$$

共有三个鞍点，它们位于$t = 0, \mathrm{i}, -\mathrm{i}$(鞍点如图 5.3 所示)。

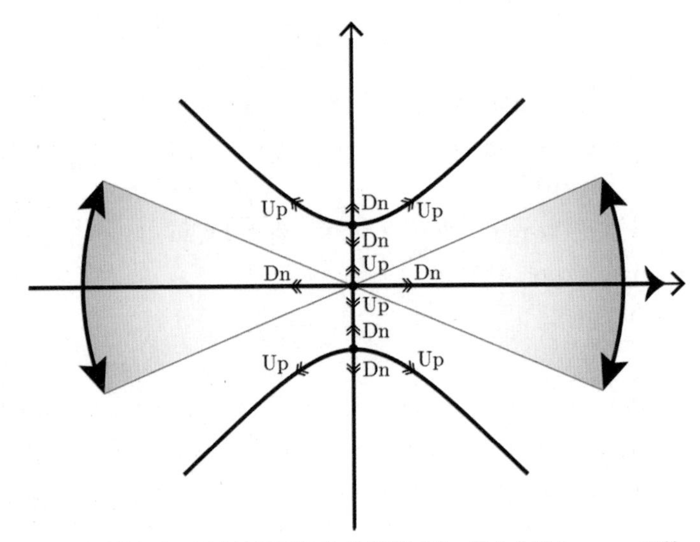

图 5.3　式(5.8)在复t平面的积分。因为被积函数是t的解析函数，积分曲线从$t = -\infty$开始，到$t = \infty$结束，变形为起始于左斯托克斯扇区并终止于右斯托克斯扇区的任何路径。由于将g视为一个小的正数，因此使用最速下降法来近似积分。在$t = 0, \mathrm{i}, -\mathrm{i}$处有三个鞍点，用圆点表示。实线是恒定相位的路径。如扁平箭头所示，曲线沿着实轴从$-\infty$到$+\infty$呈最陡峭趋势下降。该路径穿过$t = 0$时的鞍点，绕过其他两个鞍点

接下来，确定恒相位轮廓。式(5.8)的积分相位，即$f(t)$的虚部，在$t = 0$处消失。因此，如果让$t = x + \mathrm{i}y$，恒相位(会消失)曲线的方程可以表达为

$$xy + x^3 y - xy^3 = 0$$

因此，在实t轴上，恒相位曲线为$y = 0$；在虚t轴上，其曲线为$x = 0$和两条双曲线$y = \pm\sqrt{x^2 + 1}$。这些恒相位路径在图 5.3 中都用粗实线表示。

特别地，在复t平面中有一个恒相位轮廓，它起源于$t = -\infty$，沿着实t轴行进。在$t = 0$处穿过鞍点，沿实t轴继续向上，并在$t = +\infty$处终止。因此，情况非常简单：式(5.8)中的原始积分路径是一个恒相位轮廓，不需要为了服从恒相位路径而变形。该轮廓是从$t = 0$处的鞍点沿两个方向向下的最陡路径，即实t轴的上侧和下侧。

图 5.3 表明，在$t = \pm\mathrm{i}$处还有另外两个鞍点。这些鞍点位于包括$t = 0$处鞍点的恒相位路径上。然而，当g较小时，这些鞍点对Z的渐近扩展没有贡献，因为通过$t = 0$的最陡下降路径不

会通过这些鞍点。因此，这些鞍点称为无关鞍点。只有在$t=0$的相关的鞍点才会使Z的渐近级数展开，并且该展开是g的幂级数，因此该鞍点被称为微扰鞍点。该分析的主要结论是，传统的φ^4量子场论(具有正质量项和正自相互作用项)没有非微扰贡献；通过对图 5.2 中的费曼图求和得到扰动级数，给出了对小耦合常数g理论的渐近行为的完整描述。

5.2.4　$\mathcal{PT}$对称理论的鞍点分析

考虑零维哈密顿量的$\mathcal{PT}$对称类：

$$H=\frac{1}{2}\varphi^2+\frac{1}{2+\varepsilon}g\varphi^2(\mathrm{i}\varphi)^\varepsilon \tag{5.9}$$

这些哈密顿量是零维二次哈密顿量$H=\frac{1}{2}(1+g)\varphi^2$的$\mathcal{PT}$变形表达式。式(5.9)中 H的配分函数 Z由积分$Z=\int \mathrm{d}\varphi \mathrm{e}^{-H}$给出，其中积分路径起源于以角度为中心的左斯托克斯扇区内：

$$\theta_{\text{center, left}}=-\pi+\frac{\pi\varepsilon}{2\varepsilon+4}$$

并终止于以角度为中心的右斯托克斯扇区内：

$$\theta_{\text{center, right}}=-\frac{\pi\varepsilon}{2\varepsilon+4}$$

这两个斯托克斯扇区具有相同的张角$\Delta=\pi/(2+\varepsilon)$。对于不变形理论$\varepsilon=0$，斯托克斯扇区以正实轴和负实轴为中心，并且张角为$\pi/2$。当$\varepsilon$增大，斯托克斯扇区向下旋转并变薄。

三次零维$\mathcal{PT}$对称理论：对于三次情况$\varepsilon=1$，斯托克斯扇区位于实轴附近和下方，它们的张角为$\pi/3$(见图 5.4)。在这种情况下，将式(5.9)中的积分变量$\varphi=t/g$重新缩放，并获得以下用于配分函数的公式：

$$Z=\frac{1}{g}\int_C \mathrm{d}t\,\exp[-g^{-2}f(t)] \tag{5.10}$$

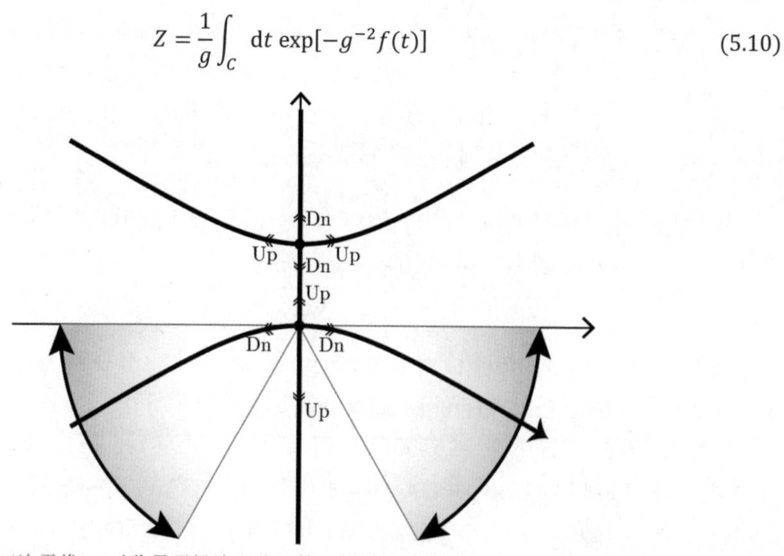

图 5.4　式(5.10)中三次零维$\mathcal{PT}$对称量子场论配分函数 Z的最速下降分析。在$t=0$和$t=\mathrm{i}$处有鞍点。恒相位曲线显示为粗实线。从$t=0$处的扰动鞍点开始，最陡下降路径向下转向并在实轴下方 30°角处终止于斯托克斯扇区的中心。$t=\mathrm{i}$处的鞍点无关紧要，因为小g对Z的渐近逼近没有贡献

其中，$f(t)=\frac{1}{2}t^2+\frac{1}{3}\mathrm{i}t^3$。如果积分路径 C 从$-\infty$到∞沿着实轴，则式(5.10)的积分收敛。这条路径位于斯托克斯扇区的上边缘。所以被积函数中的三次指数是振荡的，且由于指数中的负实二次项，收敛是有保证的。

注意，如果该理论是传统的厄米三次理论，三次指数中的因子i将丢失，且积分将发散。因此该三次量子场论必须是非厄米和$\mathcal{PT}$对称的！

当g较小时，在式(5.10)中找到Z的渐近行为的一种快速方法是，在泰勒级数中展开三次指数，然后逐项积分，结果得到g^2的幂次发散渐近级数。这是通过对图 5.1 中的真空图求和而获得的扰动扩展。然而，使用最速下降的方法来验证这个积分适用于小耦合常数。鞍点方程为$f'(t)=\mathrm{i}t^2+t=0$。该方程有两个鞍点，分别位于$t=0$和$t=\mathrm{i}$。这些鞍点如图 5.4 所示。因为$t=0$处鞍点的相位为 0，所以寻找相位同为 0 的恒相位路径。设 $t=x+\mathrm{i}$，发现有 3 个这样的路径，y轴和两条双曲线$x=\pm\sqrt{3y^2-3y}$。这些在图 5.4 中显示为粗实线。只有微扰的情况下，在$t=0$时穿过鞍点的下双曲线，小g对Z的渐近展开有贡献；这条最陡峭的下降路径向下转弯并终止于斯托克斯扇区的中心。这个最陡下降的轮廓避开了$t=\mathrm{i}$处的鞍点，所以小g条件下，这个鞍点对 Z 的渐进扩展没有贡献，并且是一个不相关的鞍点。

四次零维$\mathcal{PT}$对称理论：通过在式(5.9)中设置$\varepsilon=2$获得的四次$\mathcal{PT}$对称理论特别有意义，因为积分的最速下降分析表明，Z 具有两个相关的非微扰鞍点和一个相关的微扰鞍点。因此，与具有右侧向上势的常规四次理论不同，单独的费曼图不足以获得这种四次场论的特性。为了处理小g的配分函数，引入了比例因子$\varphi=t/\sqrt{g}$以获得积分表达式：

$$Z=\frac{1}{\sqrt{g}}\int_C \mathrm{d}t\exp\left[-\frac{f(t)}{g}\right] \tag{5.11}$$

其中，$f(t)=\dfrac{1}{2}t^2-\dfrac{1}{4}t^4$。为了使该积分收敛，积分曲线$C$必须终止于图 5.5 所示的斯托克斯扇区。

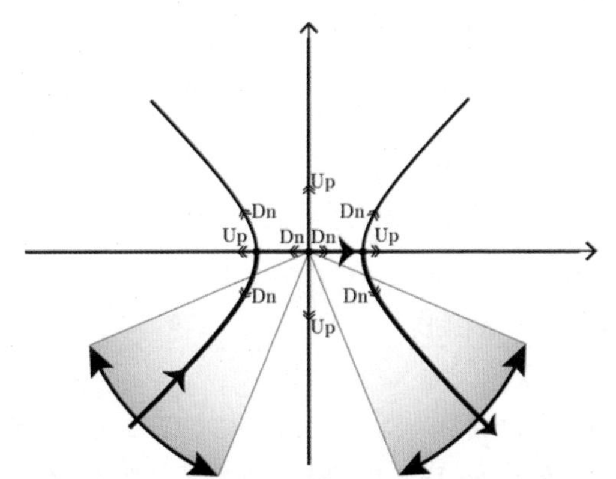

图 5.5 式(5.11)积分最速下降分析的复t平面中设置。图中有三个鞍点，都位于t实轴(而不是t虚轴，如图 5.3 所示)。积分的最速下降轮廓穿过所有三个鞍点。这条路径起源于左斯托克斯扇区，并在$t=-1$上升到鞍点。然后路径右转 90°并沿着实轴t行进，穿过$t=0$处的微扰鞍点。最后，路径在鞍点$t=1$处再右转 90°，向下运行，终止于右斯托克斯扇区的中心

使用最速下降法来验证式(5.11)的积分。在鞍点$f'(t) = t - t^3 = 0$，该方程表明存在三个鞍点，分别位于$t = -1,0,1$处(这些鞍点如图 5.5 所示)。在$t = 0$的鞍点处，相位为 0。因此寻找恒定的相位路径，且沿该路径相位都为 0。设$t = x + \mathrm{i}y$，发现有四条这样的路径：x 轴$y = 0$，y轴$x = 0$，以及两条双曲线$x = \pm\sqrt{1 + y^2}$。这些路径在图 5.5 中用粗实线表示。该图显示，终止于斯托克斯扇区的最陡下降路径穿过所有三个鞍点：$t = 0$处的微扰鞍点和$t = \pm 1$处的两个非微扰鞍点。小g的Z渐近展开式由两项组成，g幂的实扰展开式，其系数恰好是图 5.2 中真空图的和，以及一个包含指数小因子的纯虚非微扰项$\mathrm{i}e^{1/g}$。图形的 Borel 和的作用是包括一个虚部，它恰好抵消了这个非微扰部分，留下了一个实数值配分函数。

事实证明，这种准确消失一定发生，实际上很容易发生。需要证明的是，式(5.11)中的积分是实数，这是因为图 5.5 中的积分轮廓是$\mathcal{PT}$对称的(左右对称)。因此，如果沿轮廓左半边积分的贡献具有$A + \mathrm{i}B$(A和B实数)的形式，则通过对称，沿轮廓右半边的积分具有$A - \mathrm{i}B$的形式。因此，所有积分值为$2A$，且是实数。

这种惊人而完美的抵消是$\mathcal{PT}$对称量子场论的核心。一维量子场论(量子力学)和零维量子场论中都发生了这种由虚数贡献的外科手术式的精准抵消。第 6 章给出了$D = 1$时能量是实数的证明。在严格的层面上尚不清楚，这种精准抵消是否在$D = 0$和$D = 1$之外的维度中持续存在。一个完整的证明会极其困难，到目前为止它只能被微扰验证。

5.3 非零单点格林函数

常规的φ^4理论是奇偶不变的，因此作为场的真空期望值的单点格林函数G_1会消失。然而，$\mathcal{PT}$对称量子场论中奇偶对称性的破缺具有显著的物理意义，即单点格林函数G_1不消失。要深刻理解G_1非零，需要注意$x^2(\mathrm{i}x)^\varepsilon$理论的经典轨迹倾向于下半复平面(例如，参见图 1.15)。因此，$\varphi^2(\mathrm{i}\varphi)^\varepsilon$理论的单点格林函数是一个负虚数。

这在零维量子场论中很容易看出。式(5.3)中三次理论的单点格林函数明确给出了积分比：

$$G_1 = \int \mathrm{d}\varphi \varphi e^{f(\varphi)} \Big/ \int \mathrm{d}\varphi e^{f(\varphi)} \tag{5.12}$$

其中，$f(\varphi) = \frac{1}{2}\varphi^2 + \frac{1}{3}\mathrm{i}\varphi t^3$。积分路径沿$\varphi$实轴进行。通过一个简单的对称论证(仅替换$\varphi$为$-\varphi$)，可以看到$G_1$是纯虚数。这个论点适用于任何具有形式为自互作用项$\varphi^2(\mathrm{i}\varphi)^\varepsilon$的场论。对于三次理论，可以将$G_1$计算为图形扰动序列(没有非扰动贡献)，它是所有具有一条外线费曼图的总和。

四次零维$\mathcal{PT}$对称场论的单点格林函数由式(5.12)中的积分比给出，其中$f(\varphi) = \frac{1}{2}\varphi^2 - \frac{1}{4}\varphi^4$，积分路径终止于斯托克斯扇区，如图 5.5 所示。根据上面的对称性论证，G_1是非零的和虚数的。然而，与三次理论的情况不同，G_1非零是一种纯粹的非微扰效应，G_1不能用费曼图计算，因为四次场理论没有一条外线图！事实上，如果沿图 5.5 中的最陡下降路径，$t = 0$处微扰鞍点的贡献因奇数而消失，唯一的非零贡献来自非微扰鞍点。因此，当$g > 0$且很小时，

G_1呈指数级$e^{-1/g}$[1]。

四次$-\varphi^4$理论中单点格林函数的非零似乎令人惊讶，因为哈密顿密度在$\varphi \to -\varphi$的变换下似乎是对称的。$G_1 \neq 0$的原因是，在$\varphi \to -\varphi$条件下，配分函数路径积分上的边界条件不对称(见图 5.5 和图 5.6)。

为了清楚地展示四次$\mathcal{PT}$对称$g\varphi^4$量子场论的工作原理，用 Dyson-Schwinger 方程计算了单点格林函数。首先给出这些方程的基本推导，然后证明当试图通过截断来求解这些方程时，对于正g的情况存在奇偶对称解，但是对于负g，存在反奇偶对称解。

5.3.1 Dyson-Schwinger 方程的推导

Dyson-Schwinger 方程是量子场论格林函数的无限耦合方程组。导出这些方程的一种简单方法是，使用基本的形式泛函方法。从欧几里得空间拉格朗日密度开始，在这种情况下，将场$\varphi(x)$耦合到外部c数的源$J(x)$：

$$\mathcal{L} = \frac{1}{2}(\partial\varphi)^2 + \frac{1}{2}m^2\varphi^2 - \frac{g}{2+\varepsilon}\varphi^2(\mathrm{i}\varphi)^\varepsilon - J\varphi \tag{5.13}$$

这个拉格朗日密度代表了一个 D 维欧几里得时空里，自互作用的标量量子场论。如果改变$\varphi(x)$的作用(它是$\mathcal{L}$的积分)，得到场方程：

$$-\partial^2\varphi(x) + m^2\varphi(x) - \mathrm{i}g[\mathrm{i}\varphi(x)]^{\varepsilon+1} = J(x) \tag{5.14}$$

接下来，将源打开，取场方程(5.14)的理论值，真空状态下的期望值$|0\rangle$，除以真空函数$Z[J] = \langle 0|0\rangle$：

$$-\partial^2 G_1^{(J)}(x) + m^2 G_1^{(J)}(x) - g\mathrm{i}^{\varepsilon+2}\langle 0|\varphi^{\varepsilon+1}(x)|0\rangle/\langle 0|0\rangle = J(x) \tag{5.15}$$

这里，$G_1^{(J)}(x)$是外部源中的单点格林函数：

$$G_1^{(J)}(x) \equiv \langle 0|\varphi(x)|0\rangle/\langle 0|0\rangle \tag{5.16}$$

函数$J(x)$出现在式(5.15)的右侧，因为它是一个 c 数，因此可以从矩阵元素中分解出来。

现在的目标是，使用式(5.15)来计算量子场论的格林函数。J 源的连接格林函数是关于源$J(x)$的配分函数$Z[J]$的泛函导数[2]：

$$G_n^{(J)}(x_1, x_2, \cdots, x_n) \equiv \frac{\delta^n}{\delta J(x_1)\delta J(x_2)\cdots\delta J(x_n)}\ln(Z[J]) \tag{5.17}$$

现在关闭源，也就是说，设$J(x) \equiv 0$：

$$G_n(x_1, x_2, \cdots, x_n) = G_n^{(J)}(x_1, x_2, \cdots, x_n)\Big|_{J\equiv 0} \tag{5.18}$$

关闭源会恢复平移不变性。因此，单点格林函数G_1是一个与x无关的常数。双点格林函数仅取决于$x-y$的差值，$G_2(x,y) = G_2(x-y)$；$G_3(x,y,z) = G_3(x-y, x-z)$取决于两个不同点，等等。

---

① G_1不为零的一个似是而非的推测结果是，作为粒子物理学标准模型的基本组成部分的希格斯粒子是作为量子奇偶异常出现的(参见 2.3 节)。

② 量子场论的连通格林函数是场的时间序积的真空期望值的连通部分。在微扰展开中，这只是连接的n点费曼图的总和。

继续探讨，必须根据理论的连接格林函数来表达式(5.15)中的第三项。为此，注意到$J(x)$的函数微分等效于把$\varphi(x)$插入矩阵元素[112]。

考虑一种简单的情况$\varepsilon = 1$。在这种情况下，需要计算$\langle 0|\varphi^2(x)|0\rangle$的数量。从式(5.16)乘以$Z$开始：

$$G_1^{(J)}(x)Z[J] = \langle 0|\varphi(x)|0\rangle \tag{5.19}$$

对这个方程求$J(x)$的函数导数，表达式如下：

$$\left[G_1^{(J)}(x)\right]^2 Z[J] + G_2^{(J)}(x,\ x)Z[J] = \langle 0|\varphi^2(x)|0\rangle \tag{5.20}$$

接着，可以从式(5.15)中消去$\langle 0|\varphi^2(x)|0\rangle$并得到：

$$-\partial^2 G_1^{(J)}(x) + m^2 G_1^{(J)}(x) + g\mathrm{i}\left(\left[G_1^{(J)}(x)\right]^2 + G_2^{(J)}(x,\ x)\right) = J(x) \tag{5.21}$$

使$J \equiv 0$(即通过关闭源)，获得第一个 Dyson-Schwinger 方程：

$$m^2 G_1 + g\mathrm{i}[G_1^2 + G_2(0)] = 0$$

请记住，根据平移不变性，G_1是一个常数，因此它的导数为零，而且$G_2(0) = G_2(x - x) = G_2(x,x)$。

为了获得$\varepsilon = 1$情况下的第二个 Dyson-Schwinger 方程，对式(5.21)取$J(y)$的函数导数并得到：

$$-\partial^2 G_2^{(J)}(x,y) + m^2 G_2^{(J)}(x,y) + g\mathrm{i}\left[2G_1^{(J)}(x)G_2^{(J)}(x,y) + G_3^{(J)}(x,x,y)\right] = \delta(x-y)$$

然后设$J \equiv 0$并获得：

$$-\partial^2 G_2(x-y) + m^2 G_2(x-y) + g\mathrm{i}[2G_1 G_2(x-y) + G_3(0,x-y)] = \delta(x-y)$$

通过继续对 J 进行函数微分并设置$J \equiv 0$的过程，得到了一个耦合微分方程的无穷迭代式。这是完整的 Dyson-Schwinger 方程组。例如，序列中的第三个方程如下：

$$\begin{gathered}-\partial^2 G_3(x-y,x-z) + m^2 G_3(x-y,x-z) + g\mathrm{i}[G_4(0,x-y,x-z) + \\ 2G_1 G_3(x-y,x-z) + 2G_2(x-z)G_2(x-y)] = 0\end{gathered}$$

作为另一个例子，由式(5.15)导出前四个 Dyson-Schwinger 方程，适用于$\varepsilon = 2$的情况。使用与$\varepsilon = 1$情况下的相同方法，重新表示$\langle 0|\phi^3(x)|0\rangle$。通过式(5.20)对$J(x)$求函数导数，获得下式：

$$\left[G_1^{(J)}(x)\right]^3 Z[J] + 3G_1^{(J)}(x)G_2^{(J)}(x,x)Z[J] + G_3^{(J)}(x,x,x)Z[J] = \langle 0|\phi^3(x)|0\rangle$$

将此结果代入式(5.15)的$\varepsilon = 2$时的式子，得到：

$$\begin{aligned}&-\partial^2 G_1^{(J)}(x) + m^2 G_1^{(J)}(x) - \\ &\qquad g\left\{\left[G_1^{(J)}(x)\right]^3 + 3G_1^{(J)}(x)G_2^{(J)}(x,\ x) + G_3^{(J)}(x,x,x)\right\} = J(x)\end{aligned} \tag{5.22}$$

通过设置$J \equiv 0$来获得$\varepsilon = 2$时的第一个 Dyson-Schwinger 方程：

$$m^2 G_1 - g[G_1^3 + 3G_1 G_2(0) + G_3(0,0)] = 0$$

遵循与$\varepsilon = 1$相同的步骤，对$J(y)$取式(5.22)的函数导数，并得到：

$$-\partial^2 G_2^{(J)}(x,y) + m^2 G_2^{(J)}(x,y) - g\left\{3\left[G_1^{(J)}(x)\right]^2 G_2^{(J)}(x,y) + 3G_1^{(J)}(x)G_3^{(J)}(x,x,y) + 3G_2^{(J)}(x,x)G_2^{(J)}(x,y) + G_4^{(J)}(x,x,x,y)\right\} = \delta(x-y) \tag{5.23}$$

因此，设$J \equiv 0$，给出了$\varepsilon = 2$时的第二个 Dyson-Schwinger 方程：

$$-\partial^2 G_2(x-y) + m^2 G_2(x-y) - g[3G_1^2 G_2(x-y) + G_4(0,0,x-y) + 3G_1 G_3(0,x-y) + 3G_2(0)G_2(x-y)] = \delta(x-y)$$

用$J(z)$对式(5.23)进行函数微分来重复这个过程，并设$J \equiv 0$以获得$\varepsilon = 2$时的第三个 Dyson-Schwinger 方程：

$$0 = -\partial^2 G_3(x-y,x-z) + m^2 G_3(x-y,x-z) - g[3G_1^2 G_3(x-y,x-z) + 6G_1 G_2(x-y)G_2(x-z) + 3G_1 G_4(0,x-y,x-z) + 3G_2(x-z)G_3(0,x-y) + 3G_2(0)G_3(x-y,x-z) + 3G_2(x-y)G_3(0,x-z) + G_5(0,0,x-y,x-z)]$$

第四个 Dyson-Schwinger 方程如下：

$$0 = -\partial^2 G_4(x-y,x-z,x-w) + m^2 G_4(x-y,x-z,x-w) - g[6G_1 G_2(x-z)G_3(x-y,x-w) + 6G_1 G_2(x-y)G_3(x-z,x-w) + 6G_2(x-y)G_2(x-z)G_2(x-w) + 6G_1 G_2(x-w)G_3(x-y,x-z) + 3G_1^2 G_4(x-y,x-z,x-w) + 3G_1 G_5(0,x-y,x-z,x-w) + 3G_2(x-w)G_4(0,x-y,x-z) + 3G_2(x-z)G_4(0,x-y,x-w) + 3G_3(0,x-y)G_3(x-z,x-w) + 3G_2(x-y)G_4(0,x-z,x-w) + 3G_3(0,x-z)G_3(x-y,x-w) + 3G_3(0,x-w)G_3(x-y,x-z) + 3G_2(0)G_4(x-y,x-z,x-w) + G_6(0,0,x-y,x-z,x-w)]$$

5.3.2　Dyson-Schwinger 方程的截断

如果截断，则耦合 Dyson-Schwinger 方程组是不完整的，因为未知数太多。第一个方程包含G_1和更高阶的格林函数$G_2, G_3, \cdots$；第二个方程包含G_1、G_2、G_3、G_{14}，以此类推。由于每个新方程都包含新的未知格林函数，因此系统永远不会闭合。为了取得进展，必须强制闭合系统。一种简单而有效的方法是，将所有较高阶的格林函数设为零。这种系统的截断方法已被证明，可以为传统厄米量子力学问题的格林函数和能级提供高度准确的结果[112]。Dyson-Schwinger 方程的这种截断是一个变分过程，包含越来越多的、更高阶的格林函数，相当于扩大了变分参数的空间。

尽管这种截断过程很有用，但它适用于耦合非线性微分方程系统。仅考虑最简单的截断来证明三次和四次理论，过程中只保留 Dyson-Schwinger 方程的前两项，并假设$n > 2$的所有情况，$G_n = 0$。在这种情况下，对于ε的整数值，得到一组基本方程来求解前两个格林函数。$\varepsilon = 1$时，前两个截断的 Dyson-Schwinger 方程如下：

$$m^2G_1 + g\mathrm{i}[G_1^2+G_2(0)] = 0$$
$$-\partial^2 G_2(x-y) + (m^2+2g\mathrm{i}G_1)G_2(x-y) = \delta(x-y) \tag{5.24}$$

对于$\varepsilon = 2$，前两个 Dyson-Schwinger 方程如下：

$$m^2G_1 - gG_1^3 - 3gG_1G_2(0) = 0$$
$$-\partial^2 G_2(x-y) + [m^2 - 3gG_1^2 + 3gG_2(0)]G_2(x-y) = \delta(x-y) \tag{5.25}$$

在式(5.24)和式(5.25)的两个系统中，方括号中的表达式表示未重整化质量m平方的偏移，将其解释为质量重整化。因此，在每种情况下，都将方括号中的表达式替换为M^2，其中M是重归一化质量。上述两个方程中每个第二方程都具有通用形式：

$$-\partial^2 G_2(x-y) + M^2G_2(x-y) = \delta(x-y) \tag{5.26}$$

注意，如果假设$G_1 = -\mathrm{i}A$，A为正，则质量偏移是实的和正的。

为了求解式(5.26)，采用傅里叶变换并获得：

$$\tilde{G}_2(p) = \frac{1}{p^2+M^2}$$

在一维时空中，逆傅里叶变换很容易评估，得到：

$$G_2(x) = \frac{1}{2M}\mathrm{e}^{-M|x|}$$

因此，当$x = 0$时，看到$G_2(0) = \frac{1}{2M}$。将此结果代入式(5.24)和式(5.25)中的第一个方程，就得到了单点格林函数的代数方程。如果求解这个方程，就验证了A为正的假设。

传统的四次场理论是奇偶不变的。这意味着$G_1 \equiv 0$，所以式(5.25)的第一个方程轻松消失了，得到了截断的 Dyson-Schwinger 方程的一致解。但是，对于$\mathcal{PT}$对称四次理论，如果假设$G_1 = 0$，得到M^2是负值，这是非一致的。因此，根据g的符号，四次场理论有两种完全不同的解；在常规厄米理论($g > 0$)中，所有奇数格林函数都消失了，而在非常规$\mathcal{PT}$对称理论($g < 0$)中，G_1具有负虚值。

5.4 三次$\mathcal{PT}$对称场论的$\mathcal{C}$算子

为了验证$\mathcal{PT}$对称量子理论的幺正性，必须计算$\mathcal{C}$算子。这在量子场论中并不容易做到。本节将介绍如何在微扰级别进行此类计算。

5.4.1 iφ^3量子场论

本小节将对量子场论式(5.3)中的哈密顿量的$\mathcal{C}$算子进行微扰处理[95]。通过微扰计算$\mathcal{C}$(将$g = \varepsilon$视为小)，获得了完全可接受的洛伦兹不变量子场论。该计算表明，原则上可以微扰地构造希尔伯特空间，其中在$D+1$维 Minkowski(闵可夫斯基)时空中，该三次场论的哈密顿量是自伴随的。因此，虚自耦合三次理论具有正谱并表现出幺正时间演化。

对于这个计算，在 3.8.1 节和 3.8.2 节采用了强大的代数方法计算了量子力学中的$\mathcal{C}$算子。就像在量子力学中一样，以$\mathcal{C} = \exp(\epsilon Q_1 + \epsilon^3 Q_3 + \cdots)\mathcal{P}$的形式表示$\mathcal{C}$，其中$Q_{2n+1}$ $(n = 0,1,2,\cdots)$是场φ_x和π_x的实泛函。

为了在式(5.3)中找到$\mathcal{H}$的Q_n，必须解算子方程组。首先为Q_1做一个类似于式(3.33)中的假设：

$$Q_1 = \iiint \mathrm{d}x\mathrm{d}y\mathrm{d}z\big(M_{(xyz)}\pi_x\pi_y\pi_z + N_{x(yz)}\varphi_y\pi_x\varphi_z\big) \tag{5.27}$$

注意，在量子力学中M和N是常数，但在场论中它们是函数。符号$M_{(xyz)}$表示这个函数在它的三个参数上是完全对称的，符号$N_{x(yz)}$表示这个函数在第二个和第三个参数互换的情况下是对称的。未知函数M和 N形状因子，它们描述了Q_1中场变量的三点相互作用的空间分布。场的非局部空间相互作用是$\mathcal{C}$的内在属性(注意已经抑制了场中的时间变量 t，使用下标来表示空间依赖性)。

为了确定 M和 N，将Q_1代入式(3.32)中的第一个方程，即$[H_0, Q_1] = -2H_1$，采用如下形式：

$$\left[\int \mathrm{d}x\pi_x^2 + \iint \mathrm{d}x\mathrm{d}y\varphi_x \mathrm{G}_{xy}^{-1}\varphi_y\,, Q_1\right] = -4\mathrm{i}\int \mathrm{d}x\varphi_x^3$$

其中，逆格林函数由$G_{xy}^{-1} \equiv (\mu^2 - \nabla_x^2)\delta(x-y)$给出。得到下面的偏微分方程耦合系统：

$$\begin{aligned}(\mu^2 - \nabla_x^2)N_{x(yz)} + \big(\mu^2 - \nabla_y^2\big)N_{y(xz)} + (\mu^2 - \nabla_z^2)N_{z(xy)} &= -6\delta(x-y)\delta(x-z)\\ N_{x(yz)} + N_{y(xz)} &= 3(\mu^2 - \nabla_z^2)M_{(xyz)}\end{aligned} \tag{5.28}$$

通过傅里叶变换到动量空间来求解式(5.28)，得到：

$$M_{(xyz)} = -\frac{4}{(2\pi)^{2D}}\iint \mathrm{d}p\mathrm{d}q\frac{\mathrm{e}^{\mathrm{i}(x-z)\cdot p+\mathrm{i}(x-z)\cdot q}}{D(p,q)} \tag{5.29}$$

其中，$D(p,q) = 4[p^2q^2 - (p\cdot q)^2] + 4\mu^2(p^2 + p\cdot q + q^2) + 3\mu^4 > 0$，且

$$N_{x(yz)} = -3\left(\nabla_y\cdot\nabla_z + \frac{1}{2}\mu^2\right)M_{(xyz)} \tag{5.30}$$

对于 1+1 维量子场论的特殊情况，式(5.29)中的积分计算为$M_{(xyz)} = -K_0(\mu R)/(\sqrt{3}\pi\mu^2)$，其中$K_0$是关联的贝塞尔函数，且$R^2 = [(x-y)^2 + (y-z)^2 + (z-x)^2]/2$。因此，利用微扰理论计算一阶$\mathcal{C} = \mathrm{e}^{\epsilon Q_1}\mathcal{P}$。

该三次场理论的$\mathcal{C}$算子在齐次洛伦兹群下转换为标量[84]。由于未扰动理论($g = 0$)的哈密顿量H_0与奇偶算子$\mathcal{P}$互换，非相互作用理论中的固有奇偶算子$\mathcal{P}_1$转换为洛伦兹标量①。当耦合常数g非零时，H的奇偶对称性被破缺，$\mathcal{P}_1$不再是标量。但是，$\mathcal{C}$是标量。由于$\lim\limits_{g\to 0}\mathcal{C} = \mathcal{P}_1$，当虚耦合常数打开时，可以将量子场论中的$\mathcal{C}$算子解释为本征奇偶算子的复数外延。这意味着$\mathcal{C}$在框架上是不变的，它表明$\mathcal{C}$算子在非厄米量子场论中起着真正的基础作用。

① 固有奇偶算子$\mathcal{P}_1$和奇偶算子$\mathcal{P}$对场的影响相同，只是$\mathcal{P}_1$不反转场空间参数的符号。在厄米和$\mathcal{PT}$对称量子力学中，$\mathcal{P}$和$\mathcal{P}_1$是无区分的。

5.4.2 其他三次量子场论

可以重复5.4.1节中已完成的计算，即计算具有多个相互作用的标量场的三次量子场理论[94-95]。首先考虑两个标量场$\varphi_x^{(1)}$和$\varphi_x^{(2)}$的情况，它们的相互作用由下式控制：

$$H = H_0^{(1)} + H_0^{(2)} + i\epsilon \int \mathrm{d}x \left[\varphi_x^{(1)}\right]^2 \varphi_x^{(2)}$$

这是式(3.35)的H所描述量子力学理论的类比，即

$$H_0^{(j)} = \frac{1}{2}\int \mathrm{d}x \left[\pi_x^{(j)}\right]^2 + \frac{1}{2}\iint \mathrm{d}x\mathrm{d}y \left[G_{xy}^{(j)}\right]^{-1} \varphi_x^{(j)}\varphi_y^{(j)}$$

为了确定$C = \mathrm{e}^{\epsilon Q_1 \mathcal{P}}$的$\epsilon$，引入了假设：

$$Q_1 = \iiint \mathrm{d}x\mathrm{d}y\mathrm{d}z \left(N_{x(yz)}^{(1)}\left(\pi_z^{(1)}\varphi_y^{(1)} + \varphi_y^{(1)}\pi_z^{(1)}\right)\varphi_x^{(2)} + N_{x(yz)}^{(2)}\pi_x^{(2)}\varphi_y^{(1)}\varphi_z^{(1)} + M_{x(yz)}\pi_x^{(2)}\pi_y^{(1)}\pi_z^{(1)}\right) \tag{5.31}$$

其中，$M_{x(yz)}$、$N_{x(yz)}^{(1)}$和$N_{x(yz)}^{(2)}$是未知函数，括号表示对称化。发现：

$$M_{x(yz)} = -G_m(R_1)G_{\mu 2}(R_2)$$
$$N_{z(yz)}^{(1)} = -\delta(2x - y - z)G_m(R_1)$$
$$N_{x(yz)}^{(2)} = \frac{1}{2}\delta(2x - y - z)G_m(R_1) - \delta(y - z)G_{\mu 2}(R_2)$$

其中，$G_\mu(r) = \frac{r}{\mu}\left(\frac{\mu}{2\pi r}\right)^{\frac{D}{2}} K_{-1+\frac{D}{2}}(\mu r), r = |r|$，是 D 维空间中的函数，$m^2 = \mu_1^2 - \frac{1}{4}\mu_2^2$，$R_1^2 = (y - z)^2$，$R_2^2 = \frac{1}{4}(2x - y - z)^2$。

接下来，考虑三个相互作用的标量场的情况，其动力学由下式控制：

$$H = H_0^{(1)} + H_0^{(2)} + H_0^{(3)} + \mathrm{i}\epsilon \int \mathrm{d}x \varphi_x^{(1)}\varphi_x^{(2)}\varphi_x^{(3)}$$

该式是式(3.37)中H的类似表达式。假设：

$$Q_1 = \iiint \mathrm{d}x\mathrm{d}y\mathrm{d}z \left(N_{xyz}^{(1)}\pi_x^{(1)}\varphi_y^{(2)}\varphi_z^{(3)} + N_{xyz}^{(2)}\pi_x^{(2)}\varphi_y^{(3)}\varphi_z^{(1)} + N_{xyz}^{(3)}\pi_x^{(3)}\varphi_y^{(1)}\varphi_z^{(2)} + M_{xyz}\pi_x^{(1)}\pi_y^{(2)}\pi_z^{(3)}\right) \tag{5.32}$$

未知函数的解如下：M_{xyz}由式(5.29)的积分给出，其中$D(p,q) = 4[p^2q^2 - (p\cdot q)^2] + 4[\mu_1^2(q^2 + p\cdot q) + \mu_2^2(p^2 + p\cdot q) - \mu_3^2 p\cdot q] + \mu^4$，$\mu^4 = 2\mu_1^2\mu_2^2 + 2\mu_1^2\mu_3^2 + 2\mu_2^2\mu_3^2 - \mu_1^4 - \mu_2^4 - \mu_3^4$。$N$个系数是$M$的导数：

$$N_{xyz}^{(1)} = \left[4\nabla_y\cdot\nabla_z + 2(\mu_2^2 + \mu_3^2 - \mu_1^2)\right]M_{xyz}$$
$$N_{xyz}^{(2)} = \left[-4\nabla_y\cdot\nabla_z - 4\nabla_z^2 + 2(\mu_1^2 + \mu_3^2 - \mu_2^2)\right]M_{xyz}$$
$$N_{xyz}^{(3)} = \left[-4\nabla_y\cdot\nabla_z - 4\nabla_y^2 + 2(\mu_1^2 + \mu_2^2 - \mu_3^2)\right]M_{xyz}$$

同样，$\mathcal{C}$的这种计算表明，这些三次$\mathcal{PT}$对称场论是完全一致的量子理论①。

5.5 $\mathcal{PT}$对称四分势中的束缚态

在厄米$(g>0)g\varphi^4$量子场论中，两个粒子之间的力是斥力。然而，在$\mathcal{PT}$对称四次场理论中，耦合常数g为负，因此两个粒子之间的力是引力。这种引力是 2.3 节中讨论的奇偶异常产生的直接物理结果。这种奇偶异常的直接物理效应导致了量子场论束缚态的出现。

为了阐明奇偶异常和束缚态之间的联系，考虑哈密顿量：

$$\hat{H}=\frac{1}{2m}\hat{p}^2+\frac{1}{2}\mu^2\hat{x}^2-g\hat{x}^4 \tag{5.33}$$

这是式(2.41)哈密顿量的缩放表达式，并将该哈密顿量用于定义一维时空中的量子场论②。

在粒子物理学中，束缚态是具有负结合能的状态。在量子力学的内容中，定义了一个束缚态：让哈密顿量的能级为$E_n(n=0,1,2,\cdots)$，重整化质量是质量差$M=E_1-E_0$。相对于真空能量$E_n-E_0(n=2,3,4,\cdots)$，能够测量更高激发态，因此结合能如下：

$$B_n\equiv E_n-E_0-nM \tag{5.34}$$

它是负的。如果B_n为正，则该状态是未束缚的，因为它可以在存在外场的情况下衰变成n个质量为 M的单粒子状态。

2.3 节中的微分方程分析产生等效的厄米哈密顿量[168, 316]：

$$\tilde{\hat{h}}=\frac{\hat{p}^2}{2m}-\hbar\sqrt{\frac{2g}{m}}\hat{x}+4g\left(\hat{x}^2-\frac{\mu^2}{8g}\right)^2 \tag{5.35}$$

该哈密顿量中的线性异常项$\hat{x}$产生场论束缚态，所以$\mathcal{PT}$对称哈密顿量(5.33)表示具有引力的粒子。具体来说，在文献[79]中，采用数值方法证明了，对于较小的正g，式(5.33)中 H 的前几个状态是有界的。意外的是，随着耦合强度g的增加，结合效应变弱，束缚态数量减少，直到g/μ^3超过临界值 0.0465 时，根本没有束缚态③。

由于式(5.33)的$\hat{H}$与式(5.35)中的厄米哈密顿量具有相同的谱，因此很容易解释束缚态的出现，并能证明是束缚态直接导致线性异常项的出现。为了探究这个异常的影响，通过插入一个无量纲参数ϵ来归纳整理式(5.35)和测量异常的大小：

$$\hat{H}(\epsilon)=\frac{1}{2}\hat{p}^2-\epsilon\sqrt{2g}\hat{x}+4g\left(\hat{x}^2-\frac{1}{8g}\right)^2 \tag{5.36}$$

---

① 文献[84-85]表明量子场论中的$\mathcal{C}$算子的形式为$\mathcal{C}=\mathrm{e}^{Q}\mathcal{P}_I$，其中$\mathcal{P}_I$是本征奇偶校验算子。$\mathcal{P}$和$\mathcal{P}_I$之间的区别在于$\mathcal{P}_I$不反映内在宇称算子。对于三次相互作用哈密顿量，这种区别是专业性的。它不影响式(5.27)、式(5.31)和式(5.32)中 Q 算子的最终结果。

② 使用 Bethe-Salpeter 方程研究任意维度的束缚态会很有趣。这样的研究还在持续。

③ 文献[79]中给出了一个启发式论证来解释为什么有这样一个临界值。这个论证是启发式的，因为非厄米哈密顿量是针对复数x计算的。如第 1 章所述，当x为复数时，不能使用>或<来表示，这种关系比较仅适用于实数的顺序关系。

为简单起见，设$m = \mu = \hbar = 1$。

如果在式(5.36)中设$\epsilon = 0$，异常项就消失了，且势是一个对称的双阱。双阱的质量间隙(重整化质量 M)呈指数级小，因为它是阱之间的通道产生的。因此，式(5.34)中的B_n是正的，并且没有束缚态。图 5.6 中显示了$g = 0.008$和$\epsilon = 0$时系统的双阱势及前 18 个状态。所有状态都是未束缚态。

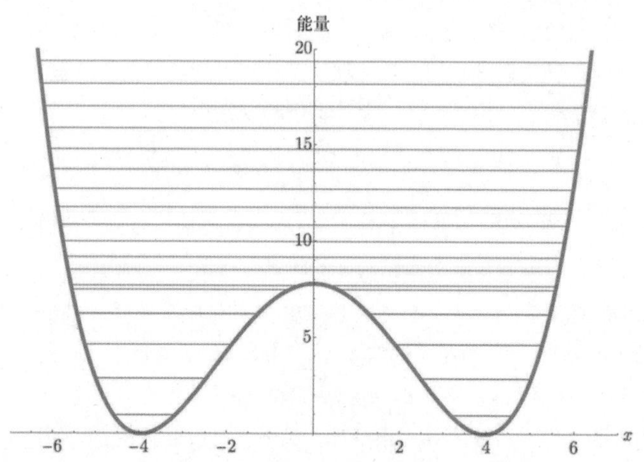

图 5.6 $g = 0.008$和$\epsilon = 0$时，式(5.36)的厄米哈密顿量势与实变量x的函数关系。前 18 能级由水平线表示。由于$\epsilon = 0$，不存在异常，双阱势对称，因此质量间隙小，无束缚态

如果ϵ增加到 1，双阱势变成不对称并且两个最低态不会近似退化。因此，势阱底部附近可能出现束缚态。高能态最终变得不受约束，正如由 WKB 理论所知，因为在四次势阱中，第n个能级呈$\mu^{4/3}$样增长。一种显示束缚态的好方法是将结合能B_n的值绘制为n的函数。图 5.7 中显示了$\epsilon = 1$和$g = 0.008$的边界状态。对于这些值有 25 个束缚态。结果表明，结合能B_n是n的平滑函数。

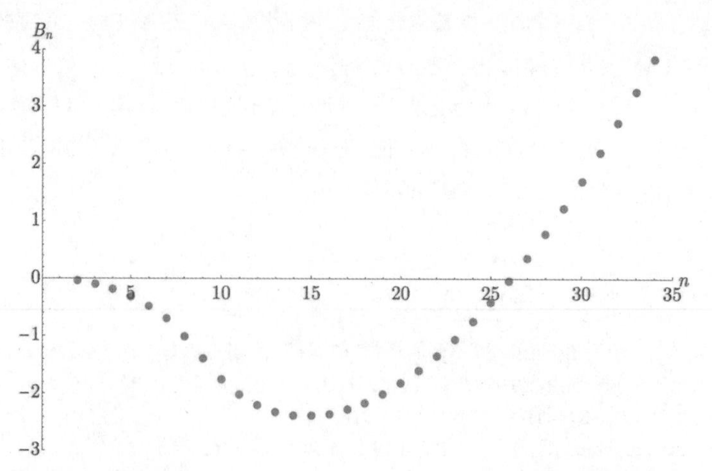

图 5.7 $g = 0.008$时，结合能$B_n \equiv E_n - E_0 - nM$绘制为$n$的函数，哈密顿量(5.36)时$\epsilon = 1$。$B_n$的负值表示束缚态。这些参数值有 25 个边界状态。请注意，B_n是n的平滑函数

随着g变大，由于双阱的深度减小，束缚态的数量变少。当g足够大时，根本没有束缚态。图 5.8 绘制了$\epsilon = 1$和$g = 0.046$的势。当将g的值从 0.008 增加到0.046时，发现只有一种束缚态。

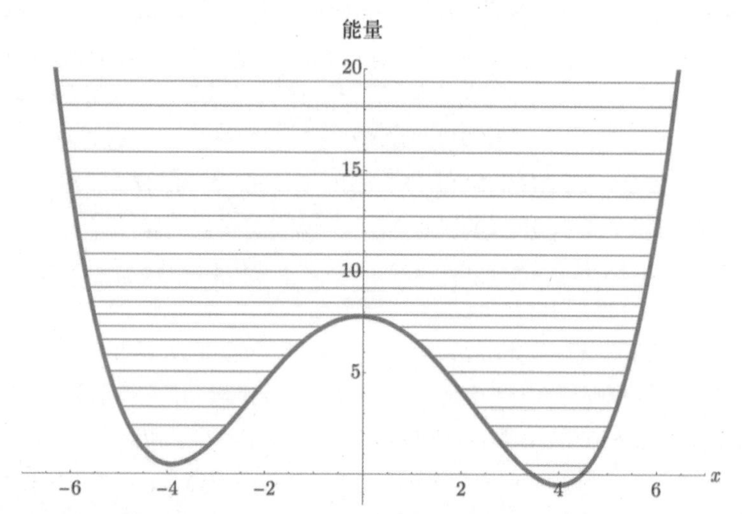

图 5.8　非对称势阱与式(5.36)厄米哈密顿量实变量x的函数，其中$\epsilon = 1$和$g = 0.046$。这比图 5.7 中的$g = 0.008$大。能级由水平线表示，显示了 22 个特征值，但只有一种束缚态

值得注意的是，束缚态谱高度敏感地依赖于哈密顿量(5.36)中异常项的大小。如果ϵ略小于 1，前几个状态变得不受约束。如果ϵ略大于 1，n的值较小的条件下，则结合能B_n不是n的平滑函数。这表明束缚态谱对异常项中的ϵ高度敏感。

5.6　Lee 模型

在本节中，使用开发工具来研究非厄米$\mathcal{PT}$对称量子理论，以验证一个早期的著名量子场论模型，被称为 Lee 模型。1954 年，Lee 模型被提出用于一种量子场论，其质量、波函数和电荷重整化可以精确地以闭合形式进行[348, 323, 475, 61]。在该模型中，当取重整化耦合常数大于临界值时，哈密顿量变为非厄米并出现鬼态(负范数状态)。五十多年来，这种鬼态被认为是 Lee 模型的基本缺陷。然而，这里展示了非厄米 Lee 模型哈密顿量实际上是$\mathcal{PT}$对称的。当使用$\mathcal{C}$算子重新验证该模型的状态时，发现鬼态是具有正范数的普通物理状态[85, 312]①。

Lee 模型哈密顿量有一个三次项，它描述了三个无自旋粒子的相互作用，分别称为 V、N 和 θ，参见式(5.37)。V和 N粒子为费米子，其行为大致类似于核子，而 θ粒子是玻色子，其行为大致类似于介子。在模型中，V粒子可能会发出一个 θ粒子，当它发出后，变成了 N粒子：$V \to N+\theta$。此外，N粒子可以吸收 θ粒子，当它这样做时，就变成了 V粒子：$N+\theta \to V$。

Lee 模型是可解的，因为它缺乏交叉对称性；也就是说，N粒子被禁止发射，反 θ粒子就

① 研究 Lee 模型作为$\mathcal{PT}$对称场论的一个例子的最初想法可以在文献[330-331]中找到。

变为 V粒子。消除交叉对称性使 Lee 模型可解，因为它引入了两个守恒定律。首先，N量子数加上 V量子数是固定的，N量子数减去 V量子数是固定的。这两个高度约束的守恒定律将希尔伯特状态空间分解为无限个非相互作用扇区。最简单的扇区是真空扇区。由守恒定律可得，没有真空图以及净(未重整化)真空是物理真空。接下来的两个扇区是单 θ粒子扇区和单 N粒子扇区。这些扇区非常微小，因为守恒定律阻止了任何动态过程的发生。结果，N粒子的质量和 θ粒子的质量没有被重新归一化；也就是说，这些粒子的物理质量与其净质量相同。

第一个重要扇区是$V/N\theta$扇区。希尔伯特空间中，这个扇区的物理状态是净 V和净 $N\theta$状态的线性组合。其物理状态是单物理 V粒子状态和物理 N散射状态的线性组合，为了找到这些状态，需要寻找格林函数的极点和分割点。$V/N\theta$扇区的重整化很容易进行，并且可以精确地以闭合形式完成。首先，找到 V 粒子的重整化(物理)质量，这与净质量不同。其次，定义g^2(重整化耦合常数的平方)，作为阈值处的 $N\theta$散射幅值，原则上可以在 $N\theta$的散射物理实验中测量。然后根据重整化耦合常数g计算未重整化耦合常数g_0，这允许使用散射实验测量来确定g_0。

Lee 模型的特别之处在于，因为它的常规厄米范数是负的，在$V/N\theta$扇区中会出现一个奇怪的新状态，被称为鬼态。这种状态是耦合常数重整化的结果。当表示g_0^2为g^2的函数时，得到图 5.9 中的图形。需要强调g^2是一个物理参数，其数值是不可以选择的，而是由实验来确定。如果测得g^2接近 0，那么从图 5.9 中可以看出g_0^2也会很小。但是从图 5.9 中还可以看出，如果g^2的实验值大于临界值，则未重整化耦合常数的平方为负。所以，在后一种情况下，g_0是虚数，因此哈密顿量是非厄米的。

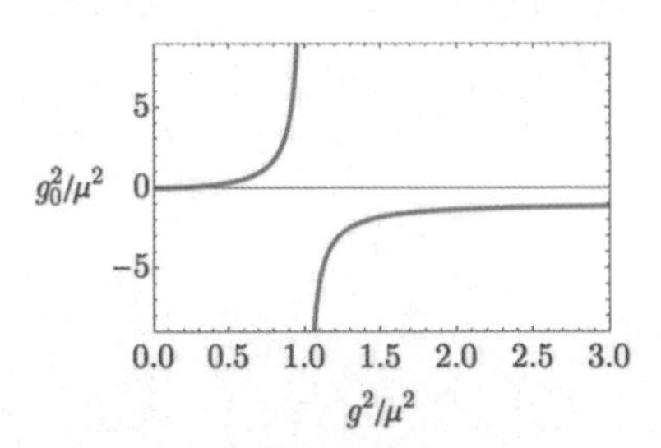

图 5.9 Lee 模型未重整化耦合常数的平方g_0^2与重整化耦合常数的平方g^2的函数。注意，当$g_0^2=0$时，$g^2=0$并且随着g^2从 0 增加，g_0^2也随之增加。然而，g^2超过临界值时，g_0^2突然变为负值。在这种区域，g_0是虚数。哈密顿量，即式(5.37)，变为非厄米量，并且出现了鬼态

在该耦合常数范围内，$V/N\theta$扇区中出现鬼态。鬼态通常是量子理论不可接受的，因为它们的存在表明，违反了幺正性，并使对该理论的概率解释无效。

在厄米量子理论的背景下，许多人尝试将 Lee 模型理解为鬼态中的物理量子理论都没有成功[61, 323, 475]。然而，在$\mathcal{PT}$对称量子理论的背景下，当g_0变为虚数且哈密顿量变为非厄米时，可以给出 Lee 模型的$V/N\theta$扇区的物理解释。Lee 模型哈密顿量具有三次相互作用项，5.4 节中介绍了如何理解一个三次相互作用乘以一个虚耦合常数的哈密顿量。该过程用来计算$\mathcal{C}$算子并用它来定义新的正定内积。

简单起见，在此重点介绍量子力学 Lee 模型。场论 Lee 模型的分析[85]更复杂，但在性质上

是相同的。量子力学 Lee 模型的哈密顿量为

$$\hat{H} = \hat{H}_0 + g_0\hat{H}_1 = m_{V_0}V^\dagger V + m_N N^\dagger N + m_\theta a^\dagger a + g_0\left(V^\dagger Na + a^\dagger N^\dagger V\right) \tag{5.37}$$

净态是$\hat{H}_0$的本征态，物理态是完整哈密顿量$\hat{H}_0$的本征态。质量参数m_N和m_θ代表单 N粒子和单θ粒子的状态不进行质量重整化。而且，m_{V_0}是 V 粒子的净质量。

将 V、N和 θ粒子视为伪标量；也就是说，假设创建和破缺这三个粒子的场都在$\mathcal{P}$条件下改变符号，就像创建和湮灭$a^\dagger$和a算子，它们结合在一起给出了位置算子$\hat{x} = \left(a + a^\dagger\right)/\sqrt{2}$和动量算子$\hat{p} = \mathrm{i}\left(a^\dagger - a\right)/\sqrt{2}$，在量子力学框架下可以改变符号①。因此，假设$\mathcal{P}V\mathcal{P} = -V, \mathcal{P}N\mathcal{P} = -N, \mathcal{P}a\mathcal{P} = -a, \mathcal{P}V^\dagger\mathcal{P} = -V^\dagger, \mathcal{P}N^\dagger\mathcal{P} = -N^\dagger, \mathcal{P}a^\dagger\mathcal{P} = -a^\dagger$。

在时间反转$\mathcal{T}$条件下，$\hat{p}$和i改变符号，但$\hat{x}$不改变：$\mathcal{T}\hat{p}\mathcal{T} = -\hat{p}, \mathcal{T}\mathrm{i}\mathcal{T} = -\mathrm{i}, \mathcal{T}\hat{x}\mathcal{T} = \hat{x}$。因此，假设$\mathcal{T}V\mathcal{T} = V, \mathcal{T}N\mathcal{T} = N, \mathcal{T}a\mathcal{T} = a, \mathcal{T}V^\dagger\mathcal{T} = V^\dagger, \mathcal{T}N^\dagger\mathcal{T} = N^\dagger, \mathcal{T}a^\dagger\mathcal{T} = a^\dagger$。当净耦合常数$g_0$为实数时，式(5.37)的$\hat{H}$是厄米的，即$\hat{H}^\dagger = H$，当$g_0$为虚数时，$g_0 = \mathrm{i}|g_0|$，$\hat{H}$不是厄米的。然而，由于这些变换特性，$\hat{H}$是$\mathcal{PT}$对称的：$\hat{H}^{\mathcal{PT}} = \hat{H}$。

首先假设g_0是实的，因此$\hat{H}$是厄米的，并验证量子力学 Lee 模型的最简单非平凡扇区，即$V/N\theta$扇区。以净单 V粒子和净单 $N\theta$粒子状态的线性组合形式来寻找$\hat{H}$的本征态。它有两个本征函数。将低能量特征值对应的特征函数解释为物理单 V粒子状态，将高能量特征值对应的特征函数解释为物理单 $N\theta$粒子状态(在场论 Lee 模型中，这种高能态对应物理散射态的连续体)。然后做假设：

$$|V\rangle = c_{11}|1,0,0\rangle + c_{12}|0,1,1\rangle,\quad |N\theta\rangle = c_{21}|1,0,0\rangle + c_{22}|0,1,1\rangle$$

并要求这些状态是$\hat{H}$的特征态，其特征值为m_V(重归一化的V粒子质量)和$E_{N\theta}$。特征值问题简化为一对代数方程：

$$c_{11}m_{V_0} + c_{12}g_0 = c_{11}m_V,\quad c_{21}g_0 + c_{22}(m_N + m_\theta) = c_{22}E_{N\theta} \tag{5.38}$$

式(5.38)的解如下：

$$m_V = \frac{1}{2}\left(m_N + m_\theta + m_{V_0} - \sqrt{\mu_0^2 + 4g_0^2}\right)$$

$$E_{N\theta} = \frac{1}{2}\left(m_N + m_\theta + m_{V_0} + \sqrt{\mu_0^2 + 4g_0^2}\right) \tag{5.39}$$

上式中，$\mu_0 \equiv m_N + m_\theta - m_{V_0}$。注意，$m_V$(物理$V$粒子的质量)与$m_{V_0}$(净$V$粒子质量)不同，因为 V粒子进行了质量重整化。

接下来，进行波函数重整化。按照文献[61]，通过定义波函数重整化常数Z_V为$\sqrt{Z_V} = \langle 0|V|V\rangle$，其逆如下式：

$$Z_V^{-1} = \frac{1}{2}g_0^{-2}\sqrt{\mu_0^2 + 4g_0^2}\left(\sqrt{\mu_0^2 + 4g_0^2} - \mu_0\right)$$

最后进行耦合重整化。根据文献[61]，注意到$\sqrt{Z_V}$是重整化耦合常数g和净耦合常数g_0比率。

① 由于$\hat{x}$和$\hat{p}$在奇偶校验$\mathcal{P}$下变号，$\mathcal{P}\hat{x}\mathcal{P} = -\hat{x}, \mathcal{P}\hat{p}\mathcal{P} = -\hat{p}$。因此$a^\dagger$和$a^\dagger$在$\mathcal{P}$的作用下也必须变号。

因此，$g^2/g_0^2 = Z_V$。根据重整化质量和耦合常数，利用初等代数就能得出净耦合常数：

$$g_0^2 = \frac{g^2}{1 - g^2/\mu^2} \tag{5.40}$$

其中，μ 定义为$\mu \equiv m_N + m_\theta - m_V$。不能自由选择$g$，因为$g$原则上是由实验测量确定的。一旦通过实验确定了$g$，就可以使用式(5.40)来确定$g_0$。式(5.40)的函数关系如图 5.9 所示。图 5.9 表明了 Lee 模型的惊人表现：如果g远大于临界值 μ，则g_0的平方为负，且g_0为虚数。

当g从下方接近临界值时，式(5.39)中的两个能量特征值随之变化。这些特征值是特征行列式$f(E)$的两个零点，它们是通过将 Cramer 规则应用于式(5.38)获得的。随着g(和g_0)的增加，物理 $N\theta$ 态的能量增加，当g达到其临界值时，$N\theta$ 的能量变得无穷大。随着g增加至超过其临界值，上能量特征值突然从大的正值跃迁至大的负值。然后，随着g继续增加，特征值的能量从下方接近物理 V粒子的能量。

高于g的临界值时，式(5.37)中的哈密顿量$\hat{H}$变为非厄米量，但其在$V/N\theta$扇区中的特征值仍然为实数(特征值持续为实数，因为$\hat{H}$变成$\mathcal{PT}$对称。事实上，所有研究过的三次$\mathcal{PT}$对称哈密顿量都有实谱)。然而，在$\mathcal{PT}$对称体系中，将较低的特征值解释为物理 $N\theta$ 态的能量不再合适。相反，它是指定为$|G\rangle$的新鬼态的能量。如文献[323, 475, 61]所述，该状态的厄米范数为负。

当根据文献[85]所介绍的步骤研究时，鬼态就能够轻松地进行物理解释。首先，当g_0是虚数时，验证在$\mathcal{PT}$对称机制中，$\hat{H}$的状态是$\mathcal{PT}$算子的特征状态，选择这些状态的乘法相位，以便它们的$\mathcal{PT}$特征值是统一的：

$$\mathcal{PT}|G\rangle = |G\rangle，\mathcal{PT}|V\rangle = |V\rangle$$

然后就可以直接验证了。V态的$\mathcal{PT}$范数为正，而鬼态的$\mathcal{PT}$范数为负。

现在按照第 1 章中的步骤计算$\mathcal{C}$。将$\mathcal{C}$表示为 Q 乘以奇偶算子的函数指数：$\mathcal{C} = \exp[Q(V^\dagger, V; N^\dagger, N; a^\dagger, a)]\mathcal{P}$。然后使用算子方程$\mathcal{C}^2 = 1$，$[\mathcal{C}, \mathcal{PT}] = 0$，$[\mathcal{C}, \mathcal{H}] = 0$。在$\mathcal{C}^2 = 1$条件下，得到：

$$Q(V^\dagger, V; N^\dagger, N; a^\dagger, a) = -Q(-V^\dagger, -V; -N^\dagger, -N; -a^\dagger, -a)$$

因此，$Q(V^\dagger, V; N^\dagger, N; a^\dagger, a)$是$V^\dagger, V, N^\dagger, N, a^\dagger, a$的总幂的奇函数。然后，由条件$[\mathcal{C}, \mathcal{PT}] = 0$得到：

$$Q(V^\dagger, V; N^\dagger, N; a^\dagger, a) = Q^*(-V^\dagger, -V; -N^\dagger, -N; -a^\dagger, -a)$$

其中，*表示复共轭。

最后，施加$[\mathcal{C}, \hat{H}] = 0$条件，转化为

$$[\mathrm{e}^Q, \hat{H}_0] = g_0\{\mathrm{e}^Q, H_1\}_+$$

在 5.4 节，只能在扰动理论中找到$\mathcal{C}$算子前导序列，但是对于 Lee 模型，可以精确地以闭合形式计算$\mathcal{C}$。为此，按照文献[85]所述，寻求 Q的解，该解具有g_0幂的泰勒级数形式：

$$Q = \sum_{n=0}^{\infty} g_0^{2n+1} Q_{2n+1} \tag{5.41}$$

在这个多项式中只有奇数的g_0的幂出现，并且 Q 都是反厄米的：$Q_{2n+1}^\dagger = -Q_{2n+1}$，则$Q_{2n+1}$

的确切表达式为

$$Q_{2n+1}=(-1)^n\frac{2^{2n+1}}{(2n+1)\mu_0^{2n+1}}\left(V^\dagger Nan_\theta^n-n_\theta^n a^\dagger N^\dagger V\right)$$

其中，$n_\theta=a^\dagger a$，是 θ 量子粒子的数值算符。

接着，对所有Q_{2n+1}求和获得 Q，结果如下：

$$Q=V^\dagger Na\frac{1}{\sqrt{n_\theta}}\tan^{-1}\left(\frac{2g_0\sqrt{n_\theta}}{\mu_0}\right)-\frac{1}{\sqrt{n_\theta}}\tan^{-1}\left(\frac{2g_0\sqrt{n_\theta}}{\mu_0}\right)a^\dagger N^\dagger V$$

对这个结果求幂以获得$\mathcal{C}$算子。将 V和 N粒子视为费米子，Q的指数大大简化，因此可以使用恒等式，$n_{V,N}^2=n_{V,N}$，则e^Q的准确结果为

$$\mathrm{e}^Q=1-\frac{2g_0\sqrt{n_\theta}a^\dagger N^\dagger V}{\sqrt{\mu_0^2+4g_0^2n_\theta}}+\frac{\mu_0 n_N(1-n_V)}{\sqrt{\mu_0^2+4g_0^2n_\theta}}+\frac{\mu_0 n_V(1-n_N)}{\sqrt{\mu_0^2+4g_0^2(n_\theta+1)}}+\frac{2g_0\sqrt{n_\theta}V^\dagger Na}{\sqrt{\mu_0^2+4g_0^2n_\theta}}-n_V-n_N+n_Vn_N$$

也可以用数值算符来表示奇偶算子$\mathcal{P}$：

$$\mathcal{P}=\mathrm{e}^{\mathrm{i}\pi(n_V+n_N+n_\theta)}=(1-2n_V)(1-2n_N)\mathrm{e}^{\mathrm{i}\pi n_\theta}$$

结合e^Q和$\mathcal{P}$，得到$\mathcal{C}$的精确表达式：

$$\mathcal{C}=\left[1-\frac{2g_0\sqrt{n_\theta}a^\dagger N^\dagger V}{\sqrt{\mu_0^2+4g_0^2n_\theta}}+\frac{\mu_0 n_N(1-n_V)}{\sqrt{\mu_0^2+4g_0^2n_\theta}}+\frac{\mu_0 n_V(1-n_N)}{\sqrt{\mu_0^2+4g_0^2(n_\theta+1)}}+\frac{2g_0\sqrt{n_\theta}V^\dagger Na}{\sqrt{\mu_0^2+4g_0^2n_\theta}}-n_V-n_N+n_Vn_N\right](1-2n_V)(1-2n_N)\mathrm{e}^{\mathrm{i}\pi n_\theta}$$

使用这个$\mathcal{C}$算子计算 V态和鬼态的$\mathcal{CPT}$范数，发现这些范数都是正的。此外，时间演化是幺正的。这表明，如果使用$\mathcal{CPT}$内积，即使未重整化耦合常数为虚数的鬼态，从物理学角度来讲，量子力学 Lee 模型也是可接受且一致的量子理论。

5.7　其他$\mathcal{PT}$对称量子场论

本节简要提及各种量子场论模型，以及$\mathcal{PT}$对称性在理解这些模型时所发挥的作用。就像 5.6 节中讨论的 Lee 模型一样，有时人们会发现，将形式上的厄米哈密顿量重整化会使哈密顿量非厄米化而且会产生鬼态。关键是，像在 5.6 节中看到的，要认识到重整化哈密顿量是$\mathcal{PT}$对称的。这种情况下，需要重新定义内积，并表明鬼态变成了物理状态。这是一种强大的方法，已被用于研究其他理论，例如量子力学 Pais-Uhlenbeck 模型[133]以及更高级的场论问题[194, 196, 306]。接下来将看到，还有其他可能出现$\mathcal{PT}$对称结构的方式。

5.7.1　标准模型的希格斯扇区

一个至关重要的场论模型是粒子物理学的标准模型。然而，当重新规范化这个模型时会出现一个巨大的困难：重新规范化的希格斯真空态似乎不稳定。重整化模型的$\mathcal{PT}$对称重新解释

了真空状态实际上可能是稳定的，即基态能量似乎是实的[98]。这个模型特别有趣，因为$\mathcal{PT}$对称性被打破；除了少数最低能量状态外，所有状态都具有复能量，因此不稳定。这个结果并不奇怪，因为几乎所有已知的更高质量的基本粒子都是不稳定的。

下面做一些高度推测性的结论。式(5.4)中$\mathcal{PT}$对称$-g\varphi^4$量子场论的显著特征如下：①它的谱是实数并且向下有界；②它是可微扰重整化的；③它有四维时空的无量纲耦合常数；④它是渐近自由的[140](渐近自由的性质在文献[506-508]中已经说明)。简而言之，四维时空中$+g\varphi^4$量子场论是非凡的，因为其非渐近自由。Symanzik 提出了一个“精确的”理论，关于具有负四次耦合常数的理论，作为强相互作用渐近自由理论的备用理论。因为耦合常数的负号表明该理论在能量上不稳定，Symanzik 使用了术语“不稳定”。然而，正如第 1 章所述，施加的$\mathcal{PT}$对称边界条件(在量子场论函数积分表达上的这种简单性)给出了一个有界的谱。因此，Symanzik 提议使用一个非凡的$-g\varphi^4$模型作为强相互作用理论的基础很可能使该研究重焕新生。

$-g\varphi^4$的量子场论还有一个显著的特性。虽然该理论看起来是奇偶不变的，但$\mathcal{PT}$对称边界条件违反奇偶不变性。因此，正如 5.3 节所介绍的，单点格林函数(场 φ 的期望值)不会消失①。因此，由于奇偶对称性被永久破坏，可以在没有自发对称性破坏的情况下实现非零真空期望值。

这些特性表明，$-g\varphi^4$量子场论可能有助于描述标准模型的希格斯扇区。与 5.5 节中描述的量子力学奇偶异常相同，也许希格斯粒子状态是场论奇偶异常的结果，两者都能产生边界态。该领域的早期研究包括对泛函积分变换的研究[316]，以及 N 的大值近似和矩阵模型[438]，但还需要做很多额外的工作。

5.7.2 $\mathcal{PT}$对称量子电动力学

如果量子电动力学哈密顿量中未重整化的电荷 e 是虚数，那么哈密顿量将是非厄米量，但是如果人们还指定该理论中的A^μ势场变换为轴向量而非向量，则哈密顿量变为$\mathcal{PT}$对称[407]。因此，在$\mathcal{P}$条件下，假设四个矢量势和电磁场变换如下：

$$\mathcal{P}\text{：}E \to E\text{，}B \to -B\text{，}A \to A\text{，}A^0 \to -A^0$$

在时间反转下，转换被假定为常规的：

$$\mathcal{T}\text{：}E \to E\text{，}B \to -B\text{，}A \to A\text{，}A^0 \to -A^0$$

该理论的拉格朗日方法必须有一个虚耦合常数，以便在这两个对称的乘积下是不变的：

$$\mathcal{L} = -\frac{1}{4}F^{\mu\nu}F_{\mu\nu} + \frac{1}{2}\psi^\dagger\gamma^0\gamma^\mu\frac{1}{i}\partial_\mu\psi + \frac{1}{2}m\psi^\dagger\gamma^0\psi + \mathrm{i}e\psi^\dagger\gamma^0\gamma^\mu A_\mu$$

相应的哈密顿密度如下：

$$\mathcal{H} = \frac{1}{2}(E^2 + B^2) + \psi^\dagger[\gamma^0\gamma^k(-i\nabla_k + \mathrm{i}eA_k) + m\gamma^0]\psi$$

费米子的洛伦兹变换性质与通常的性质相同。因此。出现在拉格朗日密度和哈密顿密度中的电流$j^\mu = \psi^\dagger\gamma^0\gamma^\mu\psi$，在$\mathcal{P}$和$\mathcal{T}$条件下进行常规变换：

---

① 文献[137]介绍了计算期望值的方法。

$$\mathcal{P}j^{\mu}(x,t)\mathcal{P}=\binom{j^0}{-j}(x,-t),\quad \mathcal{T}j^{\mu}(x,t)\mathcal{T}=\binom{j^0}{-j}(x,-t)$$

因为它的相互作用是三次的，这种“电动力学”的非厄米理论类似于 5.4 节中讨论的$\mathrm{i}\varphi^3$无自旋量子场理论。此外，$\mathcal{PT}$对称电动力学是渐近自由的(与普通电动力学不同)。这种非厄米理论很特别，因为 Casimir 力的符号与普通电动力学中的符号相反[407]。有限条件也能够使其确定自身的耦合常数[133]，所以该理论的无质量表述值得关注。

$\mathcal{PT}$对称量子电动力学的$\mathcal{C}$算子已被构造为e的一阶微扰[96]。这种构造技术性太强，在此无法描述，但它表明非厄米量子电动力学是一种可行且一致的幺正量子场论。$\mathcal{PT}$对称量子电动力学比量子场论$\mathrm{i}\varphi^3$更复杂，因为它具有传统量子电动力学的一些特征，例如方差阿贝尔规范。厄米哈密顿量描述的唯一渐近自由量子场论是那些具有非阿贝尔规范不变性的理论。因此，$\mathcal{PT}$对称性符合新类型的渐近自由理论(例如上面讨论的$-\varphi^4$理论)，其不具有非阿贝尔规范不变性。

5.7.3 双$\mathcal{PT}$对称量子场论

到目前为止，一直专注于玻色$\mathcal{PT}$对称哈密顿量，但构造费米子$\mathcal{PT}$对称哈密顿量同样简单。首先来看自由理论。传统厄米自由费米子场论的拉格朗日密度为

$$\mathcal{L}(x,t)=\bar{\psi}(x,t)(\mathrm{i}\partial\!\!\!/-m)\psi(x,t) \tag{5.42}$$

对应的哈密顿密度为

$$\mathcal{H}(x,t)=\bar{\psi}(x,t)(-\mathrm{i}\nabla\!\!\!\!/+m)\psi(x,t) \tag{5.43}$$

其中，$\bar{\psi}(x,t)=\psi^{\dagger}(x,t)\gamma_0$。

在 1+1 维时空中，采用以下约定：$\gamma_0=\sigma_1$，$\gamma_1=\mathrm{i}\sigma_2$，$\sigma$为泡利矩阵。定义$\gamma_0^2=1$，$\gamma_1^2=-1$，还定义了$\gamma_5=\gamma_0\gamma_1=\sigma_3$，则$\gamma_5^2=1$。宇称算子$\mathcal{P}$有如下作用：

$$\mathcal{P}\psi(x,t)\mathcal{P}=\gamma_0\psi(-x,t),\qquad \mathcal{P}\bar{\psi}(x,t)\mathcal{P}=\bar{\psi}(-x,t)\gamma_0$$

时间反转算子$\mathcal{T}$有如下作用：

$$\mathcal{T}\psi(x,t)\mathcal{T}=\gamma_0\psi(x,-t),\qquad \mathcal{T}\bar{\psi}(x,t)\mathcal{T}=\bar{\psi}(x,-t)\gamma_0$$

$\mathcal{T}$是反线性的并且取复数的复共轭，这与$\mathcal{P}$的作用类似。使用这些定义哈密顿量$H=\int\mathrm{d}x\mathcal{H}(x,t)$，其中式(5.43)中的$\mathcal{H}$是厄米的，所以$H=H^{\dagger}$。另请注意，$H$在奇偶校验和时间反转下分别保持不变：$\mathcal{P}H\mathcal{P}=H$和$\mathcal{T}H\mathcal{T}=H$。

为了构造一个非厄米费米子哈密顿量，需要一个依赖于式(5.43)中哈密顿量密度的质量项：

$$\mathcal{H}(x,t)=\bar{\psi}(x,t)(-\mathrm{i}\nabla\!\!\!\!/+m_1+m_2\gamma_5)\psi(x,t)，\ m_2\text{是实数} \tag{5.44}$$

其中，m_2为实数。与式(5.44)哈密顿密度相关的哈密顿量$H=\int\mathrm{d}x\mathcal{H}(x,t)$不是厄米的，因为$m_2$在厄米共轭条件下改变符号。发生这种符号变化是因为$\gamma_0$和$\gamma_5$不互换。此外，$H$在$\mathcal{P}$或$\mathcal{T}$下不是不变的，因为$m_2$在每一个反射下都会改变符号。然而，$H$在$\mathcal{P}$和$\mathcal{T}$组合反射下是不变的。因此，$H$是$\mathcal{PT}$对称的。

确定 H的$\mathcal{PT}$对称性是破缺还是非破缺需要验证 H的频谱是否为实数。为此，可以通过求解场方程来实现。式(5.44)中与$\mathcal{H}$相关的场方程为

$$(\mathrm{i}\boldsymbol{\partial} - m_1 - m_2\gamma_5)\psi(x,t) = 0$$

如果迭代这个方程并使$\boldsymbol{\partial}^2 = \partial^2$，得到下式：

$$(\partial^2 + \mu^2)\psi(x,t) = 0 \tag{5.45}$$

这是二维 Klein-Cordon 方程，$\mu^2 = m_1^2 - m_2^2$，当该方程为实数时，传播的物理质量 μ 需满足以下条件：

$$m_1^2 \geqslant m_2^2 \tag{5.46}$$

该不等式定义了一个完整的二维$\mathcal{PT}$对称性区域。当式(5.46)不成立时，$\mathcal{PT}$对称性破缺。在破缺和非破缺$\mathcal{PT}$对称区域之间的边界处(线$m_2 = 0$)，哈密顿量是厄米的[①]。

与式(5.44)中的$\mathcal{PT}$对称哈密顿密度 $\mathcal{H}$ 相关联的$\mathcal{C}$算子由$\mathcal{C} = \mathrm{e}^Q\mathcal{P}$给出，其中[125]：

$$\begin{aligned} Q &= -\tanh^{-1}\left[\varepsilon\int \mathrm{d}x\bar{\psi}(x,t)\gamma_1\psi(x,t)\right] \\ &= -\tanh^{-1}\left[\varepsilon\int \mathrm{d}x\psi^\dagger(x,t)\gamma_5\psi(x,t)\right] \end{aligned} \tag{5.47}$$

该方程中的反双曲正切要求$|\varepsilon|\leqslant 1$或等价条件$m_1^2 \geqslant m_2^2$，这对应$\mathcal{PT}$对称性的完整区域。使用式(5.47)构造等效的厄米哈密顿量h，如式(3.43)所示。

$$\begin{aligned} h = \exp\left[\frac{1}{2}\tanh^{-1}\varepsilon\int \mathrm{d}x\psi^\dagger(x,t)\gamma_5\psi(x,t)\right] H \times \\ \exp\left[-\frac{1}{2}\tanh^{-1}\varepsilon\int \mathrm{d}x\psi^\dagger(x,t)\gamma_5\psi(x,t)\right] \end{aligned} \tag{5.48}$$

用对易关系$[\gamma_5, \gamma_0] = -2\gamma_1$和$[\gamma_5, \gamma_1] = -2\gamma_0$化简式(5.48)中的$h$，得到：

$$h = \int \mathrm{d}x\bar{\psi}(x,t)(-\mathrm{i}\boldsymbol{\nabla} + \mu)\psi(x,t)$$

其中，$\mu^2 = m^2(1-\varepsilon^2) = m_1^2 - m_2^2$与式(5.45)一致，通过把$H$替换为$h$，将依赖$\gamma_5$的质量项$m\bar{\psi}(1+\varepsilon\gamma_5)\psi$更改为常规费米子质量项$\mu\bar{\psi}\psi$。因此，用$\mu$代替$m$，式(5.44)中的非厄米的$\mathcal{PT}$对称哈密顿密度等效于式(5.43)厄米哈密顿量密度。

如果在式(5.42)中引入一个四点费米子相互作用项，就得到了 1+1 维的大质量 Thirring 模型的拉格朗日密度：

$$\mathcal{L} = \bar{\psi}(\mathrm{i}\boldsymbol{\partial} - m)\psi + \frac{1}{2}g(\bar{\psi}\gamma^\mu\psi)(\bar{\psi}\gamma_\mu\psi) \tag{5.49}$$

其对应的哈密顿密度为

---

① 在量子力学中也是如此。对于式(2.7)中的哈密顿量，破缺(未破缺)$\mathcal{PT}$对称性的区域是$\varepsilon < 0(\varepsilon > 0)$。在这两个区域的边界$\varepsilon = 0$处，哈密顿量是厄米的。

$$\mathcal{H} = \bar{\psi}(-\mathrm{i}\nabla\!\!\!/ + m)\psi - \frac{1}{2}g(\bar{\psi}\gamma^{\mu}\psi)(\bar{\psi}\gamma_{\mu}\psi) \tag{5.50}$$

然后可以构建$\mathcal{PT}$对称 Thirring 模型：

$$\mathcal{H} = \bar{\psi}(-\mathrm{i}\nabla\!\!\!/ + m + \varepsilon m\gamma_5)\psi - \frac{1}{2}g(\bar{\psi}\gamma^{\mu}\psi)(\bar{\psi}\gamma_{\mu}\psi) \tag{5.51}$$

通过引入依赖γ_5的质量项，附加项是非厄米但$\mathcal{PT}$对称的，因为它在奇偶反射和时间反转下都是奇数。因为在 1+1 维空间中，相互作用项$(\bar{\psi}\gamma^{\mu}\psi)(\bar{\psi}\gamma_{\mu}\psi)$与式(2.4)中的 Q 对易[125]，所以$g \neq 0$时的相互作用理论 Q 算子与$g = 0$时的 Q 算子相同。因此，式(5.51)中的非厄米$\mathcal{PT}$对称哈密顿密度等效于式(5.50)中的厄米哈密顿量密度，其中质量m被μ替换，且$\mu^2 = m^2(1-\varepsilon^2) = {m_1}^2 - {m_2}^2$。对易关系$[\gamma_5, \gamma_0\gamma_{\mu}] = 0$，对于 3+1 维交互 Thirring 模型也是如此。但由于这种高维场论是不可重整化的，Q算子可能只有形式上的意义。

式(5.49)中的 1+1 维大质量 Thirring 模型与 1+1 维 Sine-Gordon 模型[1]是对偶的。其拉格朗日密度为$\mathcal{L} = \frac{1}{2}(\hat{p}_{\mu}\varphi)^2 + m^2\lambda^{-2}(\cos\lambda\varphi - 1)$，其对应的哈密顿密度为

$$\mathcal{H} = \frac{1}{2}\pi^2 + \frac{1}{2}(\nabla\varphi)^2 + m^2\lambda^{-2}(1 - \cos\lambda\varphi)$$

其中，$\pi(x,t) = \partial_0\varphi(x,t)$，且在 1+1 维空间中$\nabla\varphi(x,t)$是$\hat{p}_1\varphi(x,t)$。Thirring 模型和 Sine-Gordon 模型之间的对偶性表示为耦合常数g和λ之间的代数关系，$\lambda^2/(4\pi) = 1/(1 - g/\pi)$。自由费米子理论$(g = 0)$等价于耦合常数具有特殊值$\lambda^2 = 4\pi$时的 Sine-Gordon 模型。

通过相同的分析，修改后的 Thirring 模型的式(5.51)$\mathcal{PT}$对称变形，与具有哈密顿密度的修改 Sine-Gordon 模型对偶：

$$\mathcal{H} = \frac{1}{2}\pi^2 + \frac{1}{2}(\nabla\varphi)^2 + m^2\lambda^{-2}(1 - \cos\lambda\varphi - \mathrm{i}\varepsilon\sin\lambda\varphi) \tag{5.52}$$

这是$\mathcal{PT}$对称的而不是厄米的。Q 算子如下：

$$Q = \frac{2}{\lambda}\tanh^{-1}\varepsilon\int \mathrm{d}x\pi(x,t)$$

适用于哈密顿量。因此，等效的厄米哈密顿量h：

$$h = \exp\left[-\frac{1}{\lambda}\tanh^{-1}\varepsilon\int \mathrm{d}x\pi(x,t)\right]H\exp\left[\frac{1}{\lambda}\tanh^{-1}\varepsilon\int \mathrm{d}x\pi(x,t)\right]$$

将H转换为h的操作与通过虚常数将玻色场φ做变换的效果相同：

$$\varphi \to \varphi + \frac{\mathrm{i}}{\lambda}\tanh^{-1}\varepsilon \tag{5.53}$$

在这种变换下，式(5.52)中相互作用项$m^2\lambda^{-2}(1 - \cos\lambda\varphi - \mathrm{i}\varepsilon\sin\lambda\varphi)$变成了$-m^2\lambda^{-2}(1-\varepsilon^2)\cos\lambda\varphi$，多了一个额外常数。因此，$h$是厄米的 Sine-Gordon 模型的哈密顿量，但质量 μ 由$\mu^2 = m^2(1-\varepsilon^2) = {m_1}^2 - {m_2}^2$给出。这种质量变化与 Thirring 模型相同。即使参数 ε 的 H 厄米性被破坏，h依然是厄米的。

通过像式(5.53)中的转换场算子，从厄米哈密顿量产生非厄米但$\mathcal{PT}$对称的想法首次在量子力学的背景下引入[240]。无论是否存在合适的玻色子-费米子对偶性，这提出了一种可构建可解费米子$\mathcal{PT}$不变模型的方法。

5.7.4 引力和宇宙$\mathcal{PT}$对称理论

5.7.2 节证明了构建量子电动力学的$\mathcal{PT}$对称模型，只须将电荷e替换为$\mathrm{i}e$，然后将矢量势A^{μ}替换为轴矢量势。结果产生一个非厄米但$\mathcal{PT}$对称哈密顿量。因为$\mathrm{i}^2=-1$，该模型有一个有趣的经典特征，即与电荷平方成正比的库仑力(Coulomb force)的符号与常规电动力学的符号相反。因此，同种电荷相吸引，而异种电荷相排斥。

可以采用相同的想法来构建无质量 2-自旋粒子(引力子)的$\mathcal{PT}$对称模型。在线性化的引力理论中，可以简单地用iG代替引力耦合常数G，然后要求双分量张量场在奇偶校验下表现得像一个轴向张量。结果得到非厄米的$\mathcal{PT}$对称哈密顿量。在经典水平上，该哈密顿量描述了一种排斥引力。研究这种模型与暗能量概念以及最近对宇宙膨胀正在加速的观察之间可能存在的联系会很有趣。

$\mathcal{PT}$对称性与某些类型的宇宙学模型(cosmological model)之间也存在合理的联系。在关于式(2.41)的讨论中，表明$\mathcal{PT}$对称$-x^4$势在其本征能量处变得无反射。也就是说，如果能量 E的平面波从势$-x^4$出入射，则此时 E等于该势的(正)特征值时，且没有反向散射波(甚至没有小到指数级的反向散射波)。已经有很多关于 anti-de Sitter 宇宙学的论文(参见文献[288])和 de Sitter 宇宙学的论文(参见文献[532, 162])。在关于 anti-de Sitter(以下简称 AdS)的描述中，在错误符号势(例如$-x^6$)的情况下，宇宙无反射地传播。在 de Sitter(以下简称 dS)的情况下，常规的厄米量子力学必须被放弃，取而代之的是一种非厄米量子力学，其中存在“超可观察量”。dS 情况下的非厄米内积是基于传统的$\mathcal{CPT}$定理，与$\mathcal{CPT}$内积在$\mathcal{PT}$对称量子理论中的使用方式相同[91]。无反射条件相当于$\mathcal{PT}$对称性的要求，是允许错误符号势具有正谱。计算这个势能的最低能级相当于确定宇宙常数[409-410]。

5.7.5 双标度极限

量子场论的双标度极限是一条相关线，当耦合常数g接近临界值时，物种数 N接近无穷大。对于$O(N)$对称四次量子场论(矢量模型)的最简单情况，由于临界耦合常数为负，因此该极限存在严重问题。因此，在耦合的临界值下，哈密顿量定义了一个具有倒置势能的量子理论，其能谱向下似乎是无界的。此外，如果按常规处理，该理论中配分函数的积分表达式似乎不存在。如果以$\mathcal{PT}$对称方式接近这一相关极限，就可以避免所有困难[141, 143]。这样处理后，人们可以在低维场论中清晰、准确地计算配分函数，并且发现所有明显的问题都消失了。这表明，在重整化以外的情况下，可能需要对传统厄米场理论进行$\mathcal{PT}$对称解释。对于更复杂的理论，其相关极限，如$O(N)$对称矩阵模型，仍有许多研究需要进行。

5.7.6 费米子理论的基本性质

费米子理论特别有趣。因为对于这些理论，时间反转算子$\mathcal{T}^2$是-1而不是 1，这与玻色子理论一样。因此，构建具有$\mathcal{PT}$对称性的基本费米子理论可以产生有趣的、新特性模型[318-320, 439]。这些研究构建了自由费米子理论模型并研究了物种振荡现象。在传统的厄米理论中，中微子振荡意味着中微子具有质量，这是公认的。然而，结果表明，在无质量中微子的非厄米$\mathcal{PT}$对称理论中可以发生物种振荡。这种振荡对宇宙学模型具有重要意义，而且很明显还需要做更多的工作。

第Ⅱ部分
$\mathcal{PT}$对称性中的高级主题

理性是不朽的，其他都是平凡的。

——毕达哥拉斯

第 6 章 一些简单的实证①

为他人构筑一堆火，他会温暖一天。点燃一个人，将温暖他的余生。

——特里・普拉切特

本章主要研究哈密顿量$H = p^2 + x^2(\mathrm{i}x)^\varepsilon$的$\mathcal{PT}$对称特征值问题。从$\mathcal{PT}$对称三次振荡器($\varepsilon = 1$)开始，正如本书前言中所解释的那样，它引起了 Bender 和 Boettcher[78]的关注，并激发了当前各学者对$\mathcal{PT}$对称性方向的兴趣。该振荡器的哈密顿量如下：

$$\hat{H} = \hat{p}^2 + \mathrm{i}\hat{x}^3 \tag{6.1}$$

相应的不含时薛定谔方程如下：

$$-\psi''(x) + \mathrm{i}x^3\psi(x) = E\psi(x) \tag{6.2}$$

为了确定一个有明确定义的特征值，这个方程需要一个适用于$\psi(x)$的边界条件，因为现在$\psi(x)$在实线上是平方可积的。这等价于 H谱的可复数 E表述，条件为无论$x \to -\infty$还是$x \to +\infty$，当且仅当式(6.2)有一个衰减解$\psi(x)$。

尽管$\mathcal{PT}$对称三次振荡器具有非厄米性，但 Bessis 和 Zinn-Justin 推测该频谱是实的且正的。本章证实了这个猜想[209]，它有许多有趣的分支和概括，本章选取部分进行求证。为此，首先在 6.1 节中对斯托克斯现象进行了简要介绍，包括与特征值问题相关的简单常微分方程，如式(6.2)。然后在 6.2 节中介绍了这些与具有非厄米性的三次振荡器明显不相关的问题，以及如何与其谱行列式的精确函数关系关联起来。在 6.3 节中给出了式(6.2)在既定边界条件下，其谱为实性的证明。在 6.4 节，将证明扩展到 Shin[480]发现的一类普通问题，对于诸如此类的普通问题，频谱并不总是实的。6.5～6.7 节专门用于对初始问题进行深入的推理(只对实证感兴趣的读者可以跳过)，这些内容研究了$\mathcal{PT}$对称性破缺的复杂结构，并建立了与其他感兴趣课题(如复方阱和准精确解的可解性)的联系。最后，6.8 节讨论了前几节的内容与量子可积模型理论之间的关系，正是这种关系促进了实证工作的开展。

6.1 斯托克斯现象

式(6.2)的边界条件施加在$x = \pm\infty$处，当$|x|$较大时，首先对这个条件下的微分方程进行求

---

① 本章由帕特里克・E. 多雷、克莱尔・邓宁、罗伯托・塔托撰稿。

解。WKB 近似方法如下：

$$\psi(x) \sim \frac{1}{P^{1/4}(x)} \exp\left[\pm\int^{x} \mathrm{d}t\sqrt{P(t)}\right], \quad |x| \to \infty \tag{6.3}$$

其中，$P(x)=(\mathrm{i}x)^3-E$，当$x\to\pm\infty$，预测两个渐近行为如下：

$$\psi_{\pm}(x) \sim x^{-3/4} \exp\left[\pm\frac{2}{5}(\mathrm{i}x)^{5/2}\right]$$

其中一个近似值随着x向正无穷增大而增长，并在那里占主导地位，而另一个则衰减，且被认为是次要的。x趋于负无穷大时，渐近解也表现出相同的两种行为。因为方程是二阶的，所以只有两个线性无关的解，并且沿实轴给定(正或负)方向促使选择唯一的解直到乘法归一化。常数E是式(6.2)的特征值，当且仅当$x\to-\infty$和$x\to+\infty$时解为次优解。

式(6.3)的 WKB 近似方法没有足够的信息来确定E的值。虽然当$|x|$趋于无穷大时，WKB 近似方法对x轴的断开部分是准确的，但是它在中间区域无效。特别是，在接近$P(x)$的拐点时无法近似，即那些$P(x)=0$的x值。这使得从x的负无穷大到正无穷大的近似解无法连续。

拐点处求解微分方程的标准 WKB 方法是，沿着穿过拐点的路径构建 WKB 近似路径，并使用艾里(Airy)函数渐近匹配每个拐点两侧的WKB近似。文献[142]介绍了常用步骤，文献[492]介绍了$\mathcal{PT}$对称薛定谔方程的应用。

另一种方法，更多是采用复分析和$\mathcal{PT}$对称性，即在复x平面中按照从x的负无穷大到正无穷大的路径，保持$|x|$在整个过程中都很大。这样做的好处是，当$|x|$很大时，式(6.2)的 WKB 近似解是准确的，绕过了具有小值的$P(x)$区域的路径和 WKB 近似解很差的区域。然而，这种进入复平面的延续会导致斯托克斯现象变复杂，正如上文所阐述的那样。当$\rho,\theta\epsilon\mathbb{R}$，设$x=-\mathrm{i}\rho\mathrm{e}^{\mathrm{i}\theta}$，使得$\rho$是$x$到复平面原点的距离，并且$\theta$是负虚轴的对角。虽然$\rho$仍然很大，但 WKB 近似是有效的，$\psi$的变化可能与以前一样：

$$\psi_{\pm}(x) \sim \rho^{-3/4} \exp\left[\pm\frac{2}{5}\mathrm{e}^{5\mathrm{i}\theta/2}\rho^{5/2}\right]$$

乍一看，这是一个令人费解的公式：当θ从 0 增加到 2π，ψ_+变为ψ_-，显然与式(6.2)的所有解都是单值相矛盾。这个矛盾的解决方案是，渐近近似的延续并不总是与延续的渐近近似相同。造成这种差异的机理称为斯托克斯现象，它解释了为什么渐近解的主分量(如果非零)会掩盖其次分量不连续变化。

为了阐明这种机理，考虑相位$\mathrm{e}^{5\mathrm{i}\theta/2}$如何控制$\psi_{\pm}(x)$的变化。如果相位具有非零实部，则对于较大的$\rho$，其中一个解会增长，而另一个解会衰减，因此可以区分主解和次解。然而，如果下式成立：

$$\mathrm{Re}(\mathrm{e}^{5\mathrm{i}\theta/2})=0 \tag{6.4}$$

则两个解都振荡，并且两个解不分主次。随着θ增大，先前占优势的解成为次解，而次解成为主解。当式(6.4)成立时，解的支配地位交换，得到下式：

$$\theta=\frac{\pi}{5}\pm\frac{2\pi n}{5} \qquad (n=0,1,2) \tag{6.5}$$

因此，复平面被分成 5 个斯托克斯扇区，这些扇区由反斯托克斯线以式(6.5)中的角度分隔，两个 WKB 解沿该角度振荡。图 6.1 显示了 5 个斯托克斯扇区S_0、$S_{\pm1}$、$S_{\pm2}$，用下式定义：

$$S_k := \left\{x \in \mathbb{C}: \left|\arg(\mathrm{i}x) - \frac{2\pi k}{5}\right| < \frac{\pi}{5}\right\}$$

适用于式(6.2)的虚数三次振荡器。

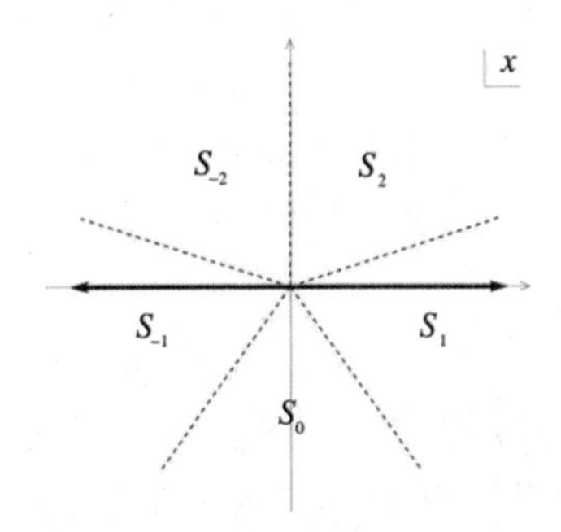

图 6.1　$\mathcal{PT}$对称三次振荡器的斯托克斯扇区。量化轮廓(双箭头线)沿实轴延伸并连接S_{-1}和S_1

与沿反斯托克斯线相反，在斯托克斯扇区中心的线称为斯托克斯线。如果斯托克斯扇区S_k中的解$\psi(x)$同时包含主解和次解，则主解$\psi_d(x)$最大限度地超过次解$\psi_s(x)$，见下式：

$$\psi(x) = \alpha\psi_d(x) + \beta\psi_s(x)$$

在斯托克斯线附近，如果$\alpha\psi_d(x)$非零，则对应ψ的渐近近似解完全由其主解决定。$\arg(\mathrm{i}x) = \theta$，并且$x$扫过斯托克斯线，作为$\theta$的函数，次解的系数 β会不连续地变化，这与完整解的任何连续性属性不矛盾[①]。总而言之，当x保持在相同的斯托克斯扇区内时，渐近线的变化不大。但是，如果越过反斯托克斯线，则主解和次解交换，并且完全解的渐近变化不同于连续渐近逼近变化，这就是斯托克斯现象。

假设在正实轴上(在扇区S_1中)的解$\psi(x)$是次解。为了确定$\psi(x)$在负实轴上是否也是次解(这样 E将是一个特征值)，可以使$\psi(x)$继续向下进入下半平面，取x穿过扇区S_0到达S_{-1}。因为$\psi(x)$在S_1中是次解，所以当x在S_1中穿过斯托克斯线时，不存在斯托克斯现象，但是移动到S_0中，$\psi(x)$就变成了主解。因此，当S_0中的斯托克斯线交叉时，次解分量可以得到一个非零系数。继续进入S_{-1}，如果这个次解分量被激活，就变成了主解。因此连续解不会在负实轴上衰减，并且与基于S_1中渐近线的自然延续预期相反，E 不是特征值。唯一的例外是，如果 E 是特征值，当在S_0中穿过斯托克斯线时，ψ的次解分量的系数(有时称为斯托克斯乘数)恰好为零。

因此，寻找薛定谔方程特征值就转化为斯托克斯乘数的零点问题。下一节将介绍，这是一个有用的重新表述，因为三次振荡器的斯托克斯乘数满足以前出现在量子场理论和统计力学的可积模型研究中的泛函关系。反过来，这为证明式(6.1)的三次振荡谱的惊人近邻特性提供了研究方向。

① 文献[151]中对斯托克斯线交叉的详细分析表明，在更精细的尺度上，不连续性被平滑了。当前的探讨不需要这种改进。

已经讨论了与特定的斯托克斯扇区对S_1和S_{-1}相关的特征值问题，因为实线上的可积分平方需要寻找这些扇区中满足式(6.2)同时衰减的解。然而，由于允许x是复数，可能会问，要求式(6.2)的解在其他斯托克斯扇区对中，同时衰减是否会导致具有不同离散谱的新特征值问题。正如下一节讨论中[484]得出的结论那样，相邻扇区定义了多重特征值问题，从图 6.1 中看到的另一种唯一可能性是考虑$k \neq -1$时的S_k和S_{k+2}对。一个简单的变量变化，将扇区S_k和S_{k+2}中开始和结束的量化轮廓的特征值问题转换为S_{-1}和S_1指定的特征值问题，该特征值具有恒相位。因此，讨论这个问题没有任何意义。在 WKB 方法中，量化轮廓开始和结束于$x = \infty$附近，与"横向"连接问题有关[443]。对于高阶非谐振荡器，斯托克斯扇区激增，"横向"连接问题实际增长[128]，这种现象与可积量子场论中所谓的融合体系有关。

原点是量化轮廓结束的另一个可能自然位置，而且连接$x = 0$和$x = \infty$的轮廓会导致"径向"(或中心)连接问题。因此，可以寻求薛定谔方程的解，x较大时，该方程在扇区S_k中衰减，并在$x = 0$处满足狄利克雷边界条件$\psi(0) = 0$，或纽曼边界条件$\psi'(0) = 0$。斯托克斯扇区S_k中定义的径向特征值问题可以通过旋转x和E映射到S_j中定义的径向问题上。

总之，存在与微分方程(6.1)相关的三个自然特征值问题，每个问题都有自己的一组特征值和特征函数。第一个是横向$\mathcal{PT}$对称特征值问题，其中需要ψ在S_1和S_{-1}中同时衰减。另外两个是径向特征值问题，在$x = 0$处用狄利克雷或纽曼边界条件定义。径向波函数在其中一个斯托克斯扇区中必须衰减，将该斯托克斯扇区设置为S_0，这种选择自然会出现在下一节中。

通过研究斯托克斯乘数，表明三个特征值问题通过相关谱行列式满足的函数关系联系在一起。由此产生的约束，既意味着$\mathcal{PT}$对称问题频谱的实数性，也表明了本书前述对象与可积量子场论的联系。

6.2 函数关系

继文献[484]之后，研究了以下问题的解：

$$-y''(x,E) + (\mathrm{i}x^3 - E)y(x,E) = 0 \tag{6.6}$$

在整个复x平面中将 E 视为(复)参数。Sibuya 的关键结果确定了式(6.6)精确解的存在，该解在S_0中是次解，并且当$x \to \infty$，在式(6.3)中与任何闭合子扇区共享 WKB 渐近近似法，这些子扇区是$|\arg(\mathrm{i}x)| \leqslant \frac{3}{5}\pi - \delta, \delta > 0, S_{-1} \cup S_0 \cup S_1$。对解进行归一化处理，下式就适用于这些扇区：

$$y(x,E) \sim \frac{i}{\sqrt{2}}(\mathrm{i}x)^{-3/4}\exp\left[-\frac{2}{5}(\mathrm{i}x)^{5/2}\right] \tag{6.7}$$

特别是，$y(x,E)$在S_0中是次解，当$|x| \to \infty$，该解沿负虚轴衰减。可以对$y(x,E)$进行简单的变量修改，有时称为 Symanzik(re)缩放，以进一步求解的集合：

$$y_k(x,E) \coloneqq \omega^{k/2}y(\omega^{-k}x, \omega^{2k}E) \tag{6.8}$$

可以验证对所有整数k，$y_k(x,E)$是否满足式(6.6)，这个条件使$\omega = \exp(2\mathrm{i}\pi/5)$。此外，Sibuya 的一般结果确保下述成立：

(S1) y_k存在并且是x和 E的完整函数；

(S2) y_k在斯托克斯扇区S_k中占主导地位，在相邻扇区S_{k-1}和S_{k+1}占主导地位。

注意，(S2)证明了上一节中提出的关于相邻斯托克斯扇区的特征值问题无用的观点：如果$\psi(x)$在S_k中衰减，那么它必须与y_k成比例，因此它占主导地位，且在两个相邻扇区$S_{k\pm1}$中不衰减。

当$|x| \to \infty$，在S_k或S_{k+1}中，通过式(6.7)固定两个解的渐近近似值，y_k和y_{k+1}的 Wronskian 行列式如下：

$$W[y_k, y_{k+1}] \coloneqq y_k {y'}_{k+1} - {y'}_k y_{k+1} = 1 \tag{6.9}$$

对于非零 Wronskian 行列式，y_k和y_{k+1}必须是独立的，据此构成了式(6.6)的解基。所有其他解都可以写成这两者的线性组合。特别是，可以在y_0和y_1的基础上展开y_{-1}，产生斯托克斯关系：

$$y_{-1}(x,E) = C(E)y_0(x,E) + \tilde{C}(E)y_1(x,E) \tag{6.10}$$

其中，斯托克斯乘数$C(E)$和$\tilde{C}(E)$取决于 E，但与x无关。

斯托克斯乘数的显式表达式，首先用y_1获得式(6.10)的 Wronskians 行列式：

$$C(E) = \frac{W[y_{-1}, y_1]}{W[y_0, y_1]} = W[y_{-1}, y_1]$$

然后用y_0获得：

$$\tilde{C}(E) = \frac{W[y_{-1}, y_0]}{W[y_1, y_0]} = -\frac{W[y_{-1}, y_0]}{W[y_0, y_1]} = -1$$

其中，式(6.9)和式(6.8)联合转换成最终的等式。由于y_k是 E的完整函数，因此 $C(E)$也是。根据$y_0(x,E) \equiv y(x,E)$写成的斯托克斯关系式(6.10)具有对称形式：

$$C(E)y(x,E) = \omega^{-1/2}y(\omega x, \omega^{-2}E) + \omega^{1/2}y(\omega^{-2}x, \omega^2 E) \tag{6.11}$$

如果设$x = 0$，那么函数y的前三个参数都匹配。定义$D(E) \coloneqq y(0,E)$，得到下式：

$$C(E)D(E) = \omega^{-1/2}D(\omega^{-2}E) + \omega^{1/2}D(\omega^2 E) \tag{6.12}$$

其中，D和 C一样是 E的完整函数。如果对式(6.11)关于x进行微分，并设$x = 0$，得到第二个关系：

$$C(E)\widetilde{D}(E) = \omega^{1/2}\widetilde{D}(\omega^{-2}E) + \omega^{-1/2}\widetilde{D}(\omega^2 E) \tag{6.13}$$

其中，$\widetilde{D}(E) \coloneqq y'(0,E)$是 E的另一个完整函数。

函数关系式(6.12)和式(6.13)是强有力的，因为所有涉及的函数都是完整的。事实上，它们在不同的数学领域适用，如对量子场论和统计力学可积模型(IMs)的研究领域。在这种情况下，式(6.12)和式(6.13)被称为巴克斯特(Baxter)的 TQ 关系。为了求解八顶点格模型，该关系由巴克斯特在20世纪70年代[65]首次提出，后来对四顶点格模型和六顶点格模型进行了推广[378-381, 500]。巴克斯特的 TQ 关系继续在量子可积模型中发挥关键作用，并且在数学领域引起越来越大的兴趣。

函数$C(E)$、$D(E)$和$\widetilde{D}(E)$与微分方程式(6.2)相关特征值问题的相关性，在于它们可以被解释为谱行列式。谱行列式是给定特征值问题在特征值处完全消失的函数，就像特征多项式对有限维矩阵特征值进行编码一样。斯托克斯乘数$C(E)$等于$y_{-1}(x)$和$y_1(x)$的 Wronskian 行列式，并且当且仅当这两个解是彼此的倍数时，它才消失。当且仅当式(6.2)在两个扇区S_{-1}和S_1中各有一个解同时衰减时，才会发生这种情况。这正是$\mathcal{PT}$对称三次振荡器问题式(6.2)的量化条件。因此，$C(E)$与振荡器问题式(6.2)的谱行列式成正比，其零点是相应的特征值①。

类似步骤，令$y(x,E)$是式(6.2)的解，当S_0中$|x|$较大时，其消失。那么，$D(E)\equiv y(0,E)$为零，当且仅当在S_0中$|x|\to\infty$时，微分方程的解在$x=0$处消失。因此，$D(E)$的零点是径向问题的特征值，原点处有(零)狄利克雷边界条件，且沿负虚轴方向衰减。

在原点处的诺依曼边界条件下，谱行列式$\widetilde{D}(E)$决定了径向问题的谱，这个观点与前述观点相同。下面将看到两个伪厄米问题，变量变化如下：

$$x\to -\mathrm{i}x,\qquad \psi(-\mathrm{i}x)=\phi(x)$$

从上式中消除i因子，并消除 E，将微分方程映射到实三次振荡器问题：

$$-\phi''(x)+x^3\phi(x)=e\phi(x) \tag{6.14}$$

其中，$e=-E$。并将所有斯托克斯扇区和量化轮廓旋转 90°，如图 6.2 所示。

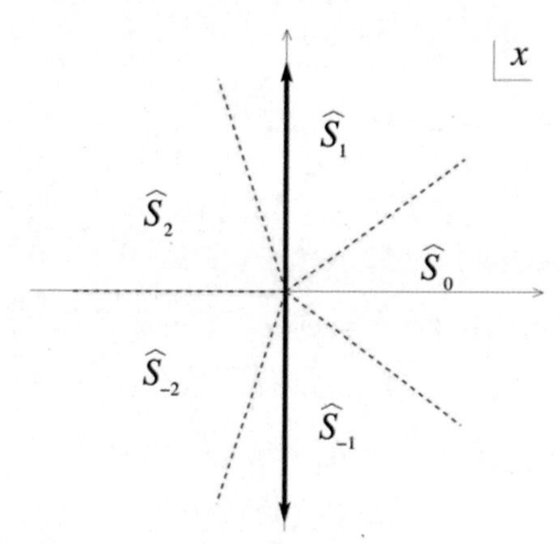

图 6.2　实三次振荡器问题式(6.14)的旋转斯托克斯扇区$\hat{S}_k:=\mathrm{i}S_k$。相关$\mathcal{PT}$对称问题的量化轮廓沿虚轴进行

旋转的斯托克斯扇区$\hat{S}_0$包括正实轴，因此$D(E)$的负零点是$\{e_j\!:D(-e_j)=0\}_{j=0}^{\infty}$，具有边界条件的式(6.14)解的特征值：

$$\phi(0)=0,\ \phi(x)\in L^2(\mathbb{R}^+)$$

① 严格地说，只介绍了$C(E)$与谱行列式共享相同的零点，两者之比可以是一个没有零点的完整函数(如多项式的指数)，但此选择受两个函数的渐近增长控制，将在下节介绍。

这是正实轴上的厄米特征值问题。因此，e_j都是实数并且都是正的(因为$\mathbb{R}^+$上的x^3势为正)。注意，在旋转后的图中，$\mathcal{PT}$对称问题的量化轮廓是虚轴，连接了$\hat{S}_{-1}$和$\hat{S}_1$。即使微分方程是实的，量化轮廓是复数，$\mathcal{PT}$对称频谱的实性仍然很重要。

函数关系式(6.12)和式(6.13)分别对应$\mathcal{PT}$对称三次振荡器的频谱与实三次振荡器的频谱，均服从原点处的狄利克雷或纽曼边界条件。为了明确地看到特征值之间的关系，以乘积形式写出谱行列式。对于较大且远离正实轴的 E 值，使用 WKB 近似方法来找到$y(0,E) \equiv D(E)$的渐近行为是可行的[216]：

$$\ln\mathcal{D}(E) \sim \frac{\pi^2}{30}\frac{2^{\frac{11}{3}}}{\Gamma\left(\frac{2}{3}\right)^3}(-E)^{\frac{5}{6}} \qquad (|\arg(-E)| < \pi)$$

$D(E)$的阶数①是5/6，它严格小于 1。因此，根据 Hadamard 分解定理，$D(E)$可以写成其零点的简单无穷积，这些零点是$\{-e_i\}_{i=0}^{\infty}$：

$$D(E) = D(0)\prod_{i=0}^{\infty}\left(1+\frac{E}{e_i}\right) \tag{6.15}$$

这里不需要给出常数 $D(0)$的精确(非零)值[216]。

式(6.12)中，取$E = -e_k$，$D(E)$为零。由于$C(E)$是完整的，因此在该点它是非奇异的，并且式(6.12)的右侧消失了：

$$\omega^{-1/2}D(-\omega^{-2}e_k) + \omega^{1/2}D(-\omega^2 e_k) = 0 \quad (k = 0,1,\cdots)$$

用其 Hadamard 乘积式(6.15)替换$D(E)$并重新整理，推导出厄米径向问题的特征值满足一组无限的精确量化条件：

$$\prod_{i=0}^{\infty}\left(\frac{e_i - \omega^{-2}e_k}{e_i - \omega^2 e_k}\right) = -\omega \qquad (k = 0,1,\cdots) \tag{6.16}$$

这种耦合方程在可积模型的研究中被称为 Bethe-ansatz 方程。

接下来可以在$C(E)$为 0 时计算式(6.12)，即求式(6.2)的$\mathcal{PT}$对称三次振荡器的特征值E_k。推理如上，式(6.12)的右侧再次为零，因此：

$$\omega^{-1/2}D(\omega^{-2}E_k) + \omega^{1/2}D(\omega^2 E_k) = 0 \qquad (k = 0,1,\cdots)$$

$D(E)$的 Hadamard 乘积公式意味着$\mathcal{PT}$对称横向问题的特征值通过一组类 Bethe-ansatz 方程与厄米径向问题的特征值相关：

$$\prod_{i=0}^{\infty}\left(\frac{e_i + \omega^{-2}E_k}{e_i + \omega^2 E_k}\right) = -\omega \qquad (k = 0,1,\cdots) \tag{6.17}$$

总而言之，由$D(E)$编码的径向狄利克雷问题频谱，通过 Bethe-ansatz 方程式(6.16)与自身纠缠在一起。而由$C(E)$编码的$\mathcal{PT}$对称问题频谱，通过类 Bethe-ansatz 方程式(6.17)实现类似纠

① 整个函数$f(z)$的阶是所有正数μ的下界，当$|z| \to \infty$，使得$|f(z)| = O[\exp(|z|^{\mu})]$(如文献[514])。

缠。类似的方法适用于$\widetilde{D}(E)$编码的诺依曼问题。这些结果形成了常微分方程和现在称为ODE/IM对应关系可积模型之间的联系。这首先在文献[215]中被提到，使用来自文献[522-524]的ODE侧的结果。在文献[71]中有进一步的阐述，联系文献[216]揭示的巴克斯特的TQ关系。源自对应关系的想法是证明$\mathcal{PT}$对称问题频谱实性的关键要素，这是下节的课题。

6.3 实践证明

现在完成了文献[209]的实践证明。为了便于说明，专门研究式(6.1)的$\mathcal{PT}$对称三次振荡器，目标是证明该振荡器的特征值$\{E_k\}$是实的。证明使用函数关系式(6.12)和一些在原点具有狄利克雷边界条件的径向问题特征值$\{e_i\}$(可以从原点具有纽曼边界条件的问题开始，等效地获得相同的结果)。

首先证明式(6.14)中狄利克雷径向特征值问题的狄利克雷特征值都是正实数。因为在给定的边界条件下，薛定谔方程关于$\mathcal{L}^2(\mathbb{R}^+)$是厄米的方程，所以狄利克雷特征值是实数。正如上面提到的，对于$x > 0$时，x^3是正的。取$e = e_i$作为特征值和ϕ_i对应的特征函数，将式(6.14)的每一项乘以${\phi_i}^*(x)$，从零积分到无穷大，并使用分部积分和施加边界来简化左侧的第一个积分项：

$$\int_0^\infty \mathrm{d}x[|{\phi_i}'(x)|^2 + x^3|\phi_i(x)|^2] = e_i\int_0^\infty \mathrm{d}x|\phi_i(x)|^2$$

因为所有这些积分都是正的，所以式(6.14)中狄利克雷问题的特征值e_i都是正实的。

回到特征值$\{E_k\}$，取式(6.17)的模平方，因为ω是单位平方根，得到：

$$\prod_{i=0}^{\infty}\left|\frac{e_i + \omega^{-2}E_k}{e_i + \omega^2 E_k}\right|^2 = 1 \qquad (k = 0,1,\cdots) \tag{6.18}$$

用ρ_k、δ_k和$\rho_k > 0$来表示$E_k = \rho_k \exp(\mathrm{i}\delta_k)$，并使用$e_i$，得到

$$\prod_{i=0}^{\infty}\frac{e_i^2 + \rho_k^2 + 2e_i\rho_k\cos\left(\frac{4\pi}{5} - \delta_k\right)}{e_i^2 + \rho_k^2 + 2e_i\rho_k\cos\left(\frac{4\pi}{5} + \delta_k\right)} = 1 \qquad (k = 0,1,\cdots) \tag{6.19}$$

如果$\cos\left(\frac{4\pi}{5} - \delta_k\right) = \cos\left(\frac{4\pi}{5} + \delta_k\right)$，则无穷积中的每一项都等于1，并且式(6.19)微不足道。另一方面，如果：

$$\cos\left(\frac{4\pi}{5} - \delta_k\right) > \cos\left(\frac{4\pi}{5} + \delta_k\right)$$

那么由于e_i、e_i^2、ρ_k、ρ_k^2都是正的，乘积式(6.19)中的每一项都大于1，所以等式不成立。相似地，如果：

$$\cos\left(\frac{4\pi}{5} - \delta_k\right) < \cos\left(\frac{4\pi}{5} + \delta_k\right)$$

那么乘积中的每一项都小于 1，并且式(6.19)再次不成立。因此$\cos\left(\frac{4\pi}{5}-\delta_k\right)=\cos\left(\frac{4\pi}{5}+\delta_k\right)$，并且：

$$\sin\left(\frac{4\pi}{5}\right)\sin\delta_k=0$$

进一步，$\delta_k=0$、π的模和E_k是实数。这个结论不依赖于特征值E_k的特定选择，于是证明了式(6.2)$\mathcal{PT}$对称三次振荡器的频谱是完全实的。

给定具体问题，特征值的正性与径向问题类似。假设E_k是一个特征值，而$\phi_k(x)$是它的特征函数。将式(6.2)乘以$\phi_k{}^*(x)$，沿实轴对两边从$-\infty$到$+\infty$积分，将第一项分部积分，最后取实部并记下E_k的实数，得到：

$$\int_{-\infty}^{\infty}\mathrm{d}x|\phi_k{}'(x)|^2=E_k\int_{+\infty}^{\infty}\mathrm{d}x|\phi_k(x)|^2$$

从中得出结论，$E_k>0$。

这个证明几乎可以一成不变地扩展到一般$\mathcal{PT}$对称非谐振荡器：

$$-\psi''(x)-(\mathrm{i}x)^{2M}\psi(x)=E\psi(x)\qquad(M\in\mathbb{R}^+)\tag{6.20}$$

这个结论由文献[78, 82]提出。如果 $2M$不是一个整数，$(\mathrm{i}x)^{2M}$可以通过沿着正虚轴进行分支切割来呈现单值。斯托克斯扇区的张角从$\frac{2\pi}{5}$变化到$\frac{\pi}{M+1}$，并且在这些扇区之间，旋转解的相位 ω 从$\mathrm{e}^{\frac{2\pi\mathrm{i}}{5}}$到变为$\mathrm{e}^{\frac{\pi\mathrm{i}}{M+1}}$，如图 6.3 所示。边界条件在$S_{-1}$和$S_1$中均呈$\psi(x)$指数衰减。当$M<2$，同样施加$\phi\in L^2(\mathbb{R})$条件，但是当$M>2$，特征值问题的正确解析延拓是将量化轮廓向下变形，使其保持在这两个扇区内，如图 6.3 所示。

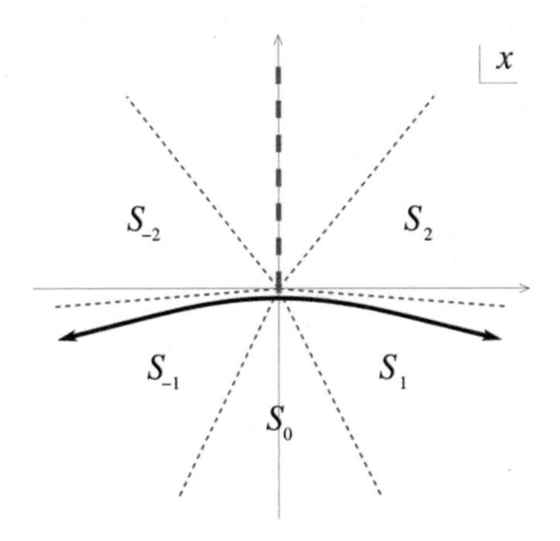

图 6.3　$M=2.1$时的广义$\mathcal{PT}$对称振荡器式(6.30)的斯托克斯扇区。图中有一个分支切割沿着正虚轴运行，用虚线表示，量化轮廓已经从实轴向下移动，以便继续连接S_{-1}和S_1

当$M>1$，上面给出的实践证明基本上没有改变，并证实了 Bender 和 Bottcher 的广义现实猜想。对于$M\leqslant1$，谱行列式$D(E)$的阶数大于或等于 1，因此简单的 Hadamard 乘积式(6.15)不收敛，这种证明不成立。$M=1$的边界情况是标准简谐振子，所以频谱仍然是实的。而对于$M<1$，Bender 和 Bottche 已经发现全谱的实数性质消失了，因此可以预见证明也会失败。值

得注意的是，当 M 减小到 1 以下时，这种实数性质的消失会立即变成复数特性，无穷多的特征值立即变成复数，这在文献[214, 120]中得到印证。

进一步的特征值问题可以自然地与式(6.20)相关联。当 M 增加超过 2 时，不使量化轮廓向下变形，而是继续要求$\psi \in L^2(\mathbb{R})$，则会出现几种情况。图 6.3 表明$\psi(x)$在S_{-2}和S_2中同时衰减，这不是 $M<2$ 问题的解析延拓，而是一个新问题，该问题属于 6.1 节末尾讨论的横向连接问题的扩展，这些问题都具有独特的频谱[138]。这些问题还具有实数特性。相关谱的决定因素证明满足函数关系(与上文所述相关的是在可积模型背景下研究的融合层次结构)[216]。在适当的情况下，这又可以建立实谱[483, 226]。

6.4 通用三次振荡器

下一节将讨论对比情况，对于给定参数行列，只有有限多个特征值变成复数。研究$\mathcal{PT}$对称三次振荡器的最初动机之一是与 Yang-Lee 边缘奇点的模型(零维度空间)[242, 174-175]相关。在这种情况下，很自然地要考虑更一般特征值问题：

$$-\psi''(x) + (\mathrm{i}gx^3 + \beta x^2 + \mathrm{i}\gamma x)\psi(x) = E\psi(x) \qquad [\psi \in L^2(\mathbb{R})] \tag{6.21}$$

这个问题中的实参数g、β和γ是$\mathcal{PT}$对称的，并且当g很大时，依然$\mathcal{PT}$对称(特征值 E 是实数)。当$\beta = \gamma = 0$，又变成了上一节中讨论的简单三次振荡器。对于$g > 0$，斯托克斯扇区和以前一样，要求S_{-1}和S_1斯托克斯扇区中的波函数衰减。

6.3 节的实践证明不适用于这个更普遍的问题，实际上，频谱并不总是实的。这是因为式(6.8)中的 Symanzik 缩放方法不再使势保持不变。结果，$\mathcal{PT}$对称问题本身与厄米径向问题无关，而是与一对具有复共轭势的径向问题有关。尽管如此，Shin 在 2002 年证明，对于实数β和γ，$g \neq 0$，$g\gamma \geqslant 0$，该证明[209]可以扩展，这个结论表明式(6.21)具有完全实谱[480]。本节介绍了所需的额外步骤，为清楚起见，限制$\beta = 0$。

通过重新缩放x、γ和 E，可以自由设置$g = 1$：

$$-\psi''(x) + (\mathrm{i}x^3 + \mathrm{i}\gamma x)\psi(x) = E\psi(x) \tag{6.22}$$

Shin 的结果意味着，无论何时，式(6.22)的解同时在$S_{\pm1}$中衰减，相应的特征值 E 不仅对于$\gamma = 0$是实数(上一节中介绍的情况)，而且对于所有$\gamma > 0$也是实数。$\gamma < 0$时，继续保持谱的实数性质，图 6.4 显示了式(6.22)γ函数的谷底特征值。注意，当γ变为负数时，形成复共轭对的实特征值第一次合并，该合并位于$\gamma = 0$，而非$\gamma = \gamma_c \approx -2.6118$。$\gamma < 0$时，随着$\gamma$变得更小，频谱中更高的连续对合并且变成复数，详细讨论见文献[202, 282, 230]。

像上一节一样开始实践证明。Sibuya 的一般结果确保了式(6.22)的解$y(x, E, \gamma)$存在，该解在S_0中是次解，可用 WKB 渐近近似法求：

$$y(x, E, \gamma) \sim \frac{\mathrm{i}}{\sqrt{2}}(\mathrm{i}x)^{-\frac{3}{4}}\exp\left[-\frac{2}{5}(\mathrm{i}x)^{\frac{5}{2}} + \gamma(\mathrm{i}x)^{\frac{1}{2}}\right] \tag{6.23}$$

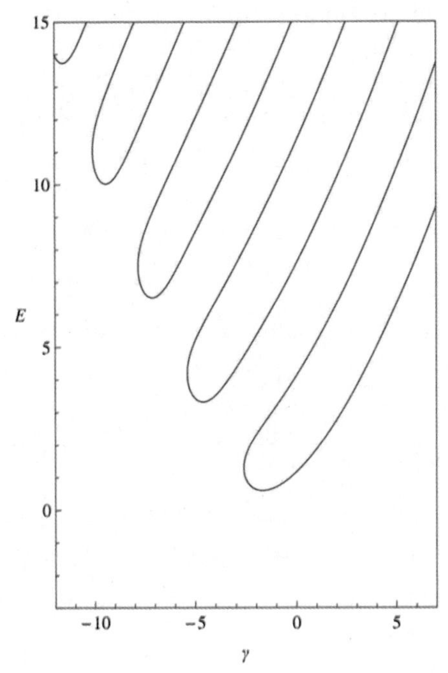

图 6.4　$p^2+\mathrm{i}x^3+\mathrm{i}\gamma x$的实特征值与$\gamma$函数的关系。当$\gamma \geqslant \gamma_c$，$\gamma_c \approx -2.6118$，所有特征值都是实数。$\gamma=\gamma_c$时，最低的两个特征值相交；$\gamma<\gamma_c$时，形成复共轭对。随着$\gamma$减小，更多的相邻特征值对合并且变成复数

在$S_{-1}\cup S_0\cup S_1$的闭合子扇区中，使用这个基本解，用整数k进一步定义解：

$$y_k(x,E,\gamma)=\omega^{\frac{k}{2}}y(\omega^{-k}x,\omega^{-2k}\gamma,\omega^{2k}E) \tag{6.24}$$

所以y_k是斯托克斯扇区S_k中式(6.22)的次解，归一化使得$W[y_k,y_{k+1}]=1$。重复前面的步骤，则$y(x,E,\gamma)$满足斯托克斯关系：

$$C(E,\gamma)y(x,E,\gamma)=\omega^{-\frac{1}{2}}y(\omega x,\omega^{-2}E,\omega^2\gamma)+\omega^{\frac{1}{2}}y(\omega^{-1}x,\omega^2E,\omega^{-2}\gamma)$$

设$C(E,\gamma)\coloneqq W[y_{-1}(x,E,\gamma),y_1(x,E,\gamma)]$。定义$D(E,\gamma):=y(0,E,\gamma)$，获得：

$$C(E,\gamma)D(E,\gamma)=\omega^{-\frac{1}{2}}D(\omega^{-2}E,\omega^2\gamma)+\omega^{\frac{1}{2}}D(\omega^2E,\omega^{-2}\gamma) \tag{6.25}$$

这个结果是简单三次振荡器的函数关系式(6.10)的推广，和以前一样，所有涉及的函数都是谱行列式。然而，因为 Symanzik 重新缩放，导致式(6.24)旋转γ到复平面，没有任何对应厄米问题的谱行列式。尽管如此，还是可以推导出类 Bethe-ansatz 的方程。令E_j为$\mathcal{PT}$对称问题的特征值，因此$C(E_j,r)=0$。在式(6.25)中取$E=E_j$并使用整个函数 C和 D，发现：

$$0=\omega^{-\frac{1}{2}}D(\omega^{-2}E_j,\omega^2\gamma)+\omega^{\frac{1}{2}}D(\omega^2E_j,\omega^{-2}\gamma) \tag{6.26}$$

现在，如果像式(6.23)一样，$y(x,E,\gamma)$是归一化式(6.22)的解，那么当$\gamma,E\in\mathbb{C}$时，$y^*(-x^*,E^*,\gamma^*)$也是所有正确归一化解[480]，因此：

$$D(E,\gamma)=D^*(E^*,\gamma^*)$$

由于取实数γ，这意味着式(6.26)中$C(E,\gamma)$的零点E_j满足耦合关系：

$$\frac{D\left(\omega^{-2}E_j,\omega^2\gamma\right)}{D^*\left(\omega^{-2}{E_j}^*,\omega^2\gamma\right)}=-\omega \qquad (j=0,1,\cdots) \tag{6.27}$$

令$\{e_i(\gamma): D(-e_i(\gamma),\gamma)=0\}$为$D(E,\gamma)$的负零集，再次将$D(E,\gamma)$改写为收敛的 Hadamard 乘积：

$$D(E,\gamma)=D(0,\gamma)E^{n_0(\gamma)}\prod_{i=0}^{\infty}\left(1+\frac{E}{e_i(\gamma)}\right)$$

其中，因子$E^{n_0(\gamma)}$允许理论上存在重数$n_0(\gamma)$的零特征值。然后代入式(6.27)，消项，取两边的模平方，得到：

$$\prod_{i=0}^{\infty}\left|\frac{\omega^2 e_i(\omega^2\gamma)+E_k}{\omega^2 e_i(\omega^2\gamma)+E_k^*}\right|^2=1 \qquad (k=0,1,\cdots) \tag{6.28}$$

当$\gamma=0$时，特征值e_i为实数，且式(6.28)等价于式(6.18)。

$\gamma\neq 0$时，尽管$D(E,\omega^2\gamma)$不是厄米问题的谱行列式，但是$\gamma>0$条件下，仍然可以在其零点来完成证明。与之前的变量变化相同，即

$$x\to -\mathrm{i}x,\quad y(-\mathrm{i}x)=\phi(x)$$

表明$\{e_i(\omega^2\gamma)\}$是下式的特征值：

$$-\phi''(x)+(x^3-\omega^2\gamma x)\phi(x)=e\phi(x)$$

特征函数$\phi(x)$满足$\phi(0)=0$，且在旋转扇区$\hat{S}_0$中是次要的，如图 6.2 所示。因为$\gamma\neq 0$时，势中复因子$\omega^2=e^{4\pi\mathrm{i}/5}$表明问题不是厄米问题，且其频谱不是实的。然而，一个较弱的性质足以证明：对于每个特征值e，无论何时$\gamma\geqslant 0$[480]，$\omega^2 e$满足$\mathrm{Im}(\omega^2 e)>0$。

为了说明这一点，考虑不在正实轴上的解，而是沿着位于$\hat{S}_0$中定义的更一般的射线$x=re^{\mathrm{i}\theta}$，其中，r是正实数，$|\theta|<\frac{\pi}{5}$。定义$f(r)=\phi(re^{\mathrm{i}\theta})$。那么，这条射线上的微分方程如下：

$$-e^{-2\mathrm{i}\theta}f''(r)+\left(r^3e^{3\mathrm{i}\theta}-\omega^2\gamma re^{\mathrm{i}\theta}\right)f(r)=ef(r)$$

接下来，乘以$\omega^2 f^*(r)$，对所有正r进行积分：

$$\int_0^{\infty}\mathrm{d}r\left[\omega^2e^{-2\mathrm{i}\theta}|f'(r)|^2+\omega^2\left(r^3e^{3\mathrm{i}\theta}-\omega^2\gamma re^{\mathrm{i}\theta}\right)|f(r)|^2\right]=\omega^2e\int_0^{\infty}\mathrm{d}r|f(r)|^2$$

其中，部分积分和边界条件已用于简化上式左侧的第一项。取虚部：

$$\int_0^{\infty}\mathrm{d}r\left[\sin\left(\frac{4\pi}{5}-2\theta\right)|f'(r)|^2+\left(\sin\left(\frac{4\pi}{5}+3\theta\right)r^3-\sin\left(\frac{8\pi}{5}+\theta\right)\gamma r\right)|f(r)|^2\right]$$

$$=\mathrm{Im}(\omega^2e)\int_0^{\infty}\mathrm{d}r|f(r)|^2$$

取$\theta=-\dfrac{\pi}{10}$，左边的第一项减小为零，余项为

$$\int_0^{\infty}\mathrm{d}r|f(r)|^2(r^3+\gamma r)=\mathrm{Im}(\omega^2e)\int_0^{\infty}\mathrm{d}r|f(r)|^2$$

如果$\gamma \geqslant 0$，则所有积分都是正的，则$\gamma \geqslant 0$时，$\mathrm{Im}(\omega^2 e) > 0$。

最后，返回类 Bethe-ansatz 方程式(6.28)。由于对所有i，$\mathrm{Im}(\omega^2 e_i) > 0$，因此如果$\mathrm{Im}(E_k) > 0$，则

$$|\omega^2 e_i + E_k| > |\omega^2 e_i + E_k{}^*| \quad \forall i$$

而如果$\mathrm{Im}(E_k) < 0$，则

$$|\omega^2 e_i + E_k| < |\omega^2 e_i + E_k{}^*| \quad \forall i$$

这两个选项都不符合式(6.28)，所以必须满足$\mathrm{Im}(E_k) = 0$。该论证适用于所有k，因此当$\gamma \geqslant 0$，广义$\mathcal{PT}$对称特征问题式(6.22)的谱是完全实谱。

本节将介绍$\mathcal{PT}$对称三次势的进一步推广，这为下一节的内容奠定了基础，并且可能值得单独关注。在原点处添加了一个规则奇点，研究如下：

$$H = p^2 + \mathrm{i}x^3 + \mathrm{i}\gamma x + \left(\lambda^2 - \frac{1}{4}\right)x^{-2} \tag{6.29}$$

其中，λ是非负实数。如果$\lambda \neq 1/2$，定义的波函数轮廓线必须变形，以避免$x = 0$处的奇点。奇点会导致多解：当$\lambda \neq 1/2$时，因为问题是在多层黎曼曲面上定义的，并且斯托克斯扇区的数量，从一层 5 个开始增加；当$\lambda = 1/2$时，$2M$不是整数，就像三次问题的 Bender-Boettcher 泛化式(6.20)一样。Znojil 把从不同黎曼层上开始和结束的量化轮廓称为雪橇[544]①。本节研究了特征值问题式(6.29)中谱的相关性，该问题的量化轮廓位于连接S_{-1}到S_1的第一个黎曼层上，并在$\lambda \neq 1/2$时，穿过$x = 0$向下。

$\lambda = 1/2$时，问题简化为之前研究过的问题。作为λ的函数实特征值，如图 6.4 所示。$\gamma \geqslant 0$时的实谱特性已经被前面的内容所证明，直到$\gamma = \gamma_c \approx -2.68$时，位于最低位的一对特征值合并变成复的。图 6.4 具有想象力地描绘了式(6.22)的实谱轨迹$Z(E,\gamma)$，即满足$(E,\gamma) \in \mathbb{R}^2$的对，使得式(6.22)具有满足给定边界条件的解。与其等效，谱轨迹是谱行列式$C(E,\gamma)$的零位。事实上，式(6.22)的实谱轨迹由简单的不相交曲线$\Gamma_n \in \mathbb{R}^2$的并集组成：

$$Z(E,\gamma) = \bigcup_{n=0}^{\infty} \Gamma_n$$

每条曲线Γ_n开始和结束于$\gamma \to \infty$[230]。图 6.4 显示了部分曲线$\Gamma_0, \cdots, \Gamma_4$。在$\gamma < \gamma_c$的任何固定点，存在有限复特征值对和无限实特征值，但是当$\gamma \to -\infty$，最终每个实层都与其最近的邻层配对并变成复数[202, 230]。

为了探讨γ变化的影响，从$\lambda = 1/2$开始，沿着实轴正下方的直线轮廓，对式(6.29)相关的微分方程进行数值求解。图 6.5 显示了γ略大于$1/2$的低位实特征值。与$\lambda \geqslant 0$ 的任一层相比，$\lambda = 1/2$的实谱轨迹的新特征是，其不再与最近的邻层相连接。导致通过该层时，层级连接的配对模式发生逆转。在图 6.5(a)中，这是 $\lambda \geqslant 0$ 的第七层。对于稍大的λ，图 6.5(b)为$\lambda \geqslant 0$ 的第五层。 $\lambda \geqslant 0$ 的第六层配对从第五层切换到第七层。

---

① 在某些情况下，可以使用可变的变化来“放松”雪橇[205]，但在本节中不采用这种方法。这种展开技术在式(2.70)中有说明。

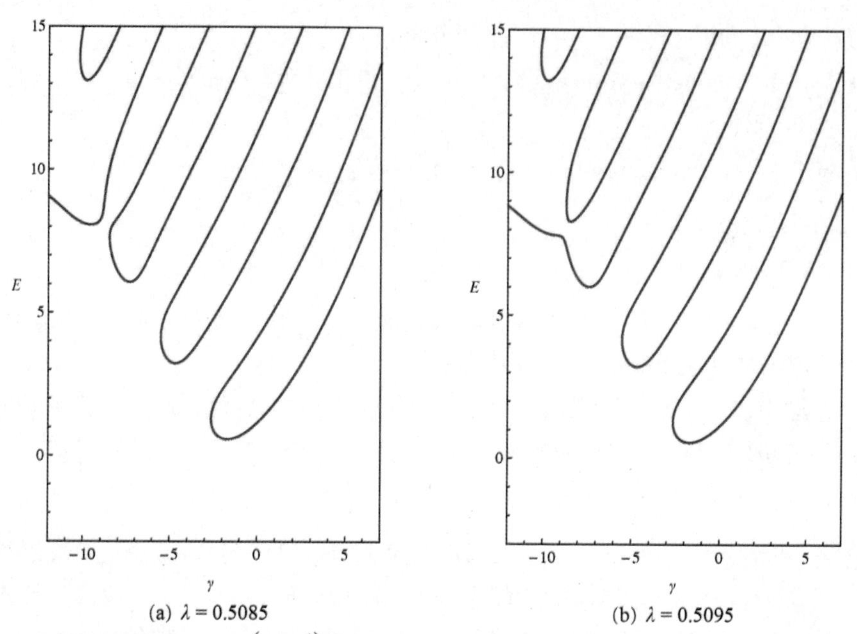

(a) $\lambda = 0.5085$ (b) $\lambda = 0.5095$

图 6.5 两个λ的$p^2 + \mathrm{i}x^3 + \mathrm{i}\gamma x + \left(\lambda^2 - \frac{1}{4}\right)x^{-2}$实特征值与$\gamma$函数关系图。随着$\gamma$的增加，特征值的连通性被重新排列

因此，这类似于 Bender-Boettcher 问题中层的重新排列，文献[216, 214]中研究了原点处增加的奇点x^{-2}。当λ再增加，如图 6.6 和图 6.7(a)所示，随着λ的增加，奇偶翻转层进一步向下移动，直到它低于所有其余实谱轨迹。

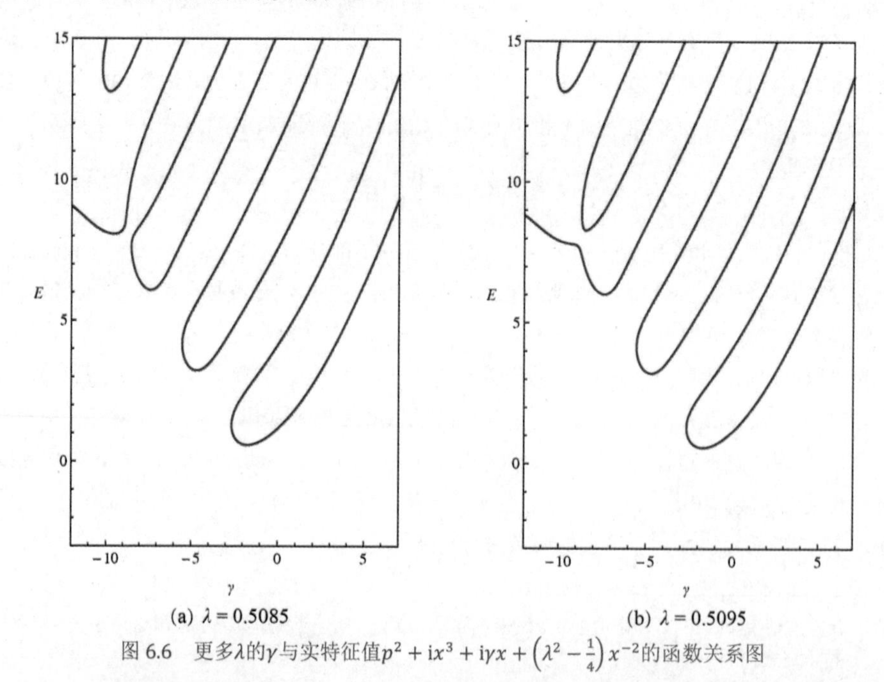

(a) $\lambda = 0.5085$ (b) $\lambda = 0.5095$

图 6.6 更多λ的γ与实特征值$p^2 + \mathrm{i}x^3 + \mathrm{i}\gamma x + \left(\lambda^2 - \frac{1}{4}\right)x^{-2}$的函数关系图

然而，当$\lambda = 3$时，如图 6.7(b)所示，出现了一个新特征：第二个奇偶翻转层已经穿过频谱，第三个即将接近第四层和第五层。这种模式随着λ的增加而继续，越来越多的奇偶翻转层穿过谱线。由于特征值对λ值很敏感，利用它对这些奇偶翻转层进行分析，以确认这些初步结果有价值。

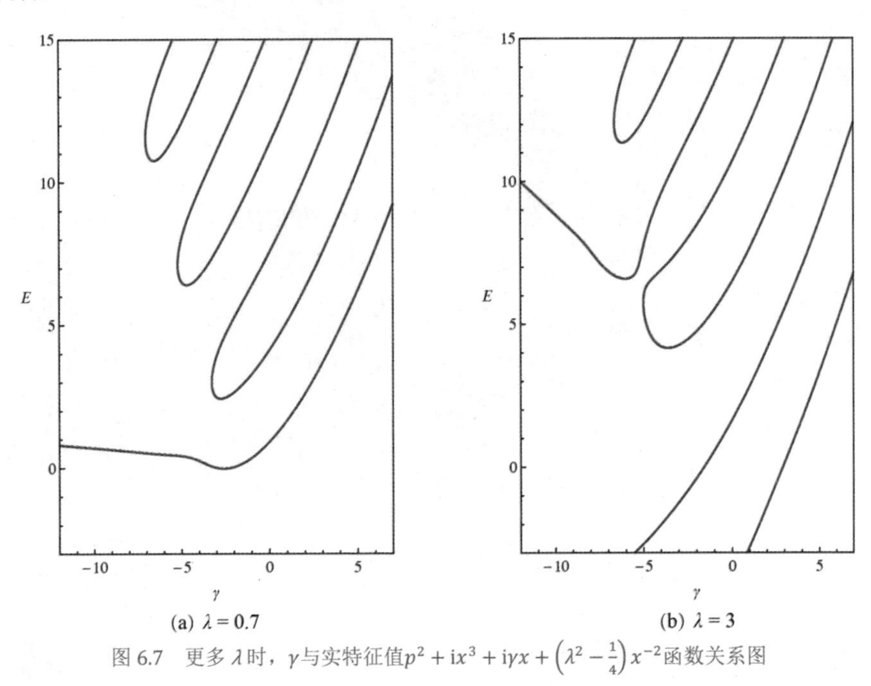

(a) $\lambda = 0.7$　　(b) $\lambda = 3$

图 6.7　更多λ时，γ与实特征值$p^2 + \mathrm{i}x^3 + \mathrm{i}\gamma x + \left(\lambda^2 - \frac{1}{4}\right)x^{-2}$函数关系图

在$\mathcal{PT}$对称系统中，复特征值通过两个或多个先前实特征值的重合以及频谱中奇点的出现而形成。特征值的重合同时伴随着相应特征函数的重合。从数值结果中可以看到，式(6.29)的实特征值可以通过两种方式重合：首先，对应于一个二次奇点，两个先前实特征值相遇并形成一个复共轭特征值对；其次，对应于一个三次异常点，一对复共轭特征值可以与一个实特征值重合，所有三个特征值瞬时都是实数。

为了深入了解这些点的性质，将用γ和λ的函数绘制实能量表面。图 6.8 显示了$(\gamma, \lambda) \approx (-8.737, 0.509)$的三次奇点附近，出现三次振荡器式(6.29)的$E(\gamma, \lambda)$，其中$E \approx 8.029$。该奇点位于两条二次奇点线相交的顶点处。如图，实能量表面上方的蓝色(γ, λ)平面所示。

扩展γ和λ，就可以预测二次和三次奇常点的复模式。在下一节中，将绘制对当前模型进行较小修改后的这些点。采用泛化 Bender-Boettcher 哈密顿量$H = p^2 - (\mathrm{i}x)^{2M}$的一类三参数$\mathcal{PT}$对称问题，这个修改后的模型更易于分析处理。特征值的复共轭对出现在频谱中的奇点线，具有和三参数函数相同的有趣变化。许多变化可以通过分析来解释[206]。

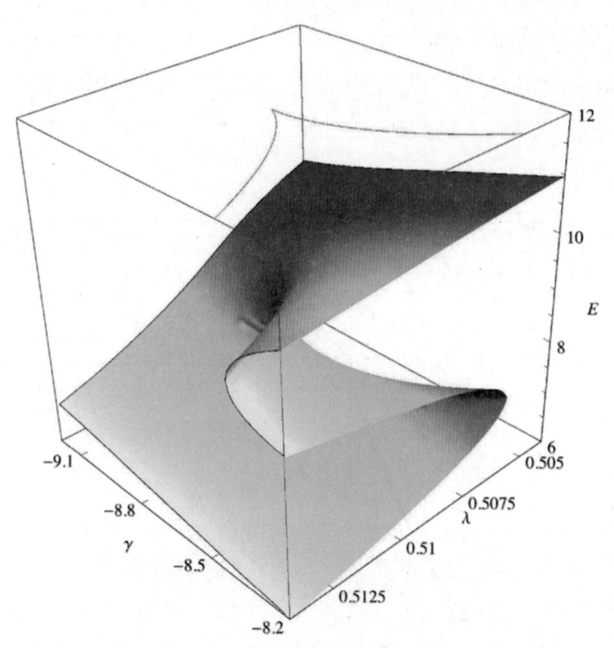

图 6.8 式(6.29)的实能级表面$E(\gamma,\lambda)$在三次奇点附近的变化

6.5 广义 Bender-Boettcher 哈密顿量

式(6.20)的 Bender-Boettcher 问题可以推广到一类三参数模型，其中包括各种有趣的特殊情况[504, 209]。薛定谔方程如下：

$$\left[-\frac{\mathrm{d}^2}{\mathrm{d}x^2}-(\mathrm{i}x)^{2M}-\alpha(\mathrm{i}x)^{M-1}+\left(\lambda^2-\frac{1}{4}\right)x^{-2}\right]\psi(x)=E\psi(x) \tag{6.30}$$

其中，$M>0$，并且是实数。对于式(6.20)，沿正虚轴的分支为$\mathrm{i}x$的幂，其为$2M$非整单值。设定边界条件使波函数$\psi(x)$在斯托克斯扇区S_{-1}和S_1中同时衰减，其中：

$$S_k=\left\{x\in\mathbb{C}:\left|\arg(\mathrm{i}x)-\frac{2\pi k}{2M+2}\right|<\frac{\pi}{2M+2}\right\}\quad(k\in\mathbb{Z})$$

这是上面的$\mathcal{PT}$对称三次振荡器边界条件的解析延续。和以前一样，当 $M\geqslant2$，相应的量化轮廓不能是实轴，而必须向下弯曲到下半平面以连接S_{-1}和S_1(见图 6.3，M=2.1)。对于所有 M，如果$\lambda^2-1/4\neq0$，要避免那里的奇点，则轮廓必须穿过原点到达下方。

对于数值和分析工作，有时可以方便地去除轮廓中的弯曲。这可以通过简单的变量改变来实现。一个不错的改变变量选择如下：

$$\mathrm{i}x=(\mathrm{i}\kappa\omega)^{\sigma},\quad \psi(x)=\omega^{(\sigma-1)/2}\phi(\omega)$$

当σ与κ取任意值时，在不引入一阶导数项的情况下就可以转换式(6.30)。当$\sigma=2/(M+1)$和$\kappa=1/\sqrt{\sigma}$时，对偶方程如下：

$$\left[-\frac{\mathrm{d}^2}{\mathrm{d}\omega^2}+\omega^2-\tilde{\alpha}+\left(\tilde{\lambda}^2-\frac{1}{4}\right)\omega^{-2}-\tilde{E}(\mathrm{i}\omega)^{2\widetilde{M}}\right]\phi(\omega)=0 \tag{6.31}$$

其中：

$$\widetilde{M}=\frac{1-M}{M+1},\quad \tilde{E}=\left(\frac{2}{M+1}\right)^{\frac{2M}{M+1}}E,\quad \tilde{\lambda}=\frac{2\lambda}{M+1},\quad \tilde{\alpha}=\frac{2\alpha}{M+1}$$

要求是，初始$\mathcal{PT}$对称问题的特征函数在S_{-1}和S_1中$\psi(x)$衰减转化为扇区$\hat{S}_{-1}$和$\hat{S}_1$中$\phi(\omega)$同时衰减，其中：

$$\tilde{S}_k=\left\{\omega\in\mathbb{C}:\left|\arg(\mathrm{i}\omega)-\frac{\pi k}{2}\right|<\frac{\pi}{4}\right\}$$

斯托克斯扇区的角度大小与 M 无关，因为当$|\omega|$较大时，式(6.31)中的前导项ω^2与 M 无关。然而，即使对于整数 M 值，映射也会引入一个分支切割，沿着正虚数轴行进(见图 6.9)。

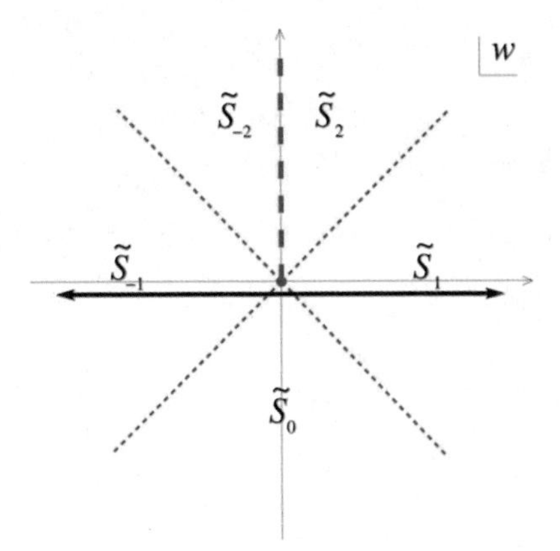

图 6.9　式(6.31)的对偶方程的斯托克斯扇区

除了分支切割之外，扇区与简谐振子的扇区相匹配，这使得式(6.31)对于数值工作特别有用。特征值可以通过在下半复平面中与 M 无关的直线水平轮廓上求解 ODE 来获得。较大$|\omega|$作为一对数值解的初始条件，WKB 渐近是有效的方法。当分别取$\mathrm{Re}(\omega)\to-\infty$和$\mathrm{Re}(\omega)\to+\infty$时，$\phi_{-1}(\omega)$和$\phi_1(\omega)$衰减。通过寻找 Wronskian 的$W[\phi_{-1},\phi_1]$零点来找到特征值，该行列式位于原点附近，在这种方式里两种数值方法都可行。

在$M\to\infty$时，转换后的式(6.31)对式(6.30)特征值进行简单的分析推导，文献[80]中称这种情况为复方阱。为简单起见，在取极限条件下，保持α和λ不变，则$\widetilde{M}\to-2$，$\tilde{\alpha}\to0$，$\tilde{\lambda}\to0$，对偶问题简化为

$$\left[-\frac{\mathrm{d}^2}{\mathrm{d}\omega^2}+\omega^2+\left(\tilde{E}-\frac{1}{4}\right)\omega^{-2}\right]\phi(\omega)=0$$

该式完全可以用(广义的)特征值$\tilde{E}_n=(2n+1)^2, n=0,1,\cdots$来获取精确解。反过来，发现原问题的特征值$E_n$主要变化如下：

$$E_n \sim \frac{1}{4}(2n+1)^2 M^2，M \to \infty$$

这再现了文献[80]里比较复杂的路线所产生的结果。

6.6 广义问题的实域

文献给出了6.3节中实证的直接扩展[209]。证明当$M>1$时，如果相关的厄米问题具有正谱，则式(6.30)的谱是实数。如果α和λ满足下式：

$$\alpha < M + 1 + 2|\lambda| \tag{6.32}$$

在这个区域，式(6.30)的谱是正的。如果满足下式：

$$\alpha < M + 1 - 2|\lambda| \tag{6.33}$$

还需要在此结果之外的区域内验证频谱的实性(或非实性)，即$\alpha > M + 1 + 2|\lambda|$的情况。文献[210]最早开始做这项工作，文献[492, 209]后来继续深入研究，结果表明，复特征值区域的结构比式(6.32)的简单界限所预期的要多。

图6.10的阴影区域来自文献[210]。图中显示M=3模型的频谱在$(2\lambda,\alpha)$平面中至少具有一对复共轭特征值。为了更准确地描述这种情况，使用替代坐标：

$$\alpha_{\pm} = \frac{1}{2M+2}(\alpha - M - 1 \pm 2\lambda)$$

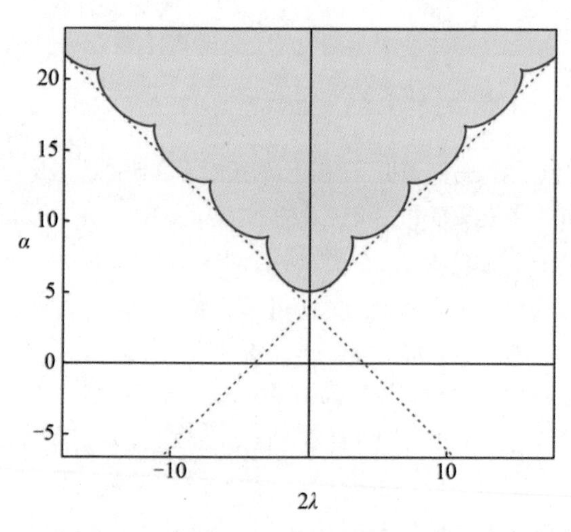

图6.10 M =3时，$(2\lambda,\alpha)$平面显示含一对复特征值切线的平面。线尖以下的频谱是完全实的，而虚线以下的频谱被证明是完全实的

处于$(2\lambda,\alpha)$平面上。图6.10中，与2λ和α轴成45°的虚线分别对应$\alpha_+ = 0$和$\alpha_- = 0$。这些线划分了由式(6.32)和式(6.33)给出的全实和全正区域。尖实线显示了$(2\lambda,\alpha)$平面中出现第一对复特

征值的奇点。这条线有一个规则的尖角，似乎只在孤立的点接触虚边界线$\alpha_{\pm}=0$。接下来开始讨论这两个特征。

直线$\alpha_{-}=0$上，式(6.30)的一个特殊特征是，存在一个完全为零的特征值[210]和相应的(未归一化的)特征函数：

$$\psi(x)=(\mathrm{i}x)^{\frac{1}{2}+\lambda}\exp\left(\frac{1}{M+1}(\mathrm{i}x)^{M+1}\right) \tag{6.34}$$

线$\alpha_{+}=0$也有一个受保护的零特征值，它的特征函数是从式(6.34)中用$\lambda\to-\lambda$求得，在线$\alpha_{-}=0$上，$\alpha=M+1+2\lambda$，薛定谔方程(6.30)的因子可表达为

$$Q_{+}Q_{-}\psi(x)=E\psi(x) \tag{6.35}$$

其中①：

$$Q_{\pm}=\pm\frac{\mathrm{d}}{\mathrm{d}x}+\mathrm{i}(\mathrm{i}x)^{M}+\left(\lambda+\frac{1}{2}\right)\frac{1}{x}$$

然后可以通过求解下式来恢复式(6.34)的零能量本征函数：

$$Q_{-}\psi(x)=0 \tag{6.36}$$

可以使用超对称量子力学进行因式分解。在式(6.35)中，给$\psi(x)$设一个归一化解(在S_{-1}和S_{1}中衰减)，该解对应特征值 E。设定$\tilde{\psi}(x)=Q_{-}\psi(x)$。因为这是一个非平庸函数，当$E\neq0$，其也在$S_{-1}$和$S_{1}$中衰减。将算子$Q_{-}$应用于式(6.35)的两边，获得：

$$Q_{-}Q_{+}\tilde{\psi}(x)=EQ_{-}\psi(x)=E\tilde{\psi}(x) \tag{6.37}$$

因此，$\tilde{\psi}(x)$是通过交换算子Q_{+}和Q_{-}的顺序获得式(6.35)伴随问题的特征函数：

$$Q_{-}Q_{+}=-\frac{\mathrm{d}^{2}}{\mathrm{d}x^{2}}-(\mathrm{i}x)^{2M}+(M-1-2\lambda)(\mathrm{i}x)^{M-1}+\left(\lambda+\frac{1}{2}\right)\left(\lambda+\frac{3}{2}\right)x^{-2}$$

可以反过来进行相同的论证，结果表明式(6.37)的任何非零特征值也是式(6.35)的特征值。因此，频谱的非零部分位于该点：

$$(2\lambda,\alpha)=(2\lambda,M+1+2\lambda),\qquad(\alpha_{+},\alpha_{-})=\left(\frac{2\lambda}{M+1},0\right)$$

超对称线$\alpha_{-}=0$上与其伴随问题相同，即点

$$\left(2\hat{\lambda},\hat{\alpha}\right)=(2\lambda+2,-M+1+2\lambda),\qquad(\hat{\alpha}_{+},\hat{\alpha}_{-})=\left(\alpha_{+}-\frac{M-1}{M+1},-1\right)$$

在伴随线$\hat{\alpha}_{-}=-1$上。

求解式(6.36)的一阶方程能够为式(6.35)的所有λ求出归一化零能量解，但求解伴随方程不能提供式(6.37)的零能量解，因为所有非平庸解$Q_{+}\tilde{\psi}$在S_{-1}和S_{1}中都增长。相反，伴随问题的任何零特征值都必须来自完整方程$Q_{-}Q_{+}\tilde{\psi}=0$的可归一化解，正如在下面看到的，这些仅能在λ的

① 这与文献[210]中的公式略有不同，因为该论文使用了$\mathcal{PT}$对称问题的旋转表述。

孤立值中找到。

当前问题的$\mathcal{PT}$对称性意味着特征值的复共轭对只能出现在两个实特征值重合之后。在$\alpha_- = 0$线上，当$E = 0$时，这些重合发生。

如上所述，在这条线的所有点上，问题的特征值都为零，因此复特征值符合的点将是第二个特征值接近零的点。零特征值在这里具有特殊的地位，因为在一些变量的作用下，当$E = 0$时，可以准确地找到谱行列式$C(E, \alpha, \lambda)$的值[216, 210]。在(α_+, α_-)坐标中，谱行列式由下式给出：

$$C(E, \alpha_+, \alpha_-)|_{E=0} = \left(\frac{M+1}{2}\right)^{1+\alpha_+ + \alpha_-} \frac{2\pi}{\Gamma(-\alpha_+)\Gamma(-\alpha_-)} \tag{6.38}$$

正如预期的那样，在$\alpha_- = 0$线上，上述谱行列式消失，这条线上所有点的零特征值也消失。第二个接近零特征值的点更加精细。按照文献[210]的描述，最佳策略是验证$E = 0$时$C(E, \hat{\alpha}_+, \hat{\alpha}_-)$的零点，伴随问题的谱行列式在$\hat{\alpha}_- = -1$线上。根据式(6.38)，这些都形成在孤立点$\hat{\alpha}_+ = m - 1 (m = 1,2,\cdots)$上。由于$\hat{\alpha}_+ = \alpha_+ - \frac{M-1}{M+1}$，这意味着在$\alpha_- = 0$这条线上，第二个特征值与式(6.39)所描述的点处已经存在的$E = 0$特征值合并：

$$(\alpha_+, \alpha_-) = \left(m - \frac{2}{M+1}, 0\right) \quad (m = 1,2,\cdots) \tag{6.39}$$

因此，已经确定了$(2\lambda, \alpha)$相图上奇点离散子集的确切位置，在直线$\alpha = M + 1 + 2\lambda$上均匀分布。

可以重复替换$-\lambda$为λ来定位第二组奇点，在线$\alpha_+ = 0$上：

$$(\alpha_+, \alpha_-) = \left(0, m - \frac{2}{M+1}\right) \quad (m = 1,2,\cdots) \tag{6.40}$$

在图 6.10 中$M = 3$的相图上，式(6.39)和式(6.40)所描述的点与预期一样，对应这样一个点，即奇点的尖角曲线与边界线$\alpha = 4 + 2|\lambda|$相交的点。验证谱表面，看到这些点是二次奇点，在这些点上，两个实特征值合并形成一个复共轭对。

当$n \in \mathbb{Z}^+$，沿着线$\alpha_\mp = n$，本征问题也有一个零能量本征值的精确本征函数：

$$\psi(x) = \frac{1}{\sqrt{2}} (\mathrm{i}x)^{1/2 \pm \lambda} L_n^{\pm 2\lambda/(M+1)} \left(-\frac{2(\mathrm{i}x)^{M+1}}{M+1}\right) \mathrm{e}^{(\mathrm{i}x)^{M+1}/(M+1)} \tag{6.41}$$

其中，$L_n^\rho(t)$是第n个广义拉盖尔多项式。很自然地会问，这些线上的频谱是否发生了有趣的现象。

图 6.11 来自文献[206]，在图 6.10 中添加了$\alpha_\pm = 1,2,3,4$的线段，它们可能位于非实区域$\alpha > 4 + 2|\lambda|$，其有三个阴影区域，每个区域由尖线分隔。外阴影区域的谱中有一对复共轭特征值，较暗的阴影区域有两对复特征值，最小、最暗的内部区域有三对复特征值。

不仅尖角图案重复出现，而且新的尖角线似乎仅在孤立点接触点虚线$\alpha_\pm = 1,2$。当$n > 0$时，用于确定直线$\alpha_\pm = 0$上存在二次奇点的超对称论证不起作用，因为相应的哈密顿量不再分解。当$n \in \mathbb{Z}^+$，定位二次奇点时，在$M = 3$条件下，可以使用高阶超对称的相关论点[209-210]。然而，这个论点不适用于 M的其他值。

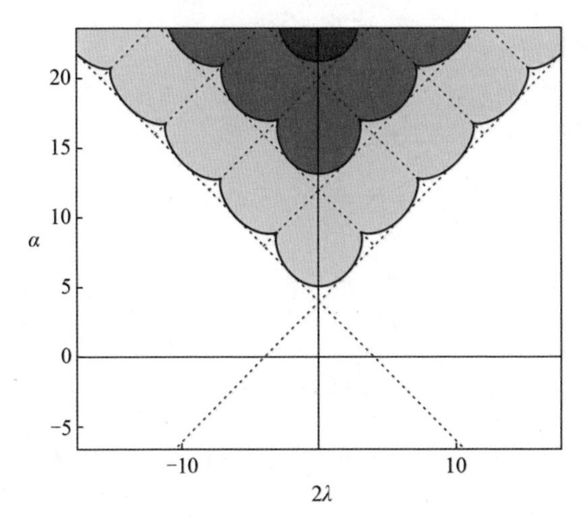

图 6.11　$M=3$ 时，$(2\lambda,\alpha)$平面中的非实域。该域以深蓝色阴影显示，谱分别具有一对、两对和三对复共轭特征值区域。该图还显示了具有受保护的零能级直线

或者，可以使用奇点处相应特征函数的自正交性来识别两个或多个特征值的合并，文献[206]中曾讨论过这个方法。如果满足下式，则一个本征函数是自正交的：

$$(\psi,\psi)=0$$

其中，$(\cdot,\cdot)$是一个恰当对称内积。最有用的内积如下：

$$(f,g)\equiv\int_C \mathrm{d}x f(x)g(x)$$

其中，C是定义特征函数的轮廓。

关键是，当且仅当在参数相关值处存在自正交本征函数时，哈密顿量处于奇点。这很容易证明。首先，假设哈密顿量H被调整到一个奇点，其中k个特征值在某个特征值E处重合。然后哈密顿量将获得(部分)约当块，对应约当链$\{\psi^{(0)},\cdots,\psi^{(k-1)}\}$，获得下式：

$$(H-E)\psi^{(0)}(x)=0,\quad (H-E)\psi^{(j)}(x)=\psi^{(j-1)}(x)\quad (j=1,\cdots,k-1)$$

通过使用内积的对称性，获得下式：

$$\left(\psi^{(0)},\psi^{(0)}\right)=\left(\psi^{(0)},(H-E)\psi^{(1)}\right)=\left((H-E)\psi^{(0)}\psi^{(1)}\right)=0$$

因此，$\psi^{(0)}(x)$是一个自正交本征函数。

自正交本征函数的存在意味着谱有一个奇点的逆命题也很容易证明。根据文献[516]的结果，在特征值E_n处，谱行列式$C(E)$满足下式：

$$C'(E_n)=(\psi,\psi)|_{E_n}$$

式中微分是关于 E的。因此，对应孤立特征值$E=E_n$的自正交特征函数$\psi(x)$是$C'(E_n)=0$。根据定义E_n是$C(E)$的零点，$C(E)$作为 E 的函数，一定在E_n处具有双零点。因此，两个或多个特征值重合于特征值E_n的奇点。该论证不能确定奇点的多重性。

当$\alpha_{\pm}=n$，可以使用精确的本征函数(6.41)和自正交性来定位一般 M 的特征值 E=0 的奇点。为了计算本征函数(6.41)与其自身的内积，沿着$-\gamma_{-1}+\gamma_1$积分，这是一条连接斯托克斯扇区S_{-1}和S_1的线段，其中：

$$\gamma_{\pm 1}:=\left\{x=\frac{1}{i}\mathrm{e}^{\pm\frac{\mathrm{i}\pi}{M+1}}t, t\in[0,\infty)\right\}$$

并使用积分[405]：

$$\int_0^{\infty}\mathrm{d}t t^{\alpha}t^{(\gamma+\rho)/2}\mathrm{e}^{-t}L_m^{\rho}(t)L_n^{\gamma}(t)$$

$$=\frac{\left(\frac{(\gamma-\rho)}{2}-\alpha\right)_n(\rho+1)_m}{n!\,m!}\Gamma\left(\frac{\gamma+\rho}{2}+1+\alpha\right)\ {}_3F_2\left(-m,\frac{\gamma+\rho}{2}+1+\alpha,\right.$$

$$\left.\frac{\rho-\gamma}{2}+1+\alpha;\rho+1,\frac{\rho-\gamma}{2}+1+\alpha-n;1\right)$$

$$=\frac{\Gamma\left(\frac{\gamma+\rho}{2}+1+\alpha\right)}{n!\,m!}\sum_{k=0}^{m}\binom{m}{k}(\rho+1+k)_{m-k}\left(\frac{\rho+\gamma}{2}+1+\alpha\right)_k\times$$

$$\left(\frac{\rho-\gamma}{2}+1+\alpha\right)_k\left(\frac{\gamma-\rho}{2}-\alpha\right)_{n-k}$$

其中，$(a)_n=a(a+1)\cdots(a+n-1)$是 Pochhammer 符号，${}_3F_2$是广义超几何函数。

$\alpha_-=n$线上的内积如下[206]：

$$(\psi,\psi)=\frac{\pi}{2}\left(\frac{M+1}{2}\right)^{2n-1+\frac{2+2\lambda}{M+1}}Q_n(\lambda)/\Gamma\left(1-\frac{2+2\lambda}{M+1}\right) \tag{6.42}$$

其中，$Q_n(\lambda)$是 λ 的n次多项式，定义如下：

$$Q_n(\lambda)=\left(\frac{M-1}{M+1}\right)_n\left(1+\frac{2\lambda}{M+1}\right)_n\ {}_3F_2\left(-n,\frac{2+2\lambda}{M+1},\frac{2}{M+1};\frac{M+1+2\lambda}{M+1},-n+\frac{2}{M+1};1\right)$$

$$=\sum_{k=0}^{n}(-1)^k\binom{n}{k}\left(\frac{M-1}{M+1}-k\right)_n\left(\frac{2\lambda+2}{M+1}\right)_k\left(\frac{2\lambda}{M+1}+1+k\right)_{n-k} \tag{6.43}$$

由式(6.42)可知，如果λ满足下式，则波函数(6.41)是自正交的：

$$\frac{1}{\Gamma\left(1-\frac{2+2\lambda}{M+1}\right)}=0$$

或者

$$Q_n(\lambda)=0$$

伽马项的无穷多个极点出现在：

$$2+2\lambda=m(M+1)\qquad(m\in\mathbb{N})$$

奇点出现在：

$$(\alpha_+,\alpha_-)=\left(n+m-\frac{2}{M+1},n\right)\quad (m\in\mathbb{N},n\in\mathbb{Z}^+) \tag{6.44}$$

用$-\lambda$替换λ，沿线$\alpha_+=n$得到类似的结果：

$$(\alpha_+,\alpha_-)=\left(n,n+m-\frac{2}{M+1}\right)\quad (m\in\mathbb{N},n\in\mathbb{Z}^+) \tag{6.45}$$

当$n=0$时，式(6.44)和式(6.45)再现了式(6.39)和式(6.40)的奇点，通过使用问题的超对称性，发现这些奇点出现在实边界线上。

当$M=3$时，式(6.44)和式(6.45)匹配孤点的位置，图 6.11 表明，在孤点位置，尖线与线$\alpha_\pm=n$接触。这些点都是谱的二次奇点[209]，且验证谱表面，期望这个论点可以扩展到所有 $M>1$ 的情况。

由多项式$Q_n(\lambda)$零点预测的奇点是否存在呢？前两个多项式如下：

$$Q_1(\lambda)=\frac{2\lambda}{M+1}+\frac{M^2+3}{(M+1)^2}$$

$$Q_2(\lambda)=\frac{8\lambda^2}{(M+1)^2}+\frac{(12M^2+8M+28)\lambda}{(M+1)^3}+\frac{4M^4+4M^3+16M^2+20M+20}{(M+1)^4}$$

设$M=3$，$Q_1(\lambda)$的单一零点位于：

$$(2\lambda,\alpha)=(-3,9)$$

它与图 6.11 所示在$\alpha_-=1$线上的单个尖点高数值精度匹配。$Q_2(\lambda)$的零点与线$\alpha_-=2$上两个尖点的位置匹配，其位于：

$$(2\lambda,\alpha)=\left(-5-\frac{3\sqrt{2}}{2},15-\frac{3\sqrt{2}}{2}\right),\ (2\lambda,\alpha)=\left(-5+\frac{3\sqrt{2}}{2},15+\frac{3\sqrt{2}}{2}\right)$$

$M=3$ 处，使用$Q_n(\pm\lambda)=0$ 获得了所有尖点的位置[209]。

$M\neq 3$ 时，图 6.12 和图 6.13 表明，实相图如何随着 M 越来越小而变形。这些图的数据是根据式(6.30)和式(6.31)之间的映射获得。

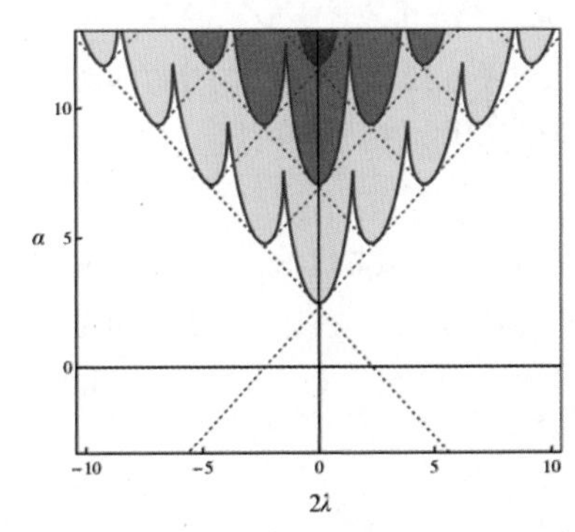

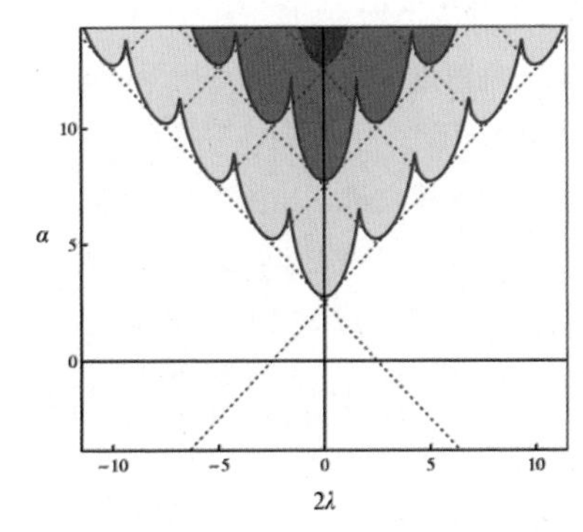

图 6.12　M=1.3(左)和 M=1.5(右)的异常线

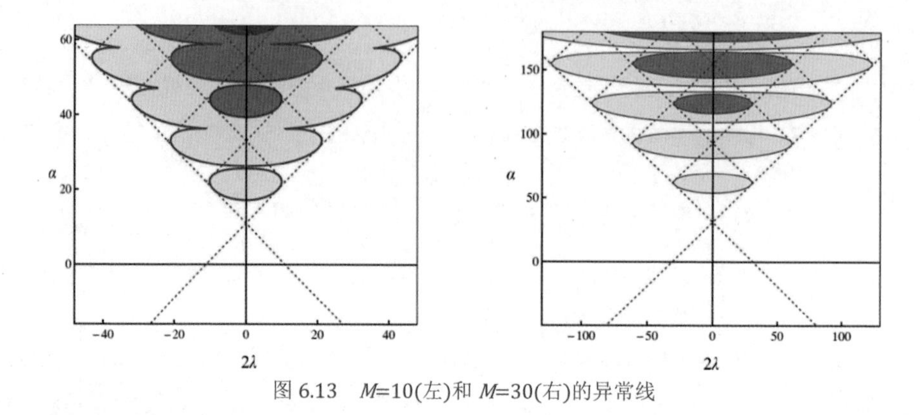

图 6.13　M=10(左)和 M=30(右)的异常线

但是，对于接近 3 的 M 值，尖峰存在三种模式：当$M = 3$时，尖峰不再像以前那样位于线条$\alpha_\pm \in \mathbb{N}$上；对于 $M<3$，尖峰向上移动；而对于 $M>3$，它们向侧面移动，最终成对合并，留下孤立的复数谱，其完全被实谱包围。

图 6.14 放大了一个特定尖峰的运动，分别对应$M = 1.5,3,6$，这些尖峰位于线$\alpha_+ = 1$和$\alpha_- = 2$的交点附近。方框表示由零能量本征函数的自正交性所预测的奇点。空心方框标记由多项式$Q_2(\lambda)$零点产生的奇点，实心方框标记的点(式(6.44)描述的点)由式(6.42)的伽马因子产生。当$M = 3$时，$Q_n(\lambda)$的零点对应尖点处三次奇点的位置，而对于其他M，Q_n的零点对应二次奇点。

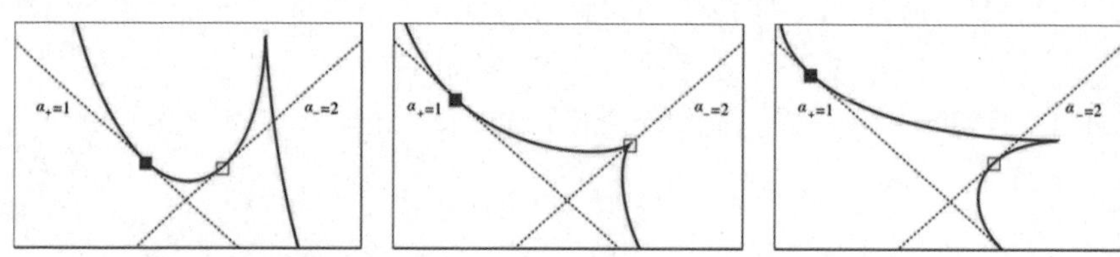

图 6.14　当 M 远离 3 时尖峰的移动。空心方框表示由$Q_2(\lambda)$零点产生的奇点，而实心方框表示由式(6.42)伽马因子的极点产生的奇点

文献[206]更详细地探讨了 $M\neq3$ 时，尖端远离线$\alpha_\pm = n$的运动，采用了$M = 1$和$M = \infty$的极端情况进行精确求解。前者是$\mathcal{PT}$对称简谐振子[216, 541]，其频谱是完全实的。在 M 趋于极限时，式(6.30)变成不均匀的复方阱[80, 206]，如上所述，它也有一个完全实谱。在精确可解的$M = 1$和$M = \infty$条件附近，微扰理论可用于研究相图并提供对图 6.12 和图 6.13 的分析和理解，$M\to1$时，尖峰垂直移动；$M\to\infty$时，尖峰水平移动。随着 M 的增加，尖点合并，奇点的线重新排列，形成上述非实的孤立谱，如图 6.13 所示。

对于一般 M，相图上非实的程度由奇点的尖点曲线划分，该曲线由连接尖点处的二次奇点的平滑线段组成。当 M=3 时，所有这些尖点都位于线$\alpha_\pm = n$上，在该点存在一个零能量的本征函数。下一节将探讨这些现象的深刻内涵。

6.7　准精确可解模型

$M=1$ 和 $M=\infty$是唯一可以明确找到式(6.30)的所有特征值和特征函数的条件，而且适用于所有α和 λ。但是，如果 $M=3$，则：

$$\alpha = 4J + 2\lambda \text{ 或 } \alpha = 4J - 2\lambda$$

J为正整数，则可以通过代数方法找到有限子集。此类情况被称为准精确可解(QES)①。

当$\alpha = -(4J + 2\lambda)$时，厄米六次振荡器是研究最多的准精确可解性示例之一，但是需要在原点和无穷远处施加边界条件。在这里，参照文献[209, 206]，看看这个问题的$\mathcal{PT}$对称情况。通过采用$z = \mathrm{i}x$和$\psi(z) = \psi(x/\mathrm{i})$来消除i因子，得到：

$$\left[-\frac{\mathrm{d}^2}{\mathrm{d}z^2} + z^6 + \alpha z^2 + \left(\lambda^2 - \frac{1}{4}\right) z^{-2}\right] \psi(z) = -E\psi(z) \tag{6.46}$$

其中，$\psi(z) \in \mathcal{L}^2(\mathrm{i}\mathcal{C})$，i$\mathcal{C}$是连接旋转斯托克斯扇区$\hat{S}_{-1}$和$\hat{S}_1$的量化轮廓，如图 6.15 所示。

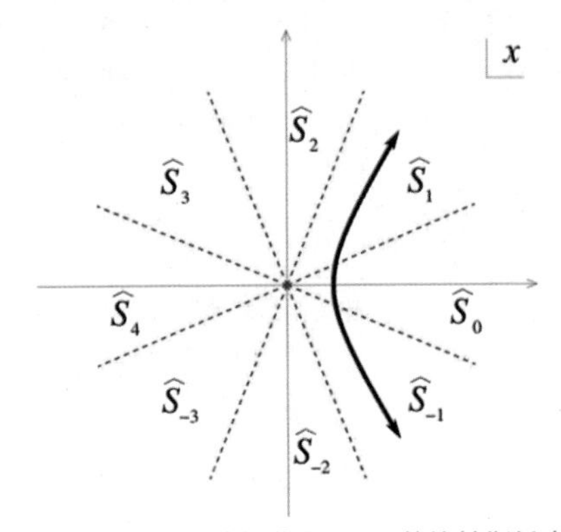

图 6.15　六边形$\mathcal{PT}$对称振荡器(6.46)的旋转斯托克斯扇区

一种找到精确解边界的方法是 Bender 和 Dunne 对径向问题的假设[104]，即将广受欢迎的本征函数写成指数项，且该项乘以x和 E 的幂级数。具有给定边界条件$\mathcal{PT}$对称特征问题式(6.46)的恰当假设如下：

$$\psi(z) = \mathrm{e}^{\frac{z^4}{4}} z^{\lambda+\frac{1}{2}} \sum_{k=0}^{\infty} a_k(\lambda) p_k(E, \alpha, \lambda)\, z^{2k} \tag{6.47}$$

其中：

$$a_k(\lambda) = \left(-\frac{1}{4}\right)^k \frac{1}{k!\,\Gamma(\mathrm{k} + \lambda + 1)}$$

$p_k(E, \alpha, \lambda)$是确定的。如果λ不是负整数，$\psi(z)$为式(6.46)的处处收敛级数解。如果λ是负整数，则$a_{-\lambda}(\lambda) = 0$，且应修改上述假设。很快回到这一点进行讨论，现在假设λ不是一

① 对于准精确可解性的全面回顾，请参见文献[517]。

个负整数。

将式(6.47)代入式(6.46)并获取系数，发现当$k \geqslant 1$，函数$p_k(E) \equiv p_k(E,\alpha,\lambda)$，满足下面的关系：

$$p_k(E) = -Ep_{k-1} + 4(\alpha - 2\lambda + 4 - 4k)(k-1)(k-1+\lambda)p_{k-2} \tag{6.48}$$

设$p_0(E) = 1$使解归一化，然后由式(6.48)得出$p_1(E) = -E$。$p_k(E)$是 E 的k次多项式，首项为$(-E)^k$。此外，对于偶数k，$p_k(E)$为E^2的函数；对于奇数k，它是 E 和E^2积的函数。如果满足下式，会出现特别的情况：

$$J := (\alpha - 2\lambda)/4 \tag{6.49}$$

上式是一个正整数。式(6.48)意味着

$$p_{J+1}(E) = -Ep_J(E)$$

因此，

$$p_{J+k}(E) \propto p_J(E) \qquad (k = 1, \cdots)$$

所有较高的系数都与$p_J(E)$成正比，并且在$p_J(E)$消失时消失。因此，式(6.47)中的幂级数截断为 z 的$2J-2$次多项式。因子$\mathrm{e}^{z^4/4}$导致$\psi(z)$在扇区$\hat{S}_{\pm 1}$中衰减。因此，E 是$\mathcal{PT}$对称问题的特征值。在包括所有因素的情况下，$\psi(z)$的完全渐近变化见下式：

$$\psi(x) \sim a_{J-1}(E)p_{J-1}(E)\mathrm{e}^{\frac{z^4}{4}}z^{\lambda+\frac{1}{2}}z^{2J-2}$$

给定式(6.49)，看到$\psi(x)$与扇区$\hat{S}_{\pm 1}$中的次显性 WKB 渐近近似一致，该方法来自式(6.3)。如果 E 不是$p_J(E)$的零解，则幂级数不会终止，并且一般情况下，和为指数增长函数，该函数使得扇区$\hat{S}_{\pm 1}$中的$\mathrm{e}^{z^4/4}$项显得微不足道，这会导致ψ不可归一化。$p_J(E) = 0$的 J 解是准精确可解的特征值。对于这些 E 值，式(6.47)给出了相应的可归一化特征函数。

线$\alpha = 4J + 2\lambda$对应下式：

$$(\alpha_+, \alpha_-) = \left[\frac{1}{2}(J-1+\lambda), \frac{1}{2}(J-1)\right]$$

把$-\lambda$代入上式，看到在$\alpha = 4J - 2\lambda$，$J \in \mathbb{N}$处，有第二组准精确可解的线组合，对应下式：

$$(\alpha_+, \alpha_-) = \left[\frac{1}{2}(J-1), \frac{1}{2}(J-1-\lambda)\right]$$

对于奇数 J，E 是$p_J(E)$的因子，因此 QES 的特征值之一为零。实际上，对于奇数 J，QES 线正是特征值恰好为零的线，这在上一节中讨论过。

当λ是负整数时，比如$-K$，必须重新利用式(6.47)的假设，因为因子$a_k(\lambda)$为零。如果 $K > J$，这就没问题，因为式(6.47)的幂级数部分在点$k = J-1$处截断。当 $K \leqslant J$，不能再在$k = K$处推导递推式(6.48)。

为了分析其背后的原因，使用文献[212]中更简单的假设形式，设：

$$\psi(z) = \mathrm{e}^{\frac{z^4}{4}}z^{-K+\frac{1}{2}}\sum_{k=0}^{\infty}\left(-\frac{1}{4}\right)^k\frac{1}{k!}P_k(E,K,J)\,z^{2k} \tag{6.50}$$

其中，$\alpha = 4J - 2K$，函数$P_k \equiv P_k(E,K,J)$，满足下式：

$$(k-K)P_k = -EP_{k-1} + 16(J+1-k)(k-1)P_{k-2} \quad (k \geqslant 1) \tag{6.51}$$

递推关系式(6.51)中，由 J、K和初始条件$P_0(E)$确定$P_k(E)$，$k = 1,\cdots,K-1$。当$k = K$时，式(6.51)的形式如下：

$$0 = P_0(E)R_K(E) \tag{6.52}$$

$R_K(E)$是 E 中依赖于 J 的 K 次多项式。要使式(6.52)成立，要么$P_0(E) = 0$且 E(目前)是任意的，要么 E 必须是$R_K(E)$的 K个零点之一，且$P_0(E)$任意。

如果$P_0(E) = 0$，则由式(6.51)得出：

$$P_1 = P_2 = \cdots = P_{K-1} = 0$$

由于$P_K(E)$是任意的，当$k \geqslant K$时，$P_k(E)$是 E 的$k-K$次多项式，每个多项式都乘以$P_K(E)$。和以前一样，当$k = J+1$时，得到：

$$P_{J+1}(E) = -EP_J(E) \tag{6.53}$$

最后，

$$P_{k+J} \propto P_J \qquad (k = 1,\cdots) \tag{6.54}$$

因此，如果 E 使得$P_J(E) = 0$，则式(6.50)的幂级数部分截断。由于$P_J(E)$是 E 乘以$P_K(E)$的$J-K$次多项式，因此$P_J(E) = 0$ 存在$J-K$个解。对于每个解E_n，相应的 QES 特征函数$\psi(z)$具有归一化常数$P_K(E_n)$。

如果 E 是$R_K(E)$的 K个零点之一，则$P_0(E)$最初是任意的。$k = 1,\cdots,K-1$时，递推关系式(6.51)决定了$P_K(E)$是一个 E 的k次幂乘以P_0的多项式。要使式(6.51)在$k = K$处成立，E必须等于E_m，即$R_K(E)$的 K 个零值之一。当$k>K$，$P_K(E)$的值不受限制，则它由式(6.51)确定，该式是E_m乘以$P_0(E_m)$的多项式再加上E_m乘以$P_K(E_m)$的另一个多项式。和以前一样，递推关系意味着式(6.53)和式(6.54)。需满足：

$$P_J(E_m) = 0$$

波函数的幂级数项截断并使$P_K(E_m)$确定。因此，式(6.52)的第二个解产生k个以上的 QES 特征值和相应的可归一化特征函数。

在 QES 线$\alpha = 4J + 2\lambda$上，当$K = 1,\cdots,J-2$，$\lambda = -K$时，QES 频谱被分裂的背后原因是什么？答案是，这样的点位于两条 QES 线上：$\alpha = 4J + 2\lambda$和$\alpha = 4(J-K) - 2\lambda$。因此，从这个角度来看，问题是具有$J-K$个 QES 特征值的 QES，而从另一个角度来看，问题是带有 J个 QES 特征值的 QES。

为了研究$E = 0$处特征值的合并，在线$\alpha_{\pm} = n$上使用准精确可解性，其中$J = 2n+1$。首先考虑$J = 3$和线$\alpha = 12 + 2\lambda$，或等价条件$(\alpha_+,\alpha_-) = (1+\lambda/2,1)$。求解下式：

$$p_3(E) = -E^3 - 32(2\lambda + 3)E = 0$$

QES 特征值如下：

$$E = 0, \pm 4\sqrt{2}\sqrt{-2\lambda - 3}$$

$2\lambda < -3$时，特征值对是实数，在$2\lambda = -3$时消失。$2\lambda > -3$时，该特征值对是虚数。因此，图 6.11 中$\alpha_- = 1$直线上，$(2\lambda, \alpha) = (-3,9)$处的三次奇点源于三个 QES 特征值在$E = 0$处的重合。

当$J = 5$时，图 6.16 显示了 QES 特征值的实部和虚部与λ的函数关系。当$2\lambda < -7$，所有特征值都是实数。有两个λ值，$E = 0$时三个特征值重合于该值，并且当λ足够大，所有非零 QES 特征值是虚数。因此，在线$\alpha_- = 2$上，问题的 QES 扇区中出现了两个三次奇点。

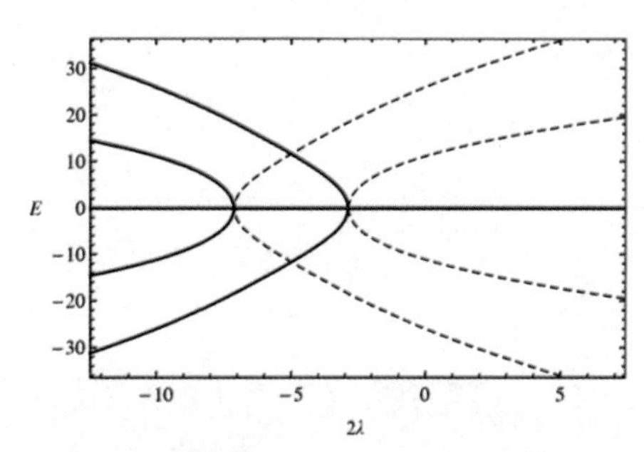

图 6.16　$J = 5$时，2λ的函数的QES特征值的实部(实线)和虚部(虚线)

这些例子表明，$\alpha_\pm = n$每条线上的n个尖峰源于频谱 QES 扇区中三个特征值的合并，文献[206]中解释了这一点。这个观点是为了研究 QES 特征值与沿$\alpha_- = n$线λ函数的关系。已经证明，$\lambda > 1 - J$时，QES 特征值都为实数；而$\lambda < -1$时，所有特征值为虚数或零。通过探索λ值的范围，推断出恰好有n个三次奇点。

第一步是证明独立的结果，即复数层级总位于频谱的 QES 部分。这个观点是文献[210]提出的，它采用了两个等价谱的六次振荡器[209]，证明了类似 QES 的$\mathcal{PT}$对称四次振荡器[77]的猜想[229]。

在 6.6 节中，发现了一对具有相同特征值的特征问题，其中一个特征问题对中存在单个零能量特征值。具有附加特征值的特征问题对应$J = 1$时的 QES 情况$(2\lambda, \alpha_J) = (2\lambda, 4J + 2\lambda)$。在这里，找到了$J > 1$时的 QES 特征问题的伴随问题，除了 J个 QES 特征值外，其他特征值相同。

当$k > J$时的多项式$p_K(E)$。它们可以写成：

$$p_{K+J}(E) = p_J(E)\hat{p}_K(E)$$

其中，E为k次多项式。$\hat{p}_k(E, \alpha_J, \lambda) \equiv \hat{p}_k(E)$，满足：

$$\hat{p}_k(E) = -E\hat{p}_{k-1} + 16(1-k)(k+J-1)(n+J-1+\lambda)\hat{p}_{k-2} \quad (k \geqslant 1) \tag{6.55}$$

初始条件$\hat{p}_0 = 1$，$\hat{p}_1(E) = -E$。比较式(6.55)和式(6.48)可以看到：

$$\hat{p}_k(E, \alpha_J, \lambda) = p_k(E, \hat{\alpha}, \hat{\lambda})$$

其中，

$$(2\hat{\lambda}, \hat{\alpha}) = (2\lambda + 2J, 2\lambda + 2J) \tag{6.56}$$

这意味着，式(6.56)所示点的特征问题与下式存在联系：

$$(2\lambda, \alpha_J) = (2\lambda, 4J + 2\lambda) \tag{6.57}$$

为了准确起见，将级数展开式(6.47)重写为：

$$\psi\left(z,E,\alpha_J,\lambda\right)=\mathrm{e}^{\frac{z^4}{4}}z^{\lambda+\frac{1}{2}}\left[\sum_{k=0}^{J-1}a_k(\lambda)p_k(E,\alpha,\lambda)\,z^{2k}+\sum_{k=0}^{\infty}a_{k+J}(\lambda)p_J\left(E,\alpha_J,\lambda\right)\hat{p}_k\left(E,\alpha_J,\lambda\right)z^{2(k+J)}\right]$$

并将上式与下式比较：

$$\psi\left(z,E,\hat{\alpha}_J,\hat{\lambda}_J\right)=\mathrm{e}^{\frac{z^4}{4}}z^{\lambda+J+\frac{1}{2}}\sum_{k=0}^{\infty}a_k(\lambda+J)P_k\left(E,\alpha_J,\lambda\right)z^{2k}$$

两式中不同的因子为

$$Q_J(\lambda)=z^J\left[\frac{1}{z}\frac{\mathrm{d}}{\mathrm{d}z}-z^2-\frac{\lambda+\frac{1}{2}}{z^2}\right]^J$$

代入下式：

$$Q_J(\lambda)\mathrm{e}^{\frac{z^4}{4}}z^{\lambda+\frac{1}{2}}z^{2k}=0\quad(k=0,\cdots,J-1)$$

从而消除$\psi\left(z,E,\alpha_J,\lambda\right)$的前 J 项。因此，$\psi\left(z,E,\alpha_J,\lambda\right)$被$Q_J(\lambda)$映射到一个与$\psi\left(z,E,\hat{\alpha}_J,\hat{\lambda}\right)$成比例的函数上。此外，如果$\psi(z)$在斯托克斯扇区衰减，那么$Q_J(\lambda)\psi(z)$在这些扇区也衰减。

得出结论，$Q_J(\lambda)$将点$\left(2\lambda,\alpha_J\right)$处的 QES 特征函数映射到零点，其余特征函数映射到式(6.56)所示点处的特征函数。算子$Q_J(\lambda)$是 6.5 节中讨论的超对称算子$Q_+\equiv Q_1$在$J>1$时 QES 问题的推广。这证明了，式(6.57)在 QES 点处的频谱由式(6.56)的特征值，加上由$p_j(E)=0$定义的 J 个 QES 特征值共同组成。

将 6.5 节的结果应用于式(6.56)的伴随问题，就能确定其频谱对所有λ都是实的。将此结论与上面建立的谱等价性相结合，可以得出结论，不在 QES 扇区中的特征值对于所有 λ 都是实的。将这个结果直接应用于点$\left(2\lambda,\alpha_J\right)$，可以看到所有特征值都是实数，如果满足下式：

$$\alpha_J<4+2|\lambda|\quad\Rightarrow\quad\lambda<-J+1$$

则点$\left(2\lambda,\alpha_J\right)$处的任何复特征值必须在$\lambda\geqslant-J+1$时出现，并且由于它们位于 QES 扇区中，通过研究多项式$p_J\left(E,\alpha_j,\lambda\right)$的零点来定位奇点。

当$\lambda<-J+1$时，$p_J\left(\alpha_j,\lambda\right)$的零点都是实数且不同[209, 206]。$p_J\left(-E,\alpha_J,\lambda\right)=0$的解是$\alpha=-(4J+2\lambda)$处的径向六边形特征问题的 QES 特征值，这是该$\lambda$的厄米问题。反射对称性[206]表达式如下：

$$p_J\left(E,\alpha_J,\lambda\right)=(-\mathrm{i})^Jp_J\left(iE,\alpha_J,-J,-\lambda\right)\tag{6.58}$$

意味着当$\lambda>-1$时，$p_J\left(E,\alpha_J,\lambda\right)$的零点不同且是虚数(或零)。由于$p_J$是 E 的偶函数或奇函数，$\lambda>-1$时，除了所有奇数 J 的零特征值外，它还有$2\left\lfloor\frac{J}{2}\right\rfloor$个复零点。

接着研究区间$-J+1\leqslant\lambda\leqslant-1$，利用位于 QES 线$\alpha=4J+2\lambda$和 QES 线$\alpha=4n-2\lambda$上的点$\lambda=-J+n,n=2,\cdots,J-1$。用$-\lambda$替换$\lambda$，上述结果应用于$\alpha=4n-2\lambda$，意味着，当$\lambda>1$时，$J$个 QES 特征值中有$2\left\lfloor\frac{n}{2}\right\rfloor$个是复数。因此，在$-J+2m-1\leqslant\lambda\leqslant-J+2m$区间中，$\alpha=4J+2\lambda$线

上的$m = 1,2,\cdots,\lfloor (J+1)/2 \rfloor - 1$之间，非实数特征值的个数从$2m-2$到$2m$变化。由于$\mathcal{PT}$问题中的非实特征值出现在复共轭对中，并且 QES 扇区在$E \to -E$下是不变的，所以在远离$E=0$的地方，产生或湮灭的任何非实数特征值必须出现在四次问题中。因此，如果非实数特征值的数量以每次 2 个改变，则在$E=0$处至少产生或湮灭了一个复共轭对，并且该子区间必须至少包含一个特征值为零的奇点。

回想一下，$\alpha = (4J+2\lambda)(\lambda \in \mathbb{R})$线上的多项式$Q_n(\lambda)$(式(6.43))，其实零点对应频谱中特征值为零的奇点。因此，当$J = 2n+1$，$Q_n(\lambda)$在$[2m-1,2m](m = 1,\cdots,n)$每个区间中必须至少有一个实数零。然而，$Q_n(\lambda)$是$n$次多项式，所以$Q_n(\lambda)$的零点必须都是简单的。因此，在$\alpha = 4J+2\lambda$且$J = 2n+1$的直线上，有$n$个奇数阶奇点的特征值为零。假设此类奇点的阶数为 3①，$Q_n(\lambda)$零点的n个奇点，就能解释在$\alpha = 4J+2\lambda$直线上创建的所有n个复数 QES 层，其中$J = 2n+1$。因此，在$\alpha = 4J+2\lambda$且$J = 2n+1$的直线上，恰好有n个三次奇点，其由三个 QES 特征值在$E=0$处合并而成。使$\lambda \to -\lambda$，在$\alpha = 4J-2\lambda$线上 QES 具有相同的结果。

现在使用 Bender-Dunne 多项式$p_J(E)$来定位线$\alpha = 4J+2\lambda$上的顶点，其中$J = 2n+1(n = 0,1,\cdots)$。因为$p_{2n+1}(E,\lambda)$作为 E乘以E^2多项式的因子，三重简并零能级可以通过求解来确定：

$$\frac{\mathrm{d}}{\mathrm{d}E} p_{2n+1}(E,\lambda)|_{E=0} = 0$$

考虑多项式$p_{2n+1}(E,\lambda)(m = 0,\cdots,n)$，并通过下式来删除一些影响微小的因素：

$$q_k(\lambda,n) = \frac{-1}{2^{7k}k!}\frac{\mathrm{d}}{\mathrm{d}E} p_{2k+1}(E,\lambda)|_{E=0}$$

验证递推关系式(6.48)在$E=0$处关于E的导数，推断$q_k(\lambda,n)$满足可解的一阶递推关系[206]，见下式：

$$q_k(\lambda,n) = \left(n-k+\frac{1}{2}\right)\left(k+\frac{\lambda}{2}\right)q_{k-1} + \binom{n}{k}\prod_{j=1}^{k}\left(j-\frac{1}{2}\right)\left(j-\frac{1}{2}+\frac{\lambda}{2}\right)$$

其中，$q_0(\lambda,n) = 1$。当$k = n$时，发现：

$$\begin{aligned} q_n(\lambda) \equiv q_n(\lambda,n) &= \left(1+\frac{\lambda}{2}\right)_n\left(\frac{1}{2}\right)_n {}_3F_2\left(-n,\frac{1}{2},\frac{1}{2}+\frac{\lambda}{2};1+\frac{\lambda}{2},\frac{1}{2}-n;1\right) \\ &= \sum_{j=0}^{n}(-1)^j\binom{n}{j}\left(\frac{1}{2}-j\right)_n\left(\frac{1}{2}+\frac{\lambda}{2}\right)_j\left(1+\frac{\lambda}{2}+j\right)_{n-j} \end{aligned}$$

这是λ的n次多项式。请注意，$q_n(\lambda)$是式(6.43)多项式$Q_n(\lambda)$在 M=3 处的值，正如预期的那样，该值是通过完全不同的途径获得的。

通过对 M=3 模型的研究，证明了图 6.11 所示的尖点对应三次奇点，直线$\alpha_{\pm} = n$上有n个这样的点，并且位置由$q_n(\lambda) = 0$的n个解决定。此外，特别是 M=3 时，$\alpha_{\pm} = n$线上尖点的位置由模型的准精确解确定。

① 参见文献[206]来证明，当$\lambda \in \mathbb{R}$时，没有更高阶的奇点。

通过讨论其谱轨迹来完成六次$\mathcal{PT}$对称振荡器的探讨(此讨论的动机来自类似的$\mathcal{PT}$对称四次振荡器的实 QES 谱轨迹[227-232, 476]和没有角动量项的厄米六次振荡器的谱轨迹[32-33, 228, 47])。在最简单的情况下$\lambda^2 = 1/4$，式(6.46)中不含$1/x^2$项，并且$\mathbb{C}^2$中复谱轨迹是解析超曲面[32-33]。

首先阐明多项式$p_J(E,\lambda)$和$q_n(\lambda)$在 QES 谱轨迹中的作用。设$\alpha = 4J + 2\lambda$，其中J是一个固定的正整数。在集合$(E,\lambda) \in \mathbb{C}^2$里定义 QES 谱轨迹$Z_J(E,\lambda)$，使得式(6.46)具有非零 QES 特征函数。因此，$Z_J(E,\lambda)$在由$p_J(E,\lambda) = 0$定义的几何曲线$\mathbb{C}^2$中能明确描述。$\alpha = 4J + 2\lambda$的 QES 谱轨迹由$p_J(E,-\lambda) = 0$定义。当$J = 20$和$J = 21$时，在$\alpha = 4J + 2\lambda$条件下，图 6.17 显示了在$Z_J \cap \mathbb{R}^2$域内实 QES 谱的轨迹。猜想关于其他J值的此类图中，域$Z_J \cap \mathbb{R}^2$由$\lfloor J/2 \rfloor$条互不相交的解析曲线加上当J为奇数时的直线$E = 0$组成。

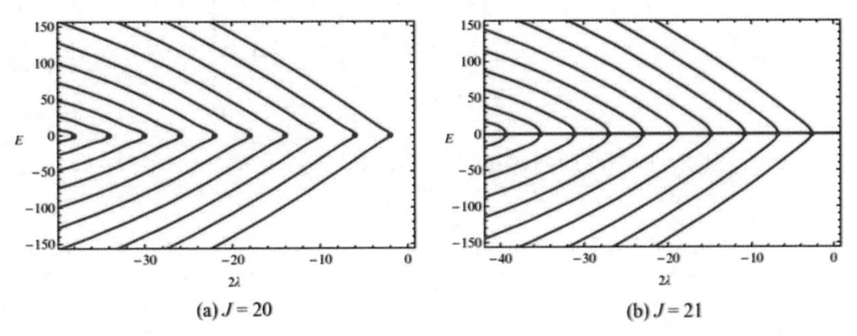

图 6.17　$J = 20$和$J = 21$时的实 QES 谱轨迹。黑点标记了$(2\lambda, E)$平面中奇点的位置

QES 谱中的奇点可以明确定位，由图 6.17 中的黑点标记。当J为奇数，黑点标记零特征值三次奇点，其由$q_n(\lambda)$零点固定的λ值决定。当J为偶数，需要找到λ，它依赖于$p_J(E)$在$E = 0$处有两个零值。将n固定为正整数，并设$J = 2n$。由于$p_{2n}(E,\lambda)$是E的偶数多项式，$p'_{2n}(0,\lambda) = 0$对所有λ都成立，并且每当$p_{2n}(0,\lambda) = 0$时，QES 扇区中有两个零特征值。取下式：

$$r_k(\lambda, n) = \frac{(-1)^k}{2^{7k}\Gamma\left(k + \frac{1}{2}\right)} p_{2k}(0, \lambda)$$

由式(6.48)推导出r_k满足一阶递推关系：

$$r_k = \left(k - \frac{1}{2} + \frac{1}{2}\lambda\right)\left(n - k + \frac{1}{2}\right) r_{k-1}$$

初始条件$r_0 = \sqrt{\pi}$，解为

$$r_k(\lambda, n) = \left(\frac{1}{2}\lambda + \frac{1}{2}\right)_k \left(\frac{1}{2} - n\right)_k$$

所以，

$$r_n(\lambda, n) = (-1)^n \frac{\Gamma\left(n + \frac{1}{2}\right)}{2^n\sqrt{\pi}} \prod_{j=1}^{n} (\lambda + 2j - 1)$$

从中得出结论，在$\lambda = 1-2j(j=1,\cdots,J/2)$处存在二次奇点。

虽然在$(E,\lambda)\in\mathbb{C}^2$时，不能绘制$Z_J(E,\lambda)$，但可以通过使用多项式$p_J(E)$来定位$E(\lambda)$的分支点位置来研究其某些结构。分支点出现在$p_J(E,\lambda)$的多个零点处，所以必须找到$(E,\lambda)\in\mathbb{C}^2$，使得下式成立：

$$p_J(E,\lambda)=0\text{和}p_J'(E,\lambda)=0$$

其中，符号“$'$”表示对E的微分。

为了确定其中p_J和p_J'的零点，需要计算$2J-1\times 2J+1$的行列式：

$$R_J\equiv R\left(p_J,p_J'\right)(\lambda)=\begin{vmatrix} c_0 & c_1 & \cdots & 0 & 0 \\ 0 & c_0 & \cdots & 0 & 0 \\ \vdots & \vdots & & \vdots & \vdots \\ 0 & 0 & \cdots & c_{J-1} & c_J \\ Jc_0 & (J-1)c_1 & \cdots & 0 & 0 \\ 0 & Jc_0 & \cdots & 0 & 0 \\ \vdots & \vdots & & \vdots & \vdots \\ 0 & 0 & \cdots & c_{J-1} & 0 \end{vmatrix}$$

其中，$p_J(E,\lambda)=c_0(\lambda)E^J+c_1(\lambda)E^{J-1}+\cdots+c_J(\lambda)$。得到的$R_J$是一个$\lambda$的多项式，其首项为

$$(-1)^J 8^{J(J-1)}\left(\prod_{j=0}^{J-1} j!\right)^2 \lambda^{J(J-1)/2}$$

前几个特例如下：

$R_2=2^6(\lambda+1)$

$R_3=-2^{17}(2\lambda+3)^3$

$R_4=2^{32}3^2(\lambda+3)(\lambda+1)(16\lambda^2+64\lambda+73)^2$

$R_5=-2^{57}3^4(8\lambda^2+40\lambda+41)^3(4\lambda^2+20\lambda+33)^2$

$R_6=2^{82}3^6 5^2(\lambda+5)(\lambda+3)(\lambda+1)(4096\lambda^6+73728\lambda^5+564992\lambda^4+$
$2356224\lambda^3+5610816\lambda^2+7178112\lambda+3879657)^2$

图 6.18 显示了$R_{15}(\lambda)$和$R_{20}(\lambda)$的零点，即Z_{15}和Z_{20}对应$E(\lambda)$分支点的位置。

当$\lambda=-J/2$时，图 6.18 中的对称性是式(6.58)反射对称性的结果。$p_J(E,\lambda)$的零点受本征问题的$\mathcal{PT}$对称性约束，而出现在四次$E=\alpha\pm \mathrm{i}b$和$E=-a\pm \mathrm{i}b$中；或者，如果本征值是实数，则作为$E=0$处的二次或三次零点。之前的工作表明，实数E处，$E(\lambda)$的分支点都可以精确地找到：当$J=2n+1$时，它们是$q_n(\lambda)$的零点；而当$J=2n$时，它们是$r_n(\lambda)$的零点。因此，结果中因式必有$q_n(\lambda)$或$r_n(\lambda)$两者之一。例如：

$R_2=r_1(\lambda)$

$R_3=-2^2 3[q_1(\lambda)]^3$

$R_4=r_2(\lambda)[16(\lambda+2)^2+9]^2$

$R_5=-2^6 93^4[q_2(\lambda)]^3[4(\lambda+5/2)^2+8]^2$

$R_6=r_3(\lambda)[4096(\lambda+3)^6+12032(\lambda+3)^4-15552(\lambda+3)^2+59049]^2$

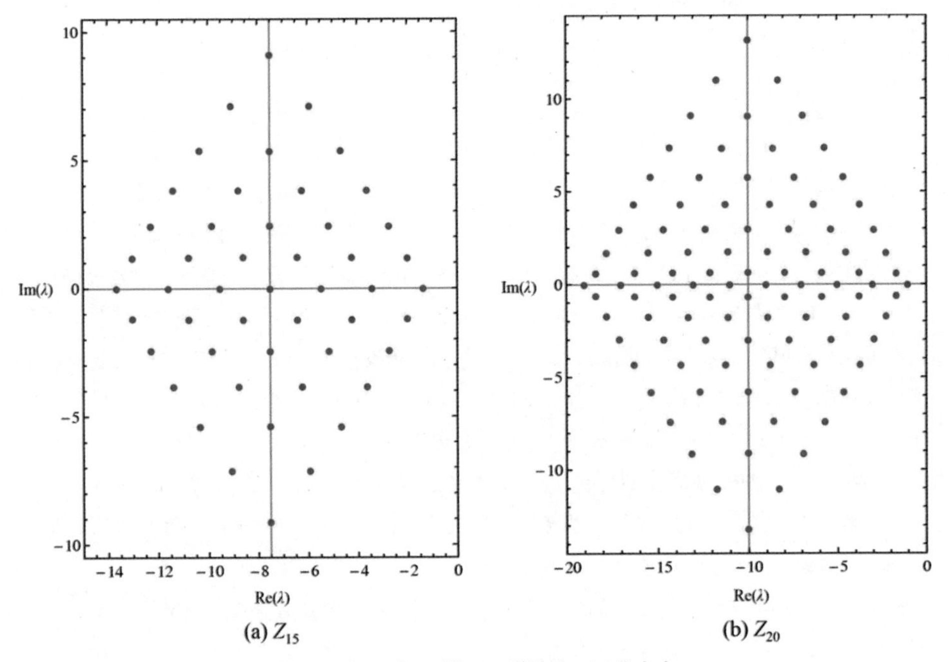

(a) Z_{15}　(b) Z_{20}

图 6.18　Z_{15}和Z_{20}的 QES 谱轨迹$E(\lambda)$分支点

对于$J \geqslant 4$，在复数 E 和λ处也有分支点，包含在结果中的另一个多项式因子中。很难找到这些多项式的自变量函数。而且，零点的奇怪模式容易联想起 II 型冈本(Okamoto)多项式[440]的零图[188]。厄米六次势的 QES 谱轨迹的$E(b)$分支点如下：

$$\left[-\frac{\mathrm{d}^2}{\mathrm{d}x^2}+x^6+2bx^4+b^2-(4J-1)x^2\right]\psi(x)=E\psi(x) \qquad [\psi(x)\in L^2(\mathbb{R})]$$

也形成菱形[228, 477]。尽管这些模型只有复数分支点，但图 6.19 表明，复数 E 的$\mathcal{PT}$对称六边形振荡器$\lambda(E)$的分支点也形成了一个有趣的形状。

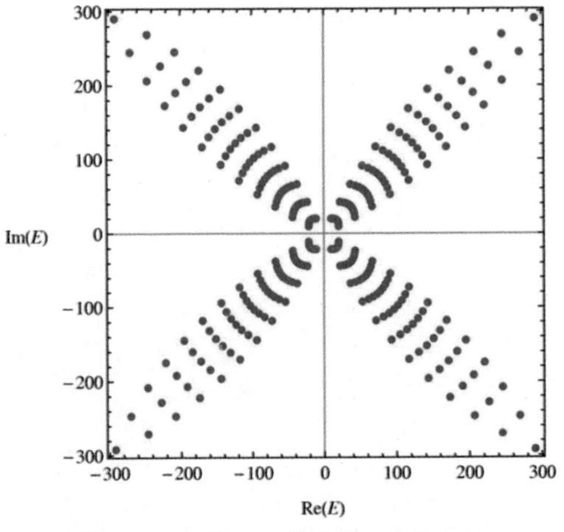

图 6.19　Z_{26}的 QES 谱轨迹$\lambda(E)$分支点

6.8 结束语

本章讨论了$\mathcal{PT}$对称量子力学模型的各个方面，这些模型包括了具有三次势能的一维薛定谔问题，可以使用 ODE/IM 关联，将范围扩展到更一般的$\mathcal{PT}$对称问题，揭示了破缺$\mathcal{PT}$对称复结构，以六次振荡器为例对该结构进行了详细探讨，且可用多种方法来获得准确的结果。

与可积系统的关联源于对谱行列式、函数关系和 Bethe-ansatz 方程的观察，该方程在 6.2 节已经介绍，这种联系与可积模型领域研究的基本对象相吻合。这个实例中的精确模型涉及将巴克斯特的可积晶格模型方法扩展到可积无质量(共形)量子场论[68-70]。式(6.2)的三次振荡器和具有通用条件$M \in \mathbb{R}^+$的 Bender-Boettcher 问题(见式(6.20))，与具有共形中心电荷$c = 1 - M^2/(M+1)$的一类共形场论相关[71, 215-216]。而式(6.30)的广义问题与 Perk-Schultz 可积点阵模型的连续表达有关[209, 235, 504]。当$D(E)$和$\widetilde{D}(E)$对应于辅助 Q 算子的基态特征值时，式(6.12)和式(6.13)中的斯托克斯乘数$C(E)$对可积模型传递矩阵的基态特征值求解有用。添加受零单性条件约束的规则奇点、更精细的常微分方程，控制量子模型中激发态的相应特征值[72]。

出现在两个场中函数方程组之间的精确匹配，精确扩展匹配到对应双方定义的许多其他对象之间。这一结果和涉及多参数高阶微分方程类的泛化[66-67, 207-208, 217, 503]，带来了微分方程和可积模型的统一方法。应该强调的是，还有许多更复杂的$\mathcal{PT}$对称势和更多涉及的关联公式尚未发现，这些关联是与可积模型理论的联系。最近，受到规范和弦理论发展的启发[256, 31]，对应关系已扩展到大规模可积量子场论与可精确解非线性经典场论的关联问题的联系[7, 213, 303-305, 394-395, 434]。这是一个很有前途的研究领域，与许多当前活跃的纯数学课题有关。值得注意的是，应该通过相对简单的步骤与$\mathcal{PT}$对称三次振荡器相关联，本书的讨论正是从这一宗旨出发。

第 7 章　完全可解的$\mathcal{PT}$对称模型[①]

灵感不甘心垂青懒惰的人。

——彼得·柴可夫斯基

研究基础的可解模型对理解新兴的物理领域是非常有帮助的。$\mathcal{PT}$对称量子力学是传统量子力学的复延拓，其某些特征出乎意料且无法直接观察。通过验证可精确求解的$\mathcal{PT}$对称量子力学模型的解，可以深入理解$\mathcal{PT}$对称量子力学的本质。完全可解的$\mathcal{PT}$对称量子力学模型通常被构建为传统量子力学中完全可解模型的拓展。本节探讨一些精心挑选的$\mathcal{PT}$对称势特性。

7.1　完全可解的势

自从发现量子力学以来，已经建立了局部势来模拟亚原子的行为。例如，库仑势能准确地描述原子系统的一些属性，而谐振子势能很好地近似束缚量子系统。物理力有吸引的或排斥的，有短距的或长距的，要对这些力进行建模，必须选择一种适当的势能形式和一组相关的参数。

一些量子力学势是完全可解的。这意味着能量特征值、边界态特征函数和散射矩阵可以用闭合解析形式确定。近年来，由于基于对称性方法的出现，已知的完全可解势的数量已经大大增加，可解性的概念也已经从经典的完全可解势扩展到条件完全可解势和准完全可解势。精确可解势的范围已经扩大，并且可以通过解析和数值方式获得它们的解。

除了描述实物理系统外，完全可解的量子力学势在数学上是简练的，因为它们与对称性有关。对称性和不变性是任意物理系统的重要特征，这两个特征有助于深入了解系统的物理特性。能谱的结构常用于揭示势的对称性本质。

完全可解的势在探索$\mathcal{PT}$对称量子力学的本质时特别有用。由复势定义的物理系统比由实势控制的物理系统更难直观地理解。幸运的是，为研究实势而开发的方法适用于这些势的$\mathcal{PT}$对称表达。这些方法可用于研究$\mathcal{PT}$对称系统的微妙特性，例如$\mathcal{PT}$对称性的破缺。

① 本章由格扎·莱瓦伊撰稿。

7.2 产生实可解势

本节介绍两种构造势的方法，与之相关的一维薛定谔方程可精确求解。这些势可以在实轴、正实轴(径向势)或有限域上界定。

第一种构造势的方法：边界态解的形式为$\psi(x) = f(x)F[z(x)]$，其中$F(z)$通常是经典的正交多项式，但也可以是其他一些特殊函数。正交多项式的典型选择是雅克比或广义拉盖尔多项式，在这种情况下，可以获得一类 Natanzon 势和 Natanzon 汇合势。作为特例，这类势包含最多的著名完全可解势。

第二种构造势的方法：使用超对称量子力学(SUSYQM)从已知的可解势中形成新的可解势。新势能的边界态能谱与原势的边界态能谱基本相同。两个势能的能级通过一阶微分算子关联起来。

7.2.1 方法一：变量变换

对于某些势，薛定谔方程可以通过将其转化为某些特殊函数的微分方程来求解。该方法首先用于推导一些简单的势[155]，后来由 Natanzon 继续推广。Natanzon 系统地将它从薛定谔方程转化为几何和超几何微分方程[432-433]。用单位量$2m = \hbar = 1$变换薛定谔方程：

$$\psi''(x) + [E - V(x)]\psi(x) = 0 \tag{7.1}$$

转化为特殊函数$F(z)$的二阶微分方程：

$$F''(z) + Q(z)F'(z) + R(z)F(z) = 0 \tag{7.2}$$

为此，需寻求下式的解[350, 353]：

$$\psi(x) = f(x)F[z(x)] \tag{7.3}$$

在这个阶段，不指定x的域，7.4 节中讨论$\mathcal{PT}$对称势时再确定。

将式(7.3)代入式(7.1)，与式(7.2)进行比较，并消除$f(x)$，得到：

$$E - V(x) = \frac{1}{2}\frac{z'''(x)}{z'(x)} - \frac{3}{4}\left[\frac{z''(x)}{z'(x)}\right]^2 + [z'(x)]^2\left(R[z(x)] - \frac{1}{2}Q'[z(x)] - \frac{1}{4}Q^2[z(x)]\right) \tag{7.4}$$

上式等号右侧前两项称为施瓦兹导数。式(7.2)中，$Q(z)$和$R(z)$定义了特殊函数$F(z)$，式(7.4)不依赖$F(z)$定义的变量变换函数$z(x)$。特征函数$\psi(x)$如下：

$$\psi(x) = [z'(x)]^{-\frac{1}{2}}F[z(x)]\exp\left[\frac{1}{2}\int^{z(x)} \mathrm{d}sQ(s)\right] \tag{7.5}$$

现在的任务是找到将式(7.4)转换为完全可解薛定谔方程的函数$z(x)$。给定一个特定的势$V(x)$和能量 E，几乎不可能找到$z(x)$的解析表达式。然而，可以对$V(x)$和$z(x)$构造函数，从而产生可精确求解的薛定谔方程[155]。由于式(7.4)的左侧包含常数E，所以在其右侧构造一个相应的常数 C。这个方法可以系统地编制出一个可解势的列表[350]，其与z的一阶微分方程相关联：

$$[z'(x)]^2\Phi(z) = C \tag{7.6}$$

其中，$\Phi(z)$取决于 $R(z)$和$Q(z)$。

式(7.6)的解为

$$\int^z \mathrm{d}s\Phi^{\frac{1}{2}}(s) = C^{\frac{1}{2}}x + x_0 \tag{7.7}$$

该式定义了一个隐式函数$x(z)$，在某些情况下可以得到显式函数$z(x)$[350]。如果只有$x(z)$可用，则以隐式形式获得势(即使$z(x)$不明确，也可以进行积分和求导)。通常选择$x_0 = 0$，且$z(0) = 0$。选择$x_0 \neq 0$，需要进行坐标偏移，因此对于在实数x轴上定义的势而言，这是一个微不足道且很少有用的变换。然而，这种转换对于 7.5 节讨论的$\mathcal{PT}$对称势很重要。

7.2.2　方法二：超对称量子力学

取两个一维哈密顿量，$H_- = A^\dagger A$和$H_+ = AA^\dagger$，根据一阶微分算子定义：

$$A = \frac{\mathrm{d}}{\mathrm{d}x} + W(x),\quad A^\dagger = -\frac{\mathrm{d}}{\mathrm{d}x} + W(x) \tag{7.8}$$

这些哈密顿量的薛定谔方程如下：

$$H_\pm\psi^{(\pm)}(x) = \left[-\frac{\mathrm{d}^2}{\mathrm{d}x^2} + V_\pm(x)\right]\psi^{(\pm)}(x) = E^{(\pm)}\psi^{(\pm)}(x) \tag{7.9}$$

其中，势用超势$W(x)$表示为

$$V_\pm(x) = W^2(x) \pm \frac{\mathrm{d}}{\mathrm{d}x}W(x) \tag{7.10}$$

H_-的基态能量设为 0：$H_-\psi_0{}^{(-)}(x) = 0$。

除了H_+的基态外，两个哈密顿量的能级是相同的：

$$H_+\left[A\psi^{(-)}(x)\right] = AA^\dagger\left[A\psi^{(-)}(x)\right] = AH_-\psi^{(-)}(x) = E^{(-)}A\psi^{(-)}(x)$$

并且本征函数与$\psi^{(+)}(x) = \left[E^{(-)}\right]^{-\frac{1}{2}}A\psi^{(-)}(x)$相关。然而，对于$H_-$的基态，有$E_0{}^{(-)} = \langle\psi_0^{(-)}|A^\dagger A|\psi_0^{(-)}\rangle = 0$，所以$A\psi_0^{(-)} = 0$。因此，对应的能量在谱中缺失。两个哈密顿量的特征值通过下式求解：

$$E_{n+1}^{(-)} = E_n^{(+)} \qquad (n = 0,1,2,\cdots) \tag{7.11}$$

其中，$E_0^{(-)} = 0$。该关系$A\psi_0^{(-)}(x) = 0$还通过$W(x) = -\frac{\mathrm{d}}{\mathrm{d}x}\ln\psi_0^{(-)}(x)$将$H_-$的基态特征函数与$W(x)$超势联系起来。因此得出结论，一维势$V_-(x)$的解是已知的，其伴随超对称势的解为

$$V_+(x) = V_-(x) - 2\frac{\mathrm{d}^2}{\mathrm{d}x^2}\ln\psi_0^{(-)}(x) \tag{7.12}$$

该解也可以由式(7.11)得到，同样能获得两个势的能谱。给定V_-，势V_+可以通过分析或数值的方法建立。事实上，可以通过连续用此过程来建立一系列等谱可解势。这个势的同级相邻成员是超对称伴随势，每个势的束缚状态都比前一个少。

式(7.4)可以用 SUSYQM 的内容重新解释。也就是说，当基态的$R(z) = 0$时，有$E - V(x) = -W^2(x) + W'(x)$，其中超势为

$$W(x) = -\frac{\mathrm{d}}{\mathrm{d}x}\ln f(x) = -\frac{1}{2}Q[z(x)]z'(x) + \frac{1}{2}\frac{z''(x)1}{z'(x)}$$

如果$F(z)$是正交多项式，则条件$R_{n=0}(z) = 0$始终成立，因此正交多项式是 SUSYQM 的理想状况。

引入 SUSYQM 是为了尝试理解量子场论中的超对称破缺[531]，它很快成为分析量子力学势的有力工具。$N = 2$的超对称性结构是广为人知的超对称量子力学模型[190, 321]，其超对称哈密顿算符和势算符满足sl(1|1)超代数：

$$\{Q, Q^\dagger\} = H,\quad Q^2 = \left(Q^\dagger\right)^2 = 0,\quad [Q, H] = \left[Q^\dagger, H\right] = 0$$

其中，算子是 2×2 矩阵：从式(7.9)的对角线上可以获得$\mathcal{H}$包含H_-(玻色子)和H_+(费米子)哈密顿量；Q 和$Q^\dagger$包含非对角线上的 A 和$A^\dagger$。这些算子在玻色子$\psi^{(-)}$和费米子$\psi^{(+)}$扇区之间交换。除了此处讨论的$N = 2$情况之外，本章还将讨论许多其他 SUSYQM 模型及运算符的替代方法[190, 321]。

如果使用$V_-(x)$的基态$\psi_0^{(-)}(x)$构造的超势$W(x)$消除势$V_-(x)$的基态能量，这种情况被称为非破缺超对称(SUSY)。这种方法可以推广到破缺 SUSY，其能谱保持不变，或者插入一个新的基态。为了实现这一点，必须通过引入分解能量来修改公式：

$$H_- = A^\dagger(\epsilon)A(\epsilon) + \epsilon \tag{7.13}$$

其中，

$$A(\epsilon) = \left[A^\dagger(\epsilon)\right]^\dagger = -\frac{\mathrm{d}}{\mathrm{d}x} + \frac{\mathrm{d}}{\mathrm{d}x}\ln\chi(x) \equiv -\frac{\mathrm{d}}{\mathrm{d}x} - W(x) \tag{7.14}$$

在这个方程中，函数χ是$H_-\chi = \epsilon\chi$的解，$\chi(x)$必须无节点，否则产生的势在节点处是奇异的。将$V_-(x)$的超对称对定义为

$$V_+(x) = V_-(x) - 2\frac{\mathrm{d}^2}{\mathrm{d}x^2}\ln\chi(x) \tag{7.15}$$

$\epsilon = 0$时，恢复原有表达：$\chi(x) = \psi_0^{(-)}(x)$。$\epsilon < 0$时，可以选择无节点$\chi(x)$解，并且根据它们的边界条件来确定算子，要么在$E = 0$以下插入新基态，要么保持频谱不变。这些方法可应用于所有x定义的问题，包括正x或x的有限区间。$\chi(x)$上的边界条件决定了相移的变化和x^{-2}奇点的系数(在径向势的情况下)。$\chi(x)$函数有时写作基态特征函数和无节点函数的乘积：

$$\chi(x) = \psi_0^{(-)}(x)\xi(x) \tag{7.16}$$

这意味着：

$$W(x) = -\frac{\mathrm{d}}{\mathrm{d}x}\ln\chi(x) = -\frac{\mathrm{d}}{\mathrm{d}x}\left[\ln\psi_0^{(-)}(x) + \ln\xi(x)\right] \tag{7.17}$$

为完整起见，注意到 SUSYQM 可以被视为对分解方法的重整，这种方法源自文献[471, 473]，并在文献[299]中进一步发展。这种方法也与 Darboux 求解二阶微分方程的方法有关[199]。

7.3　完全可解势的类型

本节总结了可精确求解厄米势的常见类型，并描述了如何通过应用 7.2 节介绍的方法生成这些势。

7.3.1　Natanzon 势和 Natanzon 合并势

使用 7.2.1 节中讨论的方法，可以从经典正交多项式中生成大量可精确求解的势能。例如，对于雅可比多项式[6]，在式(7.4)中选择$Q(z)=[\beta-\alpha-(\alpha+\beta+2)z]/(1-z^2)$和$R(z)=n(n+\alpha+\beta+1)/(1-z^2)$，带来下式[350]：

$$E_n-V(x)=\frac{z'''(x)}{2z'(x)}-\frac{3}{4}\left[\frac{z''(x)}{z'(x)}\right]^2-\frac{z(x)[z'(x)]^2}{2[1-z^2(x)]^2}(\alpha^2-\beta^2)+\\ \frac{[z'(x)]^2}{1-z^2(x)}\left[n+\frac{1}{2}(\alpha+\beta)\right]\left[n+\frac{1}{2}(\alpha+\beta)+1\right]+\\ \frac{[z'(x)]^2}{[1-z^2(x)]^2}\left[1-\frac{1}{4}(\alpha+\beta)^2-\frac{1}{4}(\alpha-\beta)^2\right] \tag{7.18}$$

然后，式(7.6)变成：

$$[z'(x)]^2\Phi(z)\equiv\frac{[z'(x)]^2\phi(z)}{[1-z^2(x)]^2}\equiv[z'(x)]^2\frac{p_{\mathrm{I}}(1-z^2)+p_{\mathrm{II}}+p_{\mathrm{III}}z}{[1-z^2(x)]^2}=C \tag{7.19}$$

因此，定义$z(x)$变量变换的最常用微分方程可以从三项组合中获得。式(7.5)变为

$$\psi(x)=(\phi[z(x)])^{\frac{1}{4}}[1+z(x)]^{\frac{\beta}{2}}[1-z(x)]^{\frac{\alpha}{2}}P_n^{(\alpha,\beta)}[z(x)]$$

重整参数，$\omega=\frac{1}{2}(\alpha+\beta)$和$\rho=\frac{1}{2}(\alpha-\beta)$，得到下式：

$$E_n-V(x)=\frac{z'''(x)}{2z'(x)}-\frac{3}{4}\left[\frac{z''(x)}{z'(x)}\right]^2+\\ \frac{C}{\phi(x)}\left\{[1-z^2(x)]\left[\left(n+\frac{1}{2}+\omega\right)^2-\frac{1}{4}\right]+\\ (1-\omega^2-\rho^2)-2\omega\rho z(x)\right\} \tag{7.20}$$

式(7.20)中的势$V(x)$具有通式：

$$V(x)=-\frac{z'''(x)}{2z'(x)}+\frac{3}{4}\left[\frac{z''(x)}{z'(x)}\right]^2+C\frac{s_{\mathrm{I}}(1-z^2(x))+s_{\mathrm{II}}+s_{\mathrm{III}}z(x)}{\phi(z)} \tag{7.21}$$

结合式(7.21)和式(7.20)并乘以$\phi(z)$，会看到这三项必须各自独立消失，得到方程：

$$\left(n+\frac{1}{2}+\omega\right)^2-\frac{1}{4}+s_{\mathrm{I}}-\frac{p_{\mathrm{I}}E_n}{C}=0 \tag{7.22}$$

$$1-\omega^2-\rho^2+s_{\mathrm{II}}-\frac{p_{\mathrm{II}}E_n}{C}=0 \tag{7.23}$$

$$-2\omega\rho+s_{\mathrm{III}}-\frac{p_{\mathrm{III}}E_n}{C}=0 \tag{7.24}$$

需要用n表达ω和ρ，以此来求解势，从而求出E_n的表达式(可能是隐式)。

接下来分析$V(x)$和E_n中参数的来源和作用。借助式(7.6)和式(7.7)，p_i构成的第一组参数出现在$z(x)$中，其中$\phi(z)$由式(7.19)确定。式(7.7)表明 C是一个不重要的参数，它可以改变能量(或坐标)，还可以被吸收到p_i中，因此这种类型有三个独立的参数。式(7.7)中的积分常数x_0是位移坐标，这个常数也不重要。然而，对于$\mathcal{PT}$对称势，这可能是一个假想的偏移坐标，它重新确定了边界条件。因此，这种变换可能会产生重大影响。$z(x)$函数的指定参数同时出现在$V(x)$和E_n中。

另一组参数s_i(或其重整参数)源自式(7.2)中定义的特殊函数(本例中的雅可比多项式)的$Q(z)$和$R(z)$。这些参数出现在E_n中和式(7.21)的$V(x)$的主要项中，但不在施瓦兹导数的势项中。这关系到对$\mathcal{PT}$对称势的讨论。

这里使用的表达式不同于 Natanzon[432-433]最初使用的形式，其中$F(z)$是超几何函数${}_2F_1(a,b;c;z)$。然而，由于可以从超几何函数中获得雅可比多项式(通过将a或b设置为非正整数[6])，这两种方法密切相关。使用现有框架，是因为在$\mathcal{PT}$反射下，更容易描述$z(x)$的变换属性。因此，这种表达可以扩展到$\mathcal{PT}$对称中。文献[362]中讨论了当前方法与原始方法之间的关系。

对于 Natanzon 合并势，该方法必须应用于广义拉盖尔多项式$L_n^{(\alpha)}(z)$[6]，其中$Q(z)=-1+(\alpha+1)/z$和$R(z)=n/z$。函数$z(x)$由下式确定：

$$[z'(x)]^2\Phi(z)\equiv\frac{[z'(x)]^2\phi(z)}{z^2(x)}\equiv[z'(x)]^2\frac{p_{\mathrm{I}}z+p_{\mathrm{II}}z^2+p_{\mathrm{III}}}{z^2(x)}=C \tag{7.25}$$

其中，序列$\{p_i\}$与已经建立的符号一致。势的最常用通式可以写为

$$V(x)=-\frac{z'''(x)}{2z'(x)}+\frac{3}{4}\left[\frac{z''(x)}{z'(x)}\right]^2+C\frac{s_{\mathrm{I}}z(x)+s_{\mathrm{II}}z^2(x)+s_{\mathrm{III}}}{\phi(z)} \tag{7.26}$$

与式(7.22)～(7.24)类似，可得到下式：

$$\begin{aligned}&n+\frac{1}{2}(\alpha+1)+\omega+s_{\mathrm{I}}-\frac{p_{\mathrm{I}}E_n}{C}=0\\&-\frac{1}{4}+s_{\mathrm{II}}-\frac{p_{\mathrm{II}}E_n}{C}=0\\&\frac{1}{4}(1-\alpha^2)+s_{\mathrm{III}}-\frac{p_{\mathrm{III}}E_n}{C}=0\end{aligned} \tag{7.27}$$

Natanzon 合并势是从超几何到合并超几何函数的转换[432-433]引入的[6]，此处采用 Natanzon 势和 Natanzon 合并势的名称[192]。有关 Natanzon 势和 Natanzon 合并势的参考文献，请参见文献[362]。

7.3.2 形状不变势

Natanzon 势和 Natanzon-Confulent 类势包含一个显著势子集，称为形状不变势，这是最

著名的完全可解问题。这些势通过选择式(7.19)和式(7.25)中的$\phi(x)$形式来获得，该形式仅使用单个非零p_i[262]，这会使$z(x)$函数简单化。当$p_{\mathrm{I}} \neq 0$、$p_{\mathrm{II}} \neq 0$，且包含三个势，每个势具有不同的$z(x)$解，PI 和 PII 子类从式(7.19)中获得。$p_{\mathrm{III}} \neq 0$不产生形状不变势[351]。类似地，LI、LII 和 LIII 子类从式(7.25)中生成，能求得单个$z(x)$解，即每种情况一个单势。表 7.1 中列出了形状不变势，及其在文献中常用的名称[190]。一维谐振子(HI)是从使用厄米多项式的过程中获得的。设$\alpha = \pm 1$，将定义域扩展到$x < 0$，从径向谐振子(Ll)中可以获得一维谐振子。由于历史原因，它被认为是一个独立形状不变势。还可以使用广义拉盖尔多项式和厄米多项式[6]关系来获得这种受限情况的势。另外两个势，Pöschl − Teller I 和 II 势，可以由 Scarf I 势和广义 Pöschl − Teller势通过$x \to 2x$变化获取[350, 190]。

PI 和 LI 类是特殊类势；选$p_{\mathrm{I}} \neq 0$意味着E_n由式(7.22)和式(7.27)的第一个方程确定。其中明显包含n。这解释了两种情况下，E_n对n的二次和线性的依赖，以及为什么出现在其余方程中的参数与n无关。这也意味着式(7.3)中的$f(x)$是基态$\psi_0(x)$。

形状不变势的一个共同特征是，式(7.21)和式(7.26)中的施瓦兹导数项混合到余项中(与s_i相关)，将独立势项减少到两个(除了常数)。这也解释了为什么 PIII 势(来自$p_{\mathrm{III}} \neq 0$[351])不能获得形状不变势。

表 7.1　实数形状不变势。采用文献[350, 190]中的符号，只是省略了$E_0 = 0$时的常数，并且非径向势被移到关于原点对称的位置

$(z')^2/C = $ (Class)	C	$z(x)$	$V(x)$	$x \in$	名称
$(1-z^2)$(PI)	$-a^2$	$\mathrm{i}\sinh(ax)$	$\dfrac{B^2-A^2-A}{\cosh^2(ax)}+\dfrac{B(2A+1)\sinh(ax)}{\cosh^2(ax)}$	$(-\infty，\infty)$	Scarf II
	$-a^2$	$\cosh(ax)$	$\dfrac{B^2+A^2+A}{\sinh^2(ax)}-\dfrac{B(2A+1)\cosh(ax)}{\sinh^2(ax)}$	$[0，\infty)$	generalized Pöschl-Teller
	a^2	$\sin(ax)$	$\dfrac{B^2+A^2-A}{\cos^2(ax)}-\dfrac{B(2A-1)\sin ax}{\cos^2(ax)}$	$\left[-\dfrac{\pi}{2a}，\dfrac{\pi}{2a}\right]$	Scarf I
$(1-z^2)^2$(PI)	a^2	$\tanh(ax)$	$-\dfrac{A(A+1)}{\cosh^2(ax)}+2B\tanh(ax)$	$(-\infty，\infty)$	Rosen-Morse II
	a^2	$\coth(ax)$	$\dfrac{A(A-1)\cosh(ax)}{\sinh^2(ax)}-2B\tanh(ax)$	$[0，\infty)$	Eckart
	$-a^2$	$\mathrm{i}\tan(ax)$	$\dfrac{A(A+1)}{\cos^2(ax)}+2B\tan(ax)$	$\left[-\dfrac{\pi}{2a}，\dfrac{\pi}{2a}\right]$	Rosen-Morse I

(续表)

$(z')^2/C=$ (Class)	C	$z(x)$	$V(x)$	$x\in$	名称
z(LI)	2ω	$\frac{1}{2}\omega x^2$	$\frac{\omega^2}{4}x^2+\frac{l(l+1)}{x^2}$	$[0,\infty)$	3D harmonic oscillator
1(LII)	$\frac{e^4}{(n+l+1)^2}$	$C^{\frac{1}{2}}x$	$-\frac{e^2}{x}+\frac{l(l+1)}{x^2}$	$[0,\infty)$	Coulomb
z^2(LIII)	a^2	$\frac{2B}{a}e^{-ax}$	$-B(2A+1)e^{-ax}+B^2e^{-2ax}$	$(-\infty,\infty)$	Morse
1(HI)	$\frac{\omega}{2}$	$C^{\frac{1}{2}}x$	$\frac{\omega^2}{4}x^2$	$(-\infty,\infty)$	1D harmonic oscillator

形状不变势也可以基于 SUSYQM 来讨论，该理论还解释了这些名称的由来。考虑到式(7.12)中的超对称伴随势可能会期望其数学结构有所不同。但是，在某些情况下，$V_-(x)$和$V_+(x)$对坐标具有相同的函数依赖性，仅一些深度和形状的参数存在差别。下式具有形状不变势[262]：

$$V_+(x;a_0)-V_-(x;a_1)\equiv W^2(x;a_0)+W'(x;a_0)-W^2(x;a_1)+W'(x;a_1)=\mathcal{R}(a_1) \tag{7.28}$$

其中，a_0和a_1是超对称伴随势的参数，$\mathcal{R}(a_1)$是常数。两组参数a_0和a_1分别由形式表达式$a_1=\mathcal{F}(a_0)$连接，其中$\mathcal{F}$是形状不变势的简单加法$a_{i+1}=a_i+$常数。式(7.28)表明，对于形状不变势，连续运用式(7.12)SUSY 变换和势参数变化，除了能量转移之外，可以恢复原始势。$V_-(x;a_0)$的离散能谱为$E_n^{(-)}=\sum_{k=1}^{n}\mathcal{R}(a_k)$[262]，其中$a_k$是二次使用$\mathcal{F}$函数生成的。特征函数可以通过连续运用 SUSYQM 梯形算子生成[220]。$A^\dagger(x;a_k)$为

$$\psi_n^{(-)}(x;a_0)=N_0A^\dagger(x;a_0)A^\dagger(x;a_1)\cdots A^\dagger(x;a_{n-1})\psi_0^{(-)}(x;a_n)$$

几乎所有形状不变类势都是使用分解方法[299]获取的，其分类(几乎与现在的分类相同)基于特殊函数的 Lee 理论[404]。然而，受 SUSYQM 启发的分类方案[189]不同于现在的方案。形状不变和势代数方法的关系在文献[34]和[352]中进行了讨论。

7.3.3 超 Natanzon 类：更通用$\psi(x)$

边界态本征函数不能总是用式(7.3)中的单一特殊函数来求解。在这种情况下，$\psi(x)$必须用两个或多个相同类型的特殊函数来表示，下文详述。

一般来说，Natanzon 的超对称伴随势和 Natanzon 合并势不属于同一个势类。这是因为式(7.8)中，一阶微分算子对式(7.3)特征函数的作用导致两项线性组合，一项包含正交多项式$F_n(z)$，另一项包含其导数$F_n'(z)$。n次正交多项式的导数可以表示为n次和$n-1$次正交多项式的线性组合[6]，因此超对称伴随势的边界态特征函数的结构和 Natanzon 合并势的结构不同。形状不变势是一个例外。这些势由使用 SUSYQM 变换的式(7.28)定义，该变换消除了非破缺 SUSY 系统$V_{-(x)}$势的基态。在这种情况下，可以使用递推关系将两个正交多项式重写为单个正交多项式[6]。

因此，虽然在基于非破缺 SUSY 的 SUSYQM 变换下，形状不变势类是闭合的，但对于 Natanzon(合并)类势而言，情况并非总是如此。当任何 Natanzon 的超对称伴随势和 Natanzon 合并势为构建破缺 SUSY 时(即使用更一般的解$\chi(x)$，见式(7.16))，那么 SUSY 伴随势的特征函数将必然具有双项结构。

另一种情况是，当边界条件满足薛定谔方程(7.1)和(7.2)的两个独立解都存在时，势的边界态特征函数用两个特殊函数表示。当通过分割整个x轴上定义的势产生径向势时，就会发生上述情况。这是 Woods-Saxon 势[73]的情形，它可以被认为是 Rosen-Morse II 势(见表 7.1)，其中$x = \frac{r-R}{2a}, r \geqslant 0$，其边界态特征函数用超几何微分方程的两个线性无关解表示。如果假设$R \gg a$，即如果半径R远大于厚度参数a[247]，与 Woods-Saxon 势相似，也构建了 Scarf II 势的径向形式[363]，其在核物理中已被应用。

7.3.4　超 Natanzon 类：其他函数 $F(z)$

作为特殊函数$F(z)$，使用异常正交多项式可以生成一类新的势[266, 268]等。这些多项式与经典多项式[6]的不同之处在于，序列中多项式的最小幂大于零。然而，这些多项式形成了具有适当权重函数的平方可积正交基。发现X_1拉盖尔和雅可比多项式之后，还发现了更通用的X_m形式[267, 269]。这些特殊多项式可用于扩展径向谐振子和 Scarf I 势[451]，以及广义Pöschl − Teller势[57]、Scarf II 势[403]。这些问题不能连续转化为其对应的常规问题。相反，选择离散参数m为零，且异常正交多项式简化为经典类似多项式，也就恢复成了经典势。

7.2.1 节的方法可与合适的$Q(z)$和$R(z)$函数一起使用，而描述变量转换的$z(x)$函数，与 PI 和 LI 类中的函数相同(见表 7.1)。特征值也有相同的二次(PI)和线性(LI)相关，其与n相关，如 7.3.2 节中所述。这些势能满足形状不变性的要求，即异常正交多项式具有与经典多项式相同的属性，在经典的情况中，边界态特征函数经过 SUSYQM 变换后保持结构相同。

采用X_m正交多项式求解的势是 PI 势和 LI 型形状不变势的 SUSYQM 伴随势，这些势是在破缺的超对称系统中生成的[57, 452]。7.2.2 节讨论的势必须是应用于式(7.17)的超势，其由相应的 LI 势和 PI 形状不变势的非物理解(来自式(7.16))产生。必须选择出现在那里的$\xi(x)$函数与给定特征势$z(x)$函数的合适有理表达式。扩展势的特征函数包含两个经典正交多项式$L_n^{(\alpha)}[z(x)]$或$P_n^{(\alpha,\beta)}[z(x)]$的线性组合。这些特殊的线性组合是$X_m$的异常正交多项式。

某些势可以根据贝塞尔函数$J_{\pm}v(z)$求解。7.2.1 节的讨论适用于式(7.2)中，取$Q(z) = 1/z$和$R(z) = 1 - v^2/z^2$。如果代入$\Phi(z) = 1$和$\Phi(z) = z^{-2}$，则可从式(7.6)获得两个$z(x)$函数，每一个函数都可解。这些选择对应形状不变 LII 势和 LIII 势(见表 7.1)，其都有相同的$z(x)$函数，其中$z(x) = C^{1/2}x + x_0$和$z(x) = A\exp\left(C^{1/2}x\right)$。这些势描述了一个粒子的情形，其被限制在半径为 R 的球中[247]，且具有指数势[512]。只有贝塞尔微分方程的一个独立解能被用来构造边界态特征函数。在这两种情况下，特征值都以贝塞尔函数的零点表示，且是隐式确定的。

还可以通过将 Heun 微分方程的某些表达式转换为 Schrödinger 方程来产生势[64, 300-302]。但是，由于 Heun 函数的数学已知性不如超几何函数和混合超几何函数，因此在实际计算中，通常采用超几何函数的相关函数进行扩展。在 7.3.3 节中，这些势的实例已经介绍。使用 SUSYQM 方法还发现了类似的势[392]。

7.3.5 其他类型的可解势

有一类特殊的势，称为准精确可解(QES)势，其可以通过分析获得最少数量(有限数量)的本征函数，而其余本征函数不能以闭合形式表示[518]。最低特征函数类似于式(7.3)，其中多项式扮演$F(z)$的角色。该多项式的系数满足递推关系，且递推必须能够终止。然而，通过选择参数，可以强制终止序列，从而使有限次多项式产生最少的特征函数。然后可以根据这组有限的特征函数，精确计算特征值和各种矩阵元素。QES 势的最简单示例是六次势，其中包含二次和四次，以及径向问题情况下的离心项。然而，系数是相关的且非任意值。

条件完全可解(CES)势是只有当势中的参数为某些特定值时，才能求解薛定谔方程的势。这种势的早期例子是 DKV (Dutt-Khare-Varshni)势，它具有三个项和两个自由参数[221]。该势属于 Natanzon 类[461]，具有固定耦合系数的势项，来自式(7.21)中的施瓦兹导数，其项不包含任何自由参数。

其他类型的 CES 势是从形状不变势的 SUSYQM 伴随势获得的，该伴随势通过在原始基态下方插入新基态而构建[322]。这种基于非物理解$\chi(x)$(如式(7.15)所示)的构造，只能用于某些能量。此势属于 7.3.3 节中描述的类别，其中包括其边界态解，以两个相同类型特殊函数表示的势。

注意，存在分段连续势，可以通过各个区域的边界修正解及其导数来求解相关的薛定谔方程。这样的势是有限的方阱[247]。这种情况下，解不涉及特殊函数，并以三角函数和/或指数函数的形式表示。特征值是超方程根，不能以闭合形式表示。

7.4 $\mathcal{PT}$对称势

$\mathcal{PT}$对称要求$V^*(-x) = V(x)$。如果x是实数，意味实/虚势分量必须是x的偶数/奇数函数。接下来，对 7.2 节的讨论进行扩展，并指出$\mathcal{PT}$对称势与实势的主要区别。

7.4.1 构造$\mathcal{PT}$对称势

为了满足归一化的要求，$\mathcal{PT}$对称势的薛定谔特征值问题定义需要在复平面中的斯托克斯楔形中施加边界条件[78]。与对应的厄米情况不同，斯托克斯楔形$\mathcal{PT}$对称势可能不包括实轴。算子$\mathcal{P}$通常在复平面中进行关于原点的空间反射(x为复数：$\mathcal{P}: x \to -x$)，因此$\mathcal{PT}$对称特征值问题通常定义在$x > 0$的对称域上。

对于径向势，$\mathcal{PT}$对称特征值问题是一个例外。将径向变量$r > 0$中的厄米问题推广到$\mathcal{PT}$对称，需要将势能继续解析到复数域，并在$\mathcal{PT}$对称轮廓上求解特征值问题，以避免原点处的奇异性。为了构造这样的轮廓，可以引入一个假想的坐标偏移，其中用$x - \mathrm{i}c$替换$r > 0$(x和c取实数)。x为坐标算子，c为数值常数，此时$\mathcal{PT}$算子把$x - \mathrm{i}c$变换成$-(x - \mathrm{i}c)$。因此，$x - \mathrm{i}c$是一条$\mathcal{PT}$对称轨迹。使用 7.2.1 节介绍的方法，这个虚坐标位移可以认为是式(7.7)中$x_0 = -\mathrm{i}c$的积分常数。虽然$c \neq 0$可能会显著改变势能和本征函数，但它对能量本征值没有影响(事实上，有限实坐标位移不会改变实势的能量特征值拓展)。然而，虚坐标位移会改变薛定谔特征值问题的边界条件，这会影响特征函数，从而影响问题的物理性质。

还可以使用虚坐标偏移将非径向厄米的特征值问题扩展到相应的$\mathcal{PT}$对称特征值问题。这个虚坐标移动是使用算子e^{cp}的线性自同构(相似变换)，其中p是动量算子。在这种自同性下，势能算子$V(x)$转换为$\mathrm{e}^{cp}V(x)\mathrm{e}^{-cp} = V(x - \mathrm{i}c)$[9]，并且$\mathrm{e}^{cp}$对特征函数的作用是$\mathrm{e}^{cp}\psi(x) = \psi(x - \mathrm{i}c)$。

注意，虚坐标偏移不足以确定某些势的$\mathcal{PT}$对称表达式。例如，库仑势和莫尔斯势[542]必须使用更普通的$\mathcal{PT}$对称轨迹[547]。此外，$\mathcal{P}$算子可以定义为对原点以外点的反射。这就是 Khare-Mandal 势[327]。

总之，将厄米的完全可解势推广到$\mathcal{PT}$对称完全可解势。对于形状不变势，大多数$z(x)$函数(见式(7.2))要么是$\mathcal{PT}$偶数要么是$\mathcal{PT}$奇数。即它们满足$\mathcal{PT}\ z(x) = \pm z(x)$][371]。这种情况下，$\phi(z)$函数再次出现，因此，式(7.21)和式(7.26)中实现$\mathcal{PT}$对称需要适当的参数s_i。因为函数$\phi(z)$更复杂，Natanzon 势和 Natanzon 合并势的求解更加困难，因此必须谨慎选择参数p_i。对 Natanzon 势的求解已经实现[362](对于这些势，并不总是可以构造$z(x)$的明确$\mathcal{PT}$奇偶对称)。对于 Natanzon 合并势之外的势，求解更加困难。

7.4.2　能谱与$\mathcal{PT}$对称性破缺

也许$\mathcal{PT}$对称量子力学最引人注目的发现是，这些复势的离散能量特征值可能部分或完全为实数(参见第 2 章)。从数学的角度来看，这是伪厄米性导致的结果[413]：$\mathcal{PT}$对称量子系统是$\mathcal{P}$伪厄米。在许多情况下也证明了随着非厄米性的增加，相当于施加了虚分量势的更强耦合。特征值成对合并，继续变为复共轭对。**$\mathcal{PT}$对称破缺现象是：即使势保持$\mathcal{PT}$对称，本征态在跃迁后也不再$\mathcal{PT}$对称。**合并能级具有准对称量子数$q = \pm 1$[58]和相同的量子数n。在具有实能量特征值的域中，边界态特征函数是$\mathcal{PT}$算子的特征函数，而在复能量特征值域中，$\mathcal{PT}$算子将两个函数相互转换：$\mathcal{PT}\psi_n^{(q)}(x) = \psi_n^{(-q)}(x)$。

能谱加倍有两个原因(这种情况不会发生在厄米(实)势)。由径向势的虚坐标偏移产生的$\mathcal{PT}$对称势，它看起来是较松弛边界条件导致的结果。而在全x轴上定义势时，第二组解对应厄米势的共振。通常认为 q 是某个参数的符号变化，它使势保持不变，并给出了不同的可归一化特征函数。注意，并非所有$\mathcal{PT}$对称势都会出现 q。

$\mathcal{PT}$对称性破缺有两种，突发的和渐进的。在前一种情况下，所有能量特征值在相同控制参数处变成复数。而在后一种情况，随着控制参数的变化，能量特征值依次变成复数。突发$\mathcal{PT}$对称表征了所有形状不变势能和其他某些势能；渐进式发生在更复杂的完全可解势情况下。最后，存在无$\mathcal{PT}$跃迁的$\mathcal{PT}$对称势，其某些能量特征值在整个参数域中保持实数性质。

7.4.3 内积、伪范数和$\mathcal{C}$算子

通常来说，对于复势，本征函数是非正交的。然而，$\mathcal{PT}$对称势是$\mathcal{P}$伪厄米，本征态的正交性(orthogonality)(不是正交归一性(orthonormality))可以通过引入修正内积($\langle\psi_i|\mathcal{P}|\psi_j\rangle$)来实现。以这种方式定义的伪范数符号不确定。

对于完全可解的势，转换后的修正内积不需要太多修改。用于证明厄米系统特征值的实性方程的$\mathcal{PT}$模拟如下：

$$(E_m - E_n{}^*)\int_{-a}^{a}\psi_m(x)\psi_n{}^*(-x)\mathrm{d}x = 0 \tag{7.29}$$

如果$\mathcal{PT}$对称性非破缺，则E_m和E_n是实数且不相等。因此，式(7.29)中的积分消失了。在这种情况下，获得：

$$\int_{-a}^{a}\psi_n(x)\psi_n{}^*(-x)\mathrm{d}x = \pi_n\int_{-a}^{a}\psi_n^2(x)\mathrm{d}x$$

由于$\psi_n{}^*(-x) = \mathcal{PT}\psi_n(x) = \pi_n\psi_n(x)$，其中$\pi_n$是状态$\psi_n(x)$的$\mathcal{PT}$奇偶对称。因此，伪范数的符号由$\pi_n$的$\mathcal{PT}$对称性决定，通常为$(-1)^n$(但不总是)。

如果通过引入算子$\mathcal{C}$ [91]来修正内积，则范数变为正值。该算子是根据能量本征函数定义的，但以闭合形式计算$\mathcal{C}$并非易事。即使对于可解势，$\mathcal{C}$仅在特殊情况下才能确定。

7.4.4 SUSYQM 和$\mathcal{PT}$对称性

$\mathcal{PT}$对称性要求将势的偶数和奇数分量分开：实部是偶数，虚部是奇数。在 SUSYQM 中，超势$W(x)$的奇偶性会影响式(7.10)超对称伴随势的奇偶性。将$W(x)$的分量分成实数/虚数和偶数/奇数部分：$W(x) = W_{\mathrm{Re}}(x) + W_{\mathrm{Ro}}(x) + \mathrm{i}W_{\mathrm{Ie}}(x) + \mathrm{i}W_{\mathrm{Io}}(x)$，并允许式(7.13)中的分解能量$\epsilon$为复数，这会导致$W_{\mathrm{Re}}(x)$和$W_{\mathrm{Io}}(x)$[354-355]的线性一阶微分方程成为非齐次，其非齐次性由常数$\mathrm{Im}(\epsilon)$表示。通过验证$W_{\mathrm{Re}}(x)$和$W_{\mathrm{Io}}(x)$存在或消失的所有可能性，可以证明$V_-(x)$的超对称伴随势$V_+(x)$只有在实数时，才是$\mathcal{PT}$对称的[354-355]。

$\mathcal{PT}$对称势的另一个不寻常的特征是，准对称量子数q(见 7.4.2 节)允许构建两个而非一个$V_-(x)$超对称伴随势，其源自基态$\psi_0^{\pm}(x)$ [370, 373]。每当基态能量为实数(或零，在能量标度发生变化后)，两个超对称伴随势$V_+^{(\pm)}(x)$都是$\mathcal{PT}$对称的。然而，如果用指定准对称量子数$q = \pm$的基态，则其是彼此的$\mathcal{PT}$变换(即如果$V_-(x)$的$\mathcal{PT}$对称性是破缺的)，那么 SUSY 伴随势$V_+^{(\pm)}(x)$不再是$\mathcal{PT}$对称。这一发现也适用于分解能量ϵ具有虚部的更通用情况。

对应准对称性的状态重叠影响与某些形状不变$\mathcal{PT}$对称势相关的势代数。这些势代数也重叠并显示为$\mathrm{SO}(2,2)\sim\mathrm{SO}(2,1)\otimes\mathrm{SO}(2,1)$或$\mathrm{SO}(4)\sim\mathrm{SO}(3)\otimes\mathrm{SO}(3)$，这取决于势是具有有限数量还是无限数量的实数能级[366]。

最后，注意到，对于$\mathcal{PT}$对称势，7.2.2 节中的算子 A 和$A^\dagger$不再是厄米伴随。尽管如此，本章仍使用†符号。

7.4.5　$\mathcal{PT}$对称势中的散射

在$\mathcal{PT}$对称势的散射特性中可以发现入射和吸收势分量的微妙平衡。反射和透射系数$R(k)$和$T(k)$不仅可以计算实轴上确定的势，还可以计算复平面中一般$\mathcal{PT}$对称轨迹上确定的势。与厄米的情况一样，振幅$R(k)$和$T(k)$由薛定谔方程渐近解确定。

在非厄米$\mathcal{PT}$对称情况下，幺正性被破坏，因此$|T(k)|^2+|R(k)|^2\neq 1$。此外，$\mathcal{PT}$对称势的特征是手性(handedness)，即$R(-k)\neq R(k)$，且反射系数取决于入射波的方向。但是，透射系数与实势相同，即$T(-k)=T(k)$。这些结果表明，$\mathcal{PT}$对称势位于实势和一般复势之间，且其某些特征类似实势性质，而另一些则明显不同。对于$\mathcal{PT}$对称势，幺正性被伪幺正性条件替代：$T(k)$、$R(k)$和$R(-k)$[258]。还确定了其他不寻常的特性，例如单向不可见性，其中$R(k)=0$和$T(k)=1$，这种现象发生在某个k(波数)或某些k(波数)[383]情况下。$\mathcal{PT}$对称势的另一个特点是谱奇点[421]。在正能量(k为实值)时，$T(k)$和$R(k)$的无限峰值的行为类似于零宽度共振。这些结果激发了用于模拟有源光学系统的复非厄米散射势研究[424]。

7.5　可解$\mathcal{PT}$对称势示例

本节介绍了 7.3 节中讨论的可解势例子，展示了如何使它们成为$\mathcal{PT}$对称，还演示了 7.4 节中总结的特殊属性。

7.5.1　形状不变势

表 7.2 显示了表 7.1 中势$\mathcal{PT}$对称的主要特征(当$c\neq 0$时，$\pi/2a$的实际偏移会产生独立的 Scarf I 和 Rosen-Morse I 势。为简洁起见，表 7.1 中省略了这些)。$\mathcal{PT}$对称情况下，大多数形状不变势能确定参数范围，其边界态能量特征值是实数或复数。

Scarf II 势的$\mathcal{PT}$对称推广：

$$V(x)=-V_R\operatorname{sech}^2 x+\mathrm{i}V_I\tanh x\operatorname{sech} x \tag{7.30}$$

是完全可解的(见表 7.1)。V_R和V_I用 α 和 β 表示，$V_R=\frac{1}{4}(2\beta^2+2\alpha^2-1)$和$V_I=\frac{1}{2}(\beta^2-\alpha^2)$。反过来，用$V_R$和$V_I$表示 α 和 β 为

$$\alpha=-\sqrt{V_R+\frac{1}{4}-V_I},\quad \beta=-\sqrt{V_R+\frac{1}{4}+V_I} \tag{7.31}$$

当$|V_I|\leqslant V_R+1/4$时，α和β都是实数和负数。势$V(x)$绘制在图 7.1 中。

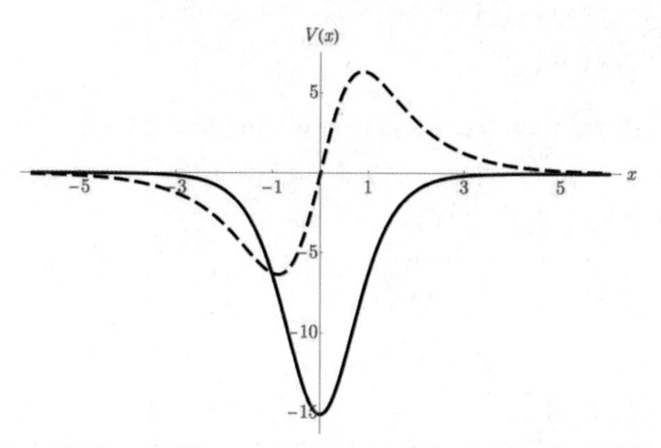

图 7.1　式(7.30)中$V_R = 15.1, V_I = 12.7(\alpha = -1.628, \beta = -5.296)$，Scarf II 势$V(x)$的实部(实线)和虚部(虚线)；Re$V(x)$是偶数，而Im$V(x)$是奇数。互换 α 和 β 对应$x \to -x$

表 7.2　形状不变势$\mathcal{PT}$对称化[371-372]

名称	$x - \mathrm{i}c$	$\mathcal{PT}$对称	$\mathcal{PT}$对称破缺	q	伪范数	$T(k)$，$R(k)$
Scarf II	yes	$\alpha^* = \pm\alpha$, $\beta^* = \pm\beta$	sudden	yes	yes[367]	yes[365]
Generalized Pöschl-Teller	yes，$c \neq 0$	$\alpha^* = \pm\alpha$, $\beta^* = \pm\beta$	sudden	yes		yes[366]
Scarf I*	yes，$c \neq 0$	$\alpha^* = \pm\beta$	no	no	yes[355]	n.a.
Rosen-Morse II	yes	$s(s+1)$, λreal	no	no	yes[359]	yes[359]
Eckart	yes，$c \neq 0$	$s(s+1)$, λreal	sudden	yes		
Rosen-Morse I	yes	$s(s+1)$, λreal	no	no	yes[357]	n.a.
Harmonic oscillator	yes，$c \neq 0$	$\omega^* = \omega$, $\alpha^* = \pm\alpha$	sudden	yes		n.a.
Coulomb	n.a.[547, 550]	$e^2 = \mathrm{i}Z$	sudden[359,368]	yes		yes[368]
Morse	n.a.[542]	$A^* = A$, $B^* = B$	no	yes		
1D harm.osc.	yes	$\omega^* = \omega$	no	no		n.a.

*$\mathcal{C}$算子的闭合形式[460]。

表 7.1 中的参数，$A/a = s = -(\alpha + \beta + 1)/2$ 和 $\mathrm{B}/a = \lambda = \mathrm{i}(\alpha - \beta)/2$。为简单起见，令$a = 1$。取$p_I = 1, p_{II} = 0$，$p_{III} = 0$可以得到 Scarf II 势(见 7.3.1 节)。$s_I = 1/4$，代入式(7.21)求解s_{II}和s_{III}。这样选择参数，$\lim\limits_{x \to \pm\infty} V(x) = 0$。互换$\alpha$和$\beta$对应于$V(x) \leftrightarrow V(-x)$。如果$\alpha$和$\beta$都是纯实数或纯虚数，$V(x)$是$\mathcal{PT}$对称的。在$\alpha \leftrightarrow -\alpha$条件下，势$V(x)$是不变的，但边界态特征函数和特征值在这个变换下并非不变。

最后，通过使$q\alpha \equiv \pm\alpha$，引入准对称量子数q(见 7.4.2 节)。基于这些参数，特征函数和特征值如下：

$$\psi_n^{(q)}(x) = N_n^{(q)}(1 - \mathrm{i}\sinh x)^{\frac{q\alpha}{2}+\frac{1}{4}}(1 + \mathrm{i}\sinh x)^{\frac{\beta}{2}+\frac{1}{4}}P_n^{(q\alpha,\beta)}(\mathrm{i}\sinh x) \tag{7.32}$$

$$E_n^{(q)} = -\left[n + \frac{1}{2}(q\alpha + \beta + 1)\right]^2 \tag{7.33}$$

式(7.32)中，$\psi_n^{(q)}(x)$的归一化要求下式成立：

$$n < -\frac{1}{2}\mathrm{Re}(q\alpha + \beta + 1) \tag{7.34}$$

对于 Scarf II 势，第二组与共振相关的边界态源于该势的厄米特性，由式(7.30)得到$\alpha^* = \beta$[365]。

当式(7.33)中具有相同n和相反q的实特征值对合并变成复数时，产生破缺$\mathcal{PT}$对称。当α从实数达到零，然后变成纯虚数时，这种情况发生。从式(7.33)中看到，对于所有n，这种转变均会发生，因此破缺$\mathcal{PT}$对称性是通过 7.4.2 节中描述的突变发生的，如图 7.2 所示。

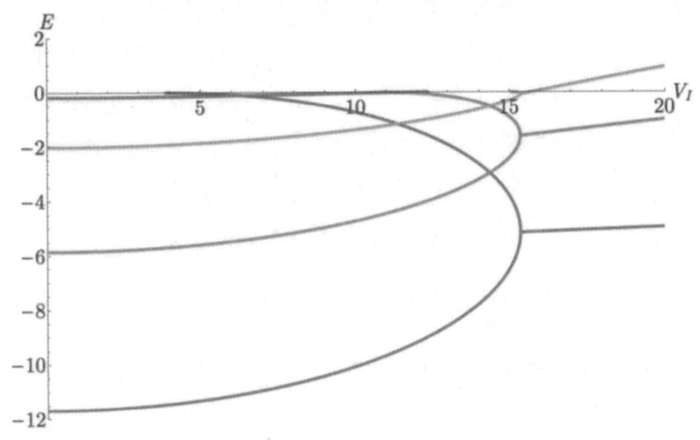

图 7.2　式(7.33)中的能量特征值$E_n^{(q)}$与V_I的函数关系，$V_R = 15.1$保持不变，见式(7.31)。图中所示为$n = 0$(蓝色)、$n = 1$(黄色)、$n = 2$(绿色)和$n = 3$(红色)，$q = \pm 1$的能量图。能量在$V_I = 15.35$处变成复数，并且在该点以下为实数。一般来说，当$|V_I| > V_R + 1/4$[10]时，能量会变成复数，对应$\alpha = 0$和实数β [365]。图中包括满足式(7.34)的归一化条件V_I值的能量图

图 7.2 表明，$\mathcal{PT}$对称 Scarf II 势的一个关键特征是：具有反准对称性q(和不同n)的能级对在势参数的特定值处交叉。当$\alpha = m - n \equiv -j < 0$，由式(7.33)可知$E_n^{(+)} = E_n^{(-)}$。由雅可比多项式的性质可知，$P_n^{(-j,\beta)}(z) = C(1 - z)^j P_{n-j}^{(j,\beta)}(z)(j = 0,1,\cdots,n)$，得到式(7.32)中的特征函数在交叉点处变成线性相关[21]。图 7.2 中的交叉点出现在$v_I = 14.35(j = 1$，$n = 0$ 和$m = 1)$，$v_I = 11.35(j = 2$，$n = 0$ 和$m = 2)$、$v_I = 6.35(j = 3$，$n = 0$ 和$m = 3)$。

状态的准对称性重叠意味着$\mathcal{PT}$对称 Scarf II 势有两个 SUSYQM 伴随势，这取决于 7.4.4 节和 7.2.2 节(见式(7.12))中无节点$n = 0$的状态。如果$\mathcal{PT}$对称性是完整的(实 α)，那么两个超对称伴随势都是$\mathcal{PT}$对称的，而在$\mathcal{PT}$对称性(虚 α)破缺的情况下，它们不再是$\mathcal{PT}$对称的[373]。

$\mathcal{PT}$对称 Scarf II 势的特征值问题表现出SO(2,2)~SO(2,1) ⊕ SO(2,1)李代数对称性。两个SO(2,1)代数的梯形算子$J_\pm$是与两组A和$A^\dagger$超对称算子相关的一阶微分算子，而 Casimir 算子与

哈密顿量相关[366]。由于$J_{\pm}$与H可互换，因此代数是一个势代数[34]，且梯形算子与相同能量特征值(准同性)的状态相关，这些状态与不同的耦合系数V_R和V_I相关。$\mathcal{PT}$对称 Scarf II 势的早期代数研究涵盖了$\mathrm{SL}(2,C)$[53]和$\mathrm{SU}(1,1)\sim\mathrm{SO}(2,1)$[365]代数，仅对应$q$的两个可能值的一个 。

文献[367]计算了 7.4.3 节中讨论的修正内积和伪范数，其值为

$$I_{nl}^{(\alpha,\beta,\delta)}=\int_{-\infty}^{\infty}\psi_n^{(\alpha,\beta)}(x)\left[\psi_l^{(\delta,\beta)}(-x)\right]^*\mathrm{d}x$$

包含$\mathcal{PT}$对称 Scarf II 势的所有必要内积，其中使用了符号$\psi_n^{(\alpha,\beta)}(x)=\psi_n^{(q)}(x)$。$\beta$是实数，而$\alpha$和$\delta$是实数或虚数。有以下四种可能。

(1) $\delta=\alpha$为实数：对应破缺$\mathcal{PT}$对称性和具有相同准对称性的状态。这种情况下，

$$I_{nl}^{(\alpha,\beta,\delta)}=\delta_{nl}\left|N_n^{(\alpha,\beta)}\right|^2\frac{(-1)^n\pi 2^{\alpha+\beta+2}\Gamma(-\alpha-\beta-n)}{(-\alpha-\beta-2n-1)n!\,\Gamma(-\alpha-n)\Gamma(-\beta-n)}\tag{7.35}$$

由式(7.34)可得式(7.35)中的每一项都是正的，除了$(-1)^n$和$[\Gamma(-\alpha-n)\Gamma(-\beta-n)]^{-1}$，但它的符号取决于$\alpha$、$\beta$和$n$的相对大小。除了$\alpha$、$\beta$的极值，两个伽马函数的少数前几个$n$为正，因此交替因子$(-1)^n$决定了伪范数的符号。然而，随着$n$达到$-\alpha$或$-\beta$，这种规律会变化。

(2) $\delta=-\alpha$为实数：具有反准对称性的状态被认为是完整的$\mathcal{PT}$对称性，导致$I_{nl}^{(\alpha,\beta,-\alpha)}=0$ [367]。

(3) $\delta=\alpha$为虚数：破缺$\mathcal{PT}$对称性和具有相同准对称性的状态，导致$I_{nl}^{(\alpha,\beta,\alpha)}=0$[367]。

(4) $\delta=-\alpha$为虚数：$\mathcal{PT}$对称性破缺，状态具有不同的准对称性。$I_{nl}^{(\alpha,\beta,-\alpha)}$的重叠形式与式(7.35)相同，只是$\left|N_n^{(\alpha,\beta)}\right|^2$必须替换为$N_n^{(\alpha,\beta)}\left[N_l^{(-\alpha,\beta)}\right]^*$。两种不同状态的这种非正交性是$\mathcal{PT}$对称问题的典型特征，其中包含$\mathcal{PT}$破缺。特定的 Scarf II 势也可以通过式(7.29)进行定性解释。

当$x\to x-\mathrm{i}c$时，还分析了具有虚坐标位移的 Scarf II 势的散射状态。透射系数和反射系数为[372]

$$T(k,\alpha,\beta)=\frac{\Gamma\left[\frac{1}{2}(\alpha+\beta+1)-\mathrm{i}k\right]\Gamma\left[-\frac{1}{2}(\alpha+\beta-1)-\mathrm{i}k\right]}{\Gamma(-\mathrm{i}k)\Gamma(1-\mathrm{i}k)\Gamma^2\left[\frac{1}{2}-\mathrm{i}k\right]}\times$$

$$\Gamma\left[\frac{1}{2}(\beta-\alpha+1)-\mathrm{i}k\right]\Gamma\left[\frac{1}{2}(\alpha-\beta+1)-\mathrm{i}k\right]\tag{7.36}$$

$$R(k,\alpha\beta)=\mathrm{i}\exp(-2ck)$$

$$\left(\frac{\cos\left[\frac{\pi}{2}(\alpha+\beta+1)\right]\sin\left[\frac{\pi}{2}(\alpha-\beta)\right]}{\cosh(\pi k)}-\frac{\sin\left[\frac{\pi}{2}(\alpha+\beta+1)\right]\cos\left[\frac{\pi}{2}(\alpha-\beta)\right]}{\sinh(\pi k)}\right)T(k,\alpha,\beta)\tag{7.37}$$

这些方程包含$c=0$ 和$\alpha=\beta^*=-s-1/2-\mathrm{i}\lambda$时的厄米情况[372, 198, 16]，即未破缺$\mathcal{PT}$对称(α实数)和破缺$\mathcal{PT}$对称(α虚数和 β实数)。虚坐标偏移仅影响式(7.37)的反射系数。

通常，$T(k,\alpha,\beta)=T(-k,\alpha,\beta)$，但$R(k,\alpha,\beta)\neq R(-k,\alpha,\beta)$，所以$\mathcal{PT}$对称 Scarf II 势表现出手性[16](参见 7.4.5 节)。特定参数$|R(k,\alpha,\beta)|^2$和$|T(k,\alpha,\beta)|^2$可以为零或单位 1，从而产生单向不

可见性[18]。式(7.36)的极点也决定了式(7.30)的边界态能量。式(7.37)分子中伽马函数的参数为非正整数时，这些极点出现。与式(7.34)归一化条件共存的两种情况都可求出式(7.33)的能量特征值。

某些$\mathcal{PT}$对称势具有谱奇点(参见 7.4.5 小节)，这对应正能量的零宽度共振。对式(7.36)的分析证明奇点也在式(7.30)的势中存在[19]。这种现象发生在$\mathcal{PT}$对称破缺的情况下，即当α是虚数而 β 是实数时，为了产生谱奇点，伽马函数的自变量必须是一个非正整数 N。该条件确定了 β 的可能值，而k必须为$\pm i\alpha/2$。在$E=-\alpha^2/4>0$时，产生了单谱奇点。谱奇点仅在耦合系数为$V_R+1/4+V_I=\beta^2=(2\mathrm{N}+1)^2$[19]的特定组合中出现。

Rosen-Morse II 势的$\mathcal{PT}$对称势与 Scarf II 势具有相同的偶数分量。x较大时，其奇数分量趋于有限值：

$$V(x)=-s(s+1)\mathrm{sech}^2(x)+2\mathrm{i}\lambda\tanh(x) \tag{7.38}$$

其中，$s(s+1)$和λ是实数(见图 7.3，也可以使用偏移坐标$-\mathrm{i}c$，但这里不讨论)。从表 7.1 中，取$z(x)=\tanh(ax)$和$C=a^2$，并选择$A/a=s,B/a^2=\mathrm{i}\lambda$来获得这个势能，为简单起见，取$a=1$。雅可比多项式的$\alpha$和 β 参数取决于n，它们与s相关并且使$\alpha=s-n+\lambda/(s-n)$和$\beta=s-n-\lambda/(s-n)$。7.3.1 节中描述了另一种获得式(7.38)的方法。在式(7.19)和式(7.22)～(7.24)中选择$p_{\mathrm{II}}=1$和$p_{\mathrm{I}}=p_{\mathrm{III}}=0$，并在式(7.21)中替换为$s_{\mathrm{II}}=-1$。

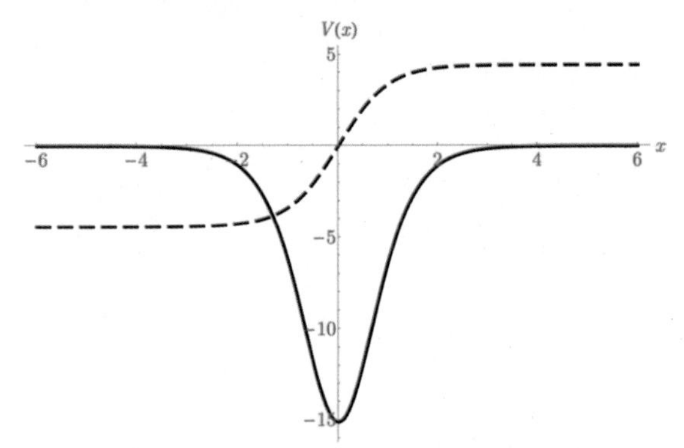

图 7.3　式(7.38)中，$s=3.418$和$2\lambda=4.420$的 Rosen-Morse II 势$V(x)$的实部(实线)和虚部(虚线)。实线是x的偶函数，虚线是x的奇函数

对于式(7.38)的势(及其对应实分量)，一般解法涉及超几何函数[359]：

$$\psi^{\pm}(x)\sim(1-\tanh x)^{\pm\frac{\alpha}{2}}(1+\tanh x)^{\frac{\beta}{2}}\times\ {}_2F_1\Big[-s+\frac{1}{2}(\beta\pm\alpha),$$

$$s+1+\frac{1}{2}(\beta\pm\alpha);1\pm\alpha;\frac{1}{2}(1-\tanh x)\Big]$$

注意，$\psi^{\pm}(x)$与$\alpha\leftrightarrow-\alpha$相关，因此只有一个解被归一化。对于这种势，边界态的重叠不会发生，准对称量子数也不会出现。边界态解如下：

$$\psi_n(x)=N_n(1-\tanh x)^{\frac{\alpha}{2}}(1+\tanh x)^{\frac{\beta}{2}}P_n^{(\alpha,\beta)}(\tanh x)$$

相应的能量特征值为

$$E_n = -(s-n)^2 + \lambda^2(s-n)^{-2} \tag{7.39}$$

归一化要求$s > n$。归一化常数如下：

$$N_n = \frac{\mathrm{i}^n 2^{n-s}\sqrt{n!}}{|\Gamma[s+1+\mathrm{i}\lambda/(s+n)]|}\left(\frac{\Gamma(2s-n+1)[(s-n)^2+\lambda^2(s-n)^{-2}]}{s-n}\right)^{\frac{1}{2}}$$

并且伪范数遵循正则法则$(-1)^n$，量子数为n[359]。

对于这个势，$\mathcal{PT}$对称性不能被打破，所以能谱不能变成复数。这是因为只有当s为复数时才会出现复能量特征值，但$\mathcal{PT}$对称性要求$s(s+1)$为实数。原则上，$s=-1/2+\mathrm{i}\sigma$与此要求不冲突，但在这种情况下，势的实部变得不合时宜，并且无法出现可归一化的状态。对于表 7.1 中所有PII类型形状不变势(Rosen-Morse I、II 和 Eckart 势)的$\mathcal{PT}$对称势，未破缺$\mathcal{PT}$对称性已被证明是成立的[362]。

需要强调，即使势的虚部增加，也不会出现复特征值(对于具有相同实势分量的 Scarf II 势，增加势的虚部确实会通过突发机制导致$\mathcal{PT}$对称性的破坏)。图 7.4 表明，增加势的虚部只是增加能量。当$s-|\lambda|^{1/2} \leqslant n < s$，能级$E_n$开始为正，当$|\lambda| > s^2$时，最终所有的能量都为正。如果$\mathcal{PT}$对称 Rosen-Morse II 势能的实部消失($s=0$)，则它不能支持边界态。这代表了 Scarf II 和 Rosen-Morse II 势之间的有趣差别[360]。散射幅度也已确定[359]，并发现其表现出 7.4.5 节中讨论的手性效应。

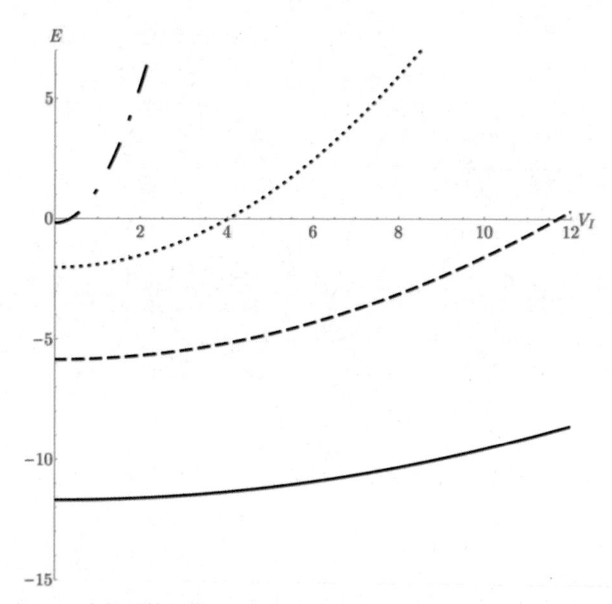

图 7.4 $V_R = 15.1$，式(7.39)中能量特征值E_n与V_I的函数关系图，其中$V_R = s(s+1)$和$V_I = 2\lambda$，见式(7.38)。当$V_I = 0$，能谱与图 7.2 中$n=0$(实线)一致。$n=1$ 时为虚线，$n=2$时为点线，$n=3$时为点画线

因为库仑势在原点是奇异的，它的$\mathcal{PT}$对称化需要一个避免$x=0$的定义域。然而，通常的虚偏移坐标$x-\mathrm{i}c$并不能解决问题，因为本征函数的渐近性使其不能归一化[371]。在首次尝试找到与$\mathcal{PT}$对称性要求不冲突的积分路径时，选取了标准的库仑谐波振荡器映射[547]。将其应用于

$\mathcal{PT}$对称谐振子的虚偏移坐标，它在库仑问题的复x平面中产生了从下绕过原点的、开口向上的抛物线。考虑x^{-1}势能的特性，当$\epsilon > 2$时，与 Bender-Boettcher 势$x^{2(\mathrm{i}x)^{\epsilon}}$相关的向下轨迹相比，这种形状特别有趣。还发现，对于正质量m，能谱被反转。

在一项系统研究中，选择了向上的 U 形轨迹[550]：

$$t(x) = \begin{cases} -\mathrm{i}\left(x + \dfrac{\pi}{2}c\right) - c, & x \in \left(-\infty, -\dfrac{\pi}{2}c\right) \\ c\mathrm{e}^{\mathrm{i}\left(\frac{x}{c}+\frac{3\pi}{2}\right)}, & x \in \left(-\dfrac{\pi}{2}c, \dfrac{\pi}{2}c\right) \\ \mathrm{i}\left(x - \dfrac{\pi}{2}c\right) + c, & x \in \left(\dfrac{\pi}{2}c, \infty\right) \end{cases} \tag{7.40}$$

其中，$c > 0$。奇$\mathcal{PT}$对称轨迹$t^*(-x) = -t(x)$，势能为

$$V_C(x) = \frac{L(L+1)}{t^2(x)} + \frac{\mathrm{i}Z}{t(x)}$$

该势是$\mathcal{PT}$对称的，并且特征函数可归一化。像其他$\mathcal{PT}$对称势一样，有两组解，其特征取决于准对称量子数q：

$$\Psi^{(q)}(x) = N^{(q)}\mathrm{e}^{-kt(x)}[t(x)]^{\omega(q,L)}\ {}_1F_1\left[\omega(q,L) + \frac{\mathrm{i}Z}{2k}, 2\omega(q,L), 2kt(x)\right] \tag{7.41}$$

其中，$\omega(q,L) = 1/2 + q(L + 1/2)$，当超几何函数的第一个参数是非负整数$n$时，会出现边界态。这种情况下，能量特征值为

$$E_n^{(q)} = -\frac{\hbar^2 k^2}{2m} = \frac{\hbar^2 Z^2}{8m[n + \omega(q,L)]^2}$$

当$m < 0$时，这些能量特征值是正的。式(7.40)的存在意味着理论上存在有效质量，这表明选择m为负数是正确的[550]。

当$L = -1/2 + \mathrm{i}\lambda$时，会产生破缺$\mathcal{PT}$对称[359]。这种情况下，$\left(E_n^{(q)}\right)^* = E_n^{(-q)}$。当式(7.41)中$N^{(q)}$值恰当时，$\mathcal{PT}\Psi^{(q)}(x) = \Psi^{(-q)}(x)$。通过分析散射解，可以将边界态能量特征值作为传输系数的极点[359]。$\mathcal{PT}$对称库仑问题与其他$\mathcal{PT}$对称散射势相似，它会表现出 7.4.5 节中描述的手性效应[360]。

7.5.2　Natanzon 势示例

7.3.1 节中讨论的 Natanzon 势包括了特殊情况的形状不变势。对于 Natanzon 势的$\mathcal{PT}$对称势也是如此。此处讨论的示例包含所有PI和PII类型的形状不变势[361]。由式(7.19)中的$\phi(z)$函数中的参数$p_{\mathrm{I}} = 1$、$p_{\mathrm{II}} = \delta$、$p_{\mathrm{III}} = 0$定义。表 7.1 表明，当$\delta = 0$，得到PI型形状不变势；而当$\delta \to \infty$，PII型势产生，前提是$C/\delta \equiv \tilde{C}$保持成立。$C$和$\delta$的符号能确保获得 6 个PI和PII类型势中之一。一般来说，求解式(7.19)会产生一个隐函数$x(z)$。

将上述参数p_{I}代入式(7.22)～(7.24)，并消去E_n和 ρ，得到ω的四次代数方程。选择式(7.21)中的s_i参数分别为$s_{\mathrm{I}} = 1/4$，$s_{\mathrm{II}} = \Sigma - 3/4$和$s_{\mathrm{III}} = 2\Lambda$，可以从下式[361]中得到势能的一般形式：

$$V(x) = \frac{3C\delta(3\delta+2)}{4[\delta+1-z^2(x)]^2} - \frac{5C\delta^2(\delta+1)}{4[\delta+1-z^2(x)]^3} + \frac{C\Sigma}{\delta+1-z^2(x)} + \frac{2C\Lambda z(x)}{\delta+1-z^2(x)} \tag{7.42}$$

及能量特征值：

$$E_n = C\left[n + \frac{1}{2}(\alpha + \beta + 1)\right]^2 \tag{7.43}$$

还有相应的本征函数：

$$\Psi_n(x) = N_n[\delta + 1 - z^2(x)]^{\frac{1}{4}}[1 - z(x)]^{\frac{\alpha}{2}}[1 + z(x)]^{\frac{\beta}{2}}P_n^{(\alpha,\beta)}[z(x)] \tag{7.44}$$

其中，$\alpha = \omega + \Lambda/\omega$和$\beta = \omega - \Lambda/\omega$。势取决于 4 个参数，其中 C和δ确定$z(x)$，而$\sum$和Λ作为两个势项的耦合系数。式(7.42)中的另外两个势项仅取决于 C 和δ。正如 7.3.1 节中所讨论的那样，这些源自式(7.21)中的施瓦兹导数项。式(7.43)中的能量特征值由上述四次代数方程的根确定：

$$\Pi(\omega) = (\delta + 1)\omega^4 + \delta(2n + 1)\omega^3 + \left[\frac{1}{4}\delta(2\mathrm{n} + 1)^2 - \delta - \Sigma - \frac{1}{4}\right]\omega^2 + \Lambda^2 = 0 \tag{7.45}$$

图 7.5 显示了 C和δ的符号取极限时所获得的形状不变势。

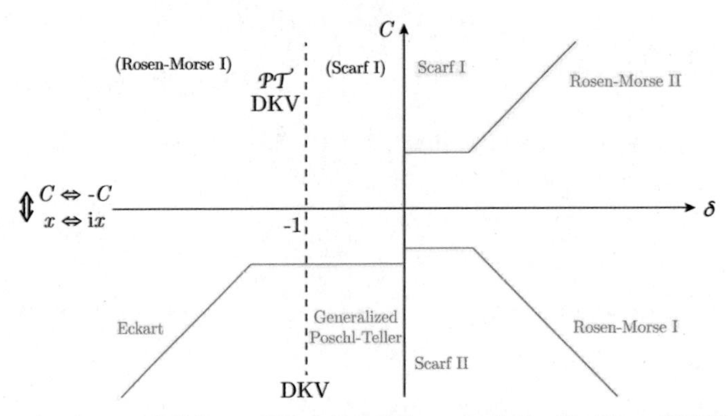

图 7.5 特殊极限时，式(7.42)中的势。PI 型势出现在纵轴($\delta = 0$)的任一侧，而 PII 型势对应由$C/\delta \equiv \tilde{C}$确定的方向。6 个形状不变势成对排列，这些对可以沿着虚线连续地相互转换。更改C的符号意味着将x更改为ix，从而将势的三角和双曲线形式相互转换。DKV 势[221, 461]是$\delta = -1$的特例。对于$\delta < 0$，$C > 0$，Scarf I 和 Rosen-Morse I 这两种势存在π/2偏移，即交换sin$x$和cos$x$函数

接下来，详细介绍选择$C = -a^2$和$\delta \geqslant 0$ 的情况。这种情况下，式(7.19)的解如下：

$$C^{1/2}x = \arctan[z(\delta + 1 - z^2)^{-1/2}] + \delta^{1/2}\mathrm{arctanh}[\delta^{1/2}z(\delta + 1 - z^2)^{-1/2}]$$

这个隐式解由两个形状不变的极限确定：一个是$\delta \to 0$ 时，$z(x) = \mathrm{i}\sinh(ax)$；另一个是$\delta \to \infty$、$\tilde{C} = C/\delta$时，$z(x) = \mathrm{i}\tan(ax)$，分别用于获取 Scarf II 势和 Rosen-Morse II 势。$z(x)$的隐含性质不影响本征函数的计算。在实数和$\mathcal{PT}$对称情况下，式(7.44)的N_n可以闭合形式计算[361]。

通过选择$\sum$和Λ[361]的实数值，可以使势能式(7.42)成为$\mathcal{PT}$对称。能量特征值由式(7.45)的根确定，并且实数和复共轭根都可以出现。复共轭ω值意味着式(7.43)有复共轭能量特征值，因此破缺$\mathcal{PT}$对称产生。可归一化的解需要$-n - 1/2 > \mathrm{Re}(\omega)$[361]。图 7.6 显示，由于虚势分量的强度被Λ改变，能量特征值变成复数。临界点对应四次曲线式(7.45)在$\prod(\omega_{\mathrm{crit}})$处的最小值，因为$\omega$与上述归一化条件相容。

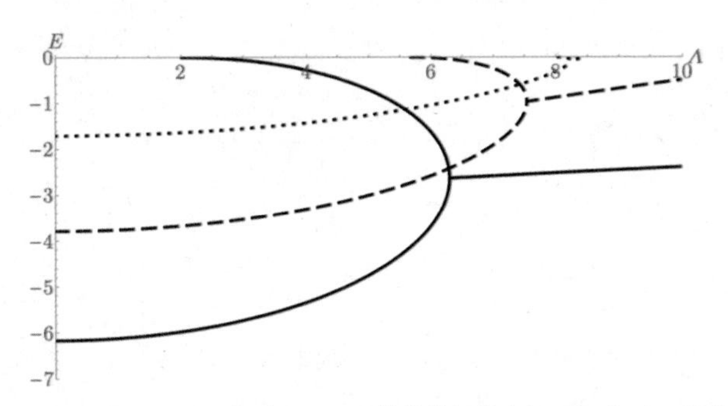

图 7.6　当$C=-1$、$\delta=1.25$和$\sum=15.1$时，式(7.43)函数的特征值实部(用Λ表示 ω 要求式(7.45)数值可解)。复数化发生在$\Lambda_{\text{crit0}}=6.298$、$\Lambda_{\text{crit}}=7.542$ 和$\Lambda_{\text{crit2}}=8.234$。当$\delta=0$，式(7.42)的势降低为图 7.1 中的值，其中$v_R=\sum=15.1, v_I=-2\Lambda$，并且$z(x)=\mathrm{i}\sinh x$

$\Pi(\omega)$的简单结构可以对极值进行解析分析。此处$\mathcal{PT}$对称破缺是以渐进的机制产生的，这与大多数完全可解的势不同，类似于一些半解析[548]或数值[78]可解的例子。大多数完全可解势情况的主要区别在于，对于 Bender-Boettcher 势，能量特征值的复数化是从谱的高频开始。而在半解析或数值可解的类似情况下，它从$n=0$的低频开始。本节还讨论了这种势的能量级；事实上，它已被证明是$\mathcal{PT}$对称 Natanzon 势的共同特征[361]。

当δ适中时，式(7.42)势类似于 Scarf II 势，所以图 7.7[361]中还展示了接近 Rosen-Morse I 势的极限情况。注意，此势类似于$\mathcal{PT}$对称 Rosen-Morse I 势[357]和有限$\mathcal{PT}$对称方阱势[548]。

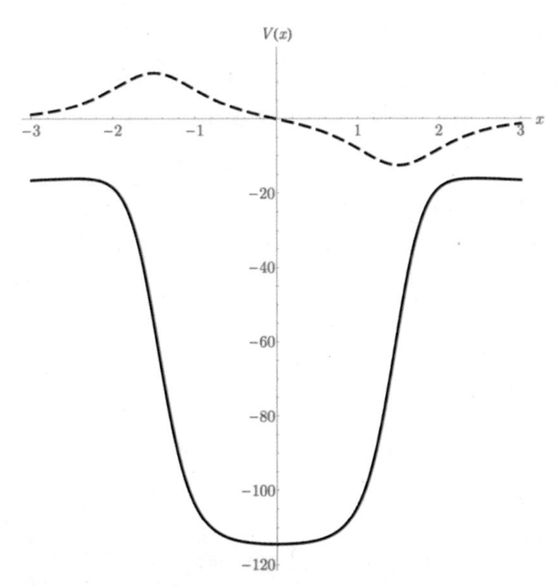

图 7.7　$\sum=15.1$、$\Lambda=1.25$、$\delta=100$ 和$C=-100$(即$\tilde{C}=-1$)时，式(7.42)的势接近 Rosen-Morse I 极限的能量范围

除了形状不变的极限之外，式(7.42)还包含两个非形状不变的 Natanzon 势。第一个是真正的 Ginocchio 势[263]，它是在$\Lambda=0, \delta=1/(\lambda-1)$和$C=\lambda^2/(\lambda^2-1)$时得到的。式(7.45)中的$\Pi(\omega)$

简化为二次形式，因此可以以闭合形式获得能量特征值。第二个是 DKV 势[221, 461]。当$\delta=-1$，$\Pi(\omega)$简化为三次形式，因此可以闭合形式获得ω根和能量特征值。此外，$z(x)$可以从式(7.19)中明确地找到，如$z(x)=1+c\exp(-2x)$。

该$\mathcal{PT}$对称势是通过转换$x\to \mathrm{i}x$(即$C\to -C$)，从厄米势中获取的[549]。

7.5.3 SUSY 变换产生的势

此处讨论的示例由 SUSYQM 转换生成，其中将特征函数写为两个特殊函数的线性组合。根据 7.3.3 节的内容，有两种情况可以获得具有这种结构的波函数。

第一种情况：一般(非形状不变)Natanzon 势或 Natanzon 合并势的 SUSY 伴随势通过消除原始势的基态能量构建。例子之一是$\mathcal{PT}$对称广义 Ginocchio 势的 SUSYQM 伴随势，此处讨论它没有势、本征函数和能谱的明确表达式[370]。广义 Ginocchio 势[264]是隐式 Natanzon 势：函数$x(\mathrm{z})$可以从微分方程(7.19)获得，其中$p_{\mathrm{I}}=\frac{1}{4}(\gamma^2-1)\lambda^{-4}, p_{\mathrm{II}}=p_{\mathrm{III}}=\frac{1}{2}\lambda^{-2}$。除了$\gamma$之外，势还取决于$s$和$\lambda$。势中有两项由$s(s+1)$和$\lambda(\lambda-1)$确定。其他两项源自施瓦兹导数并且仅取决于$\gamma$。其中一个势在$x=0$处具有$\lambda(\lambda-1)x^{-2}$奇点，因此广义 Ginocchio 势是径向势。虽然$z(\mathrm{x})$是隐式的，但边界态能量E_n是显式的。

广义 Ginocchio 势可以通过引入熟悉的$x-\mathrm{i}c$虚偏移坐标，同时保持γ、$s(s+1)$和$\lambda(\lambda-1)$为实数[370]，才能进行$\mathcal{PT}$对称化。这给出了由准对称数q区分的两组归一化特征函数。当实数γ达到$1/2$，并继续发展为$1/2+\mathrm{i}l$时，$\mathcal{PT}$对称性破缺是基于突发机制(见 7.4.2 节)产生，并且使复共轭能量特征值对同属相同量子数n和反q。

因为有两组可归一化状态，所以$\mathcal{PT}$对称广义 Ginocchio 势有两个 SUSY 伴随势，如果参数λ和基态能量$E_{0,-}^{(q)}$均保持为实数，则这些势保持$\mathcal{PT}$对称。对于复λ，SUSY 伴随势不再是$\mathcal{PT}$对称的[370]。在$\mathcal{PT}$对称 Scarf II 势能中也会发生这种情况，其中特征函数$\psi_{n,+}^{(q)}(x)$是两个雅可比多项式$P_n^{(\alpha,\beta)}[z(x)]$和$P_{n-1}^{(\alpha,\beta)}[z(x)]$的线性组合[373]。

第二种情况：从径向谐振子的$\mathcal{PT}$对称通过 SUSY 变换产生破缺 SUSY。同样，假设偏移坐标$x-\mathrm{i}c$避开了原点的奇点。在这种情况下，表 7.1 中出现的函数$z(x)$必须修改为$z(x)=\frac{1}{2}\omega(x-\mathrm{i}c)^2$，势为

$$V(x)=\frac{1}{4}\omega^2(x-\mathrm{i}c)^2+\left(\alpha^2-\frac{1}{4}\right)(x-\mathrm{i}c)^{-2} \tag{7.46}$$

由于避免了原点的边界条件，因此允许α和$-\alpha$都有解，并由准同质量子数 q 标记。因此，有两组可归一化的特征函数[542, 371]：

$$\psi_n^{(q)}(x)=N_n^{(q)}\exp\left[-\frac{1}{4}\omega(x-\mathrm{i}c)^2\right](x-\mathrm{i}c)^{q\alpha-\frac{1}{2}}L_n^{(q\alpha)}\left[\frac{1}{2}\omega(x-\mathrm{i}c)^2\right] \tag{7.47}$$

和能量特征值：

$$E_n^{(q)}=\omega(2n+1+q\alpha) \tag{7.48}$$

由表 7.2 可以看出，$\mathcal{PT}$对称性要求$\omega^*=\omega$和$\alpha^*=\pm\alpha$，所以ω是实数，而α可以是实数或

虚数。常规径向谐振子由式(7.47)和式(7.48)通过取$c = 0$、$q = 1$ 和$\alpha = l + 1/2$得到。当$q = -1$时，特征函数式(7.47)是非物理的，因为它有一个l阶极点。当α是虚数时，$\mathcal{PT}$对称性破缺，特征值式(7.48)是复数。式(7.47)具有反 q 的本征函数对是$\mathcal{PT}$反对称。

因为式(7.46)是一个形状不变势，SUSY 变换消除了$n = 0$的基态会产生相同的势，而$q\alpha$位移了 1。然而，具有不同于$E_0^{(q)}$的分解能量的更通用 SUSY 变换，给出了式(7.46)的非平庸 SUSY 伴随势。将$z(x)$的有理函数添加到普通的超势中实现[489]：

$$W^{(q)}(x) = \frac{1}{2}\omega(x - \mathrm{i}c) + \frac{q\alpha + \frac{1}{2}}{x - \mathrm{i}c} + \frac{2g(x - \mathrm{i}c)}{1 + g(x - \mathrm{i}c)^2} \tag{7.49}$$

超对称伴随势$V_-(x)$和$V_+(x)$由式(7.15)构造。必须恰当选择g，以消除包含$[1 + g(x - \mathrm{i}c)^2]^{-1}$的项，这里选择$g = \omega/(2q\alpha + 2)$。正如 7.3.5 节讨论的那样，以这种方式产生的势有时称为有条件完全可解(CES)，因为只能针对特定值获得解g [322]。这个过程对应式(7.17)的超势扩展。

势$V_-(x)$与q相关，$W^{(q)}(x)$和分解能量$q\alpha\omega$也是如此。发现：

$$v_+(x) \equiv V_+^{(q)}(x) - q\alpha\omega = \frac{1}{4}\omega^2(x - \mathrm{i}c)^2 + \frac{\left(\alpha^2 - \frac{1}{4}\right)}{(x - \mathrm{i}c)^2} + 3\omega$$

$V(x)$在能量上偏移了3ω并且与q无关。q依赖的 SUSY 伴随势如下：

$$v_-^{(q)}(x) \equiv V_-^{(q)}(x) - q\alpha\omega$$
$$= \frac{1}{4}\omega^2(x - \mathrm{i}c)^2 + \frac{\left(q\alpha + \frac{1}{2}\right)\left(q\alpha + \frac{3}{2}\right)}{(x - \mathrm{i}c)^2} + 2\omega + \frac{4\omega}{2q\alpha + 2 + \omega(x - \mathrm{i}c)^2} -$$
$$\frac{8\omega(2q\alpha + 2)}{[2q\alpha + 2 + \omega(x - \mathrm{i}c)^2]^2}$$

$v_+(x)$和$v_-(x)$的特征值如下：

$$E_{n,+}^{(q)} = \omega(2n + 4 + q\alpha), E_{n,-}^{(q)} = \omega(2n + 2 + q\alpha)$$

当α为虚数时，$v_+(x)$的$\mathcal{PT}$对称破缺，其 SUSY 伴随势$v_-(x)$不再是$\mathcal{PT}$对称的。这在性质上类似于$\mathcal{PT}$对称 Scarf II 势[373]和广义 Ginocchio 势[370]，该结论与 7.4.4 节中的讨论一致。

$v_+(x)$的本征函数对能量偏移不敏感，因此它们等价于式(7.47)中的本征函数。第$(n + 1)$个$v_-^{(q)}(x)$的特征函数可以通过对式(7.47)的函数使用 SUSY 梯形运算符$-\frac{\mathrm{d}}{\mathrm{d}x} + W^{(q)}(x)$来获得，其中$W^{(q)}(x)$由式(7.49)给出：

$$\psi_{n,-}^{(q)}(x) = N_{n,-}^{(q)}\mathrm{e}^{-\omega(x-\mathrm{i}c)^2/4}(x - \mathrm{i}c)^{q\alpha-1/2}\left\{-2(n + 1)L_{n+1}^{(q\alpha)}\left[\frac{\omega}{2}(x - \mathrm{i}c)^2\right] + \right.$$
$$\left.\left[2n + 2q\alpha + 4 - \frac{4(q\alpha + 1)}{2q\alpha + 2 + \omega(x - \mathrm{i}c)^2}\right]L_n^{(q\alpha)}\left[\frac{\omega}{2}(x - \mathrm{i}c)^2\right]\right\}$$

基态特征函数如下：

$$\psi_{0,-}^{(q)}(x) = N_{0,-}^{(q)}\exp\left[-\int W^{(q)}(x)\mathrm{d}x\right]$$
$$= N_{n,-}^{(q)}\mathrm{e}^{-\omega(x-\mathrm{i}c)^2/4}(x-\mathrm{i}c)^{-q\alpha-1/2}[2q\alpha+2+\omega(x-\mathrm{i}c)^2]^{-1}$$

7.5.4 采用其他函数求解势

应用 7.2.1 节介绍的方法，X_1 雅可比多项式$\hat{P}^{(\alpha,\beta)}(z)$相当于选择下式[266, 268]：

$$Q(z) = \frac{(\beta-\alpha)-(\beta+\alpha+2)z}{1-z^2} - \frac{2(\beta-\alpha)}{(\beta-\alpha)z-(\beta+\alpha)}$$

$$R(z) = \frac{(n-1)(n+\beta+\alpha)-(\beta+\alpha)z}{1-z^2} - \frac{(\beta-\alpha)^2}{(\beta-\alpha)z-(\beta+\alpha)} \tag{7.50}$$

与传统的雅可比多项式相比，在式(7.2)中，多项式$\hat{P}^{(\alpha,\beta)}(z)$仅在$\alpha \neq \beta$时成立[6]。正如 7.3.4 节所讨论的那样，这一系列奇异正交多项式从$n = 1$多项式开始，但它具有经典正交多项式的所有特征。式(7.4)的类比式(7.18)包含更多的项，因此通过式(7.6)选择合适的$z(x)$函数的可能性更大。然而，有$(z')^2/(1-z^2) = C$的 PI 类是特殊选择的，因为式(7.50)中$R(z)$的n个相关项，构成了能量E_n的表达式。Scarf I 势、Scarf II 势和广义 Pöschl-Teller 势的合理扩展是通过使用这些势的$z(x)$函数推导出来(见表 7.1)[451, 57]。

为了获得证明，取$z(x) = \mathrm{i}\sinh x$，获得$\mathcal{PT}$对称有理扩展 Scarf II 势。它包含$\mathcal{PT}$对称 Scarf II 势的常用项和另外两个项：

$$V(x) = -\frac{B^2+A(A+1)}{\cosh^2 x} + \frac{\mathrm{i}B(2A+1)\sinh x}{\cosh^2 x} - \frac{2(2A+1)}{(2A+1)-2\mathrm{i}B\sinh x} + \frac{2[(2A+1)^2-4B^2]}{(2A+1-2\mathrm{i}B\sinh x)^2} \tag{7.51}$$

其中，$A = (a+\beta-1)/2$ 和$B = (\beta-a)/2$(见图 7.8 和图 7.9)。边界态特征函数如下：

$$\psi_n = N_n(1-\mathrm{i}\sinh x)^{\frac{\alpha}{2}-\frac{1}{4}}(1+\mathrm{i}\sinh x)^{\frac{\beta}{2}-\frac{1}{4}} \times [\beta+\alpha-\mathrm{i}(\beta-a)\sinh x]^{-1}\hat{P}_{n+1}^{(\alpha,\beta)}(\mathrm{i}\sinh x) \tag{7.52}$$

能量特征值如下：

$$E_n = -[n+\frac{1}{2}(\beta+\alpha-1)]^2$$

通常认为，式(7.51)是由对应破缺 SUSY 的 SUSY 转换产生的 Scarf II 势的超对称伴随势[57, 55]。对应的超势是$W(x) = a\tanh x + \mathrm{i}b\,\mathrm{sech}\,x - \mathrm{i}\cosh x/(c+\mathrm{i}\sinh x)$，它是通过式(7.14)用因式分解函数生成的：

$$\chi(x) = (1-\mathrm{i}\sinh x)^{-a/2}(1+\mathrm{i}\sinh x)^{-b/2}(c+\mathrm{i}\sinh x) \tag{7.53}$$

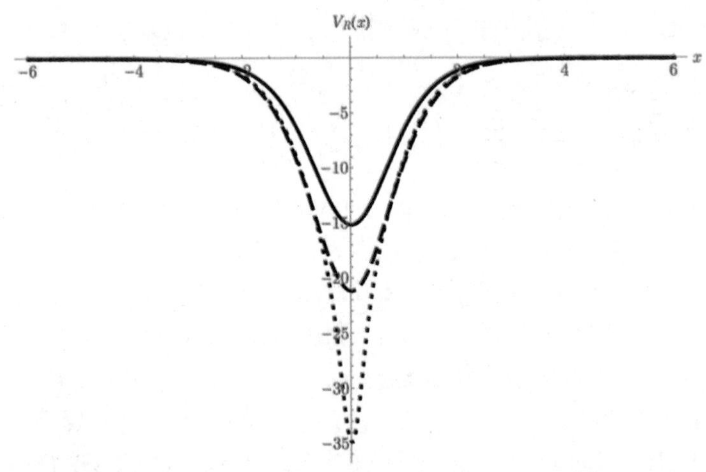

图 7.8　当$V_R = 15.1, V_I = 12.7(\alpha = -1.628, \beta = -5.296)$时，式(7.30)$\mathcal{PT}$对称 Scarf II 势的实部，及$A = (\beta - q\alpha - 1)/2$ 和$B = (\beta + q\alpha - 2)/2$时，由式(7.51)得到的超对称伴随势。最后两个势在$E = -24.621$和$E = -11.116$处具有新的基态

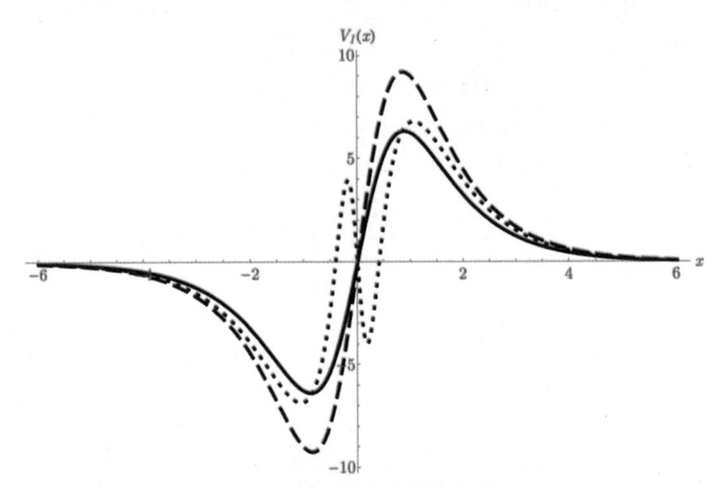

图 7.9　势虚部分量，其他参数同图 7.8

在$V_-(x) = W^2(x) - W'(x) + \epsilon$中，当$2a + 1 = \beta + q\alpha$和 $2b = \beta - q\alpha$，重新使用式(7.30)的$\mathcal{PT}$对称 Scarf II 势，记住在$q \leftrightarrow -q$下，势的不变性。因此，c和分解能量也取决于q，因为$c = c^{(q)} = -(\beta - q\alpha)/(\beta + q\alpha - 2)$，并且$\epsilon = \epsilon^{(q)} = -(\beta + q\alpha - 3)^2/4$。

对 c 的处理，取消了与$(c + \mathrm{i}\sinh x)^{-1}$成正比的势项。超对称伴随势$V_+(x) = W^2(x) + W'(x) + \epsilon$变为式(7.51)，其中$A = (\beta - qa - 1)/2$ 和$B = (\beta + qa - 2)/2$。由于在$\alpha \to -\alpha$变换下式(7.30)是不变的，α可以用$q\alpha$代替。在讨论 7.5.1 节中的$\mathcal{PT}$对称 Scarf II 势的同时，现在使用 SUSY 变换产生了两个 SUSY 伴随势，且这些伴随势由准同质量子数 q 区分。借助$B \leftrightarrow A + 1/2$互换，讨论了 SUSY 伴随势的二元性[57]，而在文献[55]中，某些符号与势参数的另一种参数结合使用。另请注意，从式(7.30)的α和β参数开始，当α和β移动了 1，SUSY 变换重新获得了式(7.51)。

本征函数(7.52)的结构也暗示了 SUSY 变换，X_1型奇异雅可比多项式可以表示为两个雅可比多项式[266, 268]：

$$\hat{P}_{n+1}^{(\alpha,\beta)}(z)=\left[-\frac{z}{2}+\frac{\beta+\alpha}{\beta-\alpha}\left(\frac{1}{2}+\frac{1}{\alpha+\beta+2n}\right)\right]P_n^{(\alpha,\beta)}(z)-\frac{P_{n-1}^{(\alpha,\beta)}(z)}{\alpha+\beta+2n}$$

当线性微分算子 A 和$A^\dagger$作用于本征函数(7.32)时，这种结构自然会出现。SUSY 变换在波函数(7.53) $\psi_0(x)\sim\chi^{-1}(x)$的分解能量$\epsilon$处插入一个新基态。

与 7.5.3 节中讨论的其他$\mathcal{PT}$对称模型一样，能级可能会变成复数，但 SUSY 的$V_+(x)$伴随势将不产生$\mathcal{PT}$对称性。正如已经看到的，如果α是虚数，则$\mathcal{PT}$对称性破缺。出现在$\mathcal{PT}$对称 Scarf II 势中的谱奇点与合理扩展伴随势谱具有类似性质[55]。

上面针对X_1情况的步骤可以推广到基于X_m的雅可比奇异多项式的合理扩展势，还可以在$\mathcal{PT}$对称系统中进行。这种情况下，式(7.2)中的$Q(z)$和$R(z)$函数，以及超势$W(x)$包含雅可比多项式的m阶多项式。

除了奇异正交多项式[451]，本节还讨论了与拉盖尔X_I相关谐振子的缩放扩展(LI形状不变类)。该方法类似于 7.5.3 节中介绍的方法，有条件完全可解的模型，因此通过$x-\mathrm{i}c$虚偏移坐标可以实现$\mathcal{PT}$对称化[489]。

7.3.4 节中的贝塞尔微分方程可用于构造不属于 Natanzon 类的$\mathcal{PT}$对称势。此过程的前提是当$\Phi(z)=z^{-2}$，从式(7.6)获得的解$z(x)=A\exp\left(C^{1/2}x\right)$会产生指数势[512]。这是一个径向势，因此$\mathcal{PT}$对称化需要扩展到整个$x$轴，以便势$V(x)$包含奇数虚部。因此，定义下式[20]：

$$V(x)=\begin{cases}\mathrm{i}g\left[1-\exp\left(-\frac{2x}{a}\right)\right], & x\leqslant 0\\ \mathrm{i}g\left[\exp\left(\frac{2x}{a}\right)-1\right], & x\geqslant 0\end{cases}\tag{7.54}$$

这种纯虚势的形状与虚三次振荡器的形状在性质上相似，不同之处在于它以指数方式趋于无穷大。本征函数如下：

$$\psi(x)=\begin{cases}H_{ipa}^{(1)}\dfrac{\left[sa\exp\left(-\frac{x}{a}\right)\right]}{H_{ipa}^{(1)}(sa)}, & x\leqslant 0\\ K_{iqa}\dfrac{\left[sa\exp\left(\frac{x}{a}\right)\right]}{K_{iqa}(sa)}, & x\geqslant 0\end{cases}$$

其中，$p=(E-\mathrm{i}g)^{1/2},q=(E+\mathrm{i}g)^{1/2}$，且$s=(1+\mathrm{i})(g/2)^{1/2}$[20]。当$x=0$，修正$\psi'(x)$获得能量特征值。反射幅值的极点给出了能量特征值[20]。

在复共轭特征值之后，该势能的离散谱包含有限个小实能量特征值。当g增加时，实特征值成对合并成复共轭对。然而，最小特征值仍然是实数。当$a\to\infty$，这个能级被消除，因为式(7.54)趋向于线性虚势。不存在破缺和非破缺$\mathcal{PT}$对称性的不同参数[20]。

7.5.5　更多可解势和延拓

一些$\mathcal{PT}$对称势的本征函数不能用式(7.3)的形式表达，因为没有特殊函数$F(z)$，或者因为不是所有的解都可以确定获得。前一种情况的一个例子受限于$x \in [-1,1]$的$\mathcal{PT}$对称方阱势，其中$V(x) = \mathrm{i}Z\mathrm{sgn}(x)$[548]。特征函数是双曲线(或指数)函数，特征值可以数值求解。当 Z值较小，这个势的能谱是实的，但随着 Z的增加逐渐变成复数。能谱的复数化从基态下方开始。这种分段恒定势在厄米的情况中很常见，它们的$\mathcal{PT}$对称可用于构建更高维的$\mathcal{PT}$对称势。

另一种不满足可解性标准的$\mathcal{PT}$对称势属于准精确可解类[518]。

7.3.5 节曾提及这方面的一个例子是 Khare-Madal 势[327]。

一维势是$\mathcal{PT}$对称系统最常出现的例子。然而，这种对称性已被推广到更多的物理场景。此类系统的几个主要特征将在后文介绍。

还可以在更高的空间维度上定义$\mathcal{PT}$对称势。考虑到二维和三维球坐标中的非中心势，可以进行径向和角变量的分离。得到的二阶微分方程本质上是径向薛定谔方程(在ρ和r变量中)，而类似薛定谔方程的方程仅限于角变量的有限域，重要的区别在于边界条件不同寻常。特别是方位角方程必须在$\varphi \in [0,2\pi]$中用 2π 周期边界条件求解，而极坐标方程必须在$\theta \in [0,\pi]$时，边界处特征函数存在的情况下求解。动能项中出现的表达式确定可以获得势能精确解的一般结构：

$$V(\rho,\varphi) = V_0(\rho) + \frac{1}{\rho^2}K(\varphi)(\text{二维})$$

$$V(r,\theta,\varphi) = V_0(r) + \frac{P(\theta)}{r^2} + \frac{1}{r^2\sin^2(\theta)}\left[K(\varphi) - k + \frac{1}{4}\right](\text{三维})$$

$\mathcal{PT}$对称性要求$V(\rho,\varphi) = V^*(\rho,\varphi+\pi)$和$V(r,\theta,\varphi) = V^*(r,\pi-\theta,\varphi+\pi)$[356]约束出现在薛定谔(或类薛定谔)方程每个变量的表达式，在二维情况下导致$V_0^*(r) = V_0(r)$(或$V_0^*(\rho) = V_0(\rho)$)，还有$P^*(\pi-\theta) = P(\theta), K^*(\varphi+\pi) = K(\varphi)$[356, 358]。

为了在三维上找到精确解，首先用上面的$K(\varphi)$求解方位角方程，然后求解极坐标方程，其中包含方位角方程的k特征值及$P(\theta)$。函数$P(\theta)$必须包含一个带有$\sin^{-2}\theta$的项，也就是说，它必须是 Scarf I 或 Rosen-Morse I 势(见表 7.1)。最后，用$V_0(r)$和一个依赖于极坐标方程p本征值的离心方程求解径向方程。势$V_0(r)$必须包含一个r^{-2}项，因此它可以是径向谐振子或具有任意(非整数)角动量值的库仑势[356]。如果方位角方程具有复特征值，则可能破坏$\mathcal{PT}$对称性。这个复数特征值与极方程的$\sin^{-2}\theta$项耦合特征值会使整个方程组产生复特征值。在笛卡儿坐标中还应考虑二维$\mathcal{PT}$对称势[513]。

本章还研究了具有周期势的特征值问题[153, 106, 310, 8]。例如，$\mathcal{PT}$对称 Kronig-Penney 模型在晶胞中具有$\mathcal{PT}$对称排列的 Delta 函数。该模型的能带结构在部分参数域上[80]与相应厄米模型的能带结构在性质上相似。然而，在其他参数域上存在显著差异部分[8]。文献[182]研究了在单位元胞中包含更多 Delta 函数的泛化。

$\mathcal{PT}$对称性也可以扩展到与有效质量和位置相关的量子力学问题。这种情况下，薛定谔方程包括一个包含质量函数$m(x)$的表达式。然而，对于这些理论，哈密顿量中动能项的复性质使求解非常困难[521]，因此 7.2.1 节介绍的变量变换方法必须得到完善。对于$m(x)$的特殊选择，可以将等效质量薛定谔方程转化为一个完全可解的势问题。例如，$\mathcal{PT}$对称 Scarf II 势的解用于描述在$\mathcal{PT}$对称异质结中具有位置相关质量粒子的散射[488]。$\mathcal{PT}$对称性已用于可解耦合通道(Coupled-Channel)[546]、多体[551]，以及相对论量子力学问题[487, 223, 135]。

致谢

感谢 OTKA 授权号 K112962 的支持。

第 8 章　Krein空间理论和PTQM[①]

我的人生是一条长长的曲线，充满了转折点。

——皮埃尔·特鲁多

PTQM 的主要目标是用非厄米哈密顿量发展现代物理学，其具有某些对称特征(如$\mathcal{PT}$对称性)。通常，$\mathcal{PT}$对称哈密顿量可以自然地被视为不定内积($\mathcal{PT}$内积)的厄米算子。这开创了一个有前途的方法，即可使用 Krein 空间理论更深入地了解$\mathcal{PT}$对称量子理论的结构性用途。

从 Krein 空间理论的基本内容开始，重点介绍可能对 PTQM 相关研究更有吸引力的内容($\mathcal{PT}$对称和$\mathcal{C}$对称的数学背景、$\mathcal{CPT}$内积的含义)。本章的最后将研究更高深的内容和更具开放性的问题。

8.1　简介

$\mathcal{PT}$对称哈密顿量关于某个不定内积(不定度量)是对称的。例如，$\mathcal{PT}$对称三次振荡器$H = -\mathrm{d}^2/\mathrm{d}x^2 + \mathrm{i}x^3$的哈密顿量是关于$\mathcal{PT}$内积对称的：

$$(Hf, g)_{\mathcal{PT}} = (f, Hg)_{\mathcal{PT}}$$

其中，

$$(f, g)_{\mathcal{PT}} = \int_{\mathbb{R}} \mathrm{d}x[\mathcal{PT}f(x)]g(x)\,, \qquad f, g \in L_2(\mathbb{R}) \tag{8.1}$$

与常规内积的主要区别为

$$(f, g) = \int_{\mathbb{R}} \mathrm{d}x[\mathcal{T}f(x)]g(x)\,, \qquad f, g \in L_2(\mathbb{R}) \tag{8.2}$$

$\mathcal{PT}$内积$(\cdot,\cdot)_{\mathcal{PT}}$是不定的二次型$(f, f)_{\mathcal{PT}}$，即存在非零函数$f \in L_2(\mathbb{R})$使得$(f, f)_{\mathcal{PT}} < 0$。具有式(8.1)$\mathcal{PT}$内积的函数集$L_2(\mathbb{R})$是一个 Krein 空间，三次振荡器哈密顿量$H$是关于不定内积$(\cdot,\cdot)_{\mathcal{PT}}$厄米的。

将$\mathcal{PT}$对称哈密顿量解释为 Krein 空间的厄米算子，允许在 PTQM 研究中使用 Krein 空间理论的成熟方法。这种方法不仅是将$\mathcal{PT}$对称性的传统语言重新表述为 Krein 空间理论的语言。使

---

① 本章由库哲尔·塞尔吉撰稿。

用 Krein 空间理论的一个重要好处是可以理解和发现 PTQ M 结构的微妙之处。与传统 QM 相比，这些微妙之处显然是崭新的。这表明 PTQM 在数学上与传统的 QM 不同，这是本章的主要观点。

首先，注意到关于不定内积$(\cdot,\cdot)_{\mathcal{PT}}$的$\mathcal{PT}$对称哈密顿量$H$的厄米性并不完全令人满意($H$不能与物理学有任何明显的相关性)，直到由$H$产生动力学，表明这个哈密顿量关于其相关范数的正定内积是幺正的。这个问题可以通过找到一个由线性算子$\mathcal{C}$表示的新(隐藏)对称性来解决，它与哈密顿算子 H和$\mathcal{PT}$算子交换。就$\mathcal{C}$而言，必须构造一个$\mathcal{CPT}$内积：

$$(f,g)_{\mathcal{CPT}} \equiv (\mathcal{C}f,g)_{\mathcal{PT}} = \int_{\mathbb{R}} \mathrm{d}x[\mathcal{CPT}f(x)]g(x) \tag{8.3}$$

其相关范数是正定的，并且必须证明 H是关于$(\cdot,\cdot)_{\mathcal{CPT}}$厄米的。

H的$\mathcal{C}$对称性定义可以正式表示为，$\mathcal{C}$是一个服从以下方程的线性算子：

$$\mathcal{C}^2 = I,\ \ \mathcal{PTC} = \mathcal{CPT},\quad H\mathcal{C} = \mathcal{C}H \tag{8.4}$$

要求式(8.3)的$\mathcal{CPT}$内积确定一个正定范数意味着，$\mathcal{CP}$是$L_2(\mathbb{R})$的正厄米算子：

$$\mathcal{CP} > 0,\qquad (\mathcal{CP})^{\dagger} = \mathcal{CP} \tag{8.5}$$

其中，†表示$L_2(\mathbb{R})$的狄拉克伴随。

式(8.4)和式(8.5)中的前两个等价方程不依赖于H的选择，它们等价于$\mathcal{C}$的下述表达式：

$$\mathcal{C} = \mathrm{e}^{\mathcal{Q}}\mathcal{P} \tag{8.6}$$

在$L_2(\mathbb{R})$域内，$\mathcal{Q}$是厄米的，且$\mathcal{PQ} = -\mathcal{QP}$和$\mathcal{TQ} = -\mathcal{QT}$成立。

令$\mathcal{C}$定义为式(8.6)，那么子空间为

$$\mathcal{L}_+ = \frac{1}{2}(I+\mathcal{C})L_2(\mathbb{R}),\qquad \mathcal{L}_- = \frac{1}{2}(I-\mathcal{C})L_2(\mathbb{R}) \tag{8.7}$$

是 Krein 空间$(L_2(\mathbb{R}),(\cdot,\cdot)_{\mathcal{PT}})$的最大正子空间和最大负子空间(参见例 8.2)，它们关于$\mathcal{PT}$内积$(\cdot,\cdot)_{\mathcal{PT}}$相互正交。

子空间$\mathcal{L}_\pm$形成直和$\mathcal{D}(\mathcal{C}) = \mathcal{L}_+[\dotplus]\mathcal{L}_-$，是$L_2(\mathbb{R})$中的稠密集。此外(见定理 8.7 或定理 8.1 更一般的情况)，集合之间存在一一对应算子$\mathcal{C} = \mathrm{e}^{\mathcal{Q}}\mathcal{P}$和所有可能的$\mathcal{PT}$正交直和$\mathcal{L}_+[\dotplus]\mathcal{L}_-$的集合。其中，$\mathcal{PT}$不变子空间$\mathcal{L}_+$在 Krein 空间$(L_2(\mathbb{R}),(\cdot,\cdot)_{\mathcal{PT}})$中是最大正/负。如果给定了直和，则对应的算子$\mathcal{C}$充当正恒等算子$\mathcal{L}_+$和负恒等算子$\mathcal{L}_-$。

这一关键关系允许将$\mathcal{C}$的研究减少为在 Krein 空间子空间$\mathcal{L}_+$中，对$\mathcal{PT}$正交最大对进行确定的分析。特别地，$\mathcal{C}$在$L_2(\mathbb{R})$中的有界性等价于$\mathcal{L}_\pm$在 Krein 空间$(L_2(\mathbb{R}),(\cdot,\cdot)_{\mathcal{PT}})$中的最大一致正定性质，后者意味着直和$\mathcal{L}_+[\dotplus]\mathcal{L}_-$与$L_2(\mathbb{R})$一致，并且式(8.3)$\mathcal{CPT}$内积等效于式(8.2)常规内积(参见 8.3.1 节和 8.3.2 节)。

总之，如果一个$\mathcal{PT}$对称哈密顿量H具有有界$\mathcal{C}$对称的性质，那么它在$L_2(\mathbb{R})$中关于$\mathcal{CPT}$内积是厄米的。这些哈密顿量是等谱的，并且与相似变换相关(见 8.3.6 节)。

自然地，有界算子$\mathcal{C}$出现在矩阵模型中。其他示例包括对应实特征值并形成 Riesz 基的特征函数的哈密顿量(见 8.4.2 节)。有时，这些例子会带来错误的判断，如 PTQM 是传统 QM 重

新归一化的结果，即 QM 通过具有完整$\mathcal{PT}$对称性的$\mathcal{PT}$对称哈密顿量，与具有厄米对称性的$\mathcal{PT}$对称哈密顿量的相似变换而形成的。

更有趣的是，$\mathcal{PT}$对称哈密顿算子具有破缺$\mathcal{PT}$对称性和无界$\mathcal{C}$对称性。如果算子$\mathcal{C}$在$L_2(\mathbb{R})$中是无界的，则式(8.7)所示最大有界子空间$\mathcal{L}_\pm$在 Krein 空间$(L_2(\mathbb{R}),(\cdot,\cdot)_{\mathcal{PT}})$中不能一致确定。此外，直和$\mathcal{L}_+[\dot{+}]\mathcal{L}_-$与$L_2(\mathbb{R})$不一致，$\mathcal{CPT}$内积$(\cdot,\cdot)_{\mathcal{CPT}}$不等价于常规$L_2(\mathbb{R})$中的内积$(\cdot,\cdot)$。因此，对应$(\cdot,\cdot)_{\mathcal{CPT}}$的直和$\mathcal{L}_+[\dot{+}]\mathcal{L}_-$产生了与线性集不一致的新希尔伯特空间$\mathfrak{H}_C$(见 8.3.3 节)。基于该原因，虽然某种意义上，在$L_2(\mathbb{R})$中的$\mathcal{PT}$对称哈密顿量和$\mathfrak{H}_C$的厄米哈密顿量是等谱的，但是希尔伯特空间是不等价的。应该强调的是，在数学上，PTQM 与传统 QM 不同还有更深层次的原因。这可以在 Krein 空间框架中解释，8.4.1 节和 8.4.4 节有相关讨论。$L_2(\mathbb{R})$中给出了$\mathcal{PT}$对称哈密顿量H的主要参数，假设H有对应于简单实特征值的完整特征向量集。设$\{f_n\}$为H的本征函数集，则$(f_n,f_n)_{\mathcal{PT}} \neq 0$，用$\mathcal{PT}$内积的符号分隔序列$\{f_n\}$，可以得到和$(\cdot,\cdot)_{\mathcal{PT}}$相关的正$\{f_n^+\}$和负$\{f_n^-\}$。

令$\mathcal{L}^0{}_+$和$\mathcal{L}^0{}_-$分别是$\{f_n^+\}$和$\{f_n^-\}$的线性跨度的闭包(相对于传统的内积式(8.2))。通过构造，$\mathcal{L}^0{}_\pm$是 Krein 空间$(L_2(\mathbb{R}),(\cdot,\cdot)_{\mathcal{PT}})$中的$\mathcal{PT}$正交定子空间，直和是$L_2(\mathbb{R})$中的稠密集。令$\mathcal{C}_0$是定义在$\mathcal{L}^0{}_+[\dot{+}]\mathcal{L}^0{}_-$上的算子，使得$\mathcal{C}_0$在$\mathcal{L}^0{}_+$和$\mathcal{L}^0{}_-$上充当正恒等算子和负恒等算子。当$f \in \mathcal{D}(\mathcal{C}_0) = \mathcal{L}^0{}_+[\dot{+}]\mathcal{L}^0{}_-$时，算子$\mathcal{C}_0$在$L_2(\mathbb{R})$和$\mathcal{C}_0^2 f = f$中被稠密定义。

算子$\mathcal{C}_0$不总是$\mathcal{C}$对称算子。问题是定子空间$\mathcal{L}^0{}_\pm$可能是 Krein 空间$(L_2(\mathbb{R}),(\cdot,\cdot)_{\mathcal{PT}})$中最大定子空间的实子空间，如果至少一个子空间$\mathcal{L}^0{}_\pm$在定子空间(正或负)，那么它的直和$\mathcal{L}^0{}_+[\dot{+}]\mathcal{L}^0{}_-$不具有式(8.4)和式(8.5)的$\mathcal{C}$对称算子的定义域。更准确地说$\mathcal{C}_0$可以满足式(8.4)，但不能满足式(8.5)中的第二个条件，即算子$\mathcal{C}_0$不能具有形式$\mathrm{e}^{\mathcal{Q}}\mathcal{P}$，其在$L_2(\mathbb{R})$中$\mathrm{e}^{\mathcal{Q}}$是厄米的。这个问题只出现在无界算子$\mathcal{C}$的转换中，不会出现在矩阵模型中。

为了构造直和$\mathcal{L}^0{}_+[\dot{+}]\mathcal{L}^0{}_-$相关的算子$\mathcal{C}$，扩展$\mathcal{PT}$正交直和$\mathcal{L}^0{}_+[\dot{+}]\mathcal{L}^0{}_-$到$\mathcal{L}_+[\dot{+}]\mathcal{L}_-$，$\mathcal{L}_\pm \supset \mathcal{L}^0{}_\pm$是最大定子空间(正或负)。后一个直和的$\mathcal{C}$算子是$\mathcal{C}_0$的扩展。通常，扩展$\mathcal{L}^0{}_+[\dot{+}]\mathcal{L}^0{}_- \to \mathcal{L}_+[\dot{+}]\mathcal{L}_-$不是唯一确定的。这导致与$\mathcal{L}^0{}_+[\dot{+}]\mathcal{L}^0{}_-$关联的$\mathcal{C}$对称无界算子$(\mathcal{C} \supset \mathcal{C}_0)$是非唯一的。

令$\mathcal{C}$为与$\mathcal{L}^0{}_+[\dot{+}]\mathcal{L}^0{}_-$关联的$\mathcal{C}$对称算子，并用$\mathcal{CPT}$内积的直和$\mathcal{L}_+[\dot{+}]\mathcal{L}_-$完成上述假设，获得对应希尔伯特空间$\mathfrak{H}_C$。这种方法使得原始直和$\mathcal{D}_0 = \mathcal{L}^0{}_+[\dot{+}]\mathcal{L}^0{}_-$是希尔伯特空间$(\mathfrak{H}_C,(\cdot,\cdot)_{\mathcal{CPT}})$中的线性流形。最近的数学研究[324, 341]表明，这种流形可能会失去$\mathfrak{H}_C$的稠密属性。准确地说，有以下情况：(a)算子$\mathcal{C}$是唯一定义的，且$\mathcal{D}_0$在$\mathfrak{H}_C$中是稠密的；(b)有无穷多个$\mathcal{C} \supset \mathcal{C}_0$算子与$\mathcal{D}_0$相关，使得线性流形$\mathcal{D}_0$在相应的希尔伯特空间中保持稠密，同时有无穷多个$\mathcal{C} \supset \mathcal{C}_0$算子生成包含$\mathcal{CPT}$范数的$\mathcal{D}_0$闭包的希尔伯特空间作为真子空间；(c)对于与$\mathcal{D}_0$相关的任何$\mathcal{C}$对称选择，$\mathcal{D}_0$都失去稠密特性。可能的算子$\mathcal{C} \supset \mathcal{C}_0$的数量不确定(算子$\mathcal{C}$可能是唯一的，也可能是无限多个)。

在情形(a)中，H的本征函数$\{f_n\}$形成了$\mathfrak{H}_C$的正交基，并且在$L_2(\mathbb{R})$中的$\mathcal{PT}$对称算子和厄米哈密顿量之间在形式上等价，因为这些哈密顿量是等谱的，但希尔伯特空间是不等价的。位移谐振子的本征函数是情形(a)的一个例子。

在情形(b)中，一切都取决于$\mathcal{C}$对称性如何选择。如果$\mathcal{D}_0$在$\mathfrak{H}_C$中保持稠密，能够实现$\mathfrak{H}_C$中H的等谱。另外，如果$\mathcal{D}_0$在$\mathfrak{H}_C$中失去稠密属性，那么 H是关于$\mathcal{CPT}$内积的对称非稠密算子，$\mathfrak{H}_C$中

厄米算子的扩展会产生新谱点。构造的厄米算子不能与原始$\mathcal{PT}$对称算子等谱。虚三次振荡器的本征函数的预测是情形(b)的一个例子。

关于情形(c)，本征函数$\{f_n\}$的例子存在一个独一无二的无边界$\mathcal{C}$对称算子，而且无法在$\mathfrak{H}_{\mathcal{C}}$找到一个$\{f_n\}$的完整集合[324]。所以，这是一个与物理无关的数学构造。

上面讨论的数学处理方法是一个很好的 PTQM 框架。事实上，存在不同的无界算子$\mathcal{C}$，其在情形(b)中与$\mathcal{L}^0{}_+[\dotplus]\mathcal{L}^0{}_-$相关，确保与$\mathcal{PT}$对称算子$H$相关的厄米算子能够灵活构建。选择$\mathcal{C}$对称性，从而产生本征函数的正交基$\{f_n\}$和实现$\mathfrak{H}_{\mathcal{C}}$中的$H$等谱。同时，选择$\mathcal{C}$产生正交系统$\{f_n\}$和$\mathfrak{H}_{\mathcal{C}}$中非稠密确定对称算子$H$均可能。在后一种情况下，一个自由参数子空间$\mathfrak{H}_{\mathcal{C}} \ominus_{\mathcal{CPT}} \mathcal{D}_0$的出现，为$\mathcal{PT}$对称哈密顿量的结构性附加建模提供了极好的可能性。

本章介绍的Krein空间理论反映了作者在PTQM相关研究中的爱好。推荐相关专著[49, 160, 435]和论文[29, 346, 511]作为补充阅读。

本章安排如下：8.2 节包含希尔伯特空间算子理论的基本结果，其中强调无界算子正确选择定义域的重要性，并且回顾了文献中计算厄米算子的不同方法。8.3 节介绍了 Krein 空间理论，重点是$\mathcal{C}$算子的(等效)定义及其与最大定子空间的$\mathcal{P}$正交直和的关系。8.4 节中提出了为完整特征值集的$\mathcal{P}$对称算子构造$\mathcal{C}$算子的方法。除了通常讨论的 Riesz 和 Schauder 基外，还考虑了准基，以及讨论了$\mathcal{C}$算子的最佳选择问题。8.5 节涉及$\mathcal{PT}$对称算子理论。$\mathcal{PT}$对称性是在抽象系统中定义的，假设$\mathcal{P}$是基本对称的算子，$\mathcal{T}$是作用于希尔伯特空间的共轭算子。

8.2 术语和符号

下文中，$\mathfrak{H}$表示一个复希尔伯特空间，其内积$(\cdot,\cdot)$在第二个参数中为线性。有时指定相关的内积很有用，在这种情况下使用符号$\left(\mathfrak{H},(\cdot,\cdot)\right)$。所有拓扑概念都是指希尔伯特空间范数拓扑。例如，$\mathfrak{H}$的子空间是$\mathfrak{H}$的线性流形。范数$\|\cdot\| = \sqrt{(\cdot,\cdot)}$是闭合的。符号$\mathcal{D}(H)$表示定义域，符号 ker H表示线性算子 H的核空间。H的范围是映像$\mathcal{R}(H) \equiv H\mathcal{D}(H)$。

如果$(H-\lambda I)^n f = 0, n \in \mathbb{N}$成立，非零向量$f \in \mathcal{D}(H)$称为对应特征值$\lambda$的算子 H的根向量，其中I是$\mathfrak{H}$中的单位算子。所有对应给定特征值λ根向量的集合与零向量构成一个线性子空间$\mathcal{L}_\lambda(H)$，称为 H的根子空间。如果f属于核子空间$\ker(H-\lambda I)$，则根向量$f \in \mathcal{L}_\lambda(H)$是特征向量。特征值 λ 的代数和几何重数由m_λ^a和m_λ^g表示，其由下式定义：

$$m_\lambda^a = \dim \mathcal{L}_\lambda(H)\,,\ m_\lambda^g = \dim \ker(H-\lambda I)$$

其中，$m_\lambda^a \geqslant m_\lambda^g$。如果特征值 λ 的代数和几何重数一致，则特征值 λ 是半单(semi-simple)的：$m_\lambda^a = m_\lambda^g$。如果$\dim\ker(H-\lambda I) = 1$，则半单特征值变成单特征值。

H的所有特征值$\lambda \in \mathbb{C}$的集合$\sigma_p(H)$称为点谱。H的剩余谱$\sigma_r(H)$包含所有$\lambda \notin \sigma_p(H)$，其中$\mathfrak{H}$中的$\mathcal{R}(H-\lambda I)$不稠密，即逆算子$(H-\lambda I)^{-1}$存在但非稠密。$H$的连续谱$\sigma_c(H)$由所有$\lambda$组成，其中逆$(H-\lambda I)^{-1}$是一个稠密的无界算子。上面定义$H$的三个频谱分量是成对不相交的，$H$的频谱由$\sigma(H) = \sigma_p(H) \cup \sigma_r(H) \cup \sigma_c(H)$确定。算子$H$的解析集$\rho(H)$是$\sigma_p(H)$的补集，即$\rho(H) \equiv$

$\mathbb{C}\backslash\sigma(H)$。这意味着$\lambda \in \rho(H)$(此处$\lambda$不是特征值)$\Leftrightarrow$逆$(H-\lambda I)^{-1}$是$\mathfrak{H}$中的一个稠密有界算子。

符号$H\restriction_{\mathcal{D}}$表示算子$H$受集合$\mathcal{D}$的限制。称算子$H_1$是$H$的扩展，如果定义域$\mathcal{D}(H)$是$\mathcal{D}(H_1)$的子空间，则将其表示为$H\subset H_1$，且有下式：

$$Hf = H_1 f,\quad f\in\mathcal{D}(H)$$

因此，符号$H\subset H_1$表示$H_1\restriction_{\mathcal{D}(\mathrm{H})}= H$。

H相对于在$\mathfrak{H}$中的自然内积$(\cdot,\cdot)$的伴随表示为$H^\dagger$。算子$H^\dagger$被定义为所有$g\in\mathfrak{H}$的集合，其中$\gamma\in\mathfrak{H}$，于是有下式：

$$(Hf,g)=(f,\gamma),\quad f\in\mathcal{D}(H) \tag{8.8}$$

其中，γ在给定的$g\in\mathcal{D}(H^\dagger)$中是唯一确定的(因为$\mathcal{D}(H)$是$\mathfrak{H}$中的稠密集)，并且$H^\dagger g=\gamma$。所以，

$$(Hf,g)=(f,H^\dagger g),\quad f\in\mathcal{D}(H),\quad g\in\mathcal{D}(H^\dagger)$$

域$\mathcal{D}(H^\dagger)$是一组向量g的集合，其泛函$F(f)=(Hf,g)$是连续的。如果算子H是有界的，即

$$\|Hf\|\leqslant c\|f\|,\ f\in\mathcal{D}(H),\ c\in\mathbb{R}^+$$

那么它的定义域可以通过连续性扩展到$\mathfrak{H}$中的所有元素，并且伴随$H^\dagger$在整体$\mathfrak{H}$上被确定。

算子H是厄米算子，如果满足下式

$$H=H^\dagger \tag{8.9}$$

在矩阵理论中，厄米性的这个定义意味着(矩阵)H在厄米共轭$\dagger$下是不变的。矩阵算子是有界的，对于有界算子，式(8.9)等价于

$$(Hf,g)=(f,Hg),\quad f,g\in\mathfrak{H} \tag{8.10}$$

它可以用作确定有界厄米算子。

出现在QM中的大多数可观察量都是无界的，在其定义域内是$\mathfrak{H}$中的稠密集。式(8.9)和式(8.10)的无界算子是不相等的。较弱的条件式(8.10)仅限于$f,g\in\mathcal{D}(H)$时成立，同时意味着$H^\dagger$是H的扩展，即$H\subset H^\dagger$。满足$H\subset H^\dagger$的算子H称为对称算子。对于无界算子H，厄米性意味着H是对称的(式(8.10)对所有$f,g\in\mathcal{D}(H)$都成立)，并且其域$\mathcal{D}(H)$与域$\mathcal{D}(H^\dagger)$重合。

术语“厄米算子”在物理学和数学中以多种方式出现。在数学文献中，术语“自伴随算子”定义明确，可以与术语“厄米算子”同义[510,234]。在有限维空间理论中，内积和厄米算子的概念是明确的。然而，在(无限维)希尔伯特空间理论中，术语“厄米算子”被用来表示非稠密定义的对称算子[339]。在经典专著[520]中，术语“厄米算子”就是所说的“稠密对称算子”，而Von Neumann所说的“超极大厄米算子”简称“厄米算子”。

> **综上所述：在本章中，“厄米性”(Hermiticity)是“自伴随”(self-adjointness)的同义词。厄米算子是对称的，但对称算子通常不是厄米算子。**

每个厄米算子H都是闭合的，这意味着$\mathcal{D}(H)$是关于图内积的希尔伯特空间：

$$(f,g)_H\equiv(f,g)+(Hf,Hg),\quad f,g\in\mathcal{D}(H)$$

如果存在闭合算子H_1使得$H \subset H_1$，则称算子H是可闭合的。H的最小闭合扩展H_1称为H的闭包，记为$\bar{H}$。如果H是闭合的，则$H = \bar{H}$。

如果$\overline{H \restriction_{\mathcal{D}}} = H$，子空间$\mathcal{D} \in \mathcal{D}(H)$是闭合算子$H$的核。当且仅当$\mathcal{D}$是希尔伯特空间$(\mathcal{D}(H), (\cdot,\cdot)_H)$的稠密集，$\mathcal{D}(H)$的子空间$\mathcal{D}$是闭合算子$H$的核。每个对称算子$H$都是可闭合的，其闭包$\bar{H}$是伴随算子连续计算的结果：$\bar{H} = H^{\dagger\dagger}$，其中$H^{\dagger\dagger} \equiv \left(H^{\dagger}\right)^{\dagger}$。此外，$\bar{H}^{\dagger} = H^{\dagger}$。

如果对称算子H的闭包$\bar{H}$是厄米算子，即$\bar{H} = \bar{H}^{\dagger}$，则该对称算子 H 本质上是厄米的(本质上与自伴随相同)。

引理 8.1 对称算子H等价于：

(1) H本质上厄米；

(2) $\ker\left(H^{\dagger} + \mathrm{i}I\right) = \ker\left(H^{\dagger} - \mathrm{i}I\right) = \{0\}$；

(3) $\mathfrak{H}$中，$\mathcal{R}(H + \mathrm{i}I)$和$\mathcal{R}(H - \mathrm{i}I)$都是稠密集。

厄米算子的定义在理论上很方便，但实际上厄米算子H的域可能难以描述。放弃整个域$\mathcal{D}(H)$，很自然会考虑H的核$\mathcal{D} \subset \mathcal{D}(H)$，并采用本质上的厄米算子$H \restriction_{\mathcal{D}}$。这种方法的优点是可以在所有可能的内核中选择最方便的域$\mathcal{D}$。

例 8.1 设厄米算子H在$\mathfrak{H}$中有一组完整的特征向量$\{f_n\}$。这里，完备集是指特征向量$\{f_n\}$的线性跨度，即所有可能的有限线性组合的集合

$$\operatorname{span}\{f_n\} \equiv \left\{\sum_{n=1}^{d} c_{\mathrm{n}} f_n : \forall d \in \mathbb{N}, \forall c_{\mathrm{n}} \in \mathbb{C}\right\}$$

是$\mathfrak{H}$中的一个稠密集。

通常，$\mathcal{D}(H)$的显式描述是复杂的。因此，可以考虑$\mathcal{D} \equiv \operatorname{span}\{f_n\}$，而不是$\mathcal{D}(H)$。然后，$H \restriction_{\mathcal{D}}$是对称的，并且集合$\mathcal{R}(H \restriction_{\mathcal{D}} + \mathrm{i}I)$包含$\mathcal{D}$。因此，$\mathfrak{H}$中，$\mathcal{R}(H \restriction_{\mathcal{D}} + \mathrm{i}I)$是稠密的。从引理 8.1(3)可知，算子$H \restriction_{\mathcal{D}}$本质上是厄米的。子空间$\mathcal{D} \equiv \operatorname{span}\{f_n\}$是厄米算子$H$的核。

8.3 Krein 空间理论的要素

本节在一个抽象的系统中提出了 Krein 空间理论。这是很自然的，因为 PTQM 的各种哈密顿量对于不同的$\mathcal{PT}$内积是厄米的。

8.3.1 定义和基本属性

在希尔伯特空间中$(\mathfrak{H}, (\cdot,\cdot))$，如果$\mathcal{P}$是厄米的和反射算子，算子$\mathcal{P}$是基本对称。等价地，如果下式成立，算子$\mathcal{P}$是基本对称：

$$\mathcal{P}^2 = I$$

$$(\mathcal{P}f, \mathcal{P}g) = (f, g), \qquad \forall f, g \in \mathfrak{H} \tag{8.11}$$

如果$\mathcal{P}$是非平庸基本对称($\mathcal{P} \neq \pm I$)，则希尔伯特空间$\mathfrak{H}$被赋为不定内积(不定度量)：

$$(f,g) \equiv (\mathcal{P}f,g), \qquad f,g \in \mathfrak{H} \tag{8.12}$$

称为 Krein 空间$(\mathfrak{H},[\cdot,\cdot])$。基本对称性$\mathcal{P}$确定了 Krein 空间的基本分解：

$$\mathfrak{H} = \mathfrak{H}_+ \dotplus \mathfrak{H}_-, \qquad \mathfrak{H}_\pm = P_\pm \mathfrak{H} \tag{8.13}$$

其中，$P_\pm = \frac{1}{2}(I \pm \mathcal{P})$是希尔伯特空间$(\mathfrak{H},(\cdot,\cdot))$中的正交投影算子。可以看到：

$$\mathcal{P}P_\pm = \pm P_\pm, \quad P_+ - P_- = \mathcal{P}, \quad P_+P_- = P_-P_+ = 0 \tag{8.14}$$

$\mathfrak{H}_\pm$子空间关于初始内积$(\cdot,\cdot)$和关于不定度量$[\cdot,\cdot]$相互正交。$\mathcal{P}$对$\mathfrak{H}_\pm$的限制与$\pm I$一致。

备注 8.1　基本分解式(8.13)经常被用作 Krein 空间的等效定义。准确地说，设$\mathfrak{H}$是一个复线性空间，其具有厄米的半双线性形式$[\cdot,\cdot]$(即映射$[\cdot,\cdot]: \mathfrak{H} \times \mathfrak{H} \to \mathbb{C}$使得满足所有条件$f_1, f_2, f, g \in \mathfrak{H}$, $\alpha_1, \alpha_2 \in \mathbb{C}$时，这两个式子$[g, \alpha_1 f_1 + \alpha_2 f_2] = \alpha_1[g, f_1] + \alpha_2[g, f_2]$和$[g,f] = [f,g]^*$都成立)。如果式(8.13)有一个分解，则$(\mathfrak{H},[\cdot,\cdot])$被称为 Krein 空间。其中$\mathfrak{H}_\pm$关于$[\cdot,\cdot]$正交，线性流形$\mathcal{L}_+$和 $\mathcal{L}_-$被赋予半双线性形式$[\cdot,\cdot]$与$-[\cdot,\cdot]$，且它们是希尔伯特空间。

与传统的内积相反，不定内积$[f,f]$可能具有非正实数值。非零向量$f \in \mathfrak{H}$是中性、负值或正值，如果下式成立：

$$[f,f] = 0，[f,f] < 0 \text{ 或}[f,f] > 0$$

Krein 空间$(\mathfrak{H},[\cdot,\cdot])$的一个子空间$\mathcal{L}$(相对应的模$\|\cdot\| = \sqrt{(\cdot,\cdot)}$是封闭的)是中性的、非负的或正的，如果下式成立：

$$[f,f] = 0，[f,f] \geqslant 0 \text{ 或}[f,f] > 0$$

适于所有非零$f \in \mathcal{L}$。类似地，引入非正和负子空间。此外，$\mathcal{L}$是一致正或一致负，如果下式成立：

$$[f,f] \geqslant \alpha(f,f) \text{ 或} -[f,f] \geqslant \alpha(f,f)，\alpha > 0, f \in \mathcal{L}$$

$\mathfrak{H}$的子空间$\mathcal{L}$要么为正，要么为负，如果它既不是正的也不是负的，则是不定的。术语“一致”的定义是这样来的。

对于上述每个类，都可以定义最大子空间。例如，如果$\mathcal{L}$不是$\mathfrak{H}$正子空间的真子空间，则封闭正子空间$\mathcal{L}$是最大正子空间。其他类的极大值概念的定义与此类似。式(8.13)中的子空间$\mathfrak{H}_\pm$是极大非一致定的。事实上，任何$f_+ \in \mathfrak{H}_+$都具有形式$f_+ = P_+ f, f \in \mathfrak{H}$和下式形式：

$$[f_+, f_+] = (\mathcal{P}P_+ f, P_+ f) = (P_+ f, P_+ f) = \|f_+\|^2$$

上式来自式(8.14)中的第一个公式。因此，$\mathfrak{H}_+$是一致正子空间。类似地，$\mathfrak{H}_-$是一致负子空间，因为对于所有$f_- \in \mathfrak{H}_-$，$[f_-, f_-] = -\|f_-\|^2$。一致正(负)子空间类中的极大值$\mathfrak{H}_+(\mathfrak{H}_-)$来自式(8.13)的分解。

Krein 空间$(\mathfrak{H},[\cdot,\cdot])$的向量$[f,g]$被称为$\mathcal{P}$正交，如果$[f,g] = 0$，记作$f[\perp]g$。类似地，$\mathcal{L}_1, \mathcal{L}_2, \mathfrak{H}$的子空间是$\mathcal{P}$正交的，$[f,g] = 0$时，在$f \in \mathcal{L}_1, g \in \mathcal{L}_2$时，记作$\mathcal{L}_1[\perp]\mathcal{L}_2$。$\mathcal{L}$ 和 $\mathfrak{H}$子空间的$\mathcal{P}$正交互补定义为

$$\mathcal{L}^{[\perp]} = \{g \in \mathfrak{H}: [f,g] = 0, \quad \forall f \in \mathcal{L}\}$$

而且是$\mathfrak{H}$的一个闭合子空间。

闭合子空间$\mathcal{L}$的各向同性分量$\mathcal{L}_0$由$\mathcal{L}_0 = \mathcal{L} \cap \mathcal{L}^{[\perp]}$确定，其(非零)元素称为$\mathcal{L}$的各向同性向量。各向同性向量的存在取决于$\mathcal{L}$的选择。特别是，$\mathcal{L}$中性子空间的任何向量都是各向同性的(因为$\mathcal{L} \subset \mathcal{L}^{[\perp]}$适于中性子空间)。另外，整个$\mathfrak{H}$空间没有各向同性元素。的确，如果$f \in \mathfrak{H}$，则对于所有$g \in \mathfrak{H}$，$[f,g] = 0$。设$g = \mathcal{P}f$，得到：

$$0 = [f, \mathcal{P}f] = (\mathcal{P}f, \mathcal{P}f) = (\mathcal{P}^2 f, f) = (f,f) = \|f\|^2$$

因此，$f = 0$。

$\mathcal{L}$中每个各向同性向量f都是中性的(因为f属于$\mathcal{L}$，同时，f与$\mathcal{L}$的所有元素$\mathcal{P}$正交)，其逆意味着

$$\mathcal{L}\text{ 的中性向量} \Rightarrow \mathcal{L}\text{ 的各向同性向量}$$

一般情况下，这是不正确的。然而，当$\mathcal{L}$是非负(非正)子空间时，$\mathcal{L}$的中性向量和各向同性向量的子集重合。这个观点来自柯西-施瓦茨不等式：

$$|[f,g]|^2 \leqslant [f,f] \cdot [g,g] \quad (f, g \in \mathcal{L})$$

上式适用于非负(非正)子空间。

如果$\mathcal{L}$一个闭合子空间的各向同性分量是微不足道的：$\mathcal{L}_0 = \{0\}$，则称其为非退化的，否则称其为退化。每个中性子空间都是退化的，而定子空间是非退化的。如果$\mathcal{L}$是非退化的，那么$\mathcal{L} \cap \mathcal{L}^{[\perp]} = \{0\}$，因此可以认为这些子空间的直和为$\mathcal{L} \dotplus \mathcal{L}^{[\perp]}$。

引理 8.2 当且仅当子空间$\mathfrak{H}$是非退化的，$\mathcal{P}$正交的直和$\mathcal{L}[\dotplus]\mathcal{L}^{[\perp]}$是一个稠密集①。

证明：令向量f正交于希尔伯特空间$(\mathfrak{H}, (\cdot,\cdot))$的$\mathcal{L}[\dotplus]\mathcal{L}^{[\perp]}$。那么向量$\mathcal{P}f$与$\mathcal{L}$和$\mathcal{L}^{[\perp]}\mathcal{P}$正交，因此，$\mathcal{P}f$属于$\mathcal{L} \cap \mathcal{L}^{[\perp]}$(因为$\left(\mathcal{L}^{[\perp]}\right)^{[\perp]} = \mathcal{L}$)。这意味着，由于$\mathcal{L}$的非退化性，$\mathcal{P}f = 0$，$\mathcal{P}f$是$\mathcal{L}$的各向同性向量。

证明完毕。

设$\mathcal{L}_+$为一个最大正子空间，则其是非退化的，根据引理 8.2，$\mathcal{P}$正交直和：

$$\mathcal{D} = \mathcal{L}_+[\dotplus]\mathcal{L}_- \qquad \left(\mathcal{L}_- = \mathcal{L}_+^{[\perp]}\right) \tag{8.15}$$

是$\mathfrak{H}$中的稠密集。式(8.15)中的子空间$\mathcal{L}_-$是负最大。实际上，如果$g \in \mathcal{L}_-$是正的，可以构造正子空间$\mathcal{L}_+[\dotplus]$的跨度$\{g\}$，这个正子空间比$\mathcal{L}_+$大。但是根据$\mathcal{L}_+$的最大值，这又是不可能的。因此，$\mathcal{L}_-$是非正的，并且任何(假设的)非零中性向量$g \in \mathcal{L}_-$对于$\mathcal{L}_-$都是各向同性的。后者与式(8.15)中$\mathcal{D}$的密度相矛盾。因此，$\mathcal{L}_-$是负子空间，其极大值可由关系式$\mathcal{L}_-^{[\perp]} = \mathcal{L}_+$推导出来。

式(8.15)的$\mathcal{L}_\pm$是极大一致定子空间的特殊情况，因为只有在这种情况下，它们的直和$\mathcal{D}$才与整个空间重合。准确地说，当且仅当空间$\mathfrak{H}$可分解为$\mathcal{P}$正交直和$\mathcal{L}[\dotplus]\mathcal{L}^{[\perp]}$，一个极大定子空间$\mathcal{L}$是极大一致定的。此分解的子空间也是极大一致定的，即如果$\mathcal{L}$为正，则$\mathcal{L}^{[\perp]}$为负，反之亦然。

① $[\dotplus]$符号强调子空间的$\mathcal{P}$相互正交性。

式(8.15)中的子空间$\mathcal{L}_{\pm}$是极大定的，它们与基本分解式(8.13)子空间$\mathfrak{H}_{\pm}$的“偏差”，可以通过使用厄米的强收缩[1] T来表征，它与$\mathcal{P}$反交换。准确表达式为

$$\mathcal{L}_{+} = (I+T)\mathfrak{H}_{+}, \qquad \mathcal{L}_{-} = (I+T)\mathfrak{H}_{-} \tag{8.16}$$

算子 T是从基本分解式(8.13)到直和(8.15)的转换算子。给转换算子的集合做一个简单的描述，厄米算子 T是$\mathfrak{H}$中的转换算子，当且仅当下式成立：

$$\|Tf\| < \|f\| \ (\forall f \in \mathfrak{H}, f \neq 0), \qquad \mathcal{P}T = -T\mathcal{P}$$

式(8.16)中最大一致定子空间的重要特例完全由条件$\|T\| \leqslant 1$(一致强收缩)表征。

可以看出，子空间$\mathcal{P}\mathcal{L}_{\pm}$也是极大定的，并且它们的$\mathcal{P}$正交直和满足：

$$\mathcal{P}\mathcal{D} = \mathcal{P}\mathcal{L}_{+}[\dot{+}]\mathcal{P}\mathcal{L}_{-} \tag{8.17}$$

式(8.17)被称为式(8.15)的对偶。对应式(8.17)对偶分解的转换算子与$-T$一致，记作$P_{\mathcal{L}_{\pm}}: \mathcal{D} \to \mathcal{L}_{\pm}$，表示投影到算子$\mathcal{L}_{\pm}$上，其是式(8.15)的分解。算子$P_{\mathcal{L}_{\pm}}$由$\mathcal{D} = \mathcal{L}_{+}[\dot{+}]\mathcal{L}_{-}$定义，且满足：

$$P_{\mathcal{L}_{\pm}}f = P_{\mathcal{L}_{\pm}}(f_{\mathcal{L}_{+}} + f_{\mathcal{L}_{-}}) = f_{\mathcal{L}_{\pm}}, \qquad f = f_{\mathcal{L}_{+}} + f_{\mathcal{L}_{-}} \in \mathcal{D},\ f_{\mathcal{L}_{\pm}} \in \mathcal{L}_{\pm}$$

文献[340]已经明确地说明：

$$P_{\mathcal{L}_{+}} = (I-T)^{-1}(P_{+} - TP_{-}), \qquad P_{\mathcal{L}_{-}} = (I-T)^{-1}(P_{-} - TP_{+}) \tag{8.18}$$

其中，$P_{\pm} = \dfrac{1}{2}(I \pm \mathcal{P})$为$\mathfrak{H}_{\pm}$上的正交投影算子。

如果$\mathcal{L}$的子空间与其$\mathcal{L}^{[\perp]}$正交补集重合，则称$\mathfrak{H}$的子空间$\mathcal{L}$为超极大中性。也就是说，$\mathcal{L} = \mathcal{L}^{[\perp]}$。设$\mathcal{L}$是 Krein 空间$(\mathfrak{H}, [\cdot,\cdot])$的一个超极大中性子空间，那么它的对偶子空间$\mathcal{P}\mathcal{L}$也是超极大中性的。子空间$\mathcal{L}$和$\mathcal{P}\mathcal{L}$与初始内积$(\cdot,\cdot)$正交(因为对于任何$f, g \in \mathcal{L}$，由于$(\mathcal{P}f, g) = [f, g] = 0$)，并且该空间$\mathfrak{H}$可以被分解为

$$\mathfrak{H} = \mathcal{L} \oplus \mathcal{P}\mathcal{L}^{②} \tag{8.19}$$

式(8.19)分解完全由下式的算子决定：

$$\mathcal{R}(f + \mathcal{P}g) = f - \mathcal{P}g, \qquad f, g \in \mathcal{L}$$

可以验证$\mathcal{R}$是$(\mathfrak{H}, (\cdot,\cdot))$中的基本对称，并且它与$\mathcal{P}$反交换。结果证明式(8.19)的分解在具有不定度量$[f, g]_{\mathcal{R}} \equiv (\mathcal{R}f, g)$的新 Krein 空间$(\mathfrak{H}, [\cdot,\cdot]_{\mathcal{R}})$中是基本的(见式(8.12))。原始基本分解式(8.13)被转换为新 Krein 空间$(\mathfrak{H}, [\cdot,\cdot]_{\mathcal{R}})$中超极大中性子空间(8.19)的正交和。

例 8.2　Krein 空间$(L_2(\mathbb{R}), (\cdot,\cdot)_{\mathcal{PT}})$。空间反射算子$\mathcal{P}f(x) = f(-x)$是希尔伯特空间$\mathfrak{H} = L_2(\mathbb{R})$与式(8.2)内积基本对称的一个例子。$\mathcal{PT}$内积[3](8.1)与不定度量(8.12)重合，空间$(L_2(\mathbb{R}), (\cdot,\cdot)_{\mathcal{PT}})$具有以下形式：

---

① “强收缩”表示$\|Tf\| < \|f\|$，$f \neq 0$。

② 符号$\oplus$表示希尔伯特空间中的正交性。

③ 这个不定内积保留了传统的符号$(\cdot,\cdot)_{\mathcal{PT}}$。

$$L_2(\mathbb{R}) = L_2^{\text{even}}(\mathbb{R}) \oplus L_2^{\text{odd}}(\mathbb{R}) \tag{8.20}$$

其中，$L_2^{\text{even}}(\mathbb{R})$和$L_2^{\text{odd}}(\mathbb{R})$是$L_2(\mathbb{R})$中偶函数和奇函数的子空间。

做如下记号：$\mathcal{R}f(x) = (\operatorname{sgn} x)f(x), f \in L_2(\mathbb{R})$。算子$\mathcal{R}$是$L_2(\mathbb{R})$中的基本对称，它与$\mathcal{P}$反交换。算子集合$T_\varepsilon = \varepsilon\mathcal{R}, |\varepsilon| < 1$是一个转换算子的例子。根据式(8.16)，子空间：

$$\mathcal{L}_+^\varepsilon = (I + \varepsilon\mathcal{R})L_2^{\text{even}}(\mathbb{R})\text{和}\mathcal{L}_-^\varepsilon = (I + \varepsilon\mathcal{R})L_2^{\text{odd}}(\mathbb{R})$$

是最大一致正值和最大一致负值。子空间$\mathcal{L}_\pm^\varepsilon(\varepsilon \to -1)$的极限与相同的超极大中性子空间$\mathcal{L} = (I + \mathcal{R})L_2(\mathbb{R})$一致。类似地，如果$\varepsilon \to -1$，则$\mathcal{L}_\pm^\varepsilon$“倾向于”对偶超极大中性子空间$\mathcal{PL} = (I - \mathcal{R})L_2(\mathbb{R})$。

例 8.3 Krein 空间$(L_2(\Gamma), (\cdot,\cdot)_{\mathcal{PT}})$。设$\eta(x)$是$\mathbb{R}$上的实值可微函数，使得对于所有$x \in \mathbb{R}$，$\eta'(x) < C$。该函数$\eta(\cdot)$在复平面中定义了轮廓：

$$\Gamma = \{\xi(x) = x + \mathrm{i}\eta(x): x \in \mathbb{R}\} \tag{8.21}$$

沿Γ的线积分定义为

$$\int_\Gamma \mathrm{d}\xi f(\xi) = \int_{\mathbb{R}} \mathrm{d}x f\big(\xi(x)\big)|\xi'(x)| = \int_{\mathbb{R}} \mathrm{d}x f\big(\xi(x)\big)\sqrt{1 + \eta'^2(x)}$$

令$C_0(\Gamma)$为沿Γ连续且紧支的复值函数集。希尔伯特空间$L_2(\Gamma)$是$C_0(\Gamma)$关于范数的完备性：

$$\|f\|_1^2 = \int_\Gamma \mathrm{d}\xi|f(\xi)|^2 = \int_{\mathbb{R}} \mathrm{d}x\big|f\big(\xi(x)\big)\big|^2\sqrt{1 + \eta'^2(x)}$$

这个范数相当于

$$\|f\|^2 = \int_{\mathbb{R}} \mathrm{d}x\big|f\big(\xi(x)\big)\big|^2$$

上式成立是因为在$x \in \mathbb{R}$的全域内，$1 \leqslant \sqrt{1 + \eta'^2(x)} \leqslant \sqrt{1 + C^2}$。因此，范数被视为$L_2(\Gamma)$的原始范数并不重要。为简单起见，使用$\|\cdot\|$，那么，$L_2(\Gamma)$的原始内积为

$$(f, g) = \int_{\mathbb{R}} \mathrm{d}x f^*\big(\xi(x)\big)g\big(\xi(x)\big)$$

如果取式(8.21)中的函数$\eta(x)$为偶数，$\eta(x) = \eta(-x)$，那么轮廓Γ相对于虚轴具有镜像对称性，记作$\mathcal{P}f(z) = f(-z^*), z \in \mathbb{C}$。$\mathcal{P}$对$L_2(\Gamma)$的限制确定了$L_2(\Gamma)$中基本对称的算子。事实上，条件$\mathcal{P}^2 = I$是微不足道的。因为$\eta(x)$是偶数，沿$\Gamma$有$z = \xi(x) = x + \mathrm{i}\eta(x)$和$-z^* = -x + \mathrm{i}\eta(x) = -x + \mathrm{i}\eta(-x) = \xi(-x)$。所以，

$$(\mathcal{P}f, \mathcal{P}g) = \int_{\mathbb{R}} \mathrm{d}x f^*\big(\xi(-x)\big)g\big(\xi(-x)\big) = \int_{\mathbb{R}} \mathrm{d}x' f^*\big(\xi(x')\big)g\big(\xi(x')\big) = (f, g)$$

根据式(8.11)，$\mathcal{P}$是希尔伯特空间$L_2(\Gamma)$中的基本对称。

基本对称$\mathcal{P}$在$L_2(\Gamma)$中生成不定内积(8.12)，称为$\mathcal{PT}$内积(见式(8.1))：

$$(f, g)_{\mathcal{PT}} = (\mathcal{P}f, g) = \int_{\mathbb{R}} \mathrm{d}x\big[\mathcal{PT}f\big(\xi(x)\big)\big]g\big(\xi(x)\big), \quad f, g \in L_2(\Gamma)$$

具有$\mathcal{PT}$内积的希尔伯特空间$L_2(\Gamma)$是 Krein 空间$(L_2(\Gamma),(\cdot,\cdot)_{\mathcal{PT}})$。

8.3.2　$\mathcal{C}$算子的定义

给定一个最大的正子空间$\mathcal{L}_+$，它的$\mathcal{P}$正交补$\mathcal{L}_- = \mathcal{L}_+^{[\perp]}$是一个最大的负子空间，可以考虑由式(8.15)定义的稠密集$\mathcal{D}$。每个向量$f \in \mathcal{D}$允许分解成$f = f_{\mathcal{L}_+} + f_{\mathcal{L}_-}$。其中，$f_{\mathcal{L}_\pm} \in f_{\mathcal{L}_\pm}$与$\mathcal{P}$正交直和(8.15)关联的算子$\mathcal{C}$定义如下：

$$\mathcal{C}f = \mathcal{C}\left(f_{\mathcal{L}_+} + f_{\mathcal{L}_-}\right) = f_{\mathcal{L}_+} - f_{\mathcal{L}_-} \tag{8.22}$$

备注 8.2　使用最大非负子空间$\mathcal{L}_+$无法正确定义算子$\mathcal{C}$。非负子空间包含各向同性向量至关重要。因此，存在普通分量$\mathcal{L}_+ \cap \mathcal{L}_- \neq \{0\}$，并且代数和$\mathcal{L}_+ + \mathcal{L}_-$在$\mathfrak{H}$上是非稠密的。

Krein 空间$(\mathfrak{H},[\cdot,\cdot])$中的算子集合$\mathcal{C}$与所有可能的$\mathcal{P}$正交直和集合(8.15)一一对应。如果给定$\mathcal{C}$，则式(8.15)中对应的极大定子空间$\mathcal{L}_\pm$由下式获取：

$$\mathcal{L}_\pm = \frac{1}{2}(I \pm \mathcal{C})\mathcal{D} \tag{8.23}$$

算子$\mathcal{C}$是$\mathfrak{H}$中的一个闭合算子(参见文献[29]中的引理 6.2.2)。

命题 8.1　当且仅当式(8.15)中对应的子空间$\mathcal{L}_\pm$是极大一致定的，算子$\mathcal{C}$是有界的。

证明：如果$\mathcal{L}_\pm$是极大一致定子空间，则$\mathcal{L}_+[\dotplus]\mathcal{L}_- = \mathfrak{H}$。因此，在整个空间$\mathfrak{H}$上，闭合算子$\mathcal{C}$能确定。这意味着$\mathcal{C}$是有界的。如果$\mathcal{C}$是有界的，那么它的域$\mathcal{D}$与$\mathfrak{H}$(因为$\mathcal{C}$是封闭的)重合。所以，直和(8.15)是$\mathfrak{H}$的分解。这仅在$\mathcal{L}_\pm$是最大一致定的情况下才有可能。

命题 8.2　让$\mathcal{C}$与$\mathcal{P}$正交直和(8.15)相关联，然后它的伴随$\mathcal{C}^\dagger$由对偶直和(8.17)确定。

证明：证明基于对应转换算子$\mathcal{T}$的$\mathcal{C}$表达式，即

$$\mathcal{C} = P_{\mathcal{L}_+} - P_{\mathcal{L}_-} = (I - T)^{-1}(I + T)\mathcal{P} \tag{8.24}$$

它直接来自式(8.14)、式(8.18)和式(8.22)。作为式(8.24)的结果，$\mathcal{C}$的伴随形式如下：

$$\mathcal{C}^\dagger = \mathcal{P}(I + T)(I - T)^{-1} = (I - T)(I + T)^{-1}\mathcal{P} = (I + T)^{-1}(I - T)\mathcal{P}$$

这意味着，通过转换算子$-T$替换T，$\mathcal{C}$由式(8.24)确定。转换算子$-T$对应对偶直和(8.17)，因此$\mathcal{C}$由式(8.17)确定。

证明结束。

通过式(8.22)来定义$\mathcal{C}$并不总是方便，因为它要求先获得$\mathcal{L}_\pm$。对式(8.24)的补充分析可以得出以下定理。

定理 8.1　下列陈述是等价的：

(1) 算子$\mathcal{C}$由通过式(8.22)的直和(8.15)确定；

(2) 算子$\mathcal{C}$的形式为$\mathcal{C} = \mathrm{e}^{\mathcal{Q}}\mathcal{P}$，其中$\mathcal{Q}$是$(\mathfrak{H},(\cdot,\cdot))$的厄米算子，使得$\mathcal{P}\mathcal{Q} = -\mathcal{Q}\mathcal{P}$；

(3) $\mathcal{C}$是$\mathfrak{H}$中的一个算子，使得对于所有$f \in \mathcal{D}(\mathcal{C})$，$\mathcal{C}^2 f = f$和$\mathcal{C}\mathcal{P}$是一个正厄米算子。

文献[340, 131, 29]研究了特例，即定理 8.1(1)～(3)条之间的各种关系。

在下文中，使用定理 8.1(1)～(3)条作为算子$\mathcal{C}$的等价定义。这意味着每个算子$\mathcal{C}$具有形式

$\mathcal{C}=\mathrm{e}^{\mathcal{Q}}\mathcal{P}$，并且，当直和(8.15)做特殊选择时，算子$\mathcal{C}$可以由式(8.22)确定。找出从基本解(8.13)到式(8.15)转换T的算子与厄米算子$\mathcal{Q}$之间的关系。由式(8.24)得到：

$$\mathrm{e}^{\mathcal{Q}}=(I-T)^{-1}(I+T)$$

并且，经过简单的操作，得到$T=\left(\mathrm{e}^{\mathcal{Q}}-I\right)\left(\mathrm{e}^{\mathcal{Q}}+I\right)^{-1}$。因此，

$$T=\left(\mathrm{e}^{\frac{\mathcal{Q}}{2}}-\mathrm{e}^{-\frac{\mathcal{Q}}{2}}\right)\left(\mathrm{e}^{\frac{\mathcal{Q}}{2}}+\mathrm{e}^{-\frac{\mathcal{Q}}{2}}\right)^{-1}=\frac{\sinh\frac{\mathcal{Q}}{2}}{\cosh\frac{\mathcal{Q}}{2}}=\tanh\frac{\mathcal{Q}}{2} \tag{8.25}$$

例 8.4 Krein 空间$(\mathbb{C}^2,[\cdot,\cdot])$中$\mathcal{C}$的一般形式。矩阵算子$\mathcal{P}=\begin{bmatrix}0&1\\1&0\end{bmatrix}$是希尔伯特空间$\mathbb{C}^2$中的基本对称，具有普通内积$(X,Y)=x_1^*y_1+x_2^*y_2$，其中$X=(x_1,x_2)^t$和$Y=(y_1,y_2)^t$。相应的不定度量是

$$(X,Y)=(\mathcal{P}X,Y)=x_2^*y_1+x_1^*y_2 \qquad (x_i,y_i\in\mathbb{C})$$

并且 Krein 空间$(\mathbb{C}^2,[\cdot,\cdot])$的基本分解式(8.13)具有形式$\mathbb{C}^2=\mathfrak{H}_+\oplus\mathfrak{H}_-$，其中，

$$\mathfrak{H}_+=\{X_+=(x,x)^t:x\in\mathbb{C}\},\qquad \mathfrak{H}_-=\{X_-=(x,-x)^t:x\in\mathbb{C}\}$$

根据定理 8.1(2)，在$(\mathbb{C}^2,[\cdot,\cdot])$中起作用的每个算子$\mathcal{C}$都具有形式$\mathcal{C}=\mathrm{e}^{\mathcal{Q}}\mathcal{P}$，其中$\mathcal{Q}$是$\left(\mathbb{C}^2,(\cdot,\cdot)\right)$中与$\mathcal{P}$反交换的厄米算子。算子$\mathcal{Q}$是一个$2\times2$可分解矩阵：

$$\mathcal{Q}=q_0\sigma_0+q_1\sigma_1+q_2\sigma_2+q_3\sigma_3,\qquad q_j\in\mathbb{C} \tag{8.26}$$

其中，$\sigma_0=\begin{bmatrix}1&0\\0&1\end{bmatrix}$，$\sigma_1=\begin{bmatrix}0&1\\1&0\end{bmatrix}$，$\sigma_2=\begin{bmatrix}0&-\mathrm{i}\\\mathrm{i}&0\end{bmatrix}$，$\sigma_3=\begin{bmatrix}1&0\\0&-1\end{bmatrix}$为泡利矩阵。$\mathcal{Q}$的厄米性意味着式(8.26)中的所有系数$q_j$都是实数。用$\mathcal{P}=\sigma_1$反交换$\mathcal{Q}$得出$q_0=q_1=0$(因为$\sigma_j\sigma_k=-\sigma_k\sigma_j,j\neq k,\sigma_j^2=\sigma_0$)。因此，

$$\mathcal{Q}=q_2\sigma_2+q_3\sigma_3=\rho(\cos\xi\sigma_2+\sin\xi\sigma_3)=\rho Z$$

其中，$\rho=\sqrt{q_2^2+q_3^2},\cos\xi=\dfrac{q_2}{\sqrt{q_2^2+q_3^2}},\sin\xi=\dfrac{q_3}{\sqrt{q_2^2+q_3^2}}$，且

$$Z=\cos\xi\sigma_2+\sin\xi\sigma_3$$

是希尔伯特空间$\left(\mathbb{C}^2,(\cdot,\cdot)\right)$中的基本对称(因为$\sigma_2\sigma_3=-\sigma_3\sigma_2$)。因此，作用于 Krein 空间$(\mathbb{C}^2,[\cdot,\cdot])$的每个算子$\mathcal{C}$都由下式决定：

$$\begin{aligned}\mathcal{C}=\mathrm{e}^{\mathcal{Q}}\mathcal{P}=\mathrm{e}^{\rho Z}\mathcal{P}&=(\cosh\rho\sigma_0+\sinh\rho Z)\mathcal{P}\\&=\cosh\rho\sigma_1+\sinh\rho\,(\cos\xi\sigma_2\sigma_1+\sin\xi\sigma_3\sigma_1)\\&=\cosh\rho\sigma_1+\mathrm{i}\sinh\rho\sin\xi\sigma_2-\mathrm{i}\sinh\rho\cos\xi\sigma_3\\&=\begin{bmatrix}-\mathrm{i}\sinh\rho\cos\xi&\cosh\rho+\sinh\rho\sin\xi\\\cosh\rho-\sinh\rho\sin\xi&\mathrm{i}\sinh\rho\cos\xi\end{bmatrix}\end{aligned} \tag{8.27}$$

在$\left(\mathbb{C}^2,(\cdot,\cdot)\right)$中，$\mathcal{P}$是任意基本对称下对$\mathcal{C}$的类似描述，请参见文献[29]。

8.3.3　有界和无界算子$\mathcal{C}$

有界和无界算子$\mathcal{C}$的性质有本质区别[29,131]。特别地，如果$\mathcal{C}$是有界的，它的频谱由特征值$\{-1，1\}$组成，但如果$\mathcal{C}$是无界的，它的频谱有额外的连续部分$\mathbb{C}\backslash\{-1，1\}$。连续谱的出现与$\mathcal{C}$的固有结构无关，而是表明底层希尔伯特空间$(\mathfrak{H},(\cdot,\cdot))$选择不当。

如果$\mathcal{C}$是有界的，则$\mathcal{C}=\mathrm{e}^{\mathcal{Q}}\mathcal{P}$，其中$\mathcal{Q}$是与$\mathcal{P}$反交换的有界厄米算子。式(8.15)中的子空间$\mathcal{L}_\pm$在 Krein 空间$(\mathfrak{H},[\cdot,\cdot])$中是极大一致定的。直和(8.15)给出了整个空间的分解：

$$\mathfrak{H}=\mathcal{L}_+[\dot{+}]\mathcal{L}_- \tag{8.28}$$

给定的不定内积$[\cdot,\cdot]$，在希尔伯特空间$(\mathfrak{H},(\cdot,\cdot))$中生成无限多个等价内积$(\cdot,\cdot)_\mathcal{C}$，由有界算子$\mathcal{C}$确定：

$$(\cdot,\cdot)_\mathcal{C}=[\mathcal{C}\ \cdot,\cdot]=(\mathcal{PC}\ \cdot,\cdot)=[\mathcal{P}\mathrm{e}^{\mathcal{Q}}\mathcal{P}\ \cdot,\cdot]=\left(\mathrm{e}^{-\mathcal{Q}}\ \cdot,\cdot\right) \tag{8.29}$$

当$\mathcal{C}=\mathcal{P}$，原始内积$(\cdot,\cdot)$与$(\cdot,\cdot)_\mathcal{C}$一致，且式(8.28)的子空间$\mathcal{L}_\pm$与新内积$(\cdot,\cdot)_\mathcal{C}$相互正交。$\mathcal{C}$算子在希尔伯特空间$(\mathfrak{H},(\cdot,\cdot))$基本对称。$\mathcal{C}$算子确定原始 Krein 空间$(\mathfrak{H},[\cdot,\cdot])$，通过式(8.12)类推得到下式：

$$(\mathcal{C}f,g)_\mathcal{C}=[\mathcal{C}^2f,g]=[f,g]\quad(f,g\in\mathfrak{H})$$

如果$\mathcal{C}$是无界的，那么$\mathcal{C}=\mathrm{e}^{\mathcal{Q}}\mathcal{P}$，其中$\mathcal{Q}$是$\mathfrak{H}$中的无界厄米算子，它与$\mathcal{P}$反交换。式(8.15)中的子空间$\mathcal{L}_\pm$在$(\mathfrak{H},[\cdot,\cdot])$中是极大定的，直和(8.15)确定了一个$\mathfrak{H}$的稠密子集$\mathcal{D}$，其取决于$\mathcal{L}_\pm$的选择。式(8.29)确定了在各种集合$\mathcal{D}=\mathcal{D}(\mathcal{C})$上定义的无限多个不等价内积$(\cdot,\cdot)_\mathcal{C}$，赋予内积$(\cdot,\cdot)_\mathcal{C}$的线性空间$\mathcal{D}$是前希尔伯特空间，因为$(\cdot,\cdot)_\mathcal{C}$和$(\cdot,\cdot)$不等价。含$(\cdot,\cdot)_\mathcal{C}$的$\mathcal{D}$的完整空间$\mathfrak{H}_\mathcal{C}$与$\mathfrak{H}$不重合①。希尔伯特空间$(\mathfrak{H},(\cdot,\cdot)_\mathcal{C})$有分解：

$$\mathfrak{H}_\mathcal{C}=\hat{\mathcal{L}}_+\oplus_\mathcal{C}\hat{\mathcal{L}}_- \tag{8.30}$$

其中，相互正交的②子空间$\hat{\mathcal{L}}_\pm$是关于$(\cdot,\cdot)_\mathcal{C}$的$\mathcal{L}_\pm$完整空间。分解式(8.30)产生具有不定内积的新 Krein 空间$(\mathfrak{H}_\mathcal{C},[\cdot,\cdot])$，新内积如下：

$$[f,g]=\left(f_{\hat{\mathcal{L}}_+},g_{\hat{\mathcal{L}}_+}\right)_\mathcal{C}-\left(f_{\hat{\mathcal{L}}_-},g_{\hat{\mathcal{L}}_-}\right)_\mathcal{C},\quad f=f_{\hat{\mathcal{L}}_+}+f_{\hat{\mathcal{L}}_-},\qquad g=g_{\hat{\mathcal{L}}_+}+g_{\hat{\mathcal{L}}_-}$$

其在，$\mathcal{D}$上与原始的不定内积$[\cdot,\cdot]$重合。

8.3.4　具有$\mathcal{C}$对称性的线性算子

定义 8.1　如果存在定理 8.1 中描述性质的算子$\mathcal{C}$，则$\mathfrak{H}$中的稠密算子 H 具有$\mathcal{C}$对称性。于是有下式：

$$H\mathcal{C}f=\mathcal{C}Hf,\quad\forall f\in\mathcal{D}(H) \tag{8.31}$$

交换恒等式(8.31)需要额外的解释，因为$\mathcal{C}$可能是无界的。准确地说，如果满足式(8.31)，则

---

① 另有分析表明，$\mathfrak{H}\cap\mathfrak{H}_\mathcal{C}$与域$\mathcal{D}(\mathrm{e}^{-\mathcal{Q}/2})$一致。

② 关于内积$(\cdot,\cdot)_\mathcal{C}$。

$$\mathcal{D}(\mathcal{C}) \supset \mathcal{D}(H), \qquad \mathcal{C}: \mathcal{D}(H) \to \mathcal{D}(H), \qquad H: \mathcal{D}(H) \to \mathcal{D}(\mathcal{C})$$

如果$\mathcal{C}$是有界算子，则第一和第三关系式微不足道，因为$\mathcal{D}(\mathcal{C}) = \mathfrak{H}$。总之，$H$ 的$\mathcal{C}$对称性质意味着，存在一个$\mathcal{P}$正交直和(8.15)将算子 H分解为

$$H = H_+ \dotplus H_-, \qquad \mathcal{D}(H) = \mathcal{D}(H_+) \dotplus \mathcal{D}(H_-), \qquad \mathcal{D}(H_\pm) \subset \mathcal{L}_\pm$$

操作符$H_\pm$: $\mathcal{D}(H_\pm) \to \mathcal{L}_\pm$在空间$\mathcal{L}_\pm$有效。

如果对应的算子$\mathcal{C}$是有界(无界)，则 H具有有界(无界)$\mathcal{C}$对称性。

命题 8.3 设H是希尔伯特空间$(\mathfrak{H}, (\cdot,\cdot))$中的闭合算子，其中，非空解析集$\rho(H) \neq \emptyset$。那么$H$可能只有有界$\mathcal{C}$对称的性质。

证明：设闭合算子 H具有$\mathcal{C}$对称性。然后算子$H - \lambda I$与$\mathcal{C}$和$\mathcal{D}(\mathcal{C}) \supseteq \mathcal{R}(H - \lambda I) = \mathfrak{H}$交换，其中$\lambda \in \rho(H)$。因此，$\mathcal{C}$是一个有界算子。

证明完毕。

如果$\mathcal{C}$是无界的，则新的内积$(\cdot,\cdot)_\mathcal{C}$不等于原始内积$(\cdot,\cdot)$。因此，如果新希尔伯特空间$(\mathfrak{H}_\mathcal{C}, (\cdot,\cdot)_\mathcal{C})$中的 H不等价新内积$(\cdot,\cdot)_\mathcal{C}$，希尔伯特空间$(\mathfrak{H}, (\cdot,\cdot))$中的算子 H(其中$\rho(H) \neq \emptyset$)不能保持原始闭合。由于这个原因，无界$\mathcal{C}$对称的性质更适合可闭合(但不是闭合)算子的情况。

备注 8.3 命题8.3中的条件$\rho(H) \neq \emptyset$至关重要。事实上，每个无界算子$H = \mathcal{C}$都是封闭的，其谱与$\mathcal{C}$重合。因此，H具有无界$\mathcal{C}$对称性。

8.3.5 $\mathcal{P}$对称和$\mathcal{P}$厄米算子

设 H作用于 Krein 空间$(\mathfrak{H}, [\cdot,\cdot])$。用不定内积$[\cdot,\cdot]$计算的 H伴随称为$\mathcal{P}$伴随，用H^+表示。当且仅当存在向量$\gamma \in \mathfrak{H}$，则$g \in \mathfrak{H}$限于主域$\mathcal{D}(H^+)$，于是存在恒等式：

$$[Hf, g] = [f, \gamma] \tag{8.32}$$

该式对所有$f \in \mathcal{D}(H)$成立。如果$g \in \mathcal{D}(H^+)$，则$H^+ g = \gamma$，其中γ由式(8.32)唯一确定。所以

$$[Hf, g] = [f, H^+ g], \qquad f \in \mathcal{D}(H), g \in \mathcal{D}(H^+)$$

伴随算子$H^\dagger$和$\mathcal{P}$之间的简单关系可由式(8.8)、式(8.12)和式(8.32)导出：

$$H^+ = \mathcal{P} H^\dagger \mathcal{P} \tag{8.33}$$

如果有$H \subset H^+$或等价方式，则称H为$\mathcal{P}$对称，有下式：

$$[Hf, g] = [f, Hg], \qquad f, g \in \mathcal{D}(H) \tag{8.34}$$

式(8.34)表明任何$\mathcal{P}$对称算子H是关于不定内积$[\cdot,\cdot]$对称的，即H在 Krein 空间$(\mathfrak{H}, [\cdot,\cdot])$中是对称的。

如果$H = H^+$，则称算子H是$\mathcal{P}$厄米的，这意味着H在 Krein 空间$(\mathfrak{H}, [\cdot,\cdot])$中是厄米的。根据式(8.33)，$H$是$\mathcal{P}$厄米的，当且仅当下式成立：

$$\mathcal{P} H = H^\dagger \mathcal{P} \tag{8.35}$$

或等效地，如果$\mathcal{P}H$在希尔伯特空间$(\mathfrak{H}, (\cdot,\cdot))$中是厄米的。

由$\mathcal{P}$正交直和(8.15)确定的算子$\mathcal{C}$是$\mathcal{P}$厄米的。事实上，根据定理 8.1，算子$\mathcal{PC} = \mathcal{P}\mathrm{e}^{\mathcal{Q}}\mathcal{P} = \mathrm{e}^{-\mathcal{Q}}\mathcal{P}^2 = \mathrm{e}^{-\mathcal{Q}}$是厄米的。因此，$\mathcal{C}$是$\mathcal{P}$厄米的。

如果它们是有界的，则$\mathcal{P}$厄米和$\mathcal{P}$对称算子是等价的。更一般的情况，$\mathcal{P}$厄米的算子是$\mathcal{P}$对称的，但反之则不然。$\mathcal{P}$厄米算子 H的谱可能是复数并且谱关于实线对称，即$\lambda \in \sigma(H) \Leftrightarrow \lambda^* \in \sigma(H)$。类比希尔伯特空间的情况，如果 H的闭包$\overline{H}$是$\mathcal{P}$厄米算子①，则算子H在 Krein 空间$(\mathfrak{H}, [\cdot,\cdot])$中本质上是厄米的，等效于 H本质上是$\mathcal{P}$厄米的。

命题 8.4 $\mathcal{P}$对称算子H本质上是$\mathcal{P}$厄米的，当且仅当集合$\mathcal{R}(\mathcal{P}H + iI)$和$\mathcal{R}(\mathcal{P}H - iI)$在$(\mathfrak{H}, (\cdot,\cdot))$空间中稠密。

证明：在 Krein$(\mathfrak{H}, [\cdot,\cdot])$中，一个算子 H本质上是厄米的，当且仅当算子$\mathcal{P}H$在希尔伯特空间$(\mathfrak{H}, (\cdot,\cdot))$中本质上是厄米的。根据引理 8.1，后一个描述等价于$\mathcal{R}(\mathcal{P}H \pm iI)$在$\mathfrak{H}$中是稠密的。

命题 8.5 如果$\mathcal{P}$对称算子 H的实特征值λ不是半单的，则核子空间$\ker(H - \lambda I)$是退化的。

证明：如果λ不是半单的，则$m_\lambda^a > m_\lambda^g$。因此，存在$H$的根向量$f$和特征向量$g$使得$(H - \lambda I)f = g$。对于任何$\gamma \in \ker(H - \lambda I)$，有下式：

$$[g,\gamma] = [(H - \lambda I)f,\gamma] = [Hf,\gamma] - \lambda[f,\gamma] = [f,H\gamma] - \lambda[f,\gamma] = 0$$

因此，$g[\perp]\ker(H - \lambda I)$，且$g$是$\ker(H - \lambda I)$的各向同性向量。

命题 8.6 如果λ是$\mathcal{P}$对称算子 H的非实特征值，则核子空间$\ker(H - \lambda I)$是中性的(因而退化)。

证明：设$f \in \ker(H - \lambda I)$，其中$\lambda$是非实数。有下式：

$$\lambda[f,f] = [f,\lambda f] = [f,Hf] = [Hf,f] = [\lambda f,f] = \lambda^*[f,f]$$

上式仅当$[f,f] = 0$时才成立。

命题 8.5 和命题 8.6 表明，$\mathcal{P}$对称算子H的核子空间$\ker(H - \lambda I)$的各向同性特征向量的存在，意味着要么特征值λ是非实数，要么λ是实数，但不是半单的(即与λ相关的根向量形成一个约当链)。

命题 8.7(参见文献[160]中的定理 2.5) 令H为$\mathcal{P}$对称算子。如果λ和μ是 H 的特征值，则$\lambda \neq \mu^*$，于是根子空间$\mathcal{L}_\lambda(H)$和$\mathcal{L}_\mu(H)$是$\mathcal{P}$正交的。

证明：如果$f \in \mathcal{L}_\lambda(H)$和$g \in \mathcal{L}_\mu(H)$，则

$$(H - \lambda I)^r f = 0,\ (H - \mu I)^s g = 0 \qquad (r,s \in \mathbb{N}) \tag{8.36}$$

为了完成证明，只要证明式(8.36)，就意味着$[f,g] = 0$。设$r = s = 1$，需要f和g的$\mathcal{P}$正交满足等式$\lambda[g,f] = [g,\lambda f] = [g,Hf] = [Hg,f] = [\mu g,f] = \mu^*[g,f]$。假设式(8.36)意味着$[f,g] = 0, r + s < n(n \geqslant 2)$，$[f,g] = 0, r + s = n$得证。为此，做如下表示：$f_1 = (H - \lambda I)f$和$g_1 = (H - \mu I)g$。于是，$(H - \lambda I)^{r-1}f_1 = (H - \mu I)^{s-1}g_1 = 0$。因此，假设$[f,g_1] = [f_1,g] = [f_1,g_1] = 0$，得到：

$$\lambda[g,f] = [g,Hf - f_1] = [g,Hf] = [Hg,f] = [\mu g + g_1,f] = \mu^*[g,f]$$

① 相关的初始内积$(\cdot,\cdot)$。

上式只有在$[f,g]=0$才可能成立。

证明完毕。

根据命题 8.7，与$\mathcal{P}$对称算子的非实特征值对应的任何根子空间都是中性的(参见命题 8.6)。这个结论对实特征值不成立。

命题 8.8 设$\mathcal{P}$对称算子 H有一组完备特征向量集$\{f_n\}$，其对应实数特征值λ_n，那么所有的特征值λ_n都是半单的。

证明：假设特征值$\lambda\in\{\lambda_n\}$不是半单的，那么$\ker(H-\lambda I)$至少包含一个各向同性向量f(命题 8.5)。根据命题 8.7，向量$g=\mathcal{P}f$与所有特征向量$\{f_n\}$正交。

因此，g=0(因为$\{f_n\}$是完备的，见例 8.1 定义)，这与各向同性向量f的存在矛盾。

例 8.5 Krein 空间$(\mathbb{C}^2,[\cdot,\cdot])$中的$\mathcal{P}$厄米算子。假设$(\mathbb{C}^2,[\cdot,\cdot])$是例 8.4 中定义的 Krein 空间，根据式(8.35)，矩阵算子$H=\begin{bmatrix}a & b\\ c & d\end{bmatrix}$是$\mathcal{P}$厄米的，有下式：

$$\begin{bmatrix}0 & 1\\ 1 & 0\end{bmatrix}\begin{bmatrix}a & b\\ c & d\end{bmatrix}=\begin{bmatrix}a^* & c^*\\ b^* & d^*\end{bmatrix}\begin{bmatrix}0 & 1\\ 1 & 0\end{bmatrix}$$

如果$a=d^*$且b、c为实数，则获得的等式成立。$\mathcal{P}$厄米的$H=\begin{bmatrix}a & b\\ c & a^*\end{bmatrix}$的特征值是多项式的根：

$$\det(H-\lambda I)=\lambda^2-\lambda\mathrm{Tr}(H)+\det(H)=0$$

其中，$\mathrm{Tr}(H)=a+a^*$和 $\det(H)=|a|^2-bc$是实数，特征值为

$$\lambda_\pm=\frac{1}{2}\mathrm{Tr}(H)\pm\sqrt{\Delta}=\mathrm{Re}(a)\pm\sqrt{\Delta}$$

其中，$\Delta=[\mathrm{Tr}(H)]^2/4-\det(H)=bc-[\mathrm{Im}(a)]^2$。

如果$\Delta>0$，则 H有两个实特征值$\lambda_\pm$，相应的特征向量为

$$X_+=\left[b,\sqrt{\Delta}-\mathrm{i}\mathrm{Im}(a)\right]^t,\qquad X_-=\left[-b,\sqrt{\Delta}+\mathrm{i}\mathrm{Im}(a)\right]^t$$

这两个特征向量是$\mathcal{P}$正交，且$[X_\pm,X_\pm]=\pm b\sqrt{\Delta}$。注意，$b\neq 0$。事实上，如果$b=0$，那么$\Delta=-[\mathrm{Im}a]^2$，这是不可能的，因为$\Delta>0$。因此，$X_\pm$是正/负向量，取决于$b$的符号。

如果$\Delta<0$，那么 H有两个非实数特征值$\lambda_\pm=\mathrm{Re}(a)\pm\mathrm{i}\sqrt{|\Delta|}$。对应的特征项$X_\pm$是中性的。两个特征向量非$\mathcal{P}$正交。如果$b\neq 0$，则有下式：

$$X_+=\left[b,\mathrm{i}\sqrt{|\Delta|}-\mathrm{i}\mathrm{Im}(a)\right]^t,\qquad X_-=\left[-b,\mathrm{i}\sqrt{|\Delta|}+\mathrm{i}\mathrm{Im}(a)\right]^t$$

且$[X_+,X_-]=2b\mathrm{i}\sqrt{|\Delta|}\neq 0$。

如果$\Delta=0$，那么H有唯一实数特征值$\lambda=\mathrm{Re}(a)$。根子空间$\mathcal{L}_{\mathrm{Re}(a)}(H)$与$\mathbb{C}^2$重合。特征值$\mathrm{Re}(a)$是半单的，即$\ker(H-\mathrm{Re}(a)I)=\mathcal{L}_{\mathrm{Re}(a)}(H)$，当且仅当$H=aI$，其中$a\in\mathbb{R}$。对于其他情况，特征值$\mathrm{Re}(a)$有一个根向量的 Jordan 链，并且$\ker(H-\mathrm{Re}(a)I)$是退化的(见命题 8.5)。

8.3.6　$\mathcal{P}$厄米算子的$\mathcal{C}$对称性

设$\mathcal{P}$对称算子H具有$\mathcal{C}$对称性质，由式(8.29)和式(8.34)可得到下式：

$$(Hf,g)_{\mathcal{C}}=[\mathcal{C}Hf,g]=[H\mathcal{C}f,g]=[\mathcal{C}f,Hg]=(f,Hg)_{\mathcal{C}},\quad f,g\in\mathcal{D}(H)$$

因此，H是希尔伯特空间$(\mathfrak{H},(\cdot,\cdot)_{\mathcal{C}})$的对称算子。

如果H是$\mathcal{P}$厄米的，则它是封闭的，并且根据命题 8.3，对应的$\mathcal{C}$对称算子应该是有界的。这意味着内积$(\cdot,\cdot)_{\mathcal{C}}$等价于$(\cdot,\cdot)$，有$(\cdot,\cdot)_{\mathcal{C}}$的空间$\mathfrak{H}$是希尔伯特空间。

根据$\mathcal{P}$伴随算子的定义，H是$\mathcal{P}$厄米的，当且仅当对于任何一对元素g，γ满足式(8.32)，向量g属于$\mathcal{D}(H)$且$Hg=\gamma$。由于H具有$\mathcal{C}$对称性，算子$\mathcal{C}$将$\mathcal{D}(H)$映射到自身上①。因此，在主关系式(8.32)中用$\mathcal{C}f$代替f，它可以改写为

$$(Hf,g)_{\mathcal{C}}=(f,\gamma)_{\mathcal{C}},\qquad f\in\mathcal{D}(H)\tag{8.37}$$

因为$[H\mathcal{C}f,g]=[\mathcal{C}Hf,g]=(Hf,g)_{\mathcal{C}}$和$[\mathcal{C}f,\gamma]=(f,\gamma)_{\mathcal{C}}$。关系式(8.37)对于确定关于内积$(\cdot,\cdot)_{\mathcal{C}}$的伴随算子至关重要(见式(8.8))。$\mathcal{P}$厄米算子$H$同时是希尔伯特空间$(\mathfrak{H},(\cdot,\cdot)_{\mathcal{C}})$中的厄米算子。

> 总结：$\mathcal{P}$厄米（$\mathcal{P}$对称）算子H的$\mathcal{C}$对称性产生显式的新内积$(\cdot,\cdot)_{\mathcal{C}}$，确保$H$的厄米性（即对称性）。

该结论直接表明，$\mathcal{P}$厄米($\mathcal{P}$对称)算子的特征值的实数特性是$\mathcal{C}$对称性存在的必要条件。

下一个结果直接来自文献[29]中的定理 1.9 和命题 8.3。

定理 8.2　令 H是一个$\mathcal{P}$厄米算子，下述是等价的：

(1) H具有$\mathcal{C}$对称性；

(2) H是希尔伯特空间$\mathfrak{H}$中一个新内积(等价于$(\cdot,\cdot)$)的厄米算子；

(3) H与$\big(\mathfrak{H},(\cdot,\cdot)\big)$中的厄米算子类似②。

第(3)项可以通过使用相似性积分解析规则来验证(参见文献[429])。准确地说，$\mathcal{P}$厄米算子 H类似于厄米算子，当且仅当$\sigma(H)\subset\mathbb{R}$存在常数 M使得下式存在：

$$\sup_{\varepsilon>0}\varepsilon\int_{-\infty}^{\infty}\|(H-zI)^{-1}f\|^2\mathrm{d}\xi\leqslant M\|f\|^2,\quad\forall f\in\mathfrak{H}\tag{8.38}$$

其中，积分沿线$z=\xi+\mathrm{i}\varepsilon(\varepsilon>0)$。

作为定理 8.2 的结果，式(8.38)的$\mathcal{P}$厄米算子 H保证有界$\mathcal{C}$对称性。然而，这两个结果都没有解释如何构造相应的算子$\mathcal{C}$。

例 8.6　令$(\mathbb{C}^2,[\cdot,\cdot])$是例 8.4 中定义的 Krein 空间，而 H是例 8.5 中$\mathcal{P}$厄米的算子。在$\Delta>0$的情况下，算子 H有两个实特征值。不失一般性地假设$b>0$，那么X_+是 H的正特征向量，而X_-为负。Krein 空间$(\mathbb{C}^2,[\cdot,\cdot])$有如下分解：

$$\mathbb{C}^2=\mathcal{L}_+[\dot{+}]\mathcal{L}_-,\ \mathcal{L}_\pm=\mathrm{span}\{X_\pm\}\tag{8.39}$$

---

① 可映射，因为$\mathcal{C}^2=1$。

② 算子H类似于厄米算子A，如果它们有界且存在有界可逆算子Z，使得$ZA=HZ$。

与$\mathcal{P}$正交直和(8.39)相关联的$\mathcal{C}$算子与H互换，因为$X_{\pm}$是H的特征向量。因此，H与由式(8.39)确定的算子$\mathcal{C}$具有$\mathcal{C}$对称性。具体来说，算子$\mathcal{C} = [c_{ij}]$满足$\mathcal{C}X_+ = X_+$和$\mathcal{C}X_- = -X_-$。例 8.5 中，特征向量$X_{\pm}$的显式形式能够确定c_{ij}：

$$c_{11} = \mathrm{i}\frac{\mathrm{Im}(a)}{b}, \qquad c_{22} = -\mathrm{i}\frac{\mathrm{Im}(a)}{b}, \qquad c_{12} = \frac{b}{\sqrt{\varDelta}}, \qquad c_{21} = \frac{c}{\sqrt{\varDelta}}$$

将c_{ij}与例 8.4 中的$\mathcal{C}$矩阵进行比较，得出结论，算子$\mathcal{C}$由式(8.27)定义，其中参数ρ、ξ由下式确定：

$$\cosh\rho = \frac{b+c}{2\sqrt{\varDelta}}, \qquad \frac{b-c}{2}\cos\xi = -\mathrm{Im}(a)\sin\xi$$

$\mathcal{P}$厄米的算子H关于新内积$(\cdot,\cdot)_{\mathcal{C}}$厄米。

8.3.7 有界算子$\mathcal{C}$和 Riccati 方程

令H_0为$\mathfrak{H}$的$\mathcal{P}$厄米算子，它与基本对称$\mathcal{P}$互换，即$H_0\mathcal{P} = \mathcal{P}H_0$。令$V$是$\mathfrak{H}$的一个有界$\mathcal{P}$厄米算子，且与$\mathcal{P}$互换，$\mathcal{P}V = -V\mathcal{P}$。如果施加条件(8.35)，则$H_0$是厄米的，$V$是偏厄米的，即$V^{\dagger} = -V$。此外，算子表达式为

$$H = H_0 + V$$

该算子是$\mathcal{P}$厄米的。

H_0的对易和V与$\mathcal{P}$的反对易，允许将H重写为算子块矩阵：

$$H = \begin{bmatrix} H_+ & V_0 \\ V_1 & H_- \end{bmatrix}, \quad \mathcal{D}(H) = \mathcal{D}(H_+) \oplus \mathcal{D}(H_-) \tag{8.40}$$

与基本分解式(8.13)相关。这里，$H_{\pm} = \mathcal{P}_{\pm}H_0\mathcal{P}_{\pm}$是$\mathfrak{H}_{\pm}$中的厄米算子，$V_0 = \mathcal{P}_+V\mathcal{P}_-: \mathfrak{H}_- \to \mathfrak{H}_+$，$V_1 = \mathcal{P}_-V\mathcal{P}_+: \mathfrak{H}_+ \to \mathfrak{H}_-$是有界算子。

对于形式为式(8.40)的块算子矩阵H，关联算子 Riccati 方程可得：

$$KH_+ - H_-K + KV_0K = V_1 \tag{8.41}$$

其中，K是$\mathfrak{H}_+$和$\mathfrak{H}_-$线性算子映射。有界算子$K: \mathfrak{H}_+ \to \mathfrak{H}_-$称为算子 Riccati 方程的加强解，如果$K: \mathcal{D}(H_+) \to \mathcal{D}(H_-)$，得到下式：

$$KH_+f - H_-Kf + KV_0Kf = V_1f, \qquad f \in \mathcal{D}(H_+)$$

定理 8.3 $\mathcal{P}$厄米算子$H = H_0 + V$具有$\mathcal{C}$对称性，当且仅当 Riccati 方程(8.41)具有强解K，使得$\|K\| < 1$。

备注 8.4 文献[30](其中的定理 5.2)证明了强解K使H与厄米算子相似(等价于H有界，见定理 8.2)。文献[277](其中的定理 3.4)证明了其逆定理。

定理 8.3 中的有界算子$\mathcal{C}$是通过直和(8.15)确定的，其特征是有转换算子$T = KP_+ + K^{\dagger}P_-$。算子$K: \mathfrak{H}_+ \to \mathfrak{H}_-$是式(8.41)的强解，算子$K^{\dagger}: \mathfrak{H}_- \to \mathfrak{H}_+$是伴随 Riccati 方程的强解：

$$K^{\dagger}H_- - H_+K^{\dagger} - K^{\dagger}V_0^{\dagger}K^{\dagger} = -V_1^{\dagger}$$

由于关系$V^\dagger = -V$成立，$V_1 = -V_0^\dagger$成立，且伴随 Riccati 方程有如下形式：

$$K^\dagger H_- - H_+ K^\dagger + K^\dagger V_1 K^\dagger = V_0 \tag{8.42}$$

结合式(8.41)和(8.42)，得出结论，转换算子$T = KP_+ + K^\dagger P_-$是 Riccati 扩展方程的强解①。

$$TH_0 - H_0 T + TVT = V \tag{8.43}$$

推论 8.1　$\mathcal{P}$厄米算子$H = H_0 + V$具有有界$\mathcal{C}$对称$\mathcal{C} = e^{\mathcal{Q}}\mathcal{P}$的性质，当且仅当$T = \tanh \mathcal{Q}/2$是式(8.43)的强解。

这个推论的证明可依据上述内容及式(8.25)。未扰动算子H_0具有$\mathcal{C}$对称性$\mathcal{C} = \mathcal{P}$，因为$H_0$与$\mathcal{P}$互换。人们会期望扰动$\mathcal{P}$厄米算子，$H$保留$\mathcal{C}$对称性的性质，因为 V足够小。

定理 8.4 是对文献[30]中定理 5.8 的重新表达。

定理 8.4　让式(8.40)中算子$H_\pm$的谱满足条件$d = \mathrm{dist}\big(\sigma(H_+), \sigma(H_-)\big) > 0$，并让$\|V\| < \frac{d}{\pi}$。那么，$\mathcal{P}$厄米算子$H = H_0 + V$具有$\mathcal{C}$对称性，对应的算子$\mathcal{C}$是唯一的。

例 8.7　文献[30]认为一维量子谐振子为

$$H_0 = -\frac{1}{2}\frac{\mathrm{d}^2}{\mathrm{d}x^2} + \frac{1}{2}x^2$$

其域为

$$\mathcal{D}(H_0) = \left\{ f \in W_2^2(\mathbb{R}) : \int_{\mathbb{R}} \mathrm{d}x x^4 |f(x)|^2 < \infty \right\}$$

其中，$W_2^2(\mathbb{R})$表示在$L_2(\mathbb{R})$中具有二阶导数的$L_2(\mathbb{R})$函数的索伯列夫空间。与空间反射算子$\mathcal{P}f(x) = f(-x)$互换。算子H_0在希尔伯特空间$L_2(\mathbb{R})$中是厄米的，同时在 Krein 空间$(L_2(\mathbb{R}), (\cdot,\cdot)_{\mathcal{PT}})$中是$\mathcal{P}$厄米的(见例 8.2)。

关于基本分解式(8.20)的分解$H_0 = H_+ + H_-$由厄米算子$H_+ = H_0 \restriction_{L_2^{\mathrm{even}}(\mathbb{R})}$和$H_- = H_0 \restriction_{L_2^{\mathrm{odd}}(\mathbb{R})}$组成，并分别作用于空间$L_2^{\mathrm{even}}(\mathbb{R})$和$L_2^{\mathrm{odd}}(\mathbb{R})$。

H_0的谱与一组简单的特征值一致$\left\{n + \frac{1}{2} : n = 0,1,\dots\right)$。如果$n$是偶数(奇数)，则相应的特征向量是偶数(奇数)。因此，$\sigma(H_+) = \left\{n + \frac{1}{2} : n = 0,2,4,\dots\right)$，$\sigma(H_-) = \left\{n + \frac{1}{2} : n = 1,3,5,\dots\right)$，且$d = \mathrm{dist}\big(\sigma(H_+), \sigma(H_-)\big) = 1$。

令$v(\cdot) \in L_\infty(\mathbb{R})$是一个奇数实值函数，那么积$Vf = \mathrm{i}v(x)f(x)$是$L_2(\mathbb{R})$的算子，其范数为$\|V\| = \mathrm{ess\,sup}_{x\in\mathbb{R}}|v(x)|$。通过构建，算子$V$不与$\mathcal{P}$互换，且$\mathcal{PT}$是对称的，即$\mathcal{PT}V = V\mathcal{PT}$。这种关系和式(8.1)意味着$V$是关于$\mathcal{PT}$内积$(\cdot,\cdot)_{\mathcal{PT}}$对称的，并且是$\mathcal{P}$厄米的(因为$V$是有界的)。根据定理 8.4，$\mathcal{P}$厄米算子为

$$H = -\frac{1}{2}\frac{\mathrm{d}^2}{\mathrm{d}x^2} + \frac{1}{2}x^2 + \mathrm{i}v(x)$$

当$\|V\| < \dfrac{1}{\pi}$时，其具有唯一的$\mathcal{C}$对称性。对应的算子$\mathcal{C} = \mathrm{e}^{\mathcal{Q}}\mathcal{P}$由 Riccati 方程(8.43)的解确定。

---

① Riccati 扩展方程的强解意味着$T: \mathcal{D}(H_0) \to \mathcal{D}(H_0)$和$f \in \mathcal{D}(H_0)$时，$TH_0 f - H_0 Tf + TVTf = Vf$。

8.4 具有完整特征向量集的$\mathcal{P}$对称算子

8.4.1 预备知识：最佳选择问题

假设$\mathcal{P}$对称算子H具有与特征值$\{\lambda_n\}$对应的完整特征向量集，需要寻求足以保证 H的$\mathcal{C}$对称存在条件。

如 8.3.6 节所述，特征值λ_n的实数特性对于$\mathcal{C}$对称性的存在是必要的。此外，假设特征向量的完整性意味着所有特征值λ_n都是半单的(命题 8.8)。另一个要求是对应不同特征向量的核子空间$\ker(H-\lambda_n I)$和$\ker(H-\lambda_m I)$的互J正交性(命题 8.7)。重要的是子空间$\ker(H-\lambda_n I)$不退化。事实上，如果$\ker(H-\lambda_n I)$之一是退化的，那么存在一个非零元素$f\in\ker(H-\lambda_n I)$，使得对于所有满足$g\in\ker(H-\lambda_n I)$，$[f,g]=0$。后者意味着向量$\mathcal{P}f$对于$\mathcal{P}$正交和是正交的(相对于内积$(\cdot,\cdot)$)，正交和为

$$\mathcal{S}=\sum_{n=1}^{\infty}[\dot{+}]\ker(H-\lambda_n I)$$

因此，$\mathcal{P}f=0$(因为$\mathcal{S}$是$\mathfrak{H}$中的稠密集)。这与$f\neq 0$的假设相矛盾。

为简单起见，下面假设H的所有特征值$\{\lambda_n\}$都是单的。令$\{f_n\}$为对应的一组特征向量，那么f_n的线性跨度与一维子空间$\ker(H-\lambda_n I)$重合，这意味着$[f_n,f_n]\neq 0$(因为$\ker(H-\lambda_n I)$是非退化的)。通过$[f_n,f_n]$的符号，可以分离出特征向量$\{f_n\}$的序列：

$$f_n=\begin{cases}f_n^+, & [f_n,f_n]>0\\ f_n^-, & [f_n,f_n]<0\end{cases}$$

获得了正$\{f_n^+\}$和负$\{f_n^-\}$两个序列，其为 Krein 空间$(\mathfrak{H},[\cdot,\cdot])$的元素。

令$\mathcal{L}_+^0$和$\mathcal{L}_-^0$分别是关于$\{f_n^+\}$和$\{f_n^-\}$线性跨度的初始内积$(\cdot,\cdot)$的闭包。通过构造，$\mathcal{L}_\pm^0$是$(\mathfrak{H},[\cdot,\cdot])$的$\mathcal{P}$正交定子空间，且直和为

$$\mathcal{D}_0=\mathcal{L}_+^0[\dot{+}]\mathcal{L}_-^0 \tag{8.44}$$

其是$\mathfrak{H}$的一个稠密集，因为$\mathcal{D}_0$包含$\mathcal{S}$。

设$\mathcal{C}_0$是与式(8.44)相关的算子：

$$\mathcal{C}_0 f=f_{\mathcal{L}_+^0}-f_{\mathcal{L}_-^0},\qquad f\in\mathcal{D}(\mathcal{C}_0)=\mathcal{D}_0 \tag{8.45}$$

由式(8.45)可知，$\mathcal{C}_0$是密集定义的，并且对于任何$\mathcal{D}(\mathcal{C}_0)$，$\mathcal{C}_0^2 f=f$。然而，$\mathcal{C}_0$可能不是 8.3.2 节中定义的$\mathcal{C}$对称算子，因为式(8.44)中的子空间$\mathcal{L}_\pm^0$可能是最大定子空间$\mathcal{L}_\pm$的真子空间。

如果$\mathcal{L}_\pm^0$至少一个子空间在一类确定子空间(正或负)中失去极大值，则式(8.44)的和不是具有定理 8.1 性质的$\mathcal{C}$对称算子。换句话说，算子$\mathcal{C}_0$具有$e^{\mathcal{Q}}\mathcal{P}$形式，其中$e^{\mathcal{Q}}$是厄米算子。当然，这种现象只有在无界算子的情况下才有可能。

一般来说，式(8.44)的子空间$\mathcal{L}_\pm^0$可以扩展到$\mathcal{P}$正交最大定子空间①$\mathcal{L}_\pm$的不同对，这意味着

① 这一事实是在文献[344-345]中发现的。

与式(8.44)相关联的$\mathcal{C}$对称算子($\mathcal{C} \supset \mathcal{C}_0$时)是非唯一的。这暗示了最初在文献[127]中提出的，关于无界算子$\mathcal{C}$最佳选择的自然问题。对于下面设定的特定情况，可以很容易地解答这个问题。

8.4.2　特征向量的 Riesz 基

如果存在具有有界逆R^{-1}的有界算子R，且$\mathfrak{H}$中的标准正交基$\{\psi_n\}$使得$f_n = R\psi_n$，则序列$\{f_n\}$被称为希尔伯特空间$\mathfrak{H}$的 Riesz 基。分析以下定理[422, 131]。

定理 8.5　假设 H是$\mathcal{P}$对称算子，具有完整的归一化特征向量集$\{f_n: |[f_n, f_n]| = 1\}$对应实数单特征值$\{\lambda_n\}$，并且$H$的定义域与$\{f_n\}$的线性跨度一致。那么，以下是等价的。

(1) 特征向量集$\{f_n\}$是希尔伯特空间$(\mathfrak{H}, (\cdot,\cdot))$中的一个 Riesz 基。

(2) 算子H具有有界$\mathcal{C}$对称性。对应的有界算子$\mathcal{C}$是唯一确定的，并且对于任何$f \in \mathfrak{H}$：

$$\mathcal{C}f = \sum_{n=1}^{\infty} [f_n, f] f_n \tag{8.46}$$

(1)项→ (2)项的证明：如果$\{f_n\}$是 Riesz 基，那么直和(8.44)给出整个空间$\mathfrak{H}$的分解。在这种情况下，$\mathcal{P}$正交子空间在 Krein 空间$(\mathfrak{H}, [\cdot,\cdot])$中是最大一致定的。因此，式(8.44)分解与式(8.28)重合，它确定了一个与 H互换的有界算子$\mathcal{C}$。子空间$\mathcal{L}_{\pm}^{0}$由正$\{f_n^+\}$和负$\{f_n^-\}$特征向量序列唯一确定。这保证了算子$\mathcal{C}$的唯一性，其作用为$\mathcal{C}f_n^+ = f_n^+, \mathcal{C}f_n^- = -f_n^-$，更紧凑的形式如下：

$$\mathcal{C}f_n = [f_n, f_n]f_n \tag{8.47}$$

特征向量序列$\{f_n\}$在$(\mathfrak{H}, (\cdot,\cdot)_{\mathcal{C}})$中形成正交基，其中新的内积$(\cdot,\cdot)_{\mathcal{C}}$由式(8.29)定义。

因此，任何$f \in \mathfrak{H}$具有分解形式$f = \sum_{n=1}^{\infty}(f_n, f)_{\mathcal{C}} f_n$，和下式：

$$\mathcal{C}f = \sum_{n=1}^{\infty} (f_n, f)_{\mathcal{C}} \mathcal{C}f_n = \sum_{n=1}^{\infty} [\mathcal{C}f_n, f][f_n, f_n]f_n = \sum_{n=1}^{\infty} [f_n, f]f_n$$

因为$[\mathcal{C}f_n, f][f_n, f_n] = [f_n, f]([f_n, f_n])^2 = [f_n, f]$。

(2)项→(1)项的证明：令$\mathcal{C}$是H的有界$\mathcal{C}$对称算子，并令$\mathcal{C}$由式(8.46)确定。那么式(8.47)成立。这意味着归一化的特征向量$\{f_n\}$在希尔伯特空间$(\mathfrak{H}, (\cdot,\cdot)_{\mathcal{C}})$中形成一个正交系统。关于$(\cdot,\cdot)$的$\{f_n\}$完备性会产生$(\cdot,\cdot)_{\mathcal{C}}$中的完备性。因此，$\{f_n\}$是$(\mathfrak{H}, (\cdot,\cdot)_{\mathcal{C}})$的正交基。

根据定理 8.1，有界算子$\mathcal{C}$可以写成$\mathcal{C} = \mathrm{e}^{\mathcal{Q}}\mathcal{P}$，其中$\mathcal{Q}$是有界自伴随算子，与$\mathcal{P}$反交换，采用$\mathcal{Q}$来表示$\psi_n = \mathrm{e}^{-\mathcal{Q}/2} f_n$，则有

$$(\psi_n, \psi_m) = \left(\mathrm{e}^{-\mathcal{Q}/2} f_n, \mathrm{e}^{-\mathcal{Q}/2} f_m\right) = \left(\mathrm{e}^{-\mathcal{Q}} f_n, f_m\right) = [\mathcal{C}f_n, f_m] = (f_n, f_m)_{\mathcal{C}}$$

因此，序列$\{\psi_n\}$是$(\mathfrak{H}, (\cdot,\cdot))$和$f_n = R\psi_n$的正交基，其中$R = \mathrm{e}^{\mathcal{Q}/2}$。因此，$\{f_n\}$是原始希尔伯特空间$(\mathfrak{H}, (\cdot,\cdot))$的 Riesz 基。

推论 8.2　假设H满足定理 8.5 的条件并且具有有界$\mathcal{C}$对称性，那么H在希尔伯特空间$(\mathfrak{H}, (\cdot,\cdot)_{\mathcal{C}})$中本质上是厄米的，并且其谱与$\{\lambda_n\}$的闭包重合。

证明：如果H具有有界$\mathcal{C}$对称性，则新的内积$(\cdot,\cdot)_{\mathcal{C}}$等价于原始内积。$H$的归一化特征向量$\{f_n\}$是$(\mathfrak{H}, (\cdot,\cdot)_{\mathcal{C}})$中的正交基。由 8.3.6 节可知，$H$是$(\mathfrak{H}, (\cdot,\cdot)_{\mathcal{C}})$中的对称算子。此外，考虑到 H的域$\mathcal{D}(H)$

是$\{f_n\}$的线性跨度，得出结论$\mathcal{R}(H \pm \mathrm{i}I)$是$(\mathfrak{H},(\cdot,\cdot)_{\mathcal{C}})$中的稠密集，因为$\mathcal{R}(H \pm \mathrm{i}I) = \mathcal{D}(H)$。这意味着(参见引理 8.1 中的(3)) H本质上是厄米的，关于$(\cdot,\cdot)_{\mathcal{C}}$和$\sigma(H)$与$\{\lambda_n\}$的闭包一致。

8.4.3 特征向量的 Schauder 基

对于每个$f \in \mathfrak{H}$，序列$\{f_n\}$被称为希尔伯特空间$\mathfrak{H}$的 Schauder 基，存在唯一确定的标量系数$\{c_n\}$，使得$f = \sum_{n=1}^{\infty} c_n f_n$。系数$\{c_n\}$可以通过使用双正交序列$\{g_n\}$轻松指定①。序列$\{g_n\}$是唯一确定的(因为$\{f_n\}$是一个完整的集合)，并且$c_n = (g_n, f)$。因此，

$$f = \sum_{n=1}^{\infty} (g_n, f) f_n, \quad \forall f \in \mathfrak{H} \tag{8.48}$$

定理 8.6 假设H满足定理 8.5 的条件，并且其特征向量集$\{f_n\}$是希尔伯特空间$\left(\mathfrak{H},(\cdot,\cdot)\right)$中的 Schauder 基(不是 Riesz 基)。那么，算子H具有无界$\mathcal{C}$对称性。确定对应的无界算子$\mathcal{C}$唯一，并且对于任何$f \in \mathcal{D}(\mathcal{C}) = \mathcal{D}_0$，式(8.46)成立。算子$H$在新的希尔伯特空间$(\mathfrak{H}_{\mathcal{C}},(\cdot,\cdot)_{\mathcal{C}})$中本质上是厄米的，其频谱与$\{\lambda_n\}$的闭包一致。

证明：如果$\{f_n\}$是 Schauder 基(但不是 Riesz 基)，则式(8.44)中的子空间$\mathcal{L}_{\pm}^{0}$在 Krein 空间$(\mathfrak{H},[\cdot,\cdot])$中是极大定的(但不是一致定的)[49]，且式(8.44)的分解确定了与 H交换的无界算子$\mathcal{C}$满足式(8.47)。$\mathcal{C}$的唯一性源于子空间$\mathcal{L}_{\pm}^{0}$由$\{f_n\}$唯一确定。

由于特征向量$\{f_n\}$是$\mathcal{P}$正交归一化，与$\{f_n\}$相关联的双正交序列$\{g_n\}$的形式为$g_n = [f_n, f_n]\mathcal{P} f_n$。因此，式(8.48)可以重写为

$$f = \sum_{n=1}^{\infty} [f_n, f_n][f_n, f] f_n, \quad \forall f \in \mathfrak{H} \tag{8.49}$$

令$f \in \mathcal{D}(\mathcal{C}) = \mathcal{D}_0$，用$\mathcal{C}f$替换$f$，代入式(8.49)，并结合式(8.47)得到：

$$\mathcal{C}f = \sum_{n=1}^{\infty} [f_n, f_n][f_n, \mathcal{C}f] f_n = \sum_{n=1}^{\infty} [f_n, f_n][\mathcal{C}f_n, f] f_n = \sum_{n=1}^{\infty} [f_n, f] f_n$$

令$\mathfrak{H}_{\mathcal{C}}$是关于$(\cdot,\cdot)_{\mathcal{C}}$(见 8.3.2 节)中$\mathcal{D}(\mathcal{C})$的完备集。根据式(8.29)和式(8.47)可知，归一化的特征向量$\{f_n\}$在希尔伯特空间$(\mathfrak{H}_{\mathcal{C}},(\cdot,\cdot)_{\mathcal{C}})$中形成一个正交系统。

内积$(\cdot,\cdot)_{\mathcal{C}}$与$\mathcal{L}_{\pm}^{0}$中的内积$\pm[\cdot,\cdot]$一致，并满足：

$$\left(f_{\mathcal{L}_{\pm}^{0}}, f_{\mathcal{L}_{\pm}^{0}}\right)_{\mathcal{C}} = \left|\left(\mathcal{P} f_{\mathcal{L}_{\pm}^{0}}, f_{\mathcal{L}_{\pm}^{0}}\right)\right| \leqslant \left\|\mathcal{P} f_{\mathcal{L}_{\pm}^{0}}\right\| \left\|f_{\mathcal{L}_{\pm}^{0}}\right\| = \left\|f_{\mathcal{L}_{\pm}^{0}}\right\|^2 = \left(f_{\mathcal{L}_{\pm}^{0}}, f_{\mathcal{L}_{\pm}^{0}}\right)$$

上式适合任何$f_{\mathcal{L}_{\pm}^{0}} \in \mathcal{L}_{\pm}^{0}$。因此，每个元素$f_{\mathcal{L}_{\pm}^{0}} \in \mathcal{L}_{\pm}^{0}$可以通过关于$(\cdot,\cdot)_{\mathcal{C}}$的跨度$\{f_n^{\pm}\}$近似，因为$\mathcal{L}_{\pm}^{0}$是关于$(\cdot,\cdot)$的跨度$\{f_n^{\pm}\}$的闭包。因此，集合跨度$\{f_n^{\pm}\}$在式(8.30)分解的子空间$\hat{\mathcal{L}}_{\pm}$中是稠密的。因此，$H$的特征向量集合$\{f_n\} = \{f_n^{+}\} \cup \{f_n^{-}\}$在$(\mathfrak{H}_{\mathcal{C}},(\cdot,\cdot)_{\mathcal{C}})$中形成了正交基。类似于推论 8. 2 的证明，推导出H在$(\mathfrak{H}_{\mathcal{C}},(\cdot,\cdot)_{\mathcal{C}})$中本质上是厄米的，并且它的谱与$\{\lambda_n\}$的闭包一致。

---

① 序列$\{f_n\}$和$\{g_n\}$双正交意味着$\{f_n, g_m\} = \delta_{nm}$。

8.4.4　完整的特征向量集和准基

在本小节中，假设完整的特征向量$\{f_n\}$完备集不形成$(\mathfrak{H},(\cdot,\cdot))$的基。根据定理 8.5，这意味着与式(8.44)各种(可能)扩展相关的$\mathcal{C}$对称算子，到最大确定子空间$\mathcal{L}_\pm$的$\mathcal{P}$正交直和是无界的。为了描述所有这些扩展，引入了算子$G_0 = \mathcal{P}\mathcal{C}_0$，其中$\mathcal{C}_0$由式(8.15)确定。根据文献[29]中的引理 6.2.3，$\mathcal{C}_0$是$\mathfrak{H}$中的闭合算子，因此算子G_0也闭合。此外，在$\mathcal{D}(\mathcal{C}_0)$上，$\mathcal{P}G_0\mathcal{P}G_0 = I$，因为对于所有$f \in \mathcal{D}(\mathcal{C}_0)$，$G_0^2 f = f$。根据式(8.12)和式(8.45)，可得：

$$(G_0 f, f) = [\mathcal{C}_0 f, f] = \left[f_{\mathcal{L}_+^0}, f_{\mathcal{L}_+^0}\right] - \left[f_{\mathcal{L}_-^0}, f_{\mathcal{L}_-^0}\right] > 0 \tag{8.50}$$

适于所有非零$f \in \mathcal{D}(\mathcal{C}_0)$。因此，$G_0$是$(\mathfrak{H},(\cdot,\cdot))$中的一个正对称算子。

引理 8.3　G_0的所有 G 正厄米扩展集合满足附加“边界条件”：

$$\mathcal{P}G\mathcal{P}Gf = f, \qquad \forall f \in \mathcal{D}(\mathrm{G}) \tag{8.51}$$

与式(8.44)中子空间$\mathcal{L}_\pm^0$到P正交和(8.15)的所有可能扩展集合一一对应，其中$\mathcal{L}_\pm$是 Krein 空间$(\mathfrak{H},[\cdot,\cdot])$中的最大定子空间。

证明：设G是G_0的正厄米扩展，并且在$\mathcal{D}(G)$上$\mathcal{P}G\mathcal{P}G = I$。那么算子$\mathcal{C} = \mathcal{P}G$是$\mathcal{C}_0$的扩展，它满足定理 8.1 中第(3)项的条件。因此，$\mathcal{C}$是一个$\mathcal{C}$对称算子，它由式(8.23)确定了式(8.15)中的最大定子空间$\mathcal{L}_\pm$。由于$\mathcal{C} \subset \mathcal{C}_0$，所以子空间$\mathcal{L}_\pm$是$\mathcal{L}_\pm^0$的扩展。

相反，式(8.44)相对于最大定子空间$\mathcal{L}_\pm$的$\mathcal{P}$正交直和(8.15)的每个扩展，由式(8.22)确定，其与式(8.15)的$\mathcal{C}$对称算子$\mathcal{C}$相关联。该算子是$\mathcal{C}_0$的扩展，因此$G = \mathcal{P}\mathcal{C}$是$G_0 = \mathcal{P}\mathcal{C}_0$的扩展。再次使用定理 8.1，发现 G 是一个正厄米算子，并且式(8.51)成立。

证明完毕。

引理 8.3 将与式(8.44)的原始$\mathcal{P}$正交和相关联的所有可能$\mathcal{C}$对称算子的描述，简化为满足附加条件的式(8.51)中G_0的正厄米扩展G。以这种方式构造的每个$\mathcal{C}$对称算子$\mathcal{C} = \mathcal{P}G$，都是$\mathcal{C}_0$的扩展，并且确定了新的希尔伯特空间$(\mathfrak{H}_\mathcal{C},(\cdot,\cdot)_\mathcal{C})$，其中$\mathfrak{H}_\mathcal{C}$是$\mathcal{D}(\mathcal{C})$关于$(\cdot,\cdot)_\mathcal{C}$的完备集。

有时，$\mathcal{C}_0$可以通过希尔伯特空间$(\mathfrak{H}_\mathcal{C},(\cdot,\cdot)_\mathcal{C})$中的连续扩展成为$\mathcal{C}$。可能产生以下情形[324]。

(1) $\mathcal{C}_0$连续扩展到$\mathcal{C}$对称算子是唯一的，没有其他扩展。

(2) 在相应的希尔伯特空间$(\mathfrak{H}_\mathcal{C},(\cdot,\cdot)_\mathcal{C})$中，$\mathcal{C}_0$连续扩展到 $\mathcal{C}$对称算子有无限多的扩展。同时，有无限多的扩展$\mathcal{C} \supset \mathcal{C}_0$生成包含$\mathcal{D}(\mathcal{C}_0)$闭包的希尔伯特空间$\mathfrak{H}_\mathcal{C}$作为定子空间。

(3) $\mathcal{C}_0$连续不能扩展成$\mathcal{C}$对称算子。可能扩展$\mathcal{C} \supset \mathcal{C}_0$的总数没有确定值也可能有一个或无限多个独特的扩展。

当G_0的 Friedrichs 扩展G_μ满足式(8.51)时，情形(1)成立①。这种情况的唯一特征是有下式条件(参见文献[341]中的推论 4.4)：

$$\inf_{f \in \mathcal{D}(G_0)} \frac{(G_0 f, f)}{|(f,g)|^2} = 0$$

---

① 参见文献[40]了解 Friedrichs 扩展的性质。

适用于所有非零向量$g \in \ker(I + G_0^\dagger)$。

情形(2)获取G_0的所谓极值扩展 G的存在，满足式(8.51)(文献[324]中的定理 4.2)。在希尔伯特空间$\mathfrak{H}_\mathcal{C}$中，$\mathcal{C}_0$可以连续扩展为$\mathcal{C}$是通过算子 W关联，当$f \in \mathcal{D}(G_0)$，使$Wf = f$。因此，可以确定它们。

每个$\mathcal{C} \supset \mathcal{C}_0$的构造算子都是$\mathcal{P}$对称算子$H$的$\mathcal{C}$对称算子，因为$\mathcal{D}(H) = \mathrm{span}\{f_n\}$。因此，对于所有$f \in \mathcal{D}(H)$，$\mathcal{C}Hf = H\mathcal{C}f$。

如果存在$\mathcal{C} \supset \mathcal{C}_0$的$\mathcal{C}$对称算子，使得跨度$\{f_n\}$在新的希尔伯特空间$(\mathfrak{H}_\mathcal{C}, (\cdot,\cdot)_\mathcal{C})$，则$\mathcal{P}$对称算子 H的归一化特征向量$\{f_n\}$的完备集是一个准基。

命题 8.9 如果$\{f_n\}$是准基，则存在一个$\mathcal{C}$对称算子，且$\mathcal{P}$对称算子H在希尔伯特空间$(\mathfrak{H}_\mathcal{C}, (\cdot,\cdot)_\mathcal{C})$中基本对称。

证明：算子H在$(\mathfrak{H}_\mathcal{C}, (\cdot,\cdot)_\mathcal{C})$中是对称的，如果集合$\mathcal{R}(H \pm iI)$在$\mathfrak{H}_\mathcal{C}$中是稠密的，则它本质上是厄米的。由于$\mathcal{R}(H \pm iI) = \mathcal{D}(H) = \mathrm{span}\{f_n\}$和$\{f_n\}$是准基，因此这个命题成立。

证明完毕。

序列$\{f_n\}$是准基，当且仅当在希尔伯特空间$\mathfrak{H}$中存在自伴随算子Q，其与$\mathcal{P}$反交换，使得序列$\{g_n = \mathrm{e}^{-Q/2} f_n\}$是$\mathfrak{H}$的正交基，每个$g_n$都属于基本分解式(8.13)的子空间$\mathfrak{H}_\pm$ 之一(参见文献[329]中的定理 6.3)。这种关系允许构建准基的各种例子。事实上，假设g_n是$\big(\mathfrak{H}, (\cdot,\cdot)\big)$的标准正交基，使得每个$g_n$属于式(8.13)的子空间$\mathfrak{H}_\pm$之一。设$Q$为$\mathfrak{H}$中的自伴随算子，与$\mathcal{P}$反交换。若所有$g_n$都属于$\mathcal{D}\big(\mathrm{e}^{-Q/2}\big)$，则$f_n = \mathrm{e}^{-Q/2} g_n$是 Krein 空间$(\mathfrak{H}, [\cdot,\cdot])$的$\mathcal{P}$正交系统。如果$\{f_n\}$在$\mathfrak{H}$中是完备的，那么$\{f_n\}$是一个准基。

例 8.8 偏移谐振子。厄米函数为

$$g_n(x) = \frac{1}{\sqrt{2^n n! \sqrt{\pi}}} H_n(x) \mathrm{e}^{-x^2/2}, \qquad H_n(x) = \mathrm{e}^{\frac{x^2}{2}} \left(x - \frac{\mathrm{d}}{\mathrm{d}x}\right)^n \mathrm{e}^{-x^2/2}$$

形成$L_2(\mathbb{R})$的标准正交基。函数g_n属于基本分解式(8.20)的子空间$L_2^{\mathrm{even}}(\mathbb{R})$或$L_2^{\mathrm{odd}}(\mathbb{R})$之一。由于$g_n$是完整的函数，因此确定其复数偏移为

$$f_n(x) = g_n(x + \mathrm{i}\varepsilon), \qquad \varepsilon \in \mathbb{R}\backslash\{0\}, \qquad n = 0,1,2, \cdots$$

序列f_n在$L_2(\mathbb{R})$中是完备的。将傅里叶变换$Ff = \frac{1}{\sqrt{2\pi}} \int_{-\infty}^{\infty} \mathrm{e}^{-\mathrm{i}x\xi} f(x) \mathrm{d}x$应用于$f_n$，得到$Ff_n = \mathrm{e}^{-\varepsilon\xi} Fg_n$，因此，$f_n = F^{-1} \mathrm{e}^{-\varepsilon\xi} Fg_n$。最后一个关系式可以改写为$f_n = \mathrm{e}^{Q/2} g_n$，其中$Q = 2\mathrm{i}\varepsilon \dfrac{\mathrm{d}}{\mathrm{d}x}$不与$\mathcal{P}$互换。因此，$\{f_n\}$是$L_2(\mathbb{R})$的准基。函数$\{f_n\}$是$P$对称算子 $H = -\dfrac{1}{2}\dfrac{\mathrm{d}^2}{\mathrm{d}x^2} + \dfrac{1}{2}x^2 + \mathrm{i}\varepsilon x$的简单特征函数。

备注 8.5 在文献[334]中，有人提议为 H定义一个合适的(物理上的)希尔伯特空间$\hat{\mathfrak{H}}$，而无须明确构造$\mathcal{C}$对称算子(或度量算子)。该观点是找到$\mathcal{D}(H)$上的内积与一个使H正交的特征向量$\{f_n\}$。这种方法是选择式(8.50)中的半双线性形式$[\mathcal{C}_0 \cdot,\cdot]$。事实上，每个完整的$\mathcal{P}$正交序列特征向量$\{f_n\}$是一个准基。

8.5 $\mathcal{PT}$对称性

8.5.1 $\mathcal{PT}$对称算子

作用于希尔伯特空间$(\mathfrak{H},(\cdot,\cdot))$的有界算子$\mathcal{T}$称为共轭的，如果满足下式：

$$\mathcal{T}^2 = I,\ \ (\mathcal{T}f,\mathcal{T}g) = (g,f), \qquad f,g \in \mathfrak{H}$$

每个共轭算子都是反线性的，因为

$$\mathcal{T}(\alpha f + \beta g) = \alpha^*\mathcal{T}f + \beta^*\mathcal{T}g, \qquad \alpha,\beta \in \mathbb{C}, \qquad f,g \in \mathfrak{H}$$

时间反转算子$\mathcal{T}f = f^*$是$L_2(\mathbb{R})$中共轭算子的一个例子。设$\mathcal{P}$为基本对称，设$\mathcal{T}$为$(\mathfrak{H},(\cdot,\cdot))$中的共轭算子。假设$\mathcal{P}$和$\mathcal{T}$互换：$\mathcal{PT} = \mathcal{TP}$。

定义 8.2 一个$\mathfrak{H}$中稠定线性算子 H称为$\mathcal{PT}$对称，如果下式成立：

$$\mathcal{PT}Hf = H\mathcal{TP}f,\ \ f \in \mathcal{D}(H) \tag{8.52}$$

由式(8.52)可以得出点谱σ_p、残谱σ_r和$\mathcal{PT}$对称算子 H频谱的连续σ_c分量是关于实轴对称：

$$\lambda \in \sigma_\alpha(H) \Leftrightarrow \lambda^* \in \sigma_\alpha(H), \qquad \alpha \in \{p,r,c\}$$

这个性质说明了在后一种情况下，$\mathcal{PT}$对称和$\mathcal{P}$厄米算子之间的区别。整个频谱关于实线对称，但可能违反特定部分$\sigma_\alpha(H)$之间的对称性。

$\mathcal{PT}$对称性的定义非常通用[①]：选择合适的$\mathcal{P}$和$\mathcal{T}$，可分离出希尔伯特空间$\mathfrak{H}$中的每个厄米算子都是$\mathcal{PT}$对称的。

通常，当选择合适的定内积时，$\mathcal{PT}$对称算子是对称的。

例 8.9 特征值问题：

$$\tau(f)(x) = -f''(x) + v(x)f(x) = \lambda f, \qquad x \in \mathbb{R}, \qquad \lambda \in \mathbb{C}$$

有解$f_n \in L_2(\mathbb{R})$，它的唯一性取决于一个常数的倍数，并且对应特征值$\lambda_n, n \in \mathbb{N}$。还需要假设特征函数集$\{f_n\}$在$L_2(\mathbb{R})$中是完备的。

令$v(x) = v^*(-x)$，算子的表达式如下：

$$Hf = \tau(f)(x), \qquad f \in \mathcal{D}(H) = \operatorname{span}\{f_n\}$$

该算子是$\mathcal{PT}$对称的，并且它的谱包含简单的特征值$\{\lambda_n\}$。$\mathcal{PT}$对称算子 H在 Krein 空间$(L_2(\mathbb{R}),(\cdot,\cdot)_{\mathcal{PT}})$中是对称的。

事实上，根据式(8.1),可得下式：

$$(Hf,g)_{\mathcal{PT}} = \int_{\mathbb{R}} \mathrm{d}x[\mathcal{PT}Hf(x)]g(x) = \int_{\mathbb{R}} \mathrm{d}x[H\mathcal{PT}f(x)]g(x)$$

① 见文献[29]中的命题 6.4.3。

$$= \int_{\mathbb{R}} \mathrm{d}x[\mathcal{PT}f(x)]Hg(x) = (f, Hg)_{\mathcal{PT}}$$

因此，H是$\mathcal{P}$对称算子。

假设 H的$\mathcal{PT}$对称性是完备的①，那么所有的特征值$\{\lambda_n\}$应该是实数[74]，并且相应的特征函数$\{f_n\}$能够确定直和(见式(8.44))与算子$\mathcal{C}_0$(见式(8.45))。假设本征函数集$\{f_n\}$是一个准基，那么存在于$\mathcal{C} \supset \mathcal{C}_0$的$\mathcal{C}$对称算子，使得$\{f_n\}$是希尔伯特空间$(\mathfrak{H}_{\mathcal{C}}, (\cdot,\cdot)_{\mathcal{C}})$中的正交基。这里，$\mathfrak{H}_{\mathcal{C}}$是关于$\mathcal{CPT}$内积$(\cdot,\cdot)_{\mathcal{C}}$(见式(8.3))的跨度$\{f_n\}$的完备空间。

根据命题 8.9,算子 H在希尔伯特空间$\mathfrak{H}_{\mathcal{C}}$中本质上是厄米的。算子 H在 Krein 空间$(\mathfrak{H}, [\cdot,\cdot]_{\mathcal{C}})$中本质上也是厄米的，其中不定度量$[\cdot,\cdot]_{\mathcal{C}}$根据式(8.12)确定：$[f,g] = (\mathcal{C}f, g)_{\mathcal{C}}$，$f, g \in \mathfrak{H}_{\mathcal{C}}$。

注意，$\mathcal{PT}$对称算子可能具有奇特的谱特性。例如，$\mathcal{PT}$对称算子 H 的谱与$\mathbb{C}$重合，或残余谱$\sigma_r(H)$可能非空。

例 8.10 文献[50]中的微分表达式：

$$\tau(f)(x) = -f''(x) - x^{4n+4}f(x), \qquad x \in \mathbb{R}, \qquad n \in \mathbb{N} \cup \{0\}$$

在+∞和-∞处的极限圆情形时成立②。算子为

$$H_1 f = \tau(f), \qquad \mathcal{D}(H_1) = \{f \in W_2^2(\mathbb{R}) \colon \tau(f) \in L_2(\mathbb{R})\}$$
$$H_2 f = \tau(f), \qquad \mathcal{D}(H_2) = \{f \in W_2^2(\mathbb{R}) \colon f\text{有紧支解}\}$$

在$L_2(\mathbb{R})$和$\sigma(H_1) = \sigma(H_2) = \mathbb{C}$中都是$\mathcal{PT}$对称的。算子$H_1$是闭合的，其点谱$\sigma_p(H_1)$与$\mathbb{C}$重合。算子$H_2$在$L_2(\mathbb{R})$中是可闭合的，其闭包$\overline{H}_2$与$H_1^\dagger$重合，复平面的非实部$\mathbb{C}\backslash\mathbb{R}$属于$H_2$的残谱$\sigma_r(H_2)$。

很容易验证下式：

$$(H_j f, g)_{\mathcal{PT}} = (f, H_j g)_{\mathcal{PT}}, \qquad f, g \in \mathcal{D}(H_j)$$

其中，$\mathcal{PT}$内积$(\cdot,\cdot)_{\mathcal{PT}}$由式(8.1)确定。因此，算子$H_j$是$\mathcal{P}$对称的，即在 Krein 空间$(L_2(\mathbb{R}), (\cdot,\cdot)_{\mathcal{PT}})$中对称，见例 8.2。然而，$H_1$和$H_2$都不是$\mathcal{P}$厄米的算子，也不是本质上$\mathcal{P}$厄米的算子。

> 为了避免这种边缘情况，很自然地假设：每个物理上有意义的$\mathcal{PT}$对称算子 H在合适的 Krein 空间$(\mathfrak{H}, [\cdot,\cdot])$中都应该是厄米的(或本质上厄米的)。

这个条件保证了$\mathcal{PT}$对称算子没有残余谱(文献[29]的命题 1.20)。

备注 8.6 与例 8.10 中的微分表达式$\tau(\cdot)$相关联的$\mathcal{P}$厄米算子可以使用对称算子的扩展理论来定义，因为H_2是$L_2(\mathbb{R})$中的对称算子，并且$H_2^\dagger = \left(H_1^\dagger\right)^\dagger = H_1$。所需的$\mathcal{P}$厄米算子被构造为“较小”$H_2$和“较大”$H_1$之间$\mathcal{PT}$对称算子的中间扩展。这种方法给出了$H_2$的$\mathcal{P}$厄米的无限多个扩展，这些扩展被确定为$H_1$，须满足±∞处特殊边界条件的函数$f \in \mathcal{D}(H_1)$子集的限制。获得的$\mathcal{P}$厄米算子是在$\mathbb{R}$上定义的，并且需要额外的条件来确定与$\tau(\cdot)$相关联的唯一$\mathcal{P}$厄米算子。

---

① 如果 H的所有本征函数$\{f_n\}$同时是$\mathcal{PT}$的本征函数，则 H的$\mathcal{PT}$对称性是完备的。

② 如果方程$\tau(f) - \lambda f = 0$，$\lambda \in \mathbb{C}$的所有解，微分表达式$\tau(f)$在极限圆+∞ (或−∞) 情况下分别为某些$a \in \mathbb{R}$，该值分别处于$L_2(a, +\infty)$(或$L_2(-\infty, a)$)。

另一种处理$\tau(\cdot)$在复平面上的解析延拓方法为

$$\tau(f)(z) = -f''(z) - z^{4n+4}f(z), \qquad z \in \mathbb{C}, \qquad n \in \mathbb{N} \cup \{0\}$$

选择特征值微分方程：

$$\tau(f)(z) = \lambda f(z) \tag{8.53}$$

在$\mathbb{C}$中的轮廓Γ上，该轮廓相对于虚轴对称(见例 8.3)，并寻求解$f(z)$使得：

$$|f(z)| \to 0, \qquad z\text{沿}\ \Gamma\ \text{趋于无穷} \tag{8.54}$$

Γ的选择是任意的，只须满足在$|z| \to \infty$时，其保持在斯托克斯楔形S_j中。

式(8.53)的斯托克斯曲线如下：

$$S_j = \left\{z \in \mathbb{C}: \frac{2(j-1)\pi}{4n+6} - \frac{\pi}{2} < \arg z < \frac{2(j+1)\pi}{4n+6} - \frac{\pi}{2}\right\}, \qquad j \in \mathbb{Z}$$

有$4n+6$个不相交的斯托克斯楔形S_j，张角为$\frac{\pi}{2n+3}$。楔形S_j是以斯托克斯线为界的微分方程(8.53)，其界如下：

$$\left\{z \in \mathbb{C}: \arg z = \frac{2(j-1)\pi}{4n+6} - \frac{\pi}{2}\right\}, \qquad j \in \mathbb{Z}$$

适用于式(8.53)。正$\mathbb{R}_+$和负$\mathbb{R}_-$半轴不属于斯托克斯楔形，它们是选择$n \in \mathbb{N} \cup \{0\}$的任意斯托克斯线。

根据一般理论[290, 484]：①对于每个S_j，存在式(8.53)的解$f_\pm(z,\lambda)$使得$f_+(z,\lambda)$指数衰减为零，并且当$|z| \to \infty$时，$f_-(z,\lambda)$在S_j中，成上升趋势。式(8.53)的任意解可以表示为$f_+(\cdot,\lambda)$和$f_-(\cdot,\lambda)$的线性组合；②式(8.53)的每个解，随着$z \to 0$，沿斯托克斯线代数衰减为零。

性质②解释了为什么例 8.10 中算子H_1的谱与$\mathbb{C}$重合。实际上，实轴是$\tau(\cdot)$的斯托克斯线，如果轮廓Γ与$\mathbb{R}$重合，则对于任何λ，式(8.53)的解$f(x,\lambda)$属于$L_2(\mathbb{R})$。这意味着$\Gamma = \mathbb{R}$的边界条件(8.54)不会导致离散谱。

现在选取由式(8.21)定义的具有偶函数$\eta(\cdot)$的轮廓Γ。轮廓Γ关于虚轴对称。假设当x分别接近$-\infty$和∞时，Γ属于斯托克斯楔形$\tilde{S}_j$和S_j的封闭子扇区。

使λ为特征值问题式(8.53)和式(8.54)的特征值，并使$f(z)(z = \xi(x) \in \Gamma)$成为相应的特征函数。由性质①可以看出$f(z)$被定义为一个常数的倍数。此外，函数$f(z)$允许不同的表示形式$f(x) = c_1 f_+(z,\lambda)$和$f(z) = c_2 \tilde{f}_+(z,\lambda)$，其中$f_+$、$\tilde{f}_+$是斯托克斯楔形$\tilde{S}_j$和$S_j$中的衰减解。分析得出的结论是特征值$\lambda$应该是某个完备函数的零点。后者确保特征值能够量化。

令$L_2(\Gamma)$是例 8.3 的希尔伯特空间。在空间$L_2(\Gamma)$中，微分表达式$\tau(\cdot)$决定了算子：

$$Hf = \tau(f), \;\; f \in \mathcal{D}(H)$$

其中，域$\mathcal{D}(H)$由平滑函数$f(z)$组成，在$|z| \to \infty$时，$f(z)$沿Γ呈指数衰减至零。由此可以看出，H 在$L_2(\Gamma)$中是$\mathcal{PT}$对称的，并且它的谱具有一组数量有限的简单特征值。详细研究表明，这些特征值是实的和正的[209, 483]。

如果$\mathcal{PT}$对称算子 H 在 Krein 空间$(\mathfrak{H}, [\cdot,\cdot])$中是厄米的(或本质上厄米的)。那么相应的不定

内积$[\cdot,\cdot]$不一定由基本对称性$\mathcal{P}$确定。在许多情况下，不定度量$[\cdot,\cdot]$由另一个与$\mathcal{PT}$互换的基本对称性$\mathcal{P}'$定义。$\mathcal{P}'$和$\mathcal{PT}$之间的对易保留了$\mathcal{PT}$性质，它是关于$[\cdot,\cdot]$的共轭算子：

$$[\mathcal{PT}f,\mathcal{PT}g]=(\mathcal{P}'\mathcal{PT}f,\mathcal{PT}g)=(\mathcal{PT}\mathcal{P}'f,\mathcal{PT}g)=(g,\mathcal{P}'f)=[g,f]$$

例 8.11 Krein 空间$(\mathbb{C}^2,[\cdot,\cdot])$中的$\mathcal{PT}$对称算子。令$(\mathbb{C}^2,[\cdot,\cdot])$是例 8.4 中定义的 Krein 空间。根据式(8.52)，矩阵算子$H=\begin{bmatrix}a & b\\ c & d\end{bmatrix}$是$\mathcal{PT}$对称的，条件是下式成立：

$$\begin{bmatrix}0 & 1\\ 1 & 0\end{bmatrix}\begin{bmatrix}a^* & b^*\\ c^* & d^*\end{bmatrix}=\begin{bmatrix}a & b\\ c & d\end{bmatrix}\begin{bmatrix}0 & 1\\ 1 & 0\end{bmatrix}$$

上式须满足$a=d^*$且$b=c^*$，关系才成立。因此，$H=\begin{bmatrix}a & b\\ b^* & a^*\end{bmatrix}$。将$\mathcal{P}$厄米、$a=d^*$和$b,c\in\mathbb{R}$(见例 8.5)进行比较，当且仅当$b$是实数，$H$确定是$\mathcal{P}$厄米的。

一般情况下$b\in\mathbb{C}$，必须通过 b 的非实性来修改基本对称性$\mathcal{P}$，表达式如下：

$$\mathcal{P}_\phi=(\cos\phi\sigma_0+\mathrm{i}\sin\phi\sigma_3)\mathcal{P}=\mathrm{e}^{\mathrm{i}\phi\sigma_3}>\mathcal{P},\qquad \phi\in[0,2\pi]$$

算子$\mathcal{P}_\phi$是$(\mathbb{C},(\cdot,\cdot))$中的基本对称，$\mathcal{P}_\phi$与$\mathcal{PT}$交换(因为$\mathcal{P}\sigma_3=-\sigma_3\mathcal{P}$)。

按照文献[29]中的引理 6.4.9，$\mathcal{PT}$对称算子 H是$\mathcal{P}_\phi$厄米的，其中参数 b 由关系$\mathrm{Re}(b)\sin\phi=\mathrm{Im}(b)\cos\phi$确定。

例 8.12 文献[278]中，在点$x=0$处，具有一般正则化零范围势的哈密顿量由下式确定：

$$\tau(f)=-\frac{\mathrm{d}^2f}{\mathrm{d}x^2}+a<\delta,f>\delta+b<\delta',f>\delta+c<\delta,f>\delta'+d<\delta',f>\delta'$$

其中a、b、c、d是复数，算子$-\dfrac{\mathrm{d}^2}{\mathrm{d}x^2}$作用于$f\in W_2^2(\mathbb{R}\backslash\{0\})$，正则化 delta 函数$\delta$及其导数$\delta'$定义在分段连续函数$f\in W_2^2(\mathbb{R}\backslash\{0\})$上：

$$<\delta,f>=\frac{1}{2}[f(0+)+f(0-)],\qquad <\delta',f>=-\frac{1}{2}[f'(0+)+f'(0-)]$$

形式表达式$\tau(\cdot)$产生了算子H_T，在希尔伯特空间$L_2(\mathbb{R})$中$T=\begin{bmatrix}a & b\\ c & d\end{bmatrix}$，定义如下：

$$H_Tf=\tau(f),\qquad \mathcal{D}(H_T)=\{f\in W_2^2(\mathbb{R}\backslash\{0\}):\tau(f)\in L_2(\mathbb{R})\}$$

$\mathcal{P}$和$\mathcal{T}$指的是标准空间反射和共轭算子。当且仅当T满足条件$a,d\in\mathbb{R}$和$b,c\in\mathrm{i}\mathbb{R}$时，算子$H_T$是$\mathcal{PT}$对称的。只有$\mathcal{PT}$对称算子$H_T$分量可以作为$\mathcal{P}$厄米算子。准确地说，$H_T$是$\mathcal{P}$厄米的，当且仅当系数$b,c\in\mathrm{i}\mathbb{R}$满足附加条件 $b=c$。

一般情况下，必须将$\mathcal{P}$厄米修改为具有 Clifford 旋转基本对称性的$\mathcal{P}_\phi$厄米：

$$\mathcal{P}_\phi=\mathrm{e}^{\mathrm{i}\phi\mathcal{R}}\mathcal{P}=\mathrm{e}^{\mathrm{i}\phi\mathcal{R}/2}\mathcal{P}\mathrm{e}^{-\mathrm{i}\phi\mathcal{R}/2},\qquad \mathcal{R}f(x)=(\mathrm{sgn}\,x)f(x)$$

这样就可以为任何组合$b\neq c$构造一个合适的 Krein 空间。基本对称$\mathcal{P}_\phi$与$\mathcal{PT}$交换，因为$\mathcal{P}$与$\mathcal{R}$反交换。很容易验证$\mathcal{PT}$对称算子H_T是$\mathcal{P}_\phi$厄米的，其中角度ϕ由下式约束确定：

$$\mathrm{i}[\det T + 4]\sin\phi = 2(c - b)\cos\phi$$

基本对称性$\mathcal{P}$和$\mathcal{R}$可以解释为复 Clifford 代数$\mathcal{C}l_2 \equiv \mathrm{span}\{I, \mathcal{P}, \mathcal{R}, \mathcal{PR}\}$的基本组合。根据 Clifford 代数$\mathcal{C}l_2$构造的非平凡基本对称集$\mathcal{P}'$($\mathcal{P}' \neq \pm I$)由以下形式的算子组成：

$$\mathcal{P}' = \alpha_1\mathcal{P} + \alpha_2\mathcal{R} + \alpha_3\mathrm{i}\mathcal{PR} \tag{8.55}$$

其中，$(\alpha_1,\alpha_2,\alpha_3)$是$\mathbb{R}^3$中单位球体$\mathbb{S}^2$的任意向量。式(8.55)中基本对称性$\mathcal{P}'$的$\mathcal{PT}$对称性的附加要求，产生了上述$\mathcal{PT}$对称的基本对称$\mathcal{P}_\phi$的子类(参见文献[28]的引理 2.5)。

有趣的是，$\mathcal{PT}$对称算子H_T可作为通式(8.55)指定的非$\mathcal{PT}$对称基本对称性$\mathcal{P}'$的$\mathcal{P}$厄米算子(假设)，会产生灾难性的谱。准确地说，如果$\mathcal{PT}$对称$\mathcal{P}_\phi$厄米算子H_T可以被视为具有非$\mathcal{PT}$对称基本对称的$\mathcal{P}'$厄米，则$\sigma(H_T) = \mathbb{C}$(参见文献[342]的定理 3.2)。

8.5.2　具有$\mathcal{C}$对称性的$\mathcal{PT}$对称算子

证明$\mathcal{PT}$对称算子 H 在某些 Krein 空间中是厄米的，这在数学上是重要的，但 H 与物理学没有任何明显的相关性，除非证明H可以作为量子力学理论的基础。为此，必须证明算子 H 在希尔伯特空间(不是 Krein 空间)上厄米的，该空间被赋予一个内积，其相关范数为正定。

对于$\mathcal{PT}$对称$\mathcal{P}$厄米哈密顿量H，可以通过找到由算子$\mathcal{C}$表示的新$\mathcal{C}$对称性来克服这个问题(见定理 8.2)。构造一个$\mathcal{C}$算子是证明哈密顿量 H 的时间演化是幺正的关键步骤。

通常，确定$\mathcal{PT}$对称算子的$\mathcal{C}$对称性，涉及$\mathcal{C}$的$\mathcal{PT}$对称性的附加要求，即$\mathcal{CPT} = \mathcal{PTC}$。这种情况是作为非厄米哈密顿量的完整$\mathcal{PT}$对称性而直接出现的[97, 101]。基于这个原因，为以下情况指定了常用的定义 8.1 中的$\mathcal{PT}$对称算子。

定义 8.3　如果存在定理 8.1 中描述的算子$\mathcal{C}$，则$\mathfrak{H}$中的$\mathcal{PT}$对称算子 H 具有$\mathcal{C}$对称性质：

$$H\mathcal{C}f = \mathcal{C}Hf, \qquad \mathcal{PTC}f = \mathcal{CPT}f, \qquad \forall f \in \mathcal{D}(H)$$

在许多情况下，强加在$\mathcal{C}$上的$\mathcal{PT}$对称条件导致$\mathcal{C}$相应表达式简化。

例 8.13　令$(\mathbb{C}^2, [\cdot,\cdot])$是例 8.4 中确定的 Krein 空间。作用在$(\mathbb{C}^2, [\cdot,\cdot])$中的所有可能算子$\mathcal{C}$的集合由式(8.27)确定，其中 ρ 和 ξ 是独立的实参数。$\mathcal{C}$的$\mathcal{PT}$对称性的附加条件允许指定 ξ。事实上，$\mathcal{C}$的$\mathcal{PT}$对称性意味着下式：

$$\mathcal{PTC} = \begin{bmatrix} 0 & 1 \\ 1 & 0 \end{bmatrix} \cdot \begin{bmatrix} \mathrm{i}\sinh\rho\cos\xi & \cosh\rho + \sinh\rho\sin\xi \\ \cosh\rho - \sinh\rho\sin\xi & -\mathrm{i}\sinh\rho\cos\xi \end{bmatrix} \mathcal{T}$$

$$= \begin{bmatrix} -\mathrm{i}\sinh\rho\cos\xi & \cosh\rho + \sinh\rho\sin\xi \\ \cosh\rho - \sinh\rho\sin\xi & \mathrm{i}\sinh\rho\cos\xi \end{bmatrix} \cdot \begin{bmatrix} 0 & 1 \\ 1 & 0 \end{bmatrix} \mathcal{T}$$

当$\sinh\rho\cos\xi = 0$时，上式可能成立。$\sinh\rho = 0$时，使得平庸$\mathcal{PT}$算子$\mathcal{C} = \mathcal{P} = \sigma_1$。如果$\sin\xi = 0$，则$|\cos\xi| = 1$，且

$$\mathcal{C} = \begin{bmatrix} -\mathrm{i}\sinh\rho\cos\xi & \cosh\rho \\ \cosh\rho & \mathrm{i}\sinh\rho\cos\xi \end{bmatrix} = \cosh\rho\,\sigma_1 - \mathrm{i}\sinh\rho\cos\xi\,\sigma_3$$

$$= [\cosh\rho\,\sigma_0 - \mathrm{i}\sinh\rho\cos\xi\,\sigma_2]\sigma_1 = \mathrm{e}^{\chi\sigma_2}\mathcal{P}$$

其中，$\chi=\operatorname{sgn}(\cos\xi)\rho$。因此，Krein 空间$(\mathbb{C}^2,[\cdot,\cdot])$中的每个$\mathcal{PT}$对称算子$\mathcal{C}$都具有形式$\mathcal{C}=\mathrm{e}^{\chi\sigma_2}\mathcal{P}$，其中$\chi$是任意实数。

根据 8.3.6 节，$\mathcal{PT}$对称$\mathcal{P}$厄米($\mathcal{P}$对称)算子的$\mathcal{C}$对称性质保证了其相对于新乘积$(\cdot,\cdot)_{\mathcal{C}}$的厄米性(对称性)，该内积保留了$\mathcal{PT}$的共轭性质：

$$(\mathcal{PT}f,\mathcal{PT}g)_{\mathcal{C}}=[\mathcal{CPT}f,\mathcal{PT}g]=[\mathcal{PT}f\mathcal{C},\mathcal{PT}g]=[g,\mathcal{C}f]=[\mathcal{C}g,f]=(g,f)_{\mathcal{C}}$$

由定理 8.1 类推，可以推导出(等价的) Krein 空间$(\mathfrak{H},[\cdot,\cdot])$中$\mathcal{PT}$对称算子$\mathcal{C}$的定义。

定理 8.7[131] 下述是等价的：

(1) 算子$\mathcal{C}$由直和(8.15)确定，其中子空间$\mathcal{L}_{\pm}$是$\mathcal{PT}$不变的(即$\mathcal{PT}\mathcal{L}_{\pm}=\mathcal{L}_{\pm}$)；

(2) 算子$\mathcal{C}$的形式为$\mathcal{C}=\mathrm{e}^{\mathcal{Q}}\mathcal{P}$，其中$\mathcal{Q}$是$(\mathfrak{H},(\cdot,\cdot))$中的厄米算子，使得$\mathcal{PQ}=-\mathcal{QP}$且$\mathcal{TQ}=-\mathcal{QT}$；

(3) $\mathcal{C}$是一个$\mathfrak{H}$中的$\mathcal{PT}$对称算子，对于所有$f\in\mathcal{D}(\mathcal{C})$，$\mathcal{C}^2f=f$，且$\mathcal{CP}$是一个正厄米算子。

例 8.14 虚三次谐振子，其微分表达式：

$$\tau(f)(x)=-f''(x)+\mathrm{i}x^3f(x),\qquad x\in\mathbb{R}$$

是$\mathcal{PT}$对称的，特征值问题$\tau(f)(x)=\lambda f$在$f_n\in L_2(\mathbb{R})$中有解，其由常数的倍数唯一确定，且对应实特征值λ_n, $n\in\mathbb{N}$[209]。此外，本征函数集$\{f_n\}$在$L_2(\mathbb{R})$中是完备的[485]。

微分表达式$\tau(\cdot)$在$L_2(\mathbb{R})$中产生以下$\mathcal{PT}$对称算子：

$$H_1f=\tau(f),\qquad \mathcal{D}(H_1)=\{f\in L_2(\mathbb{R})\colon\tau(f)\in L_2(\mathbb{R})\}$$

$$H_2f=\tau(f),\qquad \mathcal{D}(H_2)=\operatorname{span}\{f_n\}$$

算子$H_j(j=1,2)$具有简单的特征值$\{\lambda_n\}$，并且它们的$\mathcal{PT}$对称性是非破缺的。

与例 8.9 一样，很容易验证两个算子H_j在 Krein 空间$(L_2(\mathbb{R}),(\cdot,\cdot)_{\mathcal{PT}})$中是否对称(即$\mathcal{P}$对称)。重复采用例 8.9 的参数，得出结论，特征函数$\{f_n\}$唯一确定直和(见式(8.44))和算子$\mathcal{C}_0$(见式(8.45))。通过构造，算子$\mathcal{C}_0$与H_2交换，因为$\mathcal{D}(\mathcal{C}_0)\supset\mathcal{D}(H_2)$且$\mathcal{C}_0$是$\mathcal{PT}$对称的，因为子空间$\mathcal{L}_{\pm}^0$是$\mathcal{PT}$不变的(后者由于未破缺的$\mathcal{PT}$对称性)。因此，通过扩展(如果需要)算子$\mathcal{C}_0$到$\mathcal{C}$对称的算子$\mathcal{C}$，证明了$H_2$的$\mathcal{C}$对称性。

算子H_1与H_2完全不同，因为H_1没有$\mathcal{C}$对称算子。事实上，H_1在希尔伯特空间$(L_2(\mathbb{R}),(\cdot,\cdot))$中是$\mathcal{P}$厄米的，并且根据命题 8.3，$H_1$可能在$(L_2(\mathbb{R}),(\cdot,\cdot))$只有一个$\mathcal{C}$对称的有界算子$\mathcal{C}$。这种情况下，$H_1$是希尔伯特空间$(L_2(\mathbb{R}),(\cdot,\cdot)_{\mathcal{C}})$中的厄米算子，具有$\mathcal{CPT}$内积(见式(8.3))，等效于初始值$(\cdot,\cdot)$。因此，预解的估计范数为

$$\|(H_1-zI)^{-1}\|\leqslant\frac{C}{|\mathrm{Im}(z)|},\qquad C>0,\qquad z\in\mathbb{C}\backslash\mathbb{R}$$

上式成立，这对于算子H_1来说是不可能的[485]。这个矛盾表明H_1没有$\mathcal{C}$对称算子。

这个结果很自然，很好地说明了无界算子$\mathcal{C}$的性质。事实上，对于无界$\mathcal{C}$，对应的$\mathcal{CPT}$内积$(\cdot,\cdot)_{\mathcal{C}}$不等价于原始内积$(\cdot,\cdot)$，并且最初在特征函数$\{f_n\}$的线性跨度上确定的虚三次振荡器的闭包(即$H_2$的闭包)，应该在新的希尔伯特空间$\mathfrak{H}_{\mathcal{C}}$中相对于$(\cdot,\cdot)_{\mathcal{C}}$获得。关于“错误内积”$(\cdot,\cdot)$的$H_2$闭包产生了来自$\mathcal{D}(H_1)\backslash\mathcal{D}(H_2)$的、不属于希尔伯特空间$\mathfrak{H}_{\mathcal{C}}$的新函数，其中定义了$\mathcal{C}$对称算子。

第 9 章 非线性可积系统的$\mathcal{PT}$对称变形①

任何事情过度增加都会导致反方向的反应。

——柏拉图

可积模型在经典系统和量子系统中占有特殊的地位。经典系统中，它们的特征在于具有足够的守恒量，从而可以构建其运动方程的精确解析解。在量子场论中，可积性通常通过将多粒子散射振幅分解为连续两粒子振幅的乘积来确定，该乘积可以确定微扰理论中的所有阶数。可积分系统通常可以作为基石或基准，围绕这些系统可以以扰动或变形的方式构建新的、通常更现实的系统。

本章主要研究可积系统的显著特性，或其某些部分是否能够经受$\mathcal{PT}$对称变形。为了理解经典可积系统的特殊之处，本章首先回顾了它们的一些基本特性。9.1 节描述如何构造守恒量，如何确定系统是否可积，以及如何构造非线性运动方程的解，通常是孤子类型的解。9.2 节介绍构造著名经典可积系统的$\mathcal{PT}$对称变形的可行方法，如 Burgers 方程、Korteweg-de Vries 方程、紧支方程和超对称波动方程。

9.3 节研究这些新的$\mathcal{PT}$对称系统的性质，对它们进行 Painlevé 测试并找到测试成功的例子、可积的例子、测试失败的例子及测试不确定的例子。对于所有这些模型，无论可积与否，解决了$\mathcal{PT}$对称性在确定其守恒量(例如能量)过程中的作用。当模型不可积时，发现$\mathcal{PT}$对称性保证能量是实的。当模型可积时，调用该属性以确保多孤子解具有实能量。9.3 节还研究$\mathcal{PT}$对称性确定部分相空间中轨迹形状的作用，发现周期轨道和具有渐近不动点的轨道之间存在的区别，通常与$\mathcal{PT}$对称性的破缺相吻合。一般来说，决定这些特征行为的不是$\mathcal{PT}$对称性，而是不动点的性质。9.3 节还讨论$\mathcal{PT}$对称系统中冲击波及导致峰值解的机制，最后描述一些$\mathcal{PT}$对称变形非线性波动方程的解，如何与经过充分研究的$\mathcal{PT}$对称量子系统相关联。

9.4 节讨论 Calogero 类型的$\mathcal{PT}$变形多粒子系统的各种情况，详细说明了一些非线性波动方程的复极点是如何用 Calogero 型系统描述的。当将相空间限制在由一些守恒量的梯度确定的区

① 本章由安德烈亚斯・弗林撰稿。

域时，自然会得到复孤子解。$\mathcal{PT}$对称性的不同变体可以解释为变形的 Weyl 反射。本节还介绍一个$\mathcal{PT}$变形的 Calogero 模型的简单示例，演示如何求解相应的量子力学模型，即薛定谔方程，从而产生新的能谱。

9.1 经典可积系统的基础

经典可积哈密顿系统研究的核心是 Liouville 可积性[384]的概念，它总结为以下定理。

Liouville 定理 令$H(p,q)p=\{p_1,\cdots,p_n\}$，$q=\{q_1,\cdots,q_n\}$是欧几里得相空间$\mathbb{R}^{2n}=\{p,q\}$具有泊松括号结构的哈密顿系统的哈密顿量。如果在对合中，当$i\in\{1,2,\cdots,n\}$时，系统具有动力$\dot{I}_\iota$(即$\dot{I}_\iota=0$的守恒量的n个独立积分，则哈密顿方程为

$$\frac{\mathrm{d}q_i}{\mathrm{d}t}=\frac{\partial H(p,q)}{\partial p_i},\quad \frac{\mathrm{d}p_i}{\mathrm{d}t}=\frac{\partial H(p,q)}{\partial q_i} \tag{9.1}$$

可以通过正交求解。

解释一下 Liouville 定理中的一些术语和符号。当它们的所有共有泊松括号都消失时，动力$\dot{I}_\iota$的常数集合被称为对合：如果I_i没有任何量可以用其他I_j表示$(i\neq j)$，$\{I_i,I_j\}=\sum_{k=1}^{n}\left(\frac{\partial I_i}{\partial q_k}\frac{\partial I_j}{\partial p_k}-\frac{\partial I_i}{\partial p_k}\frac{\partial I_j}{\partial q_k}\right)=0$，$i,j\in\{1,2,\cdots,n\}$且相互独立，且如果微分方程的解可以通过有限次代数运算(即通过积分、反函数等)获得，则称该微分方程可通过求积求解。为简洁起见，将总时间导数缩小为一个点：$\dot{I}\equiv\mathrm{d}I/\mathrm{d}t$。

可积性有更正式的定义，包括对非哈密顿量的域或动力系统的扩展，但对于本研究，上述描述就足够了。需要牢记，必须有足够的可用守恒量来解决系统问题。

证明$n=1$时的Liouville定理。考虑一个具有$H(p,q)=p^2/2+V(q)$势的哈密顿系统。式(9.1)的哈密顿方程(也称为运动方程)简化为$\dot{q}=p$和$\dot{p}=-\partial V/\partial q$。相空间中的轨迹可以通过求解 q 和 p 的这两个方程来获得。注意到$I_1=H$是守恒的，即$\dot{H}=0$，这样变成了一个简单任务。用总能量 E表示特定轨迹的积分常数，然后通过求解包含守恒量的方程找到该轨迹在相空间中的解$p=\dot{q}=\pm\sqrt{2E-2V(q)}$。

n较大时，需要使用更多的守恒量，并且原则上和n=1 时一样求解系统，核心问题是如何构造更多的守恒量。一种选择是使用 Poisson-Jacobi 定理，该定理指出两个守恒量的泊松括号也是守恒的。下一节将介绍更加强大的方法和系统。

9.1.1 等谱变形法(Lax 对)

假设有一个动力系统，可能是式(9.1)的哈密顿系统，可以用算符写成

$$\dot{L}=[M,L] \tag{9.2}$$

其中，L 和 M 是非交换对象，例如矩阵或微分算子，即形成 Lax 对[347]。当且仅当运动方程成立时，Lax 方程(9.2)成立。这种重新表述的主要优点是已经将偏微分方程，甚至是非线性方程，

转换为线性常微分方程。需要强调的是，并不是所有的运动方程都可改写为 Lax 对，所以这个性质很特殊。然而，如果这是可能的，那么系统被称为可积的，因为这种重构允许构建无限多个守恒量。

L 与时间无关的特征值：必须通过$L\phi = \lambda\phi$确定 L 的特征值 λ，其是与时间无关的。这一特性导致该方法使不同时刻 L 的谱为等谱，如t_1和t_2。也就是说，$t_1 \neq t_2$时，$L(t_1)$和$L(t_2)$是相同的。为了理解这一点，可以通过以下方式求解方程(9.2)：

$$L(t) = u(t)L(0)u^{-1}(t),\ M(t) = \dot{u}(t)u^{-1}(t) \tag{9.3}$$

其中，$u(t)$仍然未知。这可以通过直接计算验证：

$$\begin{aligned}\dot{L}(t) &= \dot{u}(t)L(0)u^{-1}(t) + u(t)\dot{L}(0)u^{-1}(t) + u(t)L(0)\dot{u}^{-1}(t)\\ &= \dot{u}(t)u^{-1}(t)u(t)L(0)u^{-1}(t) - u(t)L(0)u^{-1}(t)\dot{u}(t)u^{-1}(t) = [M,L]\end{aligned}$$

其中，$\dot{u}^{-1}(t) = -u^{-1}(t)\dot{u}(t)u^{-1}(t)$，它来自微分$u(t)u^{-1}(t) = 1$。

由于式(9.3)中的$L(t)$和$L(0)$通过相似变换而相关，因此它们的特征值是相同的，比如 λ，有下式：

$$L(0)\phi = \lambda\phi \Rightarrow u^{-1}(t)L(t)u(t)\phi = \lambda\phi \Rightarrow L(t)(u(t)\phi) = \lambda(u(t)\phi) \tag{9.4}$$

所以$L(t)$的特征值确实与时间无关。

$\dot{\lambda} = 0$的一个重要结果是可以将 Lax 方程重写为两个线性方程的相容方程，其可作为经典可积模型领域中几种强大方法的起源，例如 AKNS 方法[4]。当 λ 是一个固定的、与时间无关常数，两个线性方程如下：

$$L\phi = \lambda\phi, \quad \dot{\phi} = M\phi \tag{9.5}$$

其等价于 Lax 方程(9.2)。为了验证这一点，对式(9.5)中的第一个方程进行时间微分，对上式左侧微分结果是$\frac{\mathrm{d}}{\mathrm{d}t}(L\phi) = \dot{L}\phi + L\dot{\phi} = \dot{L}\phi + LM\phi$, 同样处理后右侧为$\lambda\dot{\phi} = \lambda M\phi = M\lambda\phi = ML\phi$，得到$\dot{L}\phi = [M,L]\phi$。

因此，现在有三种不同但等效的方式来表达可积动力系统：①以运动方程的形式，例如系统是哈密顿量的式(9.1)；②作为 Lax 对的式(9.2)；③以两个线性方程(9.5)表示的形式。

可以使用算子 L 来构造守恒量。正如从 Liouville 定理中看到的，当有足够多的守恒量，系统是可积的。如果可以用 1 个 Lax 对(9.2)来表达系统，所有守恒量如下：

$$I_k = \frac{1}{k}\mathrm{tr}(L^k) \tag{9.6}$$

在时间上是守恒的，为了看到这一点，计算下式：

$$\dot{I}_k = \frac{1}{k}\mathrm{tr}\left(kL^{k-1}\dot{L}\right) = \mathrm{tr}(L^{k-1}[M,L]) = \mathrm{tr}(L^{k-1}ML) - \mathrm{tr}(L^kM) = 0$$

其中使用了轨迹的循环性质$\mathrm{tr}(AB) = \mathrm{tr}(BA)$。这是一个强大的性质，因为原则上，可以由式(9.6)生成尽可能多的守恒量，以匹配自由度。当这些运动积分I_k都对合且独立时，根据 Liouville 定理，该理论是可积的。

Lax对(9.2)的存在可以作为判断系统是否可积的标准，但是在得出结论时必须谨慎。通常，显式构造Lax对在技术上是困难的，但这并不意味着Lax对不存在且系统不可积。证明特定系统不存在Lax对并不简单，然而，当可以用Lax对的形式重写运动方程时，哈密顿动力系统可积的断言是决定性的。那么，如何构造算子L和M呢？

*L*和*M*的构造：如果以微分算子的形式寻找Lax对，通常可以在域的幂和导数上做一个合适的通用假设，或者如果表示L和M的矩阵的秩不太大，对于这样的算子，可能会以一种强制的方式成功地找到L和M。再或者，可以根据一些新函数$u(t)$和$Q(t)$将L和M重写为

$$M = \dot{u}u^{-1}, \quad L = \dot{Q} - MQ + QM \tag{9.7}$$

这可以由第三个函数w计算出来，其关于时间的二阶导数为零：

$$w = u^{-1}(t)Q(t)u(t), \quad \ddot{w} = 0 \tag{9.8}$$

可以看到，当且仅当Lax方程满足下列条件才成立：取式(9.8)关于时间的一阶导数，$\ddot{w}$消失，得到

$$\dot{w} = \dot{u}^{-1}(t)Q(t)u(t) + u^{-1}(t)\dot{Q}(t)u(t) + u^{-1}(t)Q(t)\dot{u}(t) = u^{-1}(t)\big(\dot{Q} - MQ + QM\big)u(t)$$

其中，M来自式(9.7)。接下来，使用关于u和Q的L表达式，w关于时间的二阶导数如下：

$$\ddot{w} = \dot{u}^{-1}(t)L(t)u(t) + u^{-1}(t)\dot{L}(t)u(t) + u^{-1}(t)L(t)\dot{u}(t) = u^{-1}(t)\big(\dot{L} - ML + LM\big)u(t)$$

因此，当且仅当Lax方程(9.2)成立时$\ddot{w} = 0$。所以，求解式(9.8)给出了运算符L和M的显式表达式。

例 9.1 自由粒子：说明上述公式适用的最简单例子是二维自由粒子，它描述了粒子在(q_1, q_2)平面中的运动，哈密顿量为

$$H(p_1, p_2) = \frac{1}{2}p_1^2 + \frac{1}{2}p_2^2 \tag{9.9}$$

首先确定一个二阶导数为零的量。由哈密顿方程(9.1)得出的运动方程为$\dot{q}_i = \partial H/\partial p_i = p_i$，$\dot{p}_i = -\partial H / \partial q_i = 0$，$i = 1,2$，从而得到了两个二阶导数为零的量，因为当$i = 1,2$时，$\ddot{q}_i = 0$。接下来，用式(9.7)中定义的$u$和$Q$来表示$q_i$。为此，将$q_i$转换为矩阵形式：

$$(q_1, q_2) \to w = \begin{pmatrix} q_1 & -q_2 \\ -q_2 & -q_1 \end{pmatrix} \tag{9.10}$$

因为涉及一些猜测，所以该过程似乎有些特别。也可以采用不同类型的矩阵和不同的符号，但该选择正好满足所需属性$\ddot{w} = 0$，所以可以继续。

转换为不同的变量，允许将矩阵分解为式(9.10)。使用规范变量(r, ϕ, p_r, p_ϕ)，其中，$q_1 = r\cos\phi, q_2 = r\sin\phi$，$p_1 = p_r\cos\phi - p_\phi\sin(\phi)/r$，$p_2 = p_r\sin\phi + p_\phi\cos(\phi)/r$，转换式(9.9)哈密顿量为如下形式：

$$H\big(r, \phi, p_r, p_\phi\big) = \frac{1}{2}p_r^2 + \frac{p_\phi^2}{2r^2} \tag{9.11}$$

使运动方程变为

$$\dot{\phi} = \frac{\partial H}{\partial p_\phi} = \frac{p_\phi}{r^2}, \dot{r} = \frac{\partial H}{\partial p_r} = p_r, \dot{p}_\phi = -\frac{\partial H}{\partial \phi} = 0, \dot{p}_r = -\frac{\partial H}{\partial r} = \frac{p_\phi^2}{r^3} \tag{9.12}$$

为了用式(9.8)，必须将w代入$u^{-1}(t)Q(t)u(t)$，如式(9.8)中的第一个方程。将w作为矩阵，将这种形式视为通过一些相似变换转换成对角化w。计算下式：

$$w = u^{-1}(t)Q(t)u(t), \qquad Q(t) = \begin{pmatrix} r & 0 \\ 0 & -r \end{pmatrix}, \qquad u(t) = \begin{pmatrix} \cos\frac{\phi}{2} & -\sin\frac{\phi}{2} \\ \sin\frac{\phi}{2} & \cos\frac{\phi}{2} \end{pmatrix}$$

其中，$r = \sqrt{q_1^2 + q_2^2}$。根据精确的形式(9.8)可以确定算子 L 和 M。注意，$[\dot{u}, u^{-1}] = 0$，从上面的公式中发现：

$$M = \dot{u}u^{-1} = \frac{p_\phi}{2r^2}\begin{pmatrix} 0 & -1 \\ 1 & 0 \end{pmatrix} \tag{9.13}$$

$$L = \dot{Q} - MQ + QM = \begin{pmatrix} p_r & -\frac{p_\phi}{r} \\ -\frac{p_\phi}{r} & -p_r \end{pmatrix}$$

这对算子满足 Lax 方程(9.2)。

接下来，根据式(9.6)用 L 计算守恒量，发现：

$$I_1 = \operatorname{tr}(L) = \operatorname{tr}\begin{pmatrix} p_r & -\frac{p_\phi}{r} \\ -\frac{p_\phi}{r} & -p_r \end{pmatrix} = 0$$

$$I_2 = \frac{1}{2}\operatorname{tr}(L^2) = \frac{1}{2}\operatorname{tr}\begin{pmatrix} p_r^2 + \frac{p_\phi^2}{r^2} & 0 \\ 0 & p_r^2 + \frac{p_\phi^2}{r^2} \end{pmatrix} = 2H$$

$$I_3 = \frac{1}{3}\operatorname{tr}(L^3) = \frac{1}{3}\operatorname{tr}\left[\begin{pmatrix} p_r & -\frac{p_\phi}{r} \\ -\frac{p_\phi}{r} & -p_r \end{pmatrix}\begin{pmatrix} 2H & 0 \\ 0 & 2H \end{pmatrix}\right] = 0$$

以这种方式继续推导出当$k = 1,2,\cdots, I_{2k-1} = 0$时，$I_{2k} = 2H^k$和$I_{2k-1} = 0$。这意味着，当计算 L 的高阶轨迹时，无法获取新的独立守恒量。然而，除了哈密顿量 H 之外，p_ϕ也是守恒的。这两个守恒量足以建立 Liouville 可积性，因为自由粒子系统的自由度为$n = 2$。

例 9.2　Korteweg-de Vries 方程：经过充分研究的原型非线性可积系统是 Korteweg-de Vries(KdV)波动方程[333]：

$$u_t - 6uu_x + u_{xxx} = 0 \tag{9.14}$$

该方程是浅水波的小幅度近似描述，等效于 Lax 方程(9.2)，其中，

$$L = \partial_x^2 + \frac{1}{6}u, \qquad M = 4\partial_x^3 + u\partial_x + \frac{1}{2}u_x \tag{9.15}$$

上式可以通过直接计算来验证(用下标表示偏导数：$\phi_x \equiv \frac{\partial \phi}{\partial x}, \phi_{xx} \equiv \frac{\partial^2 \phi}{\partial x^2}$)。观察到 L 算子(9.4)的特征值方程与本例的不含时薛定谔方程一致，u为势能，λ为与时间无关的能量。

例 9.3 Calogero **模型**：Calogero 模型是一类重要的可积系统[170-171](9.4 节讨论了它们的$\mathcal{PT}$变形演变)。总体来说，除了最简单的演变，这些模型是多粒子系统。由哈密顿量描述的单粒子系统为

$$H_C(p,q) = \frac{1}{2}p^2 + \frac{g^2}{2q^2} \tag{9.16}$$

其中，g表示耦合常数。运动方程为$\dot{q} = \frac{\partial H}{\partial p} = p, \dot{p} = -\frac{\partial H}{\partial q} = \frac{g^2}{q^3}$。可以通过代入相应的 Lax 方程(9.2)来验证算子：

$$L = \begin{pmatrix} p & g/q \\ g/q & -p \end{pmatrix}, \quad M = \frac{g}{2}\begin{pmatrix} 0 & q^{-2} \\ -q^{-2} & 0 \end{pmatrix}$$

9.1.2 Painlevé 检验

当不知道足够多的由 Liouville 定理或 Lax 对的显式形式指定的守恒量时，就不可能先验地确定非线性动力系统是否可积。当此信息不可用时，可以使用 Painlevé 检验，该检验旨在区分可积模型和不可积模型。Painlevé 检验基于这样一个特征，即每个接受孤子解的动态非线性系统都是 Liouville 可积的(9.1.3 节中详细地讨论孤子)。这个结论没有证据，只有启发式论证和许多支持例子。对于几乎所有已知的可积动力系统，都已经证实了这一点。Painlevé 检验是可行的[444, 2, 530, 276, 336]，这个检验甚至被用来识别以前未知的新模型[161, 218, 47, 46]。在本节，使用该检验来寻找新的可积系统。

使用该检验的主要步骤最初在文献[530]中提及，具体如下：对于包含域$u(x,t)$及其导数的偏微分方程的动力系统，最初是做 Painlevé 展开，其形式为

$$u(x,t) = \sum_{k=0}^{\infty} \lambda_k(x,t)\phi(x,t)^{k+\alpha} \tag{9.17}$$

其中，α 是一个负整数，表征新引入接近零时场方程中，场的前导奇点$\phi(x,t) \to 0$。系数函数$\lambda_k(x,t)$被假定为解析函数。

Painlevé 检验的过程包括将展开式(9.17)代入正在研究的偏微分方程。这导致了形如下式的函数$\lambda_k(x,t)$的重复关系：

$$g(k, \phi_t, \phi_x, \phi_{xx}, \cdots)\lambda_k = h(\lambda_{k-1}, \lambda_{k-2}, \cdots, \lambda_1, \lambda_0, \phi_t, \phi_x, \phi_{xx}, \cdots) \tag{9.18}$$

其中，g和h是模型相关函数。在某些k或$\tilde{k}$的情形下，重复求解方程(9.18)会使$g = 0$。使用这样的k值能够计算式(9.18)的右侧，并发现$h \neq 0$或$h = 0$。前一种情形，Painlevé 检验对于正在研究的系统是失败的，所以可以认为这个系统是不可积的。后一种情形，所谓的共振，左侧的$\lambda_{\tilde{k}}$是一个自由参数。接下来，当$k > \tilde{k}$时，g消失。如果共振数量与偏微分方程的阶数相同，则

Painlevé 检验对于正在研究的系统是成功的。在该情况下，式(9.17)有足够的自由参数来满足所有可能的初始条件。当序列表现出收敛时更能佐证上述观点。此时，则说明该偏微分方程是可 Painlevé 检验的。如果没有足够的额外自由参数来匹配偏微分方程，则 Painlevé 检验是有缺陷的。

当目前研究的系统可 Painlevé 检验，则它是可积的；否则，不可积。当 Painlevé 扩展有缺陷，则检验提供的结构是可包容的。

9.1.3 变换方法

当求解非线性问题时，把它们转换成其他类型的方程是有用的，这些方程可能类型不同，但是有相同的非线性方程，甚至可能是线性方程。这种转换方法经常可以用更简单的解构造一个新解。接下来，变换方法还揭示了在非线性情况下，什么类型的方程取代了标准的线性叠加原理(它允许加上两个解来获得第三个解)。下面举例来证明上述观点。

Miura 变换：两个非线性方程，式(9.19)KdV 方程$u_t = 6uu_x - u_{xxx}$和修正 KdV 方程(mKdV)

$$v_t = 6v^2v_x - v_{xxx} \tag{9.19}$$

与 Miura 变化相关：

$$u = v^2 + v_x \tag{9.20}$$

通过将式(9.20)代入 KdV 方程来验证这一点，因此，如果求解某些v的 mKdV 方程，将获得 KdV 方程的解(反之则不成立)。当然，必须解这个新的非线性微分方程以求解 KdV 方程。

Hopf-Cole 变换：Hopf-Cole 变换为

$$v(x,t) = \exp\left[-\frac{1}{2\sigma}\int^x u(s,t)\mathrm{d}s\right] \tag{9.21}$$

涉及非线性 Burgers 方程：

$$u_t + uu_x = \sigma u_{xx}，\ \sigma \in \mathbb{R} \tag{9.22}$$

到线性扩散方程：

$$v = \sigma v_{xx} \tag{9.23}$$

因此，如果用$u(x,t)$可以求解式(9.22)，则根据式(9.21)的$u(x,t)$可以求解式(9.23)，反之亦然。

Bäcklund 变换：上面的两个例子是特定的模型，但 Bäcklund 变换更普遍适用。它们通过一对一阶偏微分方程将给定非线性方程的解与相同或不同方程的其他解联系起来。因此，这种类型的变换降低了微分方程的阶数。一个重要的应用是，它可按连续顺序生成新解，例如，孤子解可以系统地构建多孤子解。

例如，Liouville 方程和波动方程的解：

$$u_{xy} = \mathrm{e}^u，\quad v_{xy} = 0 \tag{9.24}$$

与 Bäcklund 变换相关。

$$u_x + v_x = \sqrt{2}\exp\left[\frac{1}{2}(u - v)\right], \quad u_y - v_y = \sqrt{2}\exp\left[\frac{1}{2}(u + v)\right] \tag{9.25}$$

通过式(9.25)的交叉微分推导出式(9.24)验证了这一点。可以从更简单波动方程的解构造 Liouville 方程的解，从解$v = 0$到波动方程，式(9.25)中剩余的两个一阶方程通过分离变量求解。

$$u(x,y) = -2\ln\left[f(y) - \frac{x}{\sqrt{2}}\right], \qquad u(x,y) = -2\ln\left[\tilde{f}(x) - \frac{y}{\sqrt{2}}\right]$$

其中，$f(y)$和$\tilde{f}(y)$是积分常数。比较这两个解，发现 Liouville 方程的解如下：

$$u(x,y) = \ln[2/(x+y)^2]$$

可以从线性波动方程的其他解中构造出更复杂的非线性 Liouville 方程解。

KdV 方程的 Bäcklund 变换如下：在式(9.14)中代入$u \to w_x$，将其转换为$w_{xt} - 3(w_x^2)_x + w_{xxxx} = 0$，当关于$x$积分时变为

$$w_t - 3w_x^2 + w_{xxx} = 0 \tag{9.26}$$

Bäcklund 变换涉及两个不同的解，即u, w和u', w'：

$$u + u' = \frac{1}{2}(w - w')^2 - \kappa \tag{9.27}$$

$$w_t + w_t' = -(w - w')(w_{xx} - w'_{xx}) + 2[u^2 + uu' + (u')^2] \tag{9.28}$$

其中，κ是常数。用式(9.26)替换式(9.28)中的w_t和w'_t，并通过x两次积分将所得方程转换为式(9.27)来验证变换。

值得注意的是，当组合涉及四个解w_0、w_1、w_2和w_{12}，以及两个常数κ_1和κ_2的四个 Bäcklund 变换时，可以推导出它们之间的函数关系，其中所有导数都消失了。式(9.27)和式(9.28)中的解必须配对，如图 9.1 所示。

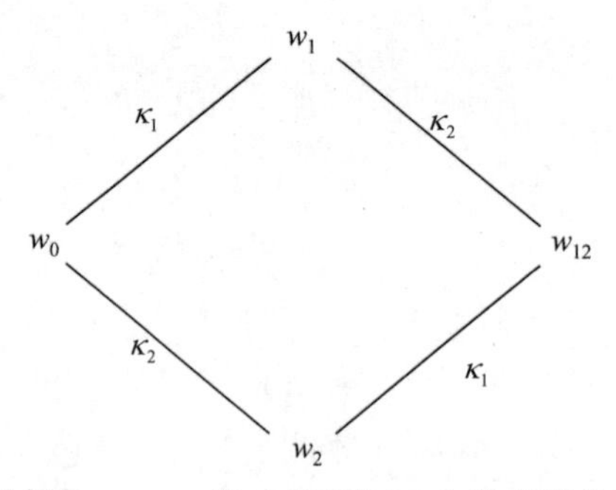

图 9.1 与 Kdv 方程(9.26)的四个解w_0、w_1、w_2和w_{12}相关的 Lamb 图。该图的每一侧对应两个解的 Bäcklund 变换，即顶点和链接处的常数

这种通过 Bäcklund 变换关联不同解的图称为 Lamd 图[343]或 Bianchi 图[156]。没有先验的理

由，可以确保当解如上所示相关时，图实际上闭合。但是，由 Bianchi 置换定理①确定的闭包，即当所涉及的常数颠倒时，对于两个已知的解w_1、w_2，Bäcklund 变换将始终生成相同的解。

图 9.1 中的四个 Bäcklund 变换(9.27)如下：

$$(w_0)_x + (w_1)_x = \frac{1}{2}(w_0 - w_1)^2 - \kappa_1 \tag{9.29}$$

$$(w_0)_x + (w_2)_x = \frac{1}{2}(w_0 - w_2)^2 - \kappa_2 \tag{9.30}$$

$$(w_1)_x + (w_{12})_x = \frac{1}{2}(w_1 - w_{12})^2 - \kappa_2 \tag{9.31}$$

$$(w_2)_x + (w_{12})_x = \frac{1}{2}(w_2 - w_{12})^2 - \kappa_1 \tag{9.32}$$

分别计算式(9.29)−式(9.30)和式(9.31)−式(9.32)的结果，得到：

$$(w_1)_x - (w_2)_x = \kappa_2 - \kappa_1 + \frac{1}{2}(w_0 - w_1)^2 - \frac{1}{2}(w_0 - w_2)^2 \tag{9.33}$$

$$(w_1)_x - (w_2)_x = \kappa_1 - \kappa_2 + \frac{1}{2}(w_{12} - w_1)^2 - \frac{1}{2}(w_{12} - w_2)^2 \tag{9.34}$$

联合方程(9.33)和(9.34)产生下式：

$$w_{12} = w_0 + 2(\kappa_1 - \kappa_2)/(w_1 - w_2) \tag{9.35}$$

这种关系可以看作线性方程叠加原理的类比，但不是采用两个解来构造第三个解，像式(9.35)中，用三个解的组合来构造第四个解。此外，与线性叠加原理不同，非线性叠加原理是依赖于模型的，也就是说，函数关系式(9.35)在每个非线性系统中是不同的。

使用式(9.35)来构建多孤子的解。N孤子解由N个位置合适的波组成，这些波以恒定速度c_i传播，$i = 1,\cdots,N$，同时保持其形状。每当这些波中的两个波散射时，无论是正面叠加还是快波超越慢波，它们都会在足够长的时间内，以较小的位移或等效的时间偏移恢复其原始形状。例如，用两种不同类型的单孤子解来标识w_1和w_2：

$$u_1(x,t) = -\frac{1}{2}c_1 \operatorname{sech}^2\left[\frac{1}{2}\sqrt{c_1}\,(x - c_1 t + \delta_1)\right] \tag{9.36}$$

$$u_2(x,t) = \frac{1}{2}c_2 \operatorname{csch}^2\left[\frac{1}{2}\sqrt{c_2}\,(x - c_2 t + \delta_2)\right] \tag{9.37}$$

由于存在常数δ_1和δ_2，设$w_0 = 0$，从式(9.27)中发现，式(9.35)中的常数必须选择$\kappa_1 = \frac{1}{2}c_1$和$\kappa_2 = \frac{1}{2}c_2$(第 9.3.4 节将推导式(9.36)和式(9.37)的解)。w_{12}的一个新解从非线性叠加式(9.35)

① 这个定理的证明超出了本书的范围。本书通过明确地构建一个解来证明假设是正确的。

中获得。对x进行微分后得到双孤子解：

$$u_{12}(x,t)=\frac{(c_1-c_2)c_2\operatorname{csch}^2[\frac{1}{2}\sqrt{c_2}(x-c_2t)]+c_1\operatorname{sech}^2[\frac{1}{2}\sqrt{c_1}(x-c_1t)]}{2\left[\sqrt{c_2}\coth(\frac{1}{2}\sqrt{c_2}(x-c_2t))-\sqrt{c_1}\tanh(\frac{1}{2}\sqrt{c_1}(x-c_1t))\right]^2}$$

其中，$\gamma_1=\gamma_2=0$。原则上，可以通过这种方式继续迭代，从双孤子解和单孤子解构造三孤子解。

通过研究 Miura 变换是 Bäcklund 变换来作为本节的结尾。通过引入量$v:=(w-w')/2$，并将式(9.27)重写为

$$u=w_x=v^2+v_x-\frac{1}{2}\kappa \tag{9.38}$$

这是式(9.20)的 Miura 变换，其中u移动了$\kappa/2$。这种关系表明，Bäcklund 变换比 Miura 变换通用。

式(9.38)是逆散射方法(对逆散射方法的介绍参见参考文献[3, 5])的起点。通过关系$v=\psi_x/\psi$定义一个新函数ψ，将式(9.38)转换为

$$u=\left(\frac{\psi_x}{\psi}\right)^2+\frac{\psi\psi_{xx}-\psi_x^2}{\psi^2}-\frac{1}{2}\kappa$$

因此，

$$-\psi\psi_{xx}+u\psi=E\psi \tag{9.39}$$

其中，$E=-\kappa/2$。这是一个不含时薛定谔方程，u是势，E 是能量，ψ为波函数。在量子力学中，通常的方法是求解散射问题，也就是说，对于给定的势u，可以找到能级 E和相应的波函数ψ。对于逆问题，从ψ和 E开始，并使用此信息通过式(9.38)构造非线性 KdV 波动方程的解u。

9.2 非线性波动方程的$\mathcal{PT}$变形

以$\mathcal{PT}$对称方式对实非线性波动方程进行复化或变形有多种可能，可以从波动方程或哈密顿密度开始，前提是所研究的模型是哈密顿量。更远的目标是，当对可积系统进行$\mathcal{PT}$变形时，上一节中讨论的属性仍然存在。

此处选取下式的通用非线性波动方程：

$$u_x=f(\alpha,\beta,\gamma,\cdots,u,u_x,u_{xx},u_{xxx},\cdots),\qquad \alpha,\beta,\gamma,\cdots,u\in\mathbb{R} \tag{9.40}$$

其中，f是一些依赖于实值域$u(x,t)$的函数，它的导数为$u_x,u_{xx},u_{xxx},\cdots$，一些实常数为$\alpha,\beta,\gamma,\cdots$。假设系统是厄米的，即存在密度为$\mathcal{H}$的哈密顿量$H(u)=\int\mathcal{H}\mathrm{d}x$，且式(9.40)的运动方程可以根据变分原理用下式计算：

$$u_t=\left[\frac{\delta H(u)}{\delta u}\right]_x=\left[\frac{\delta\int\mathcal{H}\mathrm{d}x}{\delta u}\right]_x=\left[\sum_{n=0}^{\infty}(-1)^n\frac{\mathrm{d}^n}{\mathrm{d}x^n}\frac{\partial\mathcal{H}}{\partial u_{nx}}\right]_x \tag{9.41}$$

在哈密顿量层级，立即看到了$\mathcal{PT}$对称性的用处：与前几章讨论的量子力学模型一样，尽

管哈密顿量密度为复数，但$\mathcal{PT}$对称性可以确保能量的实数特性。简单地论证，如果哈密顿密度是$\mathcal{PT}$对称的，即$\mathcal{H}^\dagger[u(x)] = \mathcal{H}[u(-x)]$，那么在区间$[-a, a]$上的能量保证为实数：

$$E = \int_{-a}^{a} \mathcal{H}[u(x)]\mathrm{d}x = -\int_{a}^{-a} \mathcal{H}[u(-x)]\mathrm{d}x = \int_{-a}^{a} \mathcal{H}^\dagger[u(x)]\mathrm{d}x = E^\dagger \tag{9.42}$$

现在讨论使非线性波动方程(9.40)或哈密顿量变形的 5 种不同方式，这些方式会产生新的$\mathcal{PT}$对称模型。文献[51, 250-251, 255]表明，以下选项的组合也是可能的。

(1) 最简单的可能性是，通过将域u替换为$u = p + \mathrm{i}q$来复化域u，其中 p 和 q 是实域。此外，可以通过用复常数$\tilde{\alpha}, \tilde{\beta}, \tilde{\gamma}, \cdots \in \mathbb{C}$替换实常数$\alpha, \beta, \gamma, \cdots \in \mathbb{R}$来复化常数，这样如果原始系统是$\mathcal{PT}$对称的，新系统依旧保持$\mathcal{PT}$对称。

(2) 可以通过将$\mathcal{PT}$对称项添加到原始波动方程,即$u_t = f(\alpha, \beta, \gamma, \cdots, u, u_x, u_{xx}, u_{xxx}, \cdots) + \tilde{f}(\cdots)$，或者添加到原始哈密顿量，即$\mathcal{H} + \widetilde{\mathcal{H}}$，来扩展模型，其中$\tilde{f} \in \mathbb{C}$和$\widetilde{\mathcal{H}} \in \mathbb{C}$遵循与$f$和$\mathcal{H}$相同的$\mathcal{PT}$对称性。

(3) 可以通过变形$\mathcal{PT}$对称将额外的自由参数引入模型中。例如，如果系统在变换$\mathcal{PT}: \phi(x,t) \mapsto -\phi(x,t)$下,对于某些场是不变的，则可以使用$\varepsilon \in \mathbb{R}$时的变形映射[249] δ_ε：$\phi(x,t) \mapsto -\mathrm{i}[\mathrm{i}\phi(x,t)]^\varepsilon$。在极限$\varepsilon = 1$内恢复至未变形的情形。新的变形量仍然是反$\mathcal{PT}$对称的，关键的区别是，总负号是由$\mathcal{PT}$算子的反线性性质产生的，即是$\mathrm{i} \mapsto -\mathrm{i}$而不是$\phi(x,t) \mapsto -\phi(x,t)$导致最后的负号。通过变形映射，此选项允许波动方程(9.40)或哈密顿量的各种变形：

$$\delta_\varepsilon^+: u_x \mapsto u_{x,\varepsilon} \coloneqq -\mathrm{i}(\mathrm{i}u_x)^\varepsilon,\ \delta_\varepsilon^-: u \mapsto u_\varepsilon \coloneqq -\mathrm{i}(\mathrm{i}u)^\varepsilon \tag{9.43}$$

其中，$\phi \equiv u_x$，$\phi \equiv u$①。通过标准连续导数∂_x来确定高阶导数：

$$\begin{aligned}
&\delta_\varepsilon^+: u_{xx,\varepsilon} \coloneqq \left(u_{x,\varepsilon}\right)_x = \varepsilon u_{xx}(\mathrm{i}u_x)^{\varepsilon-1} \\
&u_{xxx,\varepsilon} \coloneqq \left(u_{x,\varepsilon}\right)_{xx} = \mathrm{i}\varepsilon(\mathrm{i}u_x)^{\varepsilon-2}[u_x u_{xxx} + (\varepsilon-1)u_{xx}^2] \\
&u_{nx,\varepsilon} \coloneqq \partial_x^{n-1} u_{x,\varepsilon} \\
&\delta_\varepsilon^-: u_{x,\varepsilon} \coloneqq (u_\varepsilon)_x = \varepsilon u_x(\mathrm{i}u)^{\varepsilon-1} \\
&u_{xx,\varepsilon} \coloneqq (u_\varepsilon)_{xx} = \mathrm{i}\varepsilon(iu)^{\varepsilon-2}[u u_{xx} + (\varepsilon-1)u_x^2] \\
&u_{nx,\varepsilon} \coloneqq \partial_x^n u_\varepsilon
\end{aligned}$$

类似地，可以对时间导数$\delta_\varepsilon^t: u_t \mapsto u_{t,\varepsilon} \coloneqq -\mathrm{i}(\mathrm{i}u_t)^\varepsilon$进行变形，以获得新的$\mathcal{PT}$对称模型。

(4) 另一种可能性是将变形形式(3)应用于模型中的所有项，这对应变量变换。

(5) 可以确定原始模型中的一些量，这些量从原始系统到约束系统时变成复数。在这种变形过程中，使用了由 Airault、Mckean 和 Moser 发明的著名定理[25]：给定一个哈密顿量$H(p,q)$，其能流由式(9.1)描述，H 对合的守恒量Ii，$\nabla I = 0$的轨迹对于时间演化是不变的。因此，可以将相空间中的流动限制在该区域，前提是它是非空的。

---

① 当然，可以通过连续应用映射δ_ε^+或通过替换$u_{xx} \to u_{x,\varepsilon} \circ u_{x,\varepsilon}$，使更高导数变形，以及将类似的方法用于更高阶导数实现相同目的。此处不探讨这些可能性，因为δ_ε^+已经是一个非线性映射，所以这个映射的组成将是高度非线性的。

9.2.1 $\mathcal{PT}$变形超对称方程

可以将上述想法扩展到涉及超场的波动方程：

$$\Phi(x,\theta)=\xi(x)+\theta u(x)$$

根据费米子(反互易)场$\xi(x)$、玻色子(互易)场$u(x)$和反互易超空间变量θ，作用于这些域的超导数定义为$D\coloneqq\theta\partial_x+\partial_\theta$，使得$D\Phi(x,\theta)=\theta\partial_x\xi(x)+u(x)$。接下来了解不同类型的对称是如何在这些场上实现的。若 η 为反互易常数，则超空间中的超对称变换为

$$\mathcal{SUSY}:\Phi(x,\theta)\longrightarrow\Phi(x-\eta\theta,\theta+\eta)=\Phi(x,\theta)-\eta\theta\partial_x\Phi(x,\theta)+\eta\partial_\theta\Phi(x,\theta),$$

$$u\longrightarrow u+\eta\xi_x,\ \xi\longrightarrow\xi+\eta u \tag{9.44}$$

所以玻色子场和费米子场是相关的。

为了实现$\mathcal{PT}$对称性，可以假设一个偶数玻色场并要求$\mathcal{PT}:u\to u,t\to -t,x\to -x,\mathrm{i}\to -\mathrm{i}$。这意味着必须有$\mathcal{PT}:\eta\xi_x\to\eta\xi_x$才能使超对称变换保持不变。$\xi\to\pm\xi,\eta\to\mp\eta$可能与式(9.44)中的最后一个关系不相容。因此，要求下式成立：

$$\mathcal{PT}:\ u\to u,\xi\to\mathrm{i}\xi,\eta\to\mathrm{i}\eta,\theta\to\mathrm{i}\theta,\Phi\to\mathrm{i}\Phi,D\to -\mathrm{i}D \tag{9.45}$$

这个$\mathcal{PT}$变换是一个满足$(\mathcal{PT})^2=1$的自同构。

除了选项(3)之外，如何概括 5 个变形选项是很清楚的。因此，继续讨论超导数的变形。将映射δ_ε^+视为$\partial_{x,\varepsilon}$变形的衍生物，其作用于某个任意函数$f(x)$，形式为$\partial_{x,\varepsilon}f(x)=-\mathrm{i}(\mathrm{i}f_x)^\varepsilon$，以及更高阶的导数，如$\partial_{x,\varepsilon}^n\coloneqq\partial_x^{n-1}\partial_{x,\varepsilon}$，将超导数的变形定义为

$$D_\varepsilon\coloneqq\theta\partial_{x,\varepsilon}+\partial_\theta$$

由于有不同类型的场，因此有更多的选项来变形更高阶的导数。有些选择会导致所有导数变形，但也有可能仅作用于一种场的导数变形。导致费米场变形的选项不太有趣，因为当$\varepsilon\in\mathbb{N}$时，对于$\varepsilon\geqslant 2$，$\partial_{x,\varepsilon}^n\xi=0$。

例如，将玻色费米子的更高阶变形超导数定义为

$$D_\varepsilon^n\coloneqq D^{n-2}D_\varepsilon^2\quad(n\geqslant 2)$$

对超场$\Phi(x,\theta)$的作用会产生$D_\varepsilon^{2n-1}\Phi=\theta\partial_{x,\varepsilon}^n\xi+\partial_{x,\varepsilon}^{n-1}u$, $D_\varepsilon^{2n}\Phi=\theta\partial_{x,\varepsilon}^n u+\partial_{x,\varepsilon}^n\xi$，且$n\in\mathbb{N}$。类似地，定义费米子的变形超导数为

$$\widehat{D}_\varepsilon^n\coloneqq D^{n-1}D_\varepsilon\quad(n\geqslant 1)$$

对超场$\Phi(x,\theta)$上的作用会产生$\widehat{D}_\varepsilon^{2n-1}\Phi=\theta\partial_{x,\varepsilon}^n\xi+\partial_x^{n-1}u$, $\widehat{D}_\varepsilon^{2n}\Phi=\theta\partial_x^n u+\partial_{x,\varepsilon}^n\xi$。更有趣的是，玻色子的变形超导数定义为更高阶的导数：

$$\widetilde{D}_\varepsilon^n\coloneqq D^{n-2}D_\varepsilon^2\quad(n\geqslant 2)$$

当对超场$\Phi(x,\theta)$施加作用，可以获得变形波色场的非平庸表达式：$\widetilde{D}_\varepsilon^{2n-1}\Phi=\theta\partial_x^n\xi+\partial_{x,\varepsilon}^{n-1}u,\widetilde{D}_\varepsilon^{2n}\Phi=\theta\partial_{x,\varepsilon}^n u+\partial_x^n\xi$。

另一种可能是保持低阶导数不变形，并让变形出现在更高阶，例如 3 阶，定义如下：

$$
\breve{D}_{\varepsilon}^{n} := \begin{cases} D^{n} \quad (n=1,2) \\ -\mathrm{i}(\mathrm{i}D^{3}\Phi)^{\varepsilon} = \partial_{x,\varepsilon}u + \mathrm{i}\theta\varepsilon\partial_{x,\varepsilon-1}u\xi_{xx} \quad (n=3) \\ D^{n-3}\breve{D}_{\varepsilon}^{3} \quad (n>3) \end{cases}
$$

下面介绍一些可积系统$\mathcal{PT}$变形的具体例子，并在 9.3 节进一步介绍。

9.2.2　$\mathcal{PT}$变形 Burgers 方程

流体动力学中广泛研究的 Burgers 方程(9.22)是一个简单的非线性系统。该方程是应用于气流的 Navie-Stokes 方程的特殊一维情况。Burgers 方程在$u \to u, x \to -x, t \to -t, \sigma \to -\sigma$变换下是不变的。因此，根据变形选项(1)，引入式(9.22)的$\sigma = \mathrm{i}\kappa, \kappa \in \mathbb{R}$。将这种对称性解释为$\mathcal{PT}$对称性。场$u$甚至也属于这个$\mathcal{PT}$对称，所以也可以应用变形映射$\delta_{\varepsilon}^{+}$来变形导数，如式(9.43)定义的变形形式(3)。获得$\mathcal{PT}$对称变形的 Burgers 方程[46]为

$$
u_t + uu_{x,\varepsilon} = \mathrm{i}\kappa u_{xx,\mu} \qquad (\kappa \in \mathbb{R},\ \ \varepsilon,\mu \in \mathbb{N}) \tag{9.46}
$$

其中有两个变形参数ε和u。9.3 节将说明这个方程在某些条件下仍然是可积的。

施加变形形式(1)和(3)后，还可以根据变形形式(2)添加一个项并获得下式[178]：

$$
u_t + uu_x = \mathrm{i}\kappa u_{xx} + \frac{\mathrm{i}\kappa u}{2u_x^2}(u_x u_{xxx} - u_{xx}^2) \tag{9.47}
$$

附加项和整个方程是$\mathcal{PT}$对称的(附加项的形式可能看起来有些随意且没有目的，通过 9.2.4 节的介绍可以看出它是自然产生的)。

当$\kappa = 0$时，变形的 Burgers 方程(9.47)简化为无黏性 Burgers 方程，$u_t + uu_x = 0$，也称为 Riemann-Hopf 或 Euler-Monge 方程。文献[108]中研究的变形方程是通过在式(9.46)中设$\kappa = 0$获得的。起初，这似乎是形式(3)的变形，但在文献[197]中，这个变形只是源于一个变量变换，并且该变形属于形式(4)。这可以通过连续变换来得到：

$$
w_t = -ww_x \longrightarrow z_t = \mathrm{i}(\mathrm{i}z_x)^{\varepsilon} \longrightarrow v_t = \mathrm{i}v(\mathrm{i}v_x)^{\varepsilon} \longrightarrow u_t = \mathrm{i}f(u)(\mathrm{i}u_x)^{\varepsilon} \tag{9.48}
$$

下式：

$$
w = \varepsilon(\mathrm{i}z_x)^{\varepsilon-1}, z = \frac{\varepsilon-1}{\varepsilon}v^{\frac{\varepsilon}{\varepsilon-1}},\ \ u = g(v),\quad v = \frac{f[g(v)]}{[g'(v)]^{1-\varepsilon}}
$$

适用于任何g函数①。也可以在式(9.48)中取一个稍微不同的起点，仍然得到$\mathcal{PT}$变形的无黏性 Burgers 方程：

$$
w_t + f(w)w_x = 0 \longrightarrow u_t - \mathrm{i}f(u)(\mathrm{i}u_x)^{\varepsilon} = 0 \tag{9.49}
$$

例如，当$f(w) = w^n$，可以得到：

$$
w = \sqrt[n]{\varepsilon u(\mathrm{i}u_x)^{\varepsilon-1}} \tag{9.50}
$$

因为有显式变换，所以可以直接将未变形 Burgers 方程(9.22)转换为变形方程。

① 为了研究冲击波的形成，从v方程到u方程的介绍在文献[17]中完成，参见 9.3.4 节。

9.2.3 $\mathcal{PT}$变形的 KdV 方程

通过$t \to \gamma t, x \to x, u \to -\beta/(6\gamma)u$重新调整 KdV 方程(9.14)，得到 KdV 方程的两参数形式：

$$u_t + \beta u u_x + \gamma u_{xxx} = 0, \qquad (\beta, \gamma \in \mathbb{R}) \tag{9.51}$$

这个系统实际上是厄米的。对哈密顿密度采用式(9.41)的变分原理，可得：

$$\mathcal{H}_{\mathrm{KdV}}[u] = -\frac{1}{6}\beta u^3 + \frac{1}{2}\gamma u_x^2 \tag{9.52}$$

产生了运动方程(9.51)。波动方程(9.51)和哈密顿密度(9.52)都是$\mathcal{PT}$对称的：

$$\mathcal{PT}_+ : x \mapsto -x, t \mapsto -t, \mathrm{i} \mapsto -\mathrm{i}, u \mapsto u \quad (\beta, \gamma \in \mathbb{R})$$

如果使用变形形式(1)并替换$\beta \to i\beta$，会得到第二种类型的$\mathcal{PT}$对称：

$$\mathcal{PT}_- : x \mapsto -x, t \mapsto -t, \mathrm{i} \mapsto -\mathrm{i}, u \mapsto -u \quad (\beta \in i\mathbb{R})$$

同时保持$\gamma \in \mathbb{R}$。根据变形形式(3)，可以使用式(9.43)的映射δ_ε^+或δ_ε^-，经过适当归一化，变形模型由以下哈密顿量密度和相应的运动方程确定：

$$\mathcal{H}_\varepsilon^+ = -\frac{1}{6}\beta u^3 - \frac{\gamma}{1+\varepsilon}(\mathrm{i}u_x)^{\varepsilon+1} \Rightarrow u_t + \beta u u_x + \gamma u_{xxx,\varepsilon} = 0 \tag{9.53}$$

$$\mathcal{H}_\varepsilon^- = \frac{\beta}{(1+\varepsilon)(2+\varepsilon)}(\mathrm{i}u)^{\varepsilon+2} + \frac{\gamma}{2}u_x^2 \Rightarrow u_t + \mathrm{i}\beta u_\varepsilon u_x + \gamma u_{xxx} = 0 \tag{9.54}$$

其中，$\beta, \gamma \in \mathbb{R}$①。

9.2.4 $\mathcal{PT}$变形紧支方程

三变形参数的$\mathcal{PT}$对称哈密顿密度：

$$\mathcal{H}_{l,m,p} = -\frac{u^l}{l(1-l)} - \frac{g}{m-1}u^p(\mathrm{i}u_x)^m$$

文献[178]提出了$\mathcal{PT}$对称运动方程：

$$u_t + u^{l-2}u_x + g\mathrm{i}^m u^{p-2}u_x^{m-3}[p(p-1)u_x^4 + \\ 2pmuu_x^2u_{xx} + m(m-2)u^2u_{xx}^2 + mu^2u_xu_{xxx}] = 0$$

上式由文献[127]提出②。该方程是广义 KdV 方程[459]的变形，并且已知具有紧支解，这是具有紧支的孤立波解。该模型包含各种著名的系统：对广义 KdV 方程的修正哈密顿形式为

① 哈密顿密度$\mathcal{H}_\varepsilon^+$是在文献[249]中提出的，而$\mathcal{H}_\varepsilon^-$对应广义 KdV 方程的复数形式(参见文献[459])，该形式在文献[178]中进行了分析。变形形式(3)允许运动方程中其他项的变形，例如式(9.53)中的色散项u_{xx}或式(9.54)中的导数u_x和u_{xxx}。然而，像式(4.30)这样的变形不是哈密顿系统，而且如何利用$\mathcal{PT}$对称性也不太明显。文献[87]中提出的 KdV 方程的$\mathcal{PT}$对称扩展不能从式(9.53)或式(9.54)中获得，因为它们对应非汉密尔顿系统。

② 译者注：文献[127]于 2009 年、文献[178]于 2011 年均提出了此运动方程。

$\mathcal{H}_{l,2,p}$[191, 326]。

由 $\mathcal{H}_{3,\varepsilon+1,0}(g)=\mathcal{H}_\varepsilon^+\left[\beta=1,\gamma=\frac{g(1+\varepsilon)}{\varepsilon}\right]$得到 KdV 方程的$\mathcal{PT}^+$对称变形的特殊情况。Burgers 方程(9.47)的$\mathcal{PT}$对称变形得到$\mathcal{H}_{3,1,1}(g=\kappa/2)$，这使得式(9.47)中添加的$\mathcal{PT}$对称项显得更自然。

9.2.5　$\mathcal{PT}$变形超对称方程

哈密顿量如下：

$$H_\varepsilon=\int \mathrm{d}x\mathrm{d}\theta\left[\phi(D\phi)^2+\frac{1}{1+\varepsilon}(D)^2\phi\breve{D}_\varepsilon^3\phi\right] \tag{9.55}$$

描述了一个超对称的$\mathcal{PT}$变形系统(见 9.2.1 节)。对 θ积分并使用 Berezin 积分$\int \mathrm{d}\theta=0$和$\int \mathrm{d}\theta\,\theta=1$的属性，将式(9.55)转换为紧支形式：

$$H_\varepsilon=\int \mathrm{d}x\left[u^3-2\xi\xi_x u-\frac{1}{1+\varepsilon}(\mathrm{i}u_x)^{\varepsilon+1}-\frac{\varepsilon}{1+\varepsilon}(\mathrm{i}u_x)^{\varepsilon-1}\xi_x\xi_{xx}\right] \tag{9.56}$$

当$\varepsilon\to 1$达到极限时，这个哈密顿量简化为超对称 KdV 哈密顿量[400]；当$\xi\to 0$达到极限时，这个哈密顿量简化为式(9.53)的$\mathcal{PT}$变形哈密顿量$\mathcal{H}_\varepsilon^+$。通过构造，$H_\varepsilon$服从$\mathcal{PT}$对称性，如式(9.45)中所指定，并且相对于式(9.44)的变换也是超对称的，这也是最对称的。很容易验证式(9.56)的紧支形式：

$$\mathcal{SUSY}\colon H_\varepsilon\longrightarrow H_\varepsilon+\eta\int \mathrm{d}x\partial_x\left(\xi u^2+\mathrm{i}^{\varepsilon-1}\frac{1}{1+\varepsilon}u_x^\varepsilon\xi_x\right)=H_\varepsilon$$

应用于式(9.55)的变分原理产生运动方程：

$$\phi_t=4D\phi D^2\phi+2\phi D^3\phi-\frac{1}{1+\varepsilon}\left[\breve{D}_\varepsilon^6\phi+\mathrm{i}\varepsilon D^4\left(D^2\phi\breve{D}_{\varepsilon-1}^3\phi\right)\right]$$

其紧支形式为

$$u_t=6uu_x-\partial_{x,\varepsilon}^3u-2\xi\xi_{xx}+\varepsilon\frac{1-\varepsilon}{1+\varepsilon}\left[\partial_{x,\varepsilon-2}^3u\xi_x\xi_{xx}+\partial_{x,\varepsilon-2}^2u\xi_x\xi_{xxx}+\partial_x(\partial_{x,\varepsilon-2}u\xi_x\xi_{xxx})\right]$$

$$\xi_t=4u\xi_x+2\xi u_x-\frac{\mathrm{i}\varepsilon}{1+\varepsilon}(3\partial_{x,\varepsilon-1}^2u\xi_{xx}+2\partial_{x,\varepsilon-1}u\xi_{xxx}+\partial_{x,\varepsilon-1}^3u\xi_x)$$

因此，在$\mathcal{PT}$对称变形下可以保持超对称性，尽管必须谨慎选择变形导数。9.2.1 节中讨论的一些选择打破了超对称性。

9.3　$\mathcal{PT}$变形非线性波动方程的性质

本节研究$\mathcal{PT}$变形模型的一些性质，最重要的是，了解可积系统在$\mathcal{PT}$对称变形时是否仍然可积。为此，借助了 9.1.2 节中介绍的 Painlevé 检验。

9.3.1 $\mathcal{PT}$变形 Burgers 方程的 Painlevé 检验

$\mathcal{PT}$变形 Burgers 方程(9.47)：从对应 $H_{3,1,1}$ 模型的式(9.47)变形 Burgers 方程开始。关键的第一步分析包括确定表征前导奇异性的 Painlevé 展开式(9.17)中的常数 α，扩展第一项就足够了。如果把$u(x,t) \longrightarrow \lambda_0(x,t)\phi(x,t)$代入式(9.47)，可以将每项的前导奇点确定为$u_t \sim \phi^{\alpha-1}, uu_x \sim \phi^{2\alpha-1}$，并且所有剩余的项都与$\phi^{\alpha-2}$成正比。

为了确保解的存在，这些项中至少有两个必须平衡，而其余项必须具有相同或更高的阶。分析所有的可能性，假设前两项在前导中的幂相等，则给出约束$\alpha-1=2\alpha-1 \leqslant \alpha-2$时，它没有解。使第一项和最后一项相等，则$\alpha-1=\alpha-2 \leqslant 2\alpha-1$，再次无解。当且仅当$2\alpha-1=\alpha-2 \leqslant \alpha-1$时，才可能在第二项和其余项之间取得平衡。后面这些约束的唯一解是$\alpha=-1$。需要强调的是，如果确实未找到这个前导问题的解，则检验到此终止，并且系统检验失败。据此，人们会得出结论，被研究的系统是不可积的。

然而，在本书的例子中，在$\alpha=-1$的条件下，继续使用ϕ的幂系数。ϕ^{-1}和ϕ^0项给出前两个系数：

$$\lambda_0 = -3\mathrm{i}\kappa\phi_x, \qquad \lambda_1 = \frac{3}{2}\frac{\mathrm{i}\kappa\phi_{xx}-\phi_t}{\phi_x}$$

如果使用这些值，与ϕ^1成正比的项消失，表明λ_2是一个自由参数，即共振。在ϕ^2处，所有涉及λ_3的项都消失了，但只有满足下式成立时，整个系数为零：

$$\phi_x^2\phi_{tt} + \phi_x^2\phi_{tt} = 2\phi_{xt}\phi_x\phi_t \tag{9.57}$$

以满足式(9.57)的方式限制$\phi(x,t)$，可以修复所有剩余$i>3$的λ_i；通过将ϕ^3的系数设为零得到λ_4，通过将ϕ^4的系数设为零得到λ_5，以此类推。因为有两个自由参数λ_2和λ_3，如果级数展开收敛，则式(9.47)描述的$\mathcal{PT}$变形系统通过 Painlevé 检验。值得注意的是，尽管是从微扰民展开式(9.17)开始，但还是得到了式(9.47)的精确解：$u(x,t)=\dfrac{3\mathrm{i}\kappa}{\omega t-x}+\dfrac{3}{2}\omega$。

式(9.47)的解是通过求解约束方程(9.57)获得的，其具有行波$\phi(x,t)=x-\omega t$，并满足当$i \geqslant 3$时$\lambda_i=0$。式(9.57)的另一个解是$\phi(x,t)=\sinh(x-\omega t)$，在这种情况下，没有可以使级数强制终止的自由参数。尽管如此，即使在后一种情况下，除了自由系数外，其他所有系数都可以递归计算。人们可以将等式(9.57)视为类似于 9.1.3 节介绍的变换，其每个解都为原始方程生成一个解(9.47)，虽然解通常是无穷级数的形式。

$\mathcal{PT}$变形 Burgers 方程(9.46)：接下来，根据文献[46]的内容对$\mathcal{PT}$变形 Burgers 方程(9.46)进行 Painlevé 检验。首先将$u(x,t) \longrightarrow \lambda_0(x,t)\phi(x,t)$代入式(9.46)来确定 Painlevé 检验展开式(9.17)中的常数α，然后将每个项的前导奇点确定为$u_t \sim \phi^{\alpha-1}, uu_{x,\varepsilon} \sim \phi^{\alpha\varepsilon+\alpha-}$ 和$u_{xx,\mu} \sim \phi^{\alpha\mu-\mu-}$ 。可以匹配式(9.17)中两项的幂，平衡第一项与第二、三项得到$0<\varepsilon<1, 0<\mu<1$，而在最后两项得到$\alpha=(\varepsilon-\mu-1)/(\varepsilon-\mu+1)$，具体过程见参考文献[46]。舍弃前两种情况，因为当$\varepsilon,\mu \notin \mathbb{N}$，从后一个方程推导出$\alpha=-1$和$\mu=\varepsilon$，它们会导致不需要的分支切割。$\alpha$和$\mu$的这些值是$\phi$的幂系数：

$$
\begin{aligned}
&\phi^{-2\varepsilon-1}: && \lambda_0 + 2\mathrm{i}\varepsilon\kappa\phi_x = 0 \\
&\phi^{-2\varepsilon}: && \phi_t\delta_{\varepsilon,1} + \lambda_1\phi_x - \mathrm{i}\kappa\varepsilon\phi_{xx} = 0 \\
&\phi^{-2\varepsilon+1}: && \partial_x\left(\phi_t\delta_{\varepsilon,1} + \lambda_1\phi_x - \mathrm{i}\kappa\varepsilon\phi_{xx}\right) = 0 \\
&\vdots && \vdots \\
&\phi^{-2\varepsilon-1+r}: && g\lambda_r = h
\end{aligned}
\tag{9.58}
$$

注意，$\varepsilon = 1$时未变形情况是特殊的，只有在这种情况下，涉及ϕ_t的项才会有递推关系。此外，式(9.58)中的第三个方程不会约束λ_2，因为当式(9.58)中的第二个方程成立时，它会自动满足。因此，得到：

$$
\lambda_0 = -\mathrm{i}2\varepsilon\kappa\phi_x, \quad \lambda_1 = \frac{\mathrm{i}\varepsilon\kappa\phi_{xx} - \phi_t\delta_{\varepsilon,1}}{\phi_x} \tag{9.59}
$$

其中，λ_2是任意值，所以已经找到了所需的自由参数之一(共振)。

或者，可以从一个通用参数中确定所有可能的共振。为此，需要知道递推关系(9.18)中的函数g何时消失。已经看到，$g\lambda_r$项是由$\phi^{-2\varepsilon-1+r}$的系数决定的。对g的贡献仅来自 Painlevé 展开式中的两项：

$$
\tilde{u}(x,t) = \lambda_0\phi^{-1} + \lambda_r\phi^{r-1} \tag{9.60}
$$

使用式(9.59)的λ_0，将$\tilde{u}(x,t)$代入式(9.46)并确定最高阶项，即$\phi^{-2\varepsilon-1+r}$，如下式：

$$
\mathrm{i}2^{\varepsilon-1}\varepsilon^{\varepsilon}(r+1)(r-2)\kappa^{\varepsilon}\phi_x^{2\varepsilon}\lambda_r = 0 \tag{9.61}
$$

因此，共振存在的必要条件是$r = 2$或$r = -1$。在这些条件下(式(9.18)中$h = 0$)，由于式(9.61)的右侧消失了，因此该系统不能通过 Painlevé 检验。$g = 0$是充分必要条件。第一个共振已经找到自由参数。$r = -1$时，第二个共振被称为通用型共振，因为它总是存在。因此，在更高阶中，对于任何变形参数ε，都不会获得更多的自由参数。

在这一点上，已经可以确定计算式(9.46)的 Painlevé 展开式，并且有足够的自由参数来匹配微分方程的阶数。但是，尚不知道扩展是否有意义，即是否收敛。很难全面地做到这一点，因此做出了具体简化的系统，并提供这种情形的证明。选择变形参数为$\varepsilon = 2$，系数函数$\lambda_k(x,t) = \lambda_k(t)$仅依赖于$t$，并且$\phi(x,t) = x - \xi(t)$，其中$\xi(t)$是$t$的函数。在这种情况下，系数函数的递推关系如下：

$$
8\kappa^2\left[8\kappa\delta_{0,j} + \mathrm{i}(j-2)(j+1)\lambda_j\right] = \sum_{n,m=1}^{j} \mathrm{i}(1-m)(n-1)\lambda_m\lambda_{j-m-n}\lambda_n +
$$

$$
\sum_{n=1}^{j-1}\left\{2\kappa(n-1)[(n^2 - n - j(n-2) + 2)]\lambda_{j-n}\lambda_n\right\} + (j-4)\lambda_{j-3}\dot{\xi} - \dot{\lambda}_{j-4}
$$

递归求解这个方程，发现 Painlevé 展开式的第一项如下：

$$
u(x,t) = -\frac{4\mathrm{i}\kappa}{\phi} + \lambda_2\phi + \frac{\dot{\xi}}{8\kappa}\phi^2 - \frac{\mathrm{i}\lambda_2^2}{20\kappa}\phi^3 - \frac{\mathrm{i}\lambda_2\dot{\xi}}{96\kappa^2}\phi^4 + \mathcal{O}(\phi^5)
$$

如果采用上述的$\varepsilon,\lambda_k,\phi$，可以递归迭代到任意有限阶。未变形的情况对应$\varepsilon=1$的普通 Burgers 方程。终止扩展的自由参数$\lambda_2$有一个明确的选择，然而，在变形的情况下，这种选择很可能不存在。因此，研究了另一个特殊值$\lambda_2=0$的扩展收敛性。关于这个值的扩展变成：

$$u(x,t)=-\frac{4\mathrm{i}\kappa}{\phi}+\frac{\xi\phi^2}{2^3\kappa}-\frac{\mathrm{i}\dot{\xi}^2\phi^5}{7\times2^8\kappa^3}+\frac{\mathrm{i}\ddot{\xi}\phi^6}{5\times2^9\kappa^3}-\frac{\dot{\xi}^3\phi^8}{35\times2^{13}\kappa^5}-\frac{23\dot{\xi}\ddot{\xi}\phi^9}{385\times2^{13}\kappa^5}-\frac{\dddot{\xi}\phi^{10}}{135\times2^{14}\kappa^5}+$$

$$\frac{19\mathrm{i}\dot{\xi}^4\phi^{11}}{3185\times2^{18}\kappa^7}-\frac{51\mathrm{i}\dot{\xi}^2\ddot{\xi}\phi^{12}}{385\times2^{19}\kappa^7}+\mathcal{O}(\phi^{13}) \tag{9.62}$$

已经得到了一个合适的扩展形式，可以分析其收敛性。注意，式(9.62)具有一般形式：

$$u(x,t)=-\frac{4\mathrm{i}\kappa}{\phi}+\phi\sum_{n=1}^{\infty}\alpha_n\phi^n \tag{9.63}$$

为了确定这个级数的收敛性，使用柯西根检验，它表明当且仅当$\lim_{n\to\infty}|\gamma_n|^{1/n}\leqslant 1$时，$\sum_{n=1}^{\infty}\gamma_n$收敛。可以在式(9.63)中找到$\alpha_n$实部的上限：

$$|\mathrm{Re}(\alpha_{3n-v})|\leqslant\frac{\left|\mathrm{Re}\left[p_{3n-v}(\dot{\xi},\ddot{\xi},\dddot{\xi},\cdots)\right]\right|}{2^{3n+4-v}\Gamma\left(\frac{3n-v}{2}\right)|\kappa|^{2n-1}},\quad v=0,1,2 \tag{9.64}$$

其中，$p_n(\dot{\xi},\ddot{\xi},\dddot{\xi},\cdots)$是$t$的有限阶多项式，也就是说，$\sum_{n=0}^{\ell}\omega^n t^n,\ell<\infty,\omega\in\mathbb{C}$。在这个不等式两边用虚部替换实部，同样的表达式也成立。已经验证了式(9.64)前 30 阶估值(没有提出更严格的论证)。通过 Stirling 公式逼近式(9.64)中的伽马函数：

$$\Gamma\left(\frac{n}{2}\right)\sim\sqrt{2\pi}\mathrm{e}^{-n/2}\left(\frac{n}{2}\right)^{(n-1)/2},\qquad n\to\infty$$

推断出：

$$\lim_{n\to\infty}|\mathrm{Re}(\alpha_{3n-v})|^{\frac{1}{2}}\sim\frac{|\mathrm{Re}p_{3n-v}|^{\frac{1}{n}}}{2^{3+\frac{4-v}{n}}(2\pi)^{\frac{1}{2n}}\mathrm{e}^{-\frac{1}{2}}\left(\frac{3n-v}{2}\right)^{\frac{1}{2}-\frac{1}{2n}}|\kappa|^{2-\frac{1}{n}}}=0$$

同样的观点也适用于虚部，因此通过柯西根检验，级数(9.63)收敛于κ的任何值和$\xi(t)$的选择，后者给出有限多项式$p_n(\dot{\xi},\ddot{\xi},\dddot{\xi},\cdots)$，这就确立了$\mathcal{PT}$变形 Burgers 方程(9.46)具有 Painlevé 性质。它通过了 Painlevé 检验，并且级数展开收敛于$\varepsilon=2$和$\lambda_2=0$。为了确定变形参数ε其他值的扩展收敛，必须重复这一冗长的论证。

9.3.2 变形 KdV 方程的 Painlevé 步骤

现在使用参数$\beta=-6$和$\gamma=1$:对先前$\mathcal{PT}$变形的 KdV 方程(9.53)进行 Painlevé 检验①：

$$u_t-6uu_{x,\varepsilon}+u_{xxx,u}=0\quad(\varepsilon,\mu\in\mathbb{R}) \tag{9.65}$$

① 对于式(9.65)，考虑了对应于$\mu=1$和 ε 泛型以及$\varepsilon=1$和μ泛型的模型[87, 249]。文献[46]中对一般双重变形模型进行了 Painlevé 检验。

就像在第 9.3.1 节中一样，将$u(x,t) \to \lambda_0(x,t)\phi(x,t)^\alpha$代入式(9.65)以确定前导项。由$u_t \sim \phi^{\alpha-1}, uu_{x,\varepsilon} \sim \phi^{\alpha+\alpha\varepsilon-\varepsilon}$和$u_{xxx,\mu} \sim \phi^{\alpha\mu-\mu-2}$推导出$\alpha = (\varepsilon-\mu-2)/(\varepsilon-\mu+1) \in \mathbb{Z}_-$，所以唯一的解是$\alpha=-2$且$\varepsilon=\mu$，前提是$\varepsilon$和$\mu$是整数。这意味着$\mu=1$和$\varepsilon$泛型以及$\varepsilon=1$和$\mu$泛型都不能通过 Painlevé 检验，但是$\varepsilon=\mu$的双变形系统可能是可积的。

将$\alpha=-2$的$u(x,t)$的 Painlevé 展开式(9.17)代入$\varepsilon=\mu$的式(9.65)，并确定$\phi(x,t)$的幂，给出λ_k的递归关系。注意，ε为整数并有下式：

$$\phi^{-3\varepsilon-2}: \lambda_0 = \frac{1}{2}\varepsilon(3\varepsilon+1)\phi_x^2$$

$$\phi^{-3\varepsilon-1}: \lambda_1 = -\frac{1}{2}\varepsilon(3\varepsilon+1)\phi_{xx}$$

$$\phi^{-3\varepsilon}: \lambda_2 = \frac{\varepsilon(3\varepsilon+1)}{24}\left(\frac{4\phi_x\phi_{xxx}-3\phi_{xx}^2}{\phi_x^2}\right) + \delta_{\varepsilon,1}\frac{\phi_t}{6\phi_x}$$

$$\phi^{-3\varepsilon+1}: \lambda_3 = \frac{\varepsilon(3\varepsilon+1)}{24}\left(\frac{4\phi_x\phi_{xx}\phi_{xxx}-3\phi_{xx}^3-\phi_x^2\phi_{4x}}{\phi_x^4}\right) + \delta_{\varepsilon,1}\frac{\phi_t\phi_{xx}-\phi_x\phi_{xt}}{6\phi_x^3}$$

$\phi^{-3\varepsilon+2}$处的下一阶是特殊的。对于$\varepsilon \neq 1$，发现：

$$\lambda_4 = \frac{\varepsilon(3\varepsilon+1)}{24}\left(\frac{6\phi_x\phi_{xx}^2\phi_{xxx}-\frac{15}{4}\phi_{xx}^4-\frac{3}{2}\phi_x^2\phi_{xx}\phi_{4x}}{\phi_x^6} + \frac{\phi_x\phi_{5x}-5\phi_{xxx}^2}{5\phi_x^4}\right)$$

但是对于$\varepsilon=1$，这个阶数不包含λ_4，并且当使用已有的$k<4$时的λ_k表达式时，它同样消失。因此，λ_4成为共振。高阶表达式变得冗长，因此重复讨论$\mathcal{PT}$变形 Burgers 方程(9.46)时使用较简单的参数。做一般性假设，将式(9.60)代入式(9.65)，并计算λ_r成为共振的所有r值。用最高阶项$\phi^{-3\varepsilon-2+r}$，可找到产生共振的必要条件：

$$\varepsilon^\varepsilon(-\mathrm{i})^{\varepsilon-1}(3\varepsilon+1)^{\varepsilon-1}(r+1)(r-r_-)(r-r_+)\lambda_r\phi_x^{3\varepsilon}=0$$

其中，$r_\pm = -(2+3\varepsilon) \pm \sqrt{9\varepsilon^2-6\varepsilon-2}$。再一次，在$r=-1$处找到了通用共振，且$r_\pm \in \mathbb{Z}$，并要求$9\varepsilon^2-6\varepsilon-2=n^2$和$n \in \mathbb{N}$。当该方程的解$\varepsilon_\pm = (1\pm\sqrt{n^2+3})/3$是整数时，需要求解不定方程$n^2+3=m^2\ (n,m \in \mathbb{N})$。唯一的解是$n=1$，$m=2$。当$r_+=6$和$r_-=4$时，$r_\pm$只是$\varepsilon=1$的未变形情况下的整数。因此，只有未变形 KdV 方程可积时，才能完全通过 Painlevé 检验。

尽管如此，如果所有剩余的系数λ_j都可以递归计算，仍然可以获得一个有缺陷的级数。事实确实如此，选取对变形参数进行了证明，即$\varepsilon=\mu=2$。如此选择时，变形的 KdV 方程(9.65)变为

$$u_t - 6\mathrm{i}uu_x^2 + 2\mathrm{i}u_{xx}^2 + 2\mathrm{i}u_xu_{xxx} = 0$$

展开式的表达式在高阶变得冗长，因此，在此仅提供当$\lambda_k(x,t)=\lambda_k(t)$和$\phi(x,t)=x-\xi(t)$时递归方程的解，其中$\xi(t)$为任意函数：

$$u(x,t) = \frac{7}{\phi^2} + \frac{\mathrm{i}\xi'\phi^3}{156} + \frac{(\xi')^2\phi^8}{192192} - \frac{\xi''\phi^9}{681408} + \frac{\mathrm{i}(\xi')^3\phi^{13}}{73081008} - \frac{725\mathrm{i}\xi'\xi''\phi^{14}}{216449705472} +$$

$$\frac{\mathrm{i}\xi'''\phi^{15}}{20262348288}-\frac{340915(\xi')^4\phi^{18}}{23989859332927488}+\frac{1867(\xi')^2\xi''\phi^{19}}{758331543121152}+\mathcal{O}(\phi^{20})$$

这样，就得到了变形 KdV 方程的 Painlevé 型解，尽管没有足够的自由参数来容纳所有可能的初始值。在这种情况下，Painlevé 检验是不确定的。与变形 Burgers 方程的情况一样，可以通过指定$\xi(t)$，然后分析扩展是否收敛来进一步简化它。

9.3.3 守恒量

9.3.2 节证明了$\mathcal{PT}$变形 KdV 方程(9.65)的 Painlevé 检验是不确定的，所以这个模型可能不可积。尽管如此，仍然可以构建一些与物理可观察量相对应的非平庸守恒量，例如能量[249]。任意 $\mathcal{I}$ 的时间演化由它的泊松括号和哈密顿量H: $\frac{\mathrm{d}\mathcal{I}}{\mathrm{d}t}=\{\mathcal{I},H\}$控制。因此，如果能找到一个表达式$\mathcal{I}$使得泊松括号消失，就找到了一个守恒量，即该量不随时间而改变。

假设守恒量是u的函数，它可以表示为积分表达式$\mathcal{I}[u]=\int T[u]dx$。然后计算下式：

$$\frac{\mathrm{d}\mathcal{I}}{\mathrm{d}t}=\int\frac{\delta T}{\delta u}u_t\mathrm{d}x=\int\frac{\delta T}{\delta u}\left(\frac{\delta H}{\delta u}\right)_x\mathrm{d}x=\{\mathcal{I},H\}$$

并将结果设为零。例如，对于式(9.53)中的哈密顿量$\mathcal{H}_\varepsilon^+$，可以确定其值为

$$\mathcal{I}^{(1)}=\int u\mathrm{d}x,\quad \mathcal{I}^{(2)}=\int u^2\mathrm{d}x,\quad \mathcal{I}^{(3)}=\mathcal{H}_\varepsilon^+(u) \tag{9.66}$$

当忽略表面项时，上式在时间上是守恒的。这是通过施加标准边界条件来证明的(要求非紧支情况下，场u及其导数在无穷远处消失，或者紧支情况时它们是周期性的)。为了验证式(9.66)中的$\mathcal{I}^{(n)}$是守恒的，使用运动方程(9.53)来替换u的时间导数：

$$\frac{\mathrm{d}\mathcal{I}^{(1)}}{\mathrm{d}t}=-\int\left[\frac{\beta}{2}u^2+\gamma\varepsilon(\mathrm{i}u_x)^{\varepsilon-1}u_{xx}\right]_x\mathrm{d}x=0$$

$$\frac{\mathrm{d}\mathcal{I}^{(2)}}{\mathrm{d}t}=-2\int\left[\frac{1}{3}\beta u^3+\frac{\varepsilon}{1+\varepsilon}\gamma(\mathrm{i}u_x)^{\varepsilon+1}+\varepsilon\gamma u(\mathrm{i}u_x)^{\varepsilon-1}u_{xx}\right]_x\mathrm{d}x=0$$

$$\frac{\mathrm{d}\mathcal{I}^{(3)}}{\mathrm{d}t}=\{\mathcal{I}^{(3)},H\}=-\{H,\mathcal{I}^{(3)}\}=0$$

最后一个守恒定律反映了泊松括号的反对称性。

还可以构造常用的局部守恒定律：

$$T_t^{(n)}+\mathcal{X}_x^{(n)}=0 \tag{9.67}$$

其中，$-\mathcal{X}^{(n)}$是通量(此处，通量的负号不同于式(1.2)中势的常规符号)。式(9.67)保证泊松括号消失，并且如果忽略表面项，$\mathcal{I}^{(n)}$是一个守恒量。$n=1$时，式(9.67)只是运动方程，因为可以将式(9.53)改写为$u_t+\left[\frac{\beta}{2}u^2+\gamma\varepsilon(\mathrm{i}u_x)^{\varepsilon-1}u_{xx}\right]_x=0$。对于$n=2$的情况，计算$(u^2)_t$，用运动方程替换所有涉及$u_t$的表达式，然后对结果进行关于$x$积分。最后得到局部守恒定律：

$$(u^2)_t+\left(\frac{2}{3}\beta u^3+\frac{2\varepsilon}{1+\varepsilon}\gamma(\mathrm{i}u_x)^{\varepsilon+1}+2\varepsilon\gamma u(\mathrm{i}u_x)^{\varepsilon-1}u_{xx}\right)_x=0$$

为了构建$n=3$的通量，计算$T_t^{(3)}=(\mathcal{H}_\varepsilon^+)_t$，并得到：

$$\mathcal{X}^{(3)}=\gamma^2\left(\frac{1}{2}\varepsilon^2-\varepsilon\right)(\mathrm{i}u_x)^{2\varepsilon-2}u_{xx}^2+\beta\gamma\left(u_x^2-\frac{1}{2}\varepsilon uu_{xx}\right)u(\mathrm{i}u_x)^{\varepsilon-1}-\mathrm{i}\varepsilon\gamma^2(\mathrm{i}u_x)^{2\varepsilon-1}u_{xxx}-\frac{1}{8}\beta^2u^4$$

更高的守恒量不太可能存在，因为已经确定变形 KdV 方程(9.53)是不可积的。

还可以推导出无黏性 Burgers 方程(9.49)的变形守恒量。将未变形方程乘以$\kappa f(w)^\kappa$，并重新整理方程为局部守恒定律$[f(w)^\kappa]_t+\frac{\kappa}{\kappa+1}[f(w)^{\kappa+1}]_x=0$，因此得到下式：

$$I_\kappa(w)=\int_{-\infty}^{\infty}f[w(x,t)]^\kappa\mathrm{d}x \tag{9.68}$$

对于任何渐近消失的函数$f(w)$和常数$\kappa\in\mathbb{R}\backslash\{-1\}$，在时间上，上式是守恒的。使用式(9.50)的变换，得到变换系统的守恒量：

$$I_\kappa(u)=\int_{-\infty}^{\infty}f[\varepsilon f(u)(\mathrm{i}u_x)^{\varepsilon-1}]^\kappa\mathrm{d}x$$

9.3.4　$\mathcal{PT}$变形非线性方程组的解

为了查看 9.3.3 节中获得的守恒量是否是实数的(尽管这些守恒量是从复数场计算出来的)，需要运动方程的一些具体解。在这里，解释了如何构建来自文献[249, 178]的运动方程的解。最简单的解是行波解，其场$u(x,t)$取决于组合$x-ct=:\zeta$。常数 c 表示波速：

$$u(x,t)=u(\zeta)=u(x-ct) \tag{9.69}$$

偏微分方程的行波解满足$u(\zeta)$的常微分方程。

$\mathcal{PT}$变形 KdV 系统$\boldsymbol{\mathcal{H}}_\varepsilon^+$：使用式(9.69)中的$u(x,t)$，$\mathcal{H}_\varepsilon^+$模型的变形运动方程(9.53)变为

$$-cu_\zeta+\frac{\beta}{2}(u^2)_\zeta+\gamma\left(u_{\zeta,\varepsilon}\right)_{\zeta\zeta}=0 \tag{9.70}$$

对式(9.70)中的每一项关于ζ积分，并获得下式：

$$-cu+\frac{\beta}{2}u^2+\gamma\left(u_{\zeta,\varepsilon}\right)_\zeta=\kappa_1 \tag{9.71}$$

其中，κ_1是积分常数。将式(9.71)乘以u_ζ，可以再次将所得方程重写为导数形式：

$$-\frac{1}{2}c(u^2)_\zeta+\frac{1}{6}\beta(u^3)_\zeta+\frac{\varepsilon\gamma}{1+\varepsilon}\left(-\mathrm{i}u_\zeta\right)_\zeta^{1+\varepsilon}=\kappa_1u_\zeta \tag{9.72}$$

对式(9.72)进行ζ积分，然后产生下式：

$$\left(u_\zeta\right)^{1+\varepsilon}=\frac{1+\varepsilon}{\gamma\varepsilon}\exp\left[\frac{1}{2}\mathrm{i}\pi(1-\varepsilon)\right]\left(\kappa_1u+\kappa_2+\frac{1}{2}cu^2-\frac{1}{6}\beta u^3\right) \tag{9.73}$$

加上一个额外的积分常数κ_2。最后，取式(9.73)的第$1+\varepsilon$根，并分离变量，得到行波解：

$$\zeta-\zeta_0=\exp\left[\frac{\mathrm{i}\pi(\varepsilon-1)}{2(\varepsilon+1)}\right]\int \mathrm{d}u[\lambda_\varepsilon\mu P(u)]^{-\frac{1}{1+\varepsilon}} \tag{9.74}$$

其中引入了常数$\lambda_\varepsilon:=(1+\varepsilon)/(\gamma\varepsilon)$和乘以常数$\mu$的多项式$P(u)$：

$$\kappa_1 u+\kappa_2+\frac{1}{2}cu^2-\frac{1}{6}\beta u^3:=\mu P(u) \tag{9.75}$$

当$1+\varepsilon$为有理数时，$P(u)$的零点为分支点。为了获得$u(\zeta)$而不是$\zeta(u)$，仍然必须计算式(9.75)中的积分然后求解u。假设多项式$P(u)$的特殊形式会导致不同类型的解。当三个根重合时，得到$u(\zeta)$的有理解；当其中两个根相同时，解用三角函数表示；当三个根都不同时，式(9.74)中的积分产生椭圆函数。这些不同的解具有不同的特征和边界条件。

选取一些具体情况并讨论$\mathcal{PT}$对称性在保证守恒量是实数时所起的作用。从带有变形形式(1)的 KdV 方程开始，其中场为复数，取$\varepsilon=1,\beta=-6,\gamma=1,\kappa_1=\kappa_2=0$对应消失的渐近边界条件$\lim_{\zeta\to\pm\infty}u=\lim_{\zeta\to\pm\infty}u_\zeta=0$。因此，有$\mu=2$和$P(u)=u^2(u+c/2)$，由式(9.74)得出单孤子解(9.36)和(9.37)，$c_1=c_2=c$。使用这些解来计算式(9.66)中的守恒量，得到：

$$\mathcal{J}^{(1)}=-2c^{\frac{1}{2}},\qquad \mathcal{J}^{(2)}=\frac{2}{3}c^{\frac{3}{2}},\qquad \mathcal{J}^{(3)}=H=-\frac{1}{5}c^{\frac{5}{2}}$$

适用两种情形。无论常数δ是实数还是复数，这些表达式都成立。只有当$\mathrm{Re}\delta=0$时，解(9.36)和(9.37)都是$\mathcal{PT}_+$对称的。然而，正如文献[179-180]对守恒量表达式的讨论，可以改变x并吸收δ或t积分极限的实部，因为这些表达式在任何时候都成立。对于双孤子解，可以同时改变x和t的大小，来补偿两个不同偏移参数的实部。对于$N>2$的N孤子解，无法通过位移补偿$\mathcal{PT}_+$对称性破缺的这种情况，因为只有两个参数x和t进行偏移。然而，可以利用N孤子解渐近分离为单孤子的事实，来计算这些单孤子贡献的守恒量。

接下来研究三个零值重合的情况。使用积分：

$$\int \mathrm{d}u(u-A)^{-\frac{3}{1+\varepsilon}}=\begin{cases}\dfrac{\varepsilon+1}{\varepsilon-2}(u-A)^{\frac{\varepsilon-2}{1+\varepsilon}} & (\varepsilon\neq 2)\\ \ln(u-A) & (\varepsilon=2)\end{cases}$$

针对式(9.75)，发现当选择依赖模型的常数时，$P(u)$的这种分解确实是可能的：

$$\mu=-\frac{\beta}{6},\qquad \kappa_1=-\frac{c^2}{2\beta},\qquad \kappa_2=\frac{c^3}{6\beta^2},\qquad A=\frac{c}{\beta} \tag{9.76}$$

由常数κ_1和κ_2表示的边界条件不能自由选择，并且由式(9.76)中的非零值确定。在$\varepsilon=2$时，求解结果方程(9.74)得到u，得到：

$$u(\zeta)=\frac{c}{\beta}+\exp\left[-\mathrm{i}\left(\frac{\beta}{4\gamma}\right)^{\frac{1}{3}}(\zeta-\zeta_0)\right] \tag{9.77}$$

对于$\varepsilon \neq 2$的其余情况，计算下式：

$$u(\zeta) = \frac{c}{\beta} + \mathrm{e}^{\frac{\mathrm{i}\pi(1-\varepsilon)}{2(\varepsilon-2)}} \left(\frac{\varepsilon - 2}{1+\varepsilon}\right)^{\frac{\varepsilon+1}{\varepsilon-2}} \left[-\frac{\beta(1+\varepsilon)}{\gamma\varepsilon}\right]^{\frac{1}{\varepsilon-2}} (\zeta - \zeta_0)^{\frac{\varepsilon+1}{\varepsilon-2}} \tag{9.78}$$

为了求解式(9.77)和式(9.78)，观察到$\mathcal{PT}_+$对称性将不同的分支相互映射。此外，因为这些解不是渐近消失的，所以不能使用式(9.66)来计算守恒量。

$\mathcal{PT}$变形 Burgers 方程：除了有理函数、三角函数和椭圆函数的解之外，还可以根据 Airy 函数构造$\varepsilon = 2$的变形 Burgers 方程(9.46)的复解。使用式(9.69)的行波假设，得到：

$$-cu_\zeta + \mathrm{i}uu_\zeta^2 + 2\kappa u_\zeta u_{\zeta\zeta} = 0$$

当$u_\zeta \neq 0$时，可以将这个方程改写为

$$\frac{\mathrm{d}}{\mathrm{d}\zeta}\left(\delta - c\zeta + \frac{\mathrm{i}}{2}u^2 + 2\kappa u_\zeta\right) = 0$$

积分后，该方程变为

$$u(\zeta) = \mathrm{e}^{\mathrm{i}\pi 5/3}(2c\kappa)^{1/3} \frac{\tilde{\delta}Ai'(\chi) + Bi'(\chi)}{\tilde{\delta}Ai(\chi) + Bi(\chi)}$$

其中，$\delta, \tilde{\delta}$是常数，$\chi = \mathrm{e}^{\mathrm{i}\pi/6}(c\zeta - \delta)(2v\kappa)^{-2/3}$，$Ai(\chi)$和$Bi(\chi)$是 Airy 函数。

$\boldsymbol{\mathcal{H}_\varepsilon^-}$**模型**：接下来讨论符合$\mathcal{PT}$对称的变形，方法类似于前两种情况。为了构造解，将式(9.54)中的运动方程积分两次，得到：

$$u_\zeta^2 = \frac{2}{\gamma}\left(\kappa_2 + \kappa_1 u + \frac{1}{2}cu^2 - \beta\frac{\mathrm{i}^\varepsilon}{(1+\varepsilon)(2+\varepsilon)}u^{2+\varepsilon}\right) =: \lambda Q(u) \tag{9.79}$$

其中，$\lambda = -2\beta\mathrm{i}^\varepsilon/[\gamma(1+\varepsilon)(2+\varepsilon)]$。

$\mathcal{H}_\varepsilon^+$和$\mathcal{H}_\varepsilon^-$模型的一个关键区别是$Q(u)$的阶数取决于$\varepsilon$，不像式(9.75)中，多项式$P(u)$的阶数固定为 3。这意味着，当$\varepsilon$较大时，可能存在更多因式。例如，在$n \in \mathbb{N}_0$中，给定整数值，$Q(u)$的因式分解形式如下：

$$Q(u) = (u - A_1)^{\varepsilon+2-n} \prod_{i=1}^{n} (u - A_{i+1}) \tag{9.80}$$

当$n - 2 \leqslant \varepsilon \leqslant n + 1$ 和$\varepsilon \in \mathbb{N}$时，上式有解。这带来了无限可能。

对于消失边界条件，$\kappa_1 = \kappa_2 = 0$，通过积分式(9.79)并求解u，找到对所有ε有效的封闭解：

$$u(\zeta) = \left(\frac{c(\varepsilon+1)(\varepsilon+2)}{\mathrm{i}^\varepsilon\beta\left[\cosh\left(\sqrt{c}\varepsilon(\zeta - \zeta_0)/\sqrt{\gamma}\right) + 1\right]}\right)^{1/\varepsilon} \tag{9.81}$$

非零边界条件没有给出这样的紧支解。

$\mathcal{H}_2^-$特别有趣，因为它对应式(9.19)中 mKdV 方程的复数形式。如果将式(9.80)指定为$Q(u) = (u - A)^3(u - B)$，可以将多项式分解，并对式(9.79)的参数做如下选择：

$$\kappa_1 = -\frac{2c^{\frac{3}{2}}}{3\sqrt{-\beta}}, \qquad \kappa_2 = -\frac{c^2}{4\beta}, \qquad A = -\frac{B}{3}, \qquad B = -\frac{3\sqrt{c}}{\sqrt{-\beta}}$$

这确定了给定模型的所有边界条件。求解式(9.79)，然后为式(9.54)中的运动方程求得有理解：

$$u(\zeta)=\sqrt{-\frac{c}{\beta}\frac{2c\zeta^2-9\gamma}{3\gamma+2c\zeta^2}} \tag{9.82}$$

如 9.1.3 节中讨论的那样，对于实数的情况，可以借助 Miura 变换修改 KdV 方程的解，来重新构造 KdV 方程的解，希望这也适用于其复数形式。事实上，使用下式的变换：

$$u_{\mathrm{KdV}}(\zeta)=\sqrt{\frac{6\gamma}{\beta}}u_\zeta-u^2 \tag{9.83}$$

确定$\zeta_0=\mathrm{i}\sqrt{\frac{3\gamma}{2c}}$时，获得式(9.82)中 KdV 方程的有理解。

或者，在式(9.80)中，假设$Q(u)=(u-A)^2(u-B)(u-C)$，使用下式的约束条件，可以将式(9.79)中的多项式进行分解：

$$A=-\frac{B+C}{2},\ \kappa_1=[\beta C^2(\vartheta-5C\beta)+9c(\vartheta-3C\beta)]/(81\beta)$$

$$B=\frac{2\vartheta-C\beta}{3\beta},\quad \kappa_2=[C(2\vartheta-C\beta)(C\beta+\vartheta)^2]/(324\beta^2)$$

其中，$\vartheta=\sqrt{-2\beta(\beta C^2+9c)}$。在这种情况下，一个常数保持自由。式(9.79)的积分产生三角函数解，对式(9.83)采用相同的 Miura 变换，将其转换为 KdV 方程的解。

对于$\mathcal{H}_4^-$的情况，式(9.79)右侧的多项式是六阶的。在此，仅通过分解假设$Q(u)=u^2(u^2-B^2)(u^2-C^2)$来产生一种对称解，可以通过下式的选择来实现：

$$\kappa_1=\kappa_2=0,\qquad B=\mathrm{i}C,\qquad C^4=15c/\beta$$

因此，已经获得了式(9.81)的解。可以通过使用与$\mathcal{H}^+$模型相同的参数来理解$\mathcal{H}^-$模型中守恒量的实数特性。

还可以研究$\mathcal{PT}$_对称性在控制轨迹形状方面的作用。图 9.2 和图 9.3 所示为采用不同模型参数的几个轨迹，将u绘制为 ζ的函数。图 9.2(a)和图 9.3(a)显示了$\mathcal{PT}$_对称解，可以清楚地观察到$\mathrm{Re}\,u\leftrightarrow-\mathrm{Re}\,u$、$\mathrm{Im}\,u\leftrightarrow\mathrm{Im}\,u$和逆时间，其方向为某些曲线的箭头指示。在图 9.2(b)和图 9.3(b)中，通过选择$\mathrm{Im}\,\beta\neq0$破缺了$\mathcal{PT}$对称性，观察到轨迹的整体形状略微扭曲。图 9.3 中显示了固定中心点的闭合周期轨道，而在图 9.2 中，轨迹进入或离开中心点，即直线上的远点，被定义为$u_\zeta=0$。这样的固定点称为星节点。

因此，看起来$\mathcal{PT}$_对称性在确定整体形状方面只起次要作用。具有周期性轨道的轨迹和具有渐近不动点的轨迹，其区别在于由不同的原理控制。那么，如何理解图 9.2 到图 9.3 中的这种戏剧性变化，以及不同$\mathcal{PT}$机制中行为的相似性？能不能预测不动点的性质？

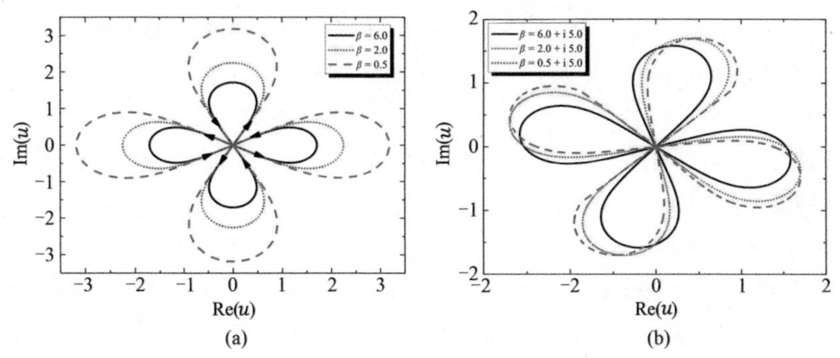

图 9.2　$\mathcal{H}_4^-$模型中的轨迹，在$c = 1, r = 3, \zeta_0 = 0.5\text{i}$时，原点处有一个星节点固定点。对于实数值$\beta = 2$，当$\text{Im}\beta \neq 0$时，$\mathcal{PT}$_对称性是完整的(图 a)和破缺的(图 b)

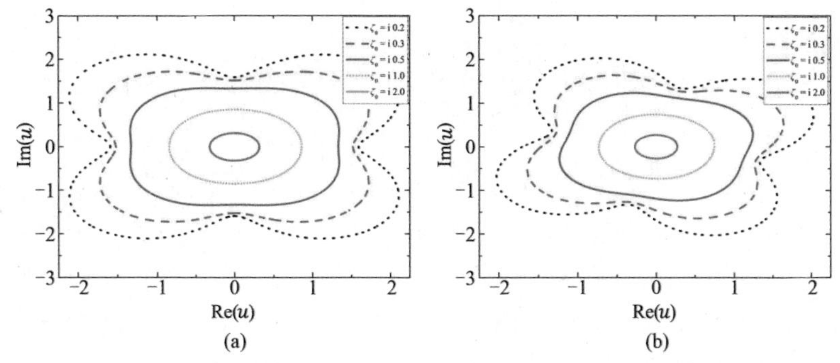

图 9.3　$\mathcal{H}_4^-$模型中的轨迹，在$c = 1, \gamma = -3$和不同ζ_0时，具有围绕原点的闭合周期轨道(中心)。对于实数 β 和$\beta = 2 + 3\text{i}$，$\mathcal{PT}$_对称性分别为完整的(图 a)和破缺的(图 b)

要回答这些问题，以稍微不同的方式查看运动方程，并将复函数u分离为实部u^r和虚部u^i，这种方法是有用的。然后，将式(9.79)视为这些变量的两个耦合一阶微分方程系统，重写为

$$u_\zeta^r = \pm\text{Re}\left[\sqrt{\lambda}\sqrt{Q(u^r + \text{i}u^i)}\right], \qquad u_\zeta^i = \pm\text{Im}\left[\sqrt{\lambda}\sqrt{Q(u^r + \text{i}u^i)}\right]$$

对于此类系统，即使在所研究的动力系统的解析解不确定的情况下，已经开发了许多有用的方法，可以推导出定性行为[①]。这里使用线性化定理，它允许获取固定点u_f附近的非线性系统，通过将非线性系统转换为线性系统，下式成立：

$$\begin{pmatrix} u_\zeta^r \\ u_\zeta^i \end{pmatrix} = J(u^r, u^i)|_{u=u_f} \begin{pmatrix} u_\zeta^r \\ u_\zeta^i \end{pmatrix}$$

上式具有雅可比矩阵：

$$\boldsymbol{J}(u^r, u^i)|_{u=u_f} = \left.\begin{pmatrix} \pm\dfrac{\partial}{\partial u^r}\text{Re}\sqrt{\lambda Q(u)} \pm \dfrac{\partial}{\partial u^i}\text{Re}\sqrt{\lambda Q(u)} \\ \pm\dfrac{\partial}{\partial u^r}\text{Im}\sqrt{\lambda Q(u)} \pm \dfrac{\partial}{\partial u^i}\text{Im}\sqrt{\lambda Q(u)} \end{pmatrix}\right|_{u=u_f}$$

① 例如，一般理论参见文献[42]。

回想一下，不动点的定义属性$u_\zeta^r(u_f)=u_\zeta^i(u_f)=0$。线性化定理指出，如果$\det J(u^r,u^i)|_{u=u_f}\neq 0$，且线性化系统不是中心，则非线性不动点的某个邻域的相图(即许多轨迹的集合)和线性化系统在性质上是等价的。

根据雅可比矩阵的特征值对线性系统不动点附近的定性行为进行分类。对于2×2矩阵，有10个相似类。用j_1,j_2表示$J(u=u_f)$的特征值，在不动点处有以下几种行为：$j_1<j_2<0(j_1>j_2>0)$时为稳定(不稳定)节点；$j_1<0<j_2$时为鞍点(仅不稳定时)；当$j_1=j_2<0(j_1=j_2>0)$且对角线为J时，稳定(不稳定)星节点；当$j_1=j_2<0(j_1=j_2>0$，且非对角线J时，稳定(不稳定)导入节点；当$\mathrm{Re}j_{1,2}<0(\mathrm{Re}j_{1,2}>0)$且$\mathrm{Im}j_{1,2}\neq 0$时为稳定(不稳定)焦点；当$\mathrm{Re}j_{1,2}=0$且$\mathrm{Im}j_{1,2}\neq 0$时为中心。

使用符号$z=r_z\mathrm{e}^{\mathrm{i}\theta_z}$。对于复数 z 的极坐标形式，计算关于$u=0$线性化时雅可比矩阵的特征值：

$$j_1=\pm\mathrm{i}\sqrt{r_\lambda}r_B^2\exp\left[\frac{1}{2}\mathrm{i}(4\theta_B+\theta_\lambda)\right]=\mp\sqrt{r_\lambda}r_B^2\exp\left(-\frac{1}{2}\mathrm{i}\theta_\gamma\right)$$

$$j_2=\mp\mathrm{i}\sqrt{r_\lambda}r_B^2\exp\left[-\frac{1}{2}\mathrm{i}(4\theta_B+\theta_\lambda)\right]=\mp\sqrt{r_\lambda}r_B^2\exp\left(\frac{1}{2}\mathrm{i}\theta_\gamma\right)\tag{9.84}$$

其中，$4\theta_B+\theta_\lambda=\pi-\theta_\gamma$。从这些表达式中推断出，不动点的性质不受$\mathcal{PT}$对称性的控制，也就是说，可以通过调整参数来破缺该对称性。β的值完全与其无关，而改变γ的值会彻底改变定性行为。式(9.84)中的特征值表明，当γ为正实数时，$\theta_\gamma=0$，在原点处有星节点，而γ为复数时，$\theta_\gamma=\pi$，有中心(周期轨道)。这对应图 9.2 和 9.3 中显示的变化。

根据上述不动点的分类，应该能够通过选择具有非零虚部的 γ 来获得焦点(螺旋进入原点的轨迹)。这确实是可能的，如图 9.4 所示。图中显示的示例证实了将β从实数变为具有非零虚部时，变化没有本质差异。

可以将γ或β视为分岔参数，改变它们会导致固定点的不同性质。这种行为变化通常被称为 Hopf 分岔。已经看到一些从一个特征固定点到另一个特征固定点的转变，与$\mathcal{PT}$_对称性破缺(图 9.3 和图 9.4)一致，而其他则保持$\mathcal{PT}$_对称性不变(图 9.2 和图 9.3)。显然，这个解释$\mathcal{H}_4^-$模型的方法可以应用于更广泛的模型，尤其是所有$\mathcal{H}_\varepsilon^-$系列。

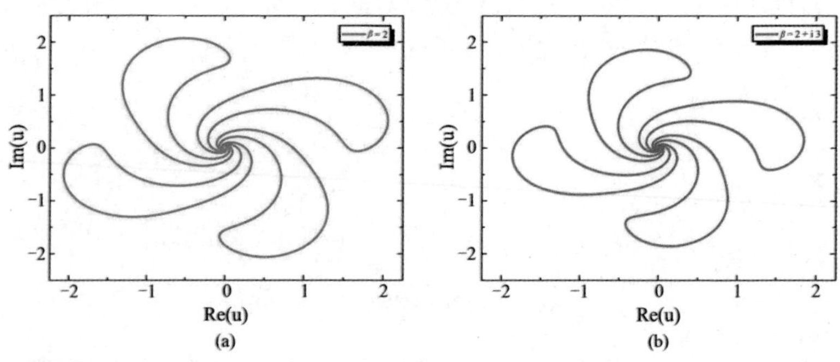

图 9.4 $\mathcal{H}_4^-$模型中的轨迹$c=1,r=-0.5+2\mathrm{i},\zeta_0=2.5\mathrm{i}$，$\mathcal{PT}$对称性被破坏，焦点在原点。实数 β(图 a)和$\mathrm{Im}\beta\neq 0$(图 b)的行为没有重大变化

冲击波到峰值解：现在来看看变形方程中如何表现出不同类型的波，即冲击波。为此，首先介绍如何使用特征法求解式(9.49)中的未变形方程。注意到下式：

$$\frac{\mathrm{d}}{\mathrm{d}t}w = w_x\frac{\mathrm{d}x}{\mathrm{d}t} + w_t = 0, \qquad \frac{\mathrm{d}x}{\mathrm{d}t} = f(w) \tag{9.85}$$

这意味着当第二个等式成立时，$w(x,t)$在时间上是守恒的。由于$w(x,t)$始终取相同的值，得到下式：

$$w(x,t) = w(w_0,t) = w_0(x_0) = w_0[x - f(w_0)t] \tag{9.86}$$

注意，式(9.85)中的条件由特征$x = f(w_0)t + x_0$求解。给定初始轮廓$w_0(x)$，式(9.49)中第一个方程的一般解是式(9.86)。

当两个特征交叉时，由于$w_x \to \infty$，形成了冲击波(也称为梯度突变)。这种情况发生在波峰超过波谷时(见图 9.5a)。发生这种情况是因为波峰处的波速比波谷处的波速快。这带来了一个问题，波形不再是单值函数，而是变成了多值函数。

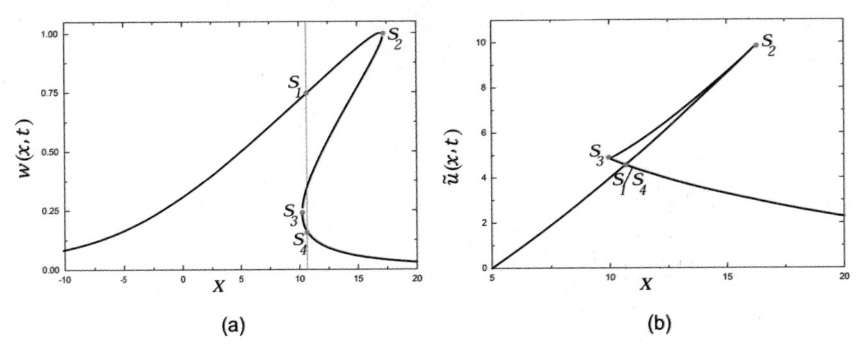

图 9.5　(a)多值自避波$w(x,t_1)$，垂直线表示$\kappa = (\varepsilon-1)^{-1}$的守恒定律的冲击前沿；(b)$\varepsilon = 3$时变换的多值自避波$\tilde{u}(x,t_1)$

发生这种剧烈梯度突变的最短时间称为破坏时间或冲击时间。最小时间为

$$w_x(x,t) = w_0'[x_0(x,t)]\frac{\mathrm{d}x_0}{\mathrm{d}x} = w_0'(x_0)/[1 + t\frac{\mathrm{d}}{\mathrm{d}x_0}f(w_0)]$$

其变得无限大。因此，冲击时间t_{shock}为

$$t_{\mathrm{shock}} = \min_t\left\{-\frac{1}{\frac{\mathrm{d}}{\mathrm{d}x_0}f[w_0(x_0)]}\right\} \tag{9.87}$$

这个表达式如何转化为变形方程？对于$f(w) = w^n$，冲击时间(9.87)为[177]

$$t_{\mathrm{shock}}^w = -1/\left\{\sqrt[n]{\mathcal{E}}\frac{\mathrm{d}}{\mathrm{d}x_0}\left[\sqrt[n]{u_0}(\mathrm{i}u_{x_0})^{\frac{\mathcal{E}-1}{n}}\right]\right\} \tag{9.88}$$

其中，$n = 1$与文献[108]中的表达式一致。当将$\hat{u}_0 \in \mathbb{R}$中的$u_0 \to \mathrm{i}^\alpha\hat{u}_0$替换为$m \in \mathbb{Z}$中的

$\alpha = (4m \pm 1)n/\varepsilon$时，这个时间是实数。因此，对于$n$和$\varepsilon$的某些值，某些冲击时间对应未变形波为实波和变形波为复波，但可以将这两种波都设计为实波。

那么，未变形情况下的冲击波是如何转化为变形的情况呢？依据式(9.50)计算$n = 1$时的w_x：

$$w_x = \mathrm{i}\varepsilon(\mathrm{i}u_x)^{\varepsilon-2}[u_x^2 + (\varepsilon - 1)uu_{xx}]$$

观察到，有限u条件下的冲击在$w_x \to \infty$时可能来自$u_x \to \infty$或$u_{xx} \to \infty$。因此，变形系统中的任何冲击都会导致未变形系统中的冲击，但后者也可能是由$u_{xx} \to \infty$的剧烈梯度突变引起的。在这两种情况下，冲击时间都由式(9.88)给出。可以根据w的项来表达u能更明确地看到这一点：

$$u(x,t) = (-\mathrm{i})^{1-\frac{1}{\varepsilon}}(\varepsilon - 1)^{\frac{1}{\varepsilon-1}}\varepsilon^{\frac{\varepsilon-2}{\varepsilon}}\left[\int^x w(q,t)^{\frac{1}{\varepsilon-1}}\mathrm{d}q\right]^{\frac{\varepsilon-1}{\varepsilon}}$$

对u微分两次产生下式：

$$u_x(x,t) = (-\mathrm{i})^{1-\frac{1}{\varepsilon}}(\varepsilon - 1)^{\frac{1}{\varepsilon}}\varepsilon^{\frac{-2}{\varepsilon}}w(x,t)^{\frac{1}{\varepsilon-1}}\left[\int^x w(q,t)^{\frac{1}{\varepsilon-1}}\mathrm{d}q\right]^{\frac{-1}{\varepsilon}} \tag{9.89}$$

$$u_{xx}(x,t) = (-\mathrm{i})^{1-\frac{1}{\varepsilon}}(\varepsilon - 1)^{\frac{1}{\varepsilon-1}}\varepsilon^{\frac{\varepsilon-2}{\varepsilon}}\left(\int^x w(q,t)^{\frac{1}{\varepsilon-1}}\mathrm{d}q\right)^{-\frac{\varepsilon+1}{\varepsilon}}w(x,t)^{\frac{2}{\varepsilon-1}} \times$$

$$\varepsilon\left(1 - \varepsilon + \int^x w(q,t)^{\frac{1}{\varepsilon-1}}\mathrm{d}q\right)w_x(x,t)w(x,t)^{\frac{\varepsilon}{1-\varepsilon}} \tag{9.90}$$

由式(9.90)可看出u_{xx}对w_x的直接依赖，意味着未变形系统中的冲击导致$u_{xx} \to \infty$时梯度的剧烈变化。然而，u_x仅取决于w，因此变形情况下的冲击不能直接追溯到未变形情况下的冲击。

现在证明冲击通过$\mathcal{PT}$变形转化为峰值。为此，选取函数：

$$\tilde{u}(s,t) := \mathrm{i}u(x,t)^{\frac{\varepsilon}{\varepsilon-1}} = (\varepsilon - 1)^{-1}\varepsilon^{\frac{\varepsilon-2}{\varepsilon-1}}\int^s w(q,t)^{\frac{1}{\varepsilon-1}}\frac{\mathrm{d}q}{\mathrm{d}\tilde{s}}\mathrm{d}\tilde{s}$$

上式中取代了u，并将其参数化为具有单位长度$\mathrm{d}\tilde{s} = \sqrt{\mathrm{d}w^2 + \mathrm{d}x^2}$的弧长长度$s$。这将多值函数$w(x,t)$(如图 9.5(a)所示)转换为单值函数。例如，计算$\varepsilon = 3$的$\tilde{u}(s,t)$以及$s < s_3$和$s > s_3$的正负平方根。如果从s转换回x，这个函数就变成了多值的。如图 9.5(b)所示，$t_1 > t_s$时，其自相交叉。

通过选择分支，获得了一个峰值函数(通常，不同分支的选择可能受特定边界条件的限制以匹配初始轮廓)。值得注意的是，可以在不违反守恒定律的情况下消除$s_1 \to s_2 \to s_3 \to s_4$峰值上方的循环。当切断循环时，式(9.68)中$\kappa = (\varepsilon - 1)^{-1}$时守恒量$I_\kappa$保持不变，因为该选择，有$\int_{-\infty}^{\infty} = \int_{-\infty}^{s_1} + \int_{s_4}^{\infty}$。然而，这仅适用于特定的 κ 值。除了引入更多的分支之外，从$\tilde{u}(s,t)$更改为$u(s,t)$不会改变主要的论点。因此可以得出结论，未变形情况下的冲击会转换为变形方程中的峰值①。

① 也可能有一个完全不同的情况。从式(9.89)中观察到，可以在变形系统中产生冲击，如$u_x \to \infty$，每当$\varepsilon > 0, \int^x w(q,t)^{1/(\varepsilon-1)}\mathrm{d}q = 0$。文献[177]研究此类数值解。

9.3.5　从波动方程到量子力学

式(9.39)中展示了非线性波动方程的解如何与量子力学系统相关。通过分析$\mathcal{H}_\varepsilon^-$模型产生的进一步可能结果来结束本节。如果确定行波方程(9.79)的$u \to x$和$\zeta \to t$，对t求导，则得到方程：

$$\ddot{x} = \frac{1}{\gamma}\left(\kappa_1 + cx - \beta\frac{\mathrm{i}^\varepsilon}{1+\varepsilon}x^{\varepsilon+1}\right)$$

当将哈密顿方程组合成哈密顿方程的牛顿方程时，也会得到如下方程：

$$H_\varepsilon = \frac{1}{2}p^2 - \frac{\kappa_1}{\gamma}x - \frac{c}{2\gamma}x^2 + \frac{\beta}{\gamma}\frac{\mathrm{i}^\varepsilon}{(1+\varepsilon)(2+\varepsilon)}x^{\varepsilon+2}$$

当$\varepsilon = 1$，特殊选择$\kappa_1 = 0, \beta = -6cg, \gamma = -c$，给出复三次振荡器$H_{\text{cubic}} = p^2/2 + x^2/2 + \mathrm{i}gx^3$[78]，对于$\varepsilon = 1, \kappa_1 = -\gamma\tau, \beta = -3\gamma g, c = -\gamma\omega^2$，哈密顿密度$\mathcal{H}_\varepsilon$成为四次振荡器$H_{\text{quartic}} = E_x = p^2/2 + \tau x + \omega^2 x^2/2 + gx^4/4$[37]。这一结果表明，人们可以将非线性系统的某些特性(例如轨迹)转化为量子力学模型。选择$\kappa_2 = \gamma E_x$，给出渐近消失的波$\lim_{\zeta\to\infty} u(\zeta) = 0$。遵守纽曼边界条件$\lim_{\zeta\to\infty} u_x(\zeta) = \sqrt{2E_x}$。在量子力学方面，这意味着可以确定$H_\varepsilon = E_x$，作为系统的总能量。简而言之，上文表明，复数经典粒子经典模拟的能量，对应于非线性波动方程的积分常数，及其与耦合常数的积①。

9.4　$\mathcal{PT}$变形的 Calogero-Moser-Sutherland 模型

除了服从非线性波动方程的场的系统可积外，可积多粒子系统也作为 Calogero 模型受到了很好的研究。本节讨论它们的$\mathcal{PT}$对称变形。未变形的模型都可以追溯到开创性的论文[171]，该论文考虑了三个无法区分的无旋转粒子沿实线移动的变化。当$1 \leqslant i, j \leqslant 3$, $g, \omega \in \mathbb{R}$，粒子通过组合的近距类离心势$V_c(x_i, x_j) = g/(x_i - x_j)^2$和远距二次引力$V_q(x_i, x_j) = \omega^{2(x_i - x_j)^2}/8$成对相互作用。

值得注意的是，该模型是可分离和可解的，它已成为可积系统规范的核心部分。该模型的量子形式的一个关键特征是其奇特的相互作用$V_c(x_i, x_j)$的量子不可穿透性。由于不可穿透性，模型的定义域必须位于指定特征为固定和不可改变阶数的外尔(Weyl)腔中，例如$x_1 < x_2 < x_3$，实线上的粒子。当然，对于实数的物理模型，希望粒子能够相互通过，例如希望在不同时间允许$x_1 < x_2$和$x_1 > x_2$。限制$x_1 < x_2 < x_3$无法激起研究兴趣，9.4.3 节中讨论了如何利用$\mathcal{PT}$对称性来解决这个问题。

Calogero 模型已在许多方面得到推广，例如将公式中的 3 更改为适用于$N \in \mathbb{N}$，来包含更多粒子[171]，且允许非成对相互作用[441-442]。使用不同类型的势[501-502, 411]，包括相互作用的自旋[335]，并允许粒子离开实轴，正如这里所讨论的一样。

这一大类 Calogero-Moser-Sutherland(CMS)模型的哈密顿量如下：

---

① 与式(9.42)中的能量不同，这会导致由各种$\mathcal{PT}$对称情况产生的实数量而得出不同的结论。

$$H_{\mathrm{CMS}}=\frac{1}{2}p^2+\frac{1}{4}\omega^2\sum\nolimits_{\alpha\in\Delta}(\alpha\cdot q)^2+\frac{1}{2}\sum\nolimits_{\alpha\in\Delta}g_\alpha^2V(\alpha\cdot q) \tag{9.91}$$

其中，ω,g_a，$\tilde{g}_a\in\mathbb{R}$是耦合常数。$p,q\in\mathbb{R}^{\ell+1}$是典型变量，而$\alpha$是某个向量空间 Δ 中的$\ell+1$维向量。通常，α被认为是属于根系 Δ 的根，该根系在 Coxeter 群下是不变的[298]。

这里关注只有 6 个根的 A_2 Coxeter 群，其可以表示为三维向量$\alpha_1=\{1,-1,0\},\alpha_2=\{0,1,-1\}$，$\alpha_3=\alpha_1+\alpha_2=\{1,0,-1\}$，以及它们的负向量[248]。标准的 CMS 模型H_C、H_{CM}、H_{CM}、H_{CMS}可以通过奇异势$V(x)$变为有理势$V(x)=1/x^2$、三角函数$V(x)=1/\sin^2(x)$、双曲线$V(x)=1/\sinh^2(x)$或椭圆$V(x)=1/\mathrm{sn}^2(x)$获取，还可以通过在耦合常数中包含附加指数及引入自旋[335]来获取。

9.4.1 扩展的 Calogero-Moser-Sutherland 模型

可以通过 9.2 节变形形式(2)获得 CMS 模型H_{CMS}的$\mathcal{PT}$变形形式，并在原始模型中添加一个$\mathcal{PT}$对称项$H_{\mathcal{PT}}$。这是针对文献[62]中的特定A_n Calogero 模型完成的，并在文献[248]中推广到所有 Coxeter 群，独立于根和不同势的表达式如下：

$$H_{\mathcal{PT}\mathrm{CMS}}(p,q,g_\alpha,\tilde{g}_\alpha):=H_{\mathrm{CMS}}(p,q,g_\alpha)+H_{\mathcal{PT}}(\mathcal{P},q,\tilde{g}_\alpha) \tag{9.92}$$

其中，

$$H_{\mathcal{PT}}=\frac{1}{2}\mathrm{i}\tilde{g}_\alpha f(\alpha\cdot q)\alpha\cdot\mathcal{P} \tag{9.93}$$

其中，$f(x)\coloneqq\sqrt{V(x)}$。当$f(x)$是奇函数时，$H_{\mathcal{PT}\mathrm{CMS}}(p,q,g_\alpha,\tilde{g}_\alpha)$的两项在反线性对称$\mathcal{PT}$下都是不变的：$p_j\mapsto p_j,q_j\mapsto -q_j,\mathrm{i}\mapsto-\mathrm{i}$。对于有理情况，可以重写式(9.92)中的哈密顿量，使其成为标准的 Calogero 哈密顿量，采用其动量偏移了$\mathrm{i}\mu:=\mathrm{i}/2\sum_{\alpha\in\Delta}\tilde{g}_\alpha f(\alpha\cdot q)\,\alpha$和新常数$\hat{g}$[248]：

$$H_{\mathcal{PT}C}(p,q,g_\alpha,\tilde{g}_\alpha)=H_C(p+\mathrm{i}u,q,\hat{g}) \tag{9.94}$$

耦合常数已重新定义为$\alpha\in\Delta_{s,l}$的$\hat{g}_\alpha^2\coloneqq g_{s,l}^2+\alpha_{s,l}^2\tilde{g}_{s,l}^2$，其中$\Delta_l$和$\Delta_s$指长根和短根的根系。仅在有理数时成立，恒等式(9.94)基于恒等式$\mu^2=\alpha_s^2\tilde{g}_s^2\sum_{\alpha\in\Delta_s}V(\alpha\cdot q)+\alpha_l^2\tilde{g}_l^2\sum_{\alpha\in\Delta_l}V(\alpha\cdot q)$。

由于恒等式通常是重要的，因此在此介绍A_2模型的详细信息。对于这个模型，有

$$\mu=\tilde{g}\left(\frac{\alpha_1}{q_1-q_2}+\frac{\alpha_2}{q_2-q_3}+\frac{\alpha_3}{q_1-q_3}\right)$$

计算表达式为

$$\mu^2=\tilde{g}^2\left[\frac{\alpha_1^2}{(q_1-q_2)^2}+\frac{\alpha_2^2}{(q_2-q_3)^2}+\frac{\alpha_3^2}{(q_1-q_3)^2}\right]+\\ \frac{2\alpha_1\cdot\alpha_2}{(q_1-q_2)(q_2-q_3)}+\frac{\alpha 2_2\cdot\alpha_3}{(q_2-q_3)(q_1-q_3)}+\frac{2\alpha_1\cdot\alpha_3}{(q_1-q_3)(q_1-q_2)} \tag{9.95}$$

式(9.95)中的第二行消失了，所以μ^2可以用 Calogero 势表示，该势建立了式(9.94)。其他 Coxeter 组合涉及更多的恒等式，但推理类似。

基于式(9.94)很容易证明复数的扩展 Calogero 模型$H_{\mathcal{PTC}}$是可积的，因为可以明确地构造 Lax 对(9.2)。p的偏移是从相似变换$\mathcal{H}_{\mathcal{PTC}} = \eta^{-1}\mathcal{H}_{\mathcal{C}\eta}$生成的，$\eta = \mathrm{e}^{-q\cdot\mu}$。Calogero 模型的 Lax 对$L_C$和$M_C$是式(9.16)的众所周知的推广，因此新的$\mathcal{PT}$变形 Lax 算子简化为$L_{\mathcal{PTC}}(p) = \eta^{-1}L_C(p)\eta = L_C(p+\mathrm{i}\mu)$和$M_{\mathcal{PTC}}(p) = \eta^{-1}M_C(p)\eta = M_C(p+\mathrm{i}\mu)$①。

9.4.2　场到粒子

到目前为止，还没有使用 9.2 节的变形形式(5)。现在为该选项提供一个示例，并揭示非线性波动方程控制的场与复数 Calogero 模型描述的粒子系统之间存在的一些显著联系。这种方法是以截断 Painlevé 展开式(9.17)来寻找波动方程的解，其中$\phi(x,t) = x - \zeta(t)$和$\zeta(t) \in \mathbb{C}$。由 9.3.1 节可知，对于实数的$\zeta(t)$，这可能会发生某阶共振，但是可能还有额外的约束。

这种最简单的情形涉及 Benjamin-Ono 方程，它描述了深水中的内波[184]：

$$u_t + uu_x + gHu_{xx} = 0,\ g \in \mathbb{R} \tag{9.96}$$

其中，$Hu(x) = \frac{P}{\pi}\int_{-\infty}^{\infty}\frac{u(x)}{z-x}\mathrm{d}z$是希尔伯特变换，$P$是柯西定理值。对于实数的$u(x,t)$，截断的的 Painlevé 展开为

$$u(x,t) = \frac{g}{2}\sum_{k=1}^{\ell}\left(\frac{\mathrm{i}}{x - z_k(t)} - \frac{\mathrm{i}}{x - z_k^*(t)}\right) \tag{9.97}$$

求受ℓ约束的 Benjamin-Ono 方程(9.96)的解，得到下式：

$$\ddot{z}_k = \frac{1}{2}g^2\sum_{j\neq k}(z_j - z_k)^{-3},\qquad (k = 1,\cdots,\ell, z_k \in \mathbb{C}) \tag{9.98}$$

适用于式(9.97)中的复极点z_k。式(9.98)是A_ℓCoxeter 群的复 Calogero 哈密顿量$H_{\mathcal{PT}}$(9.93)的运动方程，用于根的特定表达。

对于 Benjamin-Ono 方程，不必调用变形形式(5)与守恒量相关的轨迹定理之外的自由度。但是，可以将这种自由度用于 Boussinesq 方程：

$$v_{tt} = (v^2)_{xx} + \frac{1}{12}v_{xxxx} + v_{xx} \tag{9.99}$$

该模型是模拟长水波。截断的 Painlevé 展开式为

$$v(x,t) = -\frac{1}{2}\sum_{k=1}^{\ell}[x - z_k(t)]^{-2} \tag{9.100}$$

然后结合这两组方程，求解式(9.99)，得到

---

① 对于非有理模型，$-\mu^2/2$项不能被吸收到势中，同时需要重新定义耦合常数。然而，如果在式(9.92)中加入项，也获得了这种类型势能的新可积$\mathcal{PT}$变形模型。

$$\ddot{z}_k = 2\sum_{j\neq k}(z_j - z_k)^{-3}, \dot{z}_k^2 = 1 - \sum_{j\neq k}\left(z_j - z_k\right)^{-2} \tag{9.101}$$

成立。式(9.101)的第一个约束是$g = -2$的A_ℓCalogero 模型的运动方程。为了理解第二个约束，需要借助定理的部分内容，该内容允许将运动限制在分叉上，该分叉由一些守恒量消失的梯度所描述。利用A_ℓCalogero 模型运动方程，可以验证$I_1 = \sum_{j=1}^{\ell}\dot{z}_j$和$I_3 = \sum_{j=1}^{\ell}[\dot{z}_j^3/3 + \sum_{k\neq j}\dot{z}_j(z_j - z_k)^2]$是$A_\ell$Calogero 模型的两个守恒量。使用这些表达式计算出$\mathrm{grad}(I_3 - I_1) = 0$，这与式(9.101)中的第二个约束一致。

原则上，式(9.101)描述了与A_ℓCalogero 模型相关的一致动力系统，前提是其解不为空。实数条件下最简单的双粒子解如下[25]：

$$z_1 = \mu + \sqrt{(t+\lambda)^2 + 1/4}, \quad z_2 = \mu - \sqrt{(t+\lambda)^2 + 1/4} \tag{9.102}$$

其中，$\mu, \lambda \in \mathbb{R}$，Boussinesq 方程(9.100)的解如下：

$$v(x,t) = -\frac{(x-\mu)^2 + (t+\lambda)^2 + 1/4}{[(x-\mu)^2 - (t+\lambda)^2 - 1/4]^2} \tag{9.103}$$

将式(9.102)中的常数μ和λ设为纯虚数，Boussinesq 方程(9.99)及其解(9.103)在$\mathcal{PT}$对称性下：$x \to -x, t \to -t, v \to v, \mathrm{i} \to -\mathrm{i}$保持不变。实解与复解的主要区别在于，实数情况下出现的极点已在复方程中进行了正则化，从而得到了明显确定的双孤子解，如图 9.6 所示。结果还表明，在未破缺的$\mathcal{PT}$对称情况下，两个孤子在时间反转下准确地交换了它们的位置，这与μ和λ为复数但不是纯虚数时的破缺状态的情况不同。

文献[45]发现了与双孤子解定性特征相似的三粒子解①。据此可预测，具有更多粒子、不同代数类型和其他类型的非线性微分方程的系统存在解，但到目前为止，还没有构建出这样的解。

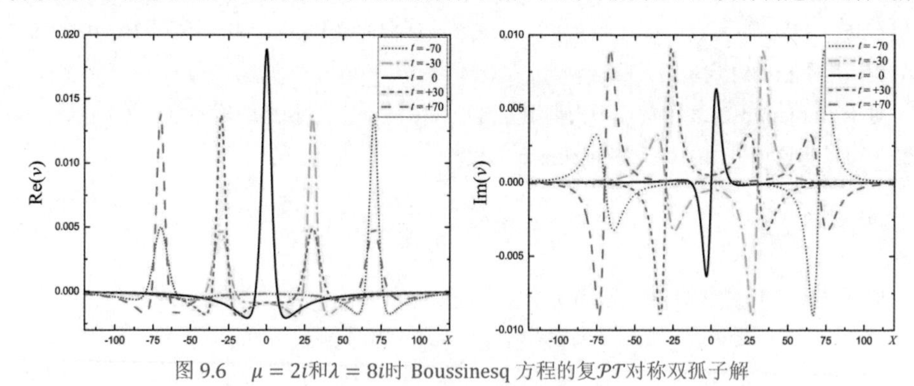

图 9.6　$\mu = 2i$和$\lambda = 8i$时 Boussinesq 方程的复$\mathcal{PT}$对称双孤子解

9.4.3　变形的 Calogero-Moser-Sutherland 模型

本小节将解释如何消除上述势能奇点并克服对 CMS 模型定义机制的限制。首先关注A_2模

① 有一个关键的区别：在双孤子情况下，复化是调整极点比较方便的选择，但在单孤子情况下，没有找到实数解，被迫考虑复数粒子系统。

型并变形三个坐标[551, 255]：

$$q_1 \to \tilde{q}_1 = q_1 \cosh\varepsilon + \mathrm{i}3^{-1/2} q_{23} \sinh\varepsilon$$
$$q_2 \to \tilde{q}_2 = q_2 \cosh\varepsilon + \mathrm{i}3^{-1/2} q_{31} \sinh\varepsilon$$
$$q_3 \to \tilde{q}_3 = q_3 \cosh\varepsilon + \mathrm{i}3^{-1/2} q_{12} \sinh\varepsilon \tag{9.104}$$

其中，$q_{ij} = q_i - q_j$是变形参数，并且$\varepsilon \in \mathbb{R}$。在新坐标$\tilde{q}$中，计算式(9.91)中势函数的参数：

$$\alpha_1 \cdot \tilde{q} = q_{12} \cosh\varepsilon - \mathrm{i}3^{-1/2}(q_{13} + q_{23}) \sinh\varepsilon$$
$$\alpha_2 \cdot \tilde{q} = q_{23} \cosh\varepsilon - \mathrm{i}3^{-1/2}(q_{21} + q_{31}) \sinh\varepsilon$$
$$(\alpha_1 + \alpha_2) \cdot \tilde{q} = q_{13} \cosh\varepsilon + \mathrm{i}3^{-1/2}(q_{12} + q_{32}) \sinh\varepsilon \tag{9.105}$$

显然，已经消除了势能中的奇点，并且不再需要对实坐标q_i进行任何排序。从这一点上看，变形似乎是临时的和任意的，因为可以很容易地想象式(9.104)的其他可能性。那么，试着了解上面的变形有什么特别之处。首先，注意到式(9.105)中三个内积通过反线性对合对称相互映射：

$$\mathcal{PT}_1: q_1 \leftrightarrow q_2, q_3 \leftrightarrow q_3, \mathrm{i} \leftrightarrow -\mathrm{i}; \mathcal{PT}_2: q_2 \leftrightarrow q_3, q_1 \leftrightarrow q_1, \mathrm{i} \leftrightarrow -\mathrm{i} \tag{9.106}$$

显然，$\mathcal{PT}_{1,2}^2 = 1$①。因此，产生了一个新的复$\mathcal{PT}$对称哈密顿量，它在$\varepsilon \to 0$极限时，简化为A_2Calogero 模型。在这里，这个约定比前面使用$\varepsilon \to 1$来确定未变形模型更方便。虽然这种变形产生了很好的势，但仍然没有很好地解释为什么变形(9.104)是特殊的，也不知道如何对涉及更多粒子和其他代数的系统进行变形。回答这些问题需要考虑内积对偶空间的变形，也就是说，变形根$\alpha \to \tilde{\alpha}$而不是变形坐标$q \to \tilde{q}$，并要求这两种变形产生相同的内积$\alpha \cdot \tilde{q} = \tilde{\alpha} \cdot q$。这是通过变形两个简单的$A_2$根[255]来实现的，变形公式如下：

$$\tilde{\alpha}_1 = \alpha_1 \cosh\varepsilon + \mathrm{i}3^{-1/2} \sinh\varepsilon(\alpha_1 + 2\alpha_2)$$
$$\tilde{\alpha}_2 = \alpha_2 \cosh\varepsilon - \mathrm{i}3^{-1/2} \sinh\varepsilon(2\alpha_1 + \alpha_2)$$

式(9.106)中的两个对称性可以解释为自然的数学对象，变形的外尔反射：

$$\mathcal{PT}_1 \equiv \sigma_1^{\varepsilon}: \tilde{\alpha}_1 \leftrightarrow -\tilde{\alpha}_1, \tilde{\alpha}_2 \leftrightarrow \tilde{\alpha}_1 + \tilde{\alpha}_2$$
$$\mathcal{PT}_2 \equiv \sigma_2^{\varepsilon}: \tilde{\alpha}_2 \leftrightarrow -\tilde{\alpha}_2, \tilde{\alpha}_1 \leftrightarrow \tilde{\alpha}_1 + \tilde{\alpha}_2$$

虽然这些反射变形的灵活性很小，但是已经阐明了式(9.104)更深层次的变形起源。由于它们是反射，因此它们具有关键性质$(\sigma_1^{\varepsilon})^2 = (\sigma_2^{\varepsilon})^2 = 1$②。

接下来看看如何通过比较变形和未变形的情况来求解 Calogero 系统。通常，人们会引入一组新的变量，这些变量可能看起来是随意的或没有目的的。然而，如果从通用根的角度考虑，它们有一个自然的起源。请注意，特定 Coxeter 群的根系统完全根据 Cartan 矩阵$K_{ij} = 2\alpha_i \cdot \alpha_j / \alpha_j^2$[298]而固定。当$\alpha_1^2 = \alpha_2^2 = 2$和$\alpha_1 \cdot \alpha_2 = -1$满足上面的三维表达式，$A_2$Cartan 矩阵有项

① 可能会在使用这些变换时得到一个整体的负号，但这无关紧要，因为负项会出现在还包括负根的势项总和中。

② 要理解整个构造需要更多关于外尔和 Coxeter 群的背景知识，这超出了本书的范围。有关 Coxeter 群的一般知识，请参阅文献[252-254]。

$K_{11}=K_{22}=2$，$K_{12}=K_{21}=-1$。也可以用$\beta_1=\{\sqrt{2},0\}$和$\beta_2=\{-1,\sqrt{3}\}/\sqrt{2}$的根 β 的二维表达式来满足这些关系。显然，$K_{ij}=2\beta_i\cdot\beta_j/\beta_j^2$是相同的 Cartan 矩阵。要求不同变量集合中的内积相等$\alpha_i\cdot q=\beta_i\cdot Q$，$i=1,2$，$q=\{q_1,q_2,q_3\}$且$Q=\{X,Y\}$，就旧变量而言，据此可以表达新的变量：

$$X=\frac{q_1-q_2}{\sqrt{2}},\qquad Y=\frac{q_1+q_2-2q_3}{\sqrt{6}} \tag{9.107}$$

作为第三自变量，选择质心坐标$R=(q_1+q_2+q_3)/3$。然后用极坐标$X=r\sin\phi,Y=r\cos\phi$表达式(9.107)中的新变量。假设所有耦合常数$g_\alpha=g$相同，对A_2CMS 哈密顿量(9.91)进行变量变换$(q_1,q_2,q_3)\to(X,Y,R)\to(r,\phi,R)$：

$$H(q_1,q_2,q_3)=\frac{1}{2}\Delta_{q_1,q_2,q_3}+\frac{\omega^2}{2}\sum_{i=1}^{3}(\alpha_i\cdot q)^2+g^2\sum_{i=1}^{3}\frac{1}{(\alpha_i\cdot q)^2}$$

$$H(X,Y,R)=-\frac{1}{2}\left[\frac{1}{3}\partial_R^2+\partial_X^2+\partial_Y^2\right]+\frac{3\omega^2}{2}(X^2+Y^2)+\frac{9}{2}\frac{g^2(X^2+Y^2)^2}{(X^3-3XY^2)^2}$$

$$H(r,\phi,R)=-\frac{1}{2}\left[\frac{1}{3}\partial_R^2+\partial_r^2+\frac{1}{r^2}\partial_\phi^2+\frac{1}{r}\partial_r\right]+\frac{3\omega^2}{2}r^2+\frac{9}{2}\frac{g^2}{r^2\sin(3\phi)}$$

现在来看看这些转变如何在$\mathcal{PT}$变形系统中表现出来。此时要求变形量$\alpha_i\cdot\tilde{q}=\beta_i\cdot\tilde{Q}$，$i=1,2$的势能参数相等，其中$q=\{\tilde{q}_1,\tilde{q}_2,\tilde{q}_3\}$和一些未知的$\tilde{Q}=\{\tilde{X},\tilde{Y}\}$。根据这两个方程，确定了新的变形变量：

$$\tilde{X}=X\cosh\varepsilon+\mathrm{i}Y\sinh\varepsilon=r\sin(\phi+\mathrm{i}\varepsilon)$$

$$\tilde{Y}=Y\cosh\varepsilon-\mathrm{i}X\sinh\varepsilon=r\cos(\phi+\mathrm{i}\varepsilon)$$

然后可以将变形的哈密顿量表示如下：

$$H(\tilde{q}_1,\tilde{q}_2,\tilde{q}_3)=H(\tilde{X},\tilde{Y},R)=H(r,\phi+\mathrm{i}\varepsilon,R) \tag{9.108}$$

变形哈密顿量的薛定谔方程(9.108)：本章主要讨论经典可积系统，但这里简要讨论变形哈密顿量(9.108)的薛定谔方程的解。对于未变形的情况，假设$H(r,\phi,R)$因子的波函数为$\Psi(r,\phi,R)=\chi(r)f(\phi)\Phi(R)$。通过设 $\Phi''(R)=0$并重新缩放$\omega\to\hat{\omega}/\sqrt{3}$，分离质心运动，得到两个特征值方程：

$$-\chi''(r)-r^{-1}\chi'(r)+(\omega^2r^2+\lambda^2r^{-2})\chi(r)=E\chi(r)$$

$$-f''(\phi)+9g^2\csc(3\phi)f(\phi)=\lambda^2f(\phi)$$

这些方程涉及平方反比和 Pöschi-Teller 势，因此，当任意实参数r,ϕ,g,ω作为特征值 E和λ^2[247]函数，它们都可以求解：

$$\chi(r)=r^\lambda\exp\left(-\frac{\omega r^2}{2}\right)\,{}_1F_1\left[\frac{1}{2}(1+\lambda)-\frac{E}{4\omega};1+\lambda;\omega r^2\right] \tag{9.109}$$

$$f(\phi)=\sin^{2\kappa}(3\phi)\cos^{2\kappa}(3\phi)\,{}_2F_1\left[\kappa-\frac{\lambda}{6},\kappa+\frac{\lambda}{6};2\kappa+\frac{1}{2};\sin^2(3\phi)\right] \tag{9.110}$$

其中，$\kappa = \kappa^{\pm} = (1 \pm \sqrt{1+4g^2})/4$，${}_1F_1$为库默尔汇合超几何函数，${}_2F_1$为高斯超几何函数。变形系统与未变形系统的不同之处在于变量的简单偏移。这两个系统$H(r,\phi+\mathrm{i}\varepsilon,R) = \eta_\phi H(r,\phi,R)$和$\Psi(R,r,\phi+\mathrm{i}\varepsilon) = \eta_\phi \Psi(R,r,\phi)$相关，其中$\eta_\phi = \exp(p_\phi \varepsilon)$。对应的能量特征值相同：

$$E_{n\ell}^{\pm} = 2|\omega|[2n + 6(\kappa^{\pm} + \ell) + 1],\ 6(\kappa^{\pm} + \ell) > 0; n, \ell \in \mathbb{N}_0 \tag{9.111}$$

但两者具有不同的约束参数。在未变形的情况下，式(9.111)中只有κ^+出现，但在变形的情况下，这两个符号都是允许的。

看看这些谱是如何从解中产生的，特别注意这两种情况之间的差异。首先，强加了波函数随$r \to \infty$而消失的物理要求。对于式(9.109)中的解$\chi(r)$，必须研究库默尔汇合超几何函数[396]的渐近展开：

$${}_1F_1[\alpha;\gamma;z] \sim \frac{\Gamma(\gamma)}{\Gamma(\alpha)} \mathrm{e}^z z^{\alpha-\gamma} G(1-\alpha;\gamma-\alpha;z) \quad (\mathrm{Re}\, z > 0) \tag{9.112}$$

$${}_1F_1[\alpha;\gamma;z] \sim \frac{\Gamma(\gamma)}{\Gamma(\gamma-\alpha)} (-z)^{-\alpha} G(\alpha;\alpha-\gamma-1;-z) \quad (\mathrm{Re}\, z < 0) \tag{9.113}$$

当$G(\alpha;\gamma,z) = 1 + \dfrac{\alpha}{z} + \dfrac{\alpha(\alpha+1)\gamma(\gamma+1)}{2!\,z^2} + \cdots$，观察到，当$z = \omega r^2$，函数呈指数增长，除非这种增长通过发散来补偿伽马函数，或者来自式(9.112)中的$\Gamma(\alpha)$，再或来自式(9.113)中的$\Gamma(\gamma-\alpha)$。因为在这种情况下，当${}_1F_1$中的第一个参数变为负整数时，即当超几何级数终止时，施加下述条件，波函数$\chi(r)$在无穷远处消失：

$$E = 2|\omega|(2n + \lambda + 1), \qquad n \in \mathbb{N}_0$$

对于这些值，库默尔汇合超几何函数简化为广义拉盖尔多项式$L_n^\alpha(z)$：

$${}_1F_1[-n;\alpha+1;z] \sim \frac{\Gamma(n+1)\Gamma(\alpha+1)}{\Gamma(n+\alpha+1)} L_n^\alpha(z) \quad (\alpha \in \mathbb{R}, n \in \mathbb{N}_0)$$

且得到的$\chi(r)$在文献[172]中已经可以归一化。

物理波函数在其域上必须是有限的，因此，式(9.109)要求$\lambda > 0$。未变形和变形的差异来自相同的$f(\phi)$。在未变形的情况下，式(9.110)中的前因数发散，其中$\phi = 0, \pi/3, \cdots$和$\phi = \pi/6, \pi/2, \cdots$，所以，当$\kappa = \kappa^-$时，必须排除这种发散的可能性。然而，当改变$\phi \to \phi + \mathrm{i}\varepsilon$时，不再需要这个限制。最后，固定$\lambda$的值。注意，还存在由高斯超几何函数导致的$f(\phi)$发散。对于泛型参数，当$\mathrm{Re}\,\gamma > \mathrm{Re}\,(\alpha+\beta)$时，函数${}_2F_1(a,\beta;\gamma;1)$绝对收敛，式(9.110)中的值转化为$\kappa < 1/4$。在未变形的情况下已经排除了$\kappa^-$，这个不等式永远不能满足。但是，当$\alpha$变成负整数时，超几何级数终止并简化为雅可比多项式$P_\ell^{\alpha,\beta}(z)$：

$${}_2F_1[-\ell;\alpha+\beta+\ell+1;\alpha+1;z] = \frac{\Gamma(\ell+1)\Gamma(\alpha+1)}{\Gamma(\ell+\alpha+1)} P_\ell^{\alpha,\beta}(1-2z)$$

其中，$\ell \in \mathbb{N}_0$和$\alpha, \beta \in \mathbb{R}$。由于$P_\ell^{\alpha,\beta}(-1) = \frac{(\beta+1)_\ell}{\ell!}$，$(x)_n := x(x+1)(x+2)\cdots(x+n)$,通过强制$\lambda = 6(\kappa + \ell)$消除了分歧①。因此，在变形的情况下，级数的终止看起来比未变形的情况更自然，由此看到变形如何削弱了一些物理约束并产生新谱②。

本章介绍了几个可积模型的例子，当使用适当的$\mathcal{PT}$变形时，这些模型仍然是可积的。超对称性被证明在对模型进行$\mathcal{PT}$变形时，可以保持另一个属性。即使$\mathcal{PT}$变形破坏了模型的可积分性，由于$\mathcal{PT}$对称性，新模型经受住变形的守恒量被证明是实数。当模型在变形后保持可积时，$\mathcal{PT}$对称性不足以确保能量的实数特性和可积性。这与将N孤子解渐近分解为N个单孤子是相同的。需要注意的是，单独的$\mathcal{PT}$对称性无法区分相空间中不同类型轨迹的定性行为。

① 另一种方法是将式(9.110)中的第二个参数等同于一个整数，并推导出$\lambda = 6(\kappa + \ell)$，这被前面的要求$\lambda > 0$所排除。当$\mathrm{Im}\phi \neq 0$时，甚至离开了单位圆$|z| \leqslant 1$，除非人为根据虚部来限制$\phi$的实部，否则可以实现收敛。

② 本节中关于使用根系统以系统方式定义变形模型并使用它们引入新变量集的关键思想，可能适用于其他类型的群，参见文献[252-254]。

第 10 章 光学中的$\mathcal{PT}$对称性[①]

正确的问题通常比正确的答案更重要。

——柏拉图

$\mathcal{PT}$对称性的概念最初是在量子力学的背景下引入的，但近年来，从开创性的论文开始，它们在明显不相关的经典光学领域均取得了快速发展[224, 427, 397, 329, 279, 398, 462, 454]。其原因是，当人们对电磁波的传播方程进行特定近似，即近轴近似时，所获方程在形式上与薛定谔方程相同，但其中出现的符号有完全不同的诠释，特别是量子力学势的作用由折射率来表示。因此，出现在$\mathcal{PT}$量子力学中的复势对应复折射率，其虚部对应损耗或增益。

$\mathcal{PT}$量子力学的显著特征是，即使势$V(x)$是复数，$V(x)$是$\mathcal{PT}$对称的，能量特征值也可以是实数。转换到光学领域，这意味着即使存在损耗和增益，只要它们以$\mathcal{PT}$对称方式平衡存在，就可以具有实数的传播常数。因此，特别是在实际中，光学系统中总是存在损耗，当与增益适当结合时，可以以积极的方式使用，并且可以在设计新颖的光学器件时发挥巨大的作用。

10.1 近轴近似

为了解释近轴近似，考虑在光学介质中传播频率为 ω 的波，其折射率n取决于x方向(横向)，而传播主要在方向z(纵向)上。电场E的给定分量满足标量亥姆霍兹方程：

$$\frac{\partial^2}{\partial z^2}E(x,z)+\frac{\partial^2}{\partial x^2}E(x,z)+k^2E(x,z)=0$$

其中，$k=n(x)\omega/c$。这种情况如图 10.1 所示，电磁波入射到折射率为$n(x)$的材料上。入射波主要在 z 方向，与该方向的任意偏差都很小，称为“近轴”。

① 本章由 H. F. 琼斯撰稿。

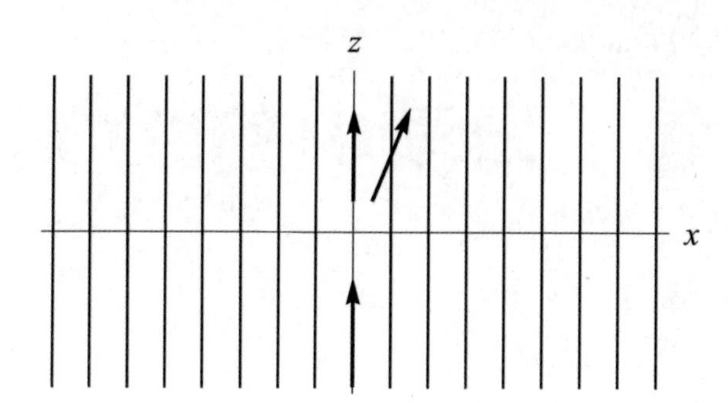

图 10.1　近轴近似的情况。电磁波在折射率为$n(x)$的介质中传播，n的变化(通常是周期性的)用垂直条纹表示。入射波主要在z方向，与该方向的任意偏差都很小

在正常情况下，n与背景折射率n_0的偏差会很小，因此将n写为$n = n_0[1 + v(x)]$，其中$v \ll 1$。这个想法是波以$e^{ik_0 z}$的形式广泛传播，其中$k_0 = n_0\omega/c$，但传播方向偏差很小。因此，明确地分解出z傍轴的E，$E = e^{ik_0 z}\psi(x,z)$。ψ的值称为包络函数。它满足方程：

$$\frac{\partial^2}{\partial z^2}\psi(x,z) + 2ik_0\frac{\partial}{\partial z}\psi(x,z) + \frac{\partial^2}{\partial x^2}\psi(x,z) + (k^2 - k_0^2)\psi = 0$$

其中，$k^2 = k_0^2(n^2/n_0^2)$。

假设$\partial^2\psi/\partial z^2 \ll \partial^2\psi/\partial x^2$，近轴近似相当于忽略该方程中的第一项，如果$E(x,z)$是$z$轴上的主要能量，则由第一个因子$e^{ik_0 z}$给出。鉴于$v$很小，也做近似表达$k^2 - k_0^2 \approx 2k_0^2 v$。

把所有这些表达式结合起来，得到包络函数ψ的近轴方程：

$$i\frac{\partial\psi}{\partial z} + \frac{1}{2k}\frac{\partial^2\psi}{\partial x^2} + kv(x)\psi = 0 \tag{10.1}$$

这与含时薛定谔方程具有相同的形式，尽管出现在式(10.1)中的量与其量子力学对应量有很大不同。首先，ψ不是波函数，而是电磁波的包络函数。其次，t的作用由纵坐标z表示。最后，量子力学势$V(x)$的作用由$v(x)$表示，记得它是由偏差的折射率给出的：$v(x) = n(x)/n_0 - 1$。

这种对应关系的关键在于，$\mathcal{PT}$量子力学系统获得的结果可以得到适当的解释，被转移到经典光学中的$\mathcal{PT}$对称系统。在光学中，折射率具有正虚部是极其常见的，对应损耗或阻尼，但负虚部也可以通过光磁共振来实现增益。因此，自然会考虑在模拟哈密顿量中具有非厄米势V的系统。

式(10.1)中，对$V(x)$施加$\mathcal{PT}$对称性，需要以特定方式平衡损耗和增益①，即$n^*(-x) = n(x)$，或等效地，$\mathrm{Re}\,n(x)$是偶函数，并且$\mathrm{Im}\,n(x)$为x的奇函数。当$\mathcal{PT}$对称性未破缺时，在光学中，实特征值的通常量子力学结果与令人惊讶的结果相对应，即可以具有实传播常数，则即使存在增益和损耗，也没有指数增长或衰减。另外，在某些光学应用中，通过改变一个或另一个参数，采用对称破缺机制可能是有利的。这为设计各种可能的开关设备开辟了道路，这些开关设备利

① 已经强调过，文献[552]认为，由于折射率与频率相关且必须满足色散关系，因此$\mathcal{PT}$对称性不能完全适用于连续的频率范围。所以在任何实际应用中都必须限制该范围，以使这种频率相关性不重要。

用了$\mathcal{PT}$对称性的这种破缺对称性特征。

值得注意的是，量子力学和光学在近轴近似的关联已经实现[224]，研究发现$\mathcal{PT}$对称的思想也可以应用于各种其他光学系统，其中近轴近似要么不正确，要么没有必要，例如 10.4 节介绍的处理方法。自早期的开创性论文以来，$\mathcal{PT}$对称性思想在光学中的应用产生了指数级增长，大量关于该主题的不同理论和实验论文发表在高知名度的期刊上。本章只能概述主要的结果和方法，对未能提及的工作人员表示歉意。

10.2　首次应用

由近轴方程控制的$\mathcal{PT}$对称光学系统具有许多有趣的特性[397]。例如，它们可以表现出双折射，如图 10.2 所示，其中$v(x) = v_0(\cos 2x + \mathrm{i}\lambda \sin 2x)$，其中$\lambda = 0.9$，低于临界值$\lambda = 1$，高于临界值时对称性被破坏。注意，系统不是左右对称的，光束向右偏转。相反，该系统是$\mathcal{PT}$对称的，$\mathcal{P}$表示$x \to -x$和 $\mathcal{T}$由复共轭实现，或由$z \to -z$有效地实现。

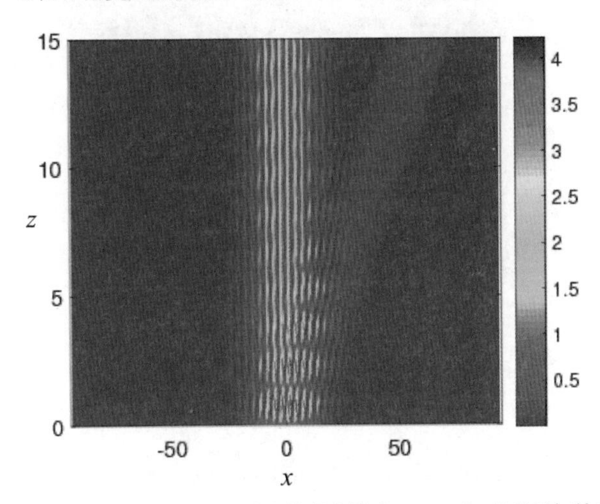

图 10.2　光势$v(x) = v_0(\cos 2x + \mathrm{i}\lambda \sin 2x)$，$\lambda = 0.9$的强度模式$|\psi(x,z)|^2$，显示了初始光束的分叉，这是一个通常在$x$上具有高斯分布的波包入射

光束的功率可以在z轴振荡，如图 10.3 所示，因为介质是有源结构，对于稍微不同的输入参数，所以功率不守恒(守恒量将由$\mathcal{PT}$范数给出，但此处与物理无关)。

恰好在对称破缺点$\lambda = 1$处，总功率随z线性增长，如图 10.4 所示。这是典型的$\mathcal{PT}$对称系统，并且是由于约当块而形成[387]。其中特征值与其特征函数结合在一起。在这种情况下，光束的振幅在初始上升后变得饱和，并且线性功率增长是由于光束的横向传播。文献[271]中详细介绍了这种情况是如何发生的。

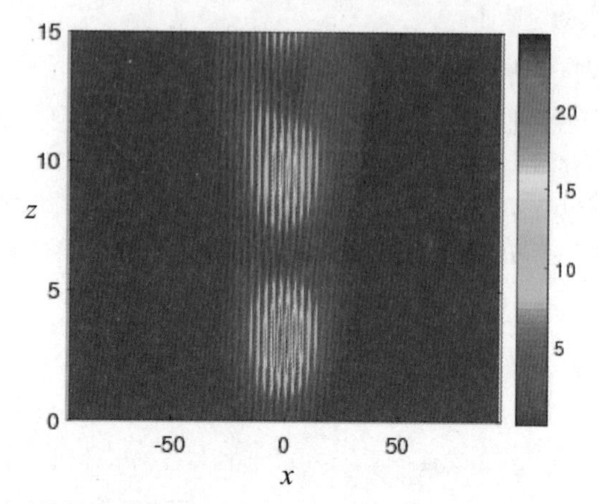

图 10.3 功率振荡：对于稍微不同的输入参数，仍为$\lambda = 0.9$，光束没有分叉，而是显示出明显的强度振荡

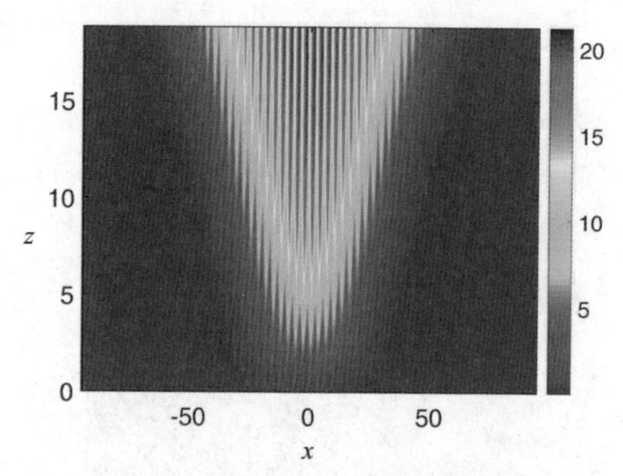

图 10.4 在对称破坏点($\lambda = 1$)，光波以特定角度输入，表现出光波的传播和强度$|\psi|^2$的饱和度，其最初作为z函数增长，但随后趋于平稳。由于扩散和饱和两种效应，总功率在z函数中呈线性增长

上面显示的强度模式是如何计算出来的？主要有两种方法。第一种方法在本质上是稳态方法，在量子力学中用于计算给定初始波为$\psi(x,0)$的函数$\psi(x,t)$。

时间相关关系[①]由含时薛定谔方程 $\mathrm{i}\hbar\dfrac{\partial}{\partial t}\psi(x,t) = H\psi(x,t)$控制，形式解为

$$\psi(x,t) = \mathrm{e}^{-\mathrm{i}Ht/\hbar}\psi(x,0)$$

如果知道满足与时间无关的方程$H\psi_n = E_n\psi_n$的所有特征向量$\psi_n(x,t)$，假设它是完整的，则可以评估这个级数(H是一个算子)，然后将$\psi(x,0)$展开如下：

$$\psi(x,0) = \sum_{n=0}^{\infty} c_n\psi_n(x,0)$$

所以，

① 这里使用量子力学的语言，但理解时，类比薛定谔方程中的t应替换为z。

$$\psi(x,t)=\mathrm{e}^{-\mathrm{i}H\ /\hbar}\sum_{n=0}^{\infty}c_n\psi_n(x,0)=\sum_{n=0}^{\infty}c_n\mathrm{e}^{-\mathrm{i}E_nt/\hbar}\psi_n(x,0) \tag{10.2}$$

然后通过评估式(10.2)中的最终和来找到包络函数$\psi(x,t)$。在实践中，它必须通过某个比较大的N值截断多项式来获取近似值。

对于在x上周期为a的周期势，本征函数ψ_n也必须是周期性的相位。这些 Bloch 函数$\psi_k(x)$满足下面的条件：

$$\psi_k(x+a)=\mathrm{e}^{\mathrm{i}ka}\psi_k(x)$$

其中，k可以在区域$|k|\leqslant\pi/a$内取，这是第一布里渊区，对于给定的E，特征值方程可能有解也可能没有解。在有解的地方，E与k的关系图给出了固体物理学的频带结构。图 10.5 显示了在对称破坏点$\lambda=1$下方、中间和上方的λ值的势能$V=4[\cos(\pi z)+\mathrm{i}\lambda\sin(\pi x)]$的能带结构。在对称破坏的阈值之下，有一个标准的带结构，这种结构和(厄米)固态物理学中的一样。但是当能带在$k=0$和布里渊区边界$k=\pm1$处相遇时，$\mathcal{PT}$对称势的特殊性质在$\lambda=1$时表现出来。这些是 Jordan 块产生的奇异点，这种现象在厄米的情况下不会发生。$\lambda=1$以上的波段有一个不寻常的结构，出现了 E的复共轭对(图中未显示)。

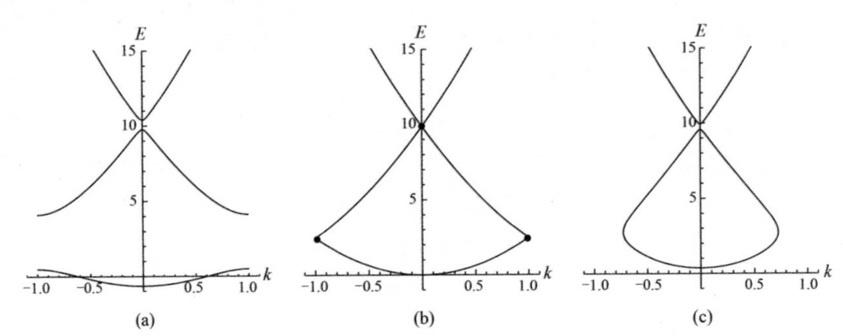

图 10.5　势$V=4[\cos(\pi x)+\mathrm{i}\lambda\sin(\pi x)]$的能带结构。(a) $\lambda=0.4$，对称性破缺点下方；(b) $\lambda=1$，对称性破缺点中间；(c) $\lambda=1.2$，对称性破缺点上方。请注意图 10.5(b)中标记点$k=0,\pm1$处的特征值合并

计算时间相关性的另一种数值方法是分裂算子法，当 H的形式为$H=p^2/(2m)+V(x)$时，它非常适合标准情形。也就是说，对于一个小的时间间隔δt，它的相关运算符如下：

$$\mathrm{e}^{-\mathrm{i}H\delta\ /\hbar}=\exp\left\{-\mathrm{i}\left(\frac{\delta t}{\hbar}\right)\left[\frac{p^2}{2m}+V(x)\right]\right\}$$

可以近似为

$$\mathrm{e}^{-\mathrm{i}H\delta t/\hbar}=\mathrm{e}^{-\frac{1}{2}\mathrm{i}\left(\frac{\delta t}{\hbar}\right)V(x)}\mathrm{e}^{-\frac{1}{2}\mathrm{i}\left(\frac{\delta t}{\hbar}\right)\left(\frac{p^2}{2m}\right)}e^{-\frac{1}{2}\mathrm{i}\left(\frac{\delta t}{\hbar}\right)V(x)} \tag{10.3}$$

式(10.3)与上面的式子相比，其误差为δt^3。该运算符作用于$\psi(x,0)$。现在，式(10.3)右边的三个指数因子是单个变量x，p，x的函数。所以从右边开始，首先将$\psi(x,0)$乘以式(10.3)最右边的因子 $\mathrm{e}^{-\frac{1}{2}\mathrm{i}\left(\frac{\delta t}{\hbar}\right)V(x)}$，然后对结果进行傅里叶变换，并将其乘以下一个因子，最后采用逆傅里叶变

换，并将其乘以最后一个因子。该方法非常有效，因为傅里叶变换可以在计算机上通过按位运算(快速傅里叶变换)快速计算。

对于$\mathcal{PT}$对称系统，稳态方法失效，必须在对称破缺点进行修改，其中两个或多个本征函数合并。这种情况下，特征函数的数量减少了，所以它们不再形成一个完整的集合来展开$\psi(x,0)$。相反，它们必须由相关的 Jordan 函数$\psi_n(x,0)$补充，其满足方程$(H-E_n)\varphi_n=\psi_n$，而不是特征值方程$(H-E_n)\varphi_n=\varphi_n$。因此，$(H-E_n)^2\varphi_n=0$，所以函数$\varphi_n$的时间展开式由下式给出：

$$\begin{aligned}
\mathrm{e}^{-\frac{\mathrm{i}Ht}{\hbar}}\varphi_n &= \mathrm{e}^{-\frac{\mathrm{i}E_nt}{\hbar}}\mathrm{e}^{\frac{-\mathrm{i}(H-E_n)t}{\hbar}}\varphi_n \\
&= \mathrm{e}^{-\frac{\mathrm{i}E_nt}{\hbar}}\left[1-\frac{\mathrm{i}(H-E_n)t}{\hbar}\right]\varphi_n \\
&= \mathrm{e}^{-\frac{\mathrm{i}E_nt}{\hbar}}\left(\varphi_n-\frac{\mathrm{i}t\varphi_n}{\hbar}\right)
\end{aligned}$$

因此，虽然本征态ψ_n的时间依赖性是振荡的，并与$\mathrm{e}^{-\mathrm{i}E_nt/\hbar}$成正比，但相关的 Jordan 函数$\varphi_n$对 t 具有额外的线性依赖性，这会导致振幅长期增长。这种现象(有一些额外的微妙之处[271])，如图 10.4 所示。

10.3　更简单的系统：耦合波导

考虑一种更简单的情况，它由两个单模平行波导组成，一个增益为 γ，另一个具有等值的损耗[462]，如图 10.6 所示。这种情况可以完全分析，并产生了第一个验证的$\mathcal{PT}$对称性预测。

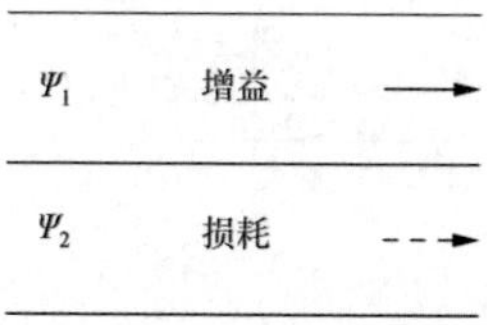

$\varPsi_1$　增益　⟶

$\varPsi_2$　损耗　- - →

图 10.6　一对耦合波导传播，其中一个具有增益(ψ_1，实线箭头)，另一个损耗相等(ψ_2，虚线箭头)

沿波导传播的相关方程为

$$\mathrm{i}\frac{\mathrm{d}\psi_1}{\mathrm{d}z}-\mathrm{i}\gamma\psi_1+\kappa\psi_2=0,\qquad \mathrm{i}\frac{\mathrm{d}\psi_2}{\mathrm{d}z}+\mathrm{i}\gamma\psi_2+\kappa\psi_1=0 \tag{10.4}$$

其中，$\psi_i(z)$代表各自导向中的势。这是 10.2 节所介绍情形的精简形式，x坐标离散化，并限制为两个元素。参数 γ 在三种不同状态下的解如下。

(1) 低于阈值($\gamma<\kappa$)(如图 10.7 所示)：

$$\psi_1(z)=\cos\mu z+\left(\frac{\gamma}{\mu}\right)\sin\mu z,\qquad \psi_2(z)=\mathrm{i}\left(\frac{\kappa}{\mu}\right)\sin\mu z$$

或者

$$\psi_2(z)=\cos\mu z-\left(\frac{\gamma}{\mu}\right)\sin\mu z,\qquad \psi_1(z)=\mathrm{i}\left(\frac{\kappa}{\mu}\right)\sin\mu z \tag{10.5}$$

其中，$\mu=\sqrt{\kappa^2-\gamma^2}$。

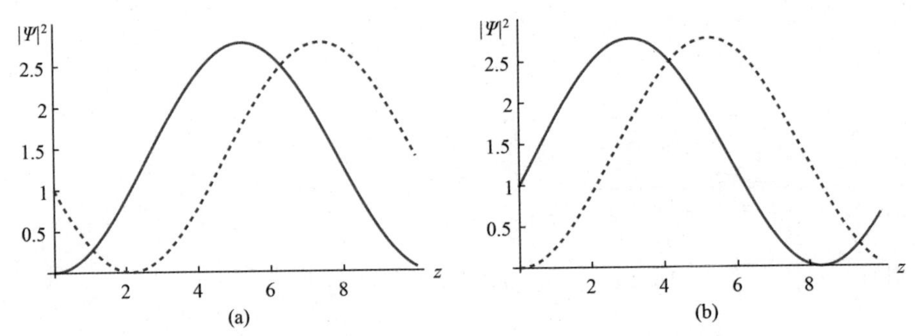

图 10.7　强度$|\psi_1|^2$(实线)和$|\psi_2|^2$(虚线)低于阈值($\gamma<\kappa$)，$\kappa=1/2$。(a)输入损耗通道，$\psi_1(0)=0,\psi_2(0)=1$；(b)输入增益通道，$\psi_1(0)=1$，$\psi_2(0)=0$。低于阈值，解是振荡的

(2) 在阈值($\gamma=\kappa$)处(如图 10.8 所示)：

$$\psi_1(z)=1+\kappa z,\qquad \psi_2(z)=\mathrm{i}\kappa z$$

或者

$$\psi_2(z)=1-\kappa z,\qquad \psi_1(z)=\mathrm{i}\kappa z$$

注意ψ对 z 的线性相关性。这与之前对称破缺点的动力学讨论相符。

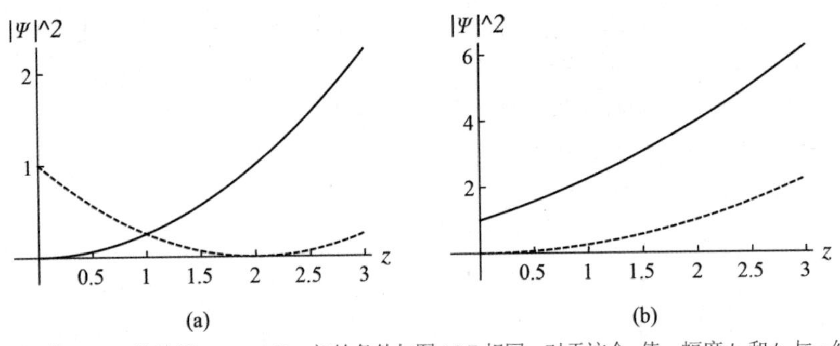

图 10.8　阈值($\gamma=\kappa$)处的解，$\kappa=1/2$，初始条件与图 10.7 相同。对于这个κ值，幅度ψ_1和ψ_2与 z 线性相关

(3) 高于阈值($\gamma>\kappa$)(如图 10.9 所示)：

$$\psi_1(z)=\cosh\lambda z+\left(\frac{\gamma}{\lambda}\right)\sinh\lambda z,\qquad \psi_2(z)=\mathrm{i}\left(\frac{\kappa}{\lambda}\right)\sinh\lambda z$$

或者

$$\psi_2(z)=\cosh\lambda z-\left(\frac{\gamma}{\lambda}\right)\sinh\lambda z,\qquad \psi_1(z)=\mathrm{i}\left(\frac{\kappa}{\lambda}\right)\sinh\lambda z \tag{10.6}$$

其中，$\lambda=\sqrt{\kappa^2-\gamma^2}$。

注意式(10.6)中λ的特征平方根变化，或等同于式(10.5)中的μ。这是对称破缺附近的典型$\mathcal{PT}$系统。

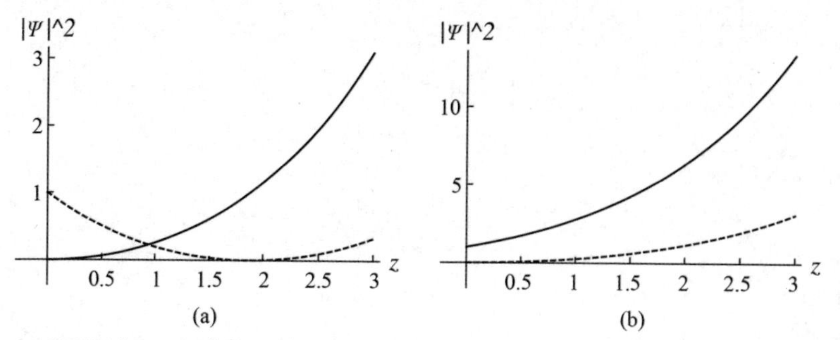

图 10.9　高于阈值($\gamma > \kappa$)的解，$\kappa = 1/2$，初始条件与图 10.7 相同。现在的解本质上是指数级的

因此，如果 γ 是固定的，并且耦合数κ在 γ 的邻域内变化，λ 的值对κ的微小变化非常敏感。也就是说，如果$\kappa = \gamma + \varepsilon$，其中 ε 很小，则$\lambda \propto \sqrt{\varepsilon}$而不是$\lambda \propto \varepsilon$。这种效应可用于设计超灵敏传感器，例如，通过使用耦合环形激光器[458]或$\mathcal{PT}$超表面[464]来实现。

回到耦合波导示例，文献[279]中通过增加一个整体损耗来制作一个被动系统，没有增益，只有损耗。这等效于在H中添加一个项$-\mathrm{i}\gamma$。在此情形中，通道 1 是中性的，通道 2 的损耗量是其两倍。结果是：式(10.5) −式(10.6)，再乘以$\mathrm{e}^{-\gamma z}$。所以，对于中性输入通道，得到：

$$\psi_1(z) = \mathrm{e}^{-\gamma}\left[\cos\mu z + \left(\frac{\gamma}{\mu}\right)\sin\mu z\right],\qquad \psi_2(z) = \mathrm{i}\mathrm{e}^{-\gamma z}\left(\frac{\kappa}{\mu}\right)\sin\mu z$$

适用于$\gamma < \kappa$(与$\gamma > \kappa$类似)。图 10.10 中，总透射率$T \equiv |\psi_1(L)|^2 + |\psi_2(L)|^2$，其与 γ 的函数关系图表明，刚开始透射率随着γ的增加而减少，正如人们所期望的那样。令人惊讶的是，随着 γ 的进一步增加，图形反转并且T再次增加。即使γ继续增加，T的最小值出现在临界值$\gamma = \kappa$附近，但不完全在临界值$\gamma = \kappa$处。这种$\mathcal{PT}$转变在文献[279]中有研究。

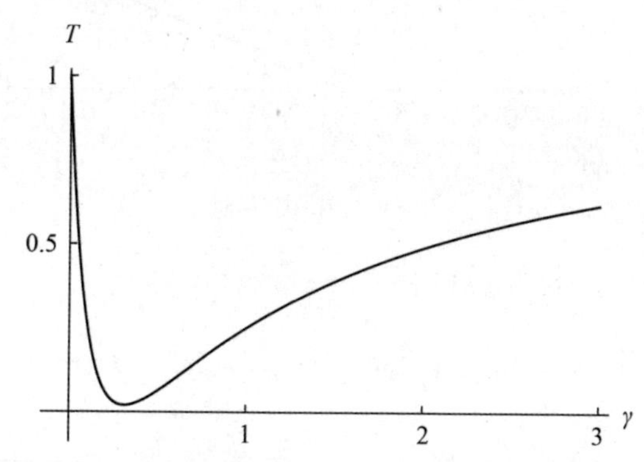

图 10.10　当$\kappa = 0.5$，$L = 6$和无源输入通道时，总传输 T 与损耗 γ 的关系。随着 γ 的增加，T 的初始减少是可以预料的，但随后的增加并不是立即发生的。最小值出现在对称破缺点$\gamma = \kappa$附近，但不完全在该点处

该系统的一个重要推广是非线性，实际上它在某种程度上存在于所有光学系统中。非线性的出现是因为诸如折射率之类的响应函数不是严格恒定的，而是取决于电磁场的强度。所以对

于强电磁场，方程(10.4)被修改为

$$\mathrm{i}\frac{\mathrm{d}\psi_1}{\mathrm{d}z}-\mathrm{i}\gamma\psi_1+\kappa\psi_2+\chi|\psi_1|^2\psi_1=0$$

$$\mathrm{i}\frac{\mathrm{d}\psi_2}{\mathrm{d}z}+\mathrm{i}\gamma\psi_2+\kappa\psi_1+\chi|\psi_2|^2\psi_2=0 \tag{10.7}$$

文献[454]中展示了这样一个系统如何作为一个光二极管系统，10.7.2 节将进一步讨论。

10.4　单向隐身

单向不可见性，又称单向透明性，是一种不寻常的介质特性，它允许从一侧入射的光完全透射，而没有反射。来自另一侧的光仍然完全透射，但也强烈反射。这些特性可以通过$\mathcal{PT}$介质实现，如下所述。介质的片面性可以通过这样一个事实来解释：$\mathcal{PT}$对称介质确实区分左右，它是$\mathcal{PT}$对称的，但不是$\mathcal{P}$对称的。此外，可以理解其具有完全透射和非零反射的惊人结果，因为$\mathcal{PT}$介质是一种结合了增益和损耗的有源介质。

尽管与$\mathcal{PT}$对称性的联系首先在文献[224]中有明确提及，但在之前的文献[450, 152]中，着重阐述了具有综合增益和损耗材料的奇异性质。所述文献认为，折射率的变化是在z传播方向而不是横向x方向，因此对于给定势分量的传播方程就是标量亥姆霍兹方程：

$$\left[\frac{\mathrm{d}^2}{\mathrm{d}z^2}+k^2\left(\frac{n(z)}{n_0}\right)\right]E(z)=0 \tag{10.8}$$

可以将其与不含时的薛定谔方程①进行比较②：

$$\left[\frac{\mathrm{d}^2}{\mathrm{d}z^2}+(E-V(z))\right]\psi(z)=0 \tag{10.9}$$

应特别关注折射率$n(z)$的周期性情形。在这种情形下，光学介质构成了一个固体光栅。当$n(z)$中的$\mathcal{PT}$对称变化是与$\mathrm{e}^{2\mathrm{i}\beta z}$成正比的纯复指数的特殊情况，这种特例首先在文献[338]和后来的文献[383]中被研究。非常近似地，该光栅表现出单向不可见，从左侧或右侧入射时具有完美的透射，从左侧入射时还具有零反射。然而，右侧入射时，伴随的特性是大大增强的反射率在$k=\beta$处达到峰值。

在这种情况下，透射和反射的幅值分别由下式给出：

$$t_{\mathrm{L,R}}=\frac{1}{A_{\mathrm{L,R}}},\qquad r_{\mathrm{L,R}}=\frac{B_{\mathrm{L,R}}}{A_{\mathrm{L,R}}}$$

其平方模$T_{\mathrm{L,R}}\equiv\left|t_{\mathrm{L,R}}\right|^2$和$R_{\mathrm{L,R}}\equiv\left|r_{\mathrm{L,R}}\right|^2$是透射系数和反射系数。下标 L 和 R 分别指从左侧和右侧入射。

---

① 不幸的是，这里有符号冲突。在量子力学文中，E代表能量，而在光学中，它代表势的一个分量。

② 这里，考虑固定频率$\omega=kc$。如果考虑$n(z)$的频率相关性，则通过傅里叶变换会出现一个与含时薛定谔方程[426]，其中时间 t是与 ω 互补的变量。

下一小节将专门讨论特定的形式$v(z)=\frac{1}{2}\alpha^2\mathrm{e}^{2\mathrm{i}\beta z}$，这是文献[338, 383]中讨论的最有趣示例。

10.4.1 耦合模式近似

文献[383]里介绍了一种特殊的近似，即耦合模式近似，用于获得透射系数和反射系数。近似的细节在这里不需要关心，结果如下。

(1) 左入射(图 10.11 所示的情形)：

$$T_{\mathrm{L}}=1,\ R_{\mathrm{L}}=0 \tag{10.10}$$

也就是说，完美的透射和无反射：左入射时不可见。

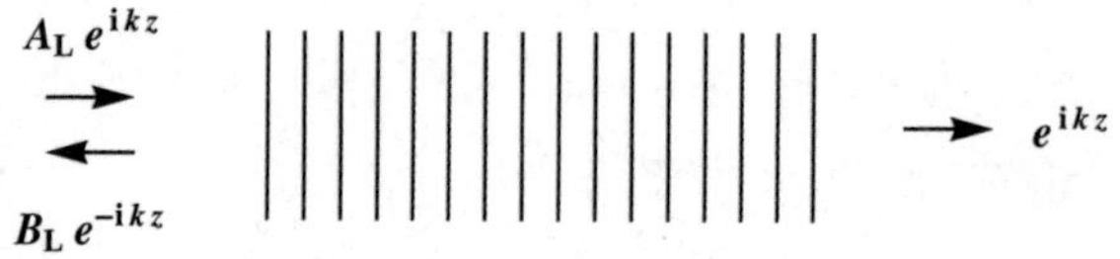

图 10.11 在z方向调制光栅上的左入射，即$n=n(z)$。为方便起见，将透射波归一化为 1。透射系数为$T_{\mathrm{L}}=1/|A_{\mathrm{L}}|^2$，而反射系数为$R_{\mathrm{L}}=|B_{\mathrm{L}}|^2/|A_{\mathrm{L}}|^2$

(2) 右入射(图 10.12 所示的情形)：

$$T_{\mathrm{R}}=1,\quad R_{\mathrm{R}}=\left(\frac{1}{2}k\alpha^2\ell\right)^2[(\sin\ell\delta)/\ell\delta]^2 \tag{10.11}$$

其中，δ为失谐参数，定义为$\delta=k-\beta$，ℓ为光栅长度。右反射系数R_{R}与 c 的正弦函数平方成正比，并在$\delta=0$附近变得非常大($\propto\ell^2$)。

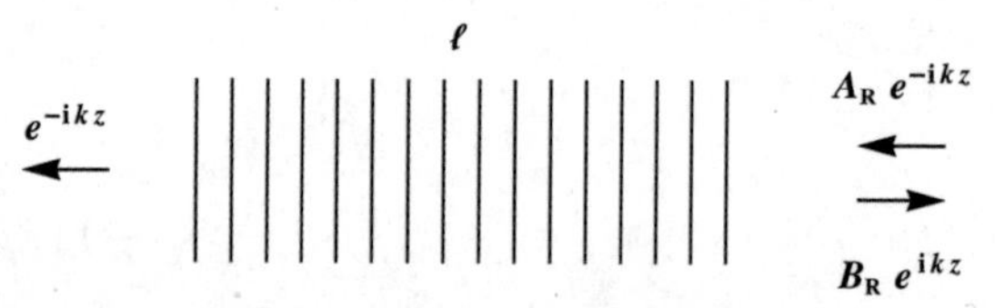

图 10.12 在z方向调制的长度为ℓ光栅上的右入射。透射系数现在是$T_{\mathrm{R}}=1/|A_{\mathrm{R}}|^2$，而反射系数为$R_{\mathrm{R}}=|B_{\mathrm{R}}|^2/|A_{\mathrm{R}}|^2$

10.4.2 散射系数的解析解

通过适当改变变量，传播方程(10.8)可以转化为贝塞尔方程[388, 313]，并且由于相关贝塞尔函数的递归关系，系数$A_{\mathrm{L,R}},B_{\mathrm{L,R}}$可以转换成相对简单的形式：

$$\begin{aligned}
A_{\mathrm{L}}&=\frac{1}{2}\alpha^2v\mathrm{e}^{\mathrm{i}k\ell}[K_{v+1}(y_+)I_{v-1}(y_-)-I_{v+1}(y_+)K_{v-1}(y_-)]\\
B_{L}&=\frac{1}{2}\alpha^2v[-K_{v+1}(y_+)I_{v+1}(y_-)+I_{v+1}(y_+)K_{v+1}(y_-)]\\
A_{\mathrm{R}}&=\frac{1}{2}\alpha^2v\mathrm{e}^{\mathrm{i}k\ell}[-K_{v-1}(y_-)I_{v+1}(y_+)+I_{v-1}(y_-)K_{v+1}(y_+)]\\
B_{\mathrm{R}}&=\frac{1}{2}\alpha^2v[K_{v-1}(y_-)I_{v-1}(y_+)-I_{v-1}(y_-)K_{v-1}(y_+)]
\end{aligned} \tag{10.12}$$

其中，$v = k/\beta$和$y_{\pm} = (k\alpha/\beta)\mathrm{e}^{\pm\mathrm{i}\beta\ell/2}$。传输和反射幅度由$t = 1/A_{\mathrm{L,R}}$和$r_{\mathrm{L,R}} = B_{\mathrm{L,R}}/A_{\mathrm{L,R}}$给出。由式(10.12)可以看出，$A_{\mathrm{L}} = A_{\mathrm{R}}$，这是一般结果，不依赖于$n(z)$的特定形式，如 10.4.3 节所示。

这些公式的数值结果表明，耦合模式近似效果实际上非常好，但透射幅度 t 并不完全等于 1，r_{L}也不完全等于 0。图 10.13～图 10.15 中，参数与文献[383]中使用的参数相同。从图 10.13 中看到，透射系数非常接近 1(注意非常小的垂直范围)，并且在$\delta = 0$时正好是 1。

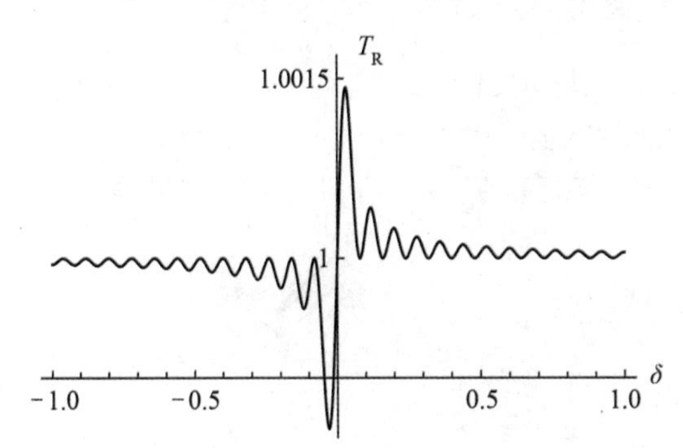

图 10.13　传输系数(L 或 R)与失谐参数 δ 的函数关系。请注意非常小的垂直范围，表明 T 非常接近 1

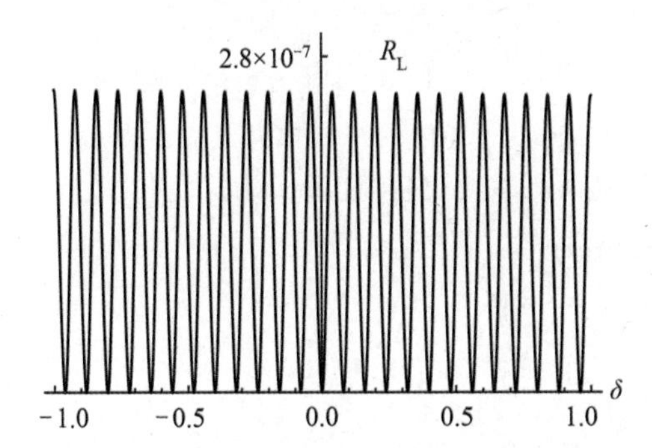

图 10.14　左入射反射系数R_{L}与失谐参数 δ 的函数关系。其中，R_{L}不完全为零，数量级为10^{-7}

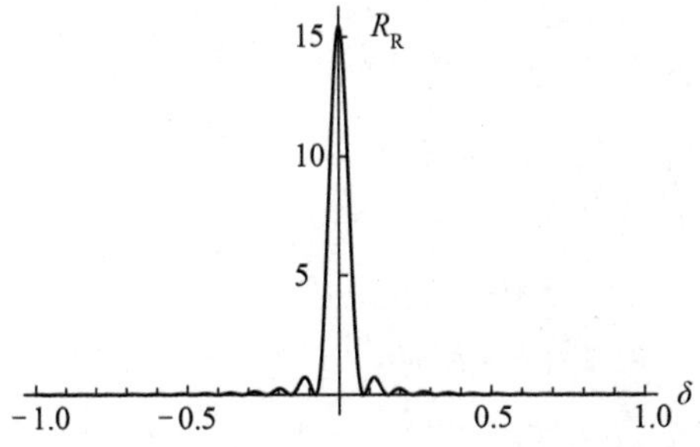

图 10.15　右入射R_{R}的反射系数与失谐参数 δ 的函数关系。正如文献[383]的公式(10.11)所给出的那样，正确反射系数的确切形状非常接近 c 的正弦函数的平方

图 10.15 显示，右反射系数的形状非常接近公式(10.11)给出的形状。有趣的是，在波束输入的情形下，$\delta = 0$附近非常大的反射率值是由脉冲长度(而不是高度)增加引起的[313]。文献[388]中列举了等效的分析结果，表明如果光栅的长度 L 足够大，单向不可见(或单向透明)的特性不

再成立。式(10.12)中的解析表达式最近被推广[314]至包括斜入射和从光栅任一侧不同背景折射的情形。

图 10.13～图 10.15 斜入射时，可以看到固定频率和入射角的函数关系。对于不同的折射率，单向不可见性的清晰特征会因边界处的多次反射而退化。

10.4.3 Wronskians 和伪幺正性

厄米情形中的幺正性，意味着反射系数和透射系数之和为 1，对应概率守恒的量子力学范畴。

这个性质很容易从薛定谔方程解的 Wronskians 的恒常性以及势的实数性中推导出来。此外，在厄米情况下，左右反射系数相等，$R_{\mathrm{L}}=R_{\mathrm{R}}$。对于$\mathcal{PT}$对称势有$V^*(z)=V(-z)$，而不是$V^*(z)=V(z)$，这导致了一个修正的幺正关系，可以称之为伪幺正，涉及R_{L}和R_{R}，两者不再相等。

如图 10.11 和图 10.12 所示：

$$\psi_{\mathrm{L}}=\begin{cases}A_{\mathrm{L}}\mathrm{e}^{\mathrm{i}kz}+B_{\mathrm{L}}\mathrm{e}^{-\mathrm{i}kz} & (z<-L/2)\\ \mathrm{e}^{\mathrm{i}kz} & (z>L/2)\end{cases}\tag{10.13}$$

和

$$\psi_{\mathrm{R}}=\begin{cases}\mathrm{e}^{-\mathrm{i}kz} & (z<-L/2)\\ A_{\mathrm{R}}\mathrm{e}^{-\mathrm{i}kz}+B_{\mathrm{R}}\mathrm{e}^{\mathrm{i}kz} & (z>L/2)\end{cases}\tag{10.14}$$

这些是$E=k^2$时，微分方程(10.9)的解。在这种类型的方程中，Wronskian $W[\psi_{\mathrm{L}},\psi_{\mathrm{R}}]:=\psi_{\mathrm{L}}\psi'_{\mathrm{R}}-\psi_{\mathrm{R}}\psi'_{\mathrm{L}}$是一个与$z$无关的常数。先在左边计算$W$，得到：

$$W_{\mathrm{L}}[\psi_{\mathrm{L}},\psi_{\mathrm{R}}]=\left(A_{\mathrm{L}}\mathrm{e}^{\mathrm{i}kz}+B_{\mathrm{L}}\mathrm{e}^{-\mathrm{i}kz}\right)(-\mathrm{i}k)\mathrm{e}^{-\mathrm{i}kz}-\left(A_{\mathrm{L}}\mathrm{e}^{\mathrm{i}kz}-B_{\mathrm{L}}\mathrm{e}^{-\mathrm{i}kz}\right)(\mathrm{i}k)\mathrm{e}^{-\mathrm{i}kz}=-2\mathrm{i}kA_{\mathrm{R}}$$

而右边 W由下式给出：

$$W_{\mathrm{R}}[\psi_{\mathrm{L}},\psi_{\mathrm{R}}]=-\left(A_{R}\mathrm{e}^{-\mathrm{i}kz}+B_{\mathrm{R}}\mathrm{e}^{\mathrm{i}kz}\right)(\mathrm{i}k)e^{\mathrm{i}kz}-\left(A_{\mathrm{R}}\mathrm{e}^{-\mathrm{i}kz}-B_{\mathrm{R}}\mathrm{e}^{\mathrm{i}k}\ \right)(\mathrm{i}k)\mathrm{e}^{\mathrm{i}kz}=-2\mathrm{i}kA_{\mathrm{R}}$$

将两者等价，得到：

$$A_{\mathrm{L}}=A_{R}\tag{10.15}$$

因此左右透射系数相等。

这是方程(10.9)的一般结果。它不依赖于$V(z)$的任何对称性，无论是厄米还是$\mathcal{PT}$对称性。通过强加一种或另一种对称性来获得更具体的结果。因此，在厄米的情况下，$\psi^*(z)$也是方程的解。因此，考虑$W[\psi_{\mathrm{L}},\psi_{\mathrm{R}}^*]$，其计算结果为

$$W_{\mathrm{L}}[\psi_{\mathrm{L}},\psi_{\mathrm{R}}^*]=2\mathrm{i}kB_{\mathrm{L}},\qquad W_{\mathrm{R}}[\psi_{\mathrm{L}},\psi_{\mathrm{R}}^*]=-2\mathrm{i}kB_{\mathrm{R}}^*$$

表明$B_{\mathrm{R}}=-B_{\mathrm{L}}^*$。计算$W[\psi_{\mathrm{L}},\psi_{\mathrm{L}}^*]$，给出下式：

$$W_{\mathrm{L}}[\psi_{\mathrm{L}},\psi_{\mathrm{L}}^*]=-2\mathrm{i}k(|A_{\mathrm{L}}|^2-|B_{\mathrm{L}}|^2),\qquad W_{\mathrm{R}}[\psi_{\mathrm{L}},\psi_{\mathrm{L}}^*]=-2\mathrm{i}k$$

因此推导出关系：

$$|A_{\mathrm{L}}|^2-|B_{\mathrm{L}}|^2=1\tag{10.16}$$

类似地，$|A_{\mathrm{R}}|^2-|B_{\mathrm{R}}|^2=1$。透射和反射系数 T和 R不再区分左右，式(10.16)对应一般幺正关系：

$$T + R = 1$$

在$\mathcal{PT}$对称情况下，式(10.9)的另一个解是$\psi^*(-z)$而不是$\psi^*(z)$，所以现在考虑 Wronskian $W[\psi_{\rm L}(z),\psi_{\rm L}^*(-z)]$，其值为

$$W_{\rm L}[\psi_{\rm L}(z),\psi_{\rm L}^*(-z)] = 2{\rm i}kB_{\rm L},\qquad W_{\rm R}[\psi_{\rm L}(z),\psi_{\rm L}^*(-z)] = 2{\rm i}kB_{\rm L}^*$$

表明$B_{\rm L} = -B_{\rm L}^*$。因此，$B_{\rm L}$是纯虚数。类似地，可以证明$B_{\rm R}$是纯虚数。计算左侧和右侧的$W[\psi_{\rm L}(z),\psi_{\rm R}^*(-z)]$，得出：

$$W_{\rm L}[\psi_{\rm L}(z),\psi_{\rm R}^*(-z)] = -2{\rm i}k(A_{\rm L}A_{\rm R}^* - B_{\rm L}B_{\rm R}^*)$$

$$W_{\rm R}[\psi_{\rm L}(z),\psi_{\rm R}^*(-z)] = -2{\rm i}k$$

因此，代替标准幺正关系(10.16)，有伪幺正关系[259]：

$$|A_{\rm L}|^2 - B_{\rm L}B_R^* = 1,\qquad |A_{\rm L}|^2 \pm |B_{\rm L}||B_{\rm R}| = 1 \tag{10.17}$$

根据 T、$R_{\rm L}$和$R_{\rm R}$，式(10.17)变为

$$T - 1 = \pm\sqrt{R_{\rm L}R_{\rm R}} \tag{10.18}$$

这种伪幺正关系可以为数值计算提供非常有用的验证。这也意味着在$\mathcal{PT}$对称情况下，与厄米情况相反，T可以大于 1。这是可以理解的，因为介质是包括增益的有源介质。此外，在厄米情况下，$R = R_{\rm L} = R_{\rm R}$必须小于 1。在$\mathcal{PT}$对称情况下，只要保持关系$T - 1 = \sqrt{R_{\rm L}R_{\rm R}}$，传输和反射系数实际上可以达到无穷大。在光学系统中，从激光开始验证这个结果。也就是说，即使输入保持有限，设备的输出也会变得非常大。然而，从激光开始，系统不再是经典的，完整的描述需要量子力学处理。伪幺正关系(10.18)以及反射和传输幅度的相关对称特性最近已推广到多通道情况[260]，例如，可以实现为$\mathcal{PT}$对称多模波导。

10.4.4　传递矩阵

到目前为止，已经根据独立的波函数$\psi_{\rm L}$和$\psi_{\rm R}$描述了散射。有一种更强大的处理散射的方法是采用传递矩阵 M。在这个公式中，考虑了左侧和右侧的入射波和出射波光栅，如图 10.16 所示。

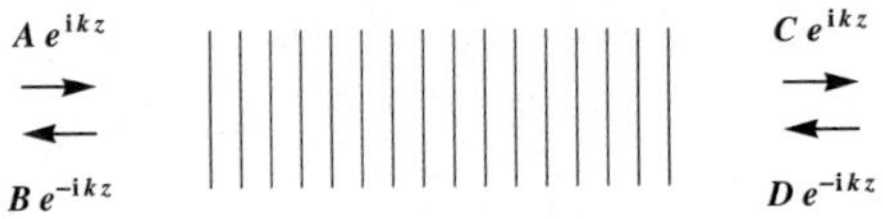

图 10.16　传递矩阵 M的情形。假设从左侧和右侧的入射波分别与 C、D和 A、B相关

得到清晰的表达式：

$$\psi_{\rm L} = A{\rm e}^{{\rm i}kz} + B{\rm e}^{-{\rm i}kz},\ \psi_{\rm R} = C{\rm e}^{{\rm i}kz} + D{\rm e}^{-{\rm i}kz} \tag{10.19}$$

传递矩阵将根据下式将右侧的波与左侧的波相关联：

$$\begin{pmatrix} C \\ D \end{pmatrix} = M\begin{pmatrix} A \\ B \end{pmatrix} \tag{10.20}$$

即

$$C = M_{11}A + M_{12}B, \qquad D = M_{21}A + M_{22}B \tag{10.21}$$

根据$A = 0, B = 1$对应的两个解u和$A = 1, B = 0$对应的v的 Wronskian，发现M是单模的，即$\det M = 1$。因此，左侧到右侧的逆关系如下：

$$A = M_{22}C - M_{12}D, \qquad B = -M_{21}C + M_{11}D$$

从中得出下式：

$$M^{-1} = \begin{pmatrix} M_{22} & -M_{12} \\ -M_{21} & M_{11} \end{pmatrix} \tag{10.22}$$

可以将M的组成与式(10.13)和式(10.14)中的系数$A_{\rm L}$、$A_{\rm R}$、$B_{\rm L}$和$B_{\rm R}$相关联。首先考虑$D = 0$和$C = 1$的情况。这给出下式：

$$A = A_{\rm L} = M_{22}, \qquad B = B_{\rm L} = -M_{21} \tag{10.23}$$

类似地，通过取$A = 0$和$B = 1$得到下式：

$$D = A_{\rm R} = M_{22}, \qquad C = B_{\rm R} = M_{12} \tag{10.24}$$

这些结果与由式(10.15)推导出的结果$A_{\rm L} = A_{\rm R}$一致。伪幺正关系(10.17)可以通过将M的单模性与对称关系[386]$M^* = M^{-1}$(由$\mathcal{PT}$对称产生)①相结合推导出来。可以根据透射和反射幅值，把式(10.23)和式(10.24)的M写为

$$M = \begin{pmatrix} t - r_{\rm L}r_{\rm R}/t & r_{\rm R}/t \\ -r_{\rm L}/t & 1/t \end{pmatrix}$$

其中，通过M的单模性来确定元素M_{11}。

就M的矩阵元素而言，对于实数k，激光的激发信号是$M_{22} = 0$。M_{22}的消失意味着$T \to \infty$，这只能发生在具有增益的非厄米系统中。但是，正如文献[386]所指出的，对于$\mathcal{PT}$对称系统，对称关系$M_{11} = M_{22}^*$或等价的伪幺正关系(10.17)，意味着每当$M_{22} = 0$时，同时有$M_{11} = 0$。M_{11}的消失对应时间反转情况，由式(10.22)中的M^{-1}控制，其中相干入射辐射可以被完全吸收，而没有反射或透射。这种效应被称为相干完美吸收[186]。一般而言，$M_{22} = 0$与$M_{11} = 0$具有不同的参数值，但$\mathcal{PT}$对称性的特殊之处在于，增益和损耗完全平衡，这两者出现在相同的参数值下。

激光与相干完美吸收共存的现象也可以在 S 矩阵的框架中进行讨论，如文献[186]的研究一样。由于传递矩阵与左侧波和右侧波相关，传递矩阵 S 与入射波相关，即$\binom{B}{C} = S\binom{A}{D}$。通过使用 M 的单模性从式(10.21)中找到 S 的元素：

$$S = \frac{1}{M_{22}}\begin{pmatrix} -M_{12} & 1 \\ 1 & M_{21} \end{pmatrix} = \begin{pmatrix} r_{\rm L} & t \\ t & r_{\rm R} \end{pmatrix}$$

S的特征值为

$$s_{\pm} = \frac{1}{2M_{22}}\left[M_{21} - M_{12} \pm \sqrt{(M_{21} + M_{12})^2 + 4}\right] \tag{10.25}$$

① 严格来说，该关系还涉及取角频率ω的复共轭，但这里认为ω是实数。

其乘积为$s_+s_- = -M_{11}/M_{22}$。如果$M_{22} = M_{11}^*$变为零，则特征值之一变为无穷大。同时，为了满足$|s_+s_-| = 1$，另一个特征值必须为零①。因此，相干完美吸收(CPA)现象的特征在于，实数k的 S 矩阵的极点和零点重合。

传递矩阵的实际优点是，如果有一系列光栅，或分布着恒定折射率介质的光栅，则整个设置(光栅)的 M 矩阵可以简单地通过连续乘以 M 矩阵来推导出系统的独立矩阵。文献[423]中列举的一系列论文利用了这一特性。这些论文的关键点是 M 可以用与2×2哈密顿量$\mathcal{H}$相关联的进化算子$\mathcal{U}$来确定。

这种方法的出发点是，认识到量子力学可以将二阶不含时薛定谔方程$-\psi'' + V(z)\psi = k^2\psi$对应渐近变化为$\mathrm{e}^{\pm ikz}$的波函数，作为特定组合的一阶二元方程：

$$\psi_1 \equiv \frac{1}{2}\mathrm{e}^{-\mathrm{i}kz}\left(\psi - \frac{\mathrm{i}\psi'}{k}\right), \qquad \psi_2 \equiv \frac{1}{2}\mathrm{e}^{\mathrm{i}kz}\left(\psi + \frac{\mathrm{i}\psi'}{k}\right)$$

它们被认为是一个双分量ψ的上分量和下分量。这种选择的特殊特征是不需要势 V，当ψ成为式(10.19)中的ψ_L和ψ_R，ψ_1和ψ_2分别充当$\mathrm{e}^{\mathrm{i}kz}$和$\mathrm{e}^{-\mathrm{i}kz}$的投影算子。因此，有下式：

$$\psi_1 \to \begin{cases} 1, & \psi = \mathrm{e}^{\mathrm{i}k} \\ 0, & \psi = \mathrm{e}^{-\mathrm{i}kz} \end{cases} \qquad \psi_2 \to \begin{cases} 0, & \psi = \mathrm{e}^{\mathrm{i}kz} \\ 1, & \psi = \mathrm{e}^{-\mathrm{i}kz} \end{cases}$$

所以，借助式(10.19)，散射势ψ的左边是$\psi_\mathrm{L} = \binom{A}{B}$，而右边$\psi$的形式为$\psi_\mathrm{R} = \binom{C}{D}$。最后，由式(10.20)得到$\psi_\mathrm{R} = M\psi_\mathrm{L}$。

由ψ_1和ψ_2确定的一阶方程很容易证明：

$$\frac{\mathrm{i}}{k}\frac{\mathrm{d}\psi_1}{\mathrm{d}z} = \frac{V}{2k^2}\left(\psi_1 + \mathrm{e}^{-2\mathrm{i}kz}\psi_2\right), \qquad \frac{\mathrm{i}}{k}\frac{\mathrm{d}\psi_2}{\mathrm{d}z} = -\frac{V}{2k^2}\left(\mathrm{e}^{2\mathrm{i}kz}\psi_1 + \psi_2\right)$$

因此，将$\tau \equiv kz$视为时间变量，从ψ_L演化为ψ_R的类薛定谔方程为

$$\mathrm{i}\frac{\mathrm{d}\psi}{\mathrm{d}\tau} = \mathcal{H}(\tau)\psi$$

其中，$\mathcal{H}$ 是矩阵哈密顿量：

$$\mathcal{H} \equiv \frac{V}{2k^2}\begin{pmatrix} 1 & \mathrm{e}^{-2\mathrm{i}\tau} \\ -\mathrm{e}^{2\mathrm{i}\tau} & -1 \end{pmatrix}$$

这个“时间”演化由演化算子$U(\tau,\tau_0)$控制，它是$-\mathrm{i}\int\mathcal{H}(\tau)$的时序指数，即

$$U(\tau,\tau_0) = T\left\{\exp\left[-\mathrm{i}\int_{\tau_0}^{\tau}\mathcal{H}(\tau')\mathrm{d}\tau'\right]\right\} \tag{10.26}$$

其中，U满足微分方程：

$$\mathrm{i}\frac{\mathrm{d}}{\mathrm{d}\tau}U(\tau,\tau_0) = \mathcal{H}(\tau)U(\tau,\tau_0) \tag{10.27}$$

如果将ψ从τ_1向势左侧(可能从$-\infty$)演化到从τ_2向势右侧(可能是∞)，可以确定$M =$

---

① 利用M的单模性，式(10.25)中平方根下的量可写为$(M_{21}+M_{12})^2 + M_{11}M_{22}$，所以当$M_{22}=0$时，平方根等于$\pm(M_{21}-M_{12})$。

$U(\tau_2,\tau_1)$。该确定方法已在文献[423]中用于推导 M 的微分方程，进而推导出反射和透射幅值，这已被证明在构建具有各种所需特性的有限范围势能方面非常有用。透射和反射系数的微扰表达式可以通过将标准微扰理论应用于式(10.26)来获得。

10.5 $\mathcal{PT}$激光器

正如 10.4 节中已经提到的，当传递矩阵的元素M_{22}在实数k为零时，或者等效地，当反射和透射系数达到无穷大时，会在光腔中产生激光。标准激光器有一个腔，其折射率的实部有一些特定的调制，从而通过光泵浦将有效虚部应用于整个腔。

传统激光器的一个常见问题是腔体通常具有多种模态，因此很难避免跳模，即激光作用在所需模和邻模之间切换。使用额外的自由度以$\mathcal{PT}$对称方式修改n的虚部，已经提出了各种建议来实现单模和/或定向激光。

在环形激光器的背景下，实现单模激光的一种巧妙方法是利用$\mathcal{PT}$对称性破缺[239]。使用方位对称可以配置环，以便仅用一对耦合模式产生激光。然后，一种模式的波矢量获得负虚部，导致产生激光，而另一种模式的波矢量获得正虚部，对应吸收。

装置[239]是一个微环，尺寸为 9μm，InGaAsP 在 InP 衬底上，如图 10.17 所示。该环由 Cr 和 Ge 的交替楔形周期性地掺杂。在没有掺杂的情况下，环的模式是回音廊式的简并能量对，它们在环中顺时针和逆时针传播。然而，当环以周期性方式掺杂时，模式会发生耦合，但重要的是，这种耦合仅发生在扰动时具有相同方位角周期的两种模式中。此外，由于扰动只涉及折射率的虚部，原始的$\mathcal{PT}$对称性立即被打破，称为无阈值对称破缺。正如文献[261]中实现的那样。由于简并性，这种现象通常发生在高维系统中，特别是此处考虑的二维圆形几何中①。并且当环被适时泵送时，最终结果是激发了唯一一种模式。但是，该设备的输出不是单向的。

图 10.17 表面周期性分布的微环腔示意图。在没有掺杂的情况下，腔将具有许多竞争模，但分布消除了具有不同方位角周期的所有模式

再次利用$\mathcal{PT}$对称性破缺，仅激发单一模式的另一种方法是考虑两个耦合环形谐振器[292]，如图 10.18 所示。两个环中模振幅a_n和b_n的时间变化由耦合方程描述：

① 事实上，同样的现象也可能发生在 sin2x中的纯虚一维光势$v(x) = \mathrm{i}a\sin2x$上。

$$\dot{a}_n = -\mathrm{i}\omega_n a_n + \mathrm{i}\kappa_n b_n + \gamma_n a_n, \qquad \dot{b}_n = -\mathrm{i}\omega_n b_n + \mathrm{i}\kappa_n a_n - \gamma_n b_n$$

其中，κ_n代表两种模之间的耦合，γ_n是一个环的增益和另一个环的等价损耗。请注意，这些方程与式(10.4)中控制两个耦合波导情况的方程之间有很大的相似性。结果具有相同的通用特征，特征值(在本例中为ω)由下式给出：

$$\omega_n^{\pm} = \omega_n \pm \sqrt{\kappa_n^2 - \gamma_n^2}$$

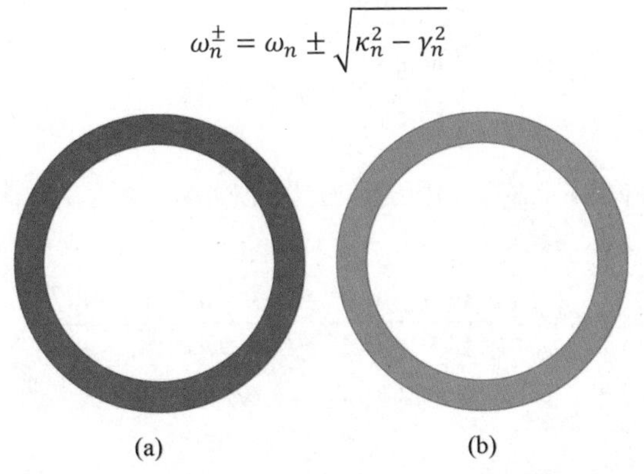

图 10.18　两个耦合的微环，一个有损耗(图 a)，另一个具有等价的增益(图 b)。当环足够靠近时，它们通过每个环外的渐逝(指数衰减)场耦合

如果仅针对一种特定模，可以使γ_n大于κ_n，则该设备将仅在该模下发射激光。文献[292]已经通过实验证明了这种单模操作。

实现单模激光的另一种替代途径是利用$\mathcal{PT}$对称不可见光势$v(z) = v_0\mathrm{e}^{2\mathrm{i}\beta z}$的特殊性质(见 10.5 节)。在式(10.10)和式(10.11)中看到，虽然从左侧入射到具有特定折射率材料上的反射率几乎可以忽略不计，但从右侧入射的反射率很大且尖峰很窄，与 sin$c$ 函数的平方成比例，如图 10.15 所示。通过在腔中间放置一块材料，即固体光栅，腔中央光学势能为$v(z) = v_0\mathrm{e}^{2\mathrm{i}\beta z}$，该特征已被用于消除多模腔的其他模[337]。然而，更为简单的利用相同想法的装置是仅在$\mathcal{PT}$对称光栅的右端放置一面镜子[314]，如图 10.19 所示。一般来说，光栅左边的折射率n_1将不同于构建光栅的材料基础折射率n_2。因此，在$z = -\ell/2$处存在左边界的传递矩阵，即

$$M^{(12)} = \frac{1}{2}\begin{pmatrix} (1+\gamma)\mathrm{e}^{-\mathrm{i}(k_1-k_2)\ell/2} & (1-\gamma)\mathrm{e}^{\mathrm{i}(k_1+k_2)\ell/2} \\ (1-\gamma)\mathrm{e}^{-\mathrm{i}(k_1+k_2)\ell/2} & (1+\gamma)\mathrm{e}^{\mathrm{i}(k_1-k_2)\ell/2} \end{pmatrix}$$

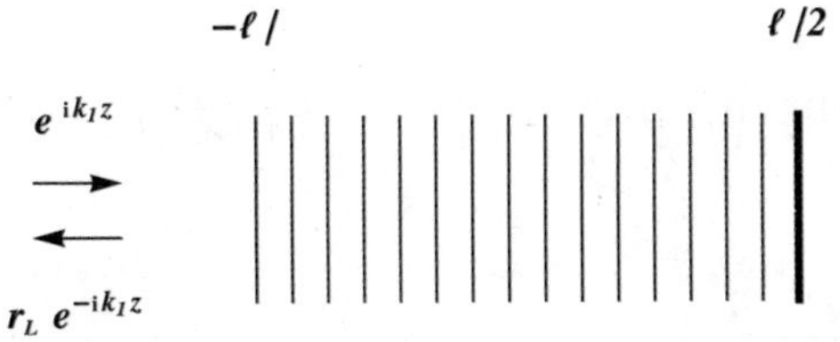

$-\ell/$　　　$\ell/2$

$e^{\mathrm{i}k_1 z}$

$r_L\, e^{-\mathrm{i}k_1 z}$

图 10.19　以反射镜终止的长度为ℓ的左入射光栅，产生激光的条件是$r_{\mathrm{L}} \to \infty$

其中，k_2是光栅内部的波矢，$r = k_1/k_2 = n_1/n_2$。该初始传递矩阵$M^{(12)}$乘以光栅的传递矩阵，结果为

$$M^{\mathcal{PT}}=\begin{pmatrix}1 & r_{\mathrm{R}}^{\mathcal{PT}}\\ 0 & 1\end{pmatrix},\qquad r_{\mathrm{R}}^{\mathcal{PT}}=\frac{1}{2}\mathrm{i}\alpha^2k_2\ell\left(\frac{\sin\ell\delta}{\ell\delta}\right) \tag{10.28}$$

这里使用了式(10.11)的正弦函数，除了$k\to k_2$，有$\delta=k_2-\beta$。还可以任意地将$s_{\mathrm{R}}^{\mathcal{PT}}$乘以相位因子$\mathrm{e}^{\mathrm{i}\varphi}$，这对应$z$的偏移，该偏移用$\mathcal{PT}$对称扰动$v(z)s$的表达式$\frac{1}{2}\alpha^2\exp(2\mathrm{i}\beta z)$来表示。

将光栅内的势写为$E=E_f(z)\mathrm{e}^{\mathrm{i}k_2z}+E_b(z)\mathrm{e}^{-\mathrm{i}k_2z}$，然后将两个传递矩阵相乘得到：

$$\begin{pmatrix}E_f(\frac{2}{\ell})\\ E_b(\frac{2}{\ell})\end{pmatrix}=M^{\mathcal{PT}}M^{(12)}\begin{pmatrix}1\\ r_{\mathrm{L}}\end{pmatrix} \tag{10.29}$$

为了简单起见，在镜子上，假设它是完美吸收的，边界条件是E应该消失。将这个条件强加在E上，则为r_{L}提供以下表达式：

$$r_{\mathrm{L}}\mathrm{e}^{\mathrm{i}k_1\ell}=-\frac{(1+\gamma)\mathrm{e}^{\mathrm{i}k_2\ell}+(1-\gamma)\left(\mathrm{e}^{-\mathrm{i}k_2\ell}+r_{\mathrm{R}}^{\mathcal{PT}}\right)}{(1-\gamma)\mathrm{e}^{\mathrm{i}k_2\ell}+(1+\gamma)\left(\mathrm{e}^{-\mathrm{i}k_2\ell}+r_{\mathrm{R}}^{\mathcal{PT}}\right)} \tag{10.30}$$

激光产生的条件是$r_{\mathrm{L}}\to\infty$，也就是说，当k_2为实数值，该表达式中的分母应该消失。因此，要求下式成立：

$$(1-\gamma)\mathrm{e}^{\mathrm{i}k_2\ell}+(1+\gamma)(\mathrm{e}^{-\mathrm{i}k_2\ell}+r_{\mathrm{R}}^{\mathcal{PT}})=0 \tag{10.31}$$

这个方程的实部和虚部采用不同的形式，这取决于是否在$r_{\mathrm{R}}^{\mathcal{PT}}$的定义中有额外因子$\mathrm{e}^{\mathrm{i}\varphi}$。如果省略任何这样的相移，$r_{\mathrm{R}}^{\mathcal{PT}}$和式(10.28)中给出的一样，且是纯虚数。所以式(10.31)的实部和虚部如下：

$$\cos k_2\ell=0 \tag{10.32a}$$

$$\frac{2\gamma}{1+\gamma}\sin k_2\ell=\frac{1}{2}\alpha^2k_2\ell\left(\frac{\sin\ell\delta}{\ell\delta}\right) \tag{10.32b}$$

式(10.32a)意味着$k_2\ell=(n+1/2)\pi$，所以$\sin k_2\ell=(-1)^n$。如果取光栅的长度为周期的整数倍，即$\ell=m\Lambda=m\pi/\beta$，那么式(10.32b)中sinc函数的自变量是$\ell\delta=(k_2-\beta)\ell=n-m+1/2$。因此，式(10.32b)对于$\alpha^2$有许多可能的解，出现在$\ell\delta$的半整数值处，如图 10.20(a)所示。

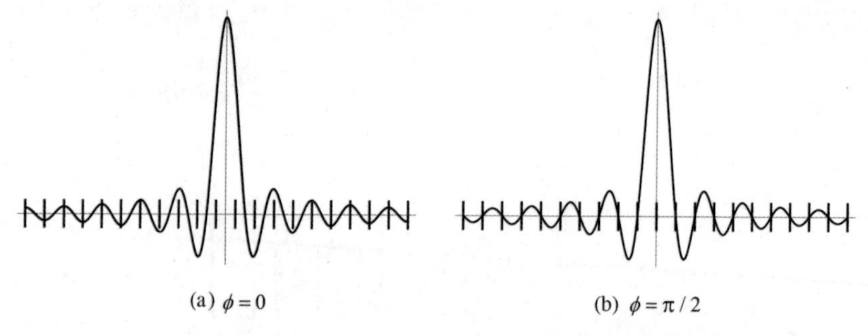

图 10.20 $\phi=0$ 和$\phi=\pi/2$ 时可能的激光模。竖线表示$k_2\ell$的可能值，由激光条件式(10.32a)或(10.33a)给出，而曲线是式(10.28)的 sin$c$ 函数。为了满足激射条件式(10.32b)或(10.33b)，sin$c$ 函数在那些允许的$k_2\ell$值下必须是非零的。图(a)中，对于$k_2\ell$的所有允许值都满足此条件；图(b)中，只有一个$k_2\ell$值满足此条件

很明显，为了实现单模激光，必须改变$k_2\ell$的允许值，使它们对应$\ell\delta$的输入，如图 10.20(b)所示。那么，当$\ell\delta = 0$时，正弦函数等于 1，但对于所有其他可能的值，它都消失了。可以通过将光栅长度设为周期的半整数或通过选择$\phi = \pi$来实现这种偏移。选择$\phi = \pi$使得$r_{\mathrm{R}}^{\mathcal{PT}}$为实数而不是虚数，在这种情况下，式(10.30)的虚部和实部方程分别变为

$$\sin k_2\ell = 0 \tag{10.33a}$$

$$\frac{2}{1+\gamma}\cos k_2\ell = \frac{1}{2}\alpha^2 k_2\ell\left(\frac{\sin\ell\delta}{\ell\delta}\right) \tag{10.33b}$$

式(10.33a)要求$k_2\ell = n\pi$，然后式(10.33b)只有$n = m$的解，对应$\delta = 0$(回忆$\delta = k_2 - \beta$和$\beta = m\pi/\ell$，所以$\ell\delta = (m-n)\pi$)。因此，利用sinc函数的中心峰值及其外围零点来获得单模激光。

该设备的激光输出具有很强的定向性。以上只考虑了法向入射，但可以在耦合波方法和精确贝塞尔函数方法中推广、分析[314]，以一定角度入射以验证不同角度入射的情况。如果选择的参数满足式(10.33a)和式(10.33b)，则角分布在$\theta = 0$附近显示非常窄的峰值。

10.6 量子力学和光学中的超对称

在粒子物理学和量子场论中，超对称是一种对称，其中每个粒子都有一个质量相同但自旋不同的伴随。例如，一个自旋 1/2 粒子和一个自旋 1 粒子被组合在同一个多重态中，并且在没有对称破缺的情况下具有相同的质量。在量子力学中，超对称是不同的，它涉及两个不同的哈密顿量，除了一种状态外，它们具有相同的频谱。在标准厄米量子力学中，未配对状态始终是其中一个哈密顿量的基态，但在非厄米量子力学中，尤其是$\mathcal{PT}$对称量子力学中，它可以是激发态。因此，在非厄米量子力学(或近轴近似中的经典光学)的背景下，超对称可以用作修改哈密顿量的工具，以便从谱中去除一个或多个不需要的状态，同时保持其他状态不变。

为了了解这是如何实现的，从一维哈密顿量$H_1 = -\mathrm{d}^2/\mathrm{d}x^2 + V_1(x)$开始研究。如果$\chi(x)$是特征值方程$(H_1 - E_1)\chi = 0$的解，即$\chi'' = (V_1 - E_1)\chi$，则$V_1$可以写成：

$$V_1 = W^2 + W' + E_1$$

其中，W定义为$W = \chi'/\chi$，被称为超势。在标准量子力学中，χ被视为基态。它没有节点，以便W是非奇异的。

现在，如果将广义下降和提升算子定义为

$$A = -\frac{\mathrm{d}}{\mathrm{d}x} + W, \qquad B = \frac{\mathrm{d}}{\mathrm{d}x} + W$$

则H_1可以写成$H_1 = E_1 + BA$。注意，$A_\chi = (-\chi' + W_\chi) = 0$。现在$A$和$B$之间的交换关系是$[A,B] = -2W'$，所以如果定义$H_2 = -\mathrm{d}^2/\mathrm{d}x^2 + V_2 = E_1 + AB$，则有下式：

$$V_2 = W^2 - W' + E_1 = V_1 - 2W' \tag{10.34}$$

除了状态$|\chi\rangle$之外，现在有一对等谱哈密顿量H_1和H_2。因此，如果$|\psi\rangle$是H_1的本征态，其特征值为E，则$(BA+E_1)|\psi\rangle \equiv H_1|\psi\rangle = E|\psi\rangle$，然后将其左边乘以$A$得到：

$$(AB+E_1)(A|\psi\rangle) \equiv H_2(A|\psi\rangle) = E(A|\psi\rangle)$$

因此，H_2的本征态是通过应用算子 A 从H_1的本征态中获得的，并且H_2与H_1具有相同的本征值，除了E_1，因为$A|\chi\rangle = 0$。

这完全是通过使用提升和下降运算符$a^\dagger = \mathrm{d}/\mathrm{d}x - \omega x$和$a = -\mathrm{d}/\mathrm{d}x - \omega x$实现了对著名谐波振荡器$H_1 = p^2 + \omega^2 x^2$解的推广。这些算子满足交换关系$[a, a^\dagger] = 2\omega$，$H_1$可以写成

$$H_1 = aa^\dagger - \omega = a^\dagger a + \omega$$

很容易看出H_1的谱为$E = (2n+1)\omega$，基态能量$E_1 = \omega$。当作用于本征态时，$a^\dagger$产生下一个更高的本征态，使本征值增加2ω。相似地，a产生下一个较低的本征态，除非它作用于基态波函数χ，在这种情况下$a\chi = 0$。

对于谐振子，基态波函数为$\chi(x) = \exp(-\omega x^2/2)$，所以$W = -\omega x$，而$W'$只是一个常数$W' = -\omega$。那么，根据式(10.34)，$V_2$简化为$V_1 + 2\omega$，并且$H_2$的频谱是$E = (2n+1)\omega, n \geqslant 1$，即频谱上移了$2\omega$，结果是$H_1$的每个本征态都有一个$H_2$的伴随本征态，除了仍保持成对的基态。

现在考虑一个初始哈密顿量H_1具有完整的$\mathcal{PT}$对称性，因此χ也是$\mathcal{PT}$对称的，其中$\chi^*(x) = \chi(-x)$。那么$W \equiv \chi'/\chi$是$\mathcal{PT}$反对称的，所以W'是$\mathcal{PT}$对称的。但是V_2与V_1差$2W'$，所以V_2也是$\mathcal{PT}$对称的。因此，在非破缺对称状态下，超对称产生$\mathcal{PT}$对称伴随哈密顿量H_2。

如果H_1是$\mathcal{PT}$对称的而不是厄米的，则可以自由地从频谱中删除任何给定的状态，正如在文献[408]中所强调的一样。也就是说，可以将χ视为H_1的激发态而不仅仅是基态，因为高阶波函数的节点不位于实x轴上。那么H_2将具有与H_1相同的光谱，除了对应χ的本征态。文献[408]中给出了一个这种去除的例子。此外，可以重复该过程以去除任意数量的能级(或在光学环境中的模式中)，同时保持其余能级不变。如果只有少数特征值是复共轭对，这种去除过程在$\mathcal{PT}$破缺机制中非常有用，因为它提供了找到仅包含实特征态的等效势的可能途径。

当$\mathcal{P}$是奇偶算子，有实谱但不是$\mathcal{PT}$对称时，甚至可以构造伴随哈密顿量，至少在传统意义上是这样的。因此，从V_2开始，并将式(10.34)视为求解 W的 Riccati 方程，当然得有先前的解$W = \chi'/\chi$。但是，有一个更通用的解$\widetilde{W}$，可以写成$\widetilde{W} = W + 1/v$。那么v必须满足线性方程$v' = 1 - 2Wv$，其解为

$$v(x) = \frac{1}{\chi^2(x)}\left(\int_{-\infty}^{x} \chi^2(x')\mathrm{d}x' + c\right) \tag{10.35}$$

其中，c是一个任意常数，可能是复数。做出这样的选择后，v不会在实轴上消失。由此产生的超势为

$$W = \frac{\chi'}{\chi} + \frac{\chi^2(x)}{\int_{-\infty}^{x} \chi^2(x')\mathrm{d}x' + c} \tag{10.36}$$

本节一直在讨论限制势及其可能的能级，这在光学中可能对应多模波导的模式。然而，如果考虑周期势[219]，情况就略有不同。在周期势中，当$V(x) = V(x+a)$时，主要关注布洛赫波，

它有散射解，其周期与一个相位的势相同，即$\psi_k(x+a)=\exp(\mathrm{i}ka)\psi_k(x)$。在这种情况下，没有丢失状态，并且两个势是严格等谱的。

文献[390]中的这些想法非常有趣但不一定能$\mathcal{PT}$对称应用，其中给出了基于超对称的方法，以在两个等谱周期晶体之间构建完全透明的界面。在这种情况下，初始函数$\chi(x)$不是布洛赫波，而是禁带里能量的倏逝波，即波从界面处呈指数下降。最终势从界面最左侧的原始势$V_1(x)$平滑地插值到最右侧的等谱势$V_2(x)$。该构造方法与式(10.36)非常相似。

在文献[402]中，考虑了 10.4 节的$\mathcal{PT}$对称势的一系列超对称伴随势，以特定能量E_1的布洛赫波$\chi=I_{-v}(y)$为起点。这些超对称配对势与原始势具有相同的能带结构和相同的透射系数，只需要很少的步骤就可以大大提高右反射率，并相应地抑制左反射率。

以一个有趣的结果结束本节[399]，这个结果看起来很像超对称，但实际上不是。在用W定义的V中，有一个关键因子i。如果考虑具有势$V(x)$波在z方向上传播，包络函数$\psi(z)$的传播方程可以合适的单位写成下式：

$$\mathrm{i}\frac{\partial\psi}{\partial z}+\frac{\partial^2\psi}{\partial x^2}+V(x)\psi=0 \tag{10.37}$$

如果在这个方程中取$V(x)$为$V(x)=W^2(x)-\mathrm{i}W'(x)$，其中$W$是实数，那么很容易看出方程的解如下：

$$\psi(x,z)=A\exp\left[\mathrm{i}\int^{x}\mathrm{d}x'W(x')\right]$$

这非常重要，其表示了一个恒定强度的波(电场本身的表达式为$E=\mathrm{e}^{\mathrm{i}k_0z}\psi$)。如果$W$是对称的，则$V$是$\mathcal{PT}$对称的，但对于一般的$W$，没有明显的$\mathcal{PT}$对称性。然而，$V$仍然代表损耗和增益的总体平衡，因为

$$\int_{-\infty}^{\infty}\mathrm{d}x\mathrm{Im}V=-\mathrm{i}W(x)|_{-\infty}^{\infty}$$

如果W是受限的或周期性的，则上式为零。更值得注意的是，即使在非线性的前提下，恒定强度的特性仍然成立。也就是说，当式(10.37)的左侧有一个附加项$g|\psi|^2\psi$时。在这种情况下，ψ仅获得一个额外的单模因子$\exp(\mathrm{i}gA^2z)$。恒定强度波的概念也可以很容易地推广到两个横向方向[399]。

10.7 离散$\mathcal{PT}$系统中的波传播

10.3 节只考虑了两个单模波导，发现$\mathcal{PT}$对称性导致了有趣且不寻常的传播特征。一个自然的延伸是考虑一系列波导，每个波导通过它们的倏逝波耦合其两个最近的邻波。该序列可以是一个有限波导或一个周期性的波导阵列。在任何一种情况下，都期望产生一些可能的奇特特性。

10.7.1　无限系统中的传播

无限序列的波导有效地构成了 10.2 节中的系统类型，在x方向上的离散化，其中折射率在x上连续变化。相关方程组如下①：

$$\mathrm{i}\frac{\mathrm{d}\psi_n}{\mathrm{d}z} = \kappa_n\psi_{n-1} + \kappa_{n+1}\psi_{n+1} + V_n\psi_n \tag{10.38}$$

当κ_n和V_n都与站点无关时，会出现最简单的模型。也就是说，当$\kappa_n = \kappa$且$V_n = V$时，对于所有n都成立。这个模型在x方向上有一个周期为 1 的规则晶格，其能带结构，布洛赫波$\psi_n^0(\beta,k,z) = \mathrm{e}^{\mathrm{i}\beta z}\mathrm{e}^{\mathrm{i}kn}$的$E$和$k$关系满足式(10.38)，为$\beta = -V - 2\kappa\cos k$。通过在布洛赫波函数$\psi_n^0(\beta,k,z=0)$中展开并使用稳态方法，可以得到$z = 0$处，任何初始设置的$z$方向传播波。如式(10.2)所述，将$k$离散化为$k_m = 2\pi m/N$，适用于大$N$。

在离散系统中，通过允许κ_n或V_n在几个特定位置区别于它们的常数值，可以更自由地将局部缺陷引入系统。以这些缺陷为中心，人们可能会期望找到局域态，构成可以激发的特殊光学模式。

文献[389]中给出了κ_n和V_n的此类缺陷的示例。在第一个示例中，以$\mathcal{PT}$对称方式修改V_n为非零值$V_{-1} = V_1^* = \sigma \equiv \Delta + \mathrm{i}g$。而对于所有其他$n$，$V_n = 0$。然后，寻找形式为$\psi_n(\beta,q,z) = c_n(q)\mathrm{e}^{\mathrm{i}\beta z}$的束缚态，其中系数$c_n(q)$像$\mathrm{e}^{-q|n|}$一样呈指数下降，远离缺陷区域$n = \pm 1$。如果首先假设$c_n(q) = \mathrm{e}^{-q|n|}, n \leqslant -1$则强加条件$c_2(q) = \mathrm{e}^{-q}c_1(q)$就足够了。等效地，可以寻找透射系数$t(k)$的极点，以便在$k = \mathrm{i}q$时，在$x$方向上进行散射。$\kappa = 1$时，$t(\mathrm{i}q)$的分母如下：

$$f(q) = \Delta - \sinh q - |\sigma|^2\mathrm{e}^{-2q}\cosh q$$

可以根据$x \equiv \mathrm{e}^{-q}$重写为$f = -h(x)/(2x)$，其中，

$$h(x) = 1 - x^2 - 2x\Delta + |\sigma|^2x^2(1 + x^2)$$

在$\mathcal{PT}$对称性破缺的阈值之下，寻找$f(q)$的实数正根。而高于阈值的复数根是可以接受的，前提是$\mathrm{Re}(q) > 0$，这样$c_n(q)$就会以指数方式减小。

当$g^2 < \Delta(1-\Delta)$(之前的$\sigma = \Delta + \mathrm{i}g$)，存在一个标准束缚态，其中 β 低于连续禁带$-2\kappa \leqslant \beta \leqslant 2\kappa$。当$g^2 = \Delta(1-\Delta)$时，它消失，此时$\beta = -2\kappa$，并且 q 变为零，因此不再有任何指数方式的下降。然后，当g超过$\mathcal{PT}$对称性破缺的阈值时，其由$g_{\mathrm{th}}^2 = 1 - \Delta\sqrt{2 + \Delta^2}$确定，出现一对复共轭根，其实部的 β 值位于连续禁带内。这些不寻常的状态被称为连续体中的束缚态。当$\Delta = 0.3$时，这种不寻常的频谱如图 10.21 所示。在$z = 0$时，这种局域态对任何给定输入 z 的变化都有显著影响。特别是，恰好在$g = g_{\mathrm{th}}$处。功率随 z 线性增长，这是与$\mathcal{PT}$相变相关的典型行为。

文献[389]中考虑的第二个模型涉及式(10.38)，保持$V_n = 0$，但根据下式，修正κ_n：

$$\frac{\kappa_n}{\kappa} = \begin{cases} \sqrt{(n+1)(n-1)} & n\text{是偶数},\ n \neq 0,\ \kappa_0 = -\mathrm{i}g \\ \sqrt{(n-2)/n} & n\text{是奇数},\ n \neq 1,\ \kappa_1 = \mathrm{i}g \end{cases} \tag{10.39}$$

---

① 这些在本质上与紧束近似中一维原子晶格中电子态方程的形式相同(例如，参见文献[294])，其中κ_n称为跃迁参数，V_n是在位能。

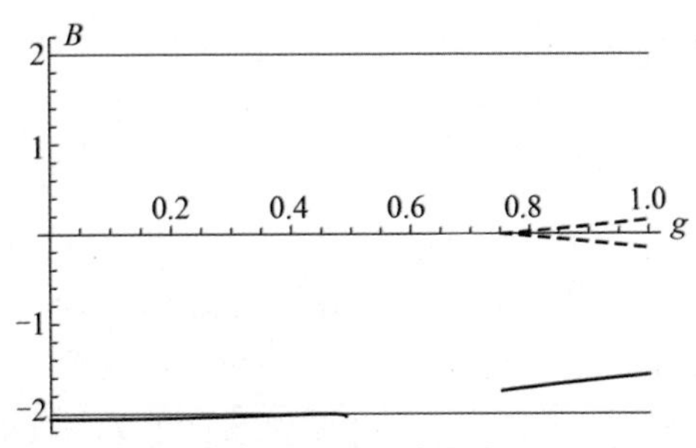

图 10.21　当$\Delta = 0.3$时，式(10.38)晶格的束缚态与g的函数关系，$\kappa_n = 1$和$V_n = 0$，除了$V_{-1} = V_1^* = \Delta + \mathrm{i}g$。粗曲线代表$\beta(q)$的实部和虚线代表它的虚部。在$g^2 = \sqrt{\Delta(1-\Delta)}$以下，在连续区($|\beta| < 2$)之外存在$\beta$的标准实解。然而，在$g_{\mathrm{th}}^2 = 1 - \Delta\sqrt{2+\Delta^2}$给出的对称破缺点$g_{\mathrm{th}}$以上时，一对复共轭根出现，其实部位于连续区内

式(10.39)的晶格是$\mathcal{PT}$对称的，对于较大的n，它接近简单晶格$\kappa_n = \kappa$。在z方向$n = 0$处，纯虚耦合κ_0和κ_1可以通过调制中心波导来进行实验设计。详细信息在文献[391]中给出。

该晶格在$\beta = 0$处支持连续体中的束缚态，具有代数而非指数的振幅衰减。因此，递归关系$\kappa_n\psi_{n-1} + \kappa_n c_{n-1} = 0$有解：

$$\bar{\psi}_n = \begin{cases} 0 & n\text{是奇数} \\ \kappa/g & n = 0 \\ \mathrm{sign}(n)\dfrac{\mathrm{i}^{n+1}}{\sqrt{n^2-1}} & n\text{是偶数，} n \neq 0 \end{cases}$$

对于g的所有值，低于和高于$\mathcal{PT}$对称破缺阈值，结果是$g_{\mathrm{th}} = \kappa$。恰好在阈值处，$\beta = 0$是连续系统中的一个例外点[39]，并且$\bar{\psi}_n$具有满足$\kappa_n f_{n-1} + \kappa_{n+1} f_{n+1} = \bar{\psi}_n$的关联 Jordan 函数$f_n = (-\mathrm{i}/(2\kappa))\sin(n\pi/2)$。由于 Jordan 函数的存在，振幅线性增长，功率与 z 成二次方关系。

10.7.2　有限系统：二聚体、三聚体、四聚体

10.2 节已经介绍了二聚体——两个耦合波导或微腔。10.3 节对由三个单元(三聚体)、四个单元(四聚体)或更多单元组成的系统进行了深入研究，它们都具有有趣且潜在有用的特性，特别是当存在非线性时，即当电磁场强到部分修改了折射率。

回想一下，二聚体(10.7)的两个分量在场传播中的相关耦合方程如下：

$$\mathrm{i}\frac{\mathrm{d}\psi_1}{\mathrm{d}z} - \mathrm{i}\gamma\psi_1 + \kappa\psi_2 + \chi|\psi_1|^2\psi_1 = 0$$

$$\mathrm{i}\frac{\mathrm{d}\psi_2}{\mathrm{d}z} + \mathrm{i}\gamma\psi_2 + \kappa\psi_1 + \chi|\psi_2|^2\psi_2 = 0 \tag{10.40}$$

当$\chi = 0$时，式(10.40)的线性形式在 10.3 节中能够完全计算出来，但实际上，与三聚体或四聚体一样，更大的兴趣在于非线性区域。然后根据斯托克斯变量分析式(10.40)的解是有用的：

$$S_0 = |\psi_1|^2 + |\psi_2|^2, S_1 = \psi_1^*\psi_2 + \psi_1\psi_2^*, S_2 = \mathrm{i}(\psi_1\psi_2^* - \psi_1^*\psi_2), S_3 = |\psi_1|^2 - |\psi_2|^2$$

正如在文献[454]中很容易看出向量$S\equiv(S_1,S_2,S_3)$满足$S^2=S_0^2$，因此重整化向量$\hat{S}\equiv S/S_0$位于单位球体(Bloch 球体)的表面，其极角为 θ、ϕ。布洛赫球很重要，ψ_1和ψ_2是 z 的函数，因为它给出了解的性质图。

文献[454]中，$S_0(0)$固定为 $1(\theta=0$ 或 $\pi)$，在这种情况下，χ的临界值χ_d高于该值，$\mathcal{PT}$对称性被破缺，输出仅在增益通道中呈指数增长，结果是$\chi_d=4-2\pi\gamma$。文献[499]中也使用不同的参数化方法处理了相同的系统，其中考虑了更广泛的初始值 θ 和 ϕ。但常用细节是相同的，即当式(10.40)中的χ变得足够大时，如果输入位于损耗通道中，则系统充当 z 大于最小长度z_d的光学二极管。

值得一提的是，文献[60]中给出了(非归一化的)斯托克斯变量演变的精确替代图。结果表明这些变量位于一系列圆柱体的表面上，文献[454]中确定的两个守恒量被赋予了明确的几何意义。

三聚体，一组三个耦合波导或微腔，可以采用两种$\mathcal{PT}$对称设置中的其中一种，如图 10.22 所示。第一种情况下，耦合κ位于中性波导ψ_2和具有相同损耗和增益的两侧；第二种情况下，所有三个组件都以相同的强度耦合在一起。

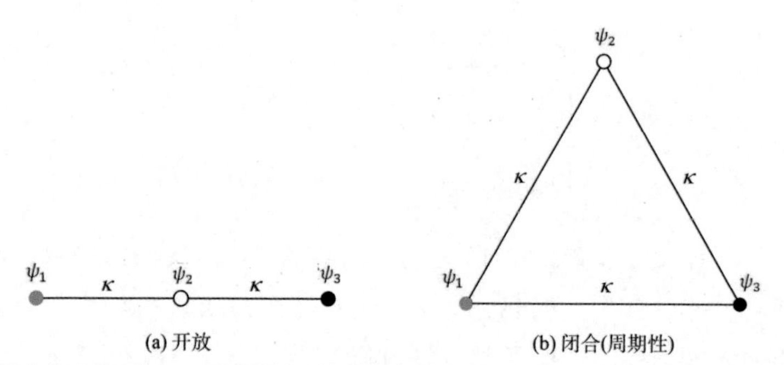

图 10.22 三聚体的两种可能$\mathcal{PT}$对称设置。黑色和灰色圆分别表示增益和损耗，而空心圆是中性的。单元之间的耦合都等于κ。$\mathcal{P}$算子是交换$1\leftrightarrow3$

这些情况在文献[374, 376]中有深入集中的研究。图 10.22(a)对应的非线性演化方程如下：

$$
\begin{aligned}
&\mathrm{i}\frac{\mathrm{d}\psi_1}{\mathrm{d}z}+\mathrm{i}\gamma\psi_1+\kappa\psi_2+\chi|\psi_1|^2\psi_1=0\\
&\mathrm{i}\frac{\mathrm{d}\psi_2}{\mathrm{d}z}+\kappa(\psi_1+\psi_3)+\chi|\psi_1|^2\psi_1=0\\
&\mathrm{i}\frac{\mathrm{d}\psi_3}{\mathrm{d}z}-\mathrm{i}\gamma\psi_3+\kappa\psi_2+\chi|\psi_3|^3\psi_2=0
\end{aligned}
\tag{10.41}
$$

在线性情况($\chi=0$)下，式(10.41)的任何解都是稳态的线性组合，即所有三个ψ_r具有共同的$\mathrm{e}^{\mathrm{i}\mu z}$形式的解。$\mu$的三个可能值是$\mu=0$ 和 $\pm\sqrt{2\kappa^2-\gamma^2}$，因此超过 γ 的临界值，$\mathcal{PT}$对称性被破缺，并且两个特征值变成复数$\gamma_{\mathcal{PT}}=\sqrt{2}\kappa$。在非线性方程中，仍然可以寻找稳态，尽管一般解不再是平稳态的线性叠加，这将给系统演化特征一些启发。事实证明，有三个稳态解的分支，所有的解满足$|\psi_1|=|\psi_3|$，具有不同的稳定和不稳定区域。其中一个分支不稳定，可以发展成失

控模式，其中ψ_3呈指数增长，而ψ_1衰减，这取决于参数ψ_2要么衰减掉，要么与ψ_3一起增长。

四聚体是一个由四个耦合单元组成的系统，在文献[536, 375-376]中进行了讨论。4 个位点之间有许多不同但可能的$\mathcal{PT}$对称耦合，其中一些可以相互转化。在图 10.23 中，只展示了两种可能的情形：二聚体的自然“加倍”和一个小块(正方形)设置。在文献[536]中，发现线性设置等效于替代的块配置，其中 κ 个耦合在正方形周围交替。不出所料，四聚体显示出更复杂的稳态模式和动力学模式，这可以在光学中利用其他离散光学系统，例如径向对称多芯光纤和增益与损耗波导的$\mathcal{PT}$对称项链，文献[497]中对此进行了讨论。

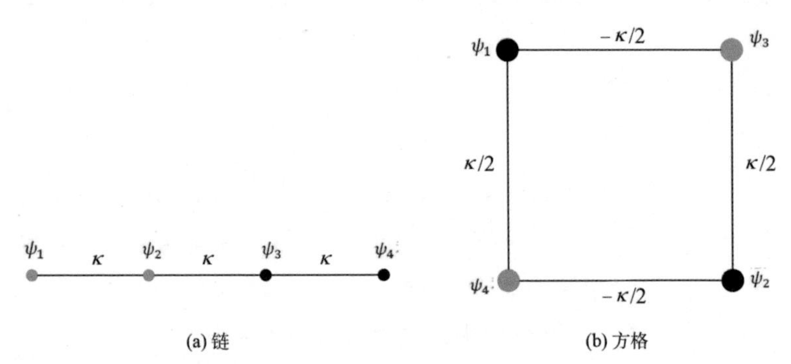

图 10.23　四聚体的两种可能的$\mathcal{PT}$对称设置。该链相当于带有耦合$\kappa/2$、$-\kappa/2$、$-\kappa/2$、$\kappa/2$的方格。图(a)中$\mathcal{P}$算子是(1,2) ↔ (3,4)，而图(b)中则有多种可能，例如(1,3) ↔ (4,2)

10.8　光孤子

讨论了离散$\mathcal{PT}$对称系统的非线性之后，现在对连续系统做同样的讨论。本节主要寻找可以支持解的非线性势，这些解是在演化方程的解，光不会被衍射，而会自陷。在这些解中，光束被限制在横向方向上，并在纵向方向上传播，而幅度或形状没有变化。

在一个横向维度中，控制波传播的相关方程是近轴方程(10.1)的重新缩放形式，由非线性项$|\psi|^2\psi$增强：

$$\mathrm{i}\frac{\partial\psi}{\partial z}+\frac{\partial^2\psi}{\partial x^2}+V(x)\psi+|\psi|^2\psi=0 \tag{10.42}$$

对于$\mathcal{PT}$对称 Scarff II 势，可以找到式(10.42)的精确解析解(参见第 7 章)：

$$V(x)=V_0\operatorname{sech}^2(x)+\mathrm{i}W_0\operatorname{sech}(x)\tanh(x) \tag{10.43}$$

寻找$\psi(x,z)=\varphi(x)e^{\mathrm{i}\lambda z}$的解，其中，如果 λ 是实数，则z依赖只是一个相位。将这个ψ的表达式插入式(10.42)，可以找到φ的精确解[427]，即

$$\varphi(x)=\varphi_0\operatorname{sech}(x)\exp\{\mathrm{i}\mu\tan^{-1}[\sinh(x)]\} \tag{10.44}$$

满足式(10.42)的条件是$\lambda=1,\mu=W_0/3$且$\varphi_0=\sqrt{2-V_0+\mu^2}$。$V_0=1$和$W_0=1/2$时，解的实部和虚部如图 10.24 所示。文献[427]证实，该解对于小扰动是稳定的。也就是说，给ψ施加

的一个小扰动将随着 z 的增加而消失，并且解将恢复到式(10.44)的形式。请注意，式(10.44)处于非破缺$\mathcal{PT}$对称性的范围内，其中 λ 是实数，而$\psi(x)$是$\mathcal{PT}$对称的。

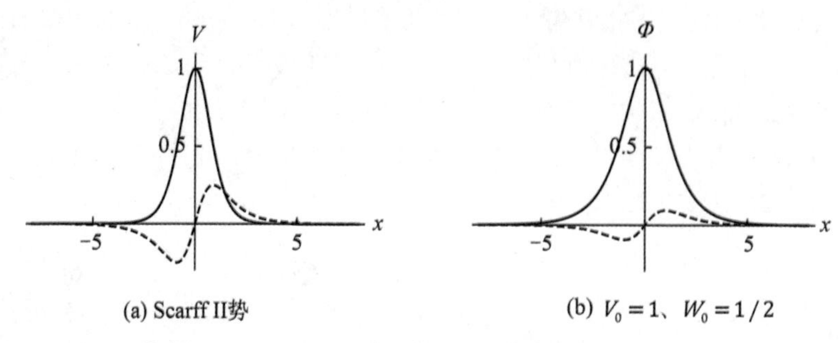

图 10.24 Scarff II 势和$V_0 = 1$、$W_0 = 1/2$时，式(10.44)的精确解$\varphi(x)$的实部(实线)和虚部(虚线)

文献[428]中研究了基于雅可比椭圆函数的更广泛势能。当椭圆的模极限$k \to 1$，椭圆函数成为标准的双曲三角函数，产生$\mathcal{PT}$对称势的解析孤子解：

$$V_1(x) = V_0[\tanh^2(x) + W_0 \tanh^4(x)] + 4\mathrm{i}W_0 \tanh(x)\,\mathrm{sech}^2(x)$$
$$V_2(x) = V_0[\mathrm{sech}^2(x) + W_0\,\mathrm{sech}^4(x)] + 4\mathrm{i}W_0 \tanh(x)\,\mathrm{sech}^2(x)$$

高斯势$V(x) = V_0(1 + \mathrm{i}W_0x)\mathrm{e}^{-x^2}$已在文献[297]中进行了研究。这里没有解析解，但在数值上发现了整个范围的孤子，并研究了它们的稳定性。虽然这个势与式(10.43)的 Scarf II 势不同，“基本”孤子解是具有单峰的解，看起来与图 10.24(b)中的解非常相似。对于更大的势强度V_0，还发现了稳定的偶极子和三极子孤子解。

另外，还发现了周期势的孤子解，特别是文献[427]研究了势$V = \cos^2(x) + \mathrm{i}W_0\sin(2x)$，其本质是 10.1 节中讨论的势变成可积分常数。这种势的孤子分布与图 10.24 具有相同的普通性质。它们是$\mathcal{PT}$对称的，并且在线性对称破缺阈值$W_0 = 1/2$以下是稳定的。此外，可以对两个横向上的周期势进行类似的分析。已经进一步研究了势$V = \cos^2(x) + \mathrm{i}W_0\sin(2x)$以检查线性$\mathcal{PT}$断点附近波包的运动[437]，以及孤子在一个和两个横向方向上的稳定性[436]。

10.9 隐形、超材料和超表面

超材料是在纳米尺度上设计的人造材料，具有自然界中没有的奇异特性，例如负折射率。通过使用此类材料，人们可以设计出克服分辨率限制的镜头，其适用于标准材料。另一个较有前景的应用是隐形，物体周围的材料旨在偏转物体周围的任何入射光，从而使远距离的光图案与物体不存在一样。隐身的原始研究涉及设计电和磁响应函数的实部、介电常数 ε 和磁导率u。然而，$\mathcal{PT}$对称性允许人们具有复响应函数，即增益和损耗，同时仍然需要避免以指数方式增加或衰减场，因此$\mathcal{PT}$对称性大大拓宽了超材料的范围及其可能的特性。

10.9.1　单向隐形斗篷

隐身设计背后的一般方法是文献[446, 474]最早开创性提出的变换光学，从而将初始虚拟空间中，一组给定的电磁场、源、介电常数和磁导率转换为具有不同几何形状的最终物理空间中的不同组合。坐标变换引起场、源、介电常数和磁导率的变换，从而使麦克斯韦方程组在新系统中保持适用。通常，新几何体包含一个场不会穿透的禁区，从而为放置在里面的任何物体提供隐形。

在标准的厄米情形中，隐形是全方位的。然而，在$\mathcal{PT}$对称背景下，有可能设计斗篷，使物体从一个方向不可见，但从另一个方向可见。这与 10.4 节讨论的单向不可见性概念有关，但又与之不同。这种转换规定了物理空间中介电常数和磁导率张量的分布，通常需要超材料才能实现。

文献[539]中，初始设置是圆柱坐标中虚拟空间(x, y, z)或(r, θ, z)中横截面$r \leqslant b$(见图 10.25(a))的圆柱体，被赋予介电常数$\varepsilon = 1 + \zeta\exp(\mathrm{i}\beta r\cos\theta)$，对应标准的$\mathcal{PT}$对称单向势。然后变换到物理空间$(x', y', z)$或$(r', \theta, z)$，通过变换得到：

$$r = f(r') = b\frac{r' - a}{b - a} \tag{10.45}$$

或等效表达式：

$$r' = a + r\left(1 - \frac{a}{b}\right) \tag{10.46}$$

这会产生一个空间，其横截面是半径为 b 的圆盘内有半径为 a 的圆孔，如图 10.25(b)所示。

(a) 初始虚拟空间

(b) 变换后的真实物理空间

图 10.25　初始虚拟空间和式(10.45)变换后的真实物理空间的横截面。物理空间有一个电磁场无法穿透的内部孔洞

对于沿x方向传播且 E 沿 z 方向传播的横电(TE)波，物理空间中的有效介电常数由式(10.46)给出：

$$\varepsilon' = \frac{f(r')f'(r')\varepsilon[f(r'), \theta]}{r'} = \frac{1 - \dfrac{a}{r'}}{\left(1 - \dfrac{a}{b}\right)^2}\left[1 + \zeta\exp\left(\mathrm{i}\beta x'\frac{1 - \dfrac{a}{r'}}{1 - \dfrac{a}{b}}\right)\right] \tag{10.47}$$

环形区域$a \leqslant r' \leqslant b$(见图 10.26)中的这种扭曲的介电常数会导致单向遮蔽。也就是说，一个完美导电的圆柱体，当光线从一个方向入射时，放置在半径为$r' = a'$的内腔内将被完全隐藏，但从另一个方向入射，这种情况不会发生。

(a) 初始虚拟空间 (b) 变换后的真实物理空间

图 10.26 初始虚拟空间和变换后的真实物理空间中介电常数ε_{zz}的实部(10.47)

请注意，变换式(10.46)还会产生一个非平凡(对称)磁导率张量。然而，唯一相关的分量是对角元素u_r'和u_θ'，因为对于 TE 波，磁场位于磁盘平面内，需要设计合适的超材料来实现这些分量u_r'和u_θ'以及所需的ε_z'。文献[286]中给出了一种实现单向隐形的方法，该方法依赖于外部磁场的引入而不是$\mathcal{PT}$对称性，但这种方法被认为不太适合光学器件和应用[539]。

10.9.2 超表面伪装

需要体超材料来实现刚刚描述的隐身类型的有前途的替代品——二维斗篷，即薄薄的带图案金属表面覆盖需要隐藏的物体[35]。这种方法已在文献[493]中提及，其中，考虑了圆形和菱形横截面的$\mathcal{PT}$对称超表面。基本思想是，斗篷前表面的涂层应完全吸收传入的能量，然后由后表面的涂层重新散射。如图 10.27 所示，其中金属圆柱的半径为a，涂层的半径为d，因此其间距$d-a$很小。考虑从左侧入射到隐形圆柱体上的横向电波$E_{\text{in}} = (0,0,E_0)\text{e}^{\text{i}k}$ ，E电场在z方向。斗篷的相关属性是，涂层的表面阻抗Z_s或等价它的倒数，表面导纳$Y \equiv 1/Z_s$，它将表面上的宏观(在晶胞上平均)切向电场E_s与感应平均表面电流密度 J_s联系起来，$J_s = Y_s E_s$。

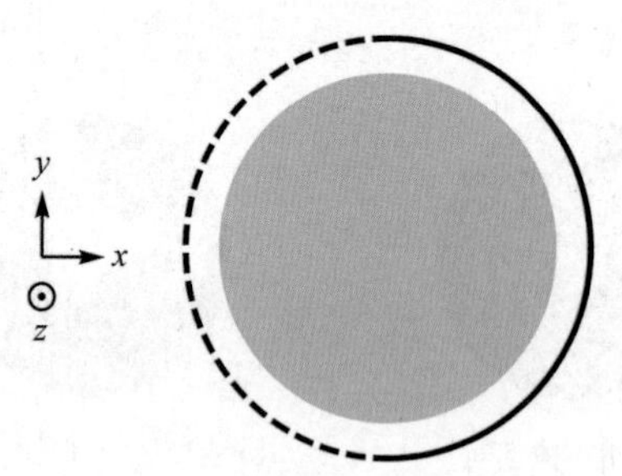

图 10.27 $\mathcal{PT}$对称表面涂层完美导电的圆柱体。虚线表示损耗，实线表示增益。涂层的设计使得从左侧入射的光被完全吸收，然后在右侧重新散射

当圆柱和超表面之间的间距与波长相比较小时，即当$d-a \ll \lambda$时，Y_s 的实部和虚部的值需要在左侧提供完美吸收[493]：

$$\text{Re}Y_s \approx -Y_0\cos\varphi, \qquad \text{Im}Y_s \approx -\frac{Y_0}{k}\left(\frac{1}{d-a}-\frac{1}{2a}\right)$$

其中，$Y_0 = \sqrt{\varepsilon_0/\mu_0}$是自由空间的导纳，$\varphi$ 是左表面上点$P=(x,y)$的极角($|\varphi| > \pi/2$)。相同的公式适用于右表面($|\varphi| < \pi/2$)，其中 ReY_s的符号相反，这使得$\mathcal{PT}$系统在$Y_s(\pi-\varphi) = -Y_s^*(\varphi)$上是对称的。斗篷的右侧分量重组入射波，产生具有零反射和全透射的完全隐形斗篷。然而，这种吸收和随后的重新入射对从左侧入射的光起作用，而对从右侧入射的光不起作用，所以这又

是一种单向隐形斗篷，就像 10.9.1 节中讨论的那样。

更简单的斗篷是菱形表面。如图 10.28 所示，其中张角取 90°。在这种情况下，对于左侧的完美吸收，$\mathrm{Re}\,Y_s$和 $\mathrm{Im}\,Y_s$所需的值由下式准确地给出[493]：

$$\mathrm{Re}Y_s=-\frac{Y_0}{\sqrt{2}},\quad \mathrm{Im}Y_s=-\frac{Y_0}{\sqrt{2}}\cot(k\omega)$$

其中，ω是导体和超表面之间的距离。同样，对于完整的$\mathcal{PT}$对称斗篷，$\mathrm{Re}\,Y_s$的符号在右侧相反。这些用于斗篷的方法和其他不一定是$\mathcal{PT}$对称的方法在评论中进行了深入讨论[244]。

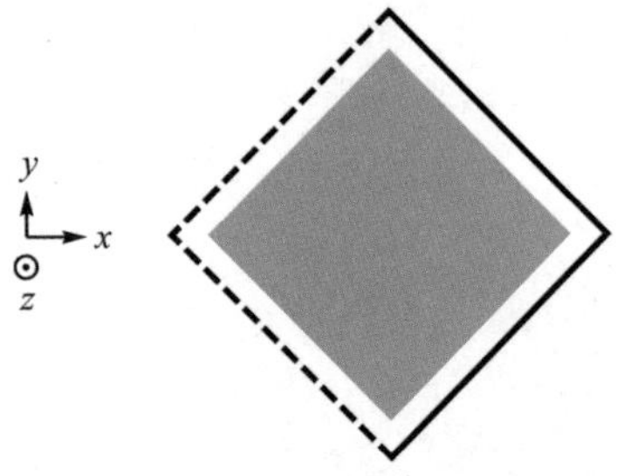

图 10.28　菱形$\mathcal{PT}$对称表面涂层完美导电。虚线表示损耗，实线表示增益。该涂层旨在产生与图 10.27 相同的单向隐形

还有一个相关主题是使用$\mathcal{PT}$对称超表面[245]实现负折射，这是使用体超材料难以实现的[447, 519]。负折射原则上允许人们克服对镜头分辨率的限制，从而构建具有无限分辨率的完美镜头。图 10.29 说明了两种不同方法。图 10.29(a)中，箭头表示能量的流动，它总是向前。然而，由于ε和μ在体材料中为负，因此材料中的相速度方向相反。图 10.29(b)中，箭头仍表示能量的流动，它在表面之间的空间中是向后的，从增益表面流向损耗表面。

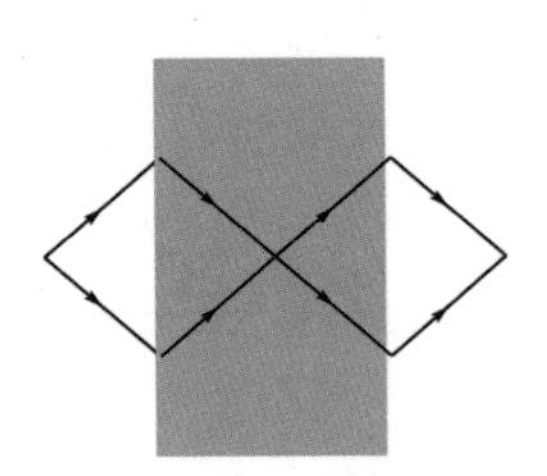

(a) 具有负介电常数和磁导率的体超材料

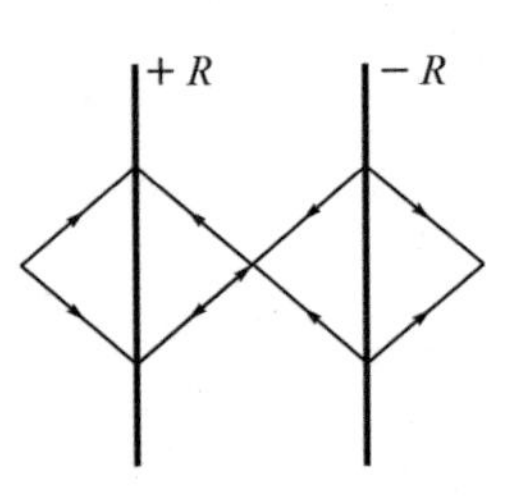

(b) 两个表面阻抗分别为$+R$(loss)和$-R$(gain)的超表面

图 10.29　实现完美透镜的替代方法：图(a)中，箭头表示能量的流动，它总是向前的。图(b)中，两个超表面的左侧和右侧的能量流相同，但在超表面之间，能量流是反向的，从增益表面到损耗表面

这种设置的一个有趣特点是，它在左边变得无反射，$R_{\mathrm{L}}=0$，如果恰当地选择 R 的值，横向电波为$R=\frac{1}{2}Y_0\sec\theta$和横向磁波为$R=\frac{1}{2}Y_0\cos\theta$。在这种情况下，传输系数$T=|t|^2$为 1，但 T 的相位不为零。事实上，T表现出相位超前，在幅度上等于它在没有超表面时的相位滞后。

10.10 结论

本章只是对$\mathcal{PT}$光学这个庞大且快速发展领域做了简要介绍，内容是有选择性的，对于因篇幅限制而没有提及的重要贡献人深表歉意。本章概述和解释了$\mathcal{PT}$对称光学背后的基本思想，希望能为读者提供参考并帮助读者处理更复杂的问题。虽然关于声学的内容超出了本章的范围，但或许应该提到，上述许多思想也可以应用于声学，包括二维声学斗篷[540]和隐形声学传感器[245]。

参考文献

[1] Abdalla, E., Abdalla, M. C. B., and Rothe, K. D. Non-Perturbative Methods in 2 Dimensional Quantum Field Theory, World Scientific, Singapore, 2001.

[2] Ablowitz, M., Ramani. A., and Segur, H. A connection between nonlinear evolution equations and ordinary differential equations of P-type II, Journal of Mathematical Physics, 1980, 21, pp. 1006-1015.

[3] Ablowitz, M. J., and Clarkson, P. A. Solitons, Nonlinear Evolution Equations and Inverse Scattering, London Mathematical Society Lecture Note Series, Vol. 149, Cambridge University Press, Cambridge, UK, 1991.

[4] Ablowitz, M. J., Kaup, D. J., Newell, A. C., and Segur, H. Nonlinear evolution equations of Physical significance, Physical Review Letters, 1973, 31, 2, pp. 125-127.

[5] Ablowitz, M. J., and Segur, H. Solitons and the Inverse Scattering Transform, Studies in Applied and Numerical Mathematics Society for Industrial and Applied Mathematics, [138] Philadelphia, 1981.

[6] Abramowitz, M., and Stegun, I. Handbook of Mathematical Functions, Dover Publications, New York, 1965.

[7] Adamopoulou, P., and Dunning, C. Bethe ansatz equations for the classical $A_n^{(1)}$ affine Toda field theories, Journal of Physics A: Mathematical and Theoretical, 2014, 47, p. 205205.

[8] Ahmed, Z. Energy band structure due to a complex, periodic, PT-invariant potential, Physics Letters A, 200la, 286, pp. 231-235.

[9] Ahmed, Z. Pseudo-Hermiticity of Hamiltonians under imaginary shift of the coordinate: Real spectrum of complex potentials, Physics Letters A, 2001b, 290, pp. 19-22.

[10] Ahmed, Z. Real and complex discrete eigenvalues in an exactly solvable one-dimensional complex PT-invariant potential, Physics Letters A, 2001c. 282, pp. 343-348.

[11] Ahmed, Z. Pseudo-Hermiticity of Hamiltonians under gauge-like transformation: real spectrum of non-Hermitian Hamiltonians, Physics Letters A, 2002, 294, pp. 287-291.

[12] Ahmed, Z. An ensemble of non-Hermitian Gaussian-random 2×2 matrices admitting the Wigner surmise, Physics Letters A, 2003a, 308, pp. 140-142.

[13] Ahmed, Z. C-, PT- and CPT-invariance of pseudo-Hermitian Hamiltonians, Journal of Physics A: Mathematical and General, 2003b, 36, pp. 9711-9719.

[14] Ahmed, Z. P-, T-, PT- and CPT-invariance of Hermitian Hamiltonians, Physics Letters A,

2003c, 310, pp. 139-142.

[15] Ahmed, Z. Pseudo-reality and pseudo-adjointness of Hamiltonians, Journal of Physics A: Mathematical and General, 2003d, 36, pp. 10325-10333.

[16] Ahmed, Z. Handedness of complex PT-symmetric potential barriers. Physics Letters A, 2004, 324, pp. 152-158.

[17] Ahmed, Z. Zero width resonance, spectral singularity in a complex PT-symmetric potential, Journal of Physics A: Mathematical and Theoretical, 2009, 42, p. 472005.

[18] Ahmed, Z. Reciprocity and unitarity in scattering from a non-Hermitian complex PT-symmetric potential, Physics Letters A, 2013, 377, pp. 957-959.

[19] Ahmed, Z., Bender, C. M., and Berry, M. V. Reflectionless potentials and PT symmetry, Journal of Physics A: Mathematical and General, 2005, 38, p. L627.

[20] Ahmed, Z. Ghosh, D., and Nathan, J. A new solvable complex PT-symmetric potential, Physics Letters A, 2015a, 379, pp. 1639-1642.

[21] Ahmed, Z. Ghosh, D. Nathan, J. A., and Parkar, G. Accidental crossings of eigenvalues in the one-dimensional complex PT-symmetric Scarf-II potential, Physics Letters A, 2015b, 379, pp. 2424-2429.

[22] Ahmed, Z., and Jain, S. R. Gaussian ensemble of 2×2 pseudo-Hermitian random matrices, Journal of Physics A: Mathematical and General, 2003a, 36, pp. 3349-3362.

[23] Ahmed, Z., and Jain, S. R. Pseudounitary symmetry and the Gaussian pseudounitary ensemble of random matrices, Physical Review E, 2003b, 67, p. 045106(R).

[24] Ahmed, Z., and Jain, S. R. Pseudounitary symmetry and the Gaussian pseudounitary ensemble of random matrices, Physical Review A, 2003c, 67, p. 045106.

[25] Airault, H., McKean, H. P., and Moser, J. Rational and elliptic solutions of the Korteweg-de Vries equation and a related many-body problem, Communications on Pure and Applied Mathematics, 1977, 30, 1, pp. 95-148.

[26] Alaeian, H., Baum, B., Jankovic, V., Lawrence, M,., and Dionne, J. A. Towards nanoscale multiplexing with parity-time-symmetric plasmonic coaxial waveguides, Physical Review B, 2016, 93, p. 205439.

[27] Alaeian, H., and Dionne, J. A. Parity-time-symmetric plasmonic metamaterials, Physical Review A, 2014, 89, p. 033829.

[28] Albeverio, S., and Kuzhel, S. On elements of the Lax-Phillips scattering scheme for PT-symmetric operators, Journal of Physics A: Mathematical and Theoretical, 2012, 45, p. 444001.

[29] Albeverio, S., and Kuzhel, S. PT-symmetric operators in quantum mechanics: Krein spaces Methods, in F, Bagarello, J.-P. Gazeau, F. H. Szafraniec, and M. Znojil (eds.), Non-Selfadjoint Operators in Quantum Physics:Mathematical Aspects, John Wiley & Sons, Hoboken, NJ,

2015.

[30] Albeverio, S., Motovilov, A. K., and Shkalikov, A. A. Bounds on variation of spectral subspaces under J-self-adjoint perturbations, Integral Equations and Operator Theory, 2009, 64, pp. 455-486.

[31] Alday, L. F., Gaiotto, D., and Maldacena, J. Thermodynamic bubble ansatz, Journal of High Energy Physics, 2011, 9, p. 032.

[32] Alexandersson, P. On eigenvalues of the Schrödinger operator with an even complex-valued polynomial potential, Computational Methods and Function Theory, 2012, 12, 2. pp. 465-481.

[33] Alexandersson, P., and Gabrielov, A. On eigenvalues of the Schrodinger operator with a complex-valued polynomial potential, Computational Methods and Function Theory, 2012, 12, 1, pp. 119-144.

[34] Alhassid, Y., Gürsey, F., and lachello, F. Group theory approach to scattering, Annals of Physics, 1983, 148, pp. 346-380.

[35] Alu, A. Mantle cloak: Invisibility induced by a surface, Physical Review B, 2009, 80, p. 245115.

[36] Anderson, A. G., Bender, C. M, and Morone, U. I. Periodic orbits for classical particles Having complex energy, Physics Letters A, 2011a, 375, pp. 3399-3404.

[37] Anderson, A. G., Bender. C. M., and Morone, U. I. Periodic orbits for classical particles Having complex energy, Physics Letters A, 2011b, 375, 39, pp. 3399-3404.

[38] Andrianov, A. A. The large N expansion as a local perturbation theory, Annals of Physics, 1982, 140, pp. 82-100.

[39] Andrianov, A. A., and Sokolov A. V. Resolutions of identity for some non-Hermitian Hamiltonians. I. Exceptional point in continuous spectrum. SIGMA, 2011, 7, p. 111.

[40] Arlinskii, Y., and Tsekanovskii E. M. Krein's research on semi-bounded operators, its contemporary developments, and applications, in The Mark Krein Centenary Conference Volume 1: Operator Theory and Related Topics, Operator Theory: Advances and Applications, 2009, Vol. 190, Springer , pp. 65-112.

[41] Arpornthip, T., and Bender C. M. Conduction bands in classical periodic potentials, Pramana, 2009, 73, pp. 259-267.

[42] Arrowsmith, D. K., and Place C. M. An Introduction to Dynamical Systems, Cambridge University Press, Cambridge, 1990.

[43] Ashida, Y., Furukawa S., and Ueda M. Parity-time-symmetric quantum critical phenomena, Nature Communications, 2017, 8, p. 15791.

[44] Assawaworrarit, S., Yu X., and Fan S. Robust wireless power transfer using a nonlinear parity-time-symmetric circuit, Nature, 2017, 546.

[45] Assis, P. E. G., and Fring A. From real fields to complex Calogero particles, Journal of Physics A: Mathematical and Theoretical, 2009a, 42, p. 425206.

[46] Assis, P. E. G., and Fring A. Integrable models from PT-symmetric deformations, Journal of Physics A:Mathematical and Theoretical, 2009b, 42, p. 105206.

[47] Assis, P. E. G., and Fring A. Compactons versus solitons, Pramana-Journal of Physics, 2010, 74, pp. 857-865.

[48] Aurégan, Y., and Pagneux V. PT-symmetric scattering in flow duct acoustics, Physical Review Letters, 2017, 118, p. 174301.

[49] Azizov, T. Y., and Iokhvidov, I. S. Linear Operators in Spaces with Indefinite Metric, Wiley, New York, 1998.

[50] Azizov, T. Y., and Trunk, C. PT-symmetric, Hermitian and P-self-adjoint operators related to potentials in PT quantum mechanics, Journal of Mathematical Physics, 2012, 53, p. 012109.

[51] Bagchi, B., and Fring, A. PT-symmetric extensions of the super symmetric Korteweg-de Vries equation, Journal of Physics A: Mathematical and Theoretical, 2008, 41, p. 392004.

[52] Bagchi, B., Mallik, S., and Quesne. C. PT-symmetric square well and the associated SUSY Hierarchies, Modern Physics Letters A, 2002, 17, pp. 1651-1664.

[53] Bagchi, B., and Quesne, C. s1(2, C) as a complex Lie algebra and the associated non-Hermitian Hamiltonians with real eigenvalues, Physics Letters A, 2000, 273, pp. 285-292.

[54] Bagchi, B., and Quesne, C. Pseudo-Hermiticity, weak pseudo-Hermiticity and η-orthogonality condition, Physics Letters A, 2002, 301, pp. 173-176.

[55] Bagchi, B., and Quesne. C. An update on the PT-symmetric complexified Scarf II potential, spectral singularities and some remarks on the rationally extended supersymmetric partners, Journal of Physics A: Mathematical and Theoretical, 2010, 43, p. 305301.

[56] Bagchi, B., Quesne, C., and Roychoudhury, R. Pseudo-Hermiticity and some consequences of a generalized quantum condition, Journal of Physics A:Mathematical and General, 2005, 38, pp. L647-L652.

[57] Bagchi, B., Quesne. C., and Roychoudhury, R. Isospectrality of conventional and new extended potentials, second-order supersymmetry and role of PT symmetry, Pramana-Journal of Physics, 2009, 73, pp. 337-347.

[58] Bagchi, B., Quesne, C., and Znojil, M. Generalized continuity equation and modified normalization in PT-symmetric quantum mechanics, Modern Physics Letters A, 2001, 16, pp. 2047-2057.

[59] Baranov, D. G., Krasnok, A., Shegai, T., Alù, A., and Chong, Y. Coherent perfect absorbers: linear control of light with light, Nature Reviews: Materials, 2017, 2, p. 17064.

[60] Barashenkov, I. V., Jackson, G. S., and Flach, S. Blow-up regimes in the PT-symmetric coupler and the actively coupled dimer, Physical Review A, 2013, 88, p. 053817.

[61] Barton, G. An Introduction to Advanced Field Theory, Interscience, Wiley, New York, 1963.

[62] Basu-Mallick, B., and Kundu, A. Exact solution to the Calogero model with competeing long-range interactions, Physical Review B, 2000, 62, pp. 9927-9930.

[63] Bateman, H. On dissipative systems and related variational principles, Physical Review, 1931, 38, pp. 815-819.

[64] Batic, D., Williams, R., and Nowakowski, M. Potentials of the Heun class, Journal of Physics A: Mathematical and Theoretical, 2013, 46, p. 245204.

[65] Baxter, R. Partition function of the eiget-vertex lattice model, Annals of Physics, 1971, 70, pp. 193-228.

[66] Bazhanov, V., Hibberd, A., and Khoroshkin, S. M. Integrable structure of $\mathcal{W}3$ conformal field theory, quantum Boussinesq theory and boundary affine Toda theory, Nuclear Physics B, 2002, 622, pp. 475-547.

[67] Bazhanov, V. V., Lukyanov, S. L., and Tsvelik, A. M. Analytical results for the Coqblin-Schrieffer model with generalized magnetic fields, Physical Review B, 2003a, 68, 9, p. 094427.

[68] Bazhanov, V. V, Lukyanov, S. L., and Zamolodchikov, A. B. Integrable structure of conformal field theory, quantum KdV theory and thermodynamic Bethe ansatz, Communications in Mathematical Physics, 1996, 177, pp. 381-398.

[69] Bazhanov, V. V., Lukyanov, S. L., and Zamolodchikov, A. B. Integrable quantum field theories in finite volume: Excited state energies, Nuclear Physics B, 1997a, 489, pp. 487-531.

[70] Bazhanov, V. V. Lukyanov, S. L., and Zamolodchikov, A. B. Integrable structure of conformal field theory II. Q-operator and DDV equation, Communications in Mathematical Physics, 1997b, 190, pp. 247-278.

[71] Bazhanov, V. V., Lukyanov, S. L., and Zamolodchikov, A. B. Spectral determinants for Schrodinger equation and Q-operators of conformal field theory, Journal of Statistical Physics, 2001, 102, pp. 567-576.

[72] Bazhanov, V. V., Lukyanov, S. L., and Zamolodchikov, A. B. Higher-level eigenvalues of Q-operators and Schrödinger equation, Advances in Theoretical and Mathematical Physics, 2003b, 7, 4, pp. 711-725.

[73] Bencze, G. Analytical solution of the Schrödinger equation with optical model potential for S-wave neutrons, in Commentationes Physico-Mathematicae 31, University of Michigan, p. 1, 1966.

[74] Bender, C. M. Introduction to PT-symmetric quantum theory, Contemporary Physics, 2005,

46, pp. 277-292.

[75] Bender, C. M. Making sense of non-Hermitian Hamiltonians, Reports on Progress in Physics, 2007, 70, pp. 947-1018.

[76] Bender, C. M., Berntson, B. K., Parker, D., and Samuel, E. Observation of PT phase transition in a simple mechanical system, American Journal of Physics, 2013a, 81, pp. 173-179.

[77] Bender, C. M., and Boettcher, S. Quasi-exactly solvable quartic potential, Journal of Physics A: Mathematical and General, 1998a, 31, pp. L273-L277.

[78] Bender, C. M., and Boettcher, S. Real spectra in non-Hermitian Hamiltonians Having PT symmetry, Physical Review Letters, 1998b, 80, pp. 5243-5246.

[79] Bender, C. M., Boettcher, S., Jones, H. F., Meisinger, P. N., and Simsek, M. Bound states of non-Hermitian quantum field theories, Physics Letters A, 2001a, 291, pp. 197-202.

[80] Bender, C. M., Boettcher, S., Jones, H. F., and Savage, V. M. Complex square well - a new exactly solvable quantum mechanical model, Journal of Physics A: Mathematical and General, 1999a, 32, pp. 6771-6781.

[81] Bender, C. M., Boettcher, S., and Lipatov, L. Almost zero-dimensional quantum field theories, Physical Review D, 1992, 46, pp. 5557-5573.

[82] Bender, C. M., Boettcher, S., and Meisinger, P. N. PT-symmetric quantum mechanics, Journal of Mathematical Physics, 1999b, 40, pp. 2201-2229.

[83] Bender, C. M., Boettcher, S., and Savage, V. M. Conjecture on the interlacing of zeros in complex Sturm-Liouville problems, Journal of Mathematical Physics, 2000a, 41, pp. 6381-6387.

[84] Bender, C. M., Brandt, S. F., Chen, J. H, and Wang, Q. The C operator in PT-symmetric quantum field theory transforms as a Lorentz scalar, Physical Review D, 2005a, 71, p. 065010.

[85] Bender, C. M., Brandt, S. F., Chen, J. H., and Wang, Q. Ghost busting:PT-symmetric interpretation of the Lee model, Physical Review D, 2005b, 71, p. 025014.

[86] Bender, C. M., Brod, J., Refig, A., and Reuter, M. E. The C operator in PT-symmetric quantum theories, Journal of Physics A: Mathematical and General, 2004a, 37, pp. 10139-10165.

[87] Bender, C. M., Brody, D. C., Chen, J. -H, and Furlan, E. PT-symmetric extension of the Korteweg-de Vries equation, Journal of Physics A: Mathematical and Theoretical, 2007a, 40, 5, pp. F153-F160.

[88] Bender, C. M., Brody, D. C., Chen, J. -H., Jones, H. F., Milton, K. A., and Ogilvie, M. C. Equivalence of a complex PT-symmetric quartic Hamiltonian and a Hermitian quartic Hamiltonian with an anomaly, Physical Review D, 2006a, 74, p. 025016.

[89] Bender, C. M., Brody, D. C., and Hook, D. W. Quantum effects in classical systems Having

complex energy, Journal of Physics A: Mathematical and Theoretical, 2008a, 41, p. 352003.

[90] Bender, C. M., Brody, D. C. Hughston, L. P, and Meister, B. K. Geometric aspects of space-time reflection symmetry in quantum mechanics. in F. Bagarello, R. Passante, and C. Trapani, eds, Non-Hermitian Hamiltonians in Quantum Physics, 2016a, Vol. 184, Springer, Cham, pp. 185-199.

[91] Bender, C. M., Brody, D. C., and Jones, H. F. Complex extension of quantum mechanics, Physical Review Letters, 2002, 89, p. 270401.

[92] Bender, C. M., Brody, D. C., and Jones, H. F. Must a Hamiltonian be Hermitian? American Journal of Physics, 2003a, 71, pp. 1095-1102.

[93] Bender, C. M, Brody, D. C., and Jones, H. F. Complex extension of quantum mechanics, Erratum Physical Review Letters, 2004b, 92, p. 119902(E).

[94] Bender, C. M., Brody, D. C., and Jones, H. F. Extension of PT-symmetric quantum mechanics to quantum field theory with cubic interaction, Physical Review D, 2004c, 70, p. 025001.

[95] Bender, C. M., Brody, D. C., and Jones, H. F. Scalar quantum field theory with a complex cubic interaction, Physical Review Letters, 2004d, 93, p. 251601.

[96] Bender, C. M., Cavero-Palaez, L., Milton, K. A and Shajesh, K. V. PT-symmetric quantum electrodynamics, Physics Letters B, 2005c, 613, pp. 97-104.

[97] Bender, C. M., Chen, J. H. Darg, D. W., and Milton, K. A. Classical trajectories for complex Hamiltonians, Journal of Physics A: Mathematical and General, 2006b, 39, pp. 4219-4238.

[98] Bender, C. M., Chen, J. H., and Milton, K. A. PT-symmetric versus Hermitian formulations of quantum mechanics, Journal of Physics A. Mathematical and General, 2006c, 39, pp. 1657-1668.

[99] Bender, C. M., Cooper, F., Khare, A., Mihaila, B., and Saxena, A. Compactons in PT-symmetric generalized Korteweg-de Vries equations, Pramana-Journal of Physics, 2009, 73, 2. pp. 375-385.

[100] Bender, C. M., Cooper, F. Meisinger, P. N., and Savage, V. M. Variational ansatz for PT-symmetric quantum mechanics, Physics Letters A, 1999c, 259, pp. 224-231.

[101] Bender, C. M., and Darg, D. W. Spontaneous breaking of classical PT-symmetry, Journal of Mathematical Physics, 2007, 48, p. 042703.

[102] Bender, C. M., and Dunne, G. V. Exact solutions to operator differential equations, Physics Review D, 1989a, 40, pp. 2739-2742,

[103] Bender, C. M., and Dunne. G. V. Integration of operator differential equations, Physics Review D, 1989b, 40. pp. 3504-3511.

[104] Bender, C. M., and Dunne, G. V. Quasiexactly solvable systems and orthogonal polynomials, Journal of Mathematical Physics, 1996, 37, pp. 6-11.

[105] Bender, C. M., and Dunne, G. V. Large-order perturbation theory for a non-Hermitian PT-symmetric Hamiltonian, Journal of Mathematical Physics, 1999, 40, pp. 4616-4621.

[106] Bender, C. M , Dunne, G. V., and Meisinger, P. N. Complex periodic potentials with real Hand spectra, Physics Letters A, 1999d, 252, pp. 272-276.

[107] Bender, C. M., Dunne, G. V., Meisinger, P. N, and Simsek, M. Quantum complex Hénon-Heiles potentials, Physics Letters A, 2001b, 281, pp. 311-316.

[108] Bender, C. M., and Feinberg, J. Does the complex deformation of the Riemann equation exhibit shocks? Journal of Physics A: Mathematical and Theoretical, 2008, 41, 24, p. 244004.

[109] Bender, C. M., Fring, A., and Komijani, J. Nonlinear eigenvalue problems, Journal of Physics A: Mathematical and Theoretical, 2014a, 47, p. 235204.

[110] Bender, C. M., and Gianfreda, M. PT-symmetric interpretation of the electromagnetic self-force, Journal of Physics A: Mathematical and Theoretical, 2015, 48, 34, p. 34FT01.

[111] Bender, C. M., Gianfreda, M., Hassanpour, N., and Jones, H. F. Comment on 'on the Lagrangian and Hamiltonian description of the damped linear Harmonic oscillator'[J. Math. Phys. 48, 032701 (2007)], Journal of Mathematical Physics, 2016b, 57, p. 084101.

[112] Bender, C. M., Guralnik, G. S., Keener, R. W., and Olaussen, K. Numerical study of truncated Green's-function equations, Physical Review D, 1976, 14, pp. 2590-2595.

[113] Bender, C. M., Holm, D. D., and Hook, D. W. Complex trajectories of a simple pendulum, Journal of Physics A: Mathematical and Theoretical, 2007b, 40, pp. F81-F89.

[114] Bender, C. M., Holm, D. D., and Hook, D. W. Complexified dynamical systems, Journal of Physics A: Mathematical and Theoretical, 2007c, 40, 32 pp. F793 F804.

[115] Bender, C. M., and Hook, D. W. Exact isospectral pairs of PT symmetric Hamiltonians, Journal of Physics A: Mathematical and Theoretical, 2008, 41, p24405.

[116] Bender, C. M., and Hook, D. W. Universal spectral behavior of $x^2(ix)^\varepsilon$ potentials, Physical Review A, 2012, 86, p. 022113.

[117] Bender, C. M., and Hook, D. W., and Kooner, K. S. Classical particle in a complex elliptic potential, Journal of Physics A: Mathematical and Theoretical, 2010a, 43, p. 3165201.

[118] Bender, C. M., Hook, D. W., Mavromatos, N. E., and Sarkar, S. Infinite class of PT-symmetric theories from one timelike Liouville Lagrangian, Physical Review Letters, 2014b, 113, p. 231605.

[119] Bender, C. M., Ghatak, A., and Gianfreda, M. PT-symmetric model of immune response, Journal of Physics A: Mathematical and Theoretical, 2017a, 50, p.035601.

[120] Bender, C. M., Hassanpour, N., Hook, D. W., Klevansky. S. P., Sünderhauf, C., and Wen, Z. Behavior of eigenvalues in a region of broken PT symmetry, Physical Review A, 2017b,

95, p. 052113.

[121] Bender, C. M., Hook, D. W., Mavromatos, N. E., and Sarkar, S. PT-symmetric interpretation of unstable effective potentials, Journal of Physic A: Mathematical and Theoretical, 2016c, 49, p. 45LT01.

[122] Bender, C. M., Hook, D. W., and Mead, L. R. Conjecture on the analyticity of PT -symmetric potentials and the reality of their spectra, Journal of Physics A: Mathematical and Theoretical, 2008b, 41, p. 392005.

[123] Bender, C. M., Hook, D. W., Meisinger, P. N., and Wang; Q. Complex correspondence principle, Physical Review Letters, 2010b, 104, p. 061601.

[124] Bender, C. M. Hook, D. W., Meisinger, P. N., and Wang, Q. Probability density in the complex plane, Annals of Physics, 2010c, 325, pp. 2332-2362.

[125] Bender, C. M., and Jones, H. F. Semiclassical calculation of the C operator in PT-symmetric quantum mechanics, Physics Letters A, 2004, 328, pp. 102-109.

[126] Bender, C. M , Jones, H. F., and Rivers, R. J. Dual PT-symmetric quantum field theories, Physics Letters B, 2005d, 625, pp. 333-340.

[127] Bender, C. M., and Klevansky, S. Nonunique C operator in PT quantum mechanics, Physics Letters A, 2009, 373, pp. 2670-2674.

[128] Bender, C. M., and Klevansky, S. P. Families of particles with different masses in PT-symmetric quantum field theory, Physical Review Letters, 2010, 105, p.031601.

[129] Bender, C. M., and Komijani, J. Painlevé transcendents and PT symmetric Hamiltonians, Journal of Physics A: Mathematical and Theoretical, 2015, 48, p. 475202,

[130] Bender, C. M., Komijani, J., and Wang, Q. Nonlinear eigenvalue problems, 2017c.

[131] Bender, C. M., and Kuzhel, S. Unbounded C-symmetries and their nonuniqueness, Journal of Physics: Mathematical and Theoretical, 2012, 45 p. 444005.

[132] Bender, C. M., Mandula, J. E., and McCoy, B. M. Does renormalized perturbation theory diverge? Physical Review Letters, 1970, 24 pp. 681-683.

[133] Bender, C. M., and Mannheim, P. D. No-ghost theorem for the fourthorder derivative pais-uhlenbeck oscillator model, Physical Review Letters, 2008, 100, p. 110402.

[134] Bender, C. M., and Mannheim, P. D. PT symmetry and necessary and sufficient conditions for the reality of energy eigenvalues, Physics Letters A, 2010, 374, pp. 1616-1620.

[135] Bender, C. M., and Mannheim, P. D. PT symmetry in relativistic quantum mechanics, Physical Review D, 2011, 84, p. 105038.

[136] Bender, C. M., Meisinger, P. N., and Wang, Q. Calculation of the Hidden symmetry operator in PT-symmetric quantum mechanics, Journal of Physics A: Mathematical and General, 2003b, 36, pp. 1973-1983.

[137] Bender, C. M., Meisinger, P. N., and Yang, H. Calculation of the one-point Green's function for a quantum field theory, Physical Review D, 2001c, 63, p. 045001.

[138] Bender, C. M., and Milton, K. A. A nonunitary version of massless quantum electrodynamics possessing a critical point, Journal of Physics A Mathematical and General, 1999, 32, pp. L87-L92.

[139] Bender, C. M., Milton, K. A., Pinsky, S. S., and Simmons Jr, L. M. A new perturbative approach to nonlinear problems, Journal of Mathematical Physics, 1989, 30, p. 528326.

[140] Bender, C. M., Milton, K. A., and Savage, V. M. Solution of Schwinger Dyson equations for PT-symmetric quantum field theory, Physical Review D, 2000b, 62, p. 085001.

[141] Bender, C. M., Moshe, M., and Sarkar, S. PT-symmetric interpretation of double-scaling, Journal of Physics A: Mathematical and Theoretical, 2013b, 46, p. 102002.

[142] Bender, C. M., and Orszag, S. A. Advanced Mathematical Methods for Scientists and Engineers I, Springer, New York, 1999.

[143] Bender, C. M., and Sarkar, S. Double-scaling limit of the O(N)-symmetric anharmonic oscillator, Journal of Physics A: Mathematical and Theoretical, 2014, 46, p. 442001.

[144] Bender, C. M., and Tan, B. Calculation of the Hidden symmetry operator for a PT-symmetric square well, Journal of Physics A: Mathematical and General, 2006, 39, pp. 1945-1953.

[145] Bender, C. M., and Turbiner, A. Analytic continuation of eigenvalue problems, Physics Letters A, 1993, 173, pp. 442-446.

[146] Bender, C. M., and Wang, Q. Comment on a recent paper by Mezincescu, Journal of Physics A: Mathematical and General, 2001, 33 pp. 3325-3328.

[147] Bender, C. M., and Weniger, E. J. Numerical evidence that the perturbation expansion for a non-Hermitian PT-symmetric Hamiltonian is Stieltjes, Journal of Mathematical Physics, 2001, 42, pp. 2167-2183.

[148] Bender, C. M., and Wu, T. T. Analytic structure of energy levels in a field-theory model, Physical Review Letters, 1968, 21, pp. 406-409.

[149] Bender, C. M., and Wu, T. T. Anharmonic oscillator, Physical Review, 1969, 184, pp. 1231126.

[150] Bender, C. M., and Wu, T. T. Anharmonic oscillator. II. A study of perturbation theory in large order, Physical Review D, 1973, 7, pp. 1620-1636.

[151] Berry, M. Uniform asymptotic smoothing of Stokes's discontinuities, Proceedings of the Royal Society of London A, 1989, 422, pp. 7-21.

[152] Berry, M. V. Lop-sided diffraction by absorbing crystals, Journal of Physics A:Mathematical and General, 1997, 31, pp. 3493-3502.

[153] Berry, M. V., and O' Dell, D. H. J. Diffraction by volume gratings with imaginary

potentials, Journal of Physics A: Mathematical and General, 1998, l31, pp. 2093-2101.

[154] Bessis, D., and Zinn-Justin, J. Private discussion, unpublished, 1992.

[155] Bhattacharjie, A., and Sudarshan, E. A class of solvable potentials, Nuovo Cimento, 1962, 25, pp. 864-879.

[156] Bianchi, L. Vorlesungen über Differentialgeometrie, Teubner, Leipzig, 1927.

[157] Bittner, S., Dietz, B., Günther, U., Harney, H. L., Miski-Oglu, M., Richter, A., and Schäfer, F. PT symmetry and spontaneous symmetry breaking in a microwave billiard, Physical Review Letters, 2012, 108, p. 024101.

[158] Blasi, A., Scolarici, G., and Solombrino, L. Pseudo-Hermitian Hamiltonians, indefinite inner product spaces and their symmetries, Journal of Physics A: Mathematical and General, 2004, 37, pp. 4335-4351.

[159] Bleuler, K. Eine neue methode zur behandlung der longitudinalen und skalaren photonen. Helvetica Physica Acta, 1950, 23, pp. 567-586.

[160] Bognar, J. Indefinite Inner Product Spaces, Springer, Berlin, 1974.

[161] Bountis, T., Segur, H., and Vivaldi, F. Integrable Hamiltonian systems and the Painlevé property, Physical Review A, 1982, 25, pp. 1257-1264.

[162] Bousso, R., Maloney, A., and Strominger, A. Conformal vacua and entropy in de Sitter space, Physical Review D, 2002, 65, p. 104039.

[163] Brody, D, C. Biorthogonal quantum mechanics, Journal of Physics A: Mathematical and Theoretical, 2014, 47, p. 035305.

[164] Brody, D. C. Consistency of PT-symmetric quantum mechanics, Journal of Physics A: Mathematical and Theoretical, 2016, 49, p. 10LT03.

[165] Brody, D. C., and Graefe, E.-M. Mixed-state evolution in the presence of gain and loss, Physical Review Letters, 2012, 109, p. 230405.

[166] Brody, D. C., and Graefe, E.-M. Information geometry of complex Hamiltonians and exceptional points, Entropy, 2013, 15, pp. 3361-3378.

[167] Brower, R. C., Furman, M. A., and Moshe, M. Critical exponents for the Reggeon quantum spin model, Physics Letters B, 1978, 762, pp. 213-219.

[168] Buslaev, V., and Grecchi, V. Equivalence of unstable anharmonic oscillators and double wells, Journal of Physics A: Mathematical and General, 1993, 26, 20, pp. 5541-5549.

[169] Caliceti. E., Graffi, S., and Maioli, M. Perturbation theory of odd an-Harmonic oscillators, Communications in Mathematical Physics, 1980, 75, 1, pp51-66.

[170] Calogero, F. Ground state of one-dimensional N-body system, Journal of Mathematical Physics, 1969a, 10, pp. 2197-2200.

[171] Calogero, F. Solution of a three-body problem in one dimension, Journal of Mathematical Physics, 1969b, 10, pp. 2191-2196.

[172] Calogero, F. Solution of the one-dimensional N-body problems with quadratic and/or inversely quadratic pair potentials, Journal of Mathematical Physics, 1971, 12, pp. 419-436.

[173] Camassa, R., and Holm, D. D. An intergrable shallow-water equation with peaked solutions, Physical Review Letters, 1993, 71, pp. 1661-1664.

[174] Cardy, J. L. Conformal invariance and the Yang-Lee edge singularity in two dimensions, Physical Review Letters, 1985, 54, pp. 1354-1356.

[175] Cardy, J. L., and Mussardo, G. S-matrix of the Yang-Lee edge singularity in two dimensions, Physics Letters B, 1989, 225, pp. 275-278.

[176] Cardy, J. L., and Sugar, R. L. Reggeon field theory on a lattice, Physical Review D, 1975, 12. pp. 2514-2522.

[177] Cavaglia, A., and Fring, A. PT-symmetrically deformed shock waves, Journal of Physics A:Mathematical and Theoretical, 2012, 45, p. 444010.

[178] Cavaglia, A., Fring, A., and Bagchi, B. PT-symmetry breaking in complex nonlinear wave equations and their deformations, journal of Physics A: Mathematical and Theoretical, 2011, 44, p. 325201.

[179] Cen, J., Correa, F., and Fring, A. Time-delay and reality conditions for complex solitons, Journal of Mathematical Physics, 2017, 58, 3, p. 032901.

[180] Cen, J., and Fring. A. Complex solitons with real energies, Journal of Physics A: Mathematical and Theoretical, 2016, 49, 36, p. 365202.

[181] Cerjan, A., Raman, A., and Fan, S. Exceptional contours and band structure design in parity-time symmetric photonic crystals, Physical Re view Letters, 2016, 116, p. 203002.

[182] Cerveró, J. M., and Rodríguez, A. The band spectrum of periodic potentials with PT-symmetry, Journal of Physics A: Mathematical and General, 2004, 37, pp. 10167-10177.

[183] Chandrasekar, V. K., Senthilvelan, M., and Lakshmanan, M. On the Lagrangian and Hamiltonian description of the damped linear Harmonic oscillator, Journal of Mathematical Physics, 2007, 48, p. 032701.

[184] Chen, H. H., Lee, Y. C., and Pereira, N. R. Algebraic internal wave solutions and the integrable Calogero-Moser-Sutherland N-body problem Physics of Fluids, 1979, 22, pp. 187-188.

[185] Chen, W. Sahin Kaya Ozdemir, Zhao, G., Wiersig, J., and Yang, L. Exceptional points enhance sensing in an optical microcavity, Nature, 2017, 548, pp. 192-196.

[186] Chong, Y., Ge, L., Cao, H., and Stone, A. Coherent perfect absorbers Time-reversed lasers, Physical Review Letters, 2010, 105, p. 053901.

[187] Chong, Y. D., Ge, L., and Stone, A. D. PT-symmetry breaking and laser-absorber modes in optical scattering systems, Physical Review Letters, 2011, 106, p. 093902.

[188] Clarkson, P. A. The fourth Painlevé equation and associated special polynomials, Journal of Mathematical Physics, 2003, 44, 11, pp. 5350-5374.

[189] Cooper, F., Ginocchio, J. N., and Khare, A. Relationship between supersymmetry and solvable potentials, Physical Review D, 1987, 36, pp. 2458-2473.

[190] Cooper, F, Khare, A., and Sukhatme, U. Supersymmetry and quantum mechanics, Physics Reports, 1995, 251, pp. 267-385.

[191] Cooper, F, Shepard, H., and Sodano, P. Solitary waves in a class of generalized Korteweg-de Vries equations, Physical Review E, 1993, 48, pp. 4027-4032.

[192] Cordero, P., and Salamo, S. Algebraic solution for the Natanzon confluent potentials, Journal of Physics A: Mathematical and General, 1991, 24 pp. 5299-5305.

[193] Cummer, S. A., Christensen, J., and Alu, A. Controlling sound with acoustic metamaterials, Nature Reviews: Materials, 2016, 1, p. 16001.

[194] Curtright, T., and Mezincescu, L. Biorthogonal quantum systems, Journal of Mathematical Physics, 2007, 48, p. 092106.

[195] Curtright, T., Mezincescu, L., Ivanov, E., and Townsend, P. K. Planar super-Landau models revisited, Journal of High Energy Physics, 2007, p. 020.

[196] Curtright, T., and Veitia, A. Quasi-Hermitian quantum mechanics in phase space, Journal of Mathematical Physics, 2007, 48, p. 102112.

[197] Curtright, T. L., and Fairlie, D.B. Euler incognito, Journal of Physics A:Mathematical and Theoretical, 2008, 41, 24, p. 244009.

[198] Dabrowska, J. W., Khare, A., and Sukhatme, U. P. Explicit wavefunctions for shape-inariant potentials by operator techniques, Journal of Physics A: Mathematical and Genera, 1988, l21. pp. L195-L200.

[199] Darboux, G. Sur une Proposition Relative aux équations Linéaires, Comptes rendus de l'Académie des Sciences, Serie I, Mathematics, Paris, 1882, 94, pp. 1456-1459.

[200] Davies, E. B. An indefinite convection-diffusion operator, LMS Journal of Computation and Mathematics, 2010, 10, pp. 288-306.

[201] Delabaere, E., and Pham, F. Eigenvalues of complex Hamiltonians with PT-symmetry, II, Physics Letters A, 1998, 250. pp. 29-32.

[202] Delabaere, E., and Trinh. D. T. Spectral analysis of the complex cubic oscillator Journal of Physics A: Mathematical and General, 2000, 33, 48, pp. 8771-8796.

[203] Dirae. P. A. M. Bakerian Lecture.The Physical interpretation of quantum mechanics, Proceedings of the Royal Society A, 1942, 180, pp. 1-40.

[204] Doppler, J., Mailybaev, A. A., Bohm. J., Kuhl. U., Girschik. A., Libisch. F., Milburn, T. J., Rabl,

P., Moiseyev, N., and Rotter, S. Dynamically encircling an exceptional point for asymmetric mode switching. Nature, 2016, 537, pp. 76-79.

[205] Dorey, P., Dunning, C., Gliozzi, F., and Tateo. R. On the ODE/IM correspondence for minimal models, Journal of Physics A:Mathematical and Theoretical, 2008, 41. p. 132001.

[206] Dorey, P., Dunning, C., Lishman, A., and Tateo, R. PT symmetry breaking and exceptional points for a class of inhomogeneous complex potentials, Journal of Physics A: Mathematical and Theoretical, 2009, 42 , p. 465302.

[207] Dorey, P., Dumning, C., Masoero, D., Suzuki, J., and Tateo, Pseudodifferential equations, and the Bethe ansatz for the classical Lie algebras, Nuclear Physics B, 2007a, pp. 249-289.

[208] Dorey, P., Dunning, C., and Tateo, R. Differential equations for general su(n) Bethe ansatz systems, Journal of Physics A: Mathematical and General, 2000, 33, pp. 8427-8441.

[209] Dorey, P., Dunning, C., and Tateo, R. Spectral equivalence, Bethe ansatz, and reality properties in PT-symmetric quantum mechanics, Journal of Physics A: Mathematical and General, 2001a, 34, pp. 5679-5704.

[210] Dorey, P., Dunning, C., and Tateo, R. Supersymmetry and the spontaneous breakdown of PT symmetry, Journal of Physics A: Mathematical and General, 2001b, 34, pp. L391-L400.

[211] Dorey, P., Dunning: C., and Tateo: R. The ODE/IM correspondence, Journal of Physics A: Mathematical and Theoretical, 2007b, 40, pp. R205-R283.

[212] Dorey, P., Dunning, C., and Tateo, R. Quasi-exact solvability, resonances and trivial monodromy in ordinary differential equations, Journal of Physics A:Mathematical and Theoretical, 2012, 45, p. 444013.

[213] Dorey, P., Faldella, S., Negro, S., and Tateo, R. The Bethe ansatz and the Tzitzéica-Bullough-Dodd equation, Philosophical Transactions of the Royal Society of London A, 2013, 371, p. 20120052.

[214] Dorey, P., Millican-Slater, A., and Tateo, R. Beyond the WKB approximation in PT-symmetric quantum mechanics, Journal of Physics A: Mathematical and General, 2005, 38, pp. 1305-1332.

[215] Dorey, P., and Tateo, R. Anharmonic oscillators, the thermodynamic Bethe ansatz, and nonlinear integral equations, Journal of Physics A: Mathematical and General, 1999a, 32, pp. L419-L425.

[216] Dorey, P., and Tateo, R. On the relation between Stokes multipliers and the T-Q systems of conformal field theory. Nuclear Physics B, 1999b, 563, pp573-602.

[217] Dorey, P., and Tateo, R. Differential equations and integrable models the su(3) case, Nuclear Physics B, 2000, 571, pp. 583-606.

[218] Dorizzi, B., Grammaticos, B., and Ramani, A. A new class of integrable systems, Journal of Mathematical Physics, 1983, 24, pp. 2282-2288.

[219] Dunne, G. V., and Feinberg, J. Self-isospectral periodic potentials and supersymmetric quantum mechanics, Physical Review D, 1998, 57, pp. 1271-1276.

[220] Dutt, R., Khare, A., and Sukhatme, U. P. Exactness of supersymmetric WKB spectra for shape-invariant potentials, Physics Letters B, 1986, 181, pp. 295-298.

[221] Dutt, R, Khare, A., and Varshni, Y. New class of conditionally exactly solvable potentials in quantum mechanics, Journal of Physics A: Mathematical and General, 1995, 28, pp. L107-L113.

[222] Dyson, F. J. Thermodynamic behavior of an ideal ferromagnet, Physical Review, 1956, 102, pp. 1230-1244.

[223] Egrifes, H., and Sever, R. Bound states of the Dirac equation for the PT symmetric generalized Hulthén potential by the Nikiforov-Uvarov method. Physics Letters A, 2005, 344, pp. 117-126.

[224] El-Ganainy, R., Makris, K., Christodoulides, D., and Musslimani, Z. Theory of coupled optical PT-symmetric structures, Optics Letters, 2007, 32. pp. 2632-2634.

[225] El-Ganainy. R., Makris. K. G., Khajavikhan. M., Musslimani. Z. H., Rotter, S., and Christodoulides, D. N. Non-Hermitian Physics and PT symmetry, Nature Physics, 2018, 14, pp. 11-19.

[226] Eremenko, A. Entire functions, PT-symmetry and Voros's quantization scheme, 2015, arXiv:1510. 02504 [math-ph], https://arxiv. org/abs/1510. 02504.

[227] Eremenko, A., and Gabrielov, A. Analytic continuation of eigenvalues of a quartic oscillator, Communications in Mathematical Physics, 2009a, 287. pp. 431-457.

[228] Eremenko, A., and Gabrielov, A. Irreducibility of some spectral determinants, 2009b, ArXiv 0904. 1714, http://arxiv.org/abs/0904. 1714.

[229] Eremenko, A., and Gabrielov, A. Quasi-exactly solvable quartic: elementary integrals and asymptotics, Journal of Physics A: Mathematical and Theoretical, 2011a, 44, p. 312001.

[230] Eremenko, A., and Gabrielov, A. Singular perturbation of polynomial potentials with applications to PT-symmetric families, Moscow Mathematical Journal, 2011b, 11, pp. 473-503.

[231] Eremenko. A., and Gabrielov. A. Quasi-exactly solvable quartic: real algebraic spectral locus, Journal of Physics A: Mathematical and Theoretical, 2012a, 45, 17, p. 175205.

[232] Eremenko, A., and Gabrielov, A. Two-parametric PT-symmetric quartic family, Journal

of Physics A: Mathematical and Theoretical, 2012b, 45, 17 p. 175206.

[233] Eremenko, A., Gabrielov, A., and Shapiro, B. High energy eigenfunctions of one-dimensional Schrödinger operators with polynomial potentials, Computational Methods and Function Theory, 2008, 8, pp. 513-529.

[234] Faddeev, L., and Yakubovskii, O. Lectures on Quantum Mechanics for Mathematical Students, American Mathematical Society, Providence. Rhode Island, 2009.

[235] Fateev, V., and Lukyanov, S. Boundary RG flow associated with the AKNS sollocken Hierarchy, Journal of Physics A: Mathematical and General, 2006, 39, pp.12889-12925.

[236] Fedoroy, Y. N., and Gomez-Ullate, D. Dynamical systems on infinitely sheeted Riemann surfaces, Physica D- Nonlinear Phenomena, 2007, 227, pp. 120-134.

[237] Feng, L., El-Ganainy, R., and Ge, L. Non-Hermitian Photonics based on parity-time symmetry, Nature Photonics, 2017a, 11, p. 752.

[238] Feng, L., El-Ganainy, R, and Ge, L. Non-Hermitian Photonics based on parity-time symmetry, Nature Photonics, 2017b, 11, pp. 752-762.

[239] Feng, L., Wong, Z. J., Ma, R.-M., Wang, Y., and Zhang, X. Single-mode laser by parity-time symmetry breaking, Science, 2014, 346, pp. 972-975.

[240] Fernández, F. M., Guardiola, R., Ros, J., and Znojil, M. A family of complex potentials with real spectrum, Journal of Physics A: Mathematical and General, 2005, 32, pp. 3105-3116.

[241] Feynman, R., and Hibbs, A. Quantum Mechanics and Path Integrals, McGraw-Hill, New York, 1965.

[242] Fisher, M. E. Yang-Lee edge singularity and field theory, Physical Review Letters, 1978, 40, pp. 1610-1613.

[243] Fleury, R., Khanikaev, A. B., and Alú, A. Floquet topological insulators for sound, Nature Communications, 2016, 7, p. 11744.

[244] Fleury, R., Monticone, F., and Alú, A. Invisibility and cloaking Origins, present, and future perspectives, Physical Review Applied, 2015, 4, p. 037001.

[245] Fleury, R., Sounas, D., and Alú, A. An invisible acoustic sensor based on parity-time symmetry, Nature Communications, 2014a, 6, p. 5905.

[246] Fleury, R., Sounas, D. L., and Alú, A. Negative refraction and planar focusing based on parity-time symmetric metasurfaces, Physical Review Letters, 2014b, 113, p. 023903.

[247] Flügge, S. Practical Quantum Mechanics, Springer, Berlin, 1971.

[248] Fring, A. A note on the integrability of non-Hermitian extensions of Calogero-Moser-Sutherland models, Modern Physics Letters A, 2006, 21, pp. 691-699.

[249] Fring, A. PT-symmetric deformations of the Korteweg-de Vries equation, Journal of Physics A: Mathematical and Theoretical, 2007, 40, pp. 4215-4224.

[250] Fring, A. Particles versus fields in PT-symmetrically deformed integrable systems, Pramana-Journal of Physics, 2009, 73, 2, pp. 363-373.

[251] Fring, A. PT-symmetric deformations of integrable models, Philosophical Transactions of the Royal Society of London A: Mathematical, Physical and Engineering Sciences, 2013, 371, 1989, p. 20120046.

[252] Fring, A., and Smith, M. Antilinear deformations of Coxeter groups, an application to Calogero models, Journal of Physics A: Mathematical and Theoretical, 2010, 43, p. 325201.

[253] Fring, A., and Smith, M. PT invariant complex E(8) root spaces, International Journal of Theoretical Physics, 2011, 50, pp. 974-981.

[254] Fring, A., and Smith, M. Non-Hermitian multi-particle systems from complex root spaces, Journal of Physics A: Mathematical and Theoretical, 2012, 45, p. 085203.

[255] Fring, A., and Znojil, M. PT-symmetric deformations of Calogero models, Journal of Physics A: Mathematical and Theoretical, 2008, 41, p. 194010.

[256] Gaiotto, D., Moore, G. w., and Neitzke, A. Wall-crossing, Hitchin systems, and the WKB approximation, Advances in Mathematics, 2013, 234, pp. 239-403.

[257] Gao, T. Estrecho, E., Bliokh, K. Y, Liew, T. C. H, Fraser, M. D., Brodbeck, S., Kamp, M., Schneider, C., Hófling, S., Yamamoto, Y., Nori, F. Kivshar, Y. S., Truscott, A. G., Dall, R. G., and Ostrovskaya, E. A. Observation of non-Hermitian degeneracies in a chaotic exciton polariton billiard, Nature, 2015, 526, pp. 554-558.

[258] Ge, L., Chong, Y. D, and Stone, A. Conservation relations and anisotropic transmission resonances in one-dimensional PT-symmetric photonic Heterostructures, Physical Review A, 2012a, 85, p. 023802.

[259] Ge, L., Chong, Y. D., and Stone, A. D. Conservation relations and anisotropic transmission resonances in one-dimensional PT-symmetric photonic Heterostructures, Physical Review A, 2012b, 85, p. 023802.

[260] Ge,L., Makris, K. G., Christodoulides, D. N., and Feng, L. Scattering in PT-and RT-symmetric multimode waveguides: Generalized conservator laws and spontaneous symmetry breaking beyond one dimension, Physical Review A, 2015, 92, p. 062135.

[261] Ge, L., and Stone, A. D. Parity-time symmetry breaking beyond one dimension: The role of degeneracy, Physical Review X, 2014, 4, p. 031011.

[262] Gendenshtein, L. E. Derivation of exact spectra of the Schrödinger equation by means of supersymmetry, JETP Letters, 1983, 38, pp. 356-359.

[263] Ginocchio, J. N. A class of exactly solvable potentials I. One-dimensional Schrödinger equation, Annals of Physics, 1984, 152, PP. 203-219.

[264] Ginocchio, J. N. A class of exactly solvable potentials II. The three-dimensional

Schrödinger equation, Annals of Physics, 1985, 159, pp. 467-480.

[265] Goldzak, T. Mailybaev, A. A., and Moiseyev, N. Light stops at exceptional points, Physical Review Letters, 2018, 120, p. 013901.

[266] Gomez-Ullate, D., Kamran, N., and Milson, R. An extended class of orthogonal polynomials defined by a Sturm-Liouville problem, Journal of Mathematical Analysis and Applications, 2009, 359, pp. 352-367.

[267] Gomez-Ullate, D., Kamran, N., and Milson, R. Exceptional orthogonal polynomials and the Darboux transformation, Journal of Physics A Mathematical and Theoretical, 2010a, 43, p. 434016.

[268] Gomez-Ullate, D., Kamran, N, and Milson, R. An extension Bochner's problem: Exceptional invariant subspaces, Journal of Approximation Theory, 2010b, 162, pp. 987-1006.

[269] Gomez-Ullate. D. Kamran. N., and Milson, R. On orthogonal polynomials spanning a non-standard flag, in Algebraic Aspects of Darboux Transformations, Quantum Integrable Systems and Supersymmetric Quantum Mechanics, Contemporary Mathematics, 2012, Vol. 563(AMS), pp. 51-71.

[270] Graefe, E.-M. Stationary states of a PT symmetric two-mode Bose-Einstein condensate, Journal of Physics A: Mathematical and Theoretical, 2012, l45, p. 444015.

[271] Graefe, E.-M., and Jones, H. F. PT-symmetric sinusoidal optical lattices at the symmetry-breaking threshold, Physical Review A, 2011, 84, p. 013818.

[272] Graefe, E.-M., Korsch, H. J., and Rush, A. Classical and quantum dynamics in the (non-Hermitian)Swanson oscillator, Journal of Physics A: Mathematical and Theoretical, 2015a, 48, p. 055301.

[273] Graefe, E,-M., Mudute-Ndumbe, S., and Taylor, M Random matrix ensembles for PT-symmetric systems, Journal of Physics A: Mathematical and Theoretical, 2015b, 48, p. 38FT02.

[274] Graefe, E.-M., and Schubert, R. Wave-packet evolution in non-Hermitian quantum systems, Physical Review A, 2011, 83, p. 060101.

[275] Graefe, E.-M., and Schubert, R. Complexified coherent states and quantum evolution with non-Hermitian Hamiltonians, Journal of Physics A: Mathematical and Theoretical, 2012, 45, p. 244033.

[276] Grammaticos, B., and Ramani, A. Integrability and How to detect it.in Integrability of Nonlinear Systems, 1997, pp. 30-94.

[277] Grod, A., Kuzhel, S., and Sudilovskaya, V. On operators of transition in Krein spaces, Opuscula Mathematica, 2011, 31, pp. 49-59.

[278] Günther, U., and Kuzhel, S. PT-symmetry, Cartan decompositions, Lie triple systems and

Krein space-related Clifford algebras, Journal of Physics A:Mathematical and Theoretical, 2010, 43, p. 392002.

[279] Guo, A., Salamo, G. J., Duchesne, D., Morandotti, R., Volatier-Ravat, M., Aimez, V., Siviloglou, G. A., and Christodoulides, D. N. Observation of PT-symmetry breaking in complex optical potentials, Physical Review Letters, 2009, 103, p. 093902.

[280] Gupta, S. N. On the calculation of self-energy of particles, Physical Review, 1950a, 77, pp. 294-295.

[281] Gupta, S. N Theory of longitudinal photons in quantum electrodynamics, Proceedings of the Physical Society. Section A, 1950b, 63, pp. 681-691.

[282] Handy, C. Khan, D., Wang, X. -Q., and Tymczak, C. Multiscale reference function analysis of the PT symmetry breaking solutions for the $P^2 + iX^3 + i\alpha X$ Hamiltonian, Journal of Physics A: Mathematical and General, 2001, 34, pp. 5593-5602.

[283] Handy, C. R. Generating converging bounds to the, complex, discrete states of the $P^2 + iX^3 + i\alpha X$ Hamiltonian, Journal of Physics A: Mathematical and General, 2001, 34, pp. 5065-5081.

[284] Harms, B. C. Jones, S. T., and Tan, C. -I. New structure in the energy spectrum of Reggeon quantum mechanics with quartic couplings, Physics Letters B, 1980, 91, 2, pp. 291-295.

[285] Hatano, N., and Nelson, D. R. Localization transitions in non-Hermitian quantum mechanics, Physical Review Letters, 1996, 77, pp. 570-573.

[286] He, C., Zhang, X.-L, Feng, L. Lu, M,-H., and Chen, Y.-F. One-way cloak based on nonreciprocal photonic crystal, Applied Physics Letters, 2011, 99 p. 151112.

[287] Herbst, I. Dilation analyticity in constant electric field I: The two body problem, Communications in Mathematical Physics, 2005, 64, pp. 279-298.

[288] Hertog, T., and Horowitz, G. T. Holographic description of AdS cosmologies, Journal of High Energy Physics, 2005, p. 005.

[289] Hezaro, H. Complex zeros of eigenfunctions of 1D Schrödinger operators, International Mathematics Research Notices, 2008, p. rnm148.

[290] Hille, E. Lectures on Ordinary Differential Equations, Addison-Wesley Reading, MA, 1969.

[291] Hodaei, H., Hassan, A. U., Garcia-Gracia, H., Hayenga, W. E., Christodoulides, D. N., and Khajavikhan, M. Enhanced sensitivity in PT-symmetric coupled resonators, in A. V. Kudryashov, A. H. Paxton, and V. S. IlChenko(eds.), Proceedings of SPIE: Laser Resonators, Microresonators, and Beam Control XIX, 2017, Vol. 10090, p. 6.

[292] Hodaei, H., Miri, M.-A., Heinrich, M, Christodoulides, D. N., and Khajavikhan, M. Parity-time-symmetric microring lasers, Science, 2014, 346, pp. 975-978.

[293] Hollowood, T. Solitons in affine Toda field theories, Nuclear Physics B, 1992, 384, 3, pp.

523-540.

[294] Hook, J., and Hall, H. Solid State Physics, J Wiley & Sons, New York, 1991.

[295] Horiuchi, N. View from JSAP Spring Meeting: A marriage of materials and optics, Nature Photonics, 2017, 11, pp. 271-273.

[296] Hsu, C. W., Zhen, B., Stone, A. D., Joannopoulos, J. D., and Soljacic, M. Bound states in the continuum, Nature Reviews: Materials, 2016, 1, p. 16048.

[297] Hu, S., Ma, X., Lu, D., Yang, Z., Zheng, Y., and Hu, W. Solitons supported by complex PT-symmetric Gaussian potentials, Physical Review A, 2011, 84, p. 043818.

[298] Humphreys, J. E. Introduction to Lie Algebras and Representation Theory , Springer, Berlin, 1972.

[299] Infeld, L., and Hull, T. D. The factorization method, Reviews of Modern Physics, 1951, 23, pp. 21-68.

[300] Ishkhanyan, A. Exact solution of the Schrödinger equation for the inverse square root potential$v_0/\sqrt{x}$, Europhysics Letters , 2015, 112, p. 10006.

[301] Ishkhanyan, A. The Lambert-W step-potential - an exactly solvable confluent Hypergeometric potential, Physics Letters A, 2016, 380, pp. 640-644.

[302] Ishkhanyan, T. A., and Ishkhanyan, A. M. Solutions of the bi-confluent Heun equation in terms of the Hermite functions, Annals of Physics, 2017, 383, pp. 79-91.

[303] Ito, K., and Locke, C. ODE/IM correspondence and modified affine Toda field equations, Nuclear Physics B, 2014, 885, pp. 600-619.

[304] Ito, K., and Locke, C. ODE/IM correspondence and Bethe ansatz for affine Toda field equations, Nuclear Physics B, 2015, 896, pp. 763-778.

[305] Ito, K., and Shu, H. ODE/IM correspondence for modified B $B_2^{(1)}$ affine Toda field equation, Nuclear Physics B, 2017, 916, pp. 414-429.

[306] Ivanov, E. A., and Smilga, A. V. Cryptoreality of nonanticommutative Hamiltonians, Journal of High Energy Physics, 2007, p. 036.

[307] Jackson, J. Classical Electrodynamics, Wiley, Oxford, 1999.

[308] Jahromi, A. K, Hassan, A. U., Christodoulides, D. N., and Abouraddy, A. F. Statistical parity-time-symmetric lasing in an optical fibre network, Nature Communications, 2017, 8, p. 1359.

[309] Japaridze, G. S. Space of state vectors in PT-symmetric quantum mechanics, Journal of Physics A: Mathematical and General, 2002, 35, pp. 1709-1718.

[310] Jones, H. F. The energy spectrum of complex periodic potentials of the Kronig-Penney type, Physics Letters A, 1999, 262, pp. 242-244.

[311] Jones, H. F. On pseudo-Hermitian Hamiltonians and their Hermitian counterparts, Journal of Physics A: Mathematical and General, 2005, 38, pp. 1741-1746.

[312] Jones, H. F. Equivalent Hamiltonian for the Lee model, Physical Review D, 2008, 77. p. 065023.

[313] Jones, H. F. Analytic results for a PT-symmetric optical structure, Journal of Physics A: Mathematical and Theoretical, 2012, 45, p. 135306.

[314] Jones, H. F., and Kulishov, M. Extension of analytic results for a PT-symmetric structure, Journal of Optics, 2016, 18, p. 055101.

[315] Jones, H. F., Kulishov, M., and Kress, B. Parity time-symmetric vertical cavities: Intrinsically single-mode regime in longitudinal direction, Optics Express, 2016, 24, pp. 17125-17137.

[316] Jones, H. F., and Mateo, J. Equivalent Hermitian Hamiltonian for the non-Hermitian potential, Physical Review D, 2006, 73, p. 085002.

[317] Jones, H. F., Mateo, J., and Rivers, R. J. On the path-integral derivation of the anomaly for the Hermitian equivalent of the complex PT-symmetric quartic Hamiltonian, Physical Review D, 2006, 74, p. 125022.

[318] Jones-Smith, K. Non-Hermitian Quantum Mechanics, PH. D. thesis, Case Western Reserve University, 2010.

[319] Jones-Smith, K., and Mathur, H. Relativistic non-Hermitian quantum mechanics, Physical Review D, 2014, 89, p. 125014.

[320] Jones-Smith, K., and Mathur. H. Non-Hermitian neutrino oscillations in matter with PT symmetric Hamiltonians, Europhysics Letters, 2016, 113 p. 61001.

[321] Junker, G. Supersymmetric Methods in Quantum and Statistical Physics, Springer, Berlin, 1996.

[322] Junker, G., and Roy, P. Conditionally exactly solvable problems and nonlinear algebras, Physics Letters A, 1997, 232, pp. 155-161.

[323] Källén, G., and Pauli, W. On the mathematical structure of T. D. Lee's model of a renormalizable field theory, Matematisk-Fysiske Meddelelser Konglige Danske Videnskabernes Selskab, 1955, 30, p. 7.

[324] Kamuda. A., Kuzhel. S., and Sudilovskaya. V. On dual definite subspaces in Krein space, Complex Analysis and Operator Theory, 2018, pp. 1-22.

[325] Kevrekidis, P. G. Siettos, C. I., and Kevrekidis. Y. G. To infinity and some glimpses of beyond, Nature Communications, 2017, 8, p. 1562.

[326] Khare, A., and Cooper, F. One-parameter family of soliton solutions with compact support in a class of generalized Korteweg-de Vries equations, Physical Review E, 1993, 48, 6, pp. 4843-4844.

[327] Khare. A., and Mandal, B. P. A PT-invariant potential with complex QES eigenvalues, Physics Letters A, 2000, 272, pp. 53-56.

[328] Kim, K.-H., Hwang, M.-S., Kim, H.-R., Choi, J.-H., No, Y.-S., and Park, H.-G. Direct observation of exceptional points in coupled photonic-crystal lasers with asymmetric optical gains, Nature Communications, 2016, 7, p. 13893.

[329] Klaiman, S., Günther, U., and Moiseyev, N. Visualization of branch points in PT-symmetric waveguides, Physical Review Letters, 2008, 101, p. 080402.

[330] Kleefeld, F. Non-Hermitian quantum theory and its Holomorphic representation: Introduction and some applications, 2004, ArXiv, Hep-th/0408028 http://arxiv.org/abs/hep-th/0408028.

[331] Kleefeld, F. On (non-Hermitian) Lagrangeans in (particle) Physics and their dynamical generation, Czechoslovak Journal of Physics, 2005, 55, pp. 1123-1134.

[332] Kleefeld, F. Kurt Symanzik - a stable fixed point beyond triviality, Journal of Physics A: Mathematical and General, 2006, 39, pp. L9-L15.

[333] Korteweg, D. J., and de Vries, G. On the change of form of long waves advancing in a rectangular canal, and on a new type of long stationary waves. Philosophical Magazine, 1895, 39, pp. 422-443.

[334] Kretschmer, R., and Szymanowski, L. Quasi-Hermiticity in infinite dimensional Hilbert spaces, Physics Letters A, 2004, 325, pp. 112-117.

[335] Krichever, I., Babelon, O., Billey, E., and Talon, M. Spin generalization of the Calogero-Moser system and the matrix KP equation, in Translations of the American Mathematical Society-Series,American Mathematical Society, 1995, 2, Vol. 170, pp. 83-120.

[336] Kruskal, M., Joshi, N., and Halburd, R. Analytic and asymptotic Methods for nonlinear singularity analysis: A review and extensions of tests for the Painlevé property, in Integrability of Nonlinear Systems, Springer Berlin, 2004, Vol. 638, pp. 175-208.

[337] Kulishov, M., Kress, B., and Jones, H. F. Novel optical characteristics of a Fabry-Perot resonator with embedded PT-symmetrical grating Optics Express, 2014, 22, pp. 23164-23181.

[338] Kulishov, M., Laniel, J. M., Bélanger, N., Azaña, J., and Plant, D. V. Non-reciprocal waveguide Bragg gratings, Optics Express, 2005, 13, pp. 3068-3078.

[339] Kuzhel, A., and Kuzhel, S. Regular Extensions of Hermitian Operators, VSP, Utrecht, The Netherlands, 1998.

[340] Kuzhel. S. On pseudo-Hermitian operators with generalized C-symmetries, in The Mark Krein Centenary Conference Volume 1: Operator Theory and Related Topics, Operator Theory: Advances and Applications, 2009, Vol. 190, Springer, pp. 375-385.

[341] Kuzhel, S., and Sudilovskaja, V. Towards theory of C-symmetries, Opuscula Mathematica, 2017, 37, pp. 65-80.

[342] Kuzhel, S. O., and Patsyuk, O. M. On the theory of PT-symmetric operators, Ukrainian Mathematical Journal, 2012, 64, pp. 35-55.

[343] Lamb Jr, G. L. Analytical descriptions of ultrashort optical pulse propagation in a resonant medium, Reviews of Modern Physics, 1971, 43, pp. 99-124.

[344] Langer, H. On the maximal dual pairs of invariant subspaces of j-self-adjoint operators, Mathematical notes of the Academy of Sciences o the USSR, 1970a, 7, pp. 269-271.

[345] Langer, H. On the maximal dual pairs of invariant subspaces of j-self-adjoint operators, Russian, Mate matieheskie Zametki, 1970b, 7, pp. 443-447.

[346] Langer, H. Spectral functions of definitizable operators in Kreĭn spaces, in D. Butkovic, H. Kraljevic, and S. Kurepa(eds.), Lecture Notes in Mathematics, 1982, Vol. 948, Springer-Verlag, pp. 1-46.

[347] Lax, P. D. Integrals of nonlinear equations of evolution and solitary waves. Communications on Pure and Applied Mathematics, 1968, 21, pp. 467-490.

[348] Lee, T. D. Some special examples in renormalizable field theory, Physical Review, 1954, 95, p. 1329.

[349] Lee, T. D., and Wick, G. C. Negative metric and the unitarity of the S-matrix, Nuclear Physics B, 1969, 9, pp. 209-243.

[350] Lévai, G. A search for shape-invariant solvable potentials, Journal of Physics A: Mathematical and General, 1989, 22, pp. 689-702.

[351] Lévai, G. A class of exactly solvable potentials related to the Jacobi polynomials, Journal of Physics A: Mathematical and General, 1991, 24, pp. 131-146.

[352] Lévai, G. Solvable potentials associated with SU(1,1) algebras: A systematic study, Journal of Physics A: Mathematical and General, 1994a, 27, pp. 3809-3828.

[353] Lévai, G. Solvable potentials derived from supersymmetric quantum mechanics, in H. V. von Geramb(ed.), Quantum inversion theory and applications, Lecture Notes in Physics, 1994b, Vol. 47, Springer, Berlin, pp. 107-126.

[354] Lévai, G. Supersymmetry without Hermiticity, Czechoslovak Journal of Physics, 2004, 54, pp. 1121-1124.

[355] Lévai, G. On the pseudo-norm and admissible solutions of the PT-symmetric Scarf I potential, Journal of Physics A: Mathematical and General, 2006, 39, pp. 10161-10169.

[356] Lévai, G. Solvable PT-symmetric potentials in Higher dimensions, Journal of Physics A:Mathematical and Theoretical, 2007, 40 pp. F273-F280.

[357] Lévai, G. On the normalization constant of PT-symmetric and real Rosen-Morse I potentials, Physics Letters A, 2008a, 372, pp. 6484-6489.

[358] Lévai, G. Solvable PT-symmetric potentials in 2 and 3 dimensions, Journal of Physics: Conference Series, 2008b, 128, p. 012045.

[359] Lévai, G. Spontaneous breakdown of PT symmetry in the complex Coulomb potential, Pramana-Journal of Physics, 2009, 73, pp. 329-335.

[360] Lévai, G. Asymptotic properties of solvable PT-symmetric potentials, International Journal of Theoretical Physics, 2011, 50, pp. 997-1004.

[361] Lévai, G. Gradual spontaneous breakdown of symmetry in a solvable potential, Journal of Physics A: Mathematical and Theoretical, 2012, 45, p. 444020.

[362] Lévai, G. PT symmetry in Natanzon-class potentials, International Journal of Theoretical Physics, 2015, 54, pp. 2724-2736.

[363] Lévai, G. Accidental crossing of energy eigenvalues in PT-symmetric Natanzon-class potentials, Annals of Physics, 2017, 380, pp. 1-11.

[364] Lévai, G., Baran, Á, Salamon, P., and Vertse, T. Analytical solutions for the radial Scarf II potential, Physics Letters A, 2017, 381, pp. 1936-1942.

[365] Lévai, G., Cannata, F., and Ventura, A. Algebraic and scattering aspects of a PT-symmetric solvable potential, Journal of Physics A: Mathematical and General, 2001, 34, pp. 839-844.

[366] Lévai, G. Cannata, F., and Ventura, A. PT-symmetric potentials and the SO(2,2) algebra, Journal of Physics A: Mathematical and General, 2002a, 35, pp. 5041-5057.

[367] Lévai, G. Cannata, F., and Ventura, A. PT symmetry breaking and explicit expressions for the pseudo-norm in the Scarf II potential, Physics Letters A, 2002b, 300, pp. 271-281.

[368] Lévai, G., and Magyari, E. The PT-symmetric Rosen-Morse II potential: Effects of the asymptotically non-vanishing imaginary potential component, Journal of Physics A: Mathematical and Theoretical, 2009, 42, p. 195302.

[369] Lévai, G. Siegl, P., and Znojil, M. Scattering in the PT-symmetric Coulomb potential, Journal of Physics A: Mathematical and Theoretical, 2009, 42, p. 295201.

[370] Lévai, G., Sinha, A., and Roy, P. An exactly solvable PT symmetric potential from the Natanzon class, Journal of Physics A: Mathematical and General, 2003, 36, pp. 7611-7623.

[371] Lévai, G., and Znojil, M. Systematic search for PT-symmetric potentials with real energy spectra, Journal of Physics A: Mathematical and General, 2000, 33, pp. 7165-7180.

[372] Lévai, G., and Znojil, M. Conditions for complex spectra in a class of PT-symmetric potentials, Modern Physics Letters A, 2001, 16, pp. 1973-1981.

[373] Lévai, G., and Znojil, M. The interplay of supersymmetry and PT symmetry in quantum mechanics: A case study for the Scarf II potential, Journal of Physics A: Mathematical and General, 2002, 35, pp. 8793-8804.

[374] Li, K., Kevrekidis, P., Frantzeskakis, D., Rüter. C., and Kip, D. Revisiting the PT-symmetric trimer: bifurcations, ghost states and associated dynamics, Journal of Physics A:

Mathematical and Theoretical, 2013, 46, p375304.

[375] Li, K., Kevrekidis, P., Malomed, B. A., and Günther, U. Nonlinear PT-symmetric plaquettes, Journal of Physics A: Mathematical and Theoretical, 2012, 45, p. 444021.

[376] Li. K., and Kevrekidis, P. G. PT-symmetric oligomers: Analytical solutions, linear stability, and nonlinear dynamics, Physical Review E, 2011, 83 p. 066608.

[377] Li, W., Jiang, Y., Li, C., and Song, H. Parity-time-symmetry enhanced optomechanically-induced-transparency, Scientific Reports, 2016, 6, p. 31095.

[378] Lieb, E. H. Exact solution of the f model of an antiferroelectric, Physical Review Letters, 1967a, 18, pp. 1046-1048.

[379] Lieb, E. H. Exact solution of the problem of the entropy of two-dimensional ice, Physical Review Letters, 1967b, 18, pp. 692-694.

[380] Lieb, E. H. Exact solution of the two-dimensional Slater KDP model of a ferroelectric, Physical Review Letters, 1967c, 19, pp. 108-110.

[381] Lieb, E. H. Residual entropy of square ice, Physical Review, 1967d, 162, pp. 162-172.

[382] Limonov, M. F., Rybin, M. V., Poddubny, A. N, and Kivshar, Y. S. Fanoresonances in Photonics, Nature Photonics, 2017, 11, pp. 543-554.

[383] Lin, Z. Ramezani, H. Eichelkraut, T., Kottos, T. Cao, H., and Christodoulides, D. N. Unidirectional invisibility induced by PT-symmetric periodic structures, Physical Review Letters, 2011, 106, p. 213901.

[384] Liouville, J. Note sur l'intégration des équations différentielles de la dynamique, Journal de Mathématiques pures et appliquées, 1855, Vol. 20, pp. 137-138.

[385] Liu, Z.-P., Zhang, J., Sahin Kaya Özdemir, Peng, B., Jing, H., Lü, X.-Y., Chun-Wen Li, L. Y., Nori, F., and xi Liu, Y. Metrology with PT-symmetric cavities: Enhanced sensitivity near the PT-phase transition, Physical Review Letters, 2016, 117, p. 110802.

[386] Longhi, S. PT-symmetric laser absorber, Physical Review A, 2010a, 82, p. 031801.

[387] Longhi, S. Spectral singularities and Bragg scattering in complex crystals, Physical Review A, 2010b, 81, p. 022102.

[388] Longhi, S. Invisibility in PT-symmetric complex crystals, Journal of Physics A: Mathematical and Theoretical, 2011, 44, p. 485302.

[389] Longhi, S. Bound states in the continuum in PT-symmetric optical lattices, Optics Letters, 2015, 39, pp. 1697-1700.

[390] Longhi, S., and Della Valle, G. Transparency at the interface between two isospectral crystals, European Physics Letters, 2013, 102, p. 40008.

[391] Longhi, S., and Della Valle, G. Optical lattices with exceptional points in the continuum, Physical Review A, 2014, 89, p. 052132.

[392] López-Ortega, A. New conditionally exactly solvable inverse power law potentials,

Physics Letters A, 2015, 90, p. 085202.

[393] Lu, X.-Y., Jing, H, Ma, J.-Y., and Wu, Y. PT-symmetry-breaking chaos in optomechanics, Physical Review Letters, 2015, 114, p. 253601.

[394] Lukyanov, S., and Zamolodchikov, A. Quantum sine(h)-Gordon model and classical integrable equations, Journal of High Energy Physics, 2010, 7, p. 008.

[395] Lukyanov, S. L. ODE/IM correspondence for the Fateev model, Journal of High Energy Physics, 2013, 12, p. 012.

[396] MacDonald, A. D. Properties of the Confluent Hypergeometric Function, Research Laboratory of Electronics, MIT, 1948.

[397] Makris, K., El-Ganainy, R., Christodoulides, D., and Musslimani, Z. Beam dynamics in PT symmetric optical lattices, Physical Review Letters, 2008, 100, p. 103904.

[398] Makris, K. G., El-Ganainy, R., Christodoulides, D. N., and Musslimani, Z. H. PT-symmetric optical lattices, Physical Review A, 2010, 81 p. 063807.

[399] Makris, K. G., Musslimani, Z. H., Christodoulides, D. N., and Rotter, S. Constant-intensity waves and their modulation instability in non-Hermitiar potentials, Nature Communications, 2015, 6, p. 7257.

[400] Mathieu, P. Supersymmetric extension of the Korteweg-de Vries equation, Jourmal of Mathematical Physics, 1988, 29, 11, pp. 2499 2506.

[401] Mezincescu, G. A. Some properties of eigenvalues and eigenfunctions of the cubic oscillator with imaginary coupling constant, Journal of Physics A: Mathematical and General, 2000, 33, pp. 4911-4916.

[402] Midya, B. Supersymmetry-generated one-way-invisible PT-symmetric optical crystals, Physical Review A, 2014, 89, p. 032116.

[403] Midya, B., and Roy, B. Infinite families of (non)-Hermitian Hamiltonians associated with exceptional xm Jacobi polynomials, Journal of Physics A: Mathematical and Theoretical, 2013, 46, p. 175201.

[404] Miller Jr., W. Lie Theory of Special Functions, Academic Press, New York, 1968.

[405] Millican-Slater, A. Aspects of PT-symmetric Quantum Mechanics, PH. D. thesis. Durham, 2004.

[406] Milton, K. A. The Casimir Effect: Physical Manifestations of Zero-Point Energy, World Scientifc, Singapore, 2001.

[407] Milton, K. A. Anomalies in PT-symmetric quantum field theory. Czechoslovak Journal of Physics, 2004, 54, pp. 85-91.

[408] Miri. M.-A., Heinrich, M., and Christodoulides, D. N. Supersymmetry generated complex optical potentials with real spectra, Physical Review A, 2013, 87, p. 043819.

[409] Moffat, J. W. Charge conjugation invariance of the vacuum and the cosmological

constant problem, Physics Letters B, 2005, 627, pp. 9-17.

[410] Moffat. J. W. Positive and negative energy symmetry and the cosmological constant problem, 2006, ArXw, hep-th/0610162, http://arxiv.org/abs/hep-th/0610162.

[411] Moser, J. Three integrable Hamiltonian systems connected with isospectral deformations, Advances in Mathematics, 1975, 16, pp. 197-220.

[412] Mostafazadeh, A. Pseudo-Hermiticity for a class of nondiagonalizable Hamiltonians, Journal of Mathematical Physics, 2002a, 43, pp. 6343-6352.

[413] Mostafazadeh, A. Pseudo-Hermiticity versus PT symmetry: The necessary condition for the reality of the spectrum of a non-Hermitian Hamiltonian. Journal of Mathematical Physics, 2002b, 43, pp. 205-214.

[414] Mostafazadeh, A. Pseudo-Hermiticity versus PT-symmetry II. A complete characterization of non-Hermitian Hamiltonians with a real spectrum, Journal of Mathematical Physics, 2002c, 43, pp. 2814-28167.

[415] Mostafazadeh, A. Pseudo-Hermiticity versus PT-symmetry III: Equivalence of pseudo-Hermiticity and the presence of antilinear symmetries Journal of Mathematical Physics, 2002d, 43, pp. 3944-3951.

[416] Mostafazadeh, A. Pseudo-supersymmetric quantum mechanics and isospectral pseudo-Hermitian Hamiltonians, Nuclear Physics B, 2002e, 640, pp. 419-434.

[417] Mostafazadeh, A. Erratum: Pseudo-Hermiticity for a class of nondiagonalizable Hamiltonians, Journal of Mathematical Physics, 2003a, 44, p. 943.

[418] Mostafazadeh, A. Exact PT-symmetry is equivalent to Hermiticity, Journal of Physics A:Mathematical and General, 2003b, 36, pp. 7081-7092.

[419] Mostafazadeh, A. Pseudo-Hermiticity and generalized PT- and CPT-symmetries, Journal of Mathematical Physics, 2003c, 44, pp. 974-989.

[420] Mostafazadeh, A. Pseudo-Hermitian description of PT-symmetric systems defined on a complex contour, Journal of Physics A: Mathematical and General, 2005, 38, pp. 3213-3234.

[421] Mostafazadeh, A. Spectral singularities of complex scattering potentials and infinite reflection and transmission coefficients at real energies, Physical Review Letters, 2009, 102. p. 220402.

[422] Mostafazadeh, A. Pseudo-Hermitian representation of quantum mechanics, International Journal of Geometric Methods in Modern Physics, 2010, 7, pp. 1191-1306.

[423] Mostafazadeh. A. A dynamical formulation of one-dimensional scattering theory and its applications in optics, Annals of Physics, 2014a, 341, pp. 77-85.

[424] Mostafazadeh, A. Unidirectionally invisible potentials as local building blocks of all

scattering potentials, Physical Review Letters, 2014b, 90, p. 023833.

[425] Mostafazadeh, A., and Batal, A. Physical aspects of pseudo-hermitian and PT-symmetric quantum mechanics, Journal of Physics A: Mathematical and General, 2004, 37, p. 11645.

[426] Muga, J., Palao, J., Navarro, B., and Egusquiza, L. Complex absorbing potentials, Physics Reports, 2004, 395, 6, pp. 357-426.

[427] Musslimani, Z., Makris, K., El-Ganainy, R., and Christodoulides, D. Optical solitons in PT periodic potentials, Physical Review Letters, 2008a, 100, p. 030402.

[428] Musslimani, Z. H., Makris, K. G., El-Ganainy, R., and Christodoulides, D. N. Analytical solutions to a class of nonlinear Schrödinger equations with PT-like potentials, Journal of Physics A: Mathematical and Theoretical, 2008b, 41, p. 244019.

[429] Naboko, S. Conditions for similarity to unitary and self-adjoint operators, Functional Analysis and Its Applications, 1984, 18, pp. 13-22.

[430] Nanayakkara, A. Classical motion of complex 2-D non-Hermitian Hamiltonian systems. Czechoslovak Journal of Physics, 2004a, 54, pp. 101-107.

[431] Nanayakkara. A. Classical trajectories of 1D complex non-Hermitian Hamiltonian systems, Journal of Physics A: Mathematical and General, 2004b, 37, pp. 4321-4334.

[432] Natanzon. G. A. The study of one-variable Schrödinger equation generated by Hypergeometric equation, Vestnik Leningradskogo Universiteta, Fizika i Khimiya, 1971, 2. pp. 22-8.

[433] Natanzon, G. A. General properties of potentials for which the Schrödinger equation can be solved by means of Hypergeometric functions, Theoretical and Mathematical Physics, 1979, 38, pp. 146-153.

[434] Negro, S. ODE/IM correspondence in Toda field theories and fermionic basis in sin(h)-Gordon model, 2017, 1702. 06657.

[435] Nesemann, J. PT-Symmetric Schrodinger Operators with Unbounded Potentials, Vieweg-Teubner Verlag, Heidelberg. 2011.

[436] Nixon, S., Ge. L., and Yang. J. Stability analysis for solitons in PT-symmetric optical lattices, Physical Review A , 2012a, 85, p. 023822.

[437] Nixon, S., Zhu, Y., and Yang, J. Nonlinear dynamics of wave packets in parity-time-symmetric optical lattices near the phase transition point, Optics Letters, 2012b, 37, pp. 4874-4876.

[438] Ogilvie, M., and Meisinger, P. PT-symmetric matrix quantum mechanics, ArXiv, hep-th/ 2007, 0701207.

[439] Ohlsson, T. Non-Hermitian neutrino oscillations in matter with PT-symmetric Hamiltonians. EuroPhysics Letters, 2016, 113. p. 61001.

[440] Okamoto, K. Studies on the Painlevé equations. III. Second and fourth Painlevé equations PII and PIV. Mathematische Annalen, 1986, 275, pp. 221-256.

[441] Olshanetsky, M. A., and Perelomov, A. M. Quantum completely integrable systems connected with semi-simple Lie algebras, Letters in Mathematical Physics, 1977, 2, pp. 7-13.

[442] Olshanetsky, M. A., and Perelomov, A. M. Classical integrable finite dimensional systems related to Lie algebras, Physics Reports 1981, 71, pp. 313-400.

[443] Olver, F. Asymptotics and Special Functions, Taylor and Francis, 1974.

[444] Painlevé, P. Mémoire sur les équations différentielles dont l'intégrale générale est uniforme, Bulletin de la Société Mathématique de France, 1900, 28. pp. 201-261,

[445] Pauli, W. On Dirac's new method of field quantization, Reviews of Modern Physics 1943, 15, pp. 175-207.

[446] Pendry, J., Schurig, D., and Smith, D. Controlling electromagnetic fields, Science, 2006, 312, pp. 1780-1782,

[447] Pendry, J. B. Negative refraction makes a perfect lens, Physical Review Letters, 2000, 85, pp. 3966-3969.

[448] Peng, B. Sahin Kaya Özdemir, Lei, F., Monifi, F., Gianfreda, M., Long, G. L., Fan, S., Nori, F., Bender, C. M., and Yang, L, Parity-time-symmetric whispering-gallery microcavities, Nature Physics 2014, 10, pp. 394398.

[449] Pile, D. F. P. Gaining with loss, Nature Photonics, 2017, 11, p. 742.

[450] Poladian, L. Resonance mode expansions and exact solutions for nonuniform gratings, Physical Review E, 1996, 54, pp. 2963-2975,

[451] Quesne, C. Exceptional orthogonal polynomials, exactly solvable potentials and supersymmetry, Journal of Physics A: Mathematical and Theoretical, 2008, 41. p. 392001.

[452] Quesne, C. Solvable rational potentials and exceptional orthogonal polynomials in supersymmetric quantum mechanics, SIGMA, 2009, 5, p. 084.

[453] Ralston, J. P. PT and CPT quantum mechanics embedded in symplectic quantum mechanics, Journal of Physics A: Mathematical and Theoretical, 2007, 40, pp. 9883-9904.

[454] Ramezani, H., Kottos, T., El-Ganainy, R., and Christodoulides, D. N. Unidirectional nonlinear PT-symmetric optical structures, Physical Review, A, 2010, 82, p. 043803.

[455] Rechtsman, M. C., Zeuner, J. M., Tünnermann, A., Nolte, S., Segev, M., and Szameit, A. Strain-induced pseudomagnetic field and photonic Landau levels in dielectric structures, Nature Photonics, 2012, 84, pp. 153-158.

[456] Regensburger, A., Bersch. C., Miri, M.-A., Onishchukov, G., Christodoulides, D. N., and

Peschel, U. Parity-time synthetic photonic lattices, Nature 2012, 488, pp. 167-171.

[457] Ren, J., Hodaei, H., Harari, G., Hassan, A. U., Chow, w., Soltani, M., Christodoulides, D., and Khajavikhan, M. Ultrasensitive microscale parity-time-symmetric ring laser gyroscope, Optics Letters, 2017a, 42, pp. 1556-1559.

[458] Ren, J., Hodaei, H., Harari, G., Hassan, A. U., Chow, W., Soltani. M., Christodoulides, D., and Khajavikhan, M. Ultrasensitive microscale parity-time-symmetric ring laser gyroscope, Optics Letters, 2017b, 42, pp. 1556-1559.

[459] Rosenau, P., and Hyman, J. M. Compactions: Solitons with finite wavelength, Physical Review Letters, 1993, 70, 5. pp. 564-567.

[460] Roychoudhury, R., and Roy, P. Construction of the Coperator for a PT symmetric model, Journal of Physics: Mathematical and Theoretical, 2007, 40 pp. F617-F620,

[461] Roychoudhury, R., Roy, P., Znojil, M., and Lévai, G. CompreHensive analysis of conditionally exactly solvable models, Journal of Mathematical Physics, 2001, 42. pp. 1996-2007.

[462] Rüter, C. E., Makris, K. G., El-Ganainy, R., Christodoulides, D. N., Segev, M., and Kip, D. Observation of parity-time symmetry in optics. Nature Physics, 2010, 6. pp. 192-195.

[463] Saff, E. B., and Snider, A. D. Fundamentals of Complex Analysis for Mathematics, Science, and Engineering, Prentice Hall, New Jersey, 1993, ISBN978-0133274615, see Chapter 8, Section 8. 5, problem 8.

[464] Sakhdari, M., Farhat, M., and Chen, P.-Y. PT-symmetric metasurfaces: wave manipulation and sensing using singular points, New Journal of Physics, 2017, 19, p. 065002.

[465] Schindler, J., Li, A., Zheng, M. C., Ellis, F. M., and Kottos, T. Experimental study of active lrc circuits with PT symmetries, Physical Review A 84, 2011, p. 040101(R).

[466] Schindler, S.T., and Bender, C. M. Winding in non-Hermitian systems, Journal of Physics A: Mathematical and Theoretical, 2018, 51, p. 055201.

[467] Scholtz, F., Geyer, H., and Hahne, F. Quasi-Hermitian operators in quantum mechanics and the variational principle, Annals of Physics, 1902, 213,1, pp. 74-101.

[468] Scholtz, F. G., and Geyer, H. B. Moyal products-a new perspective on quasi-Hermitian quantum mechanics, Journal of Physics A: Mathematical and General, 2006a, 39, pp. 10189-10205.

[469] Scholtz, F. G., and Geyer, H. B. Operator equations and Moyal products metrics in quasi-Hermitian quantum mechanics, Physics Letters B, 2006b, 634, pp. 84-92.

[470] Schomerus, H. Quantum noise and self-sustained radiation of PT-symmetric systems, Physical Review Letters, 2010, 104, p. 233601.

[471] Schrodinger, E. Further studies on solving eigenvalue problems by factorization,

Proceedings of the Royal Irish Academy. Section A, 1940a, 46, pp. 183-206.

[472] Schrodinger, E. A method of determining quantum-mechanical eigenvalues and eigenfunctions, Proceedings of the Royal Irish Academy. Section, A, 1940b, 46, pp. 9-16.

[473] Schrödinger, E. The factorization of the Hypergeometric equation, Proceedings of the Royal lrish Academy Section, A, 1941, 47, pp. 53-54.

[474] Schurig. D., Mock. J.J., Justice, B.J., Cummer, S. A., Pendry, J. B., Starr, A. F., and Smith. D. R. Metamaterial electromagnetic cloak at microwave frequencies, Science, 2006, 314, pp. 977-980.

[475] Schweber, S. S. An Introduction to Relativistic Quantum Field Theory, Harper & Row. New York, 1961.

[476] Shapiro, B., and Tater, M. On spectral asymptotic of quasi-exactly solvable quartic and Yablonskii-Vorob'ev polynomials, ArXiv, 2014.

[477] Shapiro, B., and Tater, M. Asymptotics and monodromy of the algebraic spectrum of quasi-exactly solvable sextic oscillator, Experimental Mathematics, 2017, 0, 0, pp. 1-8.

[478] Shin, K. C. Eigenvalues of complex Hamiltonians with PT-symmetry, I, Physics Letter, A, 1998, 250, pp. 25-28.

[479] Shin, K. C. On the eigenproblems of PT-symmetric oscillators, Journal of Mathematical Physics, 2001, 42, pp. 2513-2530.

[480] Shin, K. C. On the reality of the eigenvalues for a class of PT-symmetric oscillators, Communications in Mathematical Physics, 2002, 229, pp. 543-564.

[481] Shin, K. C. On the shape of spectra for non-self-adjoint periodic Schrödinger operators, Journal of Physics A: Mathematical and General, 2004, 37, pp. 8287-8291.

[482] Shin, K. C. Eigenvalues of PT-symmetric oscillators with polynomial potentials, Journal of Physics A: Mathematical and General, 2005a, 38 pp. 6147-6166.

[483] Shin, K. C. The potential, $(iz)^m$generates real eigenvalues only, under symmetric rapid decay boundary conditions, Journal of Mathematical Physics, 2005b, 46, p. 082110.

[484] Sibuya, Y. Global Theory of a Second Order Linear Ordinary Differential Equation with a Polynomial Coefficient, North-Holland, Amsterdam, 1975.

[485] Siegl, P., and Krejcirik, D. On the metric operator for the imaginary cubic oscillator, Physical Review D, 2012, 86, p. 121702.

[486] Simon, B., and Dicke, A. Coupling constant analyticity for the anharmonic oscillator, Annals of Physics,1970, 58, 1, pp. 76-136.

[487] Simsek, M., and Egrifes, H. The Klein-Gordon equation of generalized Hulthén potential in complex quantum mechanics, Journal of Physics A: Mathematical and General, 2004, 37, pp. 4379-4393.

[488] Sinha, A. Scattering states of a particle, with position-dependent mass, in a

PT-symmetric Heterojunction, Journal of Physics A: Mathematical and Theoretical, 2012,45, p. 185305.

[489] Sinha, A., Lévai, G., and Roy, P. PT symmetry of a conditionally exactly solvable potential, Physics Letters A, 2004, 322, pp. 78-83.

[490] Smilga, A. V. Cryptogauge symmetry and cryptoghosts for crypto-Hermitian Hamiltonians, Journal of Physics A: Mathematical and Theoretical, 2008a, 41, p. 244026.

[491] Smilga, A. V. Physics of crypto-Hermitian and crypto-supersymmetric field theories, Physical Review D, 2008b, 77, p. 061701(R).

[492] Sorrell, M. Complex WKB analysis of a PT-symmetric eigenvalue problem Journal of Physics A: Mathematical and Theoretical, 2007, pp. 10319-10336.

[493] Sounas, D. L., Fleury, R., and Alu, A. Unidirectional cloaking based on metasurfaces with balanced loss and gain, Physical Review Applied, 2015, p. 014005.

[494] Srivastava, S., and Jain, S. Pseudo-Hermitian random matrix theory, Fortschritte der Physik, 2013, 61. pp. 276-290.

[495] Streater, R. F., and Wightman, A. S. PCT, Spin and Statistics, and All That Princeton, New Jersey, 2000.

[496] Strutt, J. W. The Theory of Sound II, Macmillan and Co, London, 1878.

[497] Suchkov, S. V., Sukhorukov, A. A., Huang, J., Dmitriev, S. V., Lee, C., and Kivshar, Y. S. Nonlinear switching and solitons in PT-symmetric photonic systems, Laser and Photonics Reviews, 2016, 10, pp. 177-213.

[498] Sudarshan, E. C. G. Quantum m is with indefinite metric. I, Physical Review, 1961, 123, pp. 2183-2193.

[499] Sukhorukov, A. A., Xu. Z., and Kivshar, Y. S. Nonlinear suppression of time reversals in PT-symmetric optical couplers, Physical Review A, 2010, 82, p. 043818.

[500] Sutherland. B. Exact solution of a two-dimensional model for Hydrogen-bonded crystals, Physical Review Letters, 1967, 19, pp. 103-104.

[501] Sutherland, B. Quantum many-body problem in one dimension Ground state, Journal of Mathematical Physics, 1971a, 12. 246-250.

[502] Sutherland, B. Quantum many-body problem in one dimension: Thermodynamics, Journal of Mathematical Physics, 1971b, 12, pp. 251-256.

[503] Suzuki, J. Functional relations in Stokes multipliers and solvable models related to $u_q(a^{(1)n})$ Journal of Physics A: Mathematical and General, 2000, 33, pp. 3507-3521.

[504] Suzuki, J. Functional relations in Stokes multipliers: Fun with $x^6+\alpha x^2$potential, Journal of Statistical Physics, 2001, 102, pp. 1029-1047.

[505] Swanson, M. S. Transition elements for a non-Hermitian quadratic Hamiltonian, Journal

of Mathematical Physics, 2004, 45, pp. 585-601.

[506] Symanzik, K. Small-distance-behaviour analysis and Wilson expansions, Communications in Mathematical Physics, 197la, 23, pp. 49-86.

[507] Symanzik, K. Small-distance behaviour in field theory, in Strong Inter-action Physics, Vol. 57, Springer, Berlin, Heidelberg, 1971b, pp. 222-236.

[508] Symanzik, K. Field-theory with cumputable large-moment behavior, Lettere Al Nuovov Cimento, 1973, 6, pp. 77-80.

[509] Szameit, A., Rechtsman, M. C., Bahat-Treidel, O., and Segev, M. PT-symmetry in Honeycomb photonic lattices, Physical Review A, 2011, 84, p. 021806.

[510] Takhtajan, L. Quantum Mechanics for Mathematicians, American Mathematical American Mathematical Society, Providence, Rhode Island, 2008.

[511] Tanaka, T. General aspects of PT-symmetric and P-self-adjoint quantum theory in a Krein space, Journal of Physics: General and Mathematical, 2006, 39, pp. 14175-14203.

[512] Ter Haar, D. Problems in Quantum Mechanics, Pion, London, 1975.

[513] Tichy, V., and Skála, L. Analytic wave functions and energies for two dimensional PT-symmetric quartic potentials, Central European Journal of Physics, 2010, 8, pp. 519-522.

[514] Titchmarsh, E. The theory of functions, OUP, 1932.

[515] Trefethen, L. N., and Bau, D. Numerical Linear Algebra, Society for Industrial and Applied Mathematics, Philadelphia, 1997.

[516] Trinh, D. T. Remarks on PT-pseudo-norm in PT-symmetric quantum mechanics, Journal of Physics A: Mathematical and General, 2005, 38, pp. 3665-3678.

[517] Turbiner, A. V. One-dimensional quasi-exactly solvable Schrödinger equations, Physics Reports, 2016,642, pp. 1-71.

[518] Ushveridze, A. Quasi-exactly solvable models in quantum mechanics, IOP, Bristol, 1994.

[519] Veselago, V. G. The electrodynamics of substances with simultaneously negative values of ϵ and μ, Soviet Physics Uspekhi, 1968,10, pp. 509-514.

[520] von Neumann, J. Mathematical Foundations of Quantum Mechanics, Princeton University Press, Princeton, New Jersey, 1996.

[521] von Roos, O. Position-dependent effective masses in semiconductor theory, Physical Review B, 1983, 27, pp. 7547-7552.

[522] Voros, A. Semi-classical correspondence and exact results: the case of the spectra of Homogeneous Schrödinger operators, Journal de Physique Letters, 1982, 43, 1. pp. 1-4.

[523] Voros, A. The return of the quartic oscillator. the complex WKB method, Annales de l'I. H. P. Physique theorique, 1983, 39, 3, pp. 211-338.

[524] Voros, A. Exact resolution method for general 1D polynomial Schrodinger equation,

Journal of Physics A: Mathematical and General, 1999, 32, pp. 5993-6007.

[525] Weigert, S. Completeness and orthonormality in PT-symmetric quantum systems, Physical Revuew A, 2003a,68, p. 062111.

[526] Weigert, S. PT-symmetry and its spontaneous breakdown explained by anti-linearity, Journal of Optics B: Quantum and Semiclassical Optics, 2003b, 5, pp. S416-S419.

[527] Weigert, S. An algorithmic test for diagonalizability of finite-dimensional PT-invariant systems, Journal of Physics A: Mathematical and General, 2005, 39, pp. 235-245.

[528] Weigert, S. Detecting broken PT-symmetry, Journal of Physics A: Mathematical and General, 2006, 39, pp. 10239-10246.

[529] Weimann, S. Kremer, M., Plotnik, Y. Lumer, Y., Nolte, S., Makris, K. G., Segev, M., Rechtsman, M. C., and Szameit, A. Topologically protected states in photonic parity-time- symmetric crystals, Nature Materials, 2016, 16, pp. 433-438.

[530] Weiss, J., Tabor, M., and Carnevale, G. The Painlevé property for partial differential equations, Journal of Mathematical Physics, 1983, 24, pp. 522-526.

[531] Witten, E. Dynamical breaking of supersymmetry, Nuclear Physics B, 1981, 188, pp. 513-554.

[532] Witten, E. Quantum gravity in de Sitter space, ArXiv, hep-th/010g109, 2001.

[533] Wolfram Research. NDEigensystem, 2015.

[534] Wong, Z. J., Xu, Y,-L., Kim, J., O'Brien, K., Wamg. Y., Feng. L., and Zhang, X. Lasing and anti-lasing in a single cavity, Nature Photonics, 2016, 10, pp.796-801.

[535] Xu, H., Muson, D., Jiang, L., and Harris, J. G. E. Topological energy transfer in an optomechanical system with exceptional pointe, Nature, 2016, 537, pp. 80-83.

[536] Zezyulin, D. A., and Konotop, V. V. Nonlinear modes in finite-dimensional PT-symmetric systems, Physical Review Letters, 2012, 108, p. 213906.

[537] Zhang, W., Wu, T., and Zhang, X. Tailoring eigenmodes at spectral singularities in graphene-based PT systems, Scientific Reports, 2017, 7 p. 11407.

[538] Zhen, B., Hsu, C. w., Igarashi, Y., Lu, L., Kaminer, I., Pick, A., Chua, S.-L, Joannopoulos, J. D., and Soljacic, M. Spawning rings of exceptional points out of Dirac cones, Nature, 2015, 525, pp. 354-358.

[539] Zhu, X., Feng, L., Zhang, P., Yin, X, and Zhang, X. One-way invisible cloak using parity-time symmetric transformation optics, Optics Letters, 2013, 38 pp. 2821-2824.

[540] Zhu, X., Ramezani, H., Shi, C., Zhu, J., and Zhang, X. PT-symmetric acoustics, Physical Review X, 2014, 4, p. 031042.

[541] Znojil, M. PT-symmetric Harmonic oscillators, Physics Letters A, 1999a, 259 pp. 220-223.

[542] Znojil, M. Exact solution for Morse oscillator in PT-symmetric quantum mechanics,

Physics Letters A, 1999b, 264, pp. 108-111.

[543] Znojil, M. PT-symmetric square well, Physics Letters A, 2001, 285, pp. 7-10.

[544] Znojil, M. PT-symmetric quantum toboggans, Physics Letters A, 2005a, 342 pp. 36-47.

[545] Znojil, M. Solvable PT-symmetric model with a tunable interspersion of non-merging levels, Journal of Mathematical Physics, 2005b, 46, p. 062109.

[546] Znojil, M. Coupled-channel version of the PT-symmetric square well, Journal of Physics A: Mathematical and General, 2006, 39, pp. 441-455.

[547] Znojil, M., and Lévai, G. The Coulomb Harmonic oscillator correspondence in PT symmetric quantum mechanics, Physics Letters A, 2000, 271, pp. 327-333.

[548] Znojil, M., and Lévai, G. Spontaneous breakdown of PT symmetry in the solvable square-well model, Modern Physics Letters A, 2001, 16, pp. 2273-2280.

[549] Znojil, M. Lévai, G. Roychoudhury, R., and Roy, P. Anomalous doublets of states in a PT symmetric quantum model, Physics Letters A, 2001, 290, pp. 249-254.

[550] Znojil, M., Siegl, P., and Levai, G. Asymptotically vanishing PT-symmetric potentials and negative-mass Schrodinger equations, Physics Letters A, 2009, 373, pp. 1921-1924.

[551] Znojil, M., and Tater, M. Complex Calogero model with real energies Journal of Physics A: Mathematical and General, 2001, 34. pp. 1793-1803.

[552] Zyablovsky, A. A., Vinogradov. A. P., Dorofeenko, A. V., Pukhov, A. A., and Lisyansky, A.A. Causality and phase transitions in PT-symmetric optical systems, Physical Review A, 2014, 89, p. 033808.